工程建设标准规范分类汇编

电气装置工程施工及验收规范

（2000年版）

本　社　编

中国建筑工业出版社

图书在版编目（CIP）数据

电气装置工程施工及验收规范：2000 年版/中国建筑工业出版社编.-北京：中国建筑工业出版社，2000

ISBN 7-112-04091-4

Ⅰ.电… Ⅱ.中… Ⅲ.①房屋建筑设备：电气设备-工程施工-规范-中国②房屋建筑设备：电气设备-工程验收-规范-中国 Ⅳ.TU8-65

中国版本图书馆 CIP 数据核字（1999）第 54811 号

工程建设标准规范分类汇编

电气装置工程施工及验收规范

（2000 年版）

本 社 编

*

中国建筑工业出版社出版、发行（北京西郊百万庄）

新 华 书 店 经 销

北京同文印刷有限责任公司印刷

*

开本：787×1092 毫米 1/16 印张：30¼ 字数：669 千字

2000 年 2 月第一版 2006 年 4 月第六次印刷

印数：20001—21000 册 定价：**59.00** 元

ISBN 7-112-04091-4

TU·3211（9560）

出 版 说 明

“工程建设标准规范分类汇编”共35分册，自1996年出版以来，方便了广大工程建设专业读者的使用，并以其“分类科学、内容全面、准确”的特点受到了社会好评。这些标准、规范、规程是广大工程建设者必须遵循的准则和规定，对提高工程建设科学管理水平，保证工程质量和工程安全，降低工程造价，缩短工期，节约建筑材料和能源，促进技术进步等方面起到了显著的作用。随着我国基本建设的蓬勃发展和工程技术的不断进步，近年来国务院有关部委组织全国各方面的专家陆续制订、修订并颁发了一批新标准、新规范、新规程。为了及时反映近几年国家新制定标准、修订标准和标准局部修订的情况，有必要对工程建设标准规范分类汇编中内容变动较大者进行修订。本次计划修订其中的15册，分别为：

《混凝土结构规范》

《建筑工程质量标准》

《工程设计防火规范》

《建筑施工安全技术规范》

《建筑材料应用技术规范》

《建筑给水排水工程规范》

《建筑工程施工及验收规范》

《电气装置工程施工及验收规范》

《安装工程施工及验收规范》

《建筑结构抗震规范》

《地基与基础规范》

《测量规范》

《室外给水工程规范》

《室外排水工程规范》

《暖通空调规范》

本次修订的原则及方法如下：

(1)该分册中内容变动较大者；

(2)该分册中主要标准、规范内容有变动者；

(3)“▲”代表新修订的规范；

(4)“●”代表新增加的规范；

(5)“局部修订条文”附在该规范后，不改动原规范相应条文。

修订的2000年版汇编本分别将相近专业内容的标准、规范、规程汇编于一册，便于对照查阅；各册收编的均为现行的标准、规范、规程，大部分为近几年出版实施的，有很强的实用性；为了使读者更深刻地理解、掌握标准、规范、规程的内容，该类汇编还收入了已公开出版过的有关条文说明；该类汇编单本定价，方便各专业读者购买。

该类汇编是广大工程设计、施工、科研、管理等有关人员必备的工具书。

关于工程建设标准规范的出版、发行，我们诚恳地希望广大读者提出宝贵意见，便于今后不断改进标准规范的出版工作。

中国建筑工业出版社

目　录

中华人民共和国国家标准

电气装置安装工程
高压电器施工及验收规范

GBJ 147-90

主编部门：中华人民共和国原水利电力部
批准部门：中华人民共和国建设部
施行日期：1991年10月1日

关于发布国家标准《电气装置安装工程高压电器施工及验收规范》等三项规范的通知

(90)建标字第698号

根据原国家计委计综〔1986〕2630号文的要求，由原水利电力部组织修订的《电气装置安装工程高压电器施工及验收规范》等三项规范，已经有关部门会审，现批准《电气装置安装工程高压电器施工及验收规范》GBJ147-90；《电气装置安装工程电力变压器、油浸电抗器、互感器施工及验收规范》GBJ148-90；《电气装置安装工程母线装置施工及验收规范》GBJ149-90为国家标准。自1991年10月1日起施行。

原国家标准《电气装置安装工程施工及验收规范》GBJ232-82中的高压电器篇，电力变压器、互感器篇，母线装置篇同时废止。

该三项规范由能源部负责管理，其具体解释等工作，由能源部电力建设研究所负责。出版发行由建设部标准定额研究所负责组织。

中华人民共和国建设部

1990年12月30日

修订说明

本规范是根据原国家计委计综（1986）2630号文的要求，由原水利电力部负责主编，具体由能源部电力建设研究所会同有关单位共同编制而成。

在修订过程中，规范组进行了广泛的调查研究，认真总结了原规范执行以来的经验，吸取了部分科研成果，广泛征求了全国有关单位的意见，最后由我部会同有关部门审查定稿。

本规范共分十一章和一个附录。这次修订的主要内容有：

1．根据我国电力工业发展的需要和实际情况，增加了电压等级为500kV的高压电器的施工及验收的有关内容，使本规范的适用范围由330kV扩大到500kV及以下；

2．增加了真空断路器、六氟化硫断路器、六氟化硫封闭式组合电器、金属氧化物避雷器等近年来在电气装置安装工程新采用的高压电器的相关内容；

3．将原来与各种断路器配套的不同类型的操动机构，单独抽出列为“操动机构”章，以明确各种类型操动机构施工及验收要求；

4．在“电抗器”章补充了干式电抗器和阻波器的主线圈的相关内容；

5．其它相关条文的部分修改和补充。

本规范执行过程中，如发现未尽善之处，请将意见和有关资料寄送能源部电力建设研究所（北京良乡，邮政编码：102401），以便今后修订时参考。

能源部

1989年12月

第一章　总　则

第1.0.1条　为保证高压电器的施工安装质量，促进安装技术的进步，确保设备安全运行，制订本规范。

第1.0.2条　本规范适用于交流500kV及以下空气断路器、油断路器、六氟化硫断路器、六氟化硫封闭式组合电器、真空断路器、隔离开关、负荷开关、高压熔断器、电抗器、避雷器及电容器安装工程的施工及验收。

第1.0.3条　高压电器的安装应按已批准的设计进行施工。

第1.0.4条　设备和器材的运输、保管，应符合本规范要求，当产品有特殊要求时，并应符合产品的要求。

第1.0.5条　设备及器材在安装前的保管，其保管期限应为1年及以下。当需长期保管时，应符合设备及器材保管的专门规定。

第1.0.6条　采用的设备及器材均应符合国家现行技术标准的规定，并应有合格证件。设备应有铭牌。

第1.0.7条　设备及器材到达现场后，应及时作下列验收检查：

一、包装及密封应良好。

二、开箱检查清点，规格应符合设计要求，附件、备件应齐全。

三、产品的技术文件应齐全。

四、按本规范要求作外观检查。

第1.0.8条　施工中的安全技术措施，应符合本规范和现行有关安全技术标准及产品的技术文件的规定。对重要工序，尚应事先制定安全技术措施。

第1.0.9条 与高压电器安装有关的建筑工程施工，应符合下列要求：

一、与高压电器安装有关的建筑物、构筑物的建筑工程质量，应符合国家现行的建筑工程施工及验收规范中的有关规定。当设备及设计有特殊要求时，尚应符合其要求。

二、设备安装前，建筑工程应具备下列条件：

1．屋顶、楼板施工完毕，不得渗漏；

2．室内地面基层施工完毕，并在墙上标出地面标高；在配电室内，设备底座及母线的构架安装后，作好抹光地面的工作；配电室的门窗安装完毕；

3．预埋件及预留孔符合设计要求，预埋件牢固；

4．进行装饰时有可能损坏已安装的设备或设备安装后不能再进行装饰的工作应全部结束；

5．混凝土基础及构支架达到允许安装的强度和刚度，设备支架焊接质量符合要求；

6．模板、施工设施及杂物清除干净，并有足够的安装用地，施工道路通畅；

7．高层构架的走道板、栏杆、平台及梯子等齐全牢固；

8．基坑已回填夯实。

三、设备投入运行前，建筑工程应符合下列要求：

1．消除构架上的污垢，填补孔洞以及装饰等应结束；

2．完成二次灌浆和抹面；

3．保护性网门、栏杆及梯子等齐全；

4．室外配电装置的场地应平整；

5．受电后无法进行或影响运行安全的工作施工完毕。

第1.0.10条 设备安装用的紧固件，除地脚螺栓外应采用镀锌制品；户外用的紧固件应采用热镀锌制品；电器接线端子用的紧固件应符合现行国家标准《变压器、高压电器和套管的接线端子》的规定。

第1.0.11条 高压电器的瓷件质量，应符合现行国家标准《高压绝缘子瓷件技术条件》和有关电瓷产品技术条件的规定。

第1.0.12条 高压电器的施工及验收除按本规范的规定执行外，尚应符合国家现行的有关标准规范的规定。

第二章　空气断路器

第一节　一般规定

第2.1.1条　本章适用于额定电压为3～500kV的空气断路器。

第2.1.2条　空气断路器到达现场后的保管应符合下列要求：

一、灭弧室、储气筒等应密封良好；

二、环氧玻璃钢导气管、绝缘拉杆等应置于室内保管，不得变形；

三、设备及其瓷件应安置稳妥，不得损坏。

第二节　空气断路器的安装

第2.2.1条　空气断路器及其附件安装前，应进行下列检查：

一、外表应完好，无影响其性能的损伤。

二、环氧玻璃钢导气管不得有裂纹、剥落和破损。

三、绝缘拉杆表面应清洁无损伤，绝缘应良好，端部连接部件应牢固可靠，弯曲度不超过产品的技术规定。

四、瓷套与金属法兰间的粘合应牢固密实，法兰结合面应平整，无外伤或铸造砂眼。

五、灭弧室、分合闸阀、启动阀、主阀、中间阀、控制阀和排气阀及触头的传动活塞等应作部分或整体的解体检查，制造厂规定不作解体且具体保证的部件除外。

六、均压电容器的检查应符合本规范第十一章的有关规定。

七、高强度支柱瓷套外观检查有疑问时，应经探伤试验；不得有裂纹、损伤，并不得修补。

第2.2.2条　空气断路器的基础或支架应符合下列要求：

一、基础的中心距离及高度的误差不应大于10mm。

二、预留孔或预埋铁板中心线的误差不应大于10mm，预埋螺栓的中心线的误差不应大于2mm。

第2.2.3条　空气断路器的安装应在无雨雪及无风沙天气下进行；部件的解体检查宜在室内或棚内进行。

第2.2.4条　空气断路器部件的解体检查，应符合下列要求：

一、启动阀、主阀、中间阀、控制阀、排气阀等阀门系统及灭弧动触头的传动活塞：

1．活塞、套筒、弹簧、胀圈等零件应完好、清洁、无锈蚀；滑动工作面涂以产品规定的润滑剂；

2．橡皮密封垫（圈）应无扭曲、变形、裂纹、毛刺，并应具有良好的弹性；密封垫（圈）应与法兰面或法兰面上的密封槽的尺寸配合；

3．阀门的排气孔、控制延时用的气孔以及阀门进出气管的承接口应通畅；

4．阀门的金属法兰面应清洁、平整、无砂眼；

5．组装时，活塞胀圈的张口应互相错开；活塞运动灵活、无卡阻；弹簧应保持原有的压缩程度。

二、灭弧室的主、辅灭弧触头、并联电阻、均压电容：

1．触头零件应紧固，灭弧触指弹簧应完整，位置准确，触指上的镀银层应完好；

2．灭弧室内部应清扫干净，部件的装配尺寸及灭弧动触头传动活塞的行程应符合产品要求；喷口的安装方向正确；

3．测得的并联电阻、均压电容值应符合产品的规定。

三、传动部件：

1．转轴应清洁，并涂以适合当地气候的润滑脂；

2．传动机构系统应动作灵活可靠。

第2.2.5条　空气断路器底座的安装，应符合下列要求：

一、底座应安装稳固，三相底座相间距离误差不应大于5mm。

二、支持瓷套的法兰面应水平；三相联动的空气断路器，其相间瓷套法兰面宜在同一水平面上。

三、储气筒内部应无杂物，并应用压缩空气吹净或吸尘器除净。

第2.2.6条　空气断路器的组装，应符合下列要求：

一、瓷件、环氧玻璃钢导气管、绝缘拉杆等应保持清洁干燥。

二、所有部件的安装位置应正确，并保持其应有的水平或垂直位置；拉紧绝缘子的紧度应适当。

三、连接瓷套法兰所用的橡皮密封垫（圈）不应有变形、开裂或老化龟裂，并应与密封槽尺寸相配合；橡皮密封垫（圈）的压缩量不宜超过其厚度的1／3或按产品的技术规定执行。

四、灭弧室外接端子应光洁，连接用软导线不应有断股。

五、空气断路器与其传动部分的连接应可靠，防松螺母应拧紧，转轴应涂以适合当地气候的润滑脂。

六、气管与部件的连接，应使铜管的胀口与接头配合严密，胀口不应有裂纹，管子内部应洁净。

第2.2.7条　控制柜、分相控制箱应封闭良好；加热装置应完好。

第三节　调　整

第2.3.1条　空气断路器的调整及操动试验，应符合下列规定：

一、各项调整数据应符合产品要求；阀门系统功能良好，传动机构及缓冲器应动作灵活，无卡阻。

二、充气时应逐段增高压力，并在各段气压下进行密封检查。升到最高工作气压时，阀体、瓷套法兰、连接接头处应无漏气。

三、调试完毕后，应进行整组空气断路器的漏气量检查，漏气量应符合产品的技术规定。

第2.3.2条　空气断路器的调整，应包括下列内容：

一、分、合闸及自动重合闸的最低动作气压及零气压闭锁。

二、分、合闸及自动重合闸时的气压降。

三、分、合闸及自动重合闸时的动作时间。

调整结果应符合产品的技术规定。

注：调整过程中，应同时检查控制及通风干燥等低气压系统，气路应通畅。

第2.3.3条　空气断路器的辅助开关接点应动作准确，接触良好，并应与空气断路器的分、合闸和自动重合闸的动作可靠地配合，接点断开后的间隙应符合产品的技术规定。

第2.3.4条　分、合闸位置指示器应动作灵活可靠，指示正确。

第四节　工程交接验收

第2.4.1条　在验收时，应进行下列检查：

一、空气断路器各部分应完整，外壳应清洁，动作性能符合规定。

二、基础及支架应稳固，气动操作时，空气断路器不应有剧烈振动。

三、油漆应完整，相色正确，接地良好。

第2.4.2条　在验收时，应提交下列资料和文件：

一、变更设计的证明文件。

二、制造厂提供的产品说明书、试验记录、合格证件及安装图纸等技术文件。

三、安装技术记录。

四、调整试验记录。

五、备品、备件及专用工具清单。

第三章 油断路器

第一节 一般规定

第3.1.1条 本章适用于额定电压为3～330kV的油断路器。

第3.1.2条 油断路器在运输吊装过程中不得倒置、碰撞或受到剧烈振动。多油断路器运输时应处于合闸状态。

第3.1.3条 油断路器运到现场后的检查,应符合下列要求：

一、断路器的所有部件、备件及专用工器具应齐全，无锈蚀或机械损伤，瓷铁件应粘合牢固。

二、绝缘部件不应变形、受潮。

三、油箱焊缝不应渗油，外部油漆应完整。

四、充油运输的部件不应渗油。

第3.1.4条 油断路器到达现场后的保管，应符合下列要求：

一、断路器的部件及备件应按其不同保管要求置于室内或室外平整、无积水的场地。

二、断路器的绝缘部件应放置干燥通风的室内，绝缘拉杆应妥善放置。

三、少油断路器的灭弧室内应充满合格的绝缘油，多油断路器存放时应处于合闸状态。

四、断路器的提升装置的钢丝绳等，应有防锈措施。

第二节 油断路器的安装与调整

第3.2.1条 油断路器的基础应符合下列要求：

一、基础的中心距离及高度的误差不应大于10mm。

二、预留孔或预埋铁板中心线的误差不应大于10mm。

三、预埋螺栓中心线的误差不应大于2mm。

第3.2.2条 油断路器的组装应符合下列要求：

一、断路器应安装垂直，并固定牢靠，底座或支架与基础的垫片不宜超过三片，其总厚度不应大于10mm，各片间应焊接牢固。

二、按产品的部件编号进行组装，不得混装。

三、同相各支持瓷套的法兰面宜在同一水平面上，各支柱中心线间距离的误差不应大于5mm；三相联动的油断路器，其相间支持瓷套法兰面宜在同一水平面上，三相底座或油箱中心线的误差不应大于5mm。

四、三相联动或同相各柱之间的连杆，其拐臂应在同一水平面上，拐臂角度应一致，并使连杆与机构工作缸的活塞杆在同一中心线上；连杆拧入深度应符合产品的技术规定，防松螺母应拧紧。

五、支持瓷套内部应清洁，卡固弹簧应穿到底；法兰密封垫应完好，安放位置正确且紧固均匀。

六、工作缸或定向三角架应固定牢固，工作缸的活塞杆表面应洁净，并有防雨、防尘罩。

七、定位连杆应固定牢固，受力均匀。

第3.2.3条 油断路器的灭弧室应作解体检查和清理，复原时应安装正确。制造厂规定不作解体且有具体保证的10kV油断路器，可进行抽查。

第3.2.4条 油断路器的导电部分，应符合下列要求：

一、触头的表面应清洁，镀银部分不得锉磨；触头上的铜钨合金不得有裂纹、脱焊或松动。

二、触头的中心应对准，分、合闸过程中无卡阻现象；同相各触头的弹簧压力应均匀一致，合闸时触头接触紧密。

三、导电部分的编织铜线或可挠软铜片不应断裂，铜片间无锈蚀，固定螺栓应齐全紧固。

四、接线端子的紧固件应符合现行国家标准《电气装置安装工程母线装置施工及验收规范》的有关规定。

第3.2.5条 弹簧缓冲器或油缓冲器应清洁、固定牢靠、动作灵活、无卡阻回跳现象，缓冲作用良好；油缓冲器注入油的规格及油位应符合产品的技术要求。

第3.2.6条 油标的油位指示应正确、清晰。

第3.2.7条 油断路器和操动机构连接时，其支撑应牢固，且受力均匀；机构应动作灵活，无卡阻现象。

第3.2.8条 油气分离装置及排气管内部应清洁，固定应牢靠；油气分离装置内的瓷球应放满；排气管的排出端应有罩盖，排气管的长度及弯头数量应符合规定；排气管口排出端的位置应使其在排气时不致喷射到附近的设备上；相间绝缘隔板应安装垂直牢固。

第3.2.9条 手车式少油断路器的安装，除应符合本章有关规定外，尚应符合下列要求：

一、轨道应水平、平行，轨距应与手车轮距相配合，接地可靠，手车应能灵活轻便地推入或拉出，同型产品应具有互换性。

二、制动装置应可靠且拆卸方便。

三、手车操动时应灵活、轻巧。

四、隔离静触头的安装位置准确，安装中心线应与触头中心线一致，接触良好，其接触行程和超行程应符合产品的技术规定。

五、工作和试验位置的定位应准确可靠。

六、电气和机械联锁装置应动作准确可靠。

第3.2.10条 油断路器安装调整时，应配合进行以下各项检查，检查结果应符合产品的技术规定：

一、电动合闸后，用样板检查油断路器传动机构中间轴与样板的间隙。

二、合闸后，传动机构杠杆与止钉间的间隙。

三、行程、超行程、相间和同相各断口间接触的同期性。

第3.2.11条 油断路器调整结束后注油前，应进行下列各项检查：

一、油断路器及其传动装置的所有连接部位应连接牢固；机构无变形，锁片锁牢，防松螺母拧紧，闭口销张开。

二、具有压油活塞的油断路器，其压油活塞的尾部螺钉必须拧紧。

三、油断路器内部不得遗留任何杂物，顶盖及检查孔应密封良好。

四、多油断路器的油箱升降机构及钢丝绳等应完好，升降机构应操作灵活。

第3.2.12条 油断路器和操动机构的联合动作应符合下列要求：

一、在快速分、合闸前，必须先进行慢分、合的操作；

二、在慢分、合过程中，应运动缓慢、平稳，不得有卡阻、滞留现象；

三、产品规定无油严禁快速分、合闸的油断路器，必须充油后才能进行快速分、合闸操作；

四、机械指示器的分、合闸位置应符合油断路器的实际分、合闸状态。

第3.2.13条 多油断路器内部需要干燥时，应将其处于合闸状态，并将拉杆的防松螺帽拧紧。干燥过程中，升温及冷却宜以低于每小时10℃的速度均匀变化，干燥最高温度不宜超过85℃；干燥结束后，应再次检查，绝缘应无脆裂变形，套管应无渗胶，螺栓应紧固。

第3.2.14条 油箱及内部绝缘部件应采用合格的绝缘油冲洗干净，并注油至规定油位，所有密封处应无渗油现象，并应抽取油样作耐压试验。

第三节 工程交接验收

第3.3.1条 在验收时，应进行下列检查：

一、断路器应固定牢靠，外表清洁完整。

二、电气连接应可靠且接触良好。

三、断路器应无渗油现象，油位正常。

四、断路器及其操动机构的联动应正常，无卡阻现象；分、合闸指示正确；调试操作时，辅助开关动作应准确可靠，接点无电弧烧损。

五、瓷套应完整无损，表面清洁。

六、油漆应完整，相色标志正确，接地良好。

第3.3.2条 在验收时应提交下列资料和文件：

一、变更设计的证明文件。

二、制造厂提供的产品说明书、试验记录、合格证件及安装图纸等技术文件。

三、安装技术记录。

四、调整试验记录。

五、备品、备件及专用工具清单。

第四章 六氟化硫断路器

第一节 一般规定

第4.1.1条 本章适用于3～500kV支柱式和罐式的六氟化硫断路器。

第4.1.2条 六氟化硫断路器在运输和装卸过程中，不得倒置、碰撞或受到剧烈振动；制造厂有特殊规定标记的，应按制造厂的规定装运。

第4.1.3条 六氟化硫断路器到达现场后的检查应符合下列要求：

一、开箱前检查包装应无残损。

二、设备的零件、备件及专用工器具应齐全、无锈蚀和损伤变形。

三、绝缘件应无变形、受潮、裂纹和剥落。

四、瓷件表面应光滑、无裂纹和缺损，铸件应无砂眼。

五、充有六氟化硫等气体的部件，其压力值应符合产品的技术规定。

六、出厂证件及技术资料应齐全。

第4.1.4条 六氟化硫断路器到达现场后的保管应符合下列要求：

一、设备应按原包装放置于平整、无积水、无腐蚀性气体的场地，并按编号分组保管；在室外应垫上枕木并加盖篷布遮盖。

二、充有六氟化硫等气体的灭弧室和罐体及绝缘支柱，应定期检查其预充压力值，并做好记录，有异常时应及时采取措施。

三、绝缘部件、专用材料、专用小型工器具及备品、备件等应置于干燥的室内保管。

四、瓷件应妥善安置，不得倾倒、互相碰撞或遭受外界的危害。

第二节　六氟化硫断路器的安装与调整

第4.2.1条　六氟化硫断路器的基础或支架，应符合下列要求：

一、基础的中心距离及高度的误差不应大于10mm。

二、预留孔或预埋铁板中心线的误差不应大于10mm。

三、预埋螺栓中心线的误差不应大于2mm。

第4.2.2条　六氟化硫断路器安装前应进行下列检查：

一、断路器零部件应齐全、清洁、完好。

二、灭弧室或罐体和绝缘支柱内预充的六氟化硫等气体的压力值和六氟化硫气体的含水量应符合产品技术要求。

三、均压电容、合闸电阻值应符合制造厂的规定。

四、绝缘部件表面应无裂缝、无剥落或破损，绝缘应良好，绝缘拉杆端部连接部件应牢固可靠。

五、瓷套表面应光滑无裂纹、缺损，外观检查有疑问时应探伤检验；瓷套与法兰的接合面粘合应牢固，法兰结合面应平整、无外伤和铸造砂眼。

六、传动机构零件应齐全，轴承光滑无刺，铸件无裂纹或焊接不良。

七、组装用的螺栓、密封垫、密封脂、清洁剂和润滑脂等的规格必须符合产品的技术规定。

八、密度继电器和压力表应经检验。

第4.2.3条　六氟化硫断路器的安装，应在无风沙、无雨雪的天气下进行；灭弧室检查组装时，空气相对湿度应小于80%，并采取防尘、防潮措施。

第4.2.4条　六氟化硫断路器不应在现场解体检查，当有缺陷必须在现场解体时，应经制造厂同意，并在厂方人员指导下进行。

第4.2.5条　六氟化硫断路器的组装，应符合下列要求：

一、按制造厂的部件编号和规定顺序进行组装，不可混装。

二、断路器的固定应牢固可靠，支架或底架与基础的垫片不宜超过三片，其总厚度不应大于10mm；各片间应焊接牢固。

三、同相各支柱瓷套的法兰面宜在同一水平面上，各支柱中心线间距离的误差不应大于5mm，相间中心距离的误差不应大于5mm。

四、所有部件的安装位置正确，并按制造厂规定要求保持其应有的水平或垂直位置。

五、密封槽面应清洁，无划伤痕迹；已用过的密封垫（圈）不得使用；涂密封脂时，不得使其流入密封垫（圈）内侧而与六氟化硫气体接触。

六、应按产品的技术规定更换吸附剂。

七、应按产品的技术规定选用吊装器具、吊点及吊装程序。

八、密封部位的螺栓应使用力矩扳手紧固，其力矩值应符合产品的技术规定。

第4.2.6条　设备接线端子的接触表面应平整、清洁、无氧化膜，并涂以薄层电力复合脂；镀银部分不得挫磨；载流部分的可挠连接不得有折损、表面凹陷及锈蚀。

第4.2.7条　断路器调整后的各项动作参数，应符合产品的技术规定。

第4.2.8条　六氟化硫断路器和操动机构的联合动作，应符合下列要求：

一、在联合动作前，断路器内必须充有额定压力的六氟化硫气体。

二、位置指示器动作应正确可靠，其分、合位置应符合断路器的实际分、合状态。

三、具有慢分、慢合装置者，在进行快速分、合闸前，必须先进行慢分、慢合操作。

第三节　六氟化硫气体管理及充注

第4.3.1条　六氟化硫气体的管理及充注，应符合本规范第五章第三节的规定。

第四节　工程交接验收

第4.4.1条　在验收时，应进行下列检查：

一、断路器应固定牢靠，外表清洁完整；动作性能符合规定。

二、电气连接应可靠且接触良好。

三、断路器及其操动机构的联动应正常，无卡阻现象；分、合闸指示正确；辅助开关动作正确可靠。

四、密度继电器的报警、闭锁定值应符合规定；电气回路传动正确。

五、六氟化硫气体压力、泄漏率和含水量应符合规定。

六、油漆应完整，相色标志正确，接地良好。

第4.4.2条　在验收时应提交下列资料和文件：

一、变更设计的证明文件。

二、制造厂提供的产品说明书、试验记录、合格证件及安装图纸等技术文件。

三、安装技术记录。

四、调整试验记录。

五、备品、备件、专用工具及测试仪器清单。

第五章　六氟化硫封闭式组合电器

第一节　一般规定

第5.1.1条　本章适用于额定电压为35～500kV的六氟化硫封闭式组合电器。

第5.1.2条　封闭式组合电器在运输和装卸过程中不得倒置、倾翻、碰撞和受到剧烈的振动。制造厂有特殊规定标记的，应按制造厂的规定装运。

第5.1.3条　封闭式组合电器运到现场后的检查应符合下列要求：

一、包装应无残损。

二、所有元件、附件、备件及专用工器具应齐全，无损伤变形及锈蚀。

三、瓷件及绝缘件应无裂纹及破损。

四、充有六氟化硫等气体的运输单元或部件，其压力值应符合产品的技术规定。

五、出厂证件及技术资料应齐全。

第5.1.4条　封闭式组合电器运到现场后的保管应符合下列要求：

一、封闭式组合电器应按原包装置于平整、无积水、无腐蚀性气体的场地并垫上枕木，在室外加蓬布遮盖。

二、封闭式组合电器的附件、备件、专用工器具及设备专用材料应置于干燥的室内。

三、瓷件应安放妥当，不得倾倒、碰撞。

四、充有六氟化硫等气体的运输单元，应按产品技术规定检查压力值，并做好记录，有异常情况时应及时采取措施。

五、当保管期超过产品规定时，应按产品技术要求进行处理。

第二节　安装与调整

第5.2.1条　封闭式组合电器元件装配前，应进行下列检查：

一、组合电器元件的所有部件应完整无损。

二、瓷件应无裂纹，绝缘件应无受潮、变形、剥落及破损。

三、组合电器元件的接线端子、插接件及载流部分应光洁，无锈蚀现象。

四、各分隔气室气体的压力值和含水量应符合产品的技术规定。

五、各元件的紧固螺栓应齐全、无松动。

六、各连接件、附件及装置性材料的材质、规格及数量应符合产品的技术规定。

七、支架及接地引线应无锈蚀或损伤。

八、密度继电器和压力表应经检验合格。

九、母线和母线筒内壁应平整无毛刺。

十、防爆膜应完好。

第5.2.2条　封闭式组合电器基础及预埋槽钢的水平误差，不应超过产品的技术规定。

第5.2.3条　制造厂已装配好的各电器元件在现场组装时，不应解体检查；如有缺陷必须在现场解体时，应经制造厂同意，并在厂方人员指导下进行。

第5.2.4条　组合电器元件的装配，应符合下列要求：

一、装配工作应在无风沙、无雨雪、空气相对湿度小于80%的条件下进行，并采取防尘、防潮措施。

二、应按制造厂的编号和规定的程序进行装配，不得混装。

三、使用的清洁剂、润滑剂、密封脂和擦拭材料必须符合产品的技术规定。

四、密封槽面应清洁、无划伤痕迹；已用过的密封垫（圈）不得使用；涂密封脂时，不得使其流入密封垫（圈）内侧而与六氟化硫气体接触。

五、盆式绝缘子应清洁、完好。

六、应按产品的技术规定选用吊装器具及吊点。

七、连接插件的触头中心应对准插口，不得卡阻，插入深度应符合产品的技术规定。

八、所有螺栓的紧固均应使用力矩扳手，其力矩值应符合产品的技术规定。

九、应按产品的技术规定更换吸附剂。

注：有关电器设备的安装要求尚应符合本规范有关章节的规定。

第5.2.5条　设备接线端子的接触表面应平整、清洁、无氧化膜，并涂以薄层电力复合脂；镀银部分不得挫磨；载流部分其表面应无凹陷及毛刺，连接螺栓应齐全、紧固。

第三节　六氟化硫气体管理及充注

第5.3.1条　六氟化硫气体的技术条件，应符合表5.3.1的规定。

第5.3.2条　新六氟化硫气体应具有出厂试验报告及合格证件。运到现场后，每瓶应作含水量检验；有条件时，应进行抽样作全分析。

第5.3.3条　六氟化硫气瓶的搬运和保管，应符合下列要求：

一、六氟化硫气瓶的安全帽、防震圈应齐全，安全帽应拧紧；搬运时应轻装轻卸，严禁抛掷溜放。

二、气瓶应存放在防晒、防潮和通风良好的场所；不得靠近热源和油污的地方，严禁水分和油污粘在阀门上。

三、六氟化硫气瓶与其它气瓶不得混放。

六氟化硫气体的技术条件 **表5.3.1**

名称	指标
空气（N_2+O_2）	≤ 0.05%
四氟化碳	≤ 0.05%
水分	≤ 8ppm
酸度（以HF计）	≤ 0.3ppm
可水解氟化物（以HF计）	≤ 1.0ppm
矿物油	≤ 10ppm
纯度	≥ 99.8%
生物毒性试验	无毒

注：表中指标为重量比值。

第5.3.4条 六氟化硫气体的充注应符合下列要求：

一、充注前，充气设备及管路应洁净、无水分、无油污；管路连接部分应无渗漏。

二、气体充入前应按产品的技术规定对设备内部进行真空处理；抽真空时，应防止真空泵突然停止或因误操作而引起倒灌事故。

三、当气室已充有六氟化硫气体，且含水量检验合格时，可直接补气。

第5.3.5条 设备内六氟化硫气体的含水量和漏气率应符合现行国家标准《电气装置安装工程电气设备交接试验标准》的规定。

第四节 工程交接验收

第5.4.1条 在验收时，应进行下列检查：

一、组合电器应安装牢靠，外表清洁完整，动作性能符合产品的技术规定。

二、电器连接应可靠，且接触良好。

三、组合电器及其传动机构的联动应正常，无卡阻现象；分、合闸指示正确；辅助开关及电气闭锁应动作正确可靠。

四、支架及接地引线应无锈蚀和损伤，接地应良好。

五、密度继电器的报警、闭锁定值应符合规定，电气回路传动正确。

六、六氟化硫气体漏气率和含水量应符合规定。

七、油漆应完整，相色标志正确。

第5.4.2条 在验收时应提交下列资料和文件：

一、变更设计的证明文件。

二、制造厂提供的产品说明书、试验记录、合格证件及安装图纸等技术文件。

三、安装技术记录。

四、调整试验记录。

五、备品、备件、专用工具及测试仪器清单。

第六章　真空断路器

第一节　一般规定

第6.1.1条　本章适用于额定电压为3～35kV的户内式真空断路器。

第6.1.2条　真空断路器在运输、装卸过程中，不得倒置和遭受雨淋，不得受到强烈振动和碰撞。

第6.1.3条　真空断路器运到现场后的检查，应符合下列要求：

一、开箱前包装应完好。

二、断路器的所有部件及备件应齐全，无锈蚀或机械损伤。

三、灭弧室、瓷套与铁件间应粘合牢固，无裂纹及破损。

四、绝缘部件不应变形、受潮。

五、断路器的支架焊接应良好，外部油漆完整。

第6.1.4条　真空断路器到达现场后的保管，应符合下列要求：

一、断路器应存放在通风、干燥及没有腐蚀性气体的室内。

二、断路器存放时不得倒置，开箱保管时不得重叠放置。

三、开箱后应进行灭弧室真空度检测。

四、断路器若长期保存，应每6个月检查一次，在金属零件表面及导电接触面应涂一层防锈油脂，用清洁的油纸包好绝缘件。

第二节　真空断路器的安装与调整

第6.2.1条　真空断路器的安装与调整，应符合下列要求：

一、安装应垂直，固定应牢靠，相间支持瓷件在同一水平面上。

二、三相联动连杆的拐臂应在同一水平面上，拐臂角度一致。

三、安装完毕后，应先进行手动缓慢分、合闸操作，无不良现象时方可进行电动分、合闸操作。

四、真空断路器的行程、压缩行程及三相同期性，应符合产品的技术规定。

第6.2.2条　真空断路器的导电部分，应符合下列要求：

一、导电部分的可挠铜片不应断裂，铜片间无锈蚀；固定螺栓应齐全紧固。

二、导电杆表面应洁净，导电杆与导电夹应接触紧密。

三、导电回路接触电阻值应符合产品的技术要求。

四、电器接线端子的螺栓搭接面及螺栓的紧固要求，应符合现行国家标准《电气装置安装工程母线装置施工及验收规范》的规定。

第三节　工程交接验收

第6.3.1条　在验收时，应进行下列检查：

一、真空断路器应固定牢靠，外表清洁完整。

二、电气连接应可靠且接触良好。

三、真空断路器与其操动机构的联动应正常，无卡阻；分、合闸指示正确；辅助开关动作应确准可靠，接点无电弧烧损。

四、灭弧室的真空度应符合产品的技术规定。

五、并联电阻、电容值应符合产品的技术规定。

六、绝缘部件、瓷件应完整无损。

七、油漆应完整、相色标志正确，接地良好。

第6.3.2条　在验收时，应提交下列资料和文件：

一、变更设计的证明文件。

二、制造厂提供的产品说明书、试验记录、合格证件及安装图纸等技术文件。

三、安装技术记录。

四、调整试验记录。

五、备品、备件清单。

第七章　断路器的操动机构

第一节　一般规定

第7.1.1条　本章适用于与额定电压为3～500kV断路器配合使用的气动机构、液压机构、电磁机构和弹簧机构。

第7.1.2条　操动机构在运输和装卸过程中，不得倒置、碰撞或受到剧烈的震动。

第7.1.3条　操动机构运到现场后的检查，应符合下列要求：

一、操动机构的所有零部件、附件及备件应齐全。

二、操动机构的零部件、附件应无锈蚀、受损及受潮等现象。

三、充油、充气部件应无渗漏。

第7.1.4条　操动机构运到现场后的保管，应符合下列要求：

一、操动机构应按其用途置于室内或室外保管。

二、空气压缩机、阀门等应置于室内保管。

三、控制箱或机构箱应妥善保管，不得受潮。

四、保管时，应对操动机构的金属转动摩擦部件进行检查，并采取防锈措施。

第二节　操动机构的安装

第7.2.1条　操动机构的安装，应符合下列要求：

一、操动机构固定应牢靠，底座或支架与基础间的垫片不宜超过3片，总厚度不应超过20mm，并与断路器底座标高相配合，各片间应焊牢。

二、操动机构的零部件应齐全，各转动部分应涂以适合当地气候条件的润滑脂。

三、电动机转向应正确。

四、各种接触器、继电器、微动开关、压力开关和辅助开关的动作应准确可靠，接点应接触良好，无烧损或锈蚀。

五、分、合闸线圈的铁芯应动作灵活，无卡阻。

六、加热装置的绝缘及控制元件的绝缘应良好。

第三节 气动机构

第7.3.1条 气动机构的安装除符合本章第二节要求外，尚应符合本节的要求。

第7.3.2条 空气压缩机安装时，应经检查并符合下列要求：

一、空气过滤器应清洁无堵塞，吸气阀和排气阀完好，阀片方向不应装反，阀片与阀座接触面的密封应严密。

二、气缸内壁应清洁，无局部磨损的痕迹；气缸盖衬垫应完整严密；气缸的活塞、弹簧胀圈应完整无损，活塞运动过程中胀圈与缸壁贴合应紧密。

三、曲轴与轴瓦应固定良好，销子的位置恰当。

四、冷却器、风扇叶片和电动机、皮带轮等所有附件应清洁并安装牢固，运转时不应产生振动而松脱。

五、气缸内油面应在标线位置。

六、气缸用的润滑油应符合产品的技术要求；气缸油的加温装置应完好。

七、自动排污装置应动作正确，污物应引到室外，不应排在电缆沟内。

八、空气压缩机组的安装应符合国家现行标准《机械设备安装工程施工及验收规范》中的有关要求；空气压缩机组电动机的安装应符合现行国家标准《电气装置安装工程旋转电机施工及验收规范》中电动机章的有关规定。

第7.3.3条 空气压缩机的连续运行时间与最高运行温度不得超过产品的技术规定。

第7.3.4条 空气压缩机组的控制柜及保护柜的安装，应符合下列要求：

一、所有的压力表应经检验合格，压力表的电接点动作正确可靠。

二、柜内配气管应清洁、通畅无堵塞，其布置不应妨碍表计、继电器及其它部件的检修和调试。

三、控制和信号回路应正确，并应符合现行国家标准《电气装置安装工程盘、柜及二次回路结线施工及验收规范》的有关规定。

第7.3.5条 储气罐、气水分离器及截止阀、逆止阀、安全阀和排污阀等，应清洁、无锈蚀；减压阀、安全阀应经检验；阀门动作应灵活、准确可靠；其安装位置应便于操作。

第7.3.6条 储气罐等压力容器应符合国家现行有关压力容器承压试验标准；配气管安装后，应进行承压检查；压力为1.25倍额定压力的气压，承压时间为5 min。

第7.3.7条 空气管路的材料性能、管径、壁厚应符合设计要求，并具有强度检验证明。

第7.3.8条 空气管道的敷设，应符合下列规定：

一、管子内部应清洁、无锈蚀。

二、敷管时走径宜短，接头宜少，排管的接头应错开。

三、管道的连接宜采用焊接，焊口应牢固严密；采用法兰螺栓连接时，法兰端面应与管子中心线垂直，法兰的接触面应平整，不得有砂眼、毛刺、裂纹等缺陷；管道与设备间应用法兰或连接器连接，不得焊死。

四、空气管道应固定牢固，其固定卡子间的距离不应大于2 m；空气管道在穿过墙壁或地板时，应通过明孔或另加金属保护管。

五、设计无规定时，管道应在顺排水方向具有不小于3‰的排水坡度；管子的弯曲半径应符合选用管材的要求。

六、管子的伸缩弯头宜平放或稍高于管道敷设平面，不宜积水。

第7.3.9条 全部空气管道系统应以额定气压进行漏气量的检查，在24h内压降不得超过10%。

第7.3.10条 空气压缩机、储气罐及阀门等部件应分别加以编号。阀门的操作手柄应标以开、闭方向。连接阀门的管子上应标以正常工作时的气流方向。

空气管道应按其不同压力涂以不同颜色的油漆。

第四节 液压机构

第7.4.1条 液压机构的安装，除应符合本章第二节规定外，尚应符合下列要求：

一、油箱内部应洁净，液压油的标号应符合产品的技术规定，液压油应洁净无杂质，油位指示应正常。

二、连接管路应清洁，连接处应密封良好，且牢固可靠。

三、补充的氮气及其预充压力应符合产品的技术规定。

四、液压回路在额定油压时，外观检查应无渗油。

五、机构在慢分、合时，工作缸活塞杆的运动应无卡阻和跳动现象，其行程应符合产品的技术规定。

六、微动开关、接触器的动作应准确可靠，接触良好；电接点压力表、安全阀应校验合格，压力释放阀动作应可靠，关闭严密；联动闭锁压力值应按产品的技术规定予以整定。

七、防失压慢分装置应可靠。

第五节 电磁机构

第7.5.1条 电磁机构的安装，除应符合本章第二节的规定外，尚应符合下列要求：

一、辅助开关动作应准确、可靠，接触良好；

二、机构合闸至顶点时，支持板与合闸滚轮间应保持一定间隙，且符合产品的技术规定；

三、分闸制动板应可靠地扣入，脱扣锁钩与底板轴间应保持一定的间隙，且符合产品的技术规定。

第六节 弹簧机构

第7.6.1条 弹簧机构的安装，除应符合本章第二节规定外，尚应符合下列要求：

一、合闸弹簧储能完毕后，辅助开关应即将电动机电源切除；合闸完毕，辅助开关应将电动机电源接通。

二、合闸弹簧储能后，牵引杆的下端或凸轮应与合闸锁扣可靠地锁住。

三、分、合闸闭锁装置动作应灵活，复位应准确而迅速，并应扣合可靠。

四、机构合闸后，应能可靠地保持在合闸位置。

五、弹簧机构缓冲器的行程，应符合产品的技术规定。

第7.6.2条 弹簧机构在调整时应符合下列规定：

一、严禁将机构“空合闸”；

二、合闸弹簧储能时，牵引杆的位置不得超过死点；

三、棘轮转动时，不得提起或放下撑牙；

四、当手动慢合闸时需要用螺钉将撑牙支起的操动机构，手动慢合闸结束后应将此支撑螺钉拆除。

第七节 工程交接验收

第7.7.1条 在验收时，应进行下列检查：

一、操动机构应固定牢靠，外表清洁完整。

二、电气连接应可靠且接触良好。

三、液压系统应无渗油，油位正常；空气系统应无漏气；安全阀、减压阀等应动作可靠；压力表应指示正确。

四、操动机构与断路器的联动应正常，无卡阻现象；分、合闸指示正确；压力开关、辅助开关动作应准确可靠，接点无电弧烧损。

五、操动机构箱的密封垫应完整，电缆管口、洞口应予封闭。

六、油漆应完整，接地良好。

第7.7.2条 在验收时，应提交下列资料和文件：

一、变更设计的证明文件。

二、制造厂提供的产品说明书、试验记录、合格证件及安装图纸等技术文件。

三、安装技术记录。

四、调整试验记录。

五、备品、备件及专用工具清单。

第八章 隔离开关、负荷开关及高压熔断器

第一节 一般规定

第8.1.1条 本章适用于额定电压为3～500kV的隔离开关、负荷开关及高压熔断器。

第8.1.2条 隔离开关、负荷开关及高压熔断器运到现场后的检查，应符合下列要求：

一、所有的部件、附件、备件应齐全，无损伤变形及锈蚀。

二、瓷件应无裂纹及破损。

第8.1.3条 隔离开关、负荷开关及高压熔断器运到现场后的保管，应符合下列要求：

一、设备应按其不同保管要求置于室内或室外平整、无积水的场地。

二、设备及瓷件应安置稳妥，不得倾倒损坏；触头及操动机构的金属传动部件应有防锈措施。

第二节 安装与调整

第8.2.1条 隔离开关、负荷开关及高压熔断器安装时的检查，应符合下列要求：

一、接线端子及载流部分应清洁，且接触良好，触头镀银层无脱落。

二、绝缘子表面应清洁，无裂纹、破损、焊接残留斑点等缺陷，瓷铁粘合应牢固。

三、隔离开关的底座转动部分应灵活，并应涂以适合当地气

候的润滑脂。

四、操动机构的零部件应齐全，所有固定连接部件应紧固，转动部分应涂以适合当地气候的润滑脂。

第8.2.2条 在室内间隔墙的两面，以共同的双头螺栓安装隔离开关时，应保证其中一组隔离开关拆除时，不影响另一侧隔离开关的固定。

第8.2.3条 隔离开关的组装，应符合下列要求：

一、隔离开关的相间距离的误差：110kV及以下不应大于10mm，110kV以上不应大于20mm。相间连杆应在同一水平线上。

二、支柱绝缘子应垂直于底座平面（V型隔离开关除外），且连接牢固；同一绝缘子柱的各绝缘子中心线应在同一垂直线上；同相各绝缘子柱的中心线应在同一垂直平面内。

三、隔离开关的各支柱绝缘子间应连接牢固；安装时可用金属垫片校正其水平或垂直偏差，使触头相互对准、接触良好；其缝隙应用腻子抹平后涂以油漆。

四、均压环（罩）和屏蔽环（罩）应安装牢固、平正。

第8.2.4条 传动装置的安装与调整应符合下列要求：

一、拉杆应校直，其与带电部分的距离应符合现行国家标准《电气装置安装工程母线装置施工及验收规范》的有关规定；当不符合规定时，允许弯曲，但应弯成与原杆平行。

二、拉杆的内径应与操动机构轴的直径相配合，两者间的间隙不应大于1mm；连接部分的销子不应松动。

三、当拉杆损坏或折断可能接触带电部分而引起事故时，应加装保护环。

四、延长轴、轴承、连轴器、中间轴轴承及拐臂等传动部件，其安装位置应正确，固定应牢靠；传动齿轮应咬合准确，操作轻便灵活。

五、定位螺钉应按产品的技术要求进行调整，并加以固定。

六、所有传动部分应涂以适合当地气候条件的润滑脂。

七、接地刀刃转轴上的扭力弹簧或其它拉伸式弹簧应调整到操作力矩最小，并加以固定；在垂直连杆上涂以黑色油漆。

第8.2.5条 操动机构的安装调整，应符合下列要求：

一、操动机构应安装牢固，同一轴线上的操动机构安装位置应一致。

二、电动或气动操作前，应先进行多次手动分、合闸，机构动作应正常。

三、电动机的转向应正确，机构的分、合闸指示应与设备的实际分、合闸位置相符。

四、机构动作应平稳，无卡阻、冲击等异常情况。

五、限位装置应准确可靠，到达规定分、合极限位置时，应可靠地切除电源或气源。

六、管路中的管接头、阀门、工作缸等不应有渗、漏现象。

七、机构箱密封垫应完整。

八、气动机构的空气压缩机及空气管路尚应符合本规范第七章的有关规定。

第8.2.6条 当拉杆式手动操动机构的手柄位于上部或左端的极限位置，或蜗轮蜗杆式机构的手柄位于顺时针方向旋转的极限位置时，应是隔离开关或负荷开关的合闸位置；反之，应是分闸位置。

第8.2.7条 隔离开关、负荷开关合闸后，触头间的相对位置、备用行程以及分闸状态时触头间的净距或拉开角度，应符合产品的技术规定。

第8.2.8条 具有引弧触头的隔离开关由分到合时，在主动触头接触前，引弧触头应先接触；从合到分时，触头的断开顺序应相反。

第8.2.9条 三相联动的隔离开关，触头接触时，不同期值应符合产品的技术规定。当无规定时，应符合表8.2.9的规定。

三相隔离开关不同期允许值 表8.2.9

电 压 kV	相差值 mm
10～35	5
6～110	10
220～330	20

第8.2.10条 隔离开关、负荷开关的导电部分，应符合下列规定：

一、以0.05mm×10mm的塞尺检查，对于线接触应塞不进去；对于面接触，其塞入深度：在接触表面宽度为50mm及以下时，不应超过4mm；在接触表面宽度为60mm及以上时，不应超过6mm。

二、触头间应接触紧密，两侧的接触压力应均匀，且符合产品的技术规定。

三、触头表面应平整、清洁，并应涂以薄层中性凡士林；载流部分的可挠连接不得有折损；连接应牢固，接触应良好；载流部分表面应无严重的凹陷及锈蚀。

四、设备接线端子应涂以薄层电力复合脂。

第8.2.11条 隔离开关的闭锁装置应动作灵活、准确可靠；带有接地刀刃的隔离开关，接地刀刃与主触头间的机械或电气闭锁应准确可靠。

第8.2.12条 隔离开关及负荷开关的辅助开关应安装牢固，并动作准确，接触良好，其安装位置应便于检查；装于室外时，应有防雨措施。

第8.2.13条 负荷开关的安装及调整，除符合上述有关规定外，尚应符合下列要求：

一、在负荷开关合闸时，主固定触头应可靠地与主刀刃接触，分闸时，三相的灭弧刀片应同时跳离固定灭弧触头。

二、灭弧筒内产生气体的有机绝缘物应完整无裂纹，灭弧触头与灭弧筒的间隙应符合要求。

三、负荷开关三相触头接触的同期性和分闸状态时触头间净距及拉开角度应符合产品的技术规定。

四、带油的负荷开关的外露部分及油箱应清理干净，油箱内应注以合格油并无渗漏。

第8.2.14条 人工接地开关的安装与调整，除应符合上述有关规定外，尚应符合下列要求：

一、人工接地开关的动作应灵活可靠，其合闸时间应符合继电保护的要求。

二、人工接地开关的缓冲器应经详细检查，其压缩行程应符合产品的技术规定。

第8.2.15条 高压熔断器的安装，应符合下列要求：

一、带钳口的熔断器，其熔丝管应紧密地插入钳口内。

二、装有动作指示器的熔断器，应便于检查指示器的动作情况。

三、跌落式熔断器的熔管的有机绝缘物应无裂纹、变形；熔管轴线与铅垂线的夹角应为15～30°，其转动部分应灵活；跌落时不应碰及其它物体而损坏熔管。

四、熔丝的规格应符合设计要求，且无弯曲、压扁或损伤，熔体与尾线应压接紧密牢固。

第三节 工程交接验收

第8.3.1条 在验收时，应进行下列检查：

一、操动机构、传动装置、辅助开关及闭锁装置应安装牢固，动作灵活可靠，位置指示正确，无渗漏。

二、合闸时三相不同期值应符合产品的技术规定。

三、相间距离及分闸时，触头打开角度和距离应符合产品的技术规定。

四、触头应接触紧密良好。

五、空气压缩装置及管道系统应符合本规范第七章的有关规定。

六、油漆应完整、相色标志正确，接地良好。

第8.3.2条 在验收时，应提交下列资料和文件：

一、变更设计的证明文件。

二、制造厂提供的产品说明书、试验记录、合格证件及安装图纸等技术文件。

三、安装技术记录。

四、调整试验记录。

五、备品、备件及专用工具清单。

第九章 电 抗 器

第9.0.1条 本章适用于混凝土电抗器、干式电抗器、滤波器和阻波器主线圈。

第9.0.2条 设备运到现场后，应进行下列外观检查：支柱及线圈绝缘等应无严重损伤和裂纹；线圈应无变形；支柱绝缘子及其附件应齐全。

第9.0.3条 设备运到现场后，应按其用途放在室内或室外平整、无积水的场地保管；混凝土电抗器保管时应有防雨措施。运输或吊装过程中，支柱或线圈不应遭受损伤和变形。

第9.0.4条 电抗器有下列情况时可进行修补：

一、混凝土支柱的表面裂纹长度不超过柱子径向尺寸的1/3，且其宽度不超过0.5mm时，可予填补，填补后应在表面涂以防潮绝缘漆。

二、混凝土支柱表面漆层损坏处应补涂防潮绝缘漆。

三、混凝土电抗器线圈绝缘有损伤时，应予包扎。

四、干式电抗器线圈绝缘损伤及导体裸露时，应按制造厂的技术规定进行处理。

第9.0.5条 电抗器应按其编号进行安装，并应符合下列要求：

一、三相垂直排列时，中间一相线圈的绕向应与上、下两相相反。

二、两相重叠一相并列时，重叠的两相绕向应相反，另一相与上面的一相绕向相同。

三、三相水平排列时，三相绕向应相同。

第9.0.6条　垂直安装时，各相中心线应一致。

第9.0.7条　电抗器和支承式安装的阻波器主线圈，其重量应均匀地分配于所有支柱绝缘子上。找平时，允许在支柱绝缘子底座下放置钢垫片，但应固定牢靠。

电抗器上、下重叠安装时，应在其绝缘子顶帽上，放置与顶帽同样大小且厚度不超过4 mm的绝缘纸板垫片或橡胶垫片；在户外安装时，应用橡胶垫片。

第9.0.8条　悬式阻波器主线圈吊装时，其轴线宜对地垂直。

第9.0.9条　设备接线端子与母线的连接，应符合现行国家标准《电气装置安装工程母线装置施工及验收规范》的规定。当其额定电流为1500A及以上时，应采用非磁性金属材料制成的螺栓。

第9.0.10条　电抗器间隔内，所有磁性材料的部件，应可靠固定。

第9.0.11条　电抗器和阻波器主线圈的支柱绝缘子的接地，应符合下列要求：

一、上、下重叠安装时，底层的所有支柱绝缘子均应接地，其余的支柱绝缘子不接地。

二、每相单独安装时，每相支柱绝缘子均应接地。

三、支柱绝缘子的接地线不应成闭合环路。

第9.0.12条　在验收时，应进行下列检查：

一、支柱应完整、无裂纹，线圈应无变形。

二、线圈外部的绝缘漆应完好。

三、支柱绝缘子的接地应良好。

四、混凝土支柱的螺栓应拧紧。

五、混凝土电抗器的风道应清洁无杂物。

六、各部油漆应完整。

七、阻波器内部的电容器和避雷器外观应完整，连接良好，固定可靠。

第9.0.13条　在验收时，应提交下列资料和文件：

一、变更设计的证明文件。

二、制造厂提供的产品说明书、试验记录、合格证件及安装图纸等技术文件。

三、安装技术记录。

四、调整试验记录。

五、备品、备件清单。

第十章 避 雷 器

第一节 一般规定

第10.1.1条 本章适用于额定电压500kV及以下的普通阀式、磁吹阀式避雷器和金属氧化物避雷器及排气式避雷器。

第二节 阀式避雷器

第10.2.1条 避雷器不得任意拆开、破坏密封和损坏元件。

第10.2.2条 避雷器在运输存放过程中应立放，不得倒置和碰撞。

第10.2.3条 避雷器安装前，应进行下列检查：

一、瓷件应无裂纹、破损，瓷套与铁法兰间的粘合应牢固，法兰泄水孔应通畅。

二、磁吹阀式避雷器的防爆片应无损坏和裂纹。

三、组合单元应经试验合格，底座和拉紧绝缘子绝缘应良好。

四、运输时用以保护金属氧化物避雷器防爆片的上下盖子应取下，防爆片应完整无损。

五、金属氧化物避雷器的安全装置应完整无损。

第10.2.4条 避雷器组装时，其各节位置应符合产品出厂标志的编号。

第10.2.5条 带串、并联电阻的阀式避雷器安装时，同相组合单元间的非线性系数的差值应符合现行国家标准《电气装置安装工程电气设备交接试验标准》的规定。

第10.2.6条 避雷器各连接处的金属接触表面，应除去氧化膜及油漆，并涂一层电力复合脂。

第10.2.7条 并列安装的避雷器三相中心应在同一直线上；铭牌应位于易于观察的同一侧。避雷器应安装垂直，其垂直度应符合制造厂的规定，如有歪斜，可在法兰间加金属片校正，但应保证其导电良好，并将其缝隙用腻子抹平后涂以油漆。

第10.2.8条 拉紧绝缘子串必须紧固；弹簧应能伸缩自如，同相各拉紧绝缘子串的拉力应均匀。

第10.2.9条 均压环应安装水平，不得歪斜。

第10.2.10条 放电记数器应密封良好、动作可靠，并应按产品的技术规定连接，安装位置应一致，且便于观察；接地应可靠，放电记数器宜恢复至零位。

第10.2.11条 金属氧化物避雷器的排气通道应通畅；排出的气体不致引起相间或对地闪络，并不得喷及其它电气设备。

第10.2.12条 避雷器引线的连接不应使端子受到超过允许的外加应力。

第三节 排气式避雷器

第10.3.1条 排气式避雷器安装前，应进行下列检查：

一、排气式避雷器的灭弧间隙不得任意拆开调整，其喷口处的灭弧管内径应符合产品的技术规定；

二、绝缘管壁应无破损、裂痕，漆膜无剥落，管口无堵塞；

三、绝缘应良好，试验合格；

四、配件应齐全。

第10.3.2条 排气式避雷器的安装，应符合下列要求：

一、避雷器应在管体的闭口端固定，开口端指向下方。当倾斜安装时，其轴线与水平方向的夹角：对于普通排气式避雷器不应小于15°，无续流避雷器不应小于45°，装于污秽地区时，应增大倾斜角度。

二、避雷器安装方位，应使其排出的气体不致引起相间或对地闪络，也不得喷及其它电气设备。

三、动作指示盖应向下打开。

四、避雷器及其支架必须安装牢固。

五、应便于观察和检修。

六、无续流避雷器的高压引线与被保护设备的连接线长度应符合产品的技术规定。

第10.3.3条　隔离间隙的安装，应符合下列要求：

一、隔离间隙电极的制作应符合设计要求，铁质材料制作的电极应镀锌。

二、隔离间隙轴线与避雷器管体轴线的夹角不应小于45°。

三、隔离间隙宜水平安装。

四、隔离间隙必须安装牢固，其间隙距离应符合设计规定。

第10.3.4条　无续流排气式避雷器的隔离间隙，应符合产品的技术规定。

第四节　工程交接验收

第10.4.1条　在验收时，应进行下列检查：

一、现场制作件应符合设计要求。

二、避雷器外部应完整无缺损，封口处密封良好。

三、避雷器应安装牢固，其垂直度应符合要求，均压环应水平。

四、阀式避雷器拉紧绝缘子应紧固可靠，受力均匀。

五、放电记数器密封应良好，绝缘垫及接地应良好、牢靠。

六、排气式避雷器的倾斜角和隔离间隙应符合要求。

七、油漆应完整，相色正确。

第10.4.2条　在验收时，应提交下列资料和文件：

一、变更设计的证明文件。

二、制造厂提供的产品说明书、试验记录、合格证件及安装图纸等技术文件。

三、安装技术记录。

四、调整试验记录。

第十一章 电 容 器

第11.0.1条 本章适用于电力电容器及耦合电容器的安装。其附属设备的安装应符合本规范和国家现行有关标准、规范的规定。

第11.0.2条 电容器在安装前，应进行下列检查：

一、套管芯棒应无弯曲或滑扣。

二、引出线端连接用的螺母、垫圈应齐全。

三、外壳应无显著变形，外表无锈蚀，所有接缝不应有裂缝或渗油。

第11.0.3条 成组安装的电力电容器，应符合下列要求：

一、三相电容量的差值宜调配到最小，其最大与最小的差值，不应超过三相平均电容值的5%；设计有要求时，应符合设计的规定。

二、电容器构架应保持其应有的水平及垂直位置，固定应牢靠，油漆应完整。

三、电容器的配置应使其铭牌面向通道一侧，并有顺序编号。

四、电容器端子的连接线应符合设计要求，接线应对称一致，整齐美观，母线及分支线应标以相色。

五、凡不与地绝缘的每个电容器的外壳及电容器的构架均应接地；凡与地绝缘的电容器的外壳均应接到固定的电位上。

第11.0.4条 耦合电容器安装时，不应松动其顶盖上的紧固螺栓，接至电容器的引线不应使其端头受到过大的横向拉力。

第11.0.5条 两节或多节耦合电容器叠装时，应按制造厂的编号安装。

第11.0.6条 在验收时，应进行下列检查：

一、电容器组的布置与接线应正确，电容器组的保护回路应完整。

二、三相电容量误差允许值应符合规定。

三、外壳应无凹凸或渗油现象，引出端子连接牢固，垫圈、螺母齐全。

四、熔断器熔体的额定电流应符合设计规定。

五、放电回路应完整且操作灵活。

六、电容器外壳及构架的接地应可靠，其外部油漆应完整。

七、电容器室内的通风装置应良好。

第11.0.7条 在验收时，应提交下列资料和文件：

一、变更设计的证明文件。

二、制造厂提供的产品说明书、试验记录、合格证件及安装图纸等技术文件。

三、安装技术记录。

四、调整试验记录。

五、备品、备件清单。

附录一　本规范用词说明

一、为便于在执行本规范条文时区别对待，对要求严格程度不同的用词说明如下：

1．表示很严格，非这样作不可的：

正面词采用“必须”；

反面词采用“严禁”。

2．表示严格，在正常情况下均应这样作的：

正面词采用“应”；

反面词采用“不应”或“不得”。

3．表示允许稍有选择，在条件许可时首先应这样作的：

正面词采用“宜”或“可”；

反面词采用“不宜”。

二、条文中规定应按其它有关标准、规范执行时，写法为“应符合……的规定”或“应按……执行”。

附加说明

本规范主编单位、参加单位和主要起草人名单

主编单位：能源部电力建设研究所

参加单位：陕西省送变电工程公司
华东电管局工程建设定额站
东北电业管理局
上海电力建设局调整试验所
水电第十二工程局
广东省输变电工程公司
东北电力建设第一工程公司
东北送变电工程公司
大庆石油管理局供电公司
化工部施工技术研究所

主要起草人：胡汉武　韩建国　沈大有

中华人民共和国国家标准

电气装置安装工程
高压电器施工及验收规范

GBJ147-90

条 文 说 明

前　言

本规范是根据原国家计委计综〔1986〕2630号文的要求，由原水利电力部负责主编，具体由能源部电力建设研究所会同有关单位对《电气装置安装工程施工及验收规范》GBJ 232-82 第一篇“高压电器篇”修订而成。经中华人民共和国建设部1990年12月30日以（90）建标字第698号文批准发布。

为便于广大设计、施工、科研、学校等有关单位人员在使用本规范时能正确理解和执行条文规定，《电气装置安装工程高压电器施工及验收规范》编制组根据国家计委关于编制标准、规范条文说明的统一要求，按《电气装置安装工程高压电器施工及验收规范》的章、节、条顺序，编制了《电气装置安装工程高压电器施工及验收规范条文说明》，供国内有关部门和单位参考。在使用中如发现本条文说明有欠妥之处，请将意见直接函寄本规范的管理单位能源部电力建设研究所（北京良乡，邮政编码：102401）。

本《条文说明》仅供国内有关部门和单位执行本规范时使用，不得外传和翻印。

1990年12月

目　录

第一章 总 则

第1.0.2条 近10年来，我国在交流500kV高压电器安装和运行方面积累了丰富的经验，国产500kV高压电器产品也已日趋成熟，故本次修订中纳入了这方面的内容。而高压直流工程建设，在我国尚属起步阶段，有待今后通过实践后补充。

修订中补充了有关六氟化硫断路器（支柱式和罐式）、六氟化硫封闭式组合电器、真空断路器、金属氧化物避雷器、干式电抗器和阻波器等以及相应的500kV设备等内容。

第1.0.3条 按设计进行施工是现场施工的基本要求。设计部门应按技术经济政策和现场实际情况进行修改，并应有设计变更通知。

第1.0.4条 本规范适用于一般通用设备及器材的运输和保管。当制造厂根据个别设备结构等方面的特点，在运输和保管上有特殊要求时，则应符合其特殊要求。

第1.0.5条 设备及器材保管是安装前的一个重要前期工作。施工前搞好设备及器材的保管有利于以后的施工。

设备及器材保管的要求和措施，因其保管时间的长短而有所不同，故本规范明确为设备到达现场后安装前的保管，其保管期限不超过一年。对于需要长期保管的设备及器材，应按其保管的专门规定进行保管。

第1.0.6条 凡未经有关单位鉴定合格的设备或不符合国家现行的技术标准（包括国家标准或地方标准）的原材料、半成品、成品和设备，均不得使用和安装。严禁使用低劣和伪造的不合格产品。

第1.0.7条 事先做好检验工作，为顺利施工提供条件。首先检查包装及密封应良好。对有防潮要求的包装应及时检查，发现问题，采取措施，以防受潮。

制造厂的技术文件，出厂的每台设备应附有产品合格证明书、装箱单和安装使用说明书。断路器所附的产品合格证明还应包括出厂试验数据。

第1.0.8条 现行的安全技术规程，对有关专业性的施工安全要求不一定齐全，因此对重要的施工工序，如大型设备的运输、六氟化硫全封闭式组合电器及六氟化硫断路器的安装等，都应根据现场具体条件，事先制定安全技术措施。

第1.0.9条

一、由于国家现行的有关建筑工程施工及验收规范中的一些规定不完全适合电气设备安装的要求，如建筑工程的误差以cm计，而电气设备安装误差以mm计。这些电气设备的特殊要求应在电气设计图中标出。但建筑工程中的其它质量标准，在电气设计中不可能全部标出，则应符合国家现行的建筑工程施工及验收规范的有关规定。

二、为了尽量减少现场施工时电气设备安装和建筑工程之间的交叉作业，做到文明施工，本条第二款规定了设备安装前建筑工程应具备的一些具体要求，以便给安装工程创造必要的施工条件。

1．规定在配电室内设备底座及母线构架安装后应作好抹光地面的工作；

2．设备安装前，配电室的门窗应安装完毕；

3．补充了设备安装前对构支架应达到刚度的要求，华东、西北等地区的生产、施工单位反映，SW_6型少油断路器的支架，在进行跳合闸试验时，φ300mm混凝土支架有晃动现象。

三、为避免工程结尾工作长期拖延而影响运行维护，明确了设备投入运行前建筑工程应完成的工作，特别是对受电后无法进行的或影响运行安全的工作。

第1.0.10条 根据有的单位提出的意见及经验教训，如上海某工程的220kV户外配电装置，紧固件使用电镀螺栓，安装半年后还没投入运行，就已全部锈蚀，只得返工更换。故明确规定户外用的紧固件应用热镀锌制品；此外由于采用力矩扳手紧固螺栓，还强调了电器端子用的紧固件应符合现行国家标准《变压器、高压电器和套管的接线端子》（GB5273—85）的规定；地脚螺栓主要埋设在混凝土中，而且是非成批定型产品，一些偏远地区镀锌有困难，由于因锈蚀需拆卸时可用松锈剂等方法解决，因此不强调镀锌。

第1.0.11条 现行国家标准《高压绝缘子瓷件技术条件》（GB772—87）只有悬式绝缘子和套管的标准，没有包括高压支柱绝缘子。条文中所指的有关电瓷产品技术条件，就目前已颁布的国家标准有《高压支柱绝缘子技术条件》（GB8287—1—87）和《高压支柱绝缘子尺寸与特性》（GB8287—2—87）。

第二章 空气断路器

第一节 一般规定

第2.1.1条 70年代以来，国产空气断路器已自成体系，一度在西北330kV电网发挥了重要作用，空气压缩装置也有了定型产品；80年代生产了500kV的空气断路器，并已在东北电网中投入运行。近年来，六氟化硫断路器以其良好的性能有取而代之的趋势。但空气断路器在一些地区仍在使用着。既有它固有的特点，也有不少需要更臻完善之处。为此修订中保留了本章的内容，并将适用范围改为3～500kV。

第2.1.2条 根据修订大纲，将断路器操动机构的保管要求列入本规范第七章，本条文对空气断路器现场保管提出要求，并将原条文中的“环氧玻璃布”改为“环氧玻璃钢”，以下有关条文也按此修改。

第二节 空气断路器的安装

第2.2.条

一、空气断路器的绝缘拉杆出厂时与本体分解包装，因此在安装前强调了应对其进行检查。以往曾发生过因绝缘拉杆端部丝扣滑脱，空气断路器一相或一相中其断口拒动，造成非全相运行，后果极为严重，应予注意；在条文中补充了“弯曲度不超过产品技术规定”的要求，以确保安装质量。

二、瓷套有隐伤，法兰结合面不平整或不严密，会引起严重漏气甚至瓷套爆炸，在进行外表检查时应特别重视。高强度瓷套的探伤试验，因现场试验条件的限制，故只规定了在外观检查有疑问时应经探伤试验，而不需逐个进行探伤试验。

三、新装空气断路器应对各部件解体检查，哪些部件应作整体检查，哪些部件仅作部分的解体检查，应视产品结构及工艺质量情况而定。如阀门则需逐个整体分解，而某些组合部件则应根据部件的重要性和制造工艺精度具体确定。一般灭弧室组合件在发运前工厂已调整试验好，为不影响部件的动作特性，如无特殊情况，可不予拆卸。

第2.2.2条 结合电气要求与建筑工艺实际做到的可能性，提出了基础中心距离误差不大于10mm的规定。预埋螺栓一般均由安装部门自行埋设，在二次灌浆时可仔细调整到2mm误差范围以内，以利于设备的安装。

第2.2.3条 为确保空气断路器的安装质量，特作出此规定。

第2.2.4条

一、有的空气断路器阀门的滑动密封用的"O"型橡皮密封圈较细，动作过程因摩擦而引起扭曲变形，造成阀门在运行中漏气，安装时应注意。

二、为了减少阀体滑动工作面的摩擦，以往大都采用防冻润滑脂，也有采用二硫化钼粉末润滑剂。若制造厂有规定者，仍应符合制造厂的规定。

三、空气通气孔关系到空气断路器的时间特性，检查时必须予以重视。

四、喷口的作用为：一方面排除电弧形成的大量游离状态的热空气，同时将电弧引长至喷口，借助于强大的冷空气加速电弧的熄灭。因此，喷口的缺口与触头的相对位置必须安装正确。

五、灭弧触指弹簧往往制造厂未提供其压力值，现场检查时无法测定其压力，故只要求灭弧触指弹簧应完整。

第2.2.5条

一、国产空气断路器不带台车而用螺栓将储气筒底座直接固定于基础或支架上，故称底座。

二、三相联动的空气断路器在制造厂组装时，瓷套法兰的水平度已经确定好并作了记号，在现场安装时应注意不要混装，并注意对基础或支架的操平找正，使其相间瓷套法兰面宜在同一水平面上。

三、储气筒内部由于人孔进不去，现场彻底清除锈垢往往很难作到，此项工作应由制造厂在出厂前完成，但现场应做到清除储气筒内部的杂物，并应用压缩空气吹净或吸尘器除净。

第2.2.6条

一、橡皮密封垫的压缩量，各个制造厂的规定不尽相同，故规定不宜超过其厚度的1／3或按产品的技术规定执行；并规定不应有变形、开裂或老化龟裂。

二、因南北气候不同，规定涂以"防冻润滑脂"是不全面的，故改为应涂以适合当地气候的润滑脂；安装时，注意选用其凝固点和滴点应与当地的气候条件相适应。

第2.2.7条 空气断路器的控制柜或分相控制箱，为防止潮气进入，应密封良好；附有加温装置时，其加温装置应配制完整。

第三节 调 整

第2.3.1条

一、因空气断路器的阀门很多，而各阀门又有不同的功能，实际情况这方面的问题也多，故要求调整时，阀门系统功能应良好。

二、按产品的技术规定充气时应分段增加压力，并在各该气压下进行密封检查及操作试验，确认机构动作正常后，再增高至最高工作气压。配气管按本规范第7.3.6条应以1.25倍额定气压进行密封检查；作漏气量检查时，要求在24h内进行，由于昼夜温度变化大，尤其在冬天，检查过程中必然有很大的变动，这是施工现场无法控制的，故删去了原1982年规范中要求的“检查过程中温度不应有剧烈的变动”。

第2.3.2条

一、分、合闸及自动重合闸的最低动作气压的调整应包括零气压闭锁。

二、制造厂的产品使用说明书明确规定：在进行分、合闸及自动重合闸试验时，以一次气压降（表压）的变化值来进行调整，故将原1982年规范中“分、合闸及自动重合闸时的耗气量”改为“分、合闸及自动重合闸时的气压降”。

三、据反映，西北某330kV变电站曾发生过由于操作分、合闸的空气管路堵塞而影响调试工作，华东地区有一台空气断路器曾因通风干燥气路堵塞而造成事故。吸取这些教训，在本条中加上“注”，以引起调试时的注意。

第2.3.3条　KW_4空气断路器曾在运行中多次发生重合闸循环中灭弧室烧损事故，经分析主要原因为：

一、辅助开关接点动作时间与空气断路器重合闸过程不配合，前者动作较快。

二、继电器保护出口误动，即在空气断路器重合闸过程未结束前分闸电脉冲经辅助开关接点已经接通，结果是断路器排气阀活塞上方残留气体来不及排除，而分闸命令已使断路器重新分闸，致使主触头再次分离而喷口无法排气（因排气阀活塞打不开），造成电弧无法熄灭，灭弧室严重烧损。为此，必须重视辅助开关的调整工作。

第2.3.4条　分、合闸位置指示器是为了便于运行人员在巡回检查或检修时对断路器工作状态进行监视，因此安装中要求动作灵活可靠，指示正确。

第四节　工程交接验收

第2.4.1条　本条规定了工程竣工后，在交接时进行检查的项目及要求，其中的油漆应完整，主要是对设备的补漆应注意美观，色泽协调，不一定要重新喷漆。

第2.4.2条　根据待报批的国家标准《交流高压断路器》的规定，出厂的每台断路器应附有产品合格证明书（包括出厂试验数据）、装箱单和安装使用说明书。

施工单位在工程竣工进行交接验收时，应按本条规定提交资料和文件，这是新设备的原始档案资料和运行及检修时的依据，移交的资料及文件应齐全正确，其中随设备带来的备品、备件、专用工具或仪器仪表，除施工中必需更换使用的部分备品、备件外，应移交给运行单位，便于运行维护检修。

第三章 油断路器

第一节 一般规定

第3.1.1条 目前一些老电厂及其它部门有用3kV油断路器，而国产油断路器系列目前的最高电压为330kV，如西北地区近10多年来已投入运行的SW_6—330型油断路器达10台之多，故将适用范围规定为3～330kV。

第3.1.2条 多油断路器在出厂时一般没有充注绝缘油，且其拉杆较长，因此要求在运输时应处于合闸状态，以防拉杆因振动而变形。

第3.1.3条 制造厂为了确保灭弧室的绝缘部件不致受潮，少油断路器的灭弧室均带油运输，故强调了充油运输的部件不应渗油。

第3.1.4条

一、绝缘拉杆的保管，原1982年规范要求垂直放置，实际上出厂解体运输时为水平放置，由于现场条件不尽相同，只要方法得当，能够防止变形，具体方法不宜统得太死，故改为应妥善放置。

二、多油断路器由于出厂时没有充注绝缘油，到达现场后应及时充满合格的绝缘油，并使其处于合闸状态，以免灭弧室及围屏受潮，拉杆变形。

第二节 油断路器的安装与调整

第3.2.1条 见本规范第2.2.2条条文说明。

第3.2.2条

一、油断路器动作时，水平动负荷最高可达6t，因此固定必须牢靠。有的施工单位为了使装在支架上的SW_6型110kV及以上的少油断路器不发生位移，在断路器底座加焊制动板，此种作法是可取的一种加固措施。

底座或支架与基础的垫片的厚度为与基础水平误差相配合，规定其总厚度不应大于10mm。

二、110kV及以上的少油断路器，出厂前经组装并编号，出厂时将支柱瓷套、拉杆、灭弧室等部件拆开运输。为此现场必须按制造厂编号进行组装，不得混装，以确保断路器的动作特性。如SW_6—220断路器，其B相高压油管与A、C相的油管长短不一，不得互换，否则影响油压，以致相间接触的不同时性和分、合闸速度均无法达到要求。

三、连杆与机构工作缸的活塞杆是否在同一中心线上，这是影响断路器动作特性的因素之一，施工安装时应予以重视。

第3.2.3条 同空气断路器一样，对油断路器保留了作解体检查的规定。多年来，在进行油断路器灭弧室的解体检查时，确实发现了不少问题，如杂物、缺件等。虽然各制造厂均在大抓产品质量，有的产品质量也有所改进，但考虑到各厂间尚有差距，要达到不解体检查尚需一段时间，所以保留灭弧室的检查仍属必要。主要内容是检查缺件、触头情况，并清洗部件。虽然有的制造厂生产的10kV少油断路器不经解体检查投入运行也未发生问题，考虑到总的具体情况，经研究改为："制造厂规定不作解体且有具体保证的10kV少油断路器可进行抽查"。

第3.2.4条 关于断路器合闸时触头接触紧密的检查，原1982年规范规定用塞尺，但这种检查方法不可靠，主要是通过通电测试来确定导电回路的电阻。油断路器导电回路的电阻值制造厂都有规定，故将塞尺检查的规定取消，而以通电测试作为检查的手段。

第3.2.5条 弹簧或油缓冲器是断路器操作时起缓冲作用的重要部件，跳闸时的冲力高达几吨，因此安装时，油缓冲器内应注以干净的油，油的规格及注入油位应符合产品的技术要求。

第3.2.6条 油断路器应根据安装时的气温来确定油标的油位，避免油位过高或过低。

第3.2.7条 断路器和操动机构分别安装后，应注意其相互连接的要求，以保整体的动作功能。

第3.2.8条 本条应特别注意排气管口的安装方向，以确保设备安全。

第3.2.9条 对于手车式少油断路器的安装提出几项特别注意事项。为了便于运行、维护、检修，要求手车应能灵活轻便地推入或拉出，同型产品应具有互换性。

第3.2.10条 安装调整时，应配合调试进行的检查项目，其中分、合闸速度等的调整，已列入现行国家标准《电气装置安装工程电气设备交接试验标准》中，本规范不再重复。

第3.2.11条 油断路器调整结束后注油前，有一项很重要的检查，就是压油活塞尾部螺钉必须拧紧，否则在开断短路故障时将可能引起由于喷油而爆炸的事故。

第3.2.12条 安装完毕后，油断路器应先进行慢分、合操作，以便检查其动作是否正常，安装是否正确，如发现问题，亦可随时停止检查并加以排除。如一开始就进行快速分、合闸操作，则可能会发生意外损伤设备。

第3.2.13条 多油断路器内部需要干燥时，应将其处于合闸状态，并将拉杆的防松螺帽拧紧，以防止拉杆变形或脱落；从安全的角度考虑，干燥时最高温度应控制在85℃以下，当干燥过程有可靠测温装置时，可根据绝缘材料适当提高干燥温度，但任何情况下绝缘不得有局部过热现象。

第3.2.14条 安装调整完毕注油后，取油样作耐压试验时，往往不合格而反复注油。因此应先将油箱及内部绝缘件用合格的绝缘油冲洗干净，最好将油加热后进行热油循环。有的施工单位将热油从断路器底部的放油阀注油并循环几遍，效果较好。

第三节 工程交接验收

见本规范第二章第四节的条文说明。

第四章　六氟化硫断路器

本章为新增章节，其各条条文均为新增条文。编写时主要参考了以下文件及资料：

一、《交流高压断路器》（报批稿）。

二、《六氟化硫封闭式组合电器》（GB7674—87）。

三、《交流高压断路器技术条件》（SD132—85）。

四、高压交流断路器国际电工委员会标准（IEC56出版物第三版）。

五、原水电部35～220kVSF_6断路器及GIS技术条件（试行）。

六、原水电部（84）电生供字122号文“发送SF_6气体绝缘变电站研究班总结”的附件：

1．用于电气设备中的SF_6气体质量监督与安全管理导则（试行）；

2．SF_6气体绝缘变电站运行维护导则（试行）；

3．SF_6气体绝缘变电站现场交接试验暂行规定（试行）。

七、原水电部城市电网新设备技术条件（试行）1982年。

八、原水电部城市电网GIS若干技术问题的暂行规定（试行）1983年。

九、化工部、原机械部、冶金部、原水电部关于转发修订六氟化硫气体技术指标会议纪要的函（82）化工局二字第81号：

附件一　六氟化硫气体技术条件（试行）；

附件二　六氟化硫气瓶及气体使用安全技术管理规则（试行）。

十、华东、华北、东北、华中等地编写为500kV变电站施工及验收规范。

十一、有关制造厂的SF_6断路器及GIS安装使用说明书。

十二、函调及调研所收集的资料。

十三、原水电部颁发的高压电器反事故技术措施。

第一节　一般规定

第4.1.1条　根据《交流高压断路器》（报批稿），本章的适用范围定为3～500kV。

有关文件和资料对SF_6断路器各部件的称呼不一，如对灭弧室，有的叫开断单元，有的叫灭弧室。本规范对支柱式断路器的灭弧室统称为灭弧室；对罐式断路器的灭弧室统称为罐体。

第4.1.2条　对断路器的运输和装卸，国家有关标准规定了其包装箱或柜上应有在运输、保管过程中必须注意事项的明显标志和符号。如上部位置、防潮、防雨、防震及起吊位置等。因此应注意按制造厂有特殊规定的标志进行装运。

第4.1.3条　设备到达现场后，应及时进行验收检查，发现问题及时处理。为避免潮气侵入SF_6断路器的灭弧室或罐体，应特别注意充有六氟化硫等气体的部件的气体压力是否符合要求。所谓的“等气体”是包括六氟化硫气体、氮气或干燥空气。

第4.1.4条　设备运到现场的保管，尤其要注意定期检查有关部件的预充气体的压力值，并做好记录。如低于允许值时，应即补充气；泄漏严重时，应及时通知制造厂协商处理。

第二节　六氟化硫断路器的安装与调整

第4.2.1条　见本规范第2.2.2条条文说明。

第4.2.2条

一、同空气断路器一样，SF_6断路器的支柱瓷套也属高强度瓷套，外观检查如发现有疑问时，应进行探伤试验。

二、SF_6断路器的密封是否良好，是考核其可靠性的主要指标之一。为防止水分渗入到断路器内，对密封材料有严格的要求，故强调了组装用的密封材料必须符合产品的技术规定。某330kV变电所的空气断路器因法兰面有肉眼不易观察到的微痕没处理好，造成漏气而返工。

三、关于密度继电器和压力表的检验，由于现场试验设备的限制，一般难于在现场进行检验，但只要有出厂试验报告，在现场可不再作检验。

第4.2.3条 本条是针对SF_6断路器的安装环境，强调灭弧室检查组装应在空气相对湿度小于80%的条件下进行。至于不受空气相对湿度影响的部件，只要求在无风沙、无雨雪的条件下进行组装。在户外安装的罐式断路器更换吸附剂时，对罐体端盖密封面的处理，要求细致而费时，一般规定在120min内处理好，这是因为即使在无风沙的天气下作业，空气中悬浮的尘埃也难免侵入罐体内，故特别强调要采取防尘防潮措施。

某高压开关厂与日本三菱公司的合作产品330kV罐式断路器安装时所采取的防尘防潮措施，可供参考：

一、在作业现场铺上草帘，并用水喷洒。

二、利用周围的设备支架和构架，用帆布搭设成4m高的围栅，以高出罐体上的套管型电流互感器法兰孔为宜。

三、在处理罐体两侧端盖密封面时，用塑料罩嵌入端盖面的内侧，这样最大限度地防止尘埃及潮气侵入罐体。

第4.2.4条 本条明确了不应在现场解体的规定。这是因为现场条件差，解体时需要进行气体回收、抽真空、充气等一连串复杂的工序，而且易受水分、尘埃的影响，所以非万不得已，不应在现场解体检查。

第4.2.5条

一、影响SF_6断路器灭弧性能的因素之一是SF_6气体的水分含量。在现场组装时，必须严格控制水分含量，注意设备的密封工艺或采用吸附剂来吸收水分。

断路器在开断过程中，其动静触头在电弧作用下会被烧损而产生Cu（铜）、W（钨）等金属蒸气而与SF_6气体生成易吸水的CuF_2。某电站于1973年投入运行的国产110kVSF_6组合电器，1977年检修解体时，发现灭弧室绝缘筒表面和大筒底部积有一层白色粉末，即为电极燃弧遇水蒸气所形成的金属氟化物。另外，SF_6气体在电弧作用下，还会分解成SF_4，并与潮气中的水分产生以下化学反应：

$$SF_4 + H_2 \rightarrow SOF_2 + 2HF$$

$$SOF_2 + H_2O \rightarrow SO_2 + 2HF$$

HF（即氢氟酸）会对含有大量SIO_2的绝缘材料起腐蚀作用。因此组装时，必须更换新的密封垫，并使用符合产品技术规定的清洁剂、润滑剂、密封脂等材料，为的是使各密封部位处于良好的密封状态，防止水分渗入断路器内。

二、因为有的密封脂含有SIO_2的成份，HF对它的腐蚀将会造成断路器内杂质含量的增加，这对设备的安全运行是很不利的。故要求涂密封脂时应避免流入密封圈内侧与SF_6气体接触。

三、有的制造厂对起吊使用的器具及吊点有严格的规定。如吊绳要用干净的尼龙绳或有保护层的钢丝绳，以防止损伤设备和由于污染影响法兰面的密封性能。

四、为了使各密封部位的连接法兰紧固时受力均匀，规定密封部位的螺栓应使用力矩板手。其它部位的紧固最好也用力矩板手。

第4.2.6条 设备接线端子的接触面涂了薄层电力复合脂后，没有必要在搭接处周围再涂密封脂。理由是我国目前已生产的电力复合脂的滴点可高达180～220℃，在运行中不会流淌。它既有导电性能，又有防腐性能，故没有必要再涂密封脂。另外，电力复合脂与中性凡士林相比，在相同的接触压力下，用电力复合脂的接触电阻小得多，所以对设备接线端子都规定用电力复合脂。

第4.2.7条 断路器调整后的各项动作参数应符合产品使用说明书的具体要求。本条不再罗列。

第4.2.8条 对配用CY_4液压操动机构的SF_6断路器，如LW—220型，有可能产生慢速分、合闸，这种慢速分、合闸在带电操作时，将会造成断路器严重事故。故条文中规定：有慢分、合装置的条件时，在进行快速分、合闸操作前，先进行慢分、合操作，以检查断路器有无这方面的防卫功能。至于某些具有自动防慢分、合的改进结构的断路器，且实践证明具有切实保证的可以例外。

第三节 六氟化硫气体的管理及充注

第4.3.1条 见本规范第五章第三节的有关条文说明。

第四节 工程交接验收

见本规范第二章第四节的条文说明。

第五章 六氟化硫封闭式组合电器

本章为新增章节，其各条条文均为新增条文。编写时参考的文件和资料，除与第四章相同之外，还参考了华东和广东编写的《SF_6电器的安装、运行、检修和试验资料汇编》等。

第一节 一般规定

第5.1.1条 本条是根据现行国家标准《六氟化硫封闭式组合电器》（GB7674-87）的规定，适用范围为额定电压为35～500kV、频率为50Hz的户内、户外型六氟化硫封闭式组合电器。以下简称封闭式组合电器。

第5.1.2条 封闭式组合电器在运输和装卸时的要求是根据现行国家标准《六氟化硫封闭式组合电器》（GB7674-87）中的第8.2条包装、运输和贮存的规定："封闭式组合电器应在密封和充低压力的干燥气体（六氟化硫或氮气）的情况下包装、运输和贮存，以免潮气侵入。封闭式组合电器应有包装规范，并应能保证设备各组件在运输过程中不致遭到破坏、变形、丢失及受潮，对于外露的密封面，应有预防腐蚀和损坏的措施。各运输单元应适合于运输和装卸的要求，并有标志，以便于用户组装。包装箱上应有运输贮存过程中必须注意事项的明显标志和符号，如上部位置、防潮、防雨、防震、起吊位置、重量等。封闭式组合电器的运输、贮存按制造厂的规定进行，制造厂应提供有关资料。出厂产品应附有产品合格证明书（包括出厂试验数据）、装箱单和安装使用说明书"。

第5.1.3条 封闭式组合电器在现场的开箱检查是根据现行

国家标准《六氟化硫封闭式组合电器》(GB7674—87)中第8.2条包装、运输和贮存的规定而制订的。

封闭式组合电器的"元件"是指在封闭式组合电器的主回路和与主回路相连的回路中担负某一特定职能的基本部件，例如断路器、隔离开关、负荷开关、接地开关、避雷器、互感器、套管、母线等。

本条中所称"瓷件"系指外露的瓷件；"运输单元"系指不需拆开而适用于运输的封闭式组合电器的一部分。

第5.1.4条 封闭式组合电器在现场的保管是根据现行国家标准《六氟化硫封闭式组合电器》(GB7674—87)中第8.2条包装、运输和贮存的规定而制订的。保管时，对充气运输单元的气体压力值应定期检查和记录，当压力值下降时，可补充气体至要求值。如漏气严重时，应及时采取措施并与制造厂联系。

第二节 安装与调整

第5.2.1条 封闭式组合电器在安装前应进行检查，核实各部件、连接件、装置性材料的数量及规格，检查各气室的密封性能，测量各气室的气体压力值和含水量。

密度继电器的检验，由于现场设备的限制，难于在现场进行检验，因此一般以制造厂的出厂试验证明为准。

第5.2.2条 封闭式组合电器每一间隔均由若干气室组成并固定在同一支持钢架上，支持钢架座落在基础或预埋槽钢上，因此基础及预埋槽钢的水平误差值是保证封闭式组合电器各元件组装质量的基本条件，各制造厂对其误差值均有明确规定。经验证明，只有保证基础及预埋槽钢的水平度才能使组装就位工作顺利进行。

第5.2.3条 产品的技术条件规定中明确指出：制造厂已组装好的各元件及部件，在现场安装时，不得拆卸，若必须拆卸时，应事先取得制造厂同意，或由制造厂派人指导下进行。

在元件解体时，各分隔气室要进行气体回收、抽真空、充气等工序，易受空气中水分、尘埃的影响，施工现场环境条件很差，通常对整体运输或运输单元在现场的密封气室均不进行解体检查，由制造厂保证质量。

第5.2.4条 封闭式组合电器各元件的安装，要求现场环境有防尘、防潮措施，空气相对湿度小于80%，其防尘、防潮措施参照本规范第4.2.3条条文说明。

封闭式组合电器各元件的安装，应按制造厂的编号的规定程序进行。关于吊装及密封工艺应注意的事项见本规范第4.2.5条条文说明。

第5.2.5条 封闭式组合电器内部的导电回路的质量由制造厂保证。为了减少导体接触面的接触电阻，避免接头发热，在各元件安装时，应检查导电回路的各接触面，当不符合要求时，应与制造厂联系，采取必要措施。

第三节 六氟化硫气体的管理及充注

第5.3.1条 本条表5.3.1中SF_6气体技术条件是四部(化工、机械、冶金、水电)于1980年5月联合召开的修订SF_6气体技术指标会议上通过生效试行。该技术条件适用于有SF_6输配电设备的电站和变电所等运行部门及各使用SF_6气体的单位。

该技术条件的验收规则对制造厂规定：按每批灌装总瓶数的1/3抽样检验。如检验结果有一项指标不合格，则其余成品都应作检验。合格的作为成品出厂，不合格的不准出厂。

表5.3.1中的水分含量指标，如换算为体积比，可按下式：

$$体积比 = 重量比 / 0.123 (ppm)$$

第5.3.2条 "四部"于1982年联合发布《SF_6气瓶及气体使用安全技术管理规则》(试行)，对SF_6气体的检测手段，在一些地区还不完备，因此，要求在每个工程中都要对随设备来的SF_6气体进行复检还有困难，故本条规定：新SF_6气体应有出厂试验报告及合格证件，运到现场后每瓶应作含水量检验。有条件时，应进行抽样作全分析。所谓“有条件”是指全国各大区有试验设备时才抽样复检。

第5.3.3条 六氟化硫气瓶的运输和保管根据“四部”制订的《SF_6气瓶及气体使用安全技术管理规则》（试行）中的规定：合格的新SF_6气体是无毒的，但属惰性气体，在通风条件不良的情况下可能造成窒息事故。为此，运输、储存、验收检验的场所必须通风良好。在管理过程中，应经常检查气瓶的密封以防泄漏，还应注意防晒和防潮。严禁气瓶阀门上粘有油污或水分。

第5.3.4条 水电部（84）电生供字122号文附件之一《用于电气设备中的SF_6气体质量监督与安全生产导则》中对气体的充装有8条规定，其中第4—1条指出：“SF_6气体充入设备后，其杂质含量可能升高，其杂质主要来源于充气管路和电气设备材质中自身含有水分向气体扩散、管路不清洁、连接部分存在渗漏等。因此在充装作业时，应考虑上述因素，采取相应措施，尽可能防止引入外来杂质”。

对充气管路、连接部件在连接前可采用体积比为5％的稀盐酸或重量比为5％的稀碱浸洗，然后用水冲净，风干后再用汽油或其它有机溶剂洗涤后加热干燥。

对设备可采用充高纯氮气（纯度为99.99％）或抽真空来进行内部的净化和检漏。

为防止抽真空时因停电或误操作而引起真空泵油或麦式真空计的水银倒灌事故，可在管路的一侧加装逆止阀或电磁阀的措施。

第四节　工程交接验收

第5.4.1条 在交接验收时应按本条规定进行检查。重点检查封闭式组合电器各气室的含水量及漏气率应符合产品的技术规定。

第5.4.2条 见本规范第2.4.2条条文说明。

第六章　真空断路器

本章为新增章节，其各条条文均为新增条文。编写时参考的主要资料有：

一、《交流高压断路器》（报批稿）。

二、《交流高压断路器技术条件》（SD132—85）。

三、《10kV户内高压真空断路器通用技术条件》（JB3855—85）。

四、《35kV户内高压真空断路器技术条件》（ZN—35/1000—12.5）。

五、有关产品说明书。

第一节　一般规定

第6.1.1条　真空断路器的使用目前已在国内相当普遍，主要是在冶金、石油、化工、铁道等部门，尤其是10kV户内真空断路器选用的最多。原机械部于1985年制定了《10kV户内高压真空断路器通用技术条件》（JB3855—85）。各开关厂也先后生产出35kV户内真空断路器，而且在一些部门投入运行。根据目前情况将适用范围规定为3～35kV。

第6.1.2条　真空断路器的主要部件灭弧室，其外壳多采用玻璃、陶瓷材质，在产品的技术条件中规定：断路器和真空灭弧室应采用防震、防潮包装，包装箱外应有“玻璃易碎品”、“不准倒置”和“防雨防潮”等标志，包装好的断路器或真空灭弧室在运输和装卸时，不准倒置和受到强烈振动及碰撞。

第6.1.3条　真空断路器运到现场后，应及时检查，尤其对灭弧室、绝缘部件应重点检查。

第6.1.4条　真空断路器技术条件中规定，真空断路器应在防潮、防霉、无腐蚀性气体的室内保管。在保管时应注意灭弧室不能重叠存放，以免损坏，并应定期进行检查。

第二节　真空断路器的安装与调整

第6.2.1条　真空断路器安装与调整比其它断路器容易。包括对触头开距、超行程、合闸时外触头弹簧高度及油缓冲器等进行调整，手动慢合、分闸操作等；灭弧室的真空度，目前采用电气耐压的间接测定方法。

第6.2.2条　在导电回路中应对导电杆、可挠铜片、接线端子重点检查，当可挠铜片有损坏时应采取措施。

第三节　工程交接验收

第6.3.1条　验收检查项目与其它类型断路器基本类似，其中：

一、关于灭弧室真空度的测量方法，目前国内采用工频耐压的间接法，即断口间加42kV工频电压耐压1min；有的灭弧室制造厂则用磁控真空计来测定，厂控标准为5×10^{-5}torr。

二、关于并联电阻、电容值，针对过电压及断口重燃现象，有的真空断路器采用RC阻容吸收装置（又称浪涌吸收装置）保护，其中还包括有避雷器等辅助设备，其并联电阻电容值应符合产品的技术规定。

第6.3.2条　见本规范第2.4.2条条文说明。

第七章　断路器的操动机构

本章是由原1982年《电气装置安装工程施工及验收规范》“高压电器篇”中的第二章及第三章中的有关操动机构的内容抽出重新编排制订的。

第一节　一般规定

第7.1.1条　操动机构是配合断路器使用，故其适用范围亦应与断路器的适用范围一致。

第7.1.2条　操动机构在出厂前已调整好，因此在运输和装卸时不得倒置和受到强烈的振动及碰撞。

第7.1.3条　操动机构运到现场后应进行检查，如气动机构的空气压缩机是否受损，液压机构的油路、油箱本体是否渗漏，电磁机构的分、合闸线圈是否受潮、受损，弹簧机构的传动部分是否受损。

第7.1.4条　操动机构运到现场后的保管要求，应注意空气压缩机、控制箱及零部件的防锈防潮。

第二节　操动机构的安装

第7.2.1条　除第三款外，本条的规定为气动机构、液压机构、电磁机构、弹簧机构应共同遵守的。操动机构的底架或支架与基础间的垫片不宜超过3片，其厚度规定不超过20mm，是根据基础高度误差允许值而确定的。

第三节　气动机构

第7.3.1条　气动机构的安装除应符合本章第二节的规定外，根据其安装特点，在本节另作出相应的规定。

第7.3.2条　气动机构安装时，应重点检查空气压缩机的过滤器、吸气阀、排气阀及气缸内壁、活塞等。

当阀片方向反装时，会引起汽缸内压力过高而发生危险；阀片与阀座接触面密封不严将会漏气或使高、低压汽缸间互相串气而达不到需要的压力。空气压缩机组的安装应符合国家现行标准《机械设备安装工程施工及验收规范》（TJ231（五）—78）中的有关规定。

第7.3.3条　当空气压缩机的连续运行时间与最高运行温度超过产品的技术规定值时，会缩短空气压缩机的使用寿命，甚至损坏。

第7.3.4条　空气压缩机的控制柜和保护柜的安装，主要检查压力表、配气管及控制信号回路等，均应符合技术规定。

第7.3.5条　储气罐、气水分离器及配合使用的各种阀门均应经检验合格才能使用。据调查了解，一些如弹簧式减压阀这种老产品，动作不灵敏、不稳定，在运行中常发生不动作或动作后不能自动关闭的情况，应特别引起注意。

第7.3.6条　主空气管路安装后，以1.25倍额定压力的气压进行严密性检查时，应注意在充气过程中采取逐步递升加压的步骤，以防发生爆炸危险。

第7.3.7条　空气管路所采用的管子材质应由设计单位选定，管道安装时应对管路的材料性能、管径、壁厚等进行检验，以防误用。

第7.3.8条　为了减少漏气，空气管道的接头一般采用焊接。当管道通过孔洞、沟道、转弯、扩建预留处时，考虑安装及检修的方便，可采用法兰连接；管道应尽量减少接头；管道的敷设应考虑排水坡度。

第7.3.9条 空气管道漏气量规定在24h内压降不超过10%，考虑气温在每天的早、晚不同，气体的压力也不同，因此将测量的时间定为24h。

第7.3.10条 为便于运行、检修，应将空气压缩机、储气罐及阀门加以编号，阀门操作手柄应标以开、闭方向。管道的颜色可由运行单位决定，不作统一规定，但要求同一厂（站）应统一，便于辨认。

第四节 液压机构

第7.4.1条 液压机构的安装除应符合本章第二节的规定外，还根据其特点提出几点要求。以往液压机构渗漏现象较多，大多系液压系统有杂物所至，故应重点检查油及油箱内的清洁，必要时应将液压油过滤；液压机构在慢分、合闸时，应观察工作缸活塞杆的运动有无卡阻现象。

第五节 电磁机构

第7.5.1条 电磁机构的安装除应符合本章第二节的规定外，还根据其特点提出几点要求：在安装调整时，重点调整机构在合闸至顶点时，支持板与合闸滚轮的间隙；在分闸时，制动板可靠地扣入，脱扣锁钩与底板轴的间隙应符合产品的技术规定；在做分闸操作时，检查分、合闸铁芯的动作应无卡阻现象。

第六节 弹簧机构

第7.6.1条 弹簧机构的安装除应符合本章第二节的规定外，还根据CT—2、CT—6和CT—7等产品的特点提出几点要求。

第7.6.2条 本条规定是弹簧机构在调整时应特别注意的事项，以确保设备和人身的安全。

第七节 工程交接验收

见本规范第二章第四节的条文说明。

第八章　隔离开关、负荷开关及高压熔断器

第一节　一般规定

第8.1.1条　本条根据现行国家标准《交流高压隔离开关》的规定，其适用范围为额定电压为3～500kV，频率为50Hz的交流高压隔离开关、负荷开关、高压熔断器及接地开关。

第8.1.2条　隔离开关、负荷开关、高压熔断器运到现场后，往往不能及时开箱检查。由于型号种类较多，制造厂出厂装箱时有装错或漏装情况发生，因此应及时进行开箱检查，发现问题及时处理。

第8.1.3条　设备及瓷件的保管，尤其是110kV以上三相隔离开关的瓷件包装体积较大，应放置在土质较硬、平整无积水的场地上、并垫上枕木，防止因地质松软下陷而碰撞损伤。

第二节　安装与调整

第8.2.1条　隔离开关、负荷开关、高压熔断器安装时，应检查绝缘子是否有破损。以往发现有的隔离开关底座由于装配过紧和轴承缺少润滑脂而造成转动不灵，因此应对转动部分进行检查。

第8.2.2条　在室内同一隔墙的两面安装两组隔离开关时，往往共同使用一组双头螺栓固定，如其中一组隔离开关拆除时，安装人员应注意不得使隔墙另一组隔离开关松动。

第8.2.3条　根据不少单位的意见及华东、东北等地一些单位的经验，将隔离开关的相间距离误差值按电压等级分别作了规定。

第8.2.4条　拉杆的内径与操动机构轴的直径间的间隙应不大于1mm，以防由于松动而影响操作；连接部分的销子不应松动，是否焊死不作规定。

第8.2.5条　配合隔离开关使用的操动机构的安装及调整可参照本规范第七章的有关规定。

第8.2.6条　拉杆式手动操动机构在安装时，应注意隔离开关、负荷开关在合闸时机构手柄应处在正确的操作位置上。

第8.2.7条　当使用拉杆式操动机构时，因手动操作合闸时往往用力过大或过小，故应注意调整定位装置与备用行程。

第8.2.8条　由于引弧触头耐温较高，为保护主动触头不被电弧烧损特作此规定。

第8.2.9条　三相联动的隔离开关触头接触时的不同期值应符合产品的技术规定，表8.2.9所给数值为该产品说明书无规定时的参考值。

第8.2.10条　据运行单位反映，在隔离开关触头表面涂以复合脂后，因转动会在触头表面产生堆积，而复合脂具有导电性能，曾发生过放电烧损事故。因此隔离开关的触头表面应涂以薄层中性凡士林。近来，国内已研制出DG 2型电力复合脂，专用于转动部分，但还缺少运行经验，工程中在未取得使用经验前，只可有条件地试用。

第8.2.11条　隔离开关应有防误操作的闭锁装置，不论是电气、电磁或机械闭锁装置均应动作灵活，正确可靠；安装在户外的闭锁装置应有防潮措施，以免影响电气回路的绝缘。

第8.2.12条　隔离开关及负荷开关的辅助开关应调整合适，以确保开关操作时动作可靠。

第8.2.13条　根据负荷开关的特点，另提出几项安装及调整

时的要求。

第8.2.14条 人工接地开关的安装及调整的要求是根据配用CS_2-XG手动操动机构的产品而规定的。

第8.2.15条 高压熔断器在安装时，应注意检查熔管、熔丝的质量及规格是否符合要求，并应按规定进行安装。

第三节 工程交接验收

见本规范第二章第四节的条文说明。

第九章 电 抗 器

第9.0.1条 3～35kV电压等级中使用的混凝土电抗器、干式电抗器、滤波器以及各类阻波器主线圈的安装工程施工及验收应符合本章的规定。阻波器的调谐元件的安装应按有关的国家现行标准的规定进行。油浸式电抗器的施工及验收应符合现行国家标准《电气装置安装工程电力变压器、油浸电抗器、互感器施工及验收规范》（GBJ148-90）的规定。

第9.0.2条 设备到达现场后应及时进行检查，以便发现设备可能存在的缺陷和问题，并加以及时处理，为安装得以顺利进行创造条件。检查时，干式电抗器、阻波器主线圈和混凝土电抗器等线圈及支柱应该无严重损伤和裂纹。轻微的裂纹或损伤可按本章第9.0.4条的规定进行修补。

第9.0.3条 设备的保管是安装前的一个重要前期工作。对不同使用环境下的设备，应按其要求进行保管。设备在吊装或运输过程中，应特别注意，防止支柱或线圈遭到损伤和造成变形。

第9.0.4条 混凝土电抗器支柱表面有轻微裂纹可予以填补，表面漆层如有脱落，只要用防潮绝缘漆修补好，并不影响其使用；混凝土电抗器的线圈绝缘有损伤时，可用黑玻璃丝、漆布带等半叠一层包扎处理；干式电抗器线圈绝缘受损及导体裸露时，应按制造厂的技术规定，使用与原绝缘材料相同的绝缘材料进行局部处理。

第9.0.5条 为了减少故障时垂直安装的电抗器相间支持瓷座的拉伸力，电抗器安装组合时应按本条规定配置。

第9.0.6条 混凝土电抗器垂直安装时，三相中心线应在同一垂直线上，避免歪斜。

第9.0.7条 为使支柱绝缘子受力均匀，安装时应注意设备的重心处于所有支柱绝缘子的几何中心处；为了缓冲短路时电抗器之间所受到的冲击，上下重叠安装的电抗器，应在其绝缘子顶帽上放置绝缘垫圈。户内安装时，垫圈可为绝缘纸板或橡胶垫片；户外安装时，应用橡胶垫片，因为绝缘纸板垫片受潮或雨淋后将失去其作用。

第9.0.8条 由于阻波器悬吊时，受引下线拉力的影响．故要求其轴线宜对地垂直。

第9.0.9条 当工作电流大于1500A时，为避免对周围铁构件因涡流引起发热，故其连接螺栓应采用非磁性金属材质。

第9.0.10条 为防短路时电动力的影响而作此规定。

第9.0.11条 本条规定了电抗器和阻波器主线圈的支柱绝缘子的接地要求。

第9.0.12条、第9.0.13条 见本规范第2.4.2条条文说明。

第十章 避 雷 器

第一节 一般规定

第10.1.1条 根据国内实际情况，将适用范围规定为500kV及以下，并包括金属氧化物避雷器。按现行国家标准《电工名词术语 避雷器》(GB2900.12—83)将“管型避雷器”改称为“排气式避雷器”。

第二节 阀式避雷器

第10.2.1条 阀式避雷器出厂时均经密封检查，磁吹阀式避雷器都已充氮，现场拆卸后，充氮密封处理很困难，故规定不得任意拆开。

第10.2.2条 根据制造厂要求，磁吹阀式避雷器在运输及保管过程中必须垂直立放，否则到现场后必须检查其是否受损，一般阀式避雷器也宜垂直立放。

第10.2.3条 避雷器防爆片损坏后，将使潮气或水分侵入避雷器内部，若损坏过大，则此避雷器不能投入运行，故对防爆片应认真检查。金属氧化物避雷器为防止防爆片在运输过程中损坏，加装了临时保护盖子，安装前应将其取下，否则防爆片将起不到防爆作用。

第10.2.4条 目前磁吹阀式避雷器及金属氧化物避雷器制造水平尚达不到同相各节互相换装的条件，产品出厂前均经配装试验合格，若现场安装时互换，将使特性改变，故应严格按照制造厂编号组装。

第10.2.5条 多节组合的带串、并联电阻的阀式避雷器，安装时应进行选配，使同相各节的非线性系数互相接近，其差值应符合现行国家标准《电气装置安装工程电气设备交接试验标准》的规定，否则将影响整组避雷器的灭弧特性。

第10.2.6条 为了减少各连接处的金属表面的接触电阻，其接触面应清拭干净，除去氧化膜和油漆，涂一层电力复合脂。因为电力复合脂与中性凡士林相比较，具有滴点高（200℃以上）、不流淌、耐潮湿、抗氧化、理化性能稳定、能长期稳定地保持低接触电阻等优点，故规定用电力复合脂取代中性凡士林。

第10.2.7条 阀式避雷器垂直安装时的中心线与避雷器安装点中心线的垂直偏差的允许值，不同型号、不同厂家的产品略有不同。故应按制造厂的要求进行调整，使之符合制造厂的规定。

第10.2.8条 拉紧绝缘子串既要紧固，又要求各串受力均匀，以免受到额外的应力。

第10.2.9条 要求作到整齐美观。

第10.2.10条 以往经常发现记数器指示装置动作不灵敏，需加以调整；接地应可靠。

第10.2.11条 金属氧化物避雷器的排气方向应避开可能由于排气时造成电气设备相间短路和接地事故的发生。

第10.2.12条 避雷器引线横向拉力过大会损坏避雷器，为此要求其拉力不超过产品的技术规定。

第三节 排气式避雷器

第10.3.1条 普通排气式避雷器或无续流避雷器，其间隙均经制造厂调好，不允许拆出芯棒进行调节，以免影响灭弧性能。普通排气式避雷器喷口处灭弧管的内径尺寸与灭弧性能有关，因此安装前必须检查其内径尺寸是否符合要求。

第10.3.2条 根据产品使用说明书的要求作出本条规定；避雷器及其支架的安装必须牢固，以防止因受冲力而导致变形或移位。

第10.3.3条 隔离间隙宜水平安装，这样可避免雨滴造成短路；其间隙轴线与避雷器管体轴线的夹角不应小于45°，以免引起管壁的外闪。

第10.3.4条 为防止外界杂物短接，制造厂把隔离间隙置于套管内，出厂时已将其调整好，安装时只需核对其尺寸是否符合规定即可。

第四节 工程交接验收

见本规范第二章第四节的条文说明。

第十一章 电 容 器

第11.0.1条 本章中所述电力电容器包括移相电容器。其附属设备的安装应符合本规范有关章节及现行的有关国家标准、规范的规定。

第11.0.2条 设备在安装前应进行认真的检查，以便发现可能存在的缺陷和问题，及时处理，确保安装质量。

第11.0.3条

一、三相电容量的差值，其最大与最小的差值不应超过三相平均电容值的5%；静止补偿电容器三相平均电容值及误差值应能满足继电保护的要求。

二、电容器端子的连接线，设计有规定时应按设计要求，若设计未作规定时，考虑到硬母线将会由于温度的变化而胀缩使端子套管受力造成漏油，宜采用软导线连接。

三、凡与地绝缘的电容器组，若一端电容器由于绝缘损坏而对外壳击穿后，另一端电容器之一极与外壳间将产生过高电压而遭致损坏，故应将其外壳接至固定电位，以保护其不承受过高电压。

第11.0.4条 耦合电容器顶盖螺栓松动或接线端子受力过大，均将造成电容器进水而引起损坏或发生运行事故，故特作出此项规定。

第11.0.5条 两节或多节耦合电容器叠装时，制造厂均已选配好。其最大与最小电容值之差不超过其额定的5%，所以安装时应按制造厂的编号安装。

第11.0.6条 电容器安装完毕在交接验收时，应注意检查的项目及要求。

第11.0.7条 见本规范第2.4.2条条文说明。

中华人民共和国国家标准

电气装置安装工程电力变压器、油浸电抗器、互感器施工及验收规范

GBJ 148-90

主编部门：中华人民共和国原水利电力部

批准部门：中华人民共和国建设部

施行日期：1991年10月1日

关于发布国家标准《电气装置安装工程高压电器施工及验收规范》等三项规范的通知

(90) 建标字第698号

根据原国家计委计综〔1986〕2630号文的要求，由原水利电力部组织修订的《电气装置安装工程高压电器施工及验收规范》等三项规范，已经有关部门会审，现批准《电气装置安装工程高压电器施工及验收规范》GBJ147-90；《电气装置安装工程电力变压器、油浸电抗器、互感器施工及验收规范》GBJ148-90；《电气装置安装工程母线装置施工及验收规范》GBJ149-90为国家标准。自1991年10月1日起施行。

原国家标准《电气装置安装工程施工及验收规范》GBJ232-82中的高压电器篇，电力变压器、互感器篇，母线装置篇同时废止。

该三项规范由能源部负责管理，其具体解释等工作，由能源部电力建设研究所负责。出版发行由建设部标准定额研究所负责组织。

中华人民共和国建设部

1990年12月30日

修 订 说 明

本规范是根据原国家计委计综（1986）2630号文的要求，由原水利电力部负责主编，具体由能源部电力建设研究所会同有关单位共同编制而成。

在修订过程中，规范组进行了广泛的调查研究，认真总结了原规范执行以来的经验，吸取了部分科研成果，广泛征求了全国有关单位的意见，最后由我部会同有关部门审查定稿。

本规范共分三章和两个附录，这次修订的主要内容为：

1. 根据我国电力工业发展需要及实际情况，增加了电压等级为500kV的电力变压器、互感器的施工及验收的相关内容，使本规范的适用范围由330kV扩大到500kV及以下。

2. 由于油浸电抗器在330kV及500kV系统中大量采用，故将油浸电抗器的相关内容纳入本规范内。

3. 充实了对高电压、大容量变压器和油浸电抗器的有关要求，例如：运输过程中安装冲击记录仪，充气运输的设备在运输、保管过程中的气体补充和压力监视；排氮、注油后的静置、热油循环等。

4. 根据各地的反映及多年的实践经验，并参照了苏联的有关标准，将器身检查允许露空时间作了适当的修改，较以前的规定稍为灵活。

5. 根据国外引进设备的安装经验，并参照了国外的有关标准，补充了变压器、电抗器绝缘是否受潮的新的检测方法。

6. 其它有关条文的部分修改和补充。

本规范执行过程中，如发现未尽善之处，请将意见和有关资料寄送能源部电力建设研究所（北京良乡，邮政编码：102401），以便今后修订时参考。

能源部

1989年12月

第一章　总　　则

第 1.0.1 条　为保证电力变压器、油浸电抗器（以下简称电抗器）、电压互感器及电流互感器（以下简称互感器）的施工安装质量，促进安装技术的进步，确保设备安全运行，制订本规范。

第 1.0.2 条　本规范适用于电压为 500kV 及以下，频率为 50Hz 的电力变压器、电抗器、互感器安装工程的施工及验收。

消弧线圈的安装可按本规范第二章的有关规定执行；特殊用途的变压器、电抗器、互感器的安装，应符合制造厂和专业部门的有关规定。

第 1.0.3 条　电力变压器、电抗器、互感器的安装应按已批准的设计进行施工。

第 1.0.4 条　设备和器材的运输、保管，应符合本规范要求，当产品有特殊要求时，并应符合产品的要求。

变压器、电抗器在运输过程中，当改变运输方式时，应及时检查设备受冲击等情况，并作好记录。

第 1.0.5 条　设备及器材在安装前的保管，其保管期限应为一年及以下。当需长期保管时，应符合设备及器材保管的专门规定。

第 1.0.6 条　采用的设备及器材均应符合国家现行技术标准的规定，并应有合格证件。设备应有铭牌。

第 1.0.7 条　设备和器材到达现场后，应及时作下列验收检查：

一、包装及密封应良好。

二、开箱检查清点，规格应符合设计要求，附件、备件应齐全。

三、产品的技术文件应齐全。

四、按本规范要求作外观检查。

第 1.0.8 条　施工中的安全技术措施，应符合本规范和现行有关安全技术标准及产品的技术文件的规定。对重要工序，尚应事先制定安全技术措施。

第 1.0.9 条　与变压器、电抗器、互感器安装有关的建筑工程施工应符合下列要求：

一、与电力变压器、电抗器、互感器安装有关的建筑物、构筑物的建筑工程质量，应符合国家现行的建筑工程施工及验收规范中的有关规定。当设备及设计有特殊要求时，尚应符合其要求。

二、设备安装前，建筑工程应具备下列条件：

1. 屋顶、楼板施工完毕，不得渗漏；

2. 室内地面的基层施工完毕，并在墙上标出地面标高；

3. 混凝土基础及构架达到允许安装的强度，焊接构件的质量符合要求；

4. 预埋件及预留孔符合设计，预埋件牢固；

5. 模板及施工设施拆除，场地清理干净；

6. 具有足够的施工用场地，道路通畅。

三、设备安装完毕，投入运行前，建筑工程应符合下列要求：

1. 门窗安装完毕；

2. 地坪抹光工作结束，室外场地平整；

3. 保护性网门、栏杆等安全设施齐全；

4. 变压器、电抗器的蓄油坑清理干净，排油水管通畅，卵石铺设完毕；

5. 通风及消防装置安装完毕；

6. 受电后无法进行的装饰工作以及影响运行安全的工作施

工完毕。

第 1.0.10 条 设备安装用的紧固件，除地脚螺栓外，应采用镀锌制品。

第 1.0.11 条 所有变压器、电抗器、互感器的瓷件表面质量应符合现行国家标准《高压绝缘子瓷件技术条件》的规定。

第 1.0.12 条 电力变压器、电抗器、互感器的施工及验收除按本规范的规定执行外，尚应符合国家现行的有关标准规范的规定。

第二章　电力变压器、油浸电抗器

第一节　装卸与运输

第 2.1.1 条 8000kVA 及以上变压器和 8000kVAR 及以上的电抗器的装卸及运输，必须对运输路径及两端装卸条件作充分调查，制定施工安全技术措施，并应符合下列要求:

一、水路运输时，应做好下列工作:

1. 选择航道，了解吃水深度、水上及水下障碍物分布、潮讯情况以及沿途桥梁尺寸;

2. 选择船舶，了解船舶运载能力与结构，验算载重时船舶的稳定性;

3. 调查码头承重能力及起重能力，必要时应进行验算或荷重试验。

二、陆路运输用机械直接拖运时，应做好下列工作:

1. 了解道路及其沿途桥梁、涵洞、沟道等的结构、宽度、坡度、倾斜度、转角及承重情况，必要时应采取措施;

2. 调查沿途架空线、通讯线等高空障碍物的情况;

3. 变压器、电抗器利用滚轮在现场铁路专用线作短途运输时，应对铁路专用线进行调查与验算，其速度不应超过 0.2km／h;

4. 公路运输速度应符合制造厂的规定。

第 2.1.2 条 变压器或电抗器装卸时，应防止因车辆弹簧伸缩或船只沉浮而引起倾倒，应设专人观测车辆平台的升降或船只的沉浮情况。

卸车地点的土质、站台、码头必须坚实。

第 2.1.3 条 变压器、电抗器在装卸和运输过程中，不应有严重冲击和振动。电压在220kV及以上且容量在150000kVA及以上的变压器和电压为330kV及以上的电抗器均应装设冲击记录仪。冲击允许值应符合制造厂及合同的规定。

第2.1.4条 当利用机械牵引变压器、电抗器时，牵引的着力点应在设备重心以下。运输倾斜角不得超过15°。

第2.1.5条 钟罩式变压器整体起吊时，应将钢丝绳系在下节油箱专供起吊整体的吊耳上，并必须经钟罩上节相对应的吊耳导向。

第2.1.6条 用千斤顶顶升大型变压器时，应将千斤顶放置在油箱千斤顶支架部位，升降操作应协调，各点受力均匀，并及时垫好垫块。

第2.1.7条 充氮气或充干燥空气运输的变压器、电抗器，应有压力监视和气体补充装置。变压器、电抗器在运输途中应保持正压，气体压力应为0.01～0.03MPa。

第2.1.8条 干式变压器在运输途中，应有防雨及防潮措施。

第二节 安装前的检查与保管

第2.2.1条 设备到达现场后，应及时进行下列外观检查:

一、油箱及所有附件应齐全，无锈蚀及机械损伤，密封应良好。

二、油箱箱盖或钟罩法兰及封板的联接螺栓应齐全，紧固良好，无渗漏；浸入油中运输的附件，其油箱应无渗漏。

三、充油套管的油位应正常，无渗油，瓷体无损伤。

四、充气运输的变压器、电抗器，油箱内应为正压，其压力为0.01～0.03MPa。

五、装有冲击记录仪的设备，应检查并记录设备在运输和装卸中的受冲击情况。

第2.2.2条 设备到达现场后的保管应符合下列要求:

一、散热器（冷却器）、连通管、安全气道、净油器等应密封。

二、表计、风扇、潜油泵、气体继电器、气道隔板、测温装置以及绝缘材料等，应放置于干燥的室内。

三、短尾式套管应置于干燥的室内，充油式套管卧放时应符合制造厂的规定。

四、本体、冷却装置等，其底部应垫高、垫平，不得水淹，干式变压器应置于干燥的室内。

五、浸油运输的附件应保持浸油保管，其油箱应密封。

六、与本体联在一起的附件可不拆下。

第2.2.3条 绝缘油的验收与保管应符合下列要求:

一、绝缘油应储藏在密封清洁的专用油罐或容器内。

二、每批到达现场的绝缘油均应有试验记录，并应取样进行简化分析，必要时进行全分析。

1. 取样数量：大罐油，每罐应取样，小桶油应按表2.2.3取样。

2. 取样试验应按现行国家标准《电力用油（变压器油、汽轮机油）取样》的规定执行。试验标准应符合现行国家标准《电气装置安装工程电气设备交接试验标准》的规定。

三、不同牌号的绝缘油，应分别储存，并有明显牌号标志。

四、放油时应目测，用铁路油罐车运输的绝缘油，油的上部和底部不应有异样；用小桶运输的绝缘油，对每桶进行目测，辨别其气味，各桶的商标应一致。

第2.2.4条 变压器、电抗器到达现场后，当三个月内不能安装时，应在一个月内进行下列工作:

一、带油运输的变压器、电抗器:

1. 检查油箱密封情况;

2. 测量变压器内油的绝缘强度;

3. 测量绕组的绝缘电阻（运输时不装套管的变压器可以不

测）；

绝缘油取样数量　　表 2.2.3

每批油的桶数	取样桶数
1	1
2～5	2
6～20	3
21～50	4
51～100	7
101～200	10
201～400	15
401 及以上	20

4. 安装储油柜及吸湿器，注以合格油至储油柜规定油位，或在未装储油柜的情况下，上部抽真空后，充以 0.01～0.03MPa、纯度不低于 99.9%、露点低于−40℃的氮气。

二、充气运输的变压器、电抗器：

1. 应安装储油柜及吸湿器，注以合格油至储油柜规定油位；

2. 当不能及时注油时，应继续充与原充气体相同的气体保管，但必须有压力监视装置，压力应保持为 0.01～0.03MPa，气体的露点应低于−40℃。

第 2.2.5 条　设备在保管期间，应经常检查。充油保管的应检查有无渗油，油位是否正常，外表有无锈蚀，并每六个月检查一次油的绝缘强度；充气保管的应检查气体压力，并做好记录。

第三节　排　　氮

第 2.3.1 条　采用注油排氮时，应符合下列规定：

一、绝缘油必须经净化处理，注入变压器、电抗器的油应符合下列要求：

电气强度：	500kV	不应小于	60kV；
	330kV	不应小于	50kV；
	63～220kV	不应小于	40kV。
含水量：	500kV	不应大于	10ppm；
	220～330kV	不应大于	15ppm；
	110kV	不应大于	20ppm。

（ppm 为体积比）

tgδ：　不应大于 0.5%（90℃时）。

二、注油排氮前，应将油箱内的残油排尽。

三、油管宜采用钢管，内部应进行彻底除锈且清洗干净。如用耐油胶管，必须确保胶管不污染绝缘油。

四、绝缘油应经脱气净油设备从变压器下部阀门注入变压器内，氮气经顶部排出；油应注至油箱顶部将氮气排尽。最终油位应高出铁芯上沿 100mm 以上。油的静置时间应不小于 12h。

第 2.3.2 条　采用抽真空进行排氮时，排氮口应装设在空气流通处。破坏真空时应避免潮湿空气进入。当含氧量未达到 18%以上时，人员不得进入。

第 2.3.3 条　充氮的变压器、电抗器需吊罩检查时，必须让器身在空气中暴露 15min 以上，待氮气充气扩散后进行。

第四节　器 身 检 查

第 2.4.1 条　变压器、电抗器到达现场后，应进行器身检查。器身检查可为吊罩或吊器身，或者不吊罩直接进入油箱内进行。当满足下列条件之一时，可不进行器身检查。

一、制造厂规定可不进行器身检查者。

二、容量为1000kVA及以下，运输过程中无异常情况者。

三、就地生产仅作短途运输的变压器、电抗器，如果事先参加了制造厂的器身总装，质量符合要求，且在运输过程中进行了有效的监督，无紧急制动、剧烈振动、冲撞或严重颠簸等异常情况者。

第2.4.2条 器身检查时，应符合下列规定：

一、周围空气温度不宜低于0℃，器身温度不应低于周围空气温度；当器身温度低于周围空气温度时，应将器身加热，宜使其温度高于周围空气温度10℃。

二、当空气相对湿度小于75%时，器身暴露在空气中的时间不得超过16h。

三、调压切换装置吊出检查、调整时，暴露在空气中的时间应符合表2.4.2的规定。

调压切换装置露空时间 **表2.4.2**

环境温度(℃)	>0	>0	>0	<0
空气相对湿度(%)	65以下	65～75	75～85	不控制
持续时间不大于(h)	24	16	10	8

四、空气相对湿度或露空时间超过规定时，必须采取相应的可靠措施。

时间计算规定：带油运输的变压器、电抗器，由开始放油时算起；不带油运输的变压器、电抗器，由揭开顶盖或打开任一堵塞算起，到开始抽真空或注油为止。

五、器身检查时，场地四周应清洁和有防尘措施；雨雪天或雾天，不应在室外进行。

第2.4.3条 钟罩起吊前，应拆除所有与其相连的部件。

第2.4.4条 器身或钟罩起吊时，吊索与铅垂线的夹角不宜大于30°，必要时可采用控制吊梁。起吊过程中，器身与箱壁不得有碰撞现象。

第2.4.5条 器身检查的主要项目和要求应符合下列规定：

一、运输支撑和器身各部位应无移动现象，运输用的临时防护装置及临时支撑应予拆除，并经过清点作好记录以备查。

二、所有螺栓应紧固，并有防松措施；绝缘螺栓应无损坏，防松绑扎完好。

三、铁芯检查：

1. 铁芯应无变形，铁轭与夹件间的绝缘垫应良好；
2. 铁芯应无多点接地；
3. 铁芯外引接地的变压器，拆开接地线后铁芯对地绝缘应良好；
4. 打开夹件与铁轭接地片后，铁轭螺杆与铁芯、铁轭与夹件、螺杆与夹件间的绝缘应良好；
5. 当铁轭采用钢带绑扎时，钢带对铁轭的绝缘应良好；
6. 打开铁芯屏蔽接地引线，检查屏蔽绝缘应良好；
7. 打开夹件与线圈压板的连线，检查压钉绝缘应良好；
8. 铁芯拉板及铁轭拉带应紧固，绝缘良好。

四、绕组检查：

1. 绕组绝缘层应完整，无缺损、变位现象；
2. 各绕组应排列整齐，间隙均匀，油路无堵塞；
3. 绕组的压钉应紧固，防松螺母应锁紧。

五、绝缘围屏绑扎牢固，围屏上所有线圈引出处的封闭应良好。

六、引出线绝缘包扎牢固，无破损、拧弯现象；引出线绝缘距离应合格，固定牢靠，其固定支架应紧固；引出线的裸露部分应无毛刺或尖角，其焊接应良好；引出线与套管的连接应牢靠，接线正确。

七、无励磁调压切换装置各分接头与线圈的连接应紧固正确；各分接头应清洁，且接触紧密，弹力良好；所有接触到的部分，用 0.05×10mm 塞尺检查，应塞不进去；转动接点应正确地停留在各个位置上，且与指示器所指位置一致；切换装置的拉杆、分接头凸轮、小轴、销子等应完整无损；转动盘应动作灵活，密封良好。

八、有载调压切换装置的选择开关、范围开关应接触良好，分接引线应连接正确、牢固，切换开关部分密封良好。必要时抽出切换开关芯子进行检查。

九、绝缘屏障应完好，且固定牢固，无松动现象。

十、检查强油循环管路与下轭绝缘接口部位的密封情况。

十一、检查各部位应无油泥、水滴和金属屑末等杂物。

注：①变压器有围屏者，可不必解除围屏，本条中由于围屏遮蔽而不能检查的项目，可不予检查。

②铁芯检查时，其中的3、4、5、6、7项无法拆开的可不测。

第 2.4.6 条 器身检查完毕后，必须用合格的变压器油进行冲洗，并清洗油箱底部，不得有遗留杂物。箱壁上的阀门应开闭灵活、指示正确。导向冷却的变压器尚应检查和清理进油管节头和联箱。

第五节 干 燥

第 2.5.1 条 变压器、电抗器是否需要进行干燥，应根据本规范附录一“新装电力变压器、油浸电抗器不需干燥的条件”进行综合分析判断后确定。

第 2.5.2 条 设备进行干燥时，必须对各部温度进行监控。当为不带油干燥利用油箱加热时，箱壁温度不宜超过 110℃，箱底温度不得超过 100℃，绕组温度不得超过 95℃；带油干燥时，上层油温不得超过 85℃；热风干燥时，进风温度不得超过 100℃。

干式变压器进行干燥时，其绕组温度应根据其绝缘等级而定。

第 2.5.3 条 采用真空加温干燥时，应先进行预热。抽真空时，将油箱内抽成 0.02MPa，然后按每小时均匀地增高 0.0067MPa 至表 2.5.3 所示极限允许值为止。

变压器、电抗器抽真空的极限允许值　　表 2.5.3

电压(kV)	容量(kVA)	真　空　度(MPa)
35	4000～31500	0.051
63～110	16000 及以下	0.051
	20000 及以上	0.08
220 及 330		0.101
500		<0.101

抽真空时应监视箱壁的弹性变形，其最大值不得超过壁厚的两倍。

第 2.5.4 条 在保持温度不变的情况下，绕组的绝缘电阻下降后再回升，110kV 及以下的变压器、电抗器持续 6h，220kV 及以上的变压器、电抗器持续 12h 保持稳定，且无凝结水产生时，可认为干燥完毕。

绝缘件表面含水量标准　　表 2.5.4

电压等级(kV)	含水量标准(%)
110 及以下	2 以下
220	1 以下
330～500	0.5 以下

也可采用测量绝缘件表面的含水量来判断干燥程度，表面含水量应符合表 2.5.4 的规定。

第 2.5.5 条 干燥后的变压器、电抗器应进行器身检查，所有螺栓压紧部分应无松动，绝缘表面应无过热等异常情况。如不能及时检查时，应先注以合格油，油温可预热至 50～60℃，绕组温度应高于油温。

第六节 本体及附件安装

第 2.6.1 条 本体就位应符合下列要求：

一、变压器、电抗器基础的轨道应水平，轨距与轮距应配合；装有气体继电器的变压器、电抗器，应使其顶盖沿气体继电器气流方向有 1%～1.5%的升高坡度（制造厂规定不须安装坡度者除外）。当与封闭母线连接时，其套管中心线应与封闭母线中心线相符。

二、装有滚轮的变压器、电抗器，其滚轮应能灵活转动，在设备就位后，应将滚轮用能拆卸的制动装置加以固定。

第 2.6.2 条 密封处理应符合下列要求：

一、所有法兰连接处应用耐油密封垫（圈）密封；密封垫（圈）必须无扭曲、变形、裂纹和毛刺，密封垫（圈）应与法兰面的尺寸相配合。

二、法兰连接面应平整、清洁；密封垫应擦拭干净，安装位置应准确；其搭接处的厚度应与其原厚度相同，橡胶密封垫的压缩量不宜超过其厚度的 1／3。

第 2.6.3 条 有载调压切换装置的安装应符合下列要求：

一、传动机构中的操作机构、电动机、传动齿轮和杠杆应固定牢靠，连接位置正确，且操作灵活，无卡阻现象；传动结构的摩擦部分应涂以适合当地气候条件的润滑脂。

二、切换开关的触头及其连接线应完整无损，且接触良好，其限流电阻应完好，无断裂现象。

三、切换装置的工作顺序应符合产品出厂要求；切换装置在极限位置时，其机械联锁与极限开关的电气联锁动作应正确。

四、位置指示器应动作正常，指示正确。

五、切换开关油箱内应清洁，油箱应做密封试验，且密封良好；注入油箱中的绝缘油，其绝缘强度应符合产品的技术要求。

第 2.6.4 条 冷却装置的安装应符合下列要求：

一、冷却装置在安装前应按制造厂规定的压力值用气压或油压进行密封试验，并应符合下列要求：

1. 散热器、强迫油循环风冷却器，持续 30min 应无渗漏；

2. 强迫油循环水冷却器，持续 1h 应无渗漏，水、油系统应分别检查渗漏。

二、冷却装置安装前应用合格的绝缘油经净油机循环冲洗干净，并将残油排尽。

三、冷却装置安装完毕后应即注满油。

四、风扇电动机及叶片应安装牢固，并应转动灵活，无卡阻；试转时应无振动、过热；叶片应无扭曲变形或与风筒碰擦等情况，转向应正确；电动机的电源配线应采用具有耐油性能的绝缘导线。

五、管路中的阀门应操作灵活，开闭位置应正确；阀门及法兰连接处应密封良好。

六、外接油管路在安装前，应进行彻底除锈并清洗干净；管道安装后，油管应涂黄漆，水管应涂黑漆，并应有流向标志。

七、油泵转向应正确，转动时应无异常噪声、振动或过热现象；其密封应良好，无渗油或进气现象。

八、差压继电器、流速继电器应经校验合格，且密封良好，动作可靠。

九、水冷却装置停用时，应将水放尽。

第 2.6.5 条 储油柜的安装应符合下列要求：

一、储油柜安装前，应清洗干净。

二、胶囊式储油柜中的胶囊或隔膜式储油柜中的隔膜应完整无破损；胶囊在缓慢充气胀开后检查应无漏气现象。

三、胶囊沿长度方向应与储油柜的长轴保持平行，不应扭偏；胶囊口的密封应良好，呼吸应通畅。

四、油位表动作应灵活，油位表或油标管的指示必须与储油柜的真实油位相符，不得出现假油位。油位表的信号接点位置正确，绝缘良好。

第 2.6.6 条 升高座的安装应符合下列要求：

一、升高座安装前，应先完成电流互感器的试验；电流互感器出线端子板应绝缘良好，其接线螺栓和固定件的垫块应紧固，端子板应密封良好，无渗油现象。

二、安装升高座时，应使电流互感器铭牌位置面向油箱外侧，放气塞位置应在升高座最高处。

三、电流互感器和升高座的中心应一致。

四、绝缘筒应安装牢固，其安装位置不应使变压器引出线与之相碰。

第 2.6.7 条 套管的安装应符合下列要求：

一、套管安装前应进行下列检查：

1. 瓷套表面应无裂缝、伤痕；
2. 套管、法兰颈部及均压球内壁应清擦干净；
3. 套管应经试验合格；
4. 充油套管无渗油现象，油位指示正常。

二、充油套管的内部绝缘已确认受潮时，应予干燥处理；110kV 及以上的套管应真空注油。

三、高压套管穿缆的应力锥应进入套管的均压罩内，其引出端头与套管顶部接线柱连接处应擦拭干净，接触紧密；高压套管与引出线接口的密封波纹盘结构（魏德迈结构）的安装应严格按制造厂的规定进行。

四、套管顶部结构的密封垫应安装正确，密封应良好，连接引线时，不应使顶部结构松扣。

五、充油套管的油标应面向外侧，套管末屏应接地良好。

第 2.6.8 条 气体继电器的安装应符合下列要求：

一、气体继电器安装前应经检验鉴定。

二、气体继电器应水平安装，其顶盖上标志的箭头应指向储油柜，其与连通管的连接应密封良好。

第 2.6.9 条 安全气道的安装应符合下列要求：

一、安全气道安装前，其内壁应清拭干净。

二、隔膜应完整，其材料和规格应符合产品的技术规定，不得任意代用。

三、防爆隔膜信号接线应正确，接触良好。

第 2.6.10 条 压力释放装置的安装方向应正确；阀盖和升高座内部应清洁，密封良好；电接点应动作准确，绝缘应良好。

第 2.6.11 条 吸湿器与储油柜间的连接管的密封应良好；管道应通畅；吸湿剂应干燥；油封油位应在油面线上或按产品的技术要求进行。

第 2.6.12 条 净油器内部应擦拭干净，吸附剂应干燥；其滤网安装方向应正确并在出口侧；油流方向应正确。

第 2.6.13 条 所有导气管必须清拭干净，其连接处应密封良好。

第 2.6.14 条 测温装置的安装应符合下列要求：

一、温度计安装前应进行校验，信号接点应动作正确，导通良好；绕组温度计应根据制造厂的规定进行整定。

二、顶盖上的温度计座内应注以变压器油，密封应良好，无渗油现象；闲置的温度计座也应密封，不得进水。

三、膨胀式信号温度计的细金属软管不得有压扁或急剧扭曲，其弯曲半径不得小于 50mm。

第 2.6.15 条 靠近箱壁的绝缘导线，排列应整齐，应有保护措施；接线盒应密封良好。

第 2.6.16 条 控制箱的安装应符合现行的国家标准《电气装置安装工程盘、柜及二次回路结线施工及验收规范》的有关规定。

第七节 注 油

第 2.7.1 条 绝缘油必须按现行的国家标准《电气装置安装工程电气设备交接试验标准》的规定试验合格后，方可注入变压器、电抗器中。

不同牌号的绝缘油或同牌号的新油与运行过的油混合使用前，必须做混油试验。

第 2.7.2 条 注油前，220kV 及以上的变压器、电抗器必须进行真空处理，处理前宜将器身温度提高到 20℃以上。真空度应符合本规范第 2.5.3 条中的规定，真空保持时间：220～330kV，不得少于 8h；500kV，不得少于 24h。抽真空时，应监视并记录油箱的变形。

第 2.7.3 条 220kV 及以上的变压器、电抗器必须真空注油；110kV 者宜采用真空注油。当真空度达到本规范第 2.5.3 条规定值后，开始注油。注油全过程应保持真空。注入油的油温宜高于器身温度。注油速度不宜大于 100L／min。油面距油箱顶的空隙不得少于 200mm 或按制造厂规定执行。注油后，应继续保持真空，保持时间：110kV 者不得少于 2h；220kV 及以上者不得少于 4h。500kV 者在注满油后可不继续保持真空。

真空注油工作不宜在雨天或雾天进行。

第 2.7.4 条 在抽真空时，必须将在真空下不能承受机械强度的附件，如储油柜、安全气道等与油箱隔离；对允许抽同样真空度的部件，应同时抽真空。

第 2.7.5 条 变压器、电抗器注油时，宜从下部油阀进油。对导向强油循环的变压器，注油应按制造厂的规定执行。

第 2.7.6 条 设备各接地点及油管道应可靠地接地。

第八节 热油循环、补油和静置

第 2.8.1 条 500kV 变压器、电抗器真空注油后必须进行热油循环，循环时间不得少于 48h。

热油循环可在真空注油到储油柜的额定油位后的满油状态下进行，此时变压器或电抗器不抽真空；当注油到离器身顶盖 200mm 处时，热油循环需抽真空。真空度应符合本规范第 2.5.3 条的规定。

真空净油设备的出口温度不应低于 50℃，油箱内温度不应低于 40℃。经过热油循环的油应达到现行的国家标准《电气装置安装工程电气设备交接试验标准》的规定。

第 2.8.2 条 冷却器内的油应与油箱主体的油同时进行热油循环。

第 2.8.3 条 往变压器、电抗器内加注补充油时，应通过储油柜上专用的添油阀，并经净油机注入，注油至储油柜额定油位。注油时应排放本体及附件内的空气，少量空气可自储油柜排尽。

第 2.8.4 条 注油完毕后，在施加电压前，其静置时间不应少于下列规定：

110kV 及以下，　　24h；
220kV 及 330kV，　　48h；
500kV，　　72h。

第 2.8.5 条 按第 2.8.4 条静置完毕后，应从变压器、电抗器的套管、升高座、冷却装置、气体继电器及压力释放装置等有关部位进行多次放气，并启动潜油泵，直至残余气体排尽。

第 2.8.6 条 具有胶囊或隔膜的储油柜的变压器、电抗器必须按制造厂规定的顺序进行注油、排气及油位计加油。

第九节 整体密封检查

第 2.9.1 条 变压器、电抗器安装完毕后，应在储油柜上用气压或油压进行整体密封试验，其压力为油箱盖上能承受 0.03MPa 压力，试验持续时间为 24h，应无渗漏。

整体运输的变压器、电抗器可不进行整体密封试验。

第十节 工程交接验收

第 2.10.1 条 变压器、电抗器的起动试运行，是指设备开始带电，并带一定的负荷即可能的最大负荷连续运行 24h 所经历的过程。

第 2.10.2 条 变压器、电抗器在试运行前，应进行全面检查，确认其符合运行条件时，方可投入试运行。检查项目如下:

一、本体、冷却装置及所有附件应无缺陷，且不渗油。

二、轮子的制动装置应牢固。

三、油漆应完整，相色标志正确。

四、变压器顶盖上应无遗留杂物。

五、事故排油设施应完好，消防设施安全。

六、储油柜、冷却装置、净油器等油系统上的油门均应打开，且指示正确。

七、接地引下线及其与主接地网的连接应满足设计要求，接地应可靠。

铁芯和夹件的接地引出套管、套管的接地小套管及电压抽取装置不用时其抽出端子均应接地；备用电流互感器二次端子应短接接地；套管顶部结构的接触及密封应良好。

八、储油柜和充油套管的油位应正常。

九、分接头的位置应符合运行要求；有载调压切换装置的远方操作应动作可靠，指示位置正确。

十、变压器的相位及绕组的接线组别应符合并列运行要求。

十一、测温装置指示应正确，整定值符合要求。

十二、冷却装置试运行应正常，联动正确；水冷装置的油压应大于水压；强迫油循环的变压器、电抗器应起动全部冷却装置，进行循环 4h 以上，放完残留空气。

十三、变压器、电抗器的全部电气试验应合格；保护装置整定值符合规定；操作及联动试验正确。

第 2.10.3 条 变压器、电抗器试运行时应按下列规定进行检查:

一、接于中性点接地系统的变压器，在进行冲击合闸时，其中性点必须接地。

二、变压器、电抗器第一次投入时，可全电压冲击合闸，如有条件时应从零起升压；冲击合闸时，变压器宜由高压侧投入；对发电机变压器组结线的变压器，当发电机与变压器间无操作断开点时，可不作全电压冲击合闸。

三、变压器、电抗器应进行五次空载全电压冲击合闸，应无异常情况；第一次受电后持续时间不应少于 10min；励磁涌流不应引起保护装置的误动。

四、变压器并列前，应先核对相位。

五、带电后，检查本体及附件所有焊缝和连接面，不应有渗油现象。

第 2.10.4 条 在验收时，应移交下列资料和文件:

一、变更设计部分的实际施工图。

二、变更设计的证明文件。

三、制造厂提供的产品说明书、试验记录、合格证件及安装图纸等技术文件。

四、安装技术记录、器身检查记录、干燥记录等。

五、试验报告。

六、备品备件移交清单。

第三章 互 感 器

第一节 一 般 规 定

第 3.1.1 条 互感器在运输、保管期间应防止受潮、倾倒或遭受机械损伤；互感器的运输和放置应按产品技术要求执行。

第 3.1.2 条 互感器整体起吊时，吊索应固定在规定的吊环上，不得利用瓷裙起吊，并不得碰伤瓷套。

第 3.1.3 条 互感器到达现场后，除按本规范第 1.0.6 条进行检查外，尚应作下列外观检查：

一、互感器外观应完整，附件应齐全，无锈蚀或机械损伤。

二、油浸式互感器油位应正常，密封应良好，无渗油现象。

三、电容式电压互感器的电磁装置和谐振阻尼器的封铅应完好。

第二节 器 身 检 查

第 3.2.1 条 互感器可不进行器身检查，但在发现有异常情况时，应按下列要求进行检查：

一、螺栓应无松动，附件完整。

二、铁芯应无变形，且清洁紧密，无锈蚀。

三、绕阻绝缘应完好，连接正确、紧固。

四、绝缘支持物应牢固，无损伤，无分层分裂。

五、内部应清洁，无油垢杂物。

六、穿心螺栓应绝缘良好。

七、制造厂有特殊规定时，尚应符合制造厂的规定。

第 3.2.2 条 互感器器身检查时，尚应符合本规范第 2.4.2 条的有关规定。

第 3.2.3 条 110kV 及以上互感器应真空注油。

第三节 安 装

第 3.3.1 条 互感器安装时应进行下列检查：

一、互感器的变比分接头的位置和极性应符合规定。

二、二次接线板应完整，引线端子应连接牢固，绝缘良好，标志清晰。

三、油位指示器、瓷套法兰连接处、放油阀均应无渗油现象。

四、隔膜式储油柜的隔膜和金属膨胀器应完整无损，顶盖螺栓紧固。

第 3.3.2 条 油浸式互感器安装面应水平；并列安装的应排列整齐，同一组互感器的极性方向应一致。

第 3.3.3 条 具有等电位弹簧支点的母线贯穿式电流互感器，其所有弹簧支点应牢固，并与母线接触良好，母线应位于互感器中心。

第 3.3.4 条 具有吸湿器的互感器，其吸湿剂应干燥，油封油位正常。

第 3.3.5 条 互感器的呼吸孔的塞子带有垫片时，应将垫片取下。

第 3.3.6 条 电容式电压互感器必须根据产品成套供应的组件编号进行安装，不得互换。各组件连接处的接触面，应除去氧化层，并涂以电力复合脂；阻尼器装于室外时，应有防雨措施。

第 3.3.7 条 具有均压环的互感器，均压环应安装牢固、水平，且方向正确。具有保护间隙的，应按制造厂规定调好距离。

第 3.3.8 条 零序电流互感器的安装，不应使构架或其它导磁体与互感器铁芯直接接触，或与其构成分磁回路。

第 3.3.9 条 互感器的下列各部位应予良好接地：

一、分级绝缘的电压互感器，其一次绕组的接地引出端子，电容式电压互感器应按制造厂的规定执行。

二、电容型绝缘的电流互感器，其一次绕组末屏的引出端子、铁芯引出接地端子。

三、互感器的外壳。

四、备用的电流互感器的二次绕组端子应先短路后接地。

五、倒装式电流互感器二次绕组的金属导管。

第 3.3.10 条 互感器需补油时，应按制造厂规定进行。

第 3.3.11 条 运输中附加的防爆膜临时保护应予拆除。

第四节 工程交接验收

第 3.4.1 条 在验收时，应进行下列检查:

一、设备外观应完整无缺损。

二、油浸式互感器应无渗油，油位指示应正常。

三、保护间隙的距离应符合规定。

四、油漆应完整，相色应正确。

五、接地应良好。

第 3.4.2 条 在验收时，应移交下列资料和文件:

一、变更设计的证明文件。

二、制造厂提供的产品说明书、试验记录、合格证件及安装图纸等技术文件。

三、安装技术记录、器身检查记录、干燥记录。

四、试验报告。

附录一 新装电力变压器及油浸电抗器不需干燥的条件

一、带油运输的变压器及电抗器:

1. 绝缘油电气强度及微量水试验合格;

2. 绝缘电阻及吸收比（或极化指数）符合规定;

3. 介质损耗角正切值 tgδ（%）符合规定（电压等级在 35kV 以下及容量在 4000kVA 以下者，可不作要求）。

二、充气运输的变压器及电抗器:

1. 器身内压力在出厂至安装前均保持正压。

2. 残油中微量水不应大于 30ppm；电气强度试验在电压等级为 330kV 及以下者不低于 30kV，500kV 者应不低于 40kV。

3. 变压器及电抗器注入合格绝缘油后:

(1) 绝缘油电气强度及微量水符合规定;

(2) 绝缘电阻及吸收比（或极化指数）符合规定;

(3) 介质损耗角正切值 tgδ（%）符合规定。

注: ①上述绝缘电阻、吸收比（或极化指数）、tgδ（%）及绝缘油的电气强度及微量水试验应符合现行的国家标准《电气装置安装工程电气设备交接试验标准》的相应规定。

②当器身未能保持正压，而密封无明显破坏时，则应根据安装及试验记录全面分析作出综合判断，决定是否需要干燥。

三、采用绝缘件表面的含水量判断时，应符合本规范第 2.5.4 条的规定。

附录二　本规范用词说明

一、为便于在执行本规范条文时区别对待，对要求严格程度不同的用词说明如下：

1. 表示很严格，非这样作不可的：

正面词采用“必须”；

反面词采用“严禁”。

2. 表示严格，在正常情况下均应这样作的：

正面词采用“应”；

反面词采用“不应”或“不得”。

3. 表示允许稍有选择，在条件许可时首先应这样作的：

正面词采用“宜”或“可”；

反面词采用“不宜”。

二、条文中规定应按其它有关标准、规范执行时，写法为“应符合……的规定”或“应按……执行”。

附加说明

本规范主编单位、参加单位和主要起草人名单

主编单位：能源部电力建设研究所

参加单位：东北电业管理局

东北送变电工程公司

上海电力建设局调整试验所

华东电管局工程建设定额站

水电第十二工程局

陕西省送变电工程公司

广东省输变电工程公司

东北电力建设第一工程公司

大庆石油管理局供电公司

化工部施工技术研究所

主要起草人：胥佩葱、曾等厚

中华人民共和国国家标准

电气装置安装工程电力
变压器、油浸电抗器、互感器
施工及验收规范

GBJ 148-90

条 文 说 明

前　言

本规范是根据原国家计委计综〔1986〕2630号文的要求，由原水利电力部负责主编，具体由能源部电力建设研究所会同有关单位对《电气装置安装工程施工及验收规范》GBJ232-82第二篇"电力变压器、互感器篇"修订而成。经中华人民共和国建设部1990年12月30日以（90）建标字第698号文批准发布。

为便于广大设计、施工、科研、学校等有关单位人员在使用本规范时能正确理解和执行条文规定，《电气装置安装工程电力变压器、油浸电抗器、互感器施工及验收规范》编制组根据国家计委关于编制标准、规范条文说明的统一要求，按《电气装置安装工程电力变压器、油浸电抗器、互感器施工及验收规范》的章、节、条顺序，编制了《电气装置安装工程电力变压器、油浸电抗器、互感器施工及验收规范条文说明》供国内有关部门和单位参考。在使用中如发现本条文说明有欠妥之处，请将意见直接函寄本规范的管理单位能源部电力建设研究所（北京良乡，邮政编码：102401）。

本《条文说明》仅供国内有关部门和单位执行本规范时使用，不得外传和翻印。

1990年12月

目　录

第一章　总　　则

第 1.0.2 条　到 1988 年底，我国已有交流 500kV 输电线路 4000 多公里，500kV 变电站和升压站 20 多座，并已有 10 多年的建设和运行经验，500kV 设备的安装技术较为成熟，已具备条件列入规范。故本规范的适用范围明确为适用于电压为 500kV 及以下，频率为 50Hz 的电力变压器、电抗器、互感器安装工程的施工及验收。

目前，330kV 及 500kV 系统中已大量使用油浸电抗器，而油浸电抗器的结构、施工及验收的规定基本与电力变压器相同，故将油浸电抗器也列入本规范中。

本条所指特殊用途的电力变压器、互感器是指各工矿企业中有特殊使用要求或安装于特殊环境的设备，如整流变压器、电炉变压器、矿用变压器、调压器、大电流变压器等，对此类特殊用途设备的安装除按本规范规定外，尚应符合制造厂及专业部门的有关规定。

第 1.0.3 条　按设计进行施工是现场施工的基本要求。当设计部门按技术经济政策和现场实际情况进行修改时，应有设计变更通知。

第 1.0.4 条　本规范适用于一般通用设备的运输和保管，当制造厂根据个别设备结构等方面的特点在运输和保管上有特殊要求时，则应符合其特殊要求。

为了便于分析和分清责任，在运输过程中，当改变运输方式时，应及时检查设备受冲击等情况，并作好记录。所谓改变运输方式，是指由铁路运输改为公路或者水路运输，或者是由水路运输改为铁路或者公路运输。

第 1.0.5 条　设备及器材保管是安装前的一个重要前期工作，施工前做好设备及器材的保管工作有利于以后的施工。

设备及器材保管的要求和措施，因其保管时间的长短而有所不同，故本规范明确为设备到达现场后安装前的保管，其保管期限不超过一年。对于需要长期保管的设备及器材，应按其专门规定进行保管。

第 1.0.6 条　凡未经有关单位鉴定合格的设备或不符合国家现行技术标准（包括国家标准或地方标准）的原材料、半成品、成品和设备，均不得使用和安装。严禁使用低劣和伪造的不合格产品。

第 1.0.7 条　事先做好检验工作，为顺利施工提供条件。首先应检查包装及密封应良好，对有防潮要求的包装应及时检查，发现问题，采取措施，以防受潮。

制造厂的技术文件，根据现行国家标准《电力变压器》(GB1094.1～1094.5–85) 中规定，制造厂每台设备（包括标准组件）应附有全套的安装使用说明书、产品合格证书、出厂试验记录、产品外型尺寸图、运输尺寸图、产品拆卸件一览表、装箱单、铭牌或铭牌标志图及备件一览表等。

第 1.0.8 条　现行的安全技术规程中，对有关专业性的施工安全要求不一定齐全；因此，对重要的施工工序，如变压器、电抗器的器身检查，大型变压器、电抗器的运输、起吊、干燥等，都应根据现场的具体条件，事先制定安全技术措施。

第 1.0.9 条　由于国家现行的有关建筑工程施工及验收规范中的一些规定不完全适合电气设备安装的要求，如建筑工程的误差以 cm 计，而电气设备安装误差以 mm 计。这些电气设备的特殊要求应在电气设计图中标出。但建筑工程中的其它质量标准，在电气设计中不可能全部标出，则应符合国家现行的建筑工程施工及验收规范的有关规定。

为了避免现场施工混乱，实行文明施工，本条提出了设备安装前，建筑工程应具备一些具体要求，以便给安装工程创造一定的施工条件。这对保证安装质量和设备安全是必要的。但这次删去了原来规定的“钢轨敷设后，抹面工作结束”。因为设备安装不一定要抹面结束，一般是设备安装后才进行抹面，以免表面损坏。

根据电力变压器、电抗器、互感器安装完毕投运前的实际需要，提出了要求建筑工程应完成的工作，以便使设备安全顺利地投产。

第 1.0.10 条　设备安装用的紧固件，为防止锈蚀给以后的安全运行和设备检修拆卸带来困难，应采用镀锌制品，镀锌应保证质量。但对于地脚螺栓，它主要埋设在混凝土中，而且是非成批定型产品，一些偏远地区镀锌有困难，固定在地脚螺栓上的设备拆卸搬动的情况并非经常发生，若遇地脚螺栓有锈蚀而需拆卸时，可用如松锈剂等办法解决，故不强调镀锌。

设备端子的连接应符合现行国家标准《变压器、高压电器和套管的接线端子》(GB5273–85) 的要求。

第 1.0.11 条　电瓷件瓷表面的外观质量，在现行国家标准《高压绝缘子瓷件技术条件》(GB772–87) 中有明确规定。

第二章　电力变压器、油浸电抗器

第一节　装卸与运输

第 2.1.1 条　对大型变压器、电抗器陆运或水运前的调查和要求作了具体规定，以保证大型变压器、电抗器的运输安全。

目前，国产变压器以容量 8000kVA 及以上划分为大型变压器，电抗器尚无规定，厂家提出可按变压器划分，故电抗器也暂以容量为 8000kVAR 及以上划分为大型电抗器，将此条的适用范围规定为 8000kVA（R）及以上。

利用滚轮在铁路专用线作短途运输时，其速度的规定，根据变压器滚轮与轴之间是滑动配合，且润滑情况不好，某厂使用说明书规定为 0.2km／h，故规定不应超过 0.2km／h。

公路运输速度，以往一些 500kV 工程对变压器公路运输都规定拖车速度不宜超过 5km／h，附件的运输速度不宜超过 25km／h。而变压器厂在供给某变电站的 500kV 变压器的安装使用说明书中规定：

一、装在拖车上由公路运输的车速，在一级路面不超过 15km／h，其它路面不超过 10km／h。

二、滚动装卸车船时，拖运速度不宜超过 0.3km／h，滚动拖运时速度不应超过 0.9km／h。

由于各地情况不同，如路面、车辆等，各制造厂对本厂的产品的运输速度都有规定，故本条对此不加以限制，强调按制造厂的规定。

第 2.1.2 条　变压器、电抗器在装车或装船时，车辆的弹簧压缩或船只下沉，在卸车或卸船时，车辆的弹簧的弹力和船只的浮力都可能引起变压器、电抗器倾倒，应设专人观测车辆平台的升降或船只的浮沉情况。

卸车地点的土质必须坚实，站台、码头也必须坚实，否则将引起下沉危及设备安全。

第 2.1.3 条　国家标准《三相油浸式电力变压器技术参数和要求》（GB6451.1～5—86）中规定："电压在 220kV，容量为 150～360MVA 变压器运输中应装冲击记录仪"。国外大型变压器和油浸电抗器在运输时大都装有冲击记录仪，以记录在运输和装卸过程中受冲击和振动情况。采用的冲击记录仪必须准确可靠。

设备受冲击的轻重程度以重力加速度 g 表示。

g 值的大小，因国内尚无标准，一般由制造厂提供或由定货合同双方商定。基于下列国内外的资料，一般认为不小于 3g 为好。

某省向日本订的东芝变压器，冲击允许值规定为：运输的前后方向为 4g，横向为 1g，上下垂直方向为 3g。

某电厂升压站到货的 6 台东芝产变压器，运输过程中实际记录的冲击记录为：

	Ⅰ	Ⅱ	Ⅲ	Ⅳ	Ⅴ	Ⅵ
运输方向(g)	1.2	0.4	1.2	0.05	0.3	0.05
横　　向(g)	0.4	0.3	0.3	0.3	0.4	0.3
垂直方向(g)	1.4	0.8	1.2	0.7	0.2	0.6

BBC 公司 500kV 高压电抗器，规定运输中冲击允许值小于 1g，设备到达现场后，检查冲击记录均未超过允许值。某 500kV 换流站先后有两台 BBC 公司生产的换流变压器，海运到上海港后，发现冲击记录值达 4.8g，经检查因铁芯及绝缘件均有松动移位和损坏等情况，而返厂修理。

我国引进日新公司生产的三台 500kV 电抗器和一台中性点电抗器，装有美国产的冲击记录仪，其实际冲击记录值为：

	Ⅰ	Ⅱ	Ⅲ	Ⅳ
运输方向(g)	2.2	4.4	2.55	3.7
横　向(g)	1.7	3.3	2.5	2.5
垂直方向(g)	2.8	1.4	1.5	2.5

日本电气协会大型变压器现场安装规范专题研究委员会提出的“大型变压器现场安装规范”中规定其冲击允许值为3g。

某省引进联邦德国TU公司的变压器，其冲击值规定为3g。

美国国家标准规定：垂直方向为1g；前后方向为4g。

我国某水电工程与有关变压器厂就国产变压器运输冲击值商谈的结果，同意三个方向均定为3g。

有的单位提出，大型变压器、电抗器，装设冲击记录仪，若运输过程中不超过允许值就不要进行器身检查，否则装此记录仪就无意义。我国对大型设备运输中装设冲击记录仪尚属初始阶段，对于冲击记录仪的实用还需积累一定数据和经验。而且，现在冲击记录仪尚无定型产品，仪器是否好用？允许冲击值多少合适？以及装设的位置，在运输过程中的管理等问题比较复杂，因此只能说是刚开始，当经验成熟后，再在规范中作相应的规定。

第2.1.4条　为防牵引过程中设备倾倒，规定牵引的着力点应在设备的重心以下。

国家标准《三相油浸式电力变压器技术参数和要求》(GB6451.1～5−86)中规定在220kV，90～360MVA变压器下节油箱两端设置水平牵引装置，专供牵引设备用。

防止变压器在运行过程中由于倾斜过大而引起结构变形，制造厂规定一般变压器的倾斜角仅允许为15°，船用变压器则可达45°，若一般变压器在运输过程中，其倾斜角需要超过15°时，应在订货时特别提出，以便做好加固措施。

第2.1.5条　目前变压器采用钟罩式油箱较多，油箱下节备有专供起吊变压器整体用的吊耳；上节油箱上的吊耳仅供吊钟罩时用，如起吊整台变压器时错用上节油箱的吊耳，则将造成重大设备破坏性事故。吊起整台变压器时，除必须利用下节油箱专用吊耳外，其吊索尚应经上节油箱对应的吊耳作导向，否则，吊运时可能使变压器重心不稳而倾倒。1971年3月18日某水电站利用吊车在主厂房吊运一台360MVA变压器时，由于吊索未经上节油箱的吊耳作导向，造成变压器摔倒的大事故。国外的大型变压器安装说明书中也有此规定。

有的单位反映，不需强调“必须经钟罩上节相对应的吊耳导向”，其理由是有经验的起重工不经上节吊耳导向也未发生过问题。为了确保起吊安全，仍应强调必须按规定施工。

第2.1.6条　大型变压器重达几十吨，甚至超过200t，为此，制造厂在变压器油箱底部设有数个特定的顶升部位，作为千斤顶的着力位置。如将千斤顶放置在其他位置顶升，将使变压器遭到结构上的损坏。在顶升过程中，升降操作应协调、各点受力均匀，并应及时垫好垫块，某工程安装一台500kV，360MVA变压器，在降落时，由于受力不均，使变压器受墩，最后返厂修复，故在安装过程中必须引起十分注意。

第2.1.7条　随着变压器、电抗器的电压等级升高，容量不断增加，本体重量相应增加，为了适应运输机具对重量的限制，大型变压器、电抗器常采用充氮气或充干燥空气运输的方式。为了使设备在运输过程中不致因氮气或干燥空气渗漏而进入潮气，使器身受潮，油箱内必须保持一定的正压，所以要求装设压力表用以监视油箱内气体的压力，并应备有气体补充装置，以便当油箱内气压下降时及时补充气体。

气体的压力受气温的影响而有所变化，根据日本提供某厂氮气的压力与温度的关系：在0℃时压力为0.01MPa，25℃时为0.02MPa，50℃时为0.03MPa；故在运输中，在任何温度下油箱内的气压都必须保持正压。

充气运输的变压器、电抗器，在运输前应进行密封性试验，以保证密封良好。气体压力在运输中较起始值大大降低时，则可能有渗漏的地方，须及时处理以避免进入潮气。

关于充入的气体的要求：日本《大型变压器现场安装规范》中规定充入气体的露点低于−30℃即可；进口西德 TU 公司的变压器的技术资料中规定，微水含量少于 25ppm（体积比），相当于露点低于−60℃；我国某变压器厂规定，充入的氮气纯度不低于 99.9%，露点应低于−40℃。

第 2.1.8 条 干式变压器运输时，应有防雨和防潮措施。根据现行国家标准《干式电力变压器》(GB6450−86) 的规定，产品从制造厂出厂时，干式（不包括成形浇注）变压器的包装应保证在整个运输和储存期防止受潮和雨淋。

第二节 安装前的检查与保管

第 2.2.1 条 设备到达现场后应及时检查，以便发现设备存在的缺陷和问题，并及时处理，为安装得以顺利进行创造条件。本条规定了进行外观检查的内容及要求。检查连接螺栓时，应注意紧固良好，因为油箱顶部一般都充油，密封不好检查，只有要求每个螺栓都应紧固良好，否则顶盖螺栓松动容易进水；充气运输的设备，检查压力可以作为油箱是否密封良好的参考，即使在最冷的气候条件下，气体压力必须是正值，故规定油箱内应保持不小于 0.01MPa 的正压；装有冲击记录仪的设备，应检查并记录设备在运输和装卸过程中受冲击的情况，以判断内部是否有可能受损伤。

第 2.2.2 条 设备的现场保管是很重要的前期工作，将直接影响安装质量和设备的安全运行。本条规定了变压器、电抗器的本体及其附件在安装前的保管要求。对于充油式套管的保管，原制造厂要求卧放时应有适当坡度，现有的充油套管，制造厂在出厂时就是平放无坡度运到现场，所以充油套管卧放时是否应有坡度，坡度的大小应按制造厂的规定执行。

第 2.2.3 条 绝缘油管理工作的好坏，是保证设备质量的关键，应引起充分注意。

一、绝缘油到达现场后，应进行目测验收，以免混入非绝缘油，某变电站用铁路油罐车运油，曾发现油罐底部放出的油似机油。又如有二个变电站由国外用小桶装运的油，均发现其中混有一桶非绝缘油。

二、绝缘油到达现场，都应存放在密封清洁的专用油罐或容器内，不应使用储放过其他油类或不清洁的容器，以免影响绝缘油的性能。

三、不同牌号的绝缘油，其理化性能不同，充油设备根据对绝缘油的不同使用要求取用不同牌号的绝缘油。为了使用方便，以免错用，应将不同牌号的绝缘油分别贮存，并应标以明显标志。

四、运到现场的绝缘油，若在设备制造厂作过全分析，并有试验记录，只需取样进行简化分析。若为炼油厂直接来油或自行购置的商品油，或者对制造厂来油有怀疑时，都必须取样作全分析。

绝缘油取样的数量规定，根据现行的国家标准《电力用油（变压器油、汽轮机油）取样》(GB7597−87) 中 2.1.1.4 规定：“每次试验应按上表（即表 2.2.3）规定取数个单一油样，并再用它们均匀混合成一个混合油样。

1. 单一油样就是从某一个容器底部取的油样；

2. 混合油样就是取有代表性的数个容器底部的油样再混合均匀的油样”。

IEC 出版物 475 号（1974 年第一版）《液体绝缘介质取样方法》中 2.1.1“取样位置”规定：“从一批交货中，应从不同的容器中（如油桶）各取 1 升的油样作电气强度试验。对这些样品也可作另外的试验，而全面考虑则用这些样品的混合样进行”。

日本 JIS C2101−1978R《电气绝缘油试验方法》中 4.1.1“取样

一般注意事项之（10）”规定：“把同一批采取的若干个试样混合成一个试样的时候，必须在清洁的室内进行，避免尘埃、水分污染。另外混合的时候，尽可能避免接触空气。电气性能试验的油样，最好不用混合样（注），若必须混合时，混合后要静置 3h 以上。

注：例如从同一批100个桶中抽取5个油样，再将此5个油样混合进行试验，这种方法是不好的。可以将 5 个油样全部测定，求其平均值。也可以任意测定一个作为代表，或者测定 1～5 个油样中的几个而取其平均值。”

变压器油国家标准 GB2536-81(新来油)　　表 2.2.3-1

项目	质量指标			试验方法
	DB-10	DB-25	DB-45	
外观	透明、无沉淀和悬浮物			
运动粘度(mm^2/s) 20℃　不大于 50℃　不大于	30 9.6			GB265-75
凝点(℃)	-10	-25	-45	GB510-77
闪点(闭口),不低于	140	140	135	GB261-77
酸值(mg/g,以 KOH 计)不大于	0.03			GB7599-87 或 GB264-77
水溶性酸或碱	无			GB259-77
氢氧化钠试验(级)　不大于	2			SY2651-77
氧化安定性: 氧化后沉淀物(%)　不大于 氧化后酸值(mg/g,以 KOH 计)　不大于	 0.05 0.2			SY2670-75
介质损失角正切(90℃)%　不大于	0.5			GB5654 或 YS-30-1-84
击穿电压(kV)　不小于	35			GB507-86

注：①外观的试验方法是把产品注入100ml量筒中，在20±5℃下测定。如有争议时，按 GB511-77 测定其机械杂质的含量应为无。
②凝点的试验方法是以新疆原油生产的变压器油，测定凝点，允许用定性滤纸过滤。
③氧化安定性测定为保证项目,不作出厂每批控制指标,每年至少测定两次。
④击穿电压测定为保证项目，不作出厂每批控制指标，每年至少测定两次。用户使用前必须进行过滤并重新测定。

设备中变压器油指标(GB7595-87)　　表 2.2.3-2

序号	项目	单位	设备电压等级(kV)	质量指标：新设备投入运行前的油	质量指标：运行油	检验方法
1	水溶性酸 pH 值			>5.4	≥4.2	GB7598-87
2	酸值	mg/g,以 KOH 计		≤0.03	≤0.1	GB7599-87 或 GB264
3	闪点(闭口)	℃		>140(10#25#油) >135(45#油)	1.不比新油标准低 5℃ 2.不比前次测定值低 5℃	GB261-77
4	机械杂质			无	无	外观目视
5	游离碳			无	无	外观目视
6	水分	ppm	变压器 500 220～330 66～110	≤10 ≤15 ≤20	≤20 ≤30 ≤40	GB7600-87 或
			互感器套管 500 220～330 66～110	≤10 ≤15 ≤20	≤15 ≤25 ≤35	GB7601-87
7	界面张力(25℃)	mN/m		≥35	≥19	GB6541-87 或 YS-6-1-87
8	介质损耗因数(90℃)		500 ≤330	≤0.007 ≤0.010	≤0.020 ≤0.040	GB5654 或 YS-30-1-84
9	击穿电压	kV	500 330 66～220 20～35 ≤15	≥60 ≥50 ≥40 ≥35 ≥25	≥50 ≥45 ≥35 ≥30 ≥20	GB507-86
10	油中含气量					YS-0-3-2-84

注：油中含气量由用户和制造厂家协商。

现国内各地取样试验的方法不尽相同，有的是每桶取样油都作简化分析，而有的地区则将取样油混合后作简化分析。现条文中规定按现行国家标准《电力用油（变压器油、汽轮机油）取样》(GB7597-87) 的规定进行。

附上新来油的"变压器油"标准及"运行中变压器油质查标准"供参考（见表 2.2.3-1、表 2.2.3-2）。不同之处是新油的击穿电压不低于 35kV，且没有含气量、含水量的要求。

第 2.2.4 条 变压器、电抗器到达现场后，为防止受潮，应尽快安装储油柜及吸湿器并注油。制造厂在安装说明书中亦有此规定。

但根据很多单位反映，由于绝缘油到货时间晚，或单相变压器每台到货时间相差较大，而现场需连续安装等原因，设备到达现场后不能及时注油，只有充氮保管。如有二台 120MVA 和二台 150MVA 变压器充氮保管在半年至一年，某厂一台 90MVA 变压器充氮保管达两年之久，从国外进口的三台 500kV 电抗器及三台变压器，由于计划变更工期拖后，充气也达一年之久，都未发现问题。设备从制造厂充氮后，从等待运输至到达现场，一般需数月或半年时间，从未发生过由于长期充氮而使绝缘劣化等情况。故本条规定当不能及时注油时可充氮保管，但必须有压力监视装置。如某厂一台 150MVA 变压器，曾因未装表计，无指示，误将孔盖打开，致使氮气放掉，造成受潮而需干燥。

由于注油后便于保管、监视，所以现场不应因充氮保管时间未作规定而不抓紧时间注油。

第 2.2.5 条 为了发现问题及时处理，故规定了保管期间应经常检查的内容；如油有无渗漏、气压是否正常等，以防设备受潮。

第三节 排 氮

第 2.3.1 条

一、现在国内大型变压器、电抗器都采用充氮运输，在内部作业时，为了人身安全，必须将内部氮气排尽。注油排氮是排氮方法之一，对大型变压器、电抗器，尤以 500kV 等级的，国内外均采用此法。

变压器、电抗器在充氮状态下经运输和较长期的保管，原浸入绝缘件中的绝缘油逐渐渗出，绝缘件表面变得干燥，若器身一旦暴露在空气中，绝缘件就极易吸收空气中的湿气而受潮，因此，为防止绝缘件受潮，在人员进入内部作业之前，应使器身再浸一次油，并静置一定时间。日本电气协会的《大型变压器现场安装规范》中规定："变压器安装在基础之后，要注入事先过滤好的油，将运输时充入的氮气置换出来，然后静置 12h 以上，待绝缘件浸透油后，再用干燥空气置换油"。

二、排氮时，注入的绝缘油的电气强度可较油的交接标准稍低，因为是现场安装过程中用油，标准稍低不会影响质量。日本的《大型变压器现场安装规范》中亦如此规定。考虑到施工现场一般都有真空滤油设备，油的标准稍高也容易达到，为了取得一致，以免造成混乱，故采取交接时油的标准。

三、为了不致污染，经净化处理而注入的绝缘油，注油排氮前，应将油箱内的残油排放干净。

四、注油管推荐用镀锌或不镀锌的钢管。用胶管时必须慎重，以往有的工程使用胶管，发现油的 tgδ 值上升且不稳定，主要是胶粒子混于油中，虽用真空净油机多次处理仍无效，最后采用吸附加温处理才得以解决。

五、将以往 500kV 工程中用净油设备的技术条件列出，供参考：

净油能力: 6000L／h，

真空度: 小于 133Pa。

油中水分为 50ppm 以下，含气量为 12%以下，电气强度为 30kV 以上的新油经一次处理后，可达：水分小于 5ppm（体积比）；含气量小于 0.1%；电气强度不小于 60kV。

六、绝缘油应经过脱气净油设备（最好为真空净油机）从变压器下部阀门注入；氮气经顶部排出，为了将氮气排尽，将油充至顶部。为了防止由于温度变化油膨胀，排完氮后，应将油位降到高出铁芯上沿 100mm 以上，以免内部部件受潮；为了使内部绝缘件浸透油，注油后油的静置时间应在 12h 以上。

第 2.3.2 条 这是现场排氮的另一种方式。据西北地区有的单位反映，现场排氮采用抽真空的方法较为简单。但如何判断氮气排尽，人能进入内部，国外以油箱内含氧浓度来判断。如日本《防止缺氧症规则》（1972 年日本劳工部第 42 号令）的规定，含氧量未达到 18%以上时，人员不得进入。而美国“职业安全与健康委员会”的要求为 19.5%及以上，原 GBJ232—82 规定为大于 18%，故本条仍规定为 18%以上。

第 2.3.3 条 这也是现场排氮的一种方式。吊罩之后，应将器身暴露 15min 以上，待氮气充分扩散后，人员才可以进行器身检查工作，以免造成窒息，确保安全。15min 是根据某制造厂安装维护说明书的规定。

第四节 器 身 检 查

第 2.4.1 条 关于变压器、电抗器到达现场后的器身检查，有各种不同的意见和执行情况：

一、在以往变压器器身检查中，曾发生紧固件松动、铁芯多点接地、油箱内遗留杂物、内部不干净以及在运输中经受剧烈冲击造成器身位移、绝缘板断裂，更为严重的如一台 35kV 变压器在吊芯时发现有散架的情况。所以有些单位要求变压器到达现场后都需进行器身检查。

二、有些单位认为施工现场进行器身检查是重复劳动，大型变压器、电抗器进行器身检查需作大量工作，耗用大量人力物力；经过一次器身检查，也增加了一次器身受潮的机会，反而对变压器不利。从以往器身检查情况看，一般也未发生多大问题。国外引进的变压器无论大小都不允许在施工现场进行器身检查。所以要求在变压器无异常情况时，不进行器身检查。

三、华东、东北地区均有实践经验，即就地生产仅作短途运输的变压器可以不进行器身检查。

四、参加制造厂的总装工作，确认质量达到要求，并在运输中作了有效监视无异常情况时，即使经过长途运输，也不再进行器身检查。华东地区有二台 180MVA 主变压器、二台 150MVA 主变压器及二台 20MVA 变压器也用监视运输的方式，现场未进行器身检查。

考虑了上述不同的意见，认为现场不进行器身检查的安装方法是个方向，并促使制造厂保证制造质量，但就目前制造工艺的情况，仍应持慎重态度，以保安全，故仍规定应进行器身检查，但根据以往的实践，也明确了可不进行器身检查的条件。

第 2.4.2 条

一、规定器身检查时，器身的温度应高于周围空气温度，这是为了避免空气中的水分在器身上结露。当器身低于周围空气温度时，应将器身加热。普遍反映将器身温度加热超过周围空气温度 10℃很难达到，尤其是在南方，夏天室外温度较高，器身温度要高于周围空气温度 10℃，人无法进去工作。以往很少加热以提高器身温度，一般较多地以选择良好天气、尽量缩短器身在空气中暴露的时间等办法来减少器身受潮的程度。但目前已有真空净油设备可进行热油循环加温，为保证器身不受潮，故强调器身温度不应低于周围空气温度，当器身温度低于周围空气温度时，应将器身加热。考虑到加温高于周围空气温度 10℃有困难，故只作有选择性的“宜”的规定，不作硬性规定，只要求器身温度不低于周围空气温度即可。

二、关于器身暴露在空气中的时间，1982 年的原规范中规定为：空气相对湿度不超过 65%时，不应超过 16h；空气相对湿度不超过 75%时，不应超过 12h。对此规定，各地执行时有不少意见。这次修订时，参照苏联的“110～500kV充油电力变压器和自耦变压器技术说明书”中的规定：“在破坏变压器密封进行检查时，空气相对湿度应小于75%，时间不得超过16h。而调压切换装置吊出检查、调整时，暴露在空气中的时间规定如表2.4.2所示”，对器身露空时间有所放宽，并增加了调压切换装置露空时间的规定。至于空气相对湿度在65%以下时，器身露空时间未作规定，可根据各地的具体情况自定。

三、一些单位反映，有时湿度、时间达不到规定要求；大型变压器露空作业时间长，而南方阴雨、雾天较多，为防止变压器器身受潮，必须采取相应的可靠措施。对此各地有不少好的经验，如：

1. 某变电站一台法国产的500kV电抗器，发现铁芯多点接地，需在现场处理。卸去大罩将铁芯吊离底座约100mm，更换绝缘垫。当时天阴，空气相对湿度上午为85%，下午为69%，铁芯在空气中暴露达10h，大罩复位后立即抽真空至3.99kPa。

2. 某水电工程局在安装一台日立产的500kV变压器时，由于高压引出线缠绝缘需要约50h，因此白天工作时内部充干燥空气，晚上不工作时，抽真空防止变压器受潮。充入变压器内的干燥空气是由空气经过自制的四个矽胶罐（矽胶总量为100多公斤）后提供的，其露点可达−60～−40℃。

除以上所述外，还可采取延长抽真空和热油循环时间等措施。

四、1982年原规范规定：“雨雪天或雾天应在室内进行”，现在的变电站设计一般都无变压器检修间，器身检查大都在室外进行，故改为“雨雪天或雾天不应在室外进行”。

此外，为了防止尘土飞扬，有的单位在器身检查场地周围洒水，有些单位则用塑料布把器身围起来，以保持器身清洁。

第2.4.3条 有的大型变压器，其导油总管与上节油箱和闸阀相联，起吊上节油箱前，必须先将导油总管与上节油箱相联部分拆除，以免损坏导油总管。

第2.4.4条 吊器身或钟罩时，应该平衡起吊，根据制造厂的要求，吊索与铅垂线的夹角不宜超过30°。

第2.4.5条 本条对器身检查的项目及要求作出规定。

一、大型变压器在运输中都加有支撑，在顶部或两端装有压钉，以避免运输装卸过程中器身移动，故首先应检查运输支撑及运输用的临时防护装置是否有移动，检查后应将其拆除，清点、作好记录，并将顶部压钉翻转，以防止引起多点接地。某厂一台220/110kV自耦联络变，由于未将压钉翻转或取掉，形成铁芯多点接地，导致在运行中接地引线烧坏事故。

二、检查铁芯时，应注意铁芯有无多点接地，铁芯多点接地后在接地点之间可能形成闭合回路，导致产生循环电流而引起局部过热，甚至将铁芯烧损。电业系统曾发生过多起大型变压器铁芯事故，大多数是铁芯多点接地造成的。

近几年来，一些变压器铁芯增加了屏蔽，铁芯的固定由穿芯螺丝改为夹件、压钉等方式，所以在进行铁芯检查时，应注意这些地方的绝缘检查。

三、检查引出线时，应校核其绝缘距离是否合格，曾发生过由于引出线的绝缘距离过小，而在局部放电试验时出现故障；引出线的裸露部分应无毛刺和尖角，以防运行中发生放电击穿。

第2.4.6条 器身检查完毕后，用合格的变压器油对铁芯和线圈冲洗，以清除制造部门可能遗留于线圈间、铁芯间和箱底的脏物，并冲洗器身露空时可能污染的灰尘等；冲洗器身时往往由于静电感应而产生高电压，故冲洗时不得触及引出线端头裸露部分，以免触电。同时亦应检查箱壁上阀门开闭是否灵活，指示是否正确，否则以后不易检查和处理。

第五节 干 燥

第2.5.1条 变压器、电抗器是否需要进行干燥，规定根据本规范附录一“新装电力变压器、油浸电抗器不需干燥的条件”进行综合分析判断后确定。

第 2.5.2 条 为了防止变压器、电抗器在干燥时绝缘老化或破坏，对各部温度必须控制。根据“电力工业技术管理法规”中规定：油温不得超过 85℃；美国国家标准“关于油浸变压器的安装导则”中提出：线圈温度不得超过 95℃，油温不得超过 85℃，热风干燥时进口空气温度不得超过 100℃。在讨论中制造厂提出：现在的变压器、电抗器在铁芯底部垫有绝缘，箱底温度不得超过 100℃；代表们认为原 GBJ232−82 规定箱壁温度为 120～125℃太高，现改为 110℃。

干式变压器干燥时，其温度必须低于其最高允许温度，根据现行国家标准《干式电力变压器》(GB6450−86) 的规定，干式变压器线圈的最高允许温度如下（按电阻法测量）：

绝缘等级	允许温度(℃)	最高允许温升(K)
A 级	105	60
E 级	120	75
B 级	130	80
F 级	155	100
H 级	180	125
C 级	220	150

第 2.5.3 条 变压器、电抗器真空加温干燥方法包括：热油循环抽真空干燥、热油喷雾循环干燥和绝缘高真空干燥等。采用这些方法，器身均需预热，因为在抽真空时，空气将膨胀而降温，并从空气中释放出潮气。如果器身温度低，则空气中释放出来的潮气将凝结在器身上，并吸入纸绝缘中。为此，在抽真空前，首先应消除所有漏气部位，并将器身加热到一定温度，以避免受潮的可能性；提升真空的速度也不宜太快，避免由于水分蒸发过快而使器身温度大幅度下降。故本条文作了有关器身预热和限制提升真空速度的规定。

关于器身预热的温度，美国标准提出绝缘的温度不低于 20℃。根据 piper 曲线，器身温度和抽的真空度成反比。如器身温度为 30℃以上时，抽真空到 0.01MPa，绝缘件表面的含水量可干燥到 0.5%，而在 0℃时，真空度一定要达到 0.001MPa 以下，才能干燥到 0.5%。故对器身的温度不作具体规定，但不得超过本规范第 2.5.2 条的规定。

不同等级的变压器、电抗器抽真空的极限允许值是根据现行国家标准《三相油浸式电力变压器技术参数和要求》(GB6451.1～5−86) 中的规定。该规定只到 220kV 电压等级。220kV 变压器真空度为 0.101MPa，500kV 变压器、电抗器的油箱实际可抽真空到 0.101MPa 以上。故根据现行国家标准和实际情况作出本规范表 2.5.3 的规定。

当变压器带有有载调压切换装置时，调压切换装置应和器身同时抽真空，以免隔板变形。

第 2.5.4 条 绝缘受潮后进行干燥，由于温度的增加，潮气将排出，绝缘电阻将下降，继续干燥则潮气降低，绝缘电阻将上升，干燥完毕时，增长率将慢下来，绝缘电阻值渐趋稳定，可认为干燥完毕。为保证干燥质量，规定绝缘电阻必须上升后并保持稳定一段时间，且无凝结水产生时，才可认为干燥完毕。绝缘电阻稳定持续时间，此次修订时改为 110kV 及以下者为 6h，220kV 及以上者为 12h，1982 年原规范规定以 35kV 及以下，60kV 及以上来划分是不大合适的，因为 35kV 和 60kV 基本属于一类。

目前，美国、日本等一些发达国家，在现场采用测量绝缘件表面的含水量来判断绝缘是否受潮或干燥是否合格。我国华东地区某 500kV 工程在国外验收中也已采用这一方法，故将此种方法的标准也列入本规范，供有条件时采用。

该标准是根据日本电气协会“大型变压器现场安装规范”中的标准（见表 2.5.4−1）并参照美国标准而制定的。美国标准规定含水量为0.5%。

表2.5.4-1

电压等级(kV)	现场干燥后绝缘件表面含水量(%)标准(重量)
500	0.5
154～275	1.0
154以下	2.0

现场直接测量绝缘件中含水量比较困难，而采用平衡水蒸气压法测量则较简单（即利用绝缘纸中某一含水量，在某一温度下与一定的水蒸气压平衡的原理），即测量油箱内的水蒸气压，再根据绝缘件中含水量与空气中水蒸气压的关系（piper曲线），求出内部绝缘件的含水量；如换成干燥空气，则根据这种气体的露点来推断。

这种方法的优点是：测量装置比较简单，可在安装过程中反复测量多次。美国、日本等国已普遍使用，而在我国则刚刚开始，尚未取得经验。

现将我国某变电站安装的日本东芝167MVA变压器在制造厂采用此法的例子摘录如下，供参考。

该500kV变电站的5号变压器，于1986年3月22日17时40分开始抽真空，记录见表2.5.4-2。

表2.5.4-2

日　期	真　空　度　(torr)
3月22日18时	0.3
3月22日19时	0.12
3月22日20时	0.1
3月22日21时	0.09
3月22日22时	0.08

在3月22日22时，即抽真空5h以后，进行真空漏泄试验和绝缘干燥程度判定。其步骤为：

一、停止真空泵运行；

二、用真空计（水银真空计较准确）测量真空度，每2min记录一次，连续30min，其具体测量数据如表2.5.4-3。

表2.5.4-3

日　期	真　空　度　(torr)
3月22日22时2分	0.08
3月22日22时4分	0.08
3月22日22时6分	0.085
3月22日22时8分	0.085
3月22日22时10分	0.085
3月22日22时15分	0.09
3月22日22时20分	0.09
3月22日22时25分	0.09
3月22日22时30分	0.095

将录取的数值在真空漏泄率表格上描绘成曲线（真空漏泄率曲线，见图2.5.4-1）。按斜率趋势画直线，见图上部直线，直线的初始支点为0.084torr，直线的最终支点为0.094torr。

漏泄率＝[直线终点（torr）－直线始点（torr）]／30min

＝（0.094－0.084）／30

＝0.01（torr）／30（min）

一小时为0.02（torr）。

工厂规定漏泄率标准为 0.2torr／h，实测数据为0.02torr／h。绕组的温度为44℃。

纸中含水量所反映的水蒸气压力按初始点数值计。由绝缘物含水量和雾气水蒸气压力平衡曲线图2.5.4-2上查出绝缘物的含水量为0.017%。

上述过程完毕后，继续抽真空（见表2.5.4-4）。

表 2.5.4-4

日　期	真空度(torr)	日　期	真空度(torr)
3 月 22 日 23 时	0.08	3 月 23 日 7 时	0.06
3 月 22 日 24 时	0.07	3 月 23 日 8 时	0.04
3 月 23 日 1 时	0.07	3 月 23 日 9 时	0.04
3 月 23 日 2 时	0.06	3 月 23 日 10 时	0.03
3 月 23 日 3 时	0.06	3 月 23 日 11 时	0.02
3 月 23 日 4 时	0.06	3 月 23 日 12 时	0.02
3 月 23 日 5 时	0.06	3 月 23 日 13 时	0.02
3 月 23 日 6 时	0.06	3 月 23 日 14 时	0.02

在 3 月 23 日 14 时，即抽真空 21h 以后再一次测量真空漏泄率和绝缘干燥程度判定，步骤同上所述。

真空漏泄记录如表 2.5.4-5。

表 2.5.4-5

日　期	真空度(torr)	日　期	真空度(torr)
3 月 23 日 14 时 2 分	0.02	3 月 23 日 14 时 15 分	0.025
3 月 23 日 14 时 4 分	0.02	3 月 23 日 14 时 20 分	0.025
3 月 23 日 14 时 6 分	0.025	3 月 23 日 14 时 25 分	0.03
3 月 23 日 14 时 8 分	0.025	3 月 23 日 14 时 30 分	0.03
3 月 23 日 14 时 10 分	0.025		

按上述举例相同方法描绘曲线如图 2.5.4-1 下部所示。

漏泄率＝[0.03（torr）－0.0255（torr）]／30（min）

＝0.0075（torr）／30（min）

换算成一小时漏泄率为 0.0075×2＝0.015（torr）／h。

绕组温度经过修正（东芝工厂修正曲线），查 piper 绝缘物含水量和雾气水蒸气压力平衡关系曲线，得出绝缘物含水量为 0.09%。

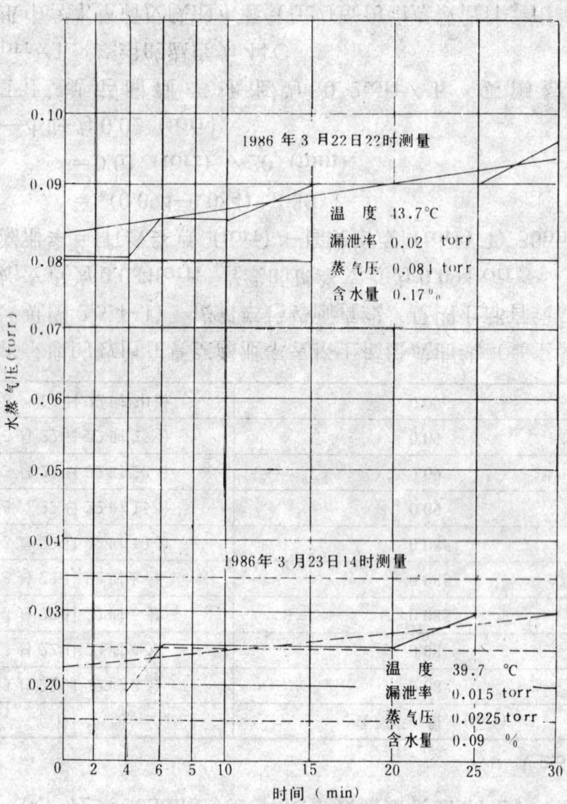

图 2.5.4-1　真空漏泄率曲线

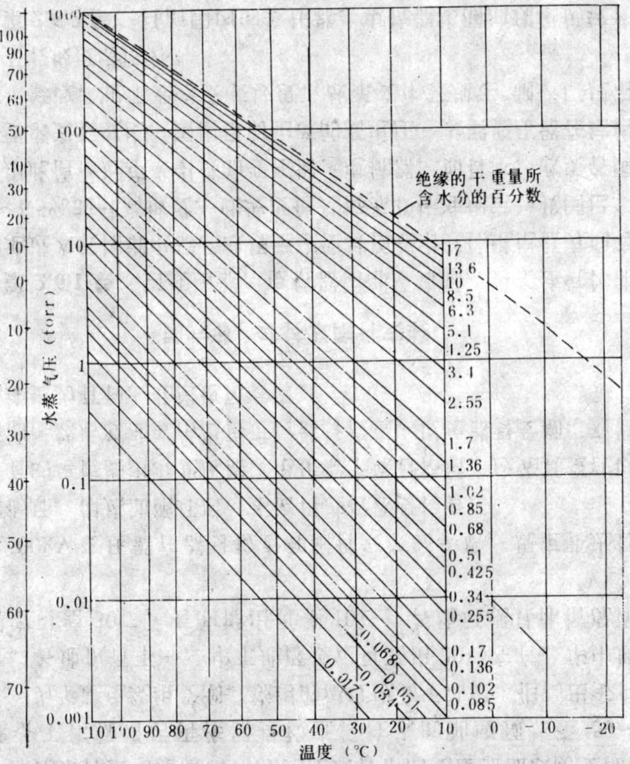

图 2.5.4–2 绝缘物含水量和水蒸气压力平衡曲线

注：本图摘自 J・D Piper Transaction Paper.

A・I・E・E・December 1946・65 pp.791–7・

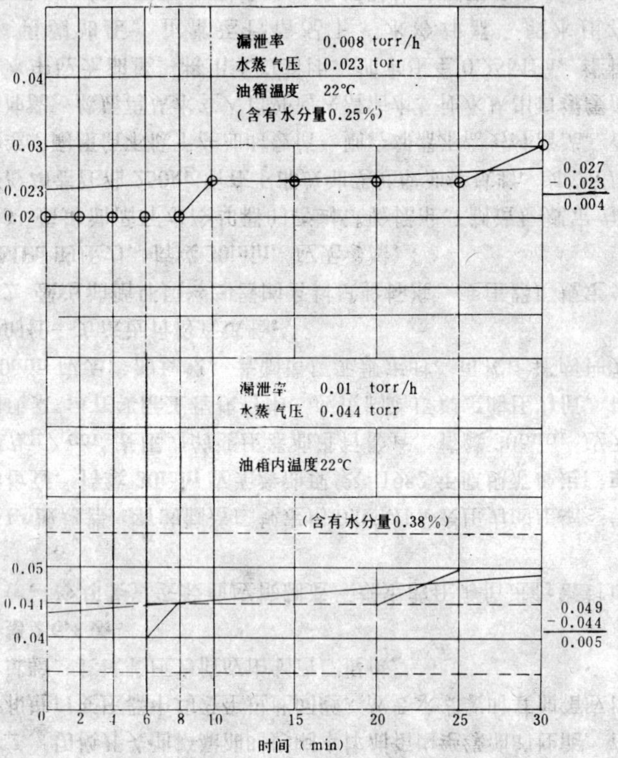

图 2.5.4–3 真空漏泄率实例

经过 22h 抽真空确认变压器绝缘干燥，即可进行真空注油。

注：东芝工厂温度曲线（未附上）仅适用于制造厂干燥出炉器身温度较高的变压器。而现场变压器因长期静置，其温度基本接近周围环境温度，不需要查找温度下降曲线。

作斜率趋势直线时，可用后半段的测点，作直线与 t=0 的交点，认为是纸中含水量反映的水蒸气压力（如图 2.5.4–3 所示)，再按 piper 图查出纸中含水量。

关于绕组温度，若变压器本体未加温，则绕组温度基本和环境温度一致。

第 2.5.5 条 变压器、电抗器经干燥处理后，应进行一次器身检查，检查绝缘紧固件是否松动及有无过热造成绝缘损伤的情况。如无条件及时检查时，应先注入合格的变压器油以防受潮，待准备工作就绪后再作器身检查。注入的油应预热至 50～60℃。为了避免绕组受潮，绕组的温度应高于油温，但高出多少为宜，各地执行不一，华东地区规定可高出 20℃左右，华中地区规定可差 30℃，有的提出可差 10℃。各地可视具体情况而定。

500kV 变压器在器身检查和附件安装完毕后，规定要进行热油循环，但热油循环后，不需再进行器身检查。

有的单位提出，变压器、电抗器干燥合格后，应先真空注以合格油，然后放油或吊出再进行器身检查，以免器身受潮，对器身绝缘更为有利，此法也可参考。

第六节 本体及附件安装

第 2.6.1 条 当变压器、电抗器内部故障时，为了使气体能顺利地进入气体继电器，故规定应使其顶盖沿气体继电器方向有1%～1.5%的升高坡度，此坡度值是按苏联标准规定，我国已多年采用此值。近年来引进的变压器、电抗器，如日本、欧美各国均不要求安装坡度，国内目前生产的高电压、大型变压器在结构上作了修改，也不要求安装坡度，故条文中又规定“制造厂规定不需安装坡度者除外”。

第 2.6.2 条 目前国内的变压器、电抗器渗漏油现象仍较普遍、其密封是关键，密封垫的质量是很重要的因素。目前变压器安装中都采用橡胶密封垫，但近来有的已采用了非橡胶的其它品质更好的耐油密封垫，强调了耐油的要求，不规定材质。对于密封垫的要求应该严格，必须无扭曲、变形、裂纹和毛刺。国外引进设备安装时，凡用过的密封垫都不再使用。根据我国实际情况，不作如此硬性规定，若有必要时，可在设备订货合同中提出要求。

第 2.6.3 条

一、切换开关油箱中的变压器油，其绝缘强度的要求，各个不同的制造厂有不同的规定，故条文规定应符合产品的技术要求。

二、切换开关油箱漏油时影响本体油箱内绝缘油的性能。在国产和进口变压器中均发生过此问题，故要求安装时其油箱应作密封试验，其试验压力值应由制造厂提供。

第 2.6.4 条

一、冷却装置安装前应按制造厂规定的压力值进行密封试验。

1. 散热器，有的制造厂规定用 0.05MPa 表压力的压缩空气进行检查，持续 30min 应无渗油现象；1982 年原规范规定：“或用 0.7kg／cm^2 表压力的变压器油进行检查，持续 30min，应无渗油现象”；在实际工程执行中，应按制造厂规定的压力值，持续 30min 应无渗油现象，若制造厂无规定时，可按上述两种方法中的任一方法进行检查试验。

2. 强迫油循环风冷却器的密封试验标准，变压器厂规定为 0.25MPa 的压力，持续 30min，应无渗漏。

3. 强迫油循环水冷却器的密封试验标准，制造厂规定为：先将冷却器注油 250kg 后在下部放油塞处取油样试验，如 2h 后油的绝缘耐压值不低于注油时数值，则冷却器不需另外清洗，否则须冲洗。然后再从水室入口处通入清洁水，使水从出口缓缓流出，水中应无油星。将出水口封闭，加水压至 0.25MPa，维持 12h，再测油压。正常运行情况下，水冷却器一般水压在 0.05MPa 左右，某制造厂规定水冷却器的油压高于水压 0.1～

0.15MPa，而另一厂家规定应高于0.08MPa。因运行时油压最高可达0.2MPa左右，故原规范根据全国审定会讨论决定：水冷却器的试验压力定为0.25MPa，持续时间1h，应无渗漏。

根据以上情况，本条文提出，压力按制造厂规定，持续时间1h，水、油系统应分别检查无渗漏。

二、运到现场的冷却装置，由于出厂时未很好清理，加上现场保管不善，内部往往很脏，并曾发现有铁屑等杂物，如不很好冲洗，运行中脏物将冲入本体内，故规定安装前用合格油经净油机将其冲洗干净。

三、因以往曾发生风扇叶片扭曲变形，造成冷却效率降低，故规定叶片应无扭曲变形。

四、油冷却器现场配制的外接管路，其内壁除锈清理工作非常重要，以往曾发生过一台变压器因现场配制的油管中砂子、杂物未清洗干净而造成烧毁事故。内壁除锈不彻底，清洗不干净，造成的后果是严重的。

有的单位在清理干净后，管内壁涂以绝缘漆。据某厂介绍，外接油管可先喷砂，再用压缩空气吹，然后用蒸汽喷洗，效果良好，内壁则不必喷漆；关键在于必须彻底除锈并清洗干净，若除锈不尽，内壁所涂漆膜往往容易起皮冲进变压器内部，有堵塞油路的可能。故本条强调了彻底除锈，对油管内壁涂漆则不作硬性规定。

五、水冷却装置停用时，应将水放尽，以免天寒冻裂。

第2.6.5条　关于胶囊的漏气检查，其检漏压力目前尚无统一标准，有的变压器制造厂规定为0.002MPa，而有的变压器厂则无规定。某水电站规定胶囊检漏压力不得超过0.02MPa。胶囊的检漏很有必要，某发电厂就曾发生过胶囊破裂情况，胶囊破裂后即失去其应有的作用。检漏充气时务必缓慢，个别单位曾因充气过急而发生胶囊破裂的情况。

胶囊安装时，应沿其长度方向与储油柜的长轴保持平行，否则运行时将可能在胶囊口密封处附近产生扭转或皱皮而使之损坏。

油位表很容易出现假油位，应特别引起注意。

第2.6.6条　升高座安装时应特别注意绝缘筒的缺口方向，应使之与引出线方向一致，不使相碰，否则会由于振动等原因易擦破引出线绝缘。升高座放气塞的位置应在最高点，某厂曾发生过一台66kV变压器，由于安装时不注意，放气塞位置未放置在最高点，致使空气放不出来而造成返工。为了便于套管安装，电流互感器和升高座的中心线应一致。

第2.6.7条

一、套管的试验应符合现行国家标准《电气装置安装工程电气设备交接试验标准》的要求，当充油套管整体介质损失角不合格时，应检查套管中的绝缘油。经检查系由于绝缘油不合格所致，可将套管油换掉；当分析确认套管内部绝缘受潮时，应进行干燥处理。充油套管的干燥可在不解体情况下进行，可采用热油循环法，油温不宜超过105℃。胶纸套管干燥时，规定温度不宜超过90℃；当套管介质损失角正切值tgδ（%）趋于稳定时，干燥可认为结束。对于密封式套管，尤其是500kV级的，若发现内部绝缘受潮时，应和制造厂联系解决。

二、110kV及以上的套管干燥后应进行真空注油，以消除残留气体。真空注油应尽可能在1.33～13.3Pa的真空状态下进行，注油的速度不宜太快，以免妨碍残留气体的排除。

三、套管顶部结构的密封至关重要，由于顶部结构密封不良而导致潮气沿引线渗入变压器线圈造成烧坏事故者不少。部分原因是因安装时不当所致，例如密封垫未放正确，或因单纯要求三相连接引线位置一致而将帽顶松扣。故应特别强调顶部结构的密封。

四、近来，有的变压器厂制造的500kV变压器的高压套管与引出线的接口采用密封波纹盘（即魏德迈结构）结构，此种结构安装时较复杂，故应严格按制造厂的规定进行。以往有的单位由于未很好熟悉安装说明资料，安装完后，作局部放电试验时发现问题，只得返厂处理。

五、为便于观察套管的油位，油标应面向外侧。现在一些电容芯套管为了试验方便将末屏引出，在正常时，末屏应良好接地。

第 2.6.8 条

一、气体继电器安装前应根据专业规程的要求检验其严密性、绝缘性能并作流速整定。根据《气体继电器》(GB2107-77) 的规定，气体继电器油速整定范围如下：

管路通径 80mm 者为 0.7～1.5m／s；

管路通径 50mm 者为 0.6～1.0m／s。

根据东北地区的 QJ1-80 规定，50 型瓦斯继电器检验规程规定的如下参数值，可供各地参考：

继电器整定范围：0.7～1.5m／s，偏差不应大于 0.05m／s；自然冷却的变压器为 0.8～1.0m／s；强油循环冷却的变压器为 1.0～1.2m／s；容量大于 200MVA 的变压器为 1.2～1.3m／s；500kV 等级的变压器为 1.3～1.4m／s；容量小于 1000kVA 的变压器为 0.7～0.8m／s；一般大型变压器宜取上限值。容量为 7500kVA 及以上的变压器，连接管径为 80mm；容量为 6300kVA 及以下的变压器，连接管径为 50mm；有载调压开关的瓦斯继电器连接管径为 25mm；其流速整定为 1.0m／s。

二、关于浮子式气体继电器，现制造厂已不再生产，故此次修订时，本规范不再列入。

第 2.6.9 条

一、施工现场往往发现由于出厂密封不良，安全气道及连通管有锈蚀情况，安装前必须予以清理干净，以免杂物进入变压器、电抗器内部。

二、1978 年某电厂一台 120MVA 变压器发生严重爆炸事故，除事故的直接原因外，事后发现安全气道隔膜为一薄铝片，并非制造厂原配材料；由于铝片是非脆性材料，起爆时虽然破损，但却堵塞油道，影响喷油防爆作用，导致变压器油箱内压力剧增而爆破。为此，强调对安全气道隔膜的材料和规格应符合产品的技术规定，不得任意代用。隔膜材料一般为玻璃板或酚醛纸板。

三、防爆隔膜破坏时，其信号将引至主控制室，为了信号准确，故要求防爆隔膜信号接线应正确，接触良好。

第 2.6.10 条 近几年大型变压器、电抗器都改为密封结构。采用压力释放装置，以使油与外部空气隔离。当变压器、电抗器发生故障时，内部压力达到 0.05MPa 时，压力释放装置动作。

安装压力释放装置时，应注意方向，使喷油口不要朝向邻近的设备。

压力释放装置在产品使用说明书中明确规定："压力释放阀门出厂时已经过严格试验和检查，而各紧固件和接合缝隙，均涂有固封胶，阀门的各零件不得自行拆动，以免影响阀门的密封和灵敏度，凡是拆动过的阀门必须重新试验，合格后方能使用。凡经用户拆动过的阀门，制造厂不再保证原有的性能"。为此，现场不必进行校验。

第 2.6.11 条 对吸湿器油封油位的要求，是为了清除吸入空气中的杂质和水分。但对于胶囊式变压器，有些产品为使胶囊易于伸缩呼吸，规定不要油封，或少放油，则应按产品的技术要求进行。

第 2.6.12 条 有些变压器制造厂生产的 YF 型强迫油循环风冷却器，其净油器可正反向安装，出入口无特殊标记，施工中曾发生多起装反净油器的情况，致使净油器过滤网装反，吸潮剂被冲入变压器内堵塞油路，影响冷却效率，甚至危及变压器出力。故安装时应引起注意。据生产厂家称，目前该种净油器的结构已作了修改。

第 2.6.13 条 大型变压器、电抗器上导气管数量较多，均应清理，以免脏物进入器身内，并应注意密封，杜绝潮气侵入变压器油和渗漏。

第 2.6.14 条 近几年引进的变压器装有测量绕组温度用的绕组温度计，今后国内也可能生产，该型温度计的整定应按制造厂的规定执行。

第 2.6.15 条 靠近箱壁的绝缘导线都是由变压器、电抗器的配电箱来的冷却器风扇电源和保护、信号回路导线，为避免这些导线损伤或腐蚀，靠近设备箱壁处应有保护，如用铁管、金属板或用金属软管等。安装时应注意美观、整齐。当为进口设备时，这些保护设施均由制造厂供给，对国内设备今后在订货时也应要求制造厂提供。

第七节 注 油

第 2.7.1 条 系根据能源部某研究所出版的"电力用油运行指标和方法研究"中有关混油问题而制订。主要是对国家标准《运行中变压器油质量标准》(GB7597-87) 的制订过程的全面分析和研究。这些内容解决了混油中各单位所提的问题，并对混油有一个全面了解，以便在现场掌握。有关内容摘录于下:

在正常情况下，混油的技术要求满足以下五点:

(1) 最好使用同一牌号的油品，以保证原来运行油的质量和明确的牌号特点。我国变压器油的牌号按凝固点分为 10 号（凝固点-10℃)、25 号（-25℃）和 45 号（-45℃）三种，一般是根据设备种类和使用环境温度条件选用的。混油选用同一牌号，就保证了其运行特性基本不变，且维持设备技术档案中用油的统一性。

(2) 被混油双方都添加了同一种抗氧化剂，或一方不含抗氧化剂，或双方都不含。因为油中添加剂种类不同混合后会有可能发生化学变化而产生杂质，所以要予以注意。只要油的牌号和添加剂相同，则属于相容性油品，可以任何比例混合使用。国产变压器油皆用 2.6—二叔丁基对甲酚作抗氧化剂，所以只要未加其他添加剂，即无此问题。

(3) 被混油双方油质都应良好，各项特性指标应满足运行油质量标准。如果补充油是新油，则应符合该新油的质量标准。这样混合后的油品质量可以更好地得到保证，一般不会低于原来运行油。

(4) 如果被混的运行油有一项或多项指标接近运行油质量标准允许极限值，尤其是酸值、水溶性酸（pH 值）等反映油品老化的指标已接近上限时，则混油必须慎重对待。此时必须进行试验室试验以确定混合油的特性是否仍是合乎要求的。

(5) 如运行油质已有一项与数项指标不合格，则应考虑如何处理问题，不允许利用混油手段来提高运行油质量。

根据以上原则，在新制订的《运行中变压器油质量标准》中，关于补充油和不同牌号油混合使用问题作了如下五条规定:

1)"不同牌号的油不宜混合使用，只有在必须混用的情况下方可混用"。变压器油不同牌号虽可混合使用，其油质性能不会发生特殊变化，但在万不得已，如实在购买不到同牌号油等情况，才能混用，理由如前述。

2)"被混合使用的油其质量均必须合格"。作此规定以防止在急于用油的情况下冒然混合，万一混合使用的油质不符合要求会造成不良影响。

3)"新油或相当于新油质量的不同牌号变压器油混合使用时，应按混合油的实测凝固点决定其是否可用"。设备内原来的运行油如混入低标号油品，其凝固点要上升。因而必须按混合的比例测其凝固点是否符合使用要求，不能认为其化学和电气性能都合格，就冒然混合使用。

4)"向质量已下降到接近运行中变压器油质量标准下限的油

中加同一牌号的新油或接近新油标准的已使用过的油时，必须按照《电力系统油质试验方法》（YS-27-1-84）中规定预先进行混合油样的油泥析出试验。无沉淀物产生方可混合使用。若补加不同牌号的油，则还需符合第3）条的规定”。

运行中变压器油已经老化时，因老化油有溶解油泥的作用，油中含有氧化产物可能还未沉析出来。此时如加入一定量的新油或接近新油标准的使用过的油，因新油起到稀释作用，就反而会有沉淀物析出。这样不仅达不到混油目的，反而会产生油泥，这是有教训的。因此，在混合使用前必须进行油泥析出试验。

5)“进口油或来源不明的油与不同牌号运行油混合使用时，应按照《电力系统油试验方法》（YS-25-1-84）中规定预先进行参加混合的各种油及混合后油样的老化试验，当混油的质量不低于原运行油时，方可混合使用；若相混油都是新油，其混合油的质量应不低于最差的一种新油，并需符合第3）条的规定”。

这是因为进口油或来源不明的油中含有的添加剂，虽然能区分是氨类或酚类添加剂，但更具体的组份就不得而知。有的变压器油中还加入了部分合成油。所以必须作混油老化试验，要求其质量相对不低于运行油的试验结果。实际上若加入量大，混合油的质量应在运行油和加入新油之间。另外当两种新油混合时，是在新油都做过全分析，符合标准要求情况下，进行混油老化试验，混合后的油其质量不低于其中最差的一种新油，方可混合使用。

第2.7.2条　为了排除绝缘物中残留的空气和安装过程中进入器身绝缘物内的潮气，对于220kV及以上的变压器、电抗器必须进行真空处理。真空保持时间：美国一些公司规定220～330kV的变压器为4h，专家们认为太短，故定为8h；500kV的变压器则根据全国有关大区的工程都为24h，故规定为24h。

为了提高干燥效果，器身应有一定的温度。抽真空时，残压越低越好，温度越高越好。但器身温度太高，现场有困难。若温度太低，按温度平衡曲线可知，要绝缘物保持同样的含水量，则残压必须保持更低，现场也很困难。美国国家标准《关于油浸变压器的安装导则》中提出为20℃。此温度在南方问题不大；而在北方冬天由于器身检查时必须加温，在器身检查完毕时，一般仍有一定温度，则可加盖后及时抽真空。故规定宜高于20℃。

第2.7.3条　本条强调了真空注油，并规定了真空度、注油速度等要求。

一、真空注油能有效地驱除器身及油中气泡，提高变压器的绝缘水平，特别对纠结式线圈匝间电位差较大的情况下，防止存在气泡引起匝间击穿事故，更有重要意义。

条文规定“110kV者也宜采用真空注油”。有单位提出110kV也必须真空注油，考虑到110kV电压不高，牵涉面广，容量不大的都带油运输，不需强调必须真空注油，若容量较大，又充气运输，可以采用真空注油，故条文仍用“宜”即有条件者首先采用。

二、注油应按油速来控制较科学。如220kV变压器的油量由10多吨到50多吨，若以时间控制，则油速相差三倍多。而静电发生量大致按油流速三次方比例增加。故注油应以油流速度来决定注油时间较合适。某厂规定为10t／h，现有的净油机出力大都为5000L／h，美国国家标准亦建议以此值。故规定“注油速度不宜大于100L／min”。

三、为了驱除器身表面的潮气，提高器身绝缘，也可使器身加温，故规定注入的油温应高于器身温度，国外也有要求将油加热至30℃左右然后注入的情况，本条对油温不作具体规定，可根据施工现场的条件而定。

四、为了抽真空需要，油面距箱顶应有一定距离，有的制造厂提出为200mm。同时油必须淹过线圈绝缘以防受潮。

五、500kV变压器、电抗器必须进行真空干燥处理，注完油后又将进行热油循环，质量有所保证。现有一些500kV变压器在施工中一次注满油，减少了注油后保持真空这道工序，故规定 500kV 者在注满油后可不继续保持真空。

六、雨、雾天真空注油容易受潮，真空度越高，越应予以重视。故规定不宜在雨天或雾天进行真空注油。

第 2.7.4 条

一、胶囊及气道隔膜承受不了真空注油时的压差，一些单位由于不注意，曾引起气道隔膜破裂并吸入油箱的事故，故予以明确。

二、有些变压器中主油箱与其它隔舱之间的隔板不能经受一侧全真空而另一侧为大气压的状况，在另一侧也必须形成真空，以免所造成的压力差将隔板损坏。各地区 500kV 变电所施工及验收规范中都有此规定。美国国家标准也有此规定。

第 2.7.5 条

一、为排除油箱内及附于器身上的残余气体，从油箱下部油阀进油较为有利。有的单位提出："若在高真空下，变压器中的气体是很少的，如果油从上部进入，油在喷洒过程中，油表面增大，油内未脱尽的气体、水分，可以被真空泵抽出，此情况相当于真空滤油机的脱水脱气过程，油从上部进入，可以提高油质"。问题是抽真空一定从上面抽，进油也从上面进，容易将油或油雾抽入真空泵；另外考虑到注入的油已经经过脱气、脱水，并已达到标准，在注油时，主要是排除油箱内及附于器身上的残余气体，并不是解决油中的微水量和含气量，故仍规定从下部进油。

二、强调"对导向强油循环的变压器，注油应按制造厂的规定"，因为导向强油循环的变压器，制造厂规定进油门和放油门同时注油和放油，以保持围屏内外油压一致，但在工程施工中却往往忽视此点，故在此条中特别提出以加强重视。

第 2.7.6 条 本条为了人身和设备的安全，要求可靠接地。美国国家标准《关于油浸变压器的安装导则》中特别提出注意：通过滤油纸的油可能形成一种静电电荷，当变压器充油时，这种电荷将传到变压器绕组上。在这种情况下，绕组上静电电压可能对人身及设备有危险。为避免这种可能性，在充油过程中，应把所有外露的可接近的部件及变压器外壳和滤油设备都可靠接地。以往各地区在 500kV 工程施工及验收规范中也都有此规定。

第八节 热油循环、补油和静置

第 2.8.1 条

一、规定"500kV 变压器、电抗器真空注油后必须进行热油循环"。因为 500kV 设备的器身作业时间较长，为彻底清除潮气和残留气体，国内外都要求注油后进行热油循环。

二、关于热油循环的时间及油温的规定，某厂开始生产一台 500kV 变压器时规定热油循环时间为 100h，但后来又在某 500kV 变压器的使用说明书中规定为：1）36h；2）3×变压器总油量／通过滤油机每小时油量（小时）；华中、华北、华东地区 500kV 工程施工及验收规范中规定为 48h，但要求油箱内油温在 50℃，滤油机出口油温为 60℃，若温度达不到要求，可延长循环时间。某水电工程中，净油设备出口温度为 60℃，器身内油温为 50℃，热油循环时间为 72h。有些单位反映，油温很难达到 50℃，故规定："净油设备的出口温度不应低于 50℃，油箱内温度不低于 40℃"，"热油循环时间不得少于 48h"。同时循环后的油应达到下列标准

击穿电压⩾60kV／2.5mm；

微水量⩽10ppm（体积比）；

含气量⩽1%；

$tg\delta$⩽0.5%（90℃）。

第 2.8.2 条 冷却器内的油，应与油箱主体内的油同时进行热油循环，这样可使变压器、电抗器内的油都经过处理，尤其是冷却器中的残余气体。但为了维持油箱内的温度，可将潜油泵和

阀门间断地开闭。

第 2.8.3 条 通过净油机注油时，难免要带入空气，补充油如从下部油阀进油，空气可能停留于器身上而使该处绝缘强度下降，所以本条规定应通过储油柜上专用油阀加注补充油，防止产生上述缺点。同时对排除空气予以提醒，否则易造成假油位和引起轻瓦斯动作。

第 2.8.4 条 对于高压电力变压器、电抗器，在现场检查安装后，虽经真空脱气注油，但在变压器绝缘油中还可能残留极少量能使油中产生电晕的气泡。这种气泡主要有两种：①残留在油浸纸内的气泡；②残留在部分油中的气泡。这两种气泡均可在油中溶解而消失。但前者较后者难于溶解，气泡消失的时间较长。

一般浸过油的变压器，即使将油抽出去，由于毛细管现象，已浸入绝缘物中的油仍可保存在绝缘物中，以后再注油时不会再出现此类气泡。但充气运输的变压器、电抗器，由于安装注油前有较长时间不浸油，且在运输过程中由于振动而把原浸入绝缘物中的油渐离出来，或经过干燥处理的变压器、电抗器，在最初浸油时，都容易出现残留在绝缘物中的气泡。而残留在绝缘油中的气泡在每次注油时其概率都大体相同，且这种气泡在油中较容易溶解。因此，为了溶解这些残留气泡就需要有一定静置时间。

要准确地确定静置时间是十分困难的。首先，要知道气泡残留在什么部位，气泡的体积及形状如何；其次要知道气泡周围的境膜厚度，以便确定气泡的溶解速度。实际上各国都是根据各制造厂多年的生产经验确定标准。

美国国家标准规定：电压在 287kV 及以下者至少静置 12h；电压在 345kV 及以上者，至少静置 24h。

日本规定：

120kV 及以下，24h 以上；

140kV，36h 以上；

170kV，42h 以上；

220kV，48h 以上；

500kV，72h 以上；

参照日本的标准，结合我国已安装的 500kV 变压器、电抗器的经验，在本规范中作出规定：500kV 不少于 72h；220kV、330kV 不少于 48h；110kV 及以下不少于 24h。

第 2.8.5 条 变压器、电抗器注油静置后，油箱内残留气体以及绝缘油中的气泡不能立即全部逸出，往往逐渐积聚于各附件的高处，所以须进行多次放气，并应启动潜油泵以便加速将冷却装置中的残留空气驱出。

第 2.8.6 条 具有胶囊或隔膜的储油柜的变压器，其注油、排气和油表加油等操作顺序要求与普通变压器不同，制造厂均有规定，注油时必须排尽储油柜及油表内的残存空气。不少单位由于未掌握注油方法，都曾发生过变压器跑油或假油位现象，故本条作了规定。

第九节　整体密封检查

第 2.9.1 条 密封检查主要是考核油箱及附件渗漏油情况，故规定“应在储油柜上用气压或油压进行整体密封试验”。据了解，现在在现场作密封检查时基本上都是在储油柜上进行。

近年来制造厂的密封结构都采用压力释放装置，而压力释放装置的动作压力为 0.05MPa，作密封试验时，不应超过释放装置的动作压力，否则应装临时闭锁压板，增加油和空气接触时间。在北京进行初稿讨论会时决定压力定为 0.03MPa，不分是否密封结构。《三相油浸式电力变压器技术参数和要求》(GB6451.1—86) 中规定“变压器油箱及储油柜应承受 0.5 标准大气压的密封试验”，故压力应从箱盖算起，若在储油柜加压，应减去储油柜油面到油箱顶盖的油压，才是真正作试验的压力。

日本各厂规定的试验压力一般为 0.02～0.035MPa。

试验持续时间均按 24h 即经过一昼夜温度变化检查其渗漏

情况。

一些单位反映，密封试验效果不大，对1600kVA容量以下整体到货的变压器可不作试验，据了解对小型变压器现场也未作密封试验。故本条文增加“对整体运输的变压器可不进行此项试验”。

第十节　工程交接验收

第2.10.1条

一、变压器、电抗器在试运行期间应带额定负荷，但变电站的变压器初投入时，一般都无带额定负荷的条件，故规定带一定负荷，按系统情况可供给的最大负荷。

二、带一定负荷，并应连续24h后，即可认为试运行结束，可移交生产。条文中强调连续运行。

三、一些工厂企业变电站完工后，而其他生产用电工程尚未完工，无负荷可带，故提出空载运行24h也可交工。但变压器不经带负荷24h考核就移交生产，是不合适的。有些情况甲乙双方研究是否空载24h作为中间验收等其他办法来解决。

第2.10.2条

一、大型变压器的铁芯和夹件都经过套管引出接地，故规定铁芯和夹件的接地套管应予接地。以往工程中有过接地引下线不符合设计要求或接地焊接不牢而出现变压器损坏事故，故强调接地引下线及其与主接地网的连接应满足设计要求，接地应可靠。

二、为了尽量放出残留空气，强迫油循环的变压器、电抗器应起动全部冷却装置，进行循环，华中、东北、华北、华东地区500kV变压器都规定循环时间4h以上。

第2.10.3条

一、有中性点接地的变压器，在进行冲击合闸时，中性点必须接地。在以往工程中由于中性点未接地而进行冲击合闸，造成变压器损坏，故应引起十分注意。

二、为了避免发电机承受冲击电流，以从高压侧冲击合闸为宜。变压器中如三绕组500／220／35～60kV的中压侧过电压较高，也不强行非从高压侧冲击合闸，故规定冲击合闸时宜由高压侧投入。

三、对发电机变压器组结线的变压器，当发电机与变压器间无操作断开点时，可以不作全电压冲击合闸。

对此问题，有的认为所有变压器均应从高压侧作五次全电压冲击合闸，以考核变压器是否能经受得住冲击，因曾有过冲击时变压器被损坏的情况，另外多数单位认为，发电机变压器单元接线组中的变压器，不需要从高压侧进行五次全电压冲击合闸试验，因为这种单元结线一般都是大型发电机组，运行中无变压器高压侧空载合闸的运行方式，而变压器与发电机之间为封闭母线连接，无操作断开点，为了进行冲击合闸试验，须对分相封闭母线进行几次拆装，将消费很大的人力、物力及投产前的宝贵时间。变压器冲击合闸，主要是考验冲击合闸时变压器产生的励磁涌流对继电保护的影响，并不是为了考核变压器的绝缘性能。经多次会议讨论后规定可不作全电压冲击合闸试验。

四、变压器、电抗器第一次全电压带电必须对各部进行检查，如声音是否正常、各联接处有无放电等异常情况，故规定第一次受电后持续时间应不少于10min。

5次是原规范经代表讨论确定的，并已执行多年。

第2.10.4条　进行交接验收时，应同时移交技术文件，这是新设备的原始档案资料和运行及检修时的依据。移交的资料应正确齐全。

第三章 互 感 器

第一节 一 般 规 定

第 3.1.1 条 35kV 及以上互感器目前多数采用油浸瓷套式结构，体型较高，因此制造厂对其搬运、保管提出了具体要求。例如制造厂规定瓷套式互感器的运输倾斜度不得大于 15°；互感器的结构一般都按直立安装考虑，故运输时应直立运输，否则将造成内部损坏、渗漏。但 330kV 和 500kV 电流互感器由于器身太高，无法直立运输，现都卧倒运输，故规定互感器的运输和放置应按产品的技术要求进行。

第 3.1.2 条 互感器整体起吊时，由于重量较重，利用瓷套或瓷套顶帽起吊，将使其受损伤，故须注意起吊部位，不得碰伤瓷套。

第 3.1.3 条 设备到达现场后，及时进行检查，以便发现问题及时处理，为安装工作顺利进行创造条件。本条根据不同型式的互感器，提出了各自的检查内容和要求。对于卧倒运输的互感器，到现场不能及时安装而需卧倒保管一段时间，怎样抓紧检查油面及渗漏情况应引起注意。曾发现进口的 500kV 电流互感器卧放保管时间较长，直到安装吊直后，才发现一台油标无油；另一台由于运输不慎顶部散热片碰伤而渗漏油也看不见油面。由于是密封结构，不知油面是否在绝缘以下，故尚需判断内部是否受潮，花了大量的试验费，并带来很多困难工作。

第二节 器 身 检 查

第 3.2.1 条

一、有关互感器吊芯检查问题，根据各有关单位的反映，在许多工程中，有的曾进行过吊芯检查，但均未发现问题，因此后来不再吊芯检查；有的施工单位认为互感器结构较简单，无必要吊芯，通过试验有怀疑时再吊芯检查；而且无论安装前是否吊芯检查的互感器投产后均未发生过问题；制造厂也认为互感器制造工艺较好，而现场的条件差，吊芯检查反而对绝缘不利，密封也不易达到要求，所以希望现场不要吊芯检查。对于 500kV 电流互感器，环境条件要求高，厂家均在防尘间进行，又为密封结构，不应在现场进行检查，若有问题应通知制造厂，在制造厂的参与或指导下进行吊芯检查。以往有的单位曾发生过互感器爆炸事故，但经过分析，都是因为顶盖密封不良，进水所致。

二、若需要进行器身检查时，本条规定了其检查项目及要求。制造厂为查清原因，还可能进行其他的检查和测试，故应遵照制造厂的规定。

第 3.2.2 条 互感器在现场进行器身检查时，为防止绝缘受潮，对周围空气的相对湿度及在其相对湿度下器身的露空时间应遵守本规范第 2.4.2 条的规定。

第 3.2.3 条 为了提高互感器的绝缘水平，110kV 及以上的互感器应采用真空注油，有关真空注油的工艺，应按产品规定进行。其残压值按原水电部防事故措施的规定。

第三节 安 装

第 3.3.1 条 瓷套式互感器多数利用瓷套帽中的耐油隔膜与外界空气隔绝，隔膜随温度的变化而伸缩。因此，在安装前需拆开顶盖检查油膜是否破损。以往发现互感器顶盖渗水情况较多，若隔膜破裂，水将直接进入油箱内。而互感器进水又往往是由于顶盖螺栓未拧紧或隔膜安放位置不妥所致，故须予以检查。现在有的制造厂，在产品出厂时将其封好，不允许打开，则安装时应注意保持铅封完好，不要打开检查以免损坏。

第 3.3.2 条 由于互感器的型式、规格不同，布置也不全相同，所以对安装水平误差不能作出具体规定，但对于油浸式互感器，其安装面应水平，对于同一种型式，同一种电压等级的互感器，当并列安装时，要求在同一水平面上，极性方向应一致，做到整齐美观。

第 3.3.3 条 大型机组采用母线贯穿式互感器较多，对其安装要求作出了规定。

第 3.3.4 条 吸湿器出厂时，有时与本体分装发运，曾发现有些单位安装前未进行检查，有的不注意油封，致使呼吸器不起呼吸防潮作用，应引起注意。

第 3.3.5 条 有的制造厂在产品出厂时，加装了临时密封垫片，以往曾发现未将此垫片去掉，呼吸孔起不到呼吸防潮作用，故特别提出，以引起注意。

第 3.3.6 条 电容式电压互感器由于现场调试困难，制造厂出厂时均已成套调试好后编号发运，现场施工时如不注意将非同一套组件混装，将造成频率特性等不配合。也曾多次发生由于制造厂发货错误，各组件的编号不一致而退回制造厂的情况，故安装时须仔细核对成套设备的编号，按套组装不得错装。

各组件联接处的接触面，除去氧化层之后应涂以电力复合脂。因为电力复合脂与中性凡士林相比较，具有滴点高（200℃以上）、不流淌、耐潮湿、抗氧化、理化性能稳定，能长期稳定地保持低接触电阻等优点，故规定用电力复合脂取代中性凡士林。

第 3.3.7 条 220kV 及以上电容式电压互感器及 330kV 以上电流互感器，其顶部大都装有均压环，使电压分布均匀，均压环安装方向有规定，须予以注意。有的互感器具有保护间隙，安装时应按产品技术要求将保护间隙距离调整合适。否则保护间隙起不了应有的作用。

第 3.3.8 条 零序电流互感器的安装，除应按设计要求与导磁体或其它无关的带电体保持一定距离外，尚应注意不应使构架或其它导磁体与互感器铁芯直接接触或与其构成分磁回路。

第 3.3.9 条 本条对各种不同型式的互感器应接地之处都作了规定。对电容式电压互感器，制造厂根据不同的情况有些特殊规定，故应按制造厂的规定进行接地；110kV 及以上的电流互感器当为“U”型线圈时，为了提高其主绝缘强度，采用电容型结构，即在一次线圈绝缘中放置一定数量的同心圆筒形电容屏，使绝缘中的电场强度分布较为均匀，其最内层电容屏与芯线连接，而最外层电容屏制造厂往往通过绝缘小套管引出，所以安装后应予以可靠接地，避免在带电后，外屏有较高的悬浮电位而放电，以往曾发生过末屏未接地而带电后放电的情况。

第 3.3.10 条 互感器安装时，一般情况下无需补油，对是否需要补油以及补油时应注意什么事项，制造厂均有规定，应按制造厂的规定进行。

第 3.3.11 条 防爆膜在运输过程中，有可能由于振动、摇晃而损坏，故在出厂时有的加了一个保护罩或加装临时支撑，故现场安装时必须将临时支撑或保护罩拆除，否则防爆膜起不到防爆保护作用，应予以注意。

第四节　工程交接验收

第 3.4.1 条、第 3.4.2 条 竣工交接时，对设备的外观应进行检查，应符合要求。并应移交所有技术文件，这是新设备的原始档案资料和运行及检修时的依据，移交的资料应正确齐全，其试验报告应包括绝缘油的化验报告和设备的调整试验记录。

中华人民共和国国家标准

电气装置安装工程
母线装置施工及验收规范

GBJ 149-90

主编部门：中华人民共和国原水利电力部
批准部门：中华人民共和国建设部
施行日期：1991年10月1日

关于发布国家标准《电气装置安装工程高压电器施工及验收规范》等三项规范的通知

（90）建标字第698号

根据原国家计委计综〔1986〕2630号文的要求，由原水利电力部组织修订的《电气装置安装工程高压电器施工及验收规范》等三项规范，已经有关部门会审，现批准《电气装置安装工程高压电器施工及验收规范》GBJ 147-90；《电气装置安装工程电力变压器、油浸电抗器、互感器施工及验收规范》GBJ 148-90；《电气装置安装工程母线装置施工及验收规范》GBJ 149-90为国家标准。自1991年10月1日起施行。

原国家标准《电气装置安装工程施工及验收规范》GBJ 232-82中的高压电器篇，电力变压器、互感器篇，母线装置篇同时废止。

该三项规范由能源部负责管理，其具体解释等工作，由能源部电力建设研究所负责。出版发行由建设部标准定额研究所负责组织。

中华人民共和国建设部
1990年12月30日

修 订 说 明

本规范是根据原国家计委计综〔1986〕2630号文的要求，由原水利电力部负责主编，具体由能源部电力建设研究所会同有关单位共同编制而成。

在修订过程中，规范组进行了广泛的调查研究，认真总结了原规范执行以来的经验，吸取了部分科研成果，广泛征求了全国有关单位的意见，最后由我部会同有关部门审查定稿。

本规范共分四章和一个附录。这次修订的主要内容有：

1．适用范围扩大到电压为500kV；

2．补充了铝合金管形母线和封闭母线的相关内容；

3．与国家现行标准相协调，修订了室内、外配电装置的安全净距；

4．硬母线螺栓紧固连接的搭接面的质量检验，取消了沿用多年的用塞尺检查的落后方法，规定采用力矩扳手紧固螺栓，强调对接触面的加工质量要求；

5．明确规定用性能较好的“电力复合脂”替代沿用多年的“中性凡士林”；

6．肯定了一些对保证施工质量的施工方法和施工工艺，相应淘汰了一些比较落后的施工方法和施工工艺，如：硬母线的弯制应采用冷弯而不得采用热弯，铝及铝合金母线的焊接应采用氩弧焊，不宜采用氧焊和碳弧焊等；

7．软母线与线夹的连接规定应采用液压压接或螺栓连接，在电厂升压站或变电站不推荐爆炸压接的施工工艺；

8．其它相关条文的部分修改和补充。

本规范执行过程中，如发现未尽善之处，请将意见和有关资料寄送能源部电力建设研究所（北京良乡，邮政编码：102401），以便今后修订时参考。

能源部

1989年12月

第一章　总　则

第1.0.1条　为保证硬母线、软母线、绝缘子、金具、穿墙套管等母线装置的安装质量，促进安装技术的进步，确保设备安全运行，制订本规范。

第1.0.2条　本规范适用于500kV及以下母线装置安装工程的施工及验收。

第1.0.3条　母线装置的安装应按已批准的设计进行施工。

第1.0.4条　设备和器材的运输、保管，应符合本规范要求，当产品有特殊要求时，并应符合产品的要求。

第1.0.5条　设备及器材在安装前的保管，其保管期限应为一年及以下。当需长期保管时，应符合设备及器材保管的专门规定。

第1.0.6条　采用的设备和器材均应符合国家现行技术标准的规定，并应有合格证件。设备应有铭牌。

第1.0.7条　设备和器材到达现场后，应及时作下列验收检查：

一、包装及密封应良好。

二、开箱检查清点，规格应符合设计要求，附件、备件应齐全。

三、产品的技术文件应齐全。

四、按本规范要求作外观检查。

第1.0.8条　施工中的安全技术措施，应符合本规范和现行有关安全技术标准及产品的技术文件的规定。对重要工序，尚应事先制定安全技术措施。

第1.0.9条　与母线装置安装有关的建筑工程施工应符合下列要求：

一、与母线装置安装有关的建筑物、构筑物的工程质量应符合国家现行的建筑工程施工及验收规范中的有关规定；当设计及设备有特殊要求时，尚应符合其要求。

二、母线装置安装前，建筑工程应具备下列条件：

1. 基础、构架符合电气设备的设计要求；

2. 屋顶、楼板施工完毕，不得渗漏；

3. 室内地面基层施工完毕，并在墙上标出抹平标高；

4. 基础、构架达到允许安装的强度，焊接构件的质量符合要求，高层构架的走道板、栏杆、平台齐全牢固；

5. 有可能损坏已安装母线装置或安装后不能再进行的装饰工程全部结束；

6. 门窗安装完毕，施工用道路通畅；

7. 母线装置的预留孔、预埋铁件应符合设计的要求。

三、母线装置安装完毕投入运行前，建筑工程应符合下列要求：

1. 预埋件、开孔、扩孔等修饰工程完毕；

2. 保护性网门、栏杆以及所有与受电部分隔绝的设施齐全；

3. 受电后无法进行的和影响运行安全的工作施工完毕；

4. 施工设施应拆除和场地应清理干净。

第1.0.10条　母线装置安装用的紧固件，除地脚螺栓外应采用符合国家标准的镀锌制品，户外使用的紧固件应用热镀锌制品。

第1.0.11条　绝缘子及穿墙套管的瓷件，应符合现行国家标准《高压绝缘子瓷件技术条件》和有关电瓷产品技术条件的规定。

第1.0.12条　母线装置的施工及验收除按本规范的规定执行外，尚应符合国家现行的有关标准规范的规定。

第二章　母线安装

第一节　一般规定

第2.1.1条　母线装置采用的设备和器材，在运输与保管中应采用防腐蚀性气体侵蚀及机械损伤的包装。

第2.1.2条　铜、铝母线、铝合金管母线当无出厂合格证件或资料不全时，以及对材质有怀疑时，应按表2.1.2的要求进行检验。

母线的机械性能和电阻率　　表2.1.2

母线名称	母线型号	最小抗拉强度 (N/mm²)	最小伸长率 (%)	20℃时最大电阻率 (Ω·mm²/m)
铜母线	TMY	255	6	0.01777
铝母线	LMY	115	3	0.0290
铝合金管母线	$LF_{21}Y$	137	—	0.0373

第2.1.3条　母线表面应光洁平整，不应有裂纹、折皱、夹杂物及变形和扭曲现象。

第2.1.4条　成套供应的封闭母线、插接母线槽的各段应标志清晰，附件齐全，外壳无变形，内部无损伤。

螺栓固定的母线搭接面应平整，其镀银层不应有麻面、起皮及未覆盖部分。

第2.1.5条　各种金属构件的安装螺孔不应采用气焊割孔或电焊吹孔。

第2.1.6条　金属构件及母线的防腐处理应符合下列要求：

一、金属构件除锈应彻底，防腐漆应涂刷均匀，粘合牢固，不得有起层、皱皮等缺陷；

二、母线涂漆应均匀，无起层、皱皮等缺陷；

三、在有盐雾、空气相对湿度接近100%及含腐蚀性气体的场所，室外金属构件应采用热镀锌；

四、在有盐雾及含有腐蚀性气体的场所，母线应涂防腐涂料。

第2.1.7条　支柱绝缘子底座、套管的法兰、保护网（罩）等不带电的金属构件应按现行国家标准《电气装置安装工程接地装置施工及验收规范》的规定进行接地。接地线宜排列整齐，方向一致。

第2.1.8条　母线与母线，母线与分支线，母线与电器接线端子搭接时，其搭接面的处理应符合下列规定：

一、铜与铜：室外、高温且潮湿或对母线有腐蚀性气体的室内，必须搪锡，在干燥的室内可直接连接。

二、铝与铝：直接连接。

三、钢与钢：必须搪锡或镀锌，不得直接连接。

四、铜与铝：在干燥的室内，铜导体应搪锡，室外或空气相对湿度接近100%的室内，应采用铜铝过渡板，铜端应搪锡。

五、钢与铜或铝：钢搭接面必须搪锡。

六、封闭母线螺栓固定搭接面应镀银。

第2.1.9条　母线的相序排列，当设计无规定时应符合下列规定：

一、上、下布置的交流母线，由上到下排列为A、B、C相，直流母线正极在上，负极在下。

二、水平布置的交流母线，由盘后向盘面排列为A、B、C相，直流母线正极在后，负极在前。

三、引下线的交流母线由左至右排列为A、B、C相，直流母线正极在左，负极在右。

第2.1.10条 母线涂漆的颜色应符合下列规定：

一、三相交流母线：A相为黄色，B相为绿色，C相为红色，单相交流母线与引出相的颜色相同。

二 直流母线：正极为赭色，负极为蓝色。

三、直流均衡汇流母线及交流中性汇流母线：不接地者为紫色，接地者为紫色带黑色条纹。

四、封闭母线：母线外表面及外壳内表面涂无光泽黑漆，外壳外表面涂浅色漆。

第2.1.11条 母线刷相色漆应符合下列要求：

一、室外软母线、封闭母线应在两端和中间适当部位涂相色漆。

二、单片母线的所有面及多片、槽形、管形母线的所有可见面均应涂相色漆。

三、钢母线的所有表面应涂防腐相色漆。

四、刷漆应均匀，无起层、皱皮等缺陷，并应整齐一致。

第2.1.12条 母线在下列各处不应刷相色漆：

一、母线的螺栓连接及支持连接处、母线与电器的连接处以及距所有连接处10mm以内的地方。

二、供携带式接地线连接用的接触面上，不刷漆部分的长度应为母线的宽度或直径，且不应小于50mm，并在其两侧涂以宽度为10mm的黑色标志带。

第2.1.13条 母线安装时，室内、室外配电装置安全净距应符合表2.1.13-1、表2.1.13-2的规定。当电压值超过本级电压，其安全净距应采用高一级电压的安全净距规定值。

室内配电装置的安全净距（mm） 表2.1.13-1

符号	适用范围	图号	额定电压（kV）										
			0.4	1—3	6	10	15	20	35	60	110J	110	220J
A_1	1. 带电部分至接地部分之间 2. 网状和板状遮栏向上延伸线距地2.3m处与遮栏上方带电部分之间	2.1.13-1	20	75	100	125	150	180	300	550	850	950	1800
A_2	1. 不同相的带电部分之间 2. 断路器和隔离开关的断口两侧带电部分之间	2.1.13-1	20	75	100	125	150	180	300	550	900	1000	2000
B_1	1. 栅状遮栏至带电部分之间 2. 交叉的不同时停电检修的无遮栏带电部分之间	2.1.13-1 2.1.13-2	800	825	850	875	900	930	1050	1300	1600	1700	2550
B_2	网状遮栏至带电部分之间	2.1.13-1 2.1.13-2	100	175	200	225	250	280	400	650	950	1050	1900
C	无遮栏裸导体至地（楼）面之间	2.1.13-1	2300	2375	2400	2425	2450	2480	2600	2850	3150	3250	4100
D	平行的不同时停电检修的无遮栏裸导体之间	2.1.13-1	1875	1875	1900	1925	1950	1980	2100	2350	2650	2750	3600
E	通向室外的出线套管至室外通道的路面	2.1.13-2	3650	4000	4000	4000	4000	4000	4000	4500	5000	5000	5500

注：① 110J、220J系指中性点直接接地电网；
② 网状遮栏至带电部分之间当为板状遮栏时，其B值可取A_1+30mm；
③ 通向室外的出线套管至室外通道的路面，当出线套管外侧为室外配电装置时，其至室外地面的距离不应小于表2.1.13-2中所列室外部分之C值；
④ 海拔超过1000m时，A值应按图2.1.13-6修正；
⑤ 本表所列各值不适用于制造厂生产的成套配电装置。

室外配电装置的安全净距(mm)　　表2.1.13-2

符号	适用范围	图号	额定电压(kV) 0.4	1-10	15-20	35	60	110J	110	220J	330J	500J
A_1	1. 带电部分至接地部分之间 2. 网状遮栏向上延伸距地面2.5m处遮栏上方带电部分之间	2.1.13-3 2.1.13-4 2.1.13-5	75	200	300	400	650	900	1000	1800	2500	2800
A_2	1. 不同相的带电部分之间 2. 断路器和隔离开关的断口两侧引线带电部分之间	2.1.13-3	75	200	300	400	650	1000	1100	2000	2800	4300
B_1	1. 设备运输时，其外廓至无遮栏带电部分之间 2. 交叉的不同时停电检修的无遮栏带电部分之间 3. 栅状遮栏至绝缘体和带电部分之间 4. 带电作业时的带电部分至接地部分之间	2.1.13-3 2.1.13-4 2.1.13-5	825	950	1050	1150	1400	1650	1750	2550	3250	4550
B_2	网状遮栏至带电部分之间	2.1.13-4	175	300	400	500	750	1000	1100	1900	2600	3900
C	1. 无遮栏裸导体至地面之间 2. 无遮栏裸导体至建筑物、构筑物顶部之间	2.1.13-4 2.1.13-5	2500	2700	2800	2900	3100	3400	3500	4300	5000	7500
D	1. 平行的不同时停电检修的无遮栏带电部分之间 2. 带电部分与建筑物、构筑物的边沿部分之间	2.1.13-3 2.1.13-4	2000	2200	2300	2400	2600	2900	3000	3800	4500	5800

注：① 110J、220J、330J、500J系指中性点直接接地电网；

② 栅状遮栏至绝缘体和带电部分之间，对于220kV及以上电压，可按绝缘体电位的实际分布，采用相应的B_1值检验，此时允许栅状遮栏与绝缘体的距离小于B_1值。当无给定的分布电位时，可按线性分布计算。500kV相间通道的安全净距，亦可用此原则；

③ 带电作业时的带电部分至接地部分之间，(110J～500J)，带电作业时，不同相或交叉的不同回路带电部分之间，其B_1值可取A_2+750mm；

④ 500kV的A_1值，双分裂软导线至接地部分之间可取3500mm；

⑤ 海拔超过1000m时，A值应按图2.1.13-6进行修正；

⑥ 本表所列各值不适用于制造厂生产的成套配电装置。

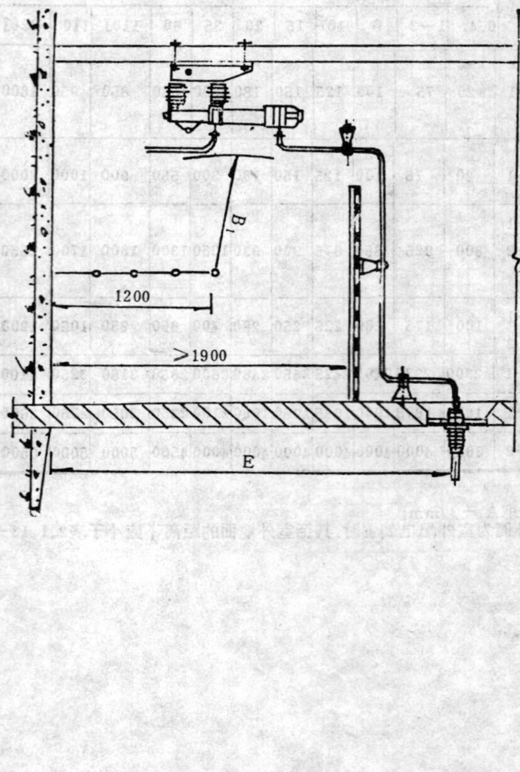

图2.1.13-2　室内B_1、E值校验

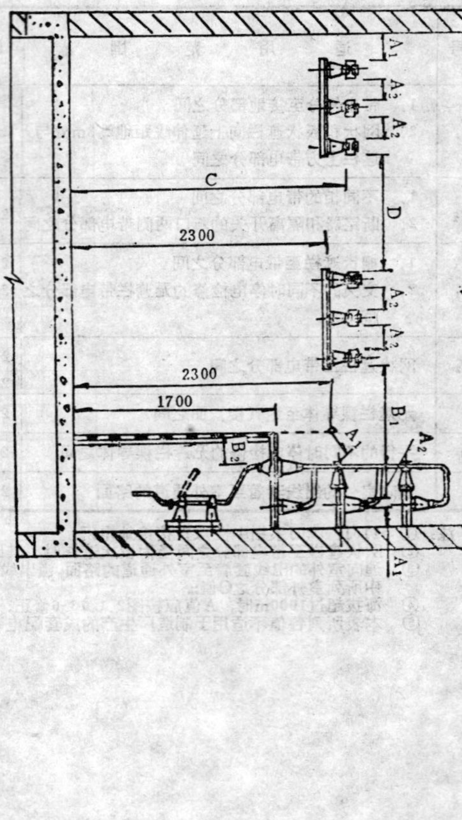

图2.1.13-1　室内A_1、A_2、B_1、B_2、C、D值校验

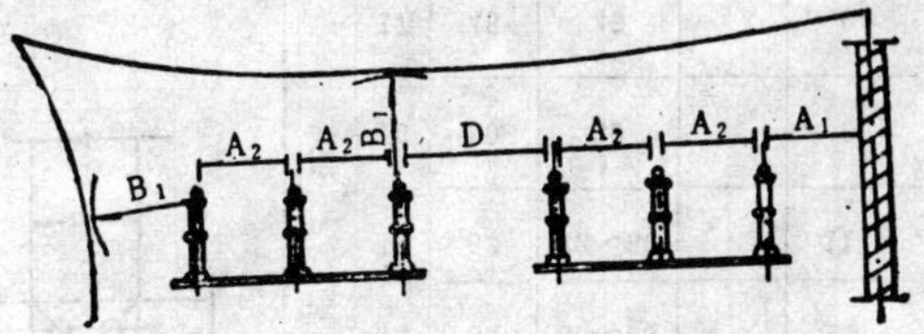

图2.1.13-3　室外A_1、A_2、B_1、D值校验

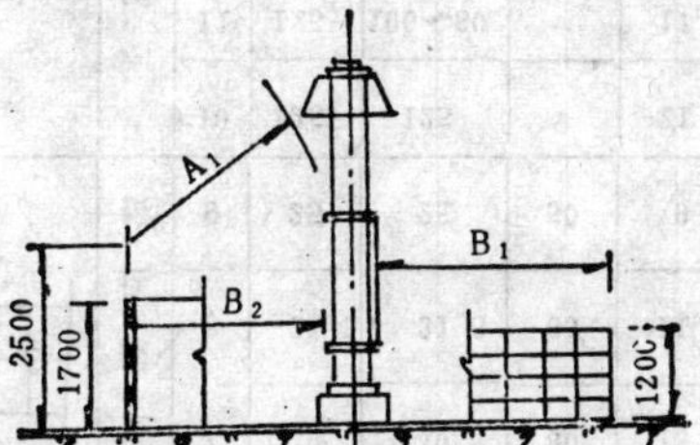

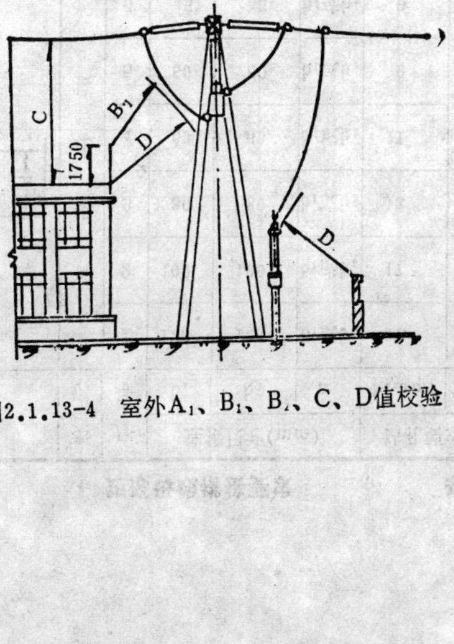

图2.1.13-4　室外A_1、B_1、B_2、C、D值校验

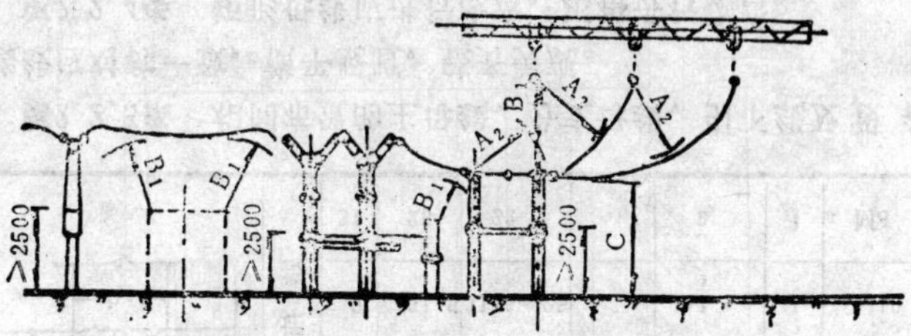

图2.1.13-5　室外A、B_1、C值校验

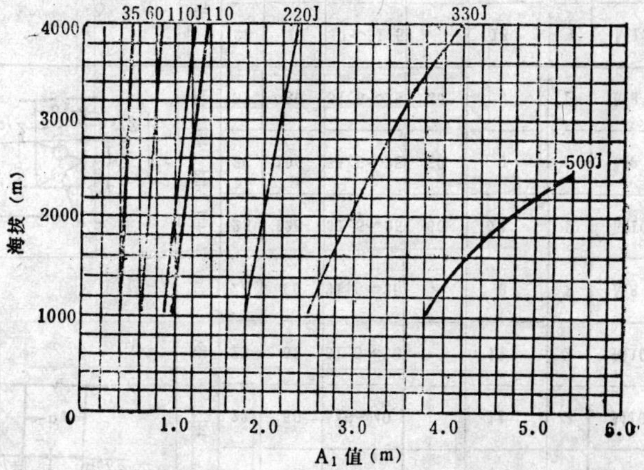

图2.1.13-6　海拔大于1000m时，A值的修正

（A_2值和室内的A_1、A_2值可按本图之比例递增）

第二节　硬母线加工

第2.2.1条　母线应矫正平直，切断面应平整。

第2.2.2条　矩形母线的搭接连接，应符合表2.2.2的规定；当母线与设备接线端子连接时，应符合现行国家标准《变压器、高压电器和套管的接线端子》的要求。

矩形母线搭接要求　　　　表2.2.2

搭接形式	类别	序号	连接尺寸(mm) b_1	b_2	a	钻孔要求 φ(mm)	个数	螺栓规格
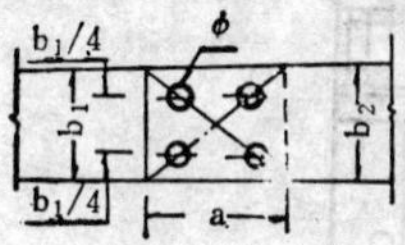	直线连接	1	125	125	b_1或b_2	21	4	M20
		2	100	100	b_1或b_2	17	4	M16
		3	80	80	b_1或b_2	13	4	M12
		4	63	63	b_1或b_2	11	4	M10
		5	50	50	b_1或b_2	9	4	M8
		6	45	45	b_1或b_2	9	4	M8
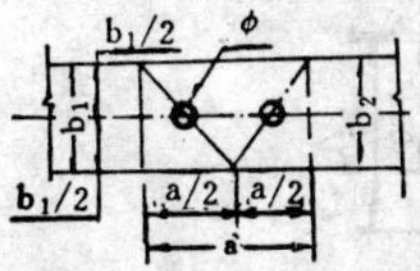	直线连接	7	40	40	80	13	2	M12
		8	31.5	31.5	63	11	2	M10
		9	25	25	50	9	2	M8
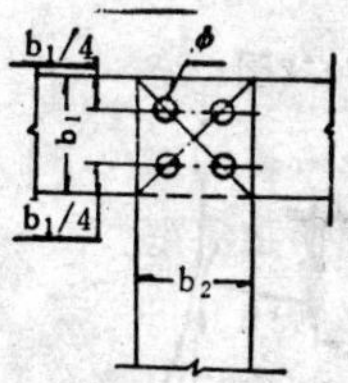	垂直连接	10	125	125		21	4	M20
		11	125	100～80		17	4	M16
		12	125	63		13	4	M12
		13	100	100～80		17	4	M16
		14	80	80～63		13	4	M12
		15	63	63～50		11	4	M10
		16	50	50		9	4	M8
		17	45	45		9	4	M8

续表2.2.2

搭接形式	类别	序号	连接尺寸(mm) b_1	b_2	a	钻孔要求 φ(mm)	个数	螺栓规格
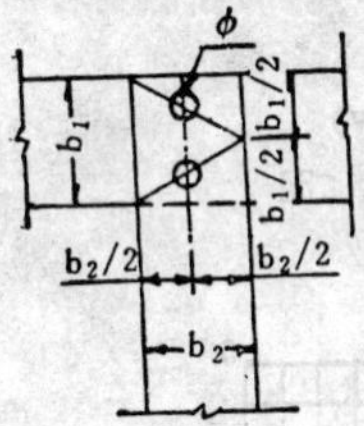	垂直连接	18	125	50～40		17	2	M16
		19	100	63～40		17	2	M16
		20	80	63～40		15	2	M14
		21	63	50～40		13	2	M12
		22	50	45～40		11	2	M10
		23	63	31.5～25		11	2	M10
		24	50	31.5～25		9	2	M8
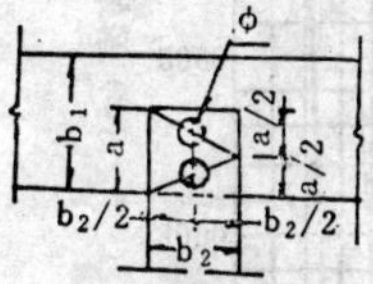	垂直连接	25	125	31.5～25	60	11	2	M10
		26	100	31.5～25	50	9	2	M8
		27	80	31.5～25	50	9	2	M8
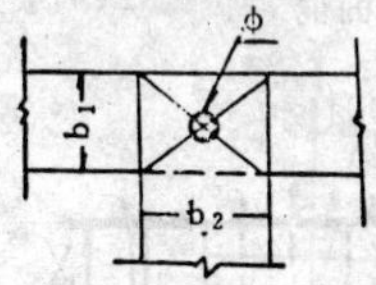	垂直连接	28	40	40～31.5		13	1	M12
		29	40	25		11	1	M10
		30	31.5	31.5～25		11	1	M10
		31	25	22		9	1	M8

第2.2.3条　相同布置的主母线、分支母线、引下线及设备连接线应对称一致，横平竖直，整齐美观。

第2.2.4条　矩形母线应进行冷弯，不得进行热弯。

第2.2.5条 母线弯制时应符合下列规定（图2.2.5）：

一、母线开始弯曲处距最近绝缘子的母线支持夹板边缘不应大于0.25L，但不得小于50mm。

二、母线开始弯曲处距母线连接位置不应小于50mm。

三、矩形母线应减少直角弯曲，弯曲处不得有裂纹及显著的折皱，母线的最小弯曲半径应符合表2.2.5的规定。

四、多片母线的弯曲度应一致。

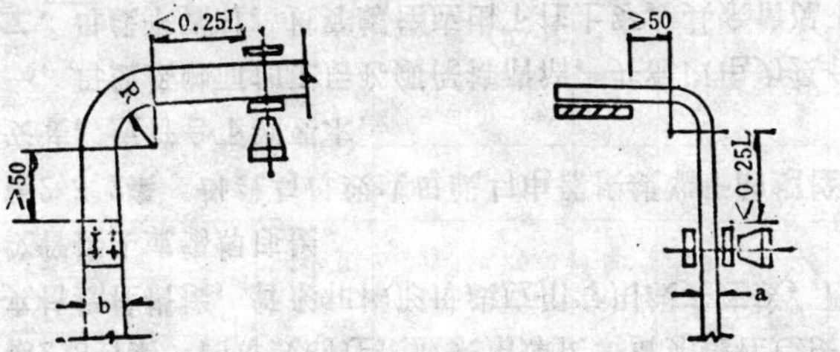

(A) 立弯母线　　(B) 平弯母线

图2.2.5　硬母线的立弯与平弯

a——母线厚度；b——母线宽度；L——母线两支持点间的距离

母线最小弯曲半径(R)值　　**表2.2.5**

母线种类	弯曲方式	母线断面尺寸(mm)	最小弯曲半径(mm)		
			铜	铝	钢
矩形母线	平弯	50×5及其以下	2a	2a	2a
		125×10及其以下	2a	2.5a	2a
	立弯	50×5及其以下	1b	1.5b	0.5b
		125×10及其以下	1.5b	2b	1b
棒形母线		直径为16及其以下	50	70	50
		直径为30及其以下	150	150	150

第2.2.6条 矩形母线采用螺栓固定搭接时，连接处距支柱绝缘子的支持夹板边缘不应小于50mm；上片母线端头与下片母线平弯开始处的距离不应小于50mm（图2.2.6）。

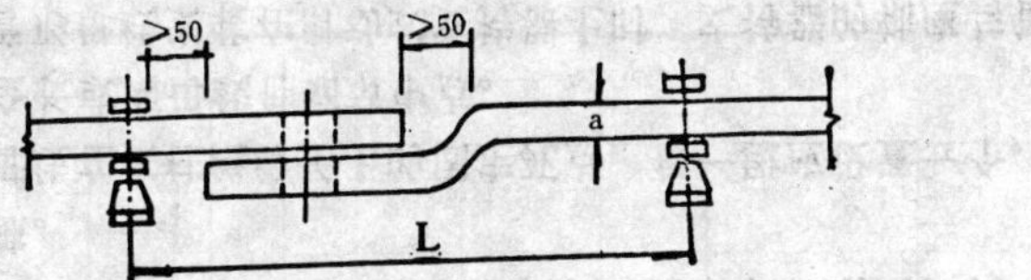

图2.2.6　矩形母线搭接

L——母线两支持点之间的距离

第2.2.7条 母线扭转90°时，其扭转部分的长度应为母线宽度的2.5～5倍（图2.2.7）。

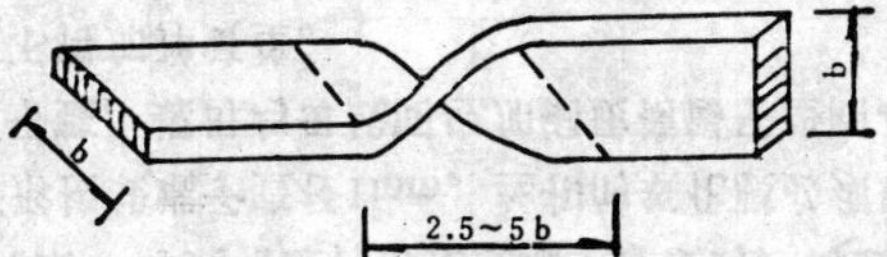

图2.2.7　母线扭转90°

b——母线的宽度

第2.2.8条 母线接头螺孔的直径宜大于螺栓直径1mm；钻孔应垂直、不歪斜，螺孔间中心距离的误差应为±0.5mm。

第2.2.9条 母线的接触面加工必须平整、无氧化膜。经加工后其截面减少值：铜母线不应超过原截面的3%；铝母线不应超过原截面的5%。

具有镀银层的母线搭接面，不得任意锉磨。

第2.2.10条 铝合金管母线的加工制作应符合下列要求：

一、切断的管口应平整，且与轴线垂直。

二、管子的坡口应用机械加工，坡口应光滑、均匀、无毛刺。

三、母线对接焊口距母线支持器夹板边缘距离不应小于50mm。

四、按制造长度供应的铝合金管，其弯曲度不应超过表2.2.10的规定。

铝合金管允许弯曲度值　　　　**表2.2.10**

管子规格（mm）	单位长度(m)内的弯度(mm)	全长(L)内的弯度(mm)
直径为150以下冷拔管	<2.0	<2.0×L
直径为150以下热挤压管	<3.0	<3.0×L
直径为150～250热挤压管	<4.0	<4.0×L

注：L为管子的制造长度(m)。

第三节　硬母线安装

第2.3.1条　硬母线的连接应采用焊接、贯穿螺栓连接或夹板及夹持螺栓搭接；管形和棒形母线应用专用线夹连接，严禁用内螺纹管接头或锡焊连接。

第2.3.2条　母线与母线或母线与电器接线端子的螺栓搭接面的安装，应符合下列要求：

一、母线接触面加工后必须保持清洁，并涂以电力复合脂。

二、母线平置时，贯穿螺栓应由下往上穿，其余情况下，螺母应置于维护侧，螺栓长度宜露出螺母2～3扣。

三、贯穿螺栓连接的母线两外侧均应有平垫圈，相邻螺栓垫圈间应有3mm以上的净距，螺母侧应装有弹簧垫圈或锁紧螺母。

四、螺栓受力应均匀，不应使电器的接线端子受到额外应力。

五、母线的接触面应连接紧密，连接螺栓应用力矩扳手紧固，其紧固力矩值应符合表2.3.2的规定。

钢制螺栓的紧固力矩值　　　　**表2.3.2**

螺栓规格(mm)	力矩值（N·m）
M8	8.8～10.8
M10	17.7～22.6
M12	31.4～39.2
M14	51.0～60.8
M16	78.5～98.1
M18	98.0～127.4
M20	156.9～196.2
M24	274.6～343.2

第2.3.3条　母线与螺杆形接线端子连接时，母线的孔径不应大于螺杆形接线端子直径1mm。丝扣的氧化膜必须刷净，螺母接触面必须平整，螺母与母线间应加铜质搪锡平垫圈，并应有锁紧螺母，但不得加弹簧垫。

第2.3.4条　母线在支柱绝缘子上固定时应符合下列要求：

一、母线固定金具与支柱绝缘子间的固定应平整牢固，不应使其所支持的母线受到额外应力。

二、交流母线的固定金具或其它支持金具不应成闭合磁路。

三、当母线平置时，母线支持夹板的上部压板应与母线保持1～1.5mm的间隙，当母线立置时，上部压板应与母线保持1.5～2mm的间隙。

四、母线在支柱绝缘子上的固定死点，每一段应设置一个，并宜位于全长或两母线伸缩节中点。

五、管形母线安装在滑动式支持器上时，支持器的轴座与管母线之间应有1～2mm的间隙。

六、母线固定装置应无棱角和毛刺。

第2.3.5条　多片矩形母线间，应保持不小于母线厚度的间隙；相邻的间隔垫边缘间距离应大于5mm。

第2.3.6条 母线伸缩节不得有裂纹、断股和折皱现象；其总截面不应小于母线截面的1.2倍。

第2.3.7条 终端或中间采用拉紧装置的车间低压母线的安装，当设计无规定时，应符合下列规定：

一、终端或中间拉紧固定支架宜装有调节螺栓的拉线，拉线的固定点应能承受拉线张力。

二、同一档距内，母线的各相弛度最大偏差应小于10%。

第2.3.8条 母线长度超过300～400m而需换位时，换位不应小于一个循环。槽形母线换位段处可用矩形母线连接，换位段内各相母线的弯曲程度应对称一致。

第2.3.9条 插接母线槽的安装，尚应符合下列要求：

一、悬挂式母线槽的吊钩应有调整螺栓，固定点间距离不得大于3m。

二、母线槽的端头应装封闭罩，引出线孔的盖子应完整。

三、各段母线槽的外壳的连接应是可拆的，外壳之间应有跨接线，并应接地可靠。

第2.3.10条 重型母线的安装尚应符合下列规定：

一、母线与设备连接处宜采用软连接，连接线的截面不应小于母线截面。

二、母线的紧固螺栓：铝母线宜用铝合金螺栓，铜母线宜用铜螺栓，紧固螺栓时应用力矩扳手。

三、在运行温度高的场所，母线不应有铜铝过渡接头。

四、母线在固定点的活动滚杆应无卡阻，部件的机械强度及绝缘电阻值应符合设计要求。

第2.3.11条 封闭母线的安装尚应符合下列规定：

一、支座必须安装牢固，母线应按分段图、相序、编号、方向和标志正确放置，每相外壳的纵向间隙应分配均匀。

二、母线与外壳间应同心，其误差不得超过5mm，段与段连接时，两相邻段母线及外壳应对准，连接后不应使母线及外壳受到机械应力。

三、封闭母线不得用裸钢丝绳起吊和绑扎，母线不得任意堆放和在地面上拖拉，外壳上不得进行其它作业，外壳内和绝缘子必须擦拭干净，外壳内不得有遗留物。

四、橡胶伸缩套的连接头、穿墙处的连接法兰、外壳与底座之间、外壳各连接部位的螺栓应采用力矩扳手紧固，各接合面应密封良好。

五、外壳的相间短路板应位置正确，连接良好，相间支撑板应安装牢固，分段绝缘的外壳应作好绝缘措施。

六、母线焊接应在封闭母线各段全部就位并调整误差合格，绝缘子、盘形绝缘子和电流互感器经试验合格后进行。

七、呈微正压的封闭母线，在安装完毕后检查其密封性应良好。

第2.3.12条 铝合金管形母线的安装，尚应符合下列规定：

一、管形母线应采用多点吊装，不得伤及母线。

二、母线终端应有防晕装置，其表面应光滑、无毛刺或凹凸不平。

三、同相管段轴线应处于一个垂直面上，三相母线管段轴线应互相平行。

第四节 硬母线焊接

第2.4.1条 母线焊接所用的焊条、焊丝应符合现行国家标准；其表面应无氧化膜、水分和油污等杂物。

第2.4.2条 铝及铝合金的管形母线、槽形母线、封闭母线及重型母线应采用氩弧焊。

第2.4.3条 焊接前应将母线坡口两侧表面各50mm范围内清刷干净，不得有氧化膜、水分和油污；坡口加工面应无毛刺和飞边。

第2.4.4条　焊接前对口应平直，其弯折偏移不应大于0.2%（图2.4.4-1）；中心线偏移不应大于0.5mm（图2.4.4-2）。

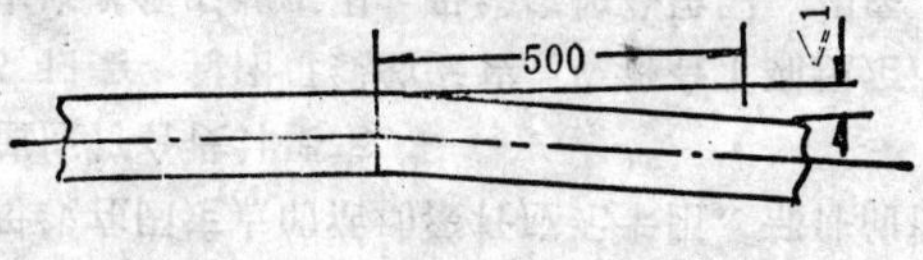

图2.4.4-1　对口允许弯折偏移

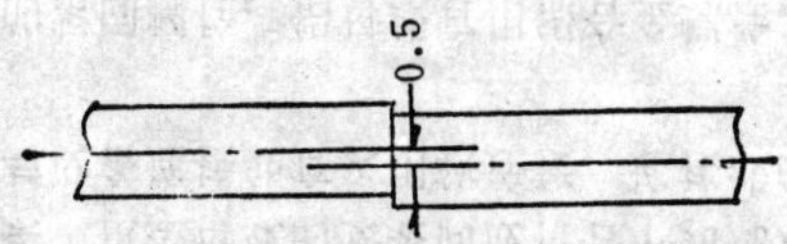

图2.4.4-2　对口中心线允许偏移

第2.4.5条　每个焊缝应一次焊完，除瞬间断弧外不得停焊；母线焊完未冷却前，不得移动或受力。

第2.4.6条　母线对接焊缝的上部应有2～4mm的加强高度；330kV及以上电压的硬母线焊缝应呈圆弧形，不应有毛刺、凹凸不平之处；引下线母线采用搭接焊时，焊缝的长度不应小于母线宽度的两倍；角焊缝的加强高度应为4mm。

第2.4.7条　铝及铝合金硬母线对焊时，焊口尺寸应符合表2.4.7的规定；管形母线的补强衬管的纵向轴线应位于焊口中央，衬管与管母线的间隙应小于0.5mm（图2.4.7）。

对口焊焊口尺寸(mm)　　　　表2.4.7

母线类别	焊口形式	母线厚度 *a*	间隙 *c*	钝边厚度 *b*	坡口角度 α(°)
矩形母线	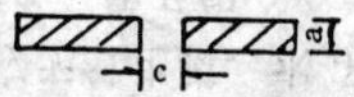	<5	<2		
	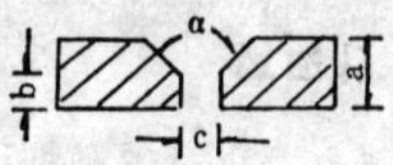	5	1～2	1.5	65～75
		6.3～12.5	2～4	1.5～2	65～75
管形母线	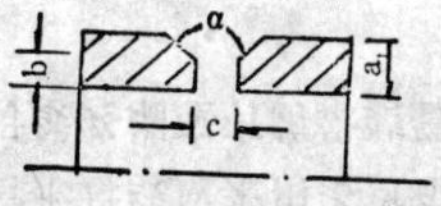	3～6.3	1.5～2	1	60～65
		6.3～10	2～3	1.5	60～75
		10～20	3～5	2～3	65～75

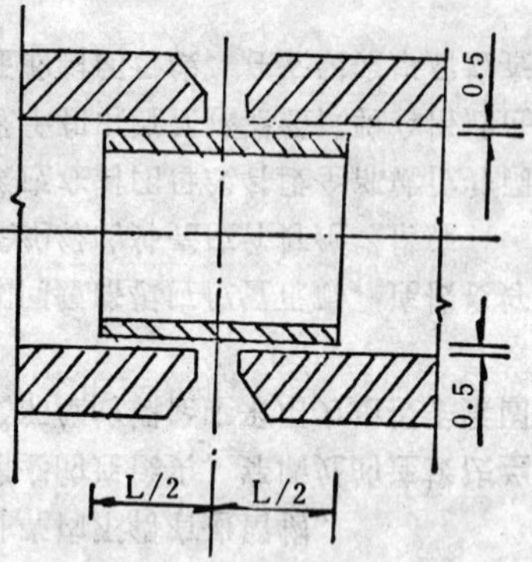

图2.4.7　衬管位置图

L——衬管长度

第2.4.8条　母线对接焊缝的部位应符合下列规定：

一、离支持绝缘子母线夹板边缘不应小于50mm。

二、母线宜减少对接焊缝。

三、同相母线不同片上的对接焊缝，其错开位置不应小于50mm。

第2.4.9条 母线施焊前，焊工必须经过考试合格，并应符合下列要求：

一、考试用试样的焊接材料、接头型式、焊接位置、工艺等应与实际施工时相同。

二、在其所焊试样中，管形母线取二件，其它母线取一件，按下列项目进行检验，当其中有一项不合格时，应加倍取样重复试验，如仍不合格时，则认为考试不合格：

1. 表面及断口检验：焊缝表面不应有凹陷、裂纹、未熔合、未焊透等缺陷；

2. 焊缝应采用X光无损探伤，其质量检验应按有关标准的规定；

3. 焊缝抗拉强度试验：铝及铝合金母线，其焊接接头的平均最小抗拉强度不得低于原材料的75%；

4. 直流电阻测定：焊缝直流电阻应不大于同截面、同长度的原金属的电阻值。

第2.4.10条 母线焊接后的检验标准应符合下列要求：

一、焊接接头的对口、焊缝应符合本规范有关规定。

二、焊接接头表面应无肉眼可见的裂纹、凹陷、缺肉、未焊透、气孔、夹渣等缺陷。

三、咬边深度不得超过母线厚度(管形母线为壁厚)的10%，且其总长度不得超过焊缝总长度的20%。

第五节 软母线架设

第2.5.1条 软母线不得有扭结、松股、断股、其它明显的损伤或严重腐蚀等缺陷；扩径导线不得有明显凹陷和变形。

第2.5.2条 采用的金具除应有质量合格证外，尚应进行下列检查：

一、规格应相符，零件配套齐全。

二、表面应光滑，无裂纹、伤痕、砂眼、锈蚀、滑扣等缺陷，锌层不应剥落。

三、线夹船形压板与导线接触面应光滑平整，悬垂线夹的转动部分应灵活。

四、330kV及以上电压级用的金具表面必须光洁、无毛刺和凸凹不平之处。

第2.5.3条 软母线与金具的规格和间隙必须匹配，并应符合现行国家标准。

第2.5.4条 软母线与线夹连接应采用液压压接或螺栓连接。

第2.5.5条 软母线和组合导线在档距内不得有连接接头，并应采用专用线夹在跳线上连接；软母线经螺栓耐张线夹引至设备时不得切断，应成为一整体。

第2.5.6条 放线过程中，导线不得与地面摩擦，并应对导线严格检查。当导线有下列情况之一者，不得使用：

一、导线有扭结、断股和明显松股者。

二、同一截面处损伤面积超过导电部分总截面的5%。

第2.5.7条 新型导线应经试放，确定安装方法和制定措施后，方可全面施工。

第2.5.8条 切断导线时，端头应加绑扎；端面应整齐、无毛刺，并与线股轴线垂直。压接导线前需要切割铝线时，严禁伤及钢芯。

第2.5.9条 当软母线采用钢制各种螺栓型耐张线夹或悬垂线夹连接时，必须缠绕铝包带，其绕向应与外层铝股的旋向一致，两端露出线夹口不应超过10mm，且其端口应回到线夹内压住。

第2.5.10条 当软母线采用压接型线夹连接时，导线的端头伸入耐张线夹或设备线夹的长度应达到规定的长度。

第2.5.11条 软导线和各种连接线夹连接时，尚应符合下列规定：

一、导线及线夹接触面均应清除氧化膜，并用汽油或丙酮清洗，清洗长度不应少于连接长度的1.2倍，导电接触面应涂以电力复合脂。

二、软导线线夹与电器接线端子或硬母线连接时，应按本规范第2.2.2条和第2.3.2条的有关规定执行。

第2.5.12条 液压压接前应先进行试压，合格后方可进行施工压接。试件应符合下列规定：

一、耐张线夹，每种导线取试件两件。

二、设备线夹、T型线夹、跳线线夹每种导线取试件一件。

三、试压结果应符合规定。

第2.5.13条 采用液压压接导线时，应符合下列规定：

一、压接用的钢模必须与被压管配套，液压钳应与钢模匹配。

二、扩径导线与耐张线夹压接时，应用相应的衬料将扩径导线中心的空隙填满。

三、压接时必须保持线夹的正确位置，不得歪斜，相邻两模间重叠不应小于5mm。

四、接续管压接后，其弯曲度不宜大于接续管全长的2%。

五、压接后不应使接续管口附近导线有隆起和松股，接续管表面应光滑、无裂纹，330kV及以上电压的接续管应倒棱、去毛刺。

六、外露钢管的表面及压接管口应刷防锈漆。

七、压接后六角形对边尺寸应为0.866D，当有任何一个对边尺寸超过0.866D+0.2mm时应更换钢模（D为接续管外径）。

八、液压压接工艺应符合国家现行标准《架空送电线路导线及避雷线液压施工工艺规程》（试行）的有关规定。

第2.5.14条 螺栓连接线夹应用力矩扳手紧固。

第2.5.15条 使用滑轮放线或紧线时，滑轮的直径不应小于导线直径的16倍；滑轮应转动灵活；轮槽尺寸应与导线匹配。

第2.5.16条 母线弛度应符合设计要求，其允许误差为+5%、-2.5%，同一档距内三相母线的弛度应一致，相同布置的分支线，宜有同样的弯度和弛度。

第2.5.17条 扩径导线的弯曲度，不应小于导线外径的30倍。

第2.5.18条 线夹螺栓必须均匀拧紧，紧固U型螺丝时，应使两端均衡，不得歪斜；螺栓长度除可调金具外，宜露出螺母2～3扣。

第2.5.19条 母线跳线和引下线安装后，应呈似悬链状自然下垂；其与构架及线间的距离不得小于本规范表2.1.13-2的规定。

第2.5.20条 软母线与电器接线端子连接时，不应使电器接线端子受到超过允许的外加应力。

第2.5.21条 具有可调金具的母线，在导线安装调整完毕之后，必须将可调金具的调节螺母锁紧。

第2.5.22条 安装组合导线时，尚应符合下列规定：

一、组合导线的圆环、固定用线夹以及所使用的各种金具必须齐全，圆环及固定线夹在导线上的固定位置应符合设计要求，其距离误差不得超过±3%，安装应牢固，并与导线垂直。

二、载流导线与承重钢索组合后，其弛度应一致，导线与终端固定金具的连接应符合本章第三节中的有关规定。

第三章　绝缘子与穿墙套管

第3.0.1条　绝缘子与穿墙套管安装前应进行检查，瓷件、法兰应完整无裂纹，胶合处填料完整，结合牢固。

第3.0.2条　绝缘子与穿墙套管安装前应按现行国家标准《电气装置安装工程电气设备交接试验标准》的规定试验合格。

第3.0.3条　安装在同一平面或垂直面上的支柱绝缘子或穿墙套管的顶面，应位于同一平面上；其中心线位置应符合设计要求。

母线直线段的支柱绝缘子的安装中心线应在同一直线上。

第3.0.4条　支柱绝缘子和穿墙套管安装时，其底座或法兰盘不得埋入混凝土或抹灰层内。

支柱绝缘子叠装时，中心线应一致，固定应牢固；紧固件应齐全。

第3.0.5条　三角锥形组合支柱绝缘子的安装，除应符合本规范有关规定外，并应符合产品的技术要求。

第3.0.6条　无底座和顶帽的内胶装式的低压支柱绝缘子与金属固定件的接触面之间应垫以厚度不小于1.5mm的橡胶或石棉纸等缓冲垫圈。

第3.0.7条　悬式绝缘子串的安装应符合下列要求：

一、除设计原因外，悬式绝缘子串应与地面垂直，当受条件限制不能满足要求时，可有不超过5°的倾斜角。

二、多串绝缘子并联时，每串所受的张力应均匀。

三、绝缘子串组合时，联结金具的螺栓、销钉及锁紧销等必须符合现行国家标准，且应完整，其穿向应一致，耐张绝缘子串的碗口应向上，绝缘子串的球头挂环、碗头挂板及锁紧销等应互相匹配。

四、弹簧销应有足够弹性，闭口销必须分开，并不得有折断或裂纹，严禁用线材代替。

五、均压环、屏蔽环等保护金具应安装牢固，位置应正确。

六、绝缘子串吊装前应清擦干净。

第3.0.8条　穿墙套管的安装应符合下列要求：

一、安装穿墙套管的孔径应比嵌入部分大5mm以上，混凝土安装板的最大厚度不得超过50mm。

二、额定电流在1500A及以上的穿墙套管直接固定在钢板上时，套管周围不应成闭合磁路。

三、穿墙套管垂直安装时，法兰应向上，水平安装时，法兰应在外。

四、600A及以上母线穿墙套管端部的金属夹板（紧固件除外）应采用非磁性材料，其与母线之间应有金属相连，接触应稳固，金属夹板厚度不应小于3mm，当母线为两片及以上时，母线本身间应予固定。

五、充油套管水平安装时，其储油柜及取油样管路应无渗漏，油位指示清晰，注油和取样阀位置应装设于巡回监视侧，注入套管内的油必须合格。

六、套管接地端子及不用的电压抽取端子应可靠接地。

第四章 工程交接验收

第4.0.1条 在验收时，应进行下列检查：

一、金属构件加工、配制、螺栓连接、焊接等应符合国家现行标准的有关规定。

二、所有螺栓、垫圈、闭口销、锁紧销、弹簧垫圈、锁紧螺母等应齐全、可靠。

三、母线配制及安装架设应符合设计规定，且连接正确，螺栓紧固，接触可靠；相间及对地电气距离符合要求。

四、瓷件应完整、清洁；铁件和瓷件胶合处均应完整无损，充油套管应无渗油，油位应正常。

五、油漆应完好；相色正确；接地良好。

第4.0.2条 在验收时，应提交下列资料和文件：

一、设计变更部分的实际施工图。

二、设计变更的证明文件。

三、制造厂提供的产品说明书、试验记录、合格证件、安装图纸等技术文件。

四、安装技术记录。

五、电气试验记录。

六、备品备件清单。

附录一 本规范用词说明

一、为便于在执行本规范条文时区别对待，对要求严格程度不同的用词说明如下：

1．表示很严格，非这样作不可的：

正面词采用“必须”；

反面词采用“严禁”。

2．表示严格，在正常情况下均应这样作的：

正面词采用“应”；

反面词采用“不应”或“不得”。

3．表示允许稍有选择，在条件许可时首先应这样作的：

正面词采用“宜”或“可”；

反面词采用“不宜”。

二、条文中规定应按其它有关标准、规范执行时，写法为“应符合……的规定”或“应按……执行”。

附加说明

本规范主编单位、参加单位和主要起草人名单

主编单位：能源部电力建设研究所

参加单位：广东省输变电工程公司
东北电力建设第一工程公司
东北电业管理局
上海电力建设局调整试验所
华东电管局工程建设定额站
水电第十二工程局
陕西省送变电工程公司
东北送变电工程公司
大庆石油管理局供电公司
化工部施工技术研究所

主要起草人：罗学琛　聂光辉　曾等厚

中华人民共和国国家标准

电气装置安装工程母线装置施工及验收规范

GBJ 149-90

条文说明

前　　言

本规范是根据原国家计委计综〔1986〕2630号文的要求，由原水利电力部负责主编，具体由能源部电力建设研究所会同有关单位对《电气装置安装工程施工及验收规范》GBJ232—82第十篇“母线装置篇”修订而成。经中华人民共和国建设部1990年12月30日以（90）建标字第698号文批准发布。

为便于广大设计、施工、科研、学校等有关单位人员在使用本规范时能正确理解和执行条文规定，《电气装置安装工程母线装置施工及验收规范》编制组根据国家计委关于编制标准、规范条文说明的统一要求，按《电气装置安装工程母线装置施工及验收规范》的章、节、条顺序，编制了《电气装置安装工程母线装置施工及验收规范条文说明》，供国内有关部门和单位参考。在使用中如发现本条文说明有欠妥之处，请将意见直接函寄本规范的管理单位能源部电力建设研究所（北京良乡，邮政编码：102401）。

本《条文说明》仅供国内有关部门和单位执行本规范时使用，不得外传和翻印。

1990年12月

目　　录

第一章　总　　则

第1.0.1条　阐明了制订本规范的宗旨。电气装置安装工程中的硬母线、软母线、绝缘子、金具、穿墙套管等，统称之为母线装置。

第1.0.2条　本规范的适用范围为500kV及以下的所有母线装置。

第1.0.3条　按设计进行施工是现场施工的基本要求。

第1.0.4条　有些特殊用途的母线或设备的运输和保管，制造厂有特殊要求，应该按制造厂的要求办理。

第1.0.5条　设备及器材的保管是安装前的一个重要前期工作。施工前搞好设备及器材的保管有利于以后的施工。

设备及器材的保管要求和措施，因其保管时间的长短而有所不同，本规范规定的是设备到达现场后安装前的保管要求，以不超过一年为限。对于需长期保管的设备及器材，应按其专门保管规定执行。

第1.0.6条　凡不符合国家现行技术标准，没有合格证件的设备及器材，质量无保证，均不得在工程中使用；要特别注意一些粗制滥造的次劣产品，虽有合格证件，但实质上是不合格产品，故应加强质量验收。国家现行技术标准包括国家标准、部颁标准或地方标准。

第1.0.7条　事先做好检验工作，为顺利施工提供条件。首先应检查包装及密封，应良好。对有防潮要求的包装应及时检查，发现问题，采取措施，以防受潮。

第1.0.8条　本规范以施工质量标准及工艺要求为主，有关安全问题应遵守国家现行的安全技术标准的规定。同时对一些重要的施工工序，因各施工现场的情况不同，现有的安全技术标准不一定能够适合每个现场的实际，故应根据施工现场的具体情况制定切实可行的安全技术措施，以确保设备及人身的安全。

第1.0.9条

一、国家现行的有关建筑工程施工及验收规范中的一些规定不完全适合电气设备安装的要求，如建筑工程的误差以cm计，而电气设备安装误差以mm计，例如封闭母线基础误差要求为±3mm/m。这些电气设备的特殊要求应在电气设计图中标出。但建筑工程中的其它质量标准，在电气设计中不可能全部标出，则应符合国家现行的建筑工程施工及验收规范的有关规定。

二、为了实行文明施工，避免现场施工混乱，并为母线装置安装工作安全、顺利进行创造条件，提出了在母线装置安装前建筑工程应具备的具体条件。尤其强调高层构架的焊接件、走道板、栏杆、平台等的检查，以确保母线装置安装时高空作业的安全。

设备安装的预留孔和预埋螺丝尺寸往往因不符合设计要求，而在设备安装前要返工处理，造成浪费，影响工程进度，因此，特别要强调预留孔、预埋铁件应符合设计要求。

三、母线装置安装完毕后，除应结束全部的修饰工作外，并应作好现场清理工作和所有安全设施，以保证母线装置的安全投运。

第1.0.10条　母线的紧固件必须要防止生锈和其它有害气体的侵蚀，故规定应用镀锌制品。由于室外的环境条件比室内要恶劣，一般电镀制品因镀层厚仅在20μm以下，防腐能力较差，短期内就开始生锈。热镀锌由于镀层厚可达43μm，抗腐能力较电镀锌制品长一倍，故强调户外使用的紧固件应用热镀锌制品。

本规范规定了所有母线连接螺栓都要用力矩扳手紧固，为此，螺栓、螺母的六角头尺寸一定要标准，故规定母线装置采用的紧固件应符合国家标准（GB5780～5790—86及GB6170—86）

中所规定的六角头螺栓和螺母。

对于地脚螺栓，它主要埋在混凝土中，且系非成批定型产品，一些偏远地区镀锌有困难，至于因锈蚀需拆卸时，可用松锈剂等方法解决，故不强调用镀锌制品。

第1.0.11条 国家标准《高压绝缘子瓷件技术条件》(GB772—87)只有悬式绝缘子和套管的标准，没有包括高压支柱绝缘子。条文中所指的"有关电瓷产品技术条件"就目前已颁布的国家标准有《高压支柱绝缘子技术条件》(GB8287—1—87)和《高压支柱绝缘子尺寸与特性》(GB8287—2—87)。

第1.0.12条 本规范引用的国家现行标准包括:

一、《电力金具验收规则、试验方法、标志与包装》(GB2317—85)。

二、《铝及铝合金加工产品的包装、标志、运输、贮存》(GB3199—82)。

三、《铝及铝合金焊条》(GB3669—83)。

四、《铜及铜合金焊条》(GB3670—83)。

五、《六角头螺栓》(GB5780～5790—86)。

六、《1型六角螺母 C级》(GB41—86)。

七、《1型六角螺母 A和B级》(GB6170—86)。

八、《电工用铜、铝及其合金母线》(GB5585—01—85)。

九、《工业用铝及铝合金拉(轧)制管》(GB6893—86)。

十、《变压器、高压电器和套管的接线端子》(GB5273—85)。

十一、《焊条用铝及铝合金线材》(GB3197—82)。

十二、《铝及铝合金加工产品的化学成分》(GB3190—82)。

十三、《高压绝缘子瓷件技术条件》(GB772—87)。

十四、《高压配电装置设计技术规程》(SDJ5—85)。

第二章 母线安装

第一节 一般规定

第2.1.1条 母线装置所采用的设备和器材，多数是易损或易遭受腐蚀的瓷件或有色金属材料，而往往有的制造厂和供应部门对包装不重视，以致在运输和保管期间使母线弯曲变形和损伤，瓷件破裂，故作此规定。

第2.1.2条 根据现行国家标准《电工用铜、铝及其合金母线》(GB5585.1～5585.3—85)及《工业用铝及铝合金拉(轧)制管》(GB6893—86)修订了硬铜母线、硬铝母线及铝合金管母线的最小抗拉强度、最小伸缩率，20℃时最大电阻率的允许值。

第2.1.3条 本条规定了所有母线表面的质量标准。

第2.1.4条 封闭母线和插接母线槽，现在国内已有定型产品。母线在运输过程中易受损伤、变形，所以到达现场后，应及时进行外观检查，尤其是接头搭接面的质量应满足要求，否则当通过大电流时，由于接触电阻增大而使接头严重发热。

第2.1.5条 无论是金属构件连接用的或母线安装用的螺孔均应使用机械进行钻孔，以防止孔眼不规则而影响安装质量。

第2.1.6条

一、金属构件的防腐处理，若采用涂防腐漆，则金属构件应彻底除锈，否则，涂在未除净的金属氧化物上的防腐漆，会因氧化物脱落而脱落．金属又会重新暴露在空气中继续氧化，所涂防腐漆起不到应有的防腐作用。

二、在特别恶劣的环境中的金属构件，仅靠涂防腐漆往往效果不好，所涂漆层短期内即可能脱落，金属继续遭受外界环境的侵蚀，为此，规定应采用热镀锌；在这种环境下的母线也应涂相应的防腐涂料。

第2.1.7条 为防止当电气设备绝缘及绝缘子被击穿时，原不带电的金属构件有电压而危及设备和人身安全，故作此规定。

第2.1.8条 本条对母线及导体搭接连接时，根据不同材质和使用环境对其搭接面的处理作出规定，以降低接头的接触电阻，确保接头接触良好，减少接头发热。

第2.1.9条 本条规定了母线相序的统一排列方式，有助于运行操作及人员的安全。因为C 相的相色漆规定为红色，故将其排在最易接近的一侧，以引起接近母线人员的警觉。

第2.1.10条 为了便于识别相序，尤其是在室内母线交叉较多的地方，有明显的相序标志将给运行带来方便，故规定涂以不同颜色的漆以区别不同的相序。单相交流母线的相色与引出相的相色相同，不另外标志相色。封闭母线的涂漆是根据现行的国家标准《离相封闭母线》(GB8349—87) 的规定。

第2.1.11条 本条对各类母线刷相色漆的部位及刷漆质量作出规定。母线刷相色漆不但可以方便运行、维护人员识别相序，而且在一般情况下能起到母线防腐保护作用。经过试验证明，母线表面刷漆后，还能起到散热作用。刷漆后的铜、铝母线与裸露的母线相比较，其在相同条件下，温升可下降20%～35%。

户外软母线和封闭母线在两端和中间适当部位涂相色漆以标明相序，刷漆的具体部位不作硬性规定，但位置确定后，全厂（站）应一致。

第2.1.12条 凡是母线接头处或母线与其它电器有电气连接处，都不应刷漆，以免增大接触面的接触电阻，引起连接处过热。

第2.1.13条 本条根据国家现行标准《高压配电装置设计技术规程》(SDJ5—85) 修订，并保留了1kV 及以下电压等级配电装置的安全净距。

第二节 硬母线加工

第2.2.1条 母线矫正平直和切断面平整是母线加工工艺的基本要求，也是保证安装后的母线达到横平竖直、整齐美观的必要条件。

第2.2.2条

一、根据现行国家标准《电工用铜、铝及其合金母线一般规定》(GB5585.1—85) 中列出的母线规格，结合多年来设计、运行的经验，在表 2.2.2 中列出了常用的母线规格及其螺栓连接时的接头搭接型式，而一些不常用的母线规格及搭接型式在这次修订时予以取消。

二、关于本规范表 2.2.2 中母线连接螺栓数量及规格和母线钻孔要求，根据本规范表 2.3.2 钢制螺栓的拧紧力矩值计算出螺栓施于母线接触面的压强应在 6.86～17.65MPa 的范围内（见表2.2.2），该表系选用强度为4.6级的钢制螺栓，故在安装母线接头时，螺栓规格、数量和钻孔尺寸不得任意改动，以免造成接头连接不良而使接头温升过高。

螺栓连接接头压强计算值 **表2.2.2**

接头尺寸	螺栓规格	螺栓紧固力矩N·m	螺栓个数	母线接头压强MPa
125×125	M20	156.91～196.13	4	11.01～13.96
125×100	M16	78.45～98.07	4	8.46～10.50
125×80	M16	78.45～98.07	4	10.79～13.47
125×63	M12	31.38～39.23	4	7.12～8.90
125×50	M16	78.45～98.07	2	8.46～10.50
125×45	M16	78.45～98.07	2	9.48～11.85
125×40	M16	78.45～98.07	2	10.79～13.47

续表2.2.2

接头尺寸	螺栓规格	螺栓紧固力矩N·m	螺栓个数	母线接头压强MPa
100×100	M16	78.45～98.07	4	10.79～13.48
100×80	M16	78.45～98.07	4	13.83～17.28
100×63	M16	78.45～98.07	2	8.39～10.48
100×50	M16	78.45～98.07	2	10.79～13.48
100×45	M16	78.45～98.07	2	12.19～15.15
100×40	M16	78.45～98.07	2	13.83～17.28
80×80	M12	31.38～39.23	4	3.91～11.14
80×63	M12	31.38～39.23	4	11.60～14.50
80×63	M14	50.99～61.78	2	7.77～9.42
80×50	M14	50.99～61.78	2	9.99～12.10
80×45	M14	50.99～61.78	2	11.22～13.59
80×40	M14	50.99～61.78	2	12.80～15.50
63×63	M10	17.65～22.56	4	9.84～12.57
63×50	M10	17.65～22.56	4	12.74～16.28
63×50	M12	31.38～39.23	2	9.07～11.33
63×45	M12	31.38～39.23	2	10.17～12.72
63×40	M12	31.38～39.23	2	11.11～14.50
63×31.5	M10	17.65～22.56	2	9.84～12.57
50×50	M8	8.83～10.79	4	9.83～12.01
50×45	M10	17.65～22.56	2	8.57～10.95
50×40	M10	17.65～22.56	2	9.75～12.46
50×31.5	M8	8.83～10.79	2	7.62～9.31
50×25	M8	8.83～10.79	2	9.83～12.01
45×45	M8	8.83～10.79	4	12.46～15.23

续表2.2.2

接头尺寸	螺栓规格	螺栓紧固力矩N·m	螺栓个数	母线接头压强MPa
40×40	M12	31.38～39.23	1	8.91～11.14
40×31.5	M12	31.38～39.23	1	11.60～14.50
40×25	M10	17.65～22.56	1	9.75～12.46
31.5×60	M10	17.65～22.56	2	10.38～13.27
31.5×31.5	M10	17.65～22.56	1	9.84～12.57
31.5×25	M10	17.65～22.56	1	12.74～16.28
25×25	M8	8.83～10.79	1	9.83～12.01
25×20	M8	8.83～10.79	1	12.64～15.45
20×20	M3	8.83～10.79	1	16.40

第2.2.3条 硬母线在下料加工时，严格按照本条规定执行，才能为母线安装后整齐美观打下基础。

第2.2.4条 矩形母线若用热煨弯，会使母线严重退火和起皱，而且需反复槌打，影响母线原来的质量。目前国内已能生产各种规格母线的冷弯机，故不得进行热弯。

第2.2.5条 矩形母线因弯曲的角度大小不同，其弯曲处发热温升也不同，直角弯曲处的温升可比45°弯曲处高10℃左右，故应减少直角弯曲。为了避免弯曲处出现裂纹及显著的折皱，其弯曲半径应尽可能大于规定的弯曲半径值。多片母线的弯曲程度应一致，以求整齐美观。

第2.2.7条 母线扭转90°时，若每相由多片母线组成，为使扭转程度一致，扭转部分的长度就将随片数的增加而需加长，故规定其扭转部分的长度在2.5～5倍母线宽度之间选取。

第2.2.8条 螺孔间中心距离的误差允许为±0.5mm，既可为正误差，也可为负误差，为此，螺孔的直径宜大于螺栓直径1mm。这样的钻孔要求能保证连接时顺利穿通螺栓。以往有的在钻孔时，将螺孔直径加大到大于螺栓直径2mm，这样将会减少接触面的有效面积，使接头发热。

第2.2.9条 母线接触面加工是否平整，氧化膜是否打磨干净，是母线能否紧密接触和不过热的关键。众所周知，铝的氧化物其电阻率高达$1\times10^{15}\Omega\cdot mm^2/m$，而纯铝的电阻率只有$2.9\times10^{-2}\Omega\cdot mm^2/m$，两者相差甚大。因此，在母线接触面加工时，一定要在锉平母线的过程中不断用直尺进行透光检查，透光必须一致，保证接触面平整。在有条件的地方，母线接触面可采用机加工。

为了防止加工好的接触面表面再次氧化形成新的氧化膜，可按照电力复合脂的施工工艺除去接触面的氧化膜。

第2.2.10条 铝合金管作为母线使用日益增多，500kV变电站及升压站中使用更为普遍，根据国内近几年使用铝合金管母线的施工经验作出此条规定；表2.2.10系根据现行国家标准《铝及铝合金管外形尺寸及允许偏差》(GB4436—84)中的规定。

第三节 硬母线安装

第2.3.1条 现国内已生产与管形及棒形母线连接用的专用线夹，故应该采用专用线夹连接，而不得采用内螺纹管连接。焊锡的熔点太低，采用锡焊的接头当通过大电流时会因温升高而将其焊锡熔化，故严禁用锡焊连接。

第2.3.2条

一、因为中性凡士林滴点太低，只有54℃，在正常的运行温度70℃情况下，早已流淌，使母线接头间产生间隙，灰尘、水分随之浸入间隙中，增加了母线接头的接触电阻，引起接头发热；另外，中性凡士林对铜铝母线连接所产生的电化腐蚀无缓解作用，抗盐雾能力差。现在国内已生产多种电力复合脂，其滴点可高达180～220℃，在较高温度下不会流淌。耐热铝合金导线的运行温度在150℃以上，故只能用滴点高的电力复合脂。电力复合脂中含有导电的金属填料，故导电性能好，而且该填料的电位介于铜和铝之间，所以有缓解铜铝导体连接时的电化腐蚀的作用，和中性凡士林相比，在相同的接触压力下，采用电力复合脂的接头接触电阻较小。近几年来，在国内一些变电站、发电厂中，原来母线接头发热严重，经改涂电力复合脂后，发热情况有很大好转。因此，规定母线接触面应涂电力复合脂而不采用中性凡士林。

二、为便于运行人员巡视检查和维护方便，规定了螺栓的穿向及螺栓露出螺母的长度要求。

三、相邻螺栓的垫圈间应有3mm以上间隙，是为避免母线接头紧固螺栓间形成闭合磁路。至于所用平垫圈，以前母线螺栓用特制厚平垫圈，现仍有的单位沿用此规定，经有关单位的多次反复对比试验和实际工程中多年的经验证明，采用普通标准垫圈或特制放大厚垫圈，在长期通电运行情况下，对接头电阻和温升的影响差别很小，故母线螺栓采用普通标准平垫圈是合适的。

四、母线与电器接线端子的连接，通常多为套管接线端子，故在螺栓紧固时，不应使接线端子受到额外的应力。在施工时，母线钻孔尺寸应与接线端子匹配，在端子处，母线如需平弯时，尺寸一定要准确。

五、关于母线搭接面的质量检验方法，以前一直沿用塞尺检查。这一检验方法不能充分有效地反映接触面的实际情况。此次修订中，规定母线的连接螺栓应用力矩扳手紧固，取消了用塞尺检查。这是这次修订的一个大的突破。力矩扳手紧固螺栓可使每个相同直径的螺栓对工件的压力相等，受力均匀，可增加母线接头接触面，从而减少接触电阻，使母线不致过热。表2.3.2中的力矩值是根据现行国家标准《变压器、高压电器和套管的接线端子》(GB5273—85)中附录B的数据。又根据现行国家标准《紧固件机械性能》(GB3098.1～3—82)规定的螺栓机械强度等级进行验算，其结果相符，因此确定为母线、金具螺栓的紧固力矩值。母线接触面经锉平除净氧化膜后，涂一薄层电力复合脂，并用力矩扳手按表2.3.2所规定的力矩值紧固后，即可不用塞尺检查。编写组于1988年8月所作的母线接头发热试验证明，当母线接头用塞尺检查能塞进4～7mm深的情况下，母线通过额定电流，接头的接触电阻和发热，与塞尺塞不进的接头相比并无太大差别。

第2.3.3条 运行单位反映，接头发热最为严重的地方往往是母线与设备连接端子，尤其是圆杆式和螺纹式的接线端子。为此，施工安装时应特别注意，螺母接触面必须平整，丝扣的氧化膜必须刷净，以改善接头发热状况。

另外，现有一类新型特殊的螺纹式端子过渡线夹，其一端是螺纹与端子紧密配合，螺纹长度比现用螺母长许多，另一端则为平板型钻有螺孔与母线连接。此种特殊过渡线夹应由制造厂随设备配套供应。

第2.3.4条 母线在运行中通过的电流是变化的，发热状况也是变化的，所以母线在支柱绝缘子上的固定既要牢固，又要能使母线自由伸缩，以免使其受到额外的应力。为避免交流母线因产生涡流而发热，金具之间不能形成闭合磁路。金具有棱角、毛刺会产生电晕放电，造成损耗和对弱电的信号干扰。

第2.3.5条 为保证母线的散热和避免形成闭合磁路，作此规定。

第2.3.6条 目前母线伸缩节已有定型产品，现场无需单独加工，故取消了原1982年规范中现场制作时的有关要求内容，只提出对伸缩节的质量要求。

第2.3.7条～第2.3.10条 根据工矿企业一些特殊用途母线，参照有关规定制订的，以使本规范更具通用性。

一、重型母线与瓷套管的接线端子连接时，为避免设备因受应力影响而损坏，应采用软连接。在一些特殊地方，重型母线与设备之间的连接亦有不用软连接的，例如发电机出线处的重型母线就不是软连接的。

二、重型母线的连接宜使用与母线相同材质制成的紧固件，因为重型母线通过的电流高达几万、十几万安培，且环境温度高，磁场强，使用铁螺栓极易发热。且铁与铝、铜的膨胀系数不同，母线接头运行一定时间后会松动，从而增大接头的接触电阻，所以作此规定。本来凡是母线接头都应这样，但目前国内普遍规定使用铝合金螺栓或铜螺栓还有困难，故在非重型母线接头连接时没有要求使用铝合金螺栓或铜螺栓，但有条件的地方可以使用。

使用铝合金螺栓或铜螺栓，亦应用力矩扳手紧固，当螺栓强度级别相当于钢制螺栓4.6级时，其紧固力矩值可参照本规范表2.3.2或按设计提出的力矩值进行紧固。

三、在冶炼炉、电解槽前的重型母线，运行温度高，若母线一侧使用铜母线，一侧使用铝母线，在接头处如不使用铜铝过渡接头，则电化腐蚀严重；而采用铜铝过渡接头又会由于运行温度高致使铜铝接头过渡的闪光焊接处脱落。所以规定不应有铜铝过渡接头，即不应在这种高温场所采用两种材质的过渡母线，而应用同一种材质的母线引到运行温度较低的地方再与另一种材质的母线或设备端子连接。

第2.3.11条

一、现在封闭母线由制造厂成套供应，根据现行国家标准《离相封闭母线》(GB8349—87)规定，出厂时各段外壳上标明分段单元及相别编号，故安装时应按其编号及标志进行组装，不得随意互换。

二、封闭母线的外壳是由铝板焊接而成，在运行中有电流通过，因此不允许伤及母线外壳，以往在现场，对封闭母线的外壳随意堆放、踩踏，造成外壳损伤变形。

三、在焊接封闭母线外壳的相间短路板时位置必须正确，否则将改变封闭母线原来磁路而引起外壳发热，以往某些电厂就因短路板位置焊错而产生封闭母线外壳严重发热的现象。

四、在施焊以前，封闭母线各段应全部就位，两端设备到齐，电流互感器、盘形绝缘子都经试验合格，并调整好各段间误差。以往因赶工期，一端设备没有到就对母线施焊，结果出现与另一端设备对接不上，或长或短，有的电流互感器未经试验合格就焊母线，电流互感器不合格时又得将母线割开重焊，造成返工浪费。

第2.3.12条 根据铝合金管形母线的结构特点提出几点特殊要求。为防止管形母线起吊时弯曲变形，规定应采用多点吊装。为了减少电晕损耗和对弱电信号的干扰，管形母线的表面应光滑平整，终端应有防晕装置。

第四节 硬母线焊接

第2.4.1条 母线焊接用的焊条（丝）的现行国家标准为《焊条用铝及铝合金线材》（GB3197—62）及《铝及铝合金焊条》（GB3669—83）；其化学成分的现行国家标准为《铝及铝合金加工产品的化学成分》（GB3190—82）。

铜焊条的现行国家标准为《铜及铜合金焊条》（GB3670—83）。

因为焊条（丝）上有水或氧化膜，焊接时焊缝会产生气泡、夹渣，严重的会产生裂纹，故应按焊接手册的规定在焊接前除去其表面的氧化膜、水分和油污等杂物。

第2.4.2条 本条规定槽形、管形、封闭、重型母线都应用氩弧焊。因为手工钨极氩弧焊可以进行全方位焊接，在施焊时，氩气将空气与焊件隔开，因此焊缝不会产生氧化膜和气泡，氩弧焊加热时间短，电流均匀，热影响区较小，母线退火不严重，焊接后母材强度降低不多，焊缝产生裂纹的可能性较气焊和碳弧焊为少。目前国内已生产出钨铈电极，彻底消除了钨钍电极放射性对焊接人员的危害。

气焊和碳弧焊在施焊时，空气和焊件接触，极易产生氧化膜，且焊接加温时间长，引起母线退火、变形或起皱；焊缝易产生气泡、夹渣和裂纹等缺陷，使焊缝直流电阻增加；此外，在母线长期运行中，由于盐雾、水分的侵蚀，引起电解和电化腐蚀，使母线接头的电阻进一步增加，导致在通过额定负载电流时，接头温升将超过设计允许值，因此这几种母线的焊接应采用氩弧焊而不得使用气焊和碳弧焊。

至于矩形母线，由于采用螺栓连接比用气焊和碳弧焊焊接接头的质量好，通常不采用焊接接头。

第2.4.3条 为保证焊缝的焊接质量，应用钢丝刷清刷坡口两侧焊件表面，使焊口清洁；坡口加工最好使用坡口机以减少毛刺、飞边，且能保证坡口均匀。

第2.4.4条 规定母线对口焊接时的弯折偏移和中心偏移的允许值，是为了保证焊缝的接触面积和保证母线的平直美观。

第2.4.5条 为避免焊缝产生气泡、夹渣和裂纹，焊接时不得停焊，应一次焊完。焊完之后在焊缝未冷却前，若移动焊件将会使焊接处产生变形或裂纹。

第2.4.6条 为满足母线焊缝处的强度和载流量的要求，规定了焊缝的加强高度。对于电压为330kV及以上的母线焊缝，为了减少电晕和尖端放电对通讯和弱电设备的干扰，要求呈圆弧形，并应打磨光滑。

第2.4.7条 铝及铝合金硬母线焊接时，焊接质量的好坏与焊口的形式及坡口尺寸关系很大，表2.4.7规定了矩形及管形母线的焊口形式及尺寸。对于管形母线，为了使焊口能够焊透而又不烧伤管的内壁，并弥补焊口减弱的机械强度，要求焊口处应加衬管，并规定了衬管的位置和与母线主管之间的间隙。至于衬管的长短，应根据母线的管径、厚度及跨度和受力情况由设计决定。

第2.4.8条 原1982年规范中规定同一片母线两焊缝间的距离应不小于200mm，这次修订时予以取消，因为200mm母线太短，不如另换一根母线，以尽可能减少焊缝。

第2.4.9条

一、为确保母线的焊接质量，规定参加母线焊接的焊工应在施工前经过考试合格。焊工考试周期按有关规定执行。

二、明确了考试中的取样及试样的检验项目及要求。对于管形母线，取样数量规定为二件，以严格对管形母线的质量保证。

三、目前，国内尚无有关铝焊接的焊缝无损探伤的标准。为此，推荐参照现行国家标准《钢焊缝射线照像及底片分类法》(GB 3323—87）中的“焊缝质量评级”的Ⅲ级标准。这是基于以下一些考虑：焊缝不应有影响到载流截面减少和机械强度降低的未熔合、未焊透和裂纹等缺陷，但在焊缝中产生少量气泡和夹渣现象又较难避免。对母线的基本要求是运行中焊缝的温升不应超过母线允许的运行温升，同时又要具有一定的机械强度。因此，将钢焊缝质量评级的Ⅲ级标准作为铝母线焊接焊缝的无损检验的合格标准。待正式颁布铝焊缝国家标准后按新的国家标准执行。

四、关于焊缝的抗拉强度，原1982年规范规定铝锰合金母线不小于13kg/cm²，此规定在实际工程中很难达到，此数值相当于母材抗拉强度的92%。根据试验，铝合金母线焊接后的平均抗拉强度可以达到母材的75%。此时断裂不一定在焊缝处而可能在母材的热影响区内。因此，母线的平均极限强度值应综合考虑。

至于原1982年规范中要求的“焊接接头平均抗拉极限强度应较设计的最大计算应力高10%”，因设计时其最大计算应力取值不一，有的用母材本身强度值，有的用90%，都不一样，而这数值考虑为母线焊接后的应力，设计部门尚无法提供准确数据，故对于这一要求予以取消。

第2.4.10条 经考试合格的焊工在现场进行母线的施工焊接；其焊接的接头按本条规定的要求进行检验。如对其所焊接头焊缝质量有怀疑时，应进行其它项目的检验或重新进行考试。

第五节 软母线架设

第2.5.1条 本条规定了软母线外观检验的要求。对于扩径导线，目前国内有两种型式，一种是以镀锌蛇皮管为支撑的LGKK型空心扩径导线，另一种为改进了的LGJK型，采用扩径钢芯铝绞线型式。原有的扩径空心导线金属蛇皮管不耐腐蚀，导线与线夹连接困难，特别是“T接”性能差；改进了的新型扩径导线可提高软母线的强度和耐腐性能，导线与耐张线夹和T型线夹的连接性能也有较大改善。

第2.5.2条 根据现行国家标准《电力金具验收规则、试验方法、标志和包装》(GB2317—85）规定了金具的外观检查的要求。对于500kV电压等级用的金具表面必须光洁，以减少电晕损耗和对无线电、通讯等弱电讯号的干扰；一些新型的500kV电压级用的（如：分裂导线根数变换器，悬式绝缘子串间的金具等）金具表面应光滑无毛刺。

第2.5.3条 目前国内生产的同一标准截面的导线，由于其内部钢芯截面不一样，软导线的外径就有很多种，而对应于同一截面导线的耐张线夹其导线插入的孔径也有多种。在施工时，若选用大直径的导线和小孔径的线夹，就会发生导线插不进线夹的现象；相反，选用小外径的导线和大孔径的线夹，导线插入线夹后间隙过大。两种情况都将影响线夹对导线的握着力。如：导线为LGJ—300/15（外径为23.01mm），选用SY—300/40B线夹（孔径为25.5mm)，则间隙有2.49mm，显然过大；若选用LGJ—300/40导线（外径为23.94mm），而线夹选用SY—300/15(孔径为24.5mm），间隙只有0.56mm，则导线稍有松股就很难插入。因此在选用线夹及导线时，应特别注意它们之间的规格、间隙必须匹配。

第2.5.4条 基于以下理由，本条规定软母线与线夹的连接应采用液压压接或螺栓连接，而不推荐在电厂升压站或变电站采用爆炸压接工艺：

一、在电厂升压站或变电站采用爆炸压接，其爆炸声很大，影响其它工程项目的施工，有时其它工程项目不得不暂时停止工作，尤其是使一些连续施工的工作，如焊接、电气调试、大型设备起吊等，中途因爆炸压接而停止工作影响极大。有些专心本项工作的人员，突然听到强烈爆炸声，会因被惊吓而可能造成事故，尤其是对高空作业人员的威胁更大。

二、扩建工程采用爆炸压接，对运行的安全有影响，有的将厂房玻璃震破，继电器误动。爆炸过后，运行值班人员总得巡视检查运行中的设备是否受到震动冲击的影响。

三、爆炸压接的质量不如液压压接有保障。因为决定爆压质量的因素很多，目前对爆炸压接还没有一个很完善的质量控制方法，稍有不慎就不能满足握着力的要求；试样的拉力试验结果往往不能完全真实代表施工时的实际质量。压接管爆压后其外径最大与最小之差可达3mm，甚至更大，误差太大时不得不锯掉重新爆压，导线的长度就可能不够，整根导线即不能使用，造成浪费。

四、爆炸压接所用的炸药、雷管、导爆索等的领用、运输、保管限于施工现场的条件很难完全遵照公安部门的有关规定执行，如雷管、导爆索应分开运输，工地应有危险品仓库等。因此以往曾发生过雷管、炸药失盗，有的被人拿去炸鱼而发生炸伤人的事故。在工地将雷管、炸药、导爆索放在一起，甚至有放在宿舍里的事例，极为危险。

五、现在国内已能全部配套生产液压机具，且质量不断改善，无论电动或机动的，重量都在50kg左右，操作动力可用电或者柴油机、汽油机等，不用人力操作。施工速度快，以125t液压钳为例，每压一模的时间仅需16s。目前国内有的制造厂正在试制可进行高空液压的设备，如压接隔离开关人字叉处的线夹等，随着液压工艺的不断改进与发展，相应的液压设备亦将随之而研制制造。

六、采用液压压接，其压接质量易于控制，当压完第一模，就可用卡尺检测压接管的对边尺寸是否合格，不满足要求时即可及时更改。压接后压接管全长对边误差可控制在0.2mm范围内。

七、液压压接与爆炸压接的施工工程成本相比较，若都以只压接一次计算，前者为后者的53%，何况液压机具不只使用一次，下次工程还可继续使用。液压压接的工程成本比爆压压接低得多。

八、目前，国内可生产500mm²以下的螺栓式耐张线夹、设备线夹、T型线夹和跳线线夹，可解决某些高空T接液压较困难的问题。

从以上分析，采用液压压接或螺栓连接完全可以代替爆炸压接。

第2.5.5条 为了尽量减少母线的故障率，减少母线停电的影响，确保运行安全和维护检修方便，特作出本条规定。

第2.5.6条 本条规定软导线在放线过程中对导线的检查要求，并且规定导线不得与地面摩擦。因为导线在地面上直接拖拉摩擦，将会产生毛刺或凸凹不平之处，这样会产生电晕放电，不但造成电晕损耗，而且对通讯、电子设备等弱电信号造成干扰。随着我国自动化水平的提高、电子设备的增加，更需一个减少对电子设备干扰的环境。

导线有断股时，会在运行中脱落，这将减少带电体之间或对地的安全净距。若用铁丝将铝股断口扎紧，虽短时间内不脱落，但时间长了，铁丝锈蚀后仍可能脱落，故导线有断股者不得使用。

第2.5.7条 新型导线必须先经过试放而后全面施工，以保证施工质量和避免返工。性能不了解的导线在未搞清性能前不能施放，以确保质量与安全。

第2.5.8条 软导线在切断时，若不加绑扎，导线将松股，这样插入线夹时较困难，且容易弄脏导线线股，若使用螺栓式线夹，导线端头松股时，在拧紧U型螺栓压舌板时容易压伤导线线股；在压接导线前需切割铝线时，若伤及钢芯，将降低导线的抗拉强度，故应特别注意。

第2.5.9条 当导线与马口铁或钢板制成的螺栓式线夹连接时，为防止损伤铝导线，应按规定缠绕铝包带。若是铝制线夹，则导线可以不缠绕铝包带而直接与线夹接触。

第2.5.10条 为确保压接后的握着力符合要求，并避免因伸入长度不够而将没有导线部分的接续管压扁，故要求导线应按规定长度伸入线夹内。

第2.5.11条 本条规定软导线与线夹连接时，要除去接触面的氧化膜，并涂以电力复合脂，以降低接触电阻和防止氧化，减少接头发热。除去导线表面油污时，用丙酮清洗比用汽油清洗效果更好。

第2.5.12条 为了确保母线施工质量，要求在正式进行施工液压之前，应进行试压，并规定了取样数量，以检验液压工器具及钢模等是否良好，压接后的导线握着力是否满足要求，接触是否良好。

第2.5.13条 本条是参照国家现行标准《架空送电线路导线及避雷线液压施工工艺规程》（试行）（SDJ226—87）的有关规定提出几项确保液压质量的要求。在进行软母线液压压接时要严格按照工艺规程执行。

一、钢模与被压管，液压钳与钢模之间必须匹配。

二、扩径导线与耐张线夹压接时，对于LGJK型新型扩径导线应用铝线作衬料将导线中心空隙部分填满；而对于LGKK型扩径导线，在导线的中心空隙要加衬棒，否则压接时可能将导线压瘪，而使导线与线夹的接触电阻增大，握着力减小。扩径导线与T型线夹连接时，以用螺栓型线夹为好。

三、液压过程中，应注意随时检查六角形对边的尺寸是否符合要求，发现误差超过允许值时，应及时更换钢模，以确保压接质量。

第2.5.14条 为了保证软导线与线夹的接触面接触良好，减少接触电阻，金具的紧固螺栓必须受力均匀，故规定金具螺栓的紧固应用力矩扳手。

第2.5.15条 滑轮直径太小则导线的曲率半径过小，导线容易损伤。滑轮转动不灵活，导线在滑轮中就形成滑动摩擦而容易摩损；轮槽尺寸大小与导线不匹配，则容易造成导线滑出槽外或者被卡住的可能。

第2.5.16条 软母线的弛度大小是设计时根据导线的承受应力及对地安全距离等因素决定的，施工时误差超过规定值，将会使导线或构架、金具等承受额外增大的应力或减少对地安全距离；三相弛度不一致会影响整齐美观。

第2.5.17条 本条规定的数据，系根据有关研究所试验结果确定的。无论是LGKK型或LGJK型扩径导线，其弯曲半径均不应小于其导线外径30倍。

第2.5.18条 母线金具紧固螺丝外露不宜过长，以免产生电晕现象。在系统电压愈来愈高的情况下，尤应予以重视。

第2.5.19条 软母线架设中，要求布线弧垂一致，达到整齐美观，但必须满足引下线和设备间跨接线的配制不应使所连接的电器接线端子受到外加应力和与其构架、走道及相邻母线间小于本规范表2.1.13-2中的安全距离的基本要求。

第2.5.20条 软母线与设备电器接线端子连接时，若不注意会使设备端子受到额外的应力，而使设备损坏。

第2.5.21条 可调金具系作为母线弛度调整之用，在母线弛度调整好之后应加以锁紧，防止由于导线在空中随风振动而自然松动。

第2.5.22条 针对组合导线的特点，提出了除按软母线架设一般规定外的几点特殊要求。

第三章　绝缘子与穿墙套管

第3.0.1条　本条规定了绝缘子及穿墙套管外观检查的要求。因为绝缘子分为支柱绝缘子和悬式绝缘子，没有母线绝缘子的专用名称，故本章所称绝缘子系指母线装置用的支柱绝缘子或悬式绝缘子；本规范所指套管是不包括设备套管在内的穿墙套管。

第3.0.2条　以往有的工程中，绝缘子和穿墙套管在安装前未按规定作耐压试验，待竣工前一起作试验，结果有的试验不合格，造成返工浪费。有的届时找不到备品，以致影响工期，故要求安装前应按规定进行试验，合格后方可安装使用。

第3.0.3条　为保证母线的安全净距和不使母线受到额外机械应力，并且使母线整齐美观，特作出此规定。

第3.0.4条　为便于检修时更换绝缘子和穿墙套管，其底座或法兰盘不得埋入混凝土或抹灰层内，支柱绝缘子叠装时，中心线不一致将造成倾斜。

第3.0.5条　现在有的电厂使用这种三角形组合支柱绝缘子，主要用于户外母线，对这种结构型式的绝缘子，制造厂的安装使用说明书规定了其安装要求。

第3.0.6条　为防止螺栓紧固时损伤绝缘子，故作出此规定。

第3.0.7条

一、多串绝缘子并联时，每串绝缘子所受的张力不均，则受力大的一串容易因张力太大而损坏。

二、绝缘子串组合时，为防止绝缘子串脱落，造成导线接地短路故障或设备人身事故，对组合所用的连接件、紧固件及组合时应注意的事项提出了明确要求，应严格遵照执行。

三、为防止绝缘子运行时污闪和减少高空作业，绝缘子吊装前应清擦干净。

第3.0.8条　本条对穿墙套管的安装提出了几点要求，以保证安装质量。

一、额定电流在1500A及以上的穿墙套管，为防止涡流造成严重发热，其固定钢板应采用开槽或铜焊，使之不成闭合磁路。

二、为便于运行时巡视检查，监视套管固定螺栓松动情况，规定了套管法兰的安装方向。

三、为保证人身及设备的安全，规定套管接地端子及不用的电压抽取端子应可靠接地。

第四章　工程交接验收

第4.0.1条　本条规定了在工程竣工交接时，应对工程进行的检查项目及要求。

第4.0.2条　进行交接验收时，应同时移交技术文件，这是新设备的原始档案资料和运行及检修时的依据，移交的资料应正确齐全。

中华人民共和国国家标准

电气装置安装工程
电气设备交接试验标准

GB 50150-91

主编部门：中华人民共和国能源部

批准部门：中华人民共和国建设部

施行日期：1992 年 7 月 1 日

关于发布国家标准《电气装置安装工程电气设备交接试验标准》的通知

建标〔1991〕818 号

根据国家计委计综〔1986〕2630 号文的要求，由原水利电力部组织修订的《电气装置安装工程电气设备交接试验标准》，已经有关部门会审，现批准《电气装置安装工程电气设备交接试验标准》为国家标准。编号为 GB 50150-91，自1992 年 7 月 1 日起施行。

原国家标准《电气装置安装工程施工及验收规范》GBJ 232-82 中的电气设备交接试验标准篇同时废止。

此项标准由能源部负责管理。具体解释等工作，由能源部电力建设研究所负责。出版发行由建设部标准定额研究所负责组织。

中华人民共和国建设部

1991 年 11 月 15 日

修订说明

本标准是根据国家计委计综〔1986〕2630号文的要求，由原水利电力部负责主编，具体由能源部电力建设研究所会同有关单位共同编制而成。

在修订过程中，本标准编制组进行了广泛的调查研究，认真总结了原标准执行以来的经验，吸取了部分科研成果，广泛征求了全国有关单位的意见，最后由我部会同有关部门审查定稿。

本标准共分二十六章和四个附录。这次修订的主要内容有：规定本标准适用范围为500 kV及以下新安装的电气设备；补充了500 kV电压等级电气设备的交接试验项目和标准；增加了“真空断路器、六氟化硫断路器、六氟化硫封闭式组合电器、电除尘器和低压电器”等新篇章；采用了“局部放电试验、色谱分析、测量微量水含量、测量含气量、测量噪音和测量温度分布”等新的测试技术和试验标准。

本标准在执行过程中，如发现未尽善之处，请将意见和有关资料寄送北京良乡（邮政编码：102401）能源部电力建设研究所标准定额室，以便今后修订时参考。

能源部

1990年10月16日

第一章 总 则

第1.0.1条 为适应电气装置安装工程电气设备交接试验的需要，促进电气设备交接试验新技术的推广和应用，特制订本标准。

第1.0.2条 本标准适用于500 kV及以下新安装电气设备的交接试验。本标准不适用于安装在煤矿井下或其它有爆炸危险场所的电气设备。

第1.0.3条 继电保护、自动、远动、通讯、测量、整流装置以及电气设备的机械部分等的交接试验，应分别按有关标准或规范的规定进行。

第1.0.4条 电气设备应按照本标准进行耐压试验，但对110 kV及以上的电气设备，当本标准条款没有规定时，可不进行交流耐压试验。

交流耐压试验时加至试验标准电压后的持续时间，无特殊说明时，应为1min。

耐压试验电压值以额定电压的倍数计算时，发电机和电动机应按铭牌额定电压计算，电缆可按电缆额定电压计算。

非标准电压等级的电气设备，其交流耐压试验电压值，当没有规定时，可根据本标准规定的相邻电压等级按比例采用插入法计算。

进行绝缘试验时，除制造厂装配的成套设备外，宜将连接在一起的各种设备分离开来单独试验。同一试验标准的设备可以连在一起试验。为便于现场试验工作，已有出厂试验记录的同一电压等级不同试验标准的电气设备，在单独试验有困难时，也可以连在一起进行试验。试验标准应采用连接的各种设备中的最低标准。

油浸式变压器、电抗器及消弧线圈的绝缘试验应在充满合格油静置一定时间，待气泡消除后方可进行。静置时间按产品要求，当制造厂无规定时，对电压等级为500kV的，须静置72h以上；220～330kV的为48h以上；110kV及以下的为24h以上。

第1.0.5条 进行电气绝缘的测量和试验时，当只有个别项目达不到本标准的规定时，则应根据全面的试验记录进行综合判断，经综合判断认为可以投入运行者，可以投入运行。

第1.0.6条 当电气设备的额定电压与实际使用的额定工作电压不同时，应按下列规定确定试验电压的标准：

一、采用额定电压较高的电气设备在于加强绝缘时，应按照设备的额定电压的试验标准进行；

二、采用较高电压等级的电气设备在于满足产品通用性及机械强度的要求时，可以按照设备实际使用的额定工作电压的试验标准进行；

三、采用较高电压等级的电气设备在于满足高海拔地区要求时，应在安装地点按实际使用的额定工作电压的试验标准进行。

第1.0.7条 在进行与温度及湿度有关的各种试验时，应同时测量被试物温度和周围的温度及湿度。绝缘试验应在良好天气且被试物温度及仪器周围温度不宜低于5℃，空气相对湿度不宜高于80%的条件下进行。

试验时，应注意环境温度的影响，对油浸式变压器、电抗器及消弧线圈，应以变压器、电抗器及消弧线圈的上层油温作为测试温度。

本标准中使用常温为10～40℃；运行温度为75℃。

第1.0.8条 本标准中所列的绝缘电阻测量，应使用60s的绝缘电阻值；吸收比的测量应使用60s与15s绝缘电阻值的比值；极化指数应为10min与1min的绝缘电阻值的比值。

第1.0.9条 多绕组设备进行绝缘试验时，非被试绕组应予短路接地。

第1.0.10条 测量绝缘电阻时，采用兆欧表的电压等级，在本标准未作特殊规定时，应按下列规定执行：

一、100V以下的电气设备或回路，采用250V兆欧表；

二、500V以下至100V的电气设备或回路，采用500V兆欧表；

三、3000V以下至500V的电气设备或回路，采用1000V兆欧表；

四、10000V以下至3000V的电气设备或回路，采用2500V兆欧表；

五、10000V及以上的电气设备或回路，采用2500V或5000V兆欧表。

第1.0.11条 本标准的高压试验方法，应按现行国家标准《高电压试验技术》的规定进行。

第二章　同步发电机及调相机

第 2.0.1 条　容量 6000 kW 及以上的同步发电机及调相机的试验项目，应包括下列内容:

一、测量定子绕组的绝缘电阻和吸收比;

二、测量定子绕组的直流电阻;

三、定子绕组直流耐压试验和泄漏电流测量;

四、定子绕组交流耐压试验;

五、测量转子绕组的绝缘电阻;

六、测量转子绕组的直流电阻;

七、转子绕组交流耐压试验;

八、测量发电机或励磁机的励磁回路连同所连接设备的绝缘电阻，不包括发电机转子和励磁机电枢;

九、发电机或励磁机的励磁回路连同所连接设备的交流耐压试验，不包括发电机转子和励磁机电枢;

十、定子铁芯试验;

十一、测量发电机、励磁机的绝缘轴承和转子进水支座的绝缘电阻;

十二、测量埋入式测温计的绝缘电阻并校验温度误差;

十三、测量灭磁电阻器、自同期电阻器的直流电阻;

十四、测量超瞬态电抗和负序电抗;

十五、测量转子绕组的交流阻抗和功率损耗;

十六、测录三相短路特性曲线;

十七、测录空载特性曲线;

十八、测量发电机定子开路时的灭磁时间常数;

十九、测量发电机自动灭磁装置分闸后的定子残压;

二十、测量相序;

二十一、测量轴电压。

注: ① 容量 6000 kW 以下、电压 1 kV 以上的同步发电机应进行除第十四款以外的其余各款。

② 电压 1 kV 及以下的同步发电机不论其容量大小，均应按本条第一、二、四、五、六、七、八、九、十一、十二、十三、二十、二十一款进行试验。

③ 无起动电动机的同步调相机或调相机的起动电动机只允许短时运行者，可不进行本条第十六、十七款的试验。

第 2.0.2 条　测量定子绕组的绝缘电阻和吸收比，应符合下列规定:

一、各相绝缘电阻的不平衡系数不应大于 2;

二、吸收比: 对沥青浸胶及烘卷云母绝缘不应小于1.3; 对环氧粉云母绝缘不应小于 1.6。

注: ① 进行交流耐压试验前，电机绕组的绝缘应满足第一、二款的要求。

② 水内冷电机应在消除剩水影响的情况下进行。

③ 交流耐压试验合格的电机，当其绝缘电阻在接近运行温度、环氧粉云母绝缘的电机则在常温下不低于其额定电压每千伏 1MΩ 时，可不经干燥投入运行。但在投运前不应再拆开端盖进行内部作业。

④ 对水冷电机，应测量汇水管及引水管的绝缘电阻。阻值应符合制造厂的规定。

第 2.0.3 条　测量定子绕组的直流电阻，应符合下列规定:

一、直流电阻应在冷状态下测量，测量时绕组表面温度与周围空气温度之差应在 ±3℃ 的范围内;

二、各相或各分支绕组的直流电阻，在校正了由于引线长度不同而引起的误差后，相互间差别不应超过其最小值的 2%; 与产品出厂时测得的数值换算至同温度下的数值比较，其相对变化也不应大于 2%。

第 2.0.4 条　定子绕组直流耐压试验和泄漏电流测量，应符合下列规定:

一、试验电压为电机额定电压的 3 倍。

二、试验电压按每级 0.5 倍额定电压分阶段升高，每阶段停留 1min, 并记录泄漏电流；在规定的试验电压下，泄漏电流应符合下列规定:

1. 各相泄漏电流的差别不应大于最小值的 50%, 当最大泄漏电流在 20μA 以下, 各相间差值与出厂试验值比较不应有明显差别;

2. 泄漏电流不应随时间延长而增大;

当不符合上述规定之一时，应找出原因，并将其消除。

3. 泄漏电流随电压不成比例地显著增长时，应及时分析。

三、氢冷电机必须在充氢前或排氢后且含氢量在 3% 以下时进行试验，严禁在置换氢过程中进行试验。

四、水内冷电机试验时，宜采用低压屏蔽法。

第 2.0.5 条 定子绕组交流耐压试验所采用的电压，应符合表 2.0.5 的规定。现场组装的水轮发电机定子绕组工艺过程中的绝缘交流耐压试验，应按现行国家标准《水轮发电机组安装技术规范》的有关规定进行。水内冷电机在通水情况下进行试验，水质应合格；氢冷电机必须在充氢前或排氢后且含氢量在 3% 以下时进行试验，严禁在置换氢过程中进行。

定子绕组交流耐压试验电压 表 2.0.5

容量（kW）	额定电压（V）	试验电压（V）
10000 以下	36 以上	$1.5U_n + 750$
10000 及以上	3150 ～ 6300	$1.875U_n$
	6300 以上	$1.5U_n + 2250$

注: Un 为发电机额定电压.

第 2.0.6 条 测量转子绕组的绝缘电阻，应符合下列规定:

一、转子绕组的绝缘电阻值不宜低于 0.5MΩ；

二、水内冷转子绕组使用 500V 及以下兆欧表或其它仪器测量，绝缘电阻值不应低于 5000Ω；

三、当发电机定子绕组绝缘电阻已符合起动要求，而转子绕组的绝缘电阻值不低于 2000Ω 时，可允许投入运行；

四、可在电机额定转速时超速试验前、后测量转子绕组的绝缘电阻；

五、测量绝缘电阻时采用兆欧表的电压等级，当转子绕组额定电压为 200V 以上，采用 2500V 兆欧表；200V 及以下，采用 1000V 兆欧表。

第 2.0.7 条 测量转子绕组的直流电阻，应符合下列规定:

一、应在冷状态下进行，测量时绕组表面温度与周围空气温度之差应在 ±3℃ 的范围内。测量数值与产品出厂数值换算至同温度下的数值比较，其差值不应超过 2%;

二、显极式转子绕组，应对各磁极绕组进行测量；当误差超过规定时，还应对各磁极绕组间的连接点电阻进行测量。

第 2.0.8 条 转子绕组交流耐压试验，应符合下列规定:

一、整体到货的显极式转子，试验电压应为额定电压的 7.5 倍，且不应低于 1200V。

二、工地组装的显极式转子，其单个磁极耐压试验应按制造厂规定进行。组装后的交流耐压试验，应符合下列规定:

1. 额定励磁电压为 500V 及以下，为额定励磁电压的 10 倍，并不应低于 1500V;

2. 额定励磁电压为 500V 以上，为额定励磁电压的 2 倍加 4000V。

三、隐极式转子绕组不进行交流耐压试验，可采用 2500V 兆欧表测量绝缘电阻来代替。

第 2.0.9 条 测量发电机和励磁机的励磁回路连同所连接设备的绝缘电阻值，不应低于 0.5MΩ。回路中有电子元器件设备的，试验时应将插件拔出或将其两端短接。

注：不包括发电机转子和励磁机电枢的绝缘电阻测量。

第 2.0.10 条 发电机和励磁机的励磁回路连同所连接设备的交流耐压试验，其试验电压应为 1000V；水轮发电机的静止可控硅励磁的试验电压，应按第 2.0.8 条第二款的规定进行；回路中有电子元器件设备的，试验时应将插件拔出或将其两端短接。

注：不包括发电机转子和励磁机电枢的交流耐压试验。

第 2.0.11 条 定子铁芯试验，应符合下列规定：

一、采用 0.8 ～ 1.0T 的磁通密度进行试验。当各点温度按 1.0T 磁通密度折算时，铁芯齿部的最高温升不应超过 45℃；各齿的最大温度差不应超过 30℃。新机的铁芯齿部温升不应超过 25℃，温差不应超过 15℃；试验持续时间为 90 min。

二、当制造厂已进行过试验，且有出厂试验报告时，可不进行试验。

第 2.0.12 条 测量发电机、励磁机的绝缘轴承和转子进水支座的绝缘电阻，应符合下列规定：

一、应在装好油管后，采用 1000V 兆欧表测量。绝缘电阻值不应低于 0.5MΩ。

二、对氢冷发电机应测量内、外挡油盖的绝缘电阻，其值应符合制造厂的规定。

第 2.0.13 条 测量检温计的绝缘电阻并校验温度误差，应符合下列规定：

一、采用 250V 兆欧表测量；

二、检温计指示值误差不应超过制造厂规定值。

第 2.0.14 条 测量灭磁电阻器、自同步电阻器的直流电阻，应与铭牌数值比较，其差值不应超过 10%。

第 2.0.15 条 超瞬态电抗和负序电抗，当无制造厂型式试验数据时，应进行测量。

第 2.0.16 条 测量转子绕组的交流阻抗和功率损耗，应符合下列规定：

一、应在静止状态下的定子膛内、膛外和在超速试验前、后的额定转速下分别测量；

二、对于显极式电机，可在膛外对每一磁极绕组进行测量。测量数值相互比较应无明显差别；

三、试验时施加电压的峰值不应超过额定励磁电压值。

第 2.0.17 条 测量三相短路特性曲线，应符合下列规定：

一、测量的数值与产品出厂试验数值比较，应在测量误差范围以内；

二、对于发电机变压器组，当发电机本身的短路特性有制造厂出厂试验报告时，可只录取整个机组的短路特性，其短路点应设在变压器高压侧。

第 2.0.18 条 测量空载特性曲线，应符合下列规定：

一、测量的数值与产品出厂试验数值比较，应在测量误差范围以内；

二、在额定转速下试验电压的最高值，对于汽轮发电机及调相机应为定子额定电压值的 130%，对于水轮发电机应为定子额定电压值的 150%，但均不应超过额定励磁电流；

三、当电机有匝间绝缘时，应进行匝间耐压试验，在定子额定电压值的 130% 下或定子最高电压下持续 5min；

四、对于发电机变压器组，当发电机本身的空载特性及匝间耐压有制造厂出厂试验报告时，可不将发电机从机组拆开作发电机的空载特性，而只作发电机变压器组的整组空载特性，电压加至定子额定电压值的 105%。

第 2.0.19 条 在发电机空载额定电压下测录发电机定子开路时的灭磁时间常数。对发电机变压器组，可带空载变压器同时进行。

第 2.0.20 条 发电机在空载额定电压下自动灭磁装置分闸后测量定子残压。

第 2.0.21 条 测量发电机的相序必须与电网相序一致。

第 2.0.22 条 测量轴电压，应符合下列规定：

一、分别在空载额定电压时及带负荷后测定；

二、汽轮发电机的轴承油膜被短路时，转子两端轴上的电压宜等于轴承与机座间的电压；

三、水轮发电机应测量轴对机座的电压。

第三章 直流电机

第 3.0.1 条 直流电机的试验项目，应包括下列内容：

一、测量励磁绕组和电枢的绝缘电阻；

二、测量励磁绕组的直流电阻；

三、测量电枢整流片间的直流电阻；

四、励磁绕组和电枢的交流耐压试验；

五、测量励磁可变电阻器的直流电阻；

六、测量励磁回路连同所有连接设备的绝缘电阻；

七、励磁回路连同所有连接设备的交流耐压试验；

八、检查电机绕组的极性及其连接的正确性；

九、调整电机炭刷的中性位置；

十、测录直流发电机的空载特性和以转子绕组为负载的励磁机负载特性曲线。

注：6000 kW 以上同步发电机及调相机的励磁机，应按本条全部项目进行试验。其余直流电机按本条第一、二、五、六、八、九、十款进行。

第 3.0.2 条 测量励磁绕组和电枢的绝缘电阻值，不应低于 0.5MΩ。

第 3.0.3 条 测量励磁绕组的直流电阻值，与制造厂数值比较，其差值不应大于 2%。

第 3.0.4 条 测量电枢整流片间的直流电阻，应符合下列规定：

一、对于叠绕组，可在整流片间测量；对于波绕组，测量时两整流片间的距离等于换向器节距；对于蛙式绕组，要根据其接线的实际情况来测量其叠绕组和波绕组的片间直流电阻。

二、相互间的差值不应超过最小值的 10%，由于均压线或绕组结构而产生的有规律的变化时，可对各相应的片间进行比较判断。

第 3.0.5 条 励磁绕组对外壳和电枢绕组对轴的交流耐压试验电压，应为额定电压的 1.5 倍加 750V，并不应小于 1200V。

第 3.0.6 条 测量励磁可变电阻器的直流电阻值，与产品出厂数值比较，其差值不应超过 10%。调节过程中应接触良好，无开路现象，电阻值变化应有规律性。

第 3.0.7 条 测量励磁回路连同所有连接设备的绝缘电阻值不应低于 0.5MΩ。

注：不包括励磁调节装置回路的绝缘电阻测量。

第 3.0.8 条 励磁回路连同所有连接设备的交流耐压试验电压值，应为 1000V。

注：不包括励磁调节装置回路的交流耐压试验。

第 3.0.9 条 检查电机绕组的极性及其连接应正确。

第 3.0.10 条 调整电机炭刷的中性位置应正确，满足良好换向要求。

第 3.0.11 条 测录直流发电机的空载特性和以转子绕组为负载的励磁机负载特性曲线，与产品的出厂试验资料比较，应无明显差别。励磁机负载特性宜在同步发电机空载和短路试验时同时测录。

第四章 中频发电机

第 4.0.1 条 中频发电机的试验项目，应包括下列内容：

一、测量绕组的绝缘电阻；

二、测量绕组的直流电阻；

三、绕组的交流耐压试验；

四、测录空载特性曲线；

五、测量相序。

第 4.0.2 条 测量绕组的绝缘电阻值，不应低于 0.5MΩ。

第 4.0.3 条 测量绕组的直流电阻，应符合下列规定：

一、各相或各分支的绕组直流电阻值，与出厂数值比较，相互差别不应超过 2%；

二、测得的励磁绕组直流电阻值与出厂数值比较，应无明显差别。

第 4.0.4 条 绕组的交流耐压试验电压值，应为出厂试验电压值的 75%。

第 4.0.5 条 测录空载特性曲线，应符合下列规定：

一、试验电压最高升至产品出厂试验数值为止，所测得的数值与出厂数值比较，应无明显差别；

二、永磁式中频发电机只测录发电机电压与转速的关系曲线，所测得的曲线与制造厂出厂数值比较，应无明显差别。

第 4.0.6 条 测量相序，其电机出线端子标号应与相序一致。

第五章 交流电动机

第5.0.1条 交流电动机的试验项目，应包括下列内容：

一、测量绕组的绝缘电阻和吸收比；

二、测量绕组的直流电阻；

三、定子绕组的直流耐压试验和泄漏电流测量；

四、定子绕组的交流耐压试验；

五、绕线式电动机转子绕组的交流耐压试验；

六、同步电动机转子绕组的交流耐压试验；

七、测量可变电阻器、起动电阻器、灭磁电阻器的绝缘电阻；

八、测量可变电阻器、起动电阻器、灭磁电阻器的直流电阻；

九、测量电动机轴承的绝缘电阻；

十、检查定子绕组极性及其连接的正确性；

十一、电动机空载转动检查和空载电流测量。

注：电压1000V以下，容量100kW以下的电动机，可按本条第一、七、十、十一款进行试验。

第5.0.2条 测量绕组的绝缘电阻和吸收比，应符合下列规定：

一、额定电压为1000V以下，常温下绝缘电阻值不应低于0.5MΩ；额定电压为1000V及以上，在运行温度时的绝缘电阻值，定子绕组不应低于每千伏1MΩ，转子绕组不应低于每千伏0.5MΩ；绝缘电阻温度换算可按本标准附录二的规定进行。

二、1000V及以上的电动机应测量吸收比。吸收比不应低于1.2，中性点可拆开的应分相测量。

注：① 进行交流耐压试验时，绕组的绝缘应满足本条第一、二款的要求。

② 交流耐压试验合格的电动机，当其绝缘电阻值在接近运行温度、环氧粉云母绝缘的电动机则在常温下不低于其额定电压每千伏1MΩ时，可以投人运行。但在投运前不应再拆开端盖进行内部作业。

第5.0.3条 测量绕组的直流电阻，应符合下述规定：

1000V以上或100kW以上的电动机各相绕组直流电阻值相互差别不应超过其最小值的2%，中性点未引出的电动机可测量线间直流电阻，其相互差别不应超过其最小值的1%。

第5.0.4条 定子绕组直流耐压试验和泄漏电流测量，应符合下述规定：

1000V以上及1000kW以上、中性点连线已引出至出线端子板的定子绕组应分相进行直流耐压试验。试验电压为定子绕组额定电压的3倍。在规定的试验电压下，各相泄漏电流的值不应大于最小值的100%；当最大泄漏电流在20μA以下时，各相间应无明显差别。试验时的注意事项，应符合本标准第2.0.4条的有关规定。

第5.0.5条 定子绕组的交流耐压试验电压，应符合表5.0.5的规定。

电动机定子绕组交流耐压试验电压 表5.0.5

额定电压（kV）	3	6	10
试验电压（kV）	5	10	16

第5.0.6条 绕线式电动机的转子绕组交流耐压试验电压，应符合表5.0.6的规定。

绕线式电动机转子绕组交流耐压试验电压 表5.0.6

转子工况	试验电压（V）
不可逆的	$1.5U_k+750$
可 逆 的	$3.0U_k+750$

注：U_k 为转子静止时，在定子绕组上施加额定电压，转子绕组开路时测得的电压。

第 5.0.7 条 同步电动机转子绕组的交流耐压试验电压值为额定励磁电压的 7.5 倍，且不应低于 1200V，但不应高于出厂试验电压值的 75%。

第 5.0.8 条 可变电阻器、起动电阻器、灭磁电阻器的绝缘电阻，当与回路一起测量时，绝缘电阻值不应低于 0.5MΩ。

第 5.0.9 条 测量可变电阻器、起动电阻器、灭磁电阻器的直流电阻值，与产品出厂数值比较，其差值不应超过 10%；调节过程中应接触良好，无开路现象，电阻值的变化应有规律性。

第 5.0.10 条 测量电动机轴承的绝缘电阻，当有油管路连接时，应在油管安装后，采用 1000V 兆欧表测量，绝缘电阻值不应低于 0.5MΩ。

第 5.0.11 条 检查定子绕组的极性及其连接应正确。中性点未引出者可不检查极性。

第 5.0.12 条 电动机空载转动检查的运行时间可为 2h，并记录电动机的空载电流。当电动机与其机械部分的连接不易拆开时，可连在一起进行空载转动检查试验。

第六章　电力变压器

第 6.0.1 条 电力变压器的试验项目，应包括下列内容：

一、测量绕组连同套管的直流电阻；

二、检查所有分接头的变压比；

三、检查变压器的三相结线组别和单相变压器引出线的极性；

四、测量绕组连同套管的绝缘电阻、吸收比或极化指数；

五、测量绕组连同套管的介质损耗角正切值 tgδ；

六、测量绕组连同套管的直流泄漏电流；

七、绕组连同套管的交流耐压试验；

八、绕组连同套管的局部放电试验；

九、测量与铁芯绝缘的各紧固件及铁芯接地线引出套管对外壳的绝缘电阻；

十、非纯瓷套管的试验；

十一、绝缘油试验；

十二、有载调压切换装置的检查和试验；

十三、额定电压下的冲击合闸试验；

十四、检查相位；

十五、测量噪音。

注：① 1600 kVA 以上油浸式电力变压器的试验，应按本条全部项目的规定进行。

② 1600 kVA 及以下油浸式电力变压器的试验，可按本条的第一、二、三、四、七、九、十、十一、十二、十四款的规定进行。

③ 干式变压器的试验，可按本条的第一、二、三、四、七、九、十二、十三、十四款的规定进行。

④ 变流、整流变压器的试验，可按本条的第一、二、三、四、七、九、十一、十二、十三、十四款的规定进行。

⑤ 电炉变压器的试验，可按本条的第一、二、三、四、七、九、十、十一、十二、十三、十四款的规定进行。

⑥ 电压等级在35kV 及以上的变压器，在交接时，应提交变压器及非纯瓷套管的出厂试验记录。

第 6.0.2 条 测量绕组连同套管的直流电阻，应符合下列规定：

一、测量应在各分接头的所有位置上进行；

二、1600kVA 及以下三相变压器，各相测得值的相互差值应小于平均值的4%，线间测得值的相互差值应小于平均值的2%；1600kVA 以上三相变压器，各相测得值的相互差值应小于平均值的 2%；线间测得值的相互差值应小于平均值的 1%；

三、变压器的直流电阻，与同温下产品出厂实测数值比较，相应变化不应大于 2%；

四、由于变压器结构等原因，差值超过本条第二款时，可只按本条第三款进行比较。

第 6.0.3 条 检查所有分接头的变压比，与制造厂铭牌数据相比应无明显差别，且应符合变压比的规律；绕组电压等级在 220kV 及以上的电力变压器，其变压比的允许误差在额定分接头位置时为 ±0.5%。

第 6.0.4 条 检查变压器的三相结线组别和单相变压器引出线的极性，必须与设计要求及铭牌上的标记和外壳上的符号相符。

第 6.0.5 条 测量绕组连同套管的绝缘电阻、吸收比或极化指数，应符合下列规定：

一、绝缘电阻值不应低于产品出厂试验值的 70%。

二、当测量温度与产品出厂试验时的温度不符合时，可按表 6.0.5 换算到同一温度时的数值进行比较。

油浸式电力变压器绝缘电阻的温度换算系数　　表 6.0.5

温度差	K	5	10	15	20	25	30	35	40	45	50	55	60
换算系数	A	1.2	1.5	1.8	2.3	2.8	3.4	4.1	5.1	6.2	7.5	9.2	11.2

注：表中 K 为实测温度减去 20℃ 的绝对值。

当测量绝缘电阻的温度差不是表中所列数值时，其换算系数 A 可用线性插入法确定，也可按下述公式计算：

$$A=1.5^{K/10} \quad (6.0.5-1)$$

校正到 20℃ 时的绝缘电阻值可用下述公式计算：

当实测温度为 20℃ 以上时：

$$R_{20}=AR_t \quad (6.0.5-2)$$

当实测温度为 20℃ 以下时：

$$R_{20}=R_t/A \quad (6.0.5-3)$$

式中 R_{20} —— 校正到 20℃ 时的绝缘电阻值（MΩ）；

R_t —— 在测量温度下的绝缘电阻值（MΩ）。

三、变压器电压等级为 35kV 及以上，且容量在 4000kVA 及以上时，应测量吸收比。吸收比与产品出厂值相比应无明显差别，在常温下不应小于 1.3。

四、变压器电压等级为 220kV 及以上且容量为 120MVA 及以上时，宜测量极化指数。测得值与产品出厂值相比，应无明显差别。

第 6.0.6 条 测量绕组连同套管的介质损耗角正切值 $\mathrm{tg}\delta$ 应符合下列规定：

一、当变压器电压等级为 35kV 及以上，且容量在 8000kVA 及以上时，应测量介质损耗角正切值 $\mathrm{tg}\delta$；

二、被测绕组的 $\mathrm{tg}\delta$ 值不应大于产品出厂试验值的 130%；

三、当测量时的温度与产品出厂试验温度不符合时，可按表 6.0.6 换算到同一温度时的数值进行比较。

介质损耗角正切值 $tg\delta$(%)温度换算系数 表 6.0.6

温度差 K	5	10	15	20	25	30	35	40	45	50
换算系数 A	1.15	1.3	1.5	1.7	1.9	2.2	2.5	2.9	3.3	3.7

注：表中 K 为实测温度减去 20℃ 的绝对值。

当测量时的温度差不是表中所列数值时，其换算系数 A 可用线性插入法确定，也可按下述公式计算：

$$A=1.3^{K/10} \quad (6.0.6-1)$$

校正到 20℃ 时的介质损耗角正切值可用下述公式计算：

当测量温度在 20℃ 以上时：

$$tg\delta_{20}=tg\delta_t/A \quad (6.0.6-2)$$

当测量温度在 20℃ 以下时：

$$tg\delta_{20}=Atg\delta_t \quad (6.0.6-3)$$

式中 $tg\delta_{20}$ —— 校正到 20℃ 时的介质损耗角正切值；

$tg\delta_t$ —— 在测量温度下的介质损耗角正切值。

第6.0.7条 测量绕组连同套管的直流泄漏电流，应符合下列规定：

一、当变压器电压等级为 35kV 及以上，且容量在 10000kVA 及以上时，应测量直流泄漏电流；

二、试验电压标准应符合表 6.0.7 的规定。当施加试验电压达 1min 时，在高压端读取泄漏电流。泄漏电流值不宜超过本标准附录三的规定。

油浸式电力变压器直流泄漏试验电压标准 表 6.0.7

绕组额定电压（kV）	6～10	20～35	63～330	500
直流试验电压（kV）	10	20	40	60

注：① 绕组额定电压为 13.8kV 及 15.75kV 时，按 10kV 级标准；18kV 时，按 20kV 级标准。

② 分级绝缘变压器仍按被试绕组电压等级的标准。

第 6.0.8 条 绕组连同套管的交流耐压试验，应符合下列规定：

一、容量为 8000kVA 以下、绕组额定电压在 110kV 以下的变压器，应按本标准附录一试验电压标准进行交流耐压试验；

二、容量为 8000kVA 及以上、绕组额定电压在 110kV 以下的变压器，在有试验设备时，可按本标准附录一试验电压标准进行交流耐压试验。

第 6.0.9 条 绕组连同套管的局部放电试验，应符合下列规定：

一、电压等级为 500kV 的变压器宜进行局部放电试验，实测放电量应符合下列规定：

1. 预加电压为 $\sqrt{3}U_m/\sqrt{3}=U_m$。

2. 测量电压在 $1.3U_m/\sqrt{3}$ 下，时间为 30min，视在放电量不宜大于 300pC。

3. 测量电压在 $1.5U_m/\sqrt{3}$ 下，时间为 30min，视在放电量不宜大于 500pC。

4. 上述测量电压的选择，按合同规定。

注：Um 均为设备的最高电压有效值。

二、电压等级为 220 及 330kV 的变压器，当有试验设备时宜进行局部放电试验。

三、局部放电试验方法及在放电量超出上述规定时的判断方法，均按现行国家标准《电力变压器》中的有关规定进行。

第 6.0.10 条 测量与铁芯绝缘的各紧固件及铁芯接地线引出套管对外壳的绝缘电阻，应符合下列规定：

一、进行器身检查的变压器，应测量可接触到的穿芯螺栓、轭铁夹件及绑扎钢带对铁轭、铁芯、油箱及绕组压环的绝缘电阻。

二、采用 2500V 兆欧表测量，持续时间为 1min，应无闪络及击穿现象。

三、当轭铁梁及穿芯螺栓一端与铁芯连接时，应将连接片断开后进行试验。

四、铁芯必须为一点接地；对变压器上有专用的铁芯接地线引出套管时，应在注油前测量其对外壳的绝缘电阻。

第 6.0.11 条 非纯瓷套管的试验，应按本标准第十五章“套管”的规定进行。

第 6.0.12 条 绝缘油的试验，应符合下列规定：

一、绝缘油试验类别应符合本标准表 19.0.2 的规定；试验项目及标准应符合表 19.0.1 的规定。

二、油中溶解气体的色谱分析，应符合下述规定：

电压等级在 63 kV 及以上的变压器，应在升压或冲击合闸前及额定电压下运行 24h 后，各进行一次变压器器身内绝缘油的油中溶解气体的色谱分析。两次测得的氢、乙炔、总烃含量，应无明显差别。试验应按现行国家标准《变压器油中溶解气体分析和判断导则》进行。

三、油中微量水的测量，应符合下述规定：

变压器油中的微量水含量，对电压等级为 110 kV 的，不应大于 20ppm；220～330 kV 的，不应大于 15 ppm；500 kV 的，不应大于 10ppm。

注：上述 ppm 值均为体积比。

四、油中含气量的测量，应符合下述规定：

电压等级为 500 kV 的变压器，应在绝缘试验或第一次升压前取样测量油中的含气量，其值不应大于 1%。

第 6.0.13 条 有载调压切换装置的检查和试验，应符合下列规定：

一、在切换开关取出检查时，测量限流电阻的电阻值，测得值与产品出厂数值相比，应无明显差别。

二、在切换开关取出检查时，检查切换开关切换触头的全部动作顺序，应符合产品技术条件的规定。

三、检查切换装置在全部切换过程中，应无开路现象；电气和机械限位动作正确且符合产品要求；在操作电源电压为额定电压的 85% 及以上时，其全过程的切换中应可靠动作。

四、在变压器无电压下操作 10 个循环。在空载下按产品技术条件的规定检查切换装置的调压情况，其三相切换同步性及电压变化范围和规律，与产品出厂数据相比，应无明显差别。

五、绝缘油注入切换开关油箱前，其电气强度应符合本标准表 19.0.1 的规定。

第 6.0.14 条 在额定电压下对变压器的冲击合闸试验，应进行 5 次，每次间隔时间宜为 5min，无异常现象；冲击合闸宜在变压器高压侧进行；对中性点接地的电力系统，试验时变压器中性点必须接地；发电机变压器组中间连接无操作断开点的变压器，可不进行冲击合闸试验。

第 6.0.15 条 检查变压器的相位必须与电网相位一致。

第 6.0.16 条 电压等级为 500 kV 的变压器的噪音，应在额定电压及额定频率下测量，噪音值不应大于 80dB(A)，其测量方法和要求应按现行国家标准《变压器和电抗器的声级测定》的规定进行。

第七章　电抗器及消弧线圈

第7.0.1条　电抗器及消弧线圈的试验项目，应包括下列内容:

一、测量绕组连同套管的直流电阻;

二、测量绕组连同套管的绝缘电阻、吸收比或极化指数;

三、测量绕组连同套管的介质损耗角正切值 tgδ;

四、测量绕组连同套管的直流泄漏电流;

五、绕组连同套管的交流耐压试验;

六、测量与铁芯绝缘的各紧固件的绝缘电阻;

七、绝缘油的试验;

八、非纯瓷套管的试验;

九、额定电压下冲击合闸试验;

十、测量噪音;

十一、测量箱壳的振动;

十二、测量箱壳表面的温度分布。

注: ① 干式电抗器的试验项目可按本条第一、二、五、九款规定进行。

② 消弧线圈的试验项目可按本条第一、二、五、六款规定进行; 对 35kV 及以上油浸式消弧线圈应增加第三、四、七、八款。

③ 油浸式电抗器的试验项目可按本条第一、二、五、六、七、九款规定进行，对 35kV 及以上电抗器应增加第三、四、八、十、十一、十二款。

④ 电压等级在 35kV 及以上的油浸电抗器，还应在交接时提交电抗器及非纯瓷套管的出厂试验记录。

第7.0.2条　测量绕组连同套管的直流电阻，应符合下列规定:

一、测量应在各分接头的所有位置上进行;

二、实测值与出厂值的变化规律应一致;

三、三相电抗器绕组直流电阻值相间差值不应大于三相平均值的 2%。

四、电抗器和消弧线圈的直流电阻，与同温下产品出厂值比较相应变化不应大于 2%。

第7.0.3条　测量绕组连同套管的绝缘电阻、吸收比或极化指数，应符合本标准第 6.0.5 条的规定。

第7.0.4条　测量绕组连同套管的介质损耗角正切值 tgδ，应符合本标准第 6.0.6 条的规定。

第7.0.5条　测量绕组连同套管的直流泄漏电流，应符合本标准第 6.0.7 条的规定。

第7.0.6条　绕组连同套管的交流耐压试验，应符合下列规定:

一、额定电压在 110kV 以下的消弧线圈、干式或油浸式电抗器均应进行交流耐压试验，试验电压应符合本标准附录一的规定;

二、对分级绝缘的耐压试验电压标准，应按接地端或其末端绝缘的电压等级来进行。

第7.0.7条　测量与铁芯绝缘的各紧固件的绝缘电阻，应符合本标准第 6.0.10 条的规定。

第7.0.8条　绝缘油的试验，应符合本标准第 6.0.12 条的规定。

第7.0.9条　非纯瓷套管的试验，应符合本标准第十五章“套管”的规定。

第7.0.10条　在额定电压下，对变电所及线路的并联电抗器连同线路的冲击合闸试验，应进行 5 次，每次间隔时间为 5min，应无异常现象。

第7.0.11条　测量噪音应符合本标准第 6.0.16 条的规定。

第7.0.12条　电压等级为 500kV 的电抗器，在额定工况下测得的箱壳振动振幅双峰值不应大于100 μm。

第7.0.13条　电压等级为 330～500kV的电抗器，应测量箱壳表面的温度分布，温升不应大于 65 ℃。

第八章　互　感　器

第 8.0.1 条　互感器的试验项目，应包括下列内容：

一、测量绕组的绝缘电阻；

二、绕组连同套管对外壳的交流耐压试验；

三、测量 35kV 及以上互感器一次绕组连同套管的介质损耗角正切值 tgδ；

四、油浸式互感器的绝缘油试验；

五、测量电压互感器一次绕组的直流电阻；

六、测量电流互感器的励磁特性曲线；

七、测量 1000V 以上电压互感器的空载电流和励磁特性；

八、检查互感器的三相结线组别和单相互感器引出线的极性；

九、检查互感器变比；

十、测量铁芯夹紧螺栓的绝缘电阻；

十一、局部放电试验；

十二、电容分压器单元件的试验。

注：① 套管式电流互感器的试验，应按本条的第一、二、六、九款规定进行；其中第二款可随同变压器、电抗器或油断路器等一起进行。

② 六氟化硫封闭式组合电器中的互感器的试验，应按本条的第六、七、九款规定进行。

第 8.0.2 条　测量绕组的绝缘电阻，应符合下列规定：

一、测量一次绕组对二次绕组及外壳、各二次绕组间及其对外壳的绝缘电阻；

二、电压等级为 500kV 的电流互感器尚应测量一次绕组间的绝缘电阻，但由于结构原因而无法测量时可不进行；

三、35kV 及以上的互感器的绝缘电阻值与产品出厂试验值比较，应无明显差别；

四、110kV 及以上的油纸电容式电流互感器，应测末屏对二次绕组及地的绝缘电阻，采用 2500V 兆欧表测量，绝缘电阻值不宜小于 1000MΩ。

第 8.0.3 条　绕组连同套管对外壳的交流耐压试验，应符合下列规定：

一、全绝缘互感器应按本标准附录一规定进行一次绕组连同套管对外壳的交流耐压试验。

二、对绝缘性能有怀疑时，串级式电压互感器及电容式电压互感器的中间电压变压器，宜按下列规定进行倍频感应耐压试验：

1. 倍频感应耐压试验电压应为出厂试验电压的 85%。

2. 试验电源频率为 150Hz 及以上时，试验时间 t 按下式计算：

$$t = 60 \times 100/f \qquad (8.0.3-1)$$

式中　t—— 试验电压持续时间 (s)；

f—— 试验电源频率 (Hz)。

3. 试验电源频率不应大于 400Hz。试验电压持续时间不应小于 20s。

4. 倍频感应耐压试验前后，应各进行一次额定电压时的空载电流及空载损耗测量，两次测得值相比不应有明显差别。

5. 倍频感应耐压试验前后，应各进行一次绝缘油的色谱分析，两次测得值相比不应有明显差别。

6. 倍频感应耐压试验时，应在高压端测量电压值。高压端电压升高容许值应符合制造厂的规定。

7. 对电容式电压互感器的中间电压变压器进行倍频感应耐压试验时，应将分压电容拆开。由于产品结构原因现场无条件拆开时，可不进行倍频感应耐压试验。

三、二次绕组之间及其对外壳的工频耐压试验电压标准应为

2000V。

第 8.0.4 条 测量 35kV 及以上互感器一次绕组连同套管的介质损耗角正切值 tgδ，应符合下列规定：

一、电流互感器：

1. 介质损耗角正切值 tgδ(%) 不应大于表 8.0.4－1 的规定。

电流互感器 20℃ 下介质损耗角正切值 tgδ(%) 表 8.0.4－1

额定电压（kV）	35	63～220	330	500
充油式	3	2		
充胶式	2	2		
胶纸电容式	2.5	2		
油纸电容式		1.0	0.8	0.6

2. 220kV及以上油纸电容式电流互感器，在测量 tgδ 的同时，应测量主绝缘的电容值，实测值与出厂试验值或产品铭牌值相比，其差值宜在 ± 10% 范围内。

二、电压互感器：

1. 35kV 油浸式电压互感器的介质损耗角正切值 tgδ(%)，不应大于表 8.0.4－2 的规定。

35kV油浸式电压互感器介质损耗角正切值 tgδ(%) 表 8.0.4－2

温度（℃）	5	10	20	30	40
tgδ（%）	2.0	2.5	3.5	5.5	8.0

2. 35kV 以上电压互感器，在试验电压为 10kV 时，按制造厂试验方法测得的 tgδ 值不应大于出厂试验值的 130%。

第 8.0.5 条 对绝缘性能有怀疑的油浸式互感器，绝缘油的试验，应符合下列规定：

一、绝缘油电气强度试验应符合本标准第十九章表 19.0.1 第 10 项的规定。

二、电压等级在 63kV 以上的互感器，应进行油中溶解气体的色谱分析。油中溶解气体含量与产品出厂值相比应无明显差别。

三、电压等级在 110kV 及以上的互感器，应进行油中微量水测量。对电压等级为110kV 的，微量水含量不应大于 20ppm；220～330kV 的，不应大于 15ppm；500kV 的，不应大于 10ppm。

注：上述 ppm 值均为体积比。

四、当互感器的介质损耗角正切值 tgδ(%) 较大，但绝缘油的其它性能试验又属正常时，可按表 19.0.1 第 11 项进行绝缘油的介质损耗正切值 tgδ 测量。

第 8.0.6 条 测量电压互感器一次绕组的直流电阻值，与产品出厂值或同批相同型号产品的测得值相比，应无明显差别。

第 8.0.7 条 当继电保护对电流互感器的励磁特性有要求时，应进行励磁特性曲线试验。当电流互感器为多抽头时，可在使用抽头或最大抽头测量。同型式电流互感器特性相互比较，应无明显差别。

第 8.0.8 条 测量 1000V 以上电压互感器的空载电流和励磁特性，应符合下列规定：

一、应在互感器的铭牌额定电压下测量空载电流。空载电流与同批产品的测得值或出厂数值比较，应无明显差别。

二、电容式电压互感器的中间电压变压器与分压电容器在内部连接时可不进行此项试验。

第 8.0.9 条 检查互感器的三相结线组别和单相互感器引出线的极性，必须符合设计要求，并应与铭牌上的标记和外壳上的符号相符。

第 8.0.10 条 检查互感器变比，应与制造厂铭牌值相符，对多抽头的互感器，可只检查使用分接头的变比。

第 8.0.11 条 测量铁芯夹紧螺栓的绝缘电阻，应符合下列规定：

一、在作器身检查时，应对外露的或可接触到的铁芯夹紧螺栓进行测量。

二、采用 2500V 兆欧表测量，试验时间为 1min，应无闪络及击穿现象。

三、穿芯螺栓一端与铁芯连接者，测量时应将连接片断开，不能断开的可不进行测量。

第 8.0.12 条 局部放电试验，应符合下列规定：

一、35kV 及以上固体绝缘互感器应进行局部放电试验。

二、110kV 及以上油浸式电压互感器，在绝缘性能有怀疑时，可在有试验设备时进行局部放电试验。

三、测试时，可按现行国家标准《互感器局部放电测量》的规定进行。测试电压值及放电量标准应符合表 8.0.12 的规定。

四、500kV 的电容式电压互感器的局部放电试验，可按本标准第 18.0.4 条的规定进行。

五、局部放电试验前后，应各进行一次绝缘油的色谱分析。

互感器局部放电量的允许水平 表 8.0.12

接地方式	互感器型式	预加电压（$t \geq 10$ s）	测量电压（$t \geq 1$min）	绝缘型式	允许局部放电水平 视在放电量（pC）
中性点绝缘系统或中性点共振接地系统	电流互感器与相对地电压互感器	$1.3U_m$	$1.1U_m/\sqrt{3}$	液体浸渍	20
				固体	100
	相与相电压互感器	$1.3U_m$	$1.1U_m$	液体浸渍	20
				固体	100
中性点有效接地系统	电流互感器与相对地电压互感器	$0.8\times 1.3U_m$	$1.1U_m/\sqrt{3}$	液体浸渍	20
				固体	100
	相与相电压互感器	$1.3U_m$	$1.1U_m$	液体浸渍	20
				固体	100

注：U_m 为设备的最高电压有效值。

第 8.0.13 条 电容分压器单元件的试验，应符合下列规定：

一、电容分压器单元件的试验项目和标准，应按本标准第 18.0.2、18.0.3、18.0.4 条的规定进行；

二、当继电保护有要求时，应注意三相电容量的一致性。

第九章　油 断 路 器

第9.0.1条　油断路器的试验项目，应包括下列内容：

一、测量绝缘拉杆的绝缘电阻；

二、测量35kV多油断路器的介质损耗角正切值tgδ；

三、测量35kV以上少油断路器的直流泄漏电流；

四、交流耐压试验；

五、测量每相导电回路的电阻；

六、测量油断路器的分、合闸时间；

七、测量油断路器的分、合闸速度；

八、测量油断路器主触头分、合闸的同期性；

九、测量油断路器合闸电阻的投入时间及电阻值；

十、测量油断路器分、合闸线圈及合闸接触器线圈的绝缘电阻及直流电阻；

十一、油断路器操动机构的试验；

十二、断路器电容器试验；

十三、绝缘油试验；

十四、压力表及压力动作阀的校验。

第9.0.2条　由有机物制成的绝缘拉杆的绝缘电阻值在常温下不应低于表9.0.2的规定。

有机物绝缘拉杆的绝缘电阻标准　　表9.0.2

额定电压（kV）	3～15	20～35	63～220	330～500
绝缘电阻值（MΩ）	1200	3000	6000	10000

第9.0.3条　测量35kV多油断路器的介质损耗角正切值tgδ，应符合下列规定：

一、在20℃时测得的tgδ值，对DW2、DW8型油断路器，不应大于本标准表15.0.3中相应套管的tgδ(%)值增加2后的数值；对DW1型油断路器，不应大于本标准表15.0.3中相应套管的tgδ(%)值增加3后的数值。

二、应在分闸状态下测量每只套管的tgδ。当测得值超过标准时，应卸下油箱后进行分解试验，此时测得的套管的tgδ(%)值，应符合本标准表15.0.3的规定。

第9.0.4条　35kV以上少油断路器的支柱瓷套连同绝缘拉杆以及灭弧室每个断口的直流泄漏电流试验电压应为40kV，并在高压侧读取1min时的泄漏电流值，测得的泄漏电流值不应大于10μA；220kV及以上的，泄漏电流值不宜大于5μA。

第9.0.5条　交流耐压试验，应符合下列规定：

一、断路器的交流耐压试验应在合闸状态下进行，试验电压应符合本标准附录一的规定；

二、35kV及以下的断路器应按相间及对地进行耐压试验；

三、对35kV及以下户内少油断路器及联络用的断路器，可在分闸状态下按上述标准进行断口耐压。

第9.0.6条　测量每相导电回路电阻，应符合下列规定：

一、电阻值及测试方法应符合产品技术条件的规定；

二、主触头与灭弧触头并联的断路器，应分别测量其主触头和灭弧触头导电回路的电阻值。

第9.0.7条　测量断路器的分、合闸时间应在产品额定操作电压、液压下进行。实测数值应符合产品技术条件的规定。

第9.0.8条　测量断路器分、合闸速度，应符合下列规定：

一、测量应在产品额定操作电压、液压下进行。实测数值应符合产品技术条件的规定；

二、电压等级在15kV及以下的断路器，除发电机出线断路器和与发电机主母线相连的断路器应进行速度测量外，其余的可不进行。

第 9.0.9 条 测量断路器主触头的三相或同相各断口分、合闸的同期性，应符合产品技术条件的规定。

第 9.0.10 条 测量断路器合闸电阻的投入时间及电阻值，应符合产品技术条件的规定。

第 9.0.11 条 测量断路器分、合闸线圈及合闸接触器线圈的绝缘电阻值不应低于 10MΩ，直流电阻值与产品出厂试验值相比应无明显差别。

第 9.0.12 条 断路器操动机构的试验，应符合下列规定：

一、合闸操作：

1. 当操作电压、液压在表 9.0.12－1 范围内时，操动机构应可靠动作；

断路器操动机构合闸操作试验电压、液压范围 表 9.0.12－1

电压		液压
直流	交流	
85%～110%Un	85%～110%Un	按产品规定的最低及最高值

注：对电磁机构，当断路器关合电流峰值小于 50kA 时，直流操作电压范围为 80%～110%Un。Un 为额定电源电压。

2. 弹簧、液压操动机构的合闸线圈以及电磁操动机构的合闸接触器的动作要求，均应符合上项的规定。

二、脱扣操作：

1. 直流或交流的分闸电磁铁，在其线圈端钮处测得的电压大于额定值的 65% 时，应可靠地分闸；当此电压小于额定值的 30% 时，不应分闸。

2. 附装失压脱扣器的，其动作特性应符合表 9.0.12－2 的规定。

附装失压脱扣器的脱扣试验 表 9.0.12－2

电源电压与额定电源电压的比值	小于 35%*	大于 65%	大于 85%
失压脱扣器的工作状态	铁芯应可靠地释放	铁芯不得释放	铁芯应可靠地吸合

注：* 当电压缓慢下降至规定比值时，铁芯应可靠地释放。

3. 附装过流脱扣器的，其额定电流规定不小于 2.5A，脱扣电流的等级范围及其准确度，应符合表 9.0.12－3 的规定。

附装过流脱扣器的脱扣试验 表 9.0.12－3

过流脱扣器的种类	延时动作的	瞬时动作的
脱扣电流等级范围(A)	2.5～10	2.5～15
每级脱扣电流的准确度	±10%	
同一脱扣器各级脱扣电流准确度	±5%	

注：对于延时动作的过流脱扣器，应按制造厂提供的脱扣电流与动作时延的关系曲线进行核对。另外，还应检查在预定时延终了前主回路电流降至返回值时，脱扣器不应动作。

三、模拟操动试验：

1. 当具有可调电源时，可在不同电压、液压条件下，对断路器进行就地或远控操作，每次操作断路器均应正确、可靠地动作，其联锁及闭锁装置回路的动作应符合产品及设计要求；当无可调电源时，只在额定电压下进行试验。

2. 直流电磁或弹簧机构的操动试验，应按表 9.0.12－4 的规定进行；液压机构的操动试验，应按表 9.0.12－5 的规定进行。

直流电磁或弹簧机构的操动试验 表 9.0.12－4

操作类别	操作线圈端钮电压与额定电源电压的比值(%)	操作次数
合、分	110	3
合闸	85(80)	3
分闸	65	3
合、分、重合	100	3

注：括号内数字适用于装有自动重合闸装置的断路器及表 9.0.12－1 "注"的情况。

液压机构的操动试验　表 9.0.12－5

操作类别	操作线圈端钮电压与额定电源电压的比值（%）	操作液压	操作次数
合、分	110	产品规定的最高操作压力	3
合、分	100	额定操作压力	3
合	85（80）	产品规定的最低操作压力	3
分	65	产品规定的最低操作压力	3
合、分、重合	100	产品规定的最低操作压力	3

注：① 括号内数字适用于装有自动重合闸装置的断路器。

② 摸拟操动试验应在液压的自动控制回路能准确、可靠动作状态下进行。

③ 操动时，液压的压降允许值应符合产品技术条件的规定。

第 9.0.13 条　断路器电容器试验，应按本标准第十八章“电容器”的有关规定进行。

第 9.0.14 条　绝缘油试验，应按本标准第十九章“绝缘油”的规定进行。对灭弧室、支柱瓷套等油路相互隔绝的断路器，应自各部件中分别取油样试验。

第 9.0.15 条　压力动作阀的动作值，应符合产品技术条件的规定；压力表指示值的误差及其变差，均应在产品相应等级的允许误差范围内。

第十章　空气及磁吹断路器

第 10.0.1 条　空气及磁吹断路器的试验项目，应包括下列内容：

一、测量绝缘拉杆的绝缘电阻；

二、测量每相导电回路的电阻；

三、测量支柱瓷套和灭弧室每个断口的直流泄漏电流；

四、交流耐压试验；

五、测量断路器主、辅触头分、合闸的配合时间；

六、测量断路器的分、合闸时间；

七、测量断路器主触头分、合闸的同期性；

八、测量分、合闸线圈的绝缘电阻和直流电阻；

九、断路器操动机构的试验；

十、测量断路器的并联电阻值；

十一、断路器电容器的试验；

十二、压力表及压力动作阀的校验。

注：① 发电机励磁回路的自动灭磁开关，除应进行本条第八、九款试验外，还应作以下检查和试验：常开、常闭触头分、合切换顺序；主触头和灭弧触头的动作配合；灭弧栅的片数及其并联电阻值；在同步发电机空载额定电压下进行灭磁试验。

② 磁吹断路器试验，应按本条第二、四、六、八、九款规定进行。

第 10.0.2 条　测量绝缘拉杆的绝缘电阻值，不应低于本标准表 9.0.2 的规定。

第 10.0.3 条　测量每相导电回路的电阻值及测试方法，应符合产品技术条件的规定。

第 10.0.4 条　支柱瓷套和灭弧室每个断口的直流泄漏电流的试验，应按本标准第 9.0.4 条的规定进行。

第 10.0.5 条　空气断路器应在分闸时各断口间及合闸状态下进行交流耐压试验；磁吹断路器应在分闸状态下进行断口交流耐压试验；试验电压应符合本标准附录一的规定。

第 10.0.6 条　断路器主、辅触头分、合闸动作程序及配合时间，应符合产品技术条件的规定。

第 10.0.7 条　断路器分、合闸时间的测量，应在产品额定操作电压及气压下进行，实测数值应符合产品技术条件的规定。

第 10.0.8 条　测量断路器主触头三相或同相各断口分、合闸的同期性，应符合产品技术条件的规定。

第 10.0.9 条　测量分、合闸线圈的绝缘电阻值，不应低于 10MΩ；直流电阻值与产品出厂试验值相比应无明显差别。

第 10.0.10 条　断路器操动机构的试验，应按本标准第 9.0.12 条的有关规定进行。

注：对应于本标准表 9.0.12 中的“液压”应为“气压”。

第 10.0.11 条　测量断路器的并联电阻值，与产品出厂试验值相比应无明显差别。

第 10.0.12 条　断路器电容器的试验，应按本标准第 十八章“电容器”的有关规定进行。

第 10.0.13 条　压力动作阀的动作值，应符合产品技术条件的规定。压力表指示值的误差及其变差，均应在产品相应等级的允许误差范围内。

第十一章　真空断路器

第 11.0.1 条　真空断路器的试验项目，应包括下列内容：

一、测量绝缘拉杆的绝缘电阻；

二、测量每相导电回路的电阻；

三、交流耐压试验；

四、测量断路器的分、合闸时间；

五、测量断路器主触头分、合闸的同期性；

六、测量断路器合闸时触头的弹跳时间；

七、断路器电容器的试验；

八、测量分、合闸线圈及合闸接触器线圈的绝缘电阻和直流电阻；

九、断路器操动机构的试验。

第 11.0.2 条　测量绝缘拉杆的绝缘电阻值，不应低于本标准表 9.0.2 的规定。

第 11.0.3 条　测量每相导电回路的电阻值及测试方法，应符合产品技术条件的规定。

第 11.0.4 条　应在断路器合闸及分闸状态下进行交流耐压试验。当在合闸状态下进行时，试验电压应符合本标准附录一的规定。当在分闸状态下进行时，真空灭弧室断口间的试验电压应按产品技术条件的规定，试验中不应发生贯穿性放电。

第 11.0.5 条　测量断路器的分、合闸时间，应在断路器额定操作电压及液压下进行，实测数值应符合产品技术条件的规定。

第 11.0.6 条　测量断路器主触头分、合闸的同期性，应符合产品技术条件的规定。

第11.0.7条 断路器合闸过程中触头接触后的弹跳时间，不应大于2ms。

第11.0.8条 断路器电容器的试验，应按本标准第十八章“电容器”的有关规定进行。

第11.0.9条 测量分、合闸线圈及合闸接触器线圈的绝缘电阻值，不应低于10MΩ；直流电阻值与产品出厂试验值相比应无明显差别。

第11.0.10条 断路器操动机构的试验，应按本标准第9.0.12条的有关规定进行。

第十二章 六氟化硫断路器

第12.0.1条 六氟化硫(SF_6)断路器试验项目，应包括下列内容:

一、测量绝缘拉杆的绝缘电阻；

二、测量每相导电回路的电阻；

三、耐压试验；

四、断路器电容器的试验；

五、测量断路器的分、合闸时间；

六、测量断路器的分、合闸速度；

七、测量断路器主、辅触头分、合闸的同期性及配合时间；

八、测量断路器合闸电阻的投入时间及电阻值；

九、测量断路器分、合闸线圈绝缘电阻及直流电阻；

十、断路器操动机构的试验；

十一、套管式电流互感器的试验；

十二、测量断路器内SF_6气体的微量水含量；

十三、密封性试验；

十四、气体密度继电器、压力表和压力动作阀的校验。

第12.0.2条 测量绝缘拉杆的绝缘电阻值，不应低于本标准表9.0.2的规定。

第12.0.3条 测量每相导电回路的电阻值及测试方法，应符合产品技术条件的规定。

第12.0.4条 耐压试验，应符合下列规定:

一、应在断路器合闸状态下，且SF_6气压为额定值时进行。试验电压按出厂试验电压的80%；

二、耐压试验只对 110kV 及以上罐式断路器和 500kV 定开距瓷柱式断路器的断口进行。

第 12.0.5 条 断路器电容器的试验，应符合本标准第十八章“电容器”的有关规定。罐式断路器的断路器电容器试验可按制造厂的规定进行。

第 12.0.6 条 测量断路器的分、合闸时间，应在断路器的额定操作电压、气压或液压下进行。实测数值应符合产品技术条件的规定。

第 12.0.7 条 测量断路器的分、合闸速度，应在断路器的额定操作电压、气压或液压下进行。实测数值应符合产品技术条件的规定。

第 12.0.8 条 测量断路器主、辅触头三相及同相各断口分、合闸的同期性及配合时间，应符合产品技术条件的规定。

第 12.0.9 条 测量断路器合闸电阻的投入时间及电阻值，应符合产品技术条件的规定。

第 12.0.10 条 测量断路器分、合闸线圈的绝缘电阻值，不应低于 10MΩ，直流电阻值与产品出厂试验值相比应无明显差别。

第 12.0.11 条 断路器操动机构的试验，应按本标准第 9.0.12 条的有关规定进行。

第 12.0.12 条 套管式电流互感器的试验，应按本标准第八章“互感器”的有关规定进行。

第 12.0.13 条 测量断路器内 SF_6 气体的微量水含量，应符合下列规定:

一、与灭弧室相通的气室，应小于 150ppm;

二、不与灭弧室相通的气室，应小于 500ppm;

三、微量水的测定应在断路器充气 24h 后进行。

注：上述 ppm 值均为体积比。

第 12.0.14 条 密封性试验可采用下列方法进行:

一、采用灵敏度不低于 1×10^{-6}（体积比）的检漏仪对断路器各密封部位、管道接头等处进行检测时，检漏仪不应报警;

二、采用收集法进行气体泄漏测量时，以 24h 的漏气量换算，年漏气率不应大于 1%;

三、泄漏值的测量应在断路器充气 24h 后进行。

第 12.0.15 条 气体密度继电器及压力动作阀的动作值，应符合产品技术条件的规定。压力表指示值的误差及其变差，均应在产品相应等级的允许误差范围内。

第十三章　六氟化硫封闭式组合电器

第 13.0.1 条　六氟化硫封闭式组合电器的试验项目，应包括下列内容:

一、测量主回路的导电电阻;

二、主回路的耐压试验;

三、密封性试验;

四、测量六氟化硫气体微量水含量;

五、封闭式组合电器内各元件的试验;

六、组合电器的操动试验;

七、气体密度继电器、压力表和压力动作阀的校验。

第 13.0.2 条　测量主回路的导电电阻值，不应超过产品技术条件规定值的 1.2 倍。

第 13.0.3 条　主回路的耐压试验程序和方法，应按产品技术条件的规定进行，试验电压值为出厂试验电压的 80%。

第 13.0.4 条　密封性试验可采用下列方法进行:

一、采用灵敏度不低于 1×10^{-6} (体积比) 的检漏仪对各气室密封部位、管道接头等处进行检测时，检漏仪不应报警;

二、采用收集法进行气体泄漏测量时，以 24h 的漏气量换算，每一个气室年漏气率不应大于 1%;

三、泄漏值的测量应在封闭式组合电器充气 24h 后进行。

第 13.0.5 条　测量六氟化硫气体微量水含量，应符合下列规定:

一、有电弧分解的隔室，应小于 150ppm;

二、无电弧分解的隔室，应小于 500ppm;

三、微量水含量的测量应在封闭式组合电器充气 24h 后进行。

注: 上述 ppm 值均为体积比。

第 13.0.6 条　封闭式组合电器内各元件的试验，应按本标准相应章节的有关规定进行，但对无法分开的设备可不单独进行。

注: 本条中的“元件”是指装在封闭式组合电器内的断路器、隔离开关、负荷开关、接地开关、避雷器、互感器、套管、母线等。

第 13.0.7 条　当进行组合电器的操动试验时，联锁与闭锁装置动作应准确可靠。电动、气动或液压装置的操动试验，应按产品技术条件的规定进行。

第 13.0.8 条　气体密度继电器及压力动作阀的动作值，应符合产品技术条件的规定。压力表指示值的误差及其变差，均应在产品相应等级的允许误差范围内。

第十四章　隔离开关、负荷开关及高压熔断器

第 14.0.1 条　隔离开关、负荷开关及高压熔断器的试验项目，应包括下列内容：

一、测量绝缘电阻；

二、测量高压限流熔丝管熔丝的直流电阻；

三、测量负荷开关导电回路的电阻；

四、交流耐压试验；

五、检查操动机构线圈的最低动作电压；

六、操动机构的试验。

第 14.0.2 条　隔离开关与负荷开关的有机材料传动杆的绝缘电阻值，不应低于本标准表 9.0.2 的规定。

第 14.0.3 条　测量高压限流熔丝管熔丝的直流电阻值，与同型号产品相比不应有明显差别。

第 14.0.4 条　测量负荷开关导电回路的电阻值及测试方法，应符合产品技术条件的规定。

第 14.0.5 条　交流耐压试验，应符合下述规定：

三相同一箱体的负荷开关，应按相间及相对地进行耐压试验，其余均按相对地或外壳进行。试验电压应符合本标准附录一“断路器”的规定。对负荷开关还应按产品技术条件规定进行每个断口的交流耐压试验。

第 14.0.6 条　检查操动机构线圈的最低动作电压，应符合制造厂的规定。

第 14.0.7 条　操动机构的试验，应符合下列规定：

一、动力式操动机构的分、合闸操作，当其电压或气压在下列范围时，应保证隔离开关的主闸刀或接地闸刀可靠地分闸和合闸：

1. 电动机操动机构：当电动机接线端子的电压在其额定电压的 80%～110% 范围内时；

2. 压缩空气操动机构：当气压在其额定气压的 85%～110% 范围内时；

3. 二次控制线圈和电磁闭锁装置：当其线圈接线端子的电压在其额定电压的 80%～110% 范围内时。

二、隔离开关、负荷开关的机械或电气闭锁装置应准确可靠。

注：① 本条第一款第二项所规定的气压范围为操动机构的储气筒的气压数值。

② 具有可调电源时，可进行高于或低于额定电压的操动试验。

第十五章 套 管

第 15.0.1 条 套管的试验项目，应包括下列内容：

一、测量绝缘电阻；

二、测量 20kV 及以上非纯瓷套管的介质损耗角正切值 tgδ 和电容值；

三、交流耐压试验；

四、绝缘油的试验。

注：整体组装于 35kV 油断路器上的套管，可不单独进行 tgδ 的试验。

第 15.0.2 条 测量绝缘电阻，应符合下列规定：

一、测量套管主绝缘的绝缘电阻；

二、63kV 及以上的电容型套管，应测量"抽压小套管"对法兰或"测量小套管"对法兰的绝缘电阻。采用 2500V 兆欧表测量，绝缘电阻值不应低于 1000MΩ。

第 15.0.3 条 测量 20kV 及以上非纯瓷套管的介质损耗角正切值 tgδ 和电容值，应符合下列规定：

一、在室温不低于 10 ℃ 的条件下，套管的介质损耗角正切值 tgδ 不应大于表 15.0.3 的规定；

二、电容型套管的实测电容量值与产品铭牌数值或出厂试验值相比，其差值应在 ±10% 范围内。

套管介质损耗角正切值 tgδ(%)的标准 表 15.0.3

套管型式 \ 额定电压(kV)		63及以下	110及以上	20～500
电容式	油浸纸			0.7
	胶粘纸	1.5	1.0	
	浇铸绝缘			1.0
	气体			1.0
非电容式	浇铸绝缘			2.0

注：① 复合式及其它型式的套管的 tgδ(%) 值可按产品技术条件的规定。

② 对 35kV 及以上电容式充胶或胶纸套管的老产品，其 tgδ(%) 值可为 2 或 2.5。

第 15.0.4 条 交流耐压试验，应符合下列规定：

一、试验电压应符合本标准附录一的规定；

二、纯瓷穿墙套管、多油断路器套管、变压器套管、电抗器及消弧线圈套管，均可随母线或设备一起进行交流耐压试验。

第 15.0.5 条 绝缘油的试验，应符合下列规定：

一、套管中的绝缘油可不进行试验。但当有下列情况之一者，应取油样进行试验：

1. 套管的介质损耗角正切值超过表 15.0.3 中的规定值；

2. 套管密封损坏，抽压或测量小套管的绝缘电阻不符合要求；

3. 套管由于渗漏等原因需要重新补油时。

二、套管绝缘油的取样、补充或更换时进行的试验，应符合下列规定：

1. 更换或取样时应按本标准第 6.0.12 条第三款及表 19.0.1 中第 10、11 项规定进行；

2. 电压等级为 500kV 的套管绝缘油，宜进行油中溶解气体的色谱分析；

3. 补充绝缘油时，除按上述规定外，尚应按本标准第 19.0.3 条的规定进行；

4. 充电缆油的套管须进行油的试验时，可按本标准表 17.0.5 的规定进行。

第十六章　悬式绝缘子和支柱绝缘子

第 16.0.1 条　悬式绝缘子和支柱绝缘子的试验项目，应包括下列内容：

一、测量绝缘电阻；

二、交流耐压试验。

第 16.0.2 条　绝缘电阻值，应符合下列规定：

一、每片悬式绝缘子的绝缘电阻值，不应低于 300MΩ；

二、35kV 及以下的支柱绝缘子的绝缘电阻值，不应低于 500MΩ；

三、采用 2500V 兆欧表测量绝缘子绝缘电阻值，可按同批产品数量的 10% 抽查；

四、棒式绝缘子不进行此项试验。

第 16.0.3 条　交流耐压试验，应符合下列规定：

一、35kV 及以下的支柱绝缘子，可在母线安装完毕后一起进行，试验电压应符合本标准附录一的规定。

二、35kV 多元件支柱绝缘子的交流耐压试验值，应符合下列规定：

1. 两个胶合元件者，每元件 50kV；

2. 三个胶合元件者，每元件 34kV。

三、悬式绝缘子的交流耐压试验电压应符合表 16.0.3 的规定。

悬式绝缘子的交流耐压试验电压标准　　表 16.0.3

型号	XP2－70	XP－70 LXP1－70 XP1－70 XP－100 LXP－100 XP－120 LXP－120	XP1－160 LXP1－160 XP2－160 LXP2－160 XP－160 LXP－160	XP1－210 LXP1－210 XP－300 LXP－300
试验电压 (kV)	45	55		60

第十七章 电 力 电 缆

第 17.0.1 条 电力电缆的试验项目，应包括下列内容:

一、测量绝缘电阻;

二、直流耐压试验及泄漏电流测量;

三、检查电缆线路的相位;

四、充油电缆的绝缘油试验。

第 17.0.2 条 测量各电缆线芯对地或对金属屏蔽层间和各线芯间的绝缘电阻。

第 17.0.3 条 直流耐压试验及泄漏电流测量，应符合下列规定:

一、直流耐压试验电压标准:

1. 粘性油浸纸绝缘电缆直流耐压试验电压，应符合表 17.0.3－1 的规定。

粘性油浸纸绝缘电缆直流耐压试验电压标准 表 17.0.3－1

电缆额定电压 Uo/U (kV)	0.6/1	6/6	8.7/10	21/35
直流试验电压 (kV)	6U	6U	6U	5U
试验时间 (min)	10	10	10	10

2. 不滴流油浸纸绝缘电缆直流耐压试验电压，应符合表 17.0.3－2 的规定。

不滴流油浸纸绝缘电缆直流耐压试验电压标准 表 17.0.3－2

电缆额定电压 Uo/U (kV)	0.6/1	6/6	8.7/10	21/35
直流试验电压 (kV)	6.7	29	37	89
试验时间 (min)	5	5	5	5

3. 塑料绝缘电缆直流耐压试验电压，应符合表 17.0.3－3 的规定。

塑料绝缘电缆直流耐压试验电压标准 表 17.0.3－3

电缆额定电压Uo (kV)	0.6	1.8	3.6	6	8.7	12	18	21	26
直流试验电压 (kV)	2.4	7.2	15	24	35	48	72	84	104
试验时间 (min)	15	15	15	15	15	15	15	15	15

4. 橡皮绝缘电力电缆直流耐压试验电压，应符合表 17.0.3－4 的规定。

橡皮绝缘电力电缆直流耐压试验电压标准 表 17.0.3－4

电缆额定电压 U (kV)	6
直流试验电压 (kV)	15
试验时间 (min)	5

5. 充油绝缘电缆直流耐压试验电压，应符合表 17.0.3－5 的规定。

充油绝缘电缆直流耐压试验电压标准 表 17.0.3－5

电缆额定电压 U (kV)	66	110	220	330
直流试验电压	2.6U	2.6U	2.3U	2U
试验时间 (min)	15	15	15	15

注: ① 上列各表中的 U 为电缆额定线电压; Uo 为电缆线芯对地或对金属屏蔽层间的额定电压。

② 粘性油浸纸绝缘电力电缆的产品型号有 ZQ, ZLQ, ZL, ZLL 等。

不滴流油浸纸绝缘电力电缆的产品型号有 ZQD, ZLQD 等。

塑料绝缘电缆包括聚氯乙烯绝缘电缆、聚乙烯绝缘电缆及交联聚乙烯绝缘电缆。聚氯乙烯绝缘电缆的产品型号有VV，VLV等；聚乙烯绝缘及交联聚乙烯绝缘电缆的产品型号有YJV及YJLV等。

橡皮绝缘电缆的产品型号有XQ，XLQ，XV等。

充油电缆的产品型号有ZQCY等。

③ 交流单芯电缆的护层绝缘试验标准，可按产品技术条件的规定进行。

二、试验时，试验电压可分4～6阶段均匀升压，每阶段停留1min，并读取泄漏电流值。测量时应消除杂散电流的影响。

三、粘性油浸纸绝缘及不滴流油浸纸绝缘电缆泄漏电流的三相不平衡系数不应大于2；当10kV及以上电缆的泄漏电流小于20μA和6kV及以下电缆泄漏电流小于10μA时，其不平衡系数不作规定。

四、电缆的泄漏电流具有下列情况之一者，电缆绝缘可能有缺陷，应找出缺陷部位，并予以处理：

1. 泄漏电流很不稳定；

2. 泄漏电流随试验电压升高急剧上升；

3. 泄漏电流随试验时间延长有上升现象。

第17.0.4条 检查电缆线路的两端相位应一致并与电网相位相符合。

第17.0.5条 充油电缆的绝缘油试验，应符合表17.0.5的规定。

充油电缆使用的绝缘油试验项目和标准 表17.0.5

项 目	标 准	说 明
电气强度试验	工频击穿强度： 对于110～220kV的不应低于45kV 对于330kV的不低于50kV	使用2.5mm平板电极常温
介质损耗角正切值tgδ(%)	当温度为100±2℃时： 对于110～220kV的不应大于0.5 对于330kV的不应大于0.4	

第十八章 电 容 器

第18.0.1条 电容器的试验项目，应包括下列内容：

一、测量绝缘电阻；

二、测量耦合电容器、断路器电容器的介质损耗角正切值tgδ及电容值；

三、耦合电容器的局部放电试验；

四、并联电容器交流耐压试验；

五、冲击合闸试验。

第18.0.2条 测量耦合电容器、断路器电容器的绝缘电阻应在二极间进行，并联电容器应在电极对外壳之间进行，并采用1000V兆欧表测量小套管对地绝缘电阻。

第18.0.3条 测量耦合电容器、断路器电容器的介质损耗角正切值tgδ及电容值，应符合下列规定：

一、测得的介质损耗角正切值tgδ应符合产品技术条件的规定；

二、耦合电容器电容值的偏差应在额定电容值的+10%～−5%范围内，电容器叠柱中任何两单元的实测电容之比值与这两单元的额定电压之比值的倒数之差不应大于5%；断路器电容器电容值的偏差应在额定电容值的±5%范围内。对电容器组，还应测量总的电容值。

第18.0.4条 耦合电容器的局部放电试验，应符合下列规定：

一、对500kV的耦合电容器，当对其绝缘性能或密封有怀疑而又有试验设备时，可进行局部放电试验。多节组合的耦合电容器可分节试验。

二、局部放电试验的预加电压值为 $0.8\times1.3U_m$，停留时间大于10s；降至测量电压值为 $1.1U_m/\sqrt{3}$，维持 1min 后，测量局部放电量，放电量不宜大于10 PC。

第 18.0.5 条 并联电容器的交流耐压试验，应符合下列规定：

一、并联电容器电极对外壳交流耐压试验电压值应符合表 18.0.5 的规定；

二、当产品出厂试验电压值不符合表 18.0.5 的规定时，交接试验电压应按产品出厂试验电压值的 75% 进行。

并联电容器交流耐压试验电压标准 表 18.0.5

额定电压 (kV)	<1	1	3	6	10	15	20	35
出厂试验电压 (kV)	3	5	18	25	35	45	55	85
交接试验电压 (kV)	2.2	3.8	14	19	26	34	41	63

第 18.0.6 条 在电网额定电压下，对电力电容器组的冲击合闸试验，应进行 3 次，熔断器不应熔断；电容器组各相电流相互间的差值不宜超过 5%。

第十九章 绝 缘 油

第 19.0.1 条 绝缘油的试验项目及标准，应符合表 19.0.1 的规定。

绝缘油的试验项目及标准 表 19.0.1

序号	项目		标准	说明
1	外观		透明，无沉淀及悬浮物	5℃ 时的透明度
2	苛性钠抽出		不应大于 2 级	按 SY2651－77
3	安定性	氧化后酸值	不应大于 0.2mg(KOH)/g 油	按 YS－27－1－84
		氧化后沉淀物	不应大于 0.05%	
4	凝点（℃）		(1)DB－10，不应高于－10℃ (2)DB－25，不应高于－25℃ (3)DB－45，不应高于－45℃	(1) 按 YS－25－1－84 (2) 户外断路器、油浸电容式套管、互感器用油： 气温不低于－5℃ 的地区：凝点不应高于－10℃ 气温不低于－20℃的地区：凝点不应高于－25℃ 气温低于－20℃ 的地区：凝点不应高于－45℃ (3) 变压器用油： 气温不低于－10℃的地区：凝点不应高于－10℃ 气温低于－10℃ 的地区：凝点不应高于－25℃或－45℃
5	界面张力		不应小于 35mN/m	(1) 按 GB6541－87 或 YS－6－1－84 (2) 测试时温度为 25℃
6	酸值		不应大于 0.03mg (KOH)/g 油	按 GB7599－87
7	水溶性酸(PH 值)		不应小于 5.4	按 GB7598－87

续表 19.0.1

序号	项目	标准				说明
8	机械杂质	无				按 GB511－77
9	闪点	不低于（℃）	DB－10 140	DB－25 140	DB－45 135	按 GB261－77 闭口法
10	电气强度试验	(1) 使用于 15kV 及以下者： 不应低于 25kV (2) 使用于 20～35kV 者： 不应低于 35kV (3) 使用于 60～220kV 者： 不应低于 40kV (4) 使用于 330kV 者： 不应低于 50kV (5) 使用于 500kV 者： 不应低于 60kV				(1) 按 GB507－86 (2) 油样应取自被试设备 (3) 试验油杯采用平板电极 (4) 对注入设备的新油均不应低于本标准
11	介质损耗角正切值 tgδ(%)	90℃ 时不应大于 0.5				按 YS－30－1－84

注：第 11 项为新油标准，注入电气设备后的 tgδ(%) 标准为 90℃ 时不应大于 0.7%。

第 19.0.2 条 新油验收及充油电气设备的绝缘油试验分类，应符合表 19.0.2 的规定。

电气设备绝缘油试验分类 表 19.0.2

试验类别	适用范围
电气强度试验	一、6kV 以上电气设备内的绝缘油或新注入上述设备前、后的绝缘油 二、对下列情况之一者，可不进行电气强度试验： (1)35kV 以下互感器，其主绝缘试验已合格的 (2)15kV 以下油断路器，其注入新油的电气强度已在 35kV 及以上的 (3) 按本标准有关规定不需取油的
简化分析	一、准备注入变压器、电抗器、互感器、套管的新油，应按表 19.0.1 中的第 5～11 项规定进行 二、准备注入油断路器的新油，应按表 19.0.1 中的第 7～10 项规定进行
全分析	对油的性能有怀疑时，应按表 19.0.1 中的全部项目进行

第 19.0.3 条 绝缘油当需要进行混合时，在混合前，应按混油的实际使用比例先取混油样进行分析，其结果应符合表 19.0.1 中第 3、4、10 项的规定。混油后还应按表 19.0.2 中的规定进行绝缘油的试验。

第二十章 避 雷 器

第20.0.1条 避雷器的试验项目，应包括下列内容:

一、测量绝缘电阻;

二、测量电导或泄漏电流，并检查组合元件的非线性系数;

三、测量磁吹避雷器的交流电导电流;

四、测量金属氧化物避雷器的持续电流;

五、测量金属氧化物避雷器的工频参考电压或直流参考电压;

六、测量FS型阀式避雷器的工频放电电压;

七、检查放电记数器动作情况及避雷器基座绝缘。

第20.0.2条 测量绝缘电阻，应符合下列规定:

一、阀式避雷器如FZ型，磁吹避雷器如FCZ及FCD型和金属氧化物避雷器的绝缘电阻值，与出厂试验值比较应无明显差别;

二、FS型避雷器的绝缘电阻值不应小于2500MΩ。

第20.0.3条 测量电导或泄漏电流，并检查组合元件的非线性系数，应符合下列规定:

一、常温下避雷器的电导或泄漏电流试验标准，应符合表20.0.3－1～20.0.3－4或产品技术条件的规定。

FZ型避雷器的电导电流值 表20.0.3－1

额定电压(kV)	3	6	10	15	20	30
试验电压(kV)	4	6	10	16	20	24
电导电流(μA)	400～650	400～600	400～600	400～600	400～600	400～600

FS型避雷器的电导电流值 表20.0.3－2

额定电压(kV)	3	6	10
试验电压(kV)	4	7	11
电导电流(μA)	不应大于10		

FCD型避雷器的电导电流值 表20.0.3－3

额定电压(kV)	3	4	6	10	13.2	15
试验电压(kV)	3	4	6	10	13.2	15
电导电流(μA)	FCD₁、FCD₃型不应大于10 FCD型为50～100，FCD₂型为5～20					

FCZ型避雷器的电导电流值 表20.0.3－4

型号	FCZ₃－35	FCZ₃－35L	FCZ－30DT	FCZ₁－110J	FCZ₂－110	FCZ₃－110	FCZ₃－110J
额定电压(kV)	35	35	35	110	110	110	110
试验电压(kV)	50	50	18	100	100	140	110
电导电流(μA)	250～400	250～400	150～300	500～700	400～600	250～400	250～400

续表 20.0.3－4

型　号	FCZ_1-220J	FCZ_2-220	FCZ_3-220J	FCZ_1-330J	FCZ－500J	FCX－500J
额定电压 (kV)	220	220	220	330	500	500
试验电压 (kV)	100	100	110	160	160	180
电导电流 (μA)	500～700	400～600	250～400	500～700	1000～1400	500～800

注：① FCZ_3-35 在海拔 4000m 及以上时，直流试验电压值应为 60 kV。

② FCZ_3-35L 在海拔 2000m 以上时，直流试验电压值应为 60 kV。

③ FCZ－30DT 适用于热带多雷地区。

二、FS 型避雷器的绝缘电阻值不小于 2500MΩ 时，可不进行电导电流测量。

三、同一相内串联组合元件的非线性系数差值不应大于 0.04。

FZ 型避雷器非线性系数 α 的值应按下式计算：

$$\alpha=\frac{\lg(U_2/U_1)}{\lg(I_2/I_1)} \qquad (20.0.3-1)$$

式中 U_2 —— 表 20.0.3－1 的元件直流试验电压值，U_1 值为 U_2 值的 50%；

I_1、I_2 —— 在试验电压 U_1 和 U_2 下测得的电导电流。

四、测量时若整流回路中的波纹系数大于 1.5% 时，应加装滤波电容器，可为 0.01～0.1μF, 试验电压应在高压侧测量。

第 20.0.4 条 测量电压为 110kV 及以上的磁吹避雷器在运行电压下的交流电导电流，测得数值应与出厂试验值比较无明显差别。

第 20.0.5 条 测量金属氧化物避雷器在运行电压下的持续电流，其阻性电流或总电流值应符合产品技术条件的规定。

第 20.0.6 条 测量金属氧化物避雷器的工频参考电压或直流参考电压，应符合下列规定:

一、金属氧化物避雷器对应于工频参考电流下的工频参考电压，整支或分节进行的测试值，应符合产品技术条件的规定；

二、金属氧化物避雷器对应于直流参考电流下的直流参考电压，整支或分布进行的测试值，应符合产品技术条件的规定。

第 20.0.7 条 FS 型阀式避雷器的工频放电电压试验，应符合下列规定:

一、FS 型阀式避雷器的工频放电电压，应符合表 20.0.7 的规定；

二、有并联电阻的阀式避雷器可不进行此项试验。

FS型阀式避雷器的工频放电电压范围　　表 20.0.7

额定电压 (kV)	3	6	10
放电电压的有效值 (kV)	9～11	16～19	26～31

第 20.0.8 条 检查放电记数器的动作应可靠，避雷器基座绝缘应良好。

第二十一章　电除尘器

第21.0.1条　电除尘器的试验项目，应包括下列内容：

一、测量整流变压器及直流电抗器铁芯穿芯螺栓的绝缘电阻；

二、测量整流变压器高压绕组及其直流电抗器绕组的绝缘电阻及直流电阻；

三、测量整流变压器低压绕组的绝缘电阻及其直流电阻；

四、油箱中绝缘油的试验；

五、绝缘子及瓷套管的绝缘电阻测量和交流耐压试验；

六、测量电力电缆绝缘电阻；

七、电力电缆直流耐压试验及泄漏电流测量；

八、空载升压试验；

九、电除尘器振打装置的电气设备试验；

十、测量接地电阻。

第21.0.2条　测量整流变压器及直流电抗器铁芯穿芯螺栓的绝缘电阻，应按本标准第6.0.10条规定在器身检查时进行。

第21.0.3条　在器身检查时测量整流变压器高压绕组及直流电抗器绕组的绝缘电阻和直流电阻，其直流电阻值应与产品技术条件的规定或同型号产品的电阻值相比无明显差别。

第21.0.4条　测量整流变压器低压绕组的绝缘电阻和直流电阻，其直流电阻值应与产品技术条件的规定或同型号产品的电阻值相比无明显差别。

第21.0.5条　油箱中绝缘油的试验，应按本标准第十九章“绝缘油”的规定进行。

第21.0.6条　绝缘子及瓷套管的绝缘电阻测量和交流耐压试验，应符合下列规定：

一、采用2500V兆欧表测量绝缘电阻；

二、交流耐压试验电压应符合产品技术条件的规定。

第21.0.7条　测量电缆线芯对地的绝缘电阻。

第21.0.8条　电力电缆直流耐压试验及泄漏电流测量，应符合下列规定：

一、直流耐压试验应根据选用的电缆型号及规格，按产品技术条件的规定进行；

二、对工作电压为直流75kV的电除尘器使用的电缆，现场试验电压值可为直流150kV，即2倍电缆工作电压，试验持续时间10min。

第21.0.9条　空载升压应能达到产品技术条件规定的允许值，且无放电现象。

第21.0.10条　电除尘器振打装置的电气设备试验，可按本标准有关章节的规定进行。

第21.0.11条　测量电除尘器本体的接地电阻不应大于1Ω。

第二十二章　二 次 回 路

第 22.0.1 条　测量绝缘电阻，应符合下列规定：

一、小母线在断开所有其它并联支路时，不应小于 10MΩ；

二、二次回路的每一支路和断路器、隔离开关的操动机构的电源回路等，均不应小于 1MΩ。在比较潮湿的地方，可不小于 0.5MΩ。

第 22.0.2 条　交流耐压试验，应符合下列规定：

一、试验电压为 1000V。当回路绝缘电阻值在 10MΩ 以上时，可采用 2500V 兆欧表代替，试验持续时间为 1min；

二、48V 及以下回路可不作交流耐压试验；

三、回路中有电子元器件设备的，试验时应将插件拔出或将其两端短接。

注：二次回路是指电气设备的操作、保护、测量、信号等回路及其回路中的操动机构的线圈、接触器、继电器、仪表、互感器二次绕组等。

第二十三章　1kV 及以下配电装置和馈电线路

第 23.0.1 条　测量绝缘电阻，应符合下列规定：

一、配电装置及馈电线路的绝缘电阻值不应小于 0.5MΩ；

二、测量馈电线路绝缘电阻时，应将断路器、用电设备、电器和仪表等断开。

第 23.0.2 条　动力配电装置的交流耐压试验，应符合下述规定：

试验电压为 1000V。当回路绝缘电阻值在 10MΩ 以上时，可采用 2500V 兆欧表代替，试验持续时间为 1min。

第 23.0.3 条　检查配电装置内不同电源的馈线间或馈线两侧的相位应一致。

第二十四章　1kV以上架空电力线路

第24.0.1条　1kV以上架空电力线路的试验项目，应包括下列内容:

一、测量绝缘子和线路的绝缘电阻;

二、测量35kV以上线路的工频参数;

三、检查相位;

四、冲击合闸试验;

五、测量杆塔的接地电阻。

第24.0.2条　测量绝缘子和线路的绝缘电阻，应符合下列规定:

一、绝缘子的试验应按本标准第十六章的规定进行;

二、测量并记录线路的绝缘电阻值。

第24.0.3条　测量35kV以上线路的工频参数可根据继电保护、过电压等专业的要求进行。

第24.0.4条　检查各相两侧的相位应一致。

第24.0.5条　在额定电压下对空载线路的冲击合闸试验，应进行3次，合闸过程中线路绝缘不应有损坏。有条件时，冲击合闸前，35kV以上线路宜先进行递升加压试验。

第24.0.6条　测量杆塔的接地电阻值，应符合设计的规定。

第二十五章　接 地 装 置

第25.0.1条　电气设备和防雷设施的接地装置的试验项目和标准，应符合设计规定。

第二十六章 低 压 电 器

第 26.0.1 条 低压电器的试验项目，应包括下列内容：

一、测量低压电器连同所连接电缆及二次回路的绝缘电阻；

二、电压线圈动作值校验；

三、低压电器动作情况检查；

四、低压电器采用的脱扣器的整定；

五、测量电阻器和变阻器的直流电阻；

六、低压电器连同所连接电缆及二次回路的交流耐压试验。

注：① 低压电器包括电压为 60～1200V 的刀开关、转换开关、熔断器、自动开关、接触器、控制器、主令电器、起动器、电阻器、变阻器及电磁铁等。

② 对安装在一、二级负荷场所的低压电器，应按本条第二、三、四款的规定进行。

第 26.0.2 条 测量低压电器连同所连接电缆及二次回路的绝缘电阻值，不应小于 1 MΩ；在比较潮湿的地方，可不小于 0.5 MΩ。

第 26.0.3 条 电压线圈动作值的校验，应符合下述规定：

线圈的吸合电压不应大于额定电压的 85%，释放电压不应小于额定电压的 5%；短时工作的合闸线圈应在额定电压的 85%～110% 范围内，分励线圈应在额定电压的 75%～110% 范围内均能可靠工作。

第 26.0.4 条 低压电器动作情况的检查，应符合下述规定：

对采用电动机或液压、气压传动方式操作的电器，除产品另有规定外，当电压、液压或气压在额定值的 85%～110% 范围内，电器应可靠工作。

第 26.0.5 条 低压电器采用的脱扣器的整定，应符合下述规定：

各类过电流脱扣器、失压和分励脱扣器、延时装置等，应按使用要求进行整定，其整定值误差不得超过产品技术条件的规定。

第 26.0.6 条 测量电阻器和变阻器的直流电阻值，其差值应分别符合产品技术条件的规定。

第 26.0.7 条 低压电器连同所连接电缆及二次回路的交流耐压试验，应符合下述规定：

试验电压为 1000V。当回路的绝缘电阻值在 10 MΩ 以上时，可采用 2500V 兆欧表代替，试验持续时间为 1min。

附录一 高压电气设备绝缘的工频耐压试验电压标准

高压电气设备绝缘的工频耐压试验电压标准 附表 1.1

额定电压	最高工作电压	1 min 工频耐受电压 (kV) 有效值																	
		油浸电力变压器		并联电抗器		电压互感器		断路器、电流互感器		干式电抗器		穿墙套管 纯瓷和纯瓷充油绝缘		穿墙套管 固体有机绝缘		支柱绝缘子、隔离开关		干式电力变压器	
(kV)	(kV)	出厂	交接	出厂	交接	出厂	交接	出厂	交接	出厂	交接	出厂	交接	出厂	交接	出厂	交接	出厂	交接
3	3.5	18	15	18	15	18	16	18	16	18	18	18	18	18	16	25	25	10	8.5
6	6.9	25	21	25	21	23	21	23	21	23	23	23	23	23	21	32	32	20	17.0
10	11.5	35	30	35	30	30	27	30	27	30	30	30	30	30	27	42	42	28	24
15	17.5	45	38	45	38	40	36	40	36	40	40	40	40	40	36	57	57	38	32
20	23.0	55	47	55	47	50	45	50	45	50	50	50	50	50	45	68	68	50	43
35	40.5	85	72	85	72	80	72	80	72	80	80	80	80	80	72	100	100	70	60
63	69.0	140	120	140	120	140	126	140	126	140	140	140	140	140	126	165	165		
110	126.0	200	170	200	170	200	180	185	180	185	185	185	185	185	180	265	265		
220	252.0	395	335	395	335	395	356	395	356	395	395	360	360	360	356	450	450		
330	363.0	510	433	510	433	510	459	510	459	510	510	460	460	460	459				
500	550.0	680	578	680	578	680	612	680	612	680	680	630	630	630	612				

注：① 上表中，除干式变压器外，其余电气设备出厂试验电压是根据现行国家标准《高压输变电设备的绝缘配合》；

② 干式变压器出厂试验电压是根据现行国家标准《干式电力变压器》；

③ 额定电压为1kV及以下的油浸电力变压器交接试验电压为4kV，干式电力变压器为2.6kV；

④ 油浸电抗器和消弧线圈采用油浸电力变压器试验标准。

附录二　电机定子绕组绝缘电阻值换算至运行温度时的换算系数

电机定子绕组绝缘电阻值换算至运行温度时的换算系数

附表 2.1

定子绕组温度（℃）		70	60	50	40	30	20	10	5
换算系数 K	热塑性绝缘	1.4	2.8	5.7	11.3	22.6	45.3	90.5	128
	B 级热固性绝缘	4.1	6.6	10.5	16.8	26.8	43	68.7	87

本表的运行温度，对于热塑性绝缘为 75 ℃，对于 B 级热固性绝缘为 100 ℃。

当在不同温度测量时，可按上表所列温度换算系数进行换算。例如某热塑性绝缘发电机在 t=10 ℃ 时测得绝缘电阻值为 100MΩ，则换算到 t=75 ℃ 时的绝缘电阻值为 100/K=100/90.5=1.1MΩ。

也可按下列公式进行换算：

对于热塑性绝缘：

$$R_t = R \times 2^{(75-t)/10}\ (M\Omega)$$

对于 B 级热固性绝缘：

$$R_t = R \times 1.6^{(100-t)/10}\ (M\Omega)$$

式中　R —— 绕组热状态的绝缘电阻值；

R_t —— 当温度为 t℃ 时的绕组绝缘电阻值；

t —— 测量时的温度。

附录三　油浸电力变压器绕组直流泄漏电流参考值

油浸电力变压器绕组直流泄漏电流参考值

附表 3.1

额定电压 (kV)	试验电压峰值 (kV)	在下列温度时的绕组泄漏电流值（μA）							
		10℃	20℃	30℃	40℃	50℃	60℃	70℃	80℃
2～3	5	11	17	25	39	55	83	125	178
6～15	10	22	33	50	77	112	166	250	356
20～35	20	33	50	74	111	167	250	400	570
63～330	40	33	50	74	111	167	250	400	570
500	60	20	30	45	67	100	150	235	330

附录四　本标准用词说明

一、为便于在执行本标准条文时区别对待，对要求严格程度不同的用词说明如下：

1. 表示很严格，非这样作不可的：

正面词采用“必须”；

反面词采用“严禁”。

2. 表示严格，在正常情况下均应这样作的：

正面词采用“应”；

反面词采用“不应”或“不得”。

3. 表示允许稍有选择，在条件许可时首先应这样作的：

正面词采用“宜”或“可”；

反面词采用“不宜”。

二、条文中指定应按其它有关标准、规范执行时，写法为“应符合……的规定”或“应按……执行”。

附加说明

本标准主编单位、参加单位和主要起草人名单

主 编 单 位： 能源部电力建设研究所

参 加 单 位： 上海电力建设局调整试验所

能源部水电第十二工程局

东北电业管理局

陕西省送变电工程公司

广东省输变电工程公司

华东电业管理局工程建设定额站

东北电力建设第一工程公司

大庆石油管理局供电公司

化工部施工技术研究所

主要起草人： 马家祚　高达勇　姚　耕

中华人民共和国国家标准

电气装置安装工程 电气设备交接试验标准

GB 50150—91

条 文 说 明

前 言

根据国家计委计综〔1986〕2630号文的要求，由原水利电力部负责主编，具体由能源部电力建设研究所会同有关单位对《电气装置安装工程施工及验收规范》GBJ 232—82第十七篇“电气设备交接试验标准篇”修订而成。经中华人民共和国建设部1991年11月15日以建标〔1991〕818号文批准发布。

为便于广大设计、施工、科研、学校等有关单位人员在使用本标准时能正确理解和执行条文规定，《电气装置安装工程电气设备交接试验标准》编制组根据国家计委关于编制标准、规范条文说明的统一要求，按《电气装置安装工程电气设备交接试验标准》的章、节、条顺序，编制了《电气装置安装工程电气设备交接试验标准条文说明》，供国内有关部门和单位参考。在使用中如发现本条文说明有欠妥之处，请将意见直接函寄本标准的管理单位能源部电力建设研究所（北京良乡，邮政编码：102401）。

目　　录

第一章　总　则

第1.0.2条

一、规定本标准适用于500 kV及以下新安装电气设备的交接试验。参照现行国家标准《高压输变电设备的绝缘配合》(GB311.1-83)等有关规定，已将试验电压适用范围提高到500 kV电压等级的实际情况，予以明确规定。

二、对于安装在煤矿井下或其它有爆炸危险场所的电气设备，因其工作条件特殊，有关部门已制订有专用规程，因此，本标准不适用于安装在煤矿井下或其它有爆炸危险场所的电气设备。

第1.0.3条　本条所列继电保护等，规定其交接试验项目和标准按相应的专用规程进行。

第1.0.4条　过去新安装的变电站在交接试验时，对110 kV及以上的电气设备，大多未作交流耐压试验，但在投入试运行后未发生问题。另外，目前各基建单位大多缺乏进行此项试验的设备，在国内普遍推行有实际困难，故仍保留原条文。

另外，本条中的"进行耐压试验"是指"进行工频交流或直流耐压试验"。

本条补充了对变压器、电抗器及消弧线圈注油后绝缘试验前的静置时间，这是参照国内及美国、日本的安装、试验的实践而制订的，以便使残留在油中的气泡充分析出。

第1.0.7条

一、试验时"要注意湿度对绝缘试验的影响"。因原条文中只考虑温度，而有些试验结果的正确判断不单和温度有关，也和湿度有关。湿度标准规定为空气相对湿度不宜高于80%，因为作外绝缘试验时，若相对湿度大于80%，闪络电压会变得不规则，故希望尽可能不在相对湿度大于80%的条件下进行试验。另外，能源部《交流500 kV电气设备交接和预防性试验规程》(试行)第一章第七条中也有规定："绝缘试验应在……相对湿度一般不高于80%的条件下进行"。为此，规定试验时的空气相对湿度不宜高于80%。

二、规定常温为10～40℃、运行温度为75℃的定义，以便现场试验时容易掌握。

三、规定对油浸式变压器、电抗器及消弧线圈，应以其上层油温作为测试温度，以便与制造厂及生产运行的测试温度的规定统一起来。

第1.0.8条　增加了极化指数的规定，500 kV级电力变压器等设备用极化指数的指标来判断绝缘的状态。

由于极化指数是此次修订时新加入的概念，故具体标准有待从工作中积累经验数字后再明确。

第1.0.10条　为了与国家标准中关于低压电器的有关规定及现行国家标准《中小型三相异步电动机试验方法》(GB 1032—68)中的有关规定尽量协调一致。为此将电压等级增加为5档，即100 V以下，500 V以下至100 V，3000 V以下至500 V，10000 V以下至3000 V和10000 V及以上，使规定范围更为严密。

第1.0.11条　规定了本标准的高压试验方法应按现行国家标准《高电压试验技术》(GB 311.2—83～GB311.6—83)的规定执行，以资统一，便于将试验结果进行比较分析。

第二章 同步发电机及调相机

本章标题为“同步发电机及调相机”，这里所指的同步发电机包括水轮发电机。因为水轮发电机的交接试验项目和标准，除个别条款外，大部分与汽轮发电机相同，可以列在一起。此外，1982年以前的施工验收规范以及原水电部的《电气设备交接和预防性试验标准》，都将水轮发电机的项目，列入同步发电机一章内。

第2.0.1条

一、本条规定了“同步发电机及调相机”的试验项目，其条文说明在下面相应各条中加以说明。

二、本条注①、注②中，具体规定了容量6000 kW以下，电压1 kV以上的同步发电机及电压1 kV及以下、各种容量的同步发电机的试验项目。这是参照苏联电气装置安装法规1985年版拟定的。这样，对电力系统内外各种不同容量的同步发电机，交接试验时应进行的工作，都有了依据。

第2.0.2条

一、本条第二款规定“对沥青浸胶及烘卷云母绝缘的吸收比不应小于1.3；对环氧粉云母绝缘的吸收比不应小于1.6”，以与原水电部《电气设备预防性试验规程》统一；由于绝缘材料质量的提高，试验结果表明，此标准对于干燥的绝缘是能达到的。

二、注④“对水冷电机，应测量汇水管及引水管的绝缘电阻”。因发生过由于汇水管及引水管的绝缘低而影响了发电机定子绕组绝缘电阻的实际值，从而作出错误判断的事例。

第2.0.4条 本条规定了定子绕组直流耐压试验和泄漏电流测量的试验标准、方法及注意事项。特别对氢冷电机，必须严格按本条要求进行耐压试验，以防含氢量超过标准时发生氢气爆炸事故。

第2.0.5条 现场组装的水轮发电机定子绕组工艺过程中的交流耐压试验电压标准明确应按《水轮发电机组安装技术规范》(GB 8564-88)的有关规定执行。

第2.0.7条 增加了“当误差超过规定时，还应对各磁极绕组间的连接点电阻进行测量”，以便分析判断误差超过标准的原因。

第2.0.8条 关于转子绕组的交流耐压试验，在1982年以前是参照原水电部《电力建设施工及验收暂行技术规范》电气装置篇第二十五章“电气装置的交接试验”第1218条的规定执行。全文为“凸极式转子线圈的试验电压为7.5倍额定励磁电压，但不应低于1200 V，隐极式转子不需进行交流耐压试验……”。

1977年原水电部《电气设备交接和预防性试验标准》第二章“同步发电机及调相机”表1序号7转子绕组交流耐压试验的周期为：“（1）显极式转子交接时、大修时和更换绕组后；（2）隐极式转子拆卸套箍后、局部修理槽内绝缘和更换绕组后。”规定隐极式转子绕组交接时不进行交流耐压试验。

原“标准”规定：转子绕组按出厂试验电压的75%进行交流耐压试验，这包括了隐极式转子绕组。理由是“以往隐极式转子接地故障的事故率是不低的，故为了确保运行安全，在交接时与显极式一样均应作交流耐压试验”。关于这条规定的执行情况，调查研究发现全国大多数新安装的汽轮发电机的隐极式转子绕组都未进行交流耐压试验，但在试运行期间未发生过转子接地故障。而且新安装的汽轮发电机在出厂时已作过转子绕组交流耐压试验，在工地安装好后靠交接时进行交流耐压试验来发现接地故障是不可能的。到现在为止发生的转子绕组接地故障多数是在运行数年后发生的，故不属于交接试验范围。近年来引进的日本、苏联、捷克、德国、法国、比利时等国制造的汽轮发电机，现场也未进行过转子绕组的交流耐压试验。因此，本条文规定只有显极式转子绕组才进行交流耐压试验，而隐极式转子绕组可用2500 V兆欧表测量绝缘电阻来代替。

第2.0.9条 指出当回路中有电子元器件时，测量绝缘电阻时应注意的事项。

第2.0.10条 试验电压应为1000 V，这是参照原水电部《电气设备预防性试验规程》的标准制订的。

第2.0.16条

一、测量转子绕组的交流阻抗，有的制造厂未列入出厂试验项目，但在交接试验时测量转子绕组的交流阻抗，可以作为运行时判断转子匝间绝缘情况的原始数据，实践证明，当转子绕组有匝间短路时，转子绕组功率损耗的变化也是比较明显的；

二、为了了解转子绕组在强大离心力作用下，其匝间绝缘是否有缺陷，本条规定在超速试验前后的额定转速下分别测量。

第2.0.17条 “对于发电机变压器组，若发电机本身的短路特性有制造厂出厂试验报告时，可只录取整个机组的短路特性，短路点在变压器高压侧”的规定，理由如下：

一、交接试验的目的，主要是检验安装过程中的质量。但发电机的特性不可能在安装的过程中加以改变。因此当发电机短路特性已有出厂报告时，可以此为依据作为原始资料，并进行有关计算，没有必要在交接时重做此项试验。

二、单元接线的发电机变压器组容量很大，整套起动试验时，为了拆装短路母线，需10 h以上，推迟了发电时间。

三、30多年的实践证明，起动时测出的短路特性和出厂试验很接近，没有发现由于起动时测出的短路特性不合格从而查出发电机本身有问题的情况。

四、为了给电厂留下一组特性曲线以备检修后复核，因此在变压器高压侧短路，录取整个机组的短路特性。

五、苏联《电气装置安装法规》第一篇第八章“交接试验标准”中1.8.13第9款中规定：对于发电机变压器组，需录取包括变压器在内的整组短路特性。如果已有制造厂出厂试验记录，可不必测定发电机变压器组中的发电机的短路特性。

第2.0.18条

一、在额定转速下，空载试验的最高电压值，是参照原水电部《电气设备预防性试验规程》的有关规定制订的。

二、“对于发电机变压器组，如果发电机本身的空载特性及匝间耐压有制造厂出厂试验报告时，可以不将发电机从机组拆开作发电机的空载特性，而只作发电机变压器组的整组空载特性，电压加至定子额定电压值的105%”的规定。理由参见第2.0.17条条文说明中的1、2、3、4各款，而将短路条件视为开路。此外，苏联《电气装置安装法规》中规定：录取发电机变压器组的整组空载特性，电压加至1.15倍额定电压（因受变压器限制）。如制造厂有相应的试验记录，可不测变压器断开时的发电机的空载特性。本标准中，整组空载试验时的最大试验电压值定为额定电压的1.05倍，这是考虑到变压器运行电压为额定电压的1.05倍的缘故。

第2.0.19条 测录发电机定子开路时的灭磁时间常数，“对发电机变压器组可带空载变压器同时进行”，以便与第2.0.18条相对应。

第2.0.22条 本条分别对汽轮发电机及水轮发电机测得的轴电压提出要求；同时规定测量时发电机的运行工况。

第三章 直流电机

第3.0.3条 规定了直流电阻测量值与制造厂数据比较的标准，这是参照原水电部《电气设备预防性试验规程》而制订的误差标准。

第3.0.4条

一、本条规定了测量电枢整流片间直流电阻的试验方法和标准：

1．当叠绕组回路有焊接不良、导线断裂或短路故障时，在相邻的两片间测量直流电阻，即能准确发现；

2．对波绕组应在绕组两端的整流片上测量，才能准确发现其缺陷；

3．对蛙式绕组要根据其接线的实际情况来测量其叠绕组和波绕组的片间直流电阻，才能准确而有效地发现绕组回路的缺陷。

二、煤矿电工手册（1980年版）第七章“直流电机”第四节“直流电机电枢绕组的检修”(三)“电枢绕组断路或短路检查”中说：

1．用直流电压降法检查电枢绕组。将直流电源接到换向器片上，两电源线的距离约等于极距，用测试棒逐片测量相邻两片之间的电压降。测量一段后，可移动电源位置继续测量，所有换向片的电压降应基本相等。当误差不超过±5％，则认为电枢绕组没有断路或短路。

2．检查蛙式绕组或有均压线的绕组时，不能采用1项接线，而应将电源线和毫伏表的测棒同时放在被测的换向片上。

三、苏联发电厂和变电站电气设备调试手册（1984年版）中说：除了测量相邻两个整流片的电阻外，对于叠式波式绕组的励磁机，在暴露焊接处的缺陷及匝间短路时，建议在整流片间测量，其距离是换向器的节距。

四、《苏联电气装置安装法规》对直流电机电枢绕组的整流片间的直流电阻测量规定为：除了绕组接线方式造成电阻值有规律的变化外，彼此间的电阻偏差不应大于10％。

第3.0.11条 本条规定测录“以转子绕组为负载的励磁机负载特性曲线”，这就明确了负载特性试验时，励磁机的负载是转子绕组，与以往所规定的“励磁机负载特性曲线”没有指明其负载相比，含义更清楚了，以免在执行中引起误解。

第四章　中频发电机

第4.0.1条　本条规定了中频发电机的试验项目，并在下面相应条文中予以说明。

第4.0.3条　测量绕组的直流电阻时，要注意有的制造厂生产的作为副励磁机使用的感应子式中频发电机，发生过由于引线长短差异以致各相绕组电阻值差别超过标准，但经制造厂检查无异状而投运的事例。为此，要求测得的绕组电阻值应与制造厂出厂数值比较为妥。

第4.0.5条　永磁式中频发电机现已开始在新建机组上使用，测录中频发电机电压与转速的关系曲线，以此检查其性能是否有改变。要求"测得的永磁式中频发电机的电压与转速的关系曲线与制造厂出厂数值比较，应无明显差别"。

第五章　交流电动机

第5.0.1条　本条注中的电压1000 V以下，容量100 kW以下，这是参照原水电部《电气设备预防性试验规程》的规定制订的。其中需进行第十、十一两款的试验，是因为定子绕组极性检查和空载转动检查对这类电动机也是必要的。但有的机械部分已和电动机连接不易拆开的，可以连同机械部分一起试运。

第5.0.2条

一、电动机绝缘多为B级绝缘，参照不同绝缘结构的发电机其吸收比不同的要求，因此规定电动机的吸收比不应低于1.2。

二、苏联近年出版的电动机不经干燥投入运行条件中，规定

电动机的绝缘电阻值和吸收比测量记录　表5.0.2

电机型号	额定工作电压(kV)	容量(kW)	绝缘电阻(MΩ)		R60s/R15s	测试时温度(℃)
			R60s	R15s		
YL	6	1000	2500	1500	1.66	5
JSL	6	550	670	450	1.48	4
JK	6	350	1100	900	1.22	4
JSL	6	360	3400	1900	1.78	4
JS	6	300	1900	860	2.2	18
JS	6	1600	4000	1800	2.22	16
JS	6	2500	5000	2500	2.0	25
JSQ	6	550	3100	1400	2.21	12
JSQ	6	475	1500	500	3.0	12
JS	6	850	4000	1500	2.66	11

对于容量为5000 kW以下，转速为1500 r/min以下的电动机，在10～30℃时测得的吸收比大于1.2即可。

三、凡吸收比小于1.2的电动机，都先干燥后再进行交流耐压试验。高压电动机通三相380 V的交流电进行干燥是很方便的。因为大多是由于绝缘表面受潮，干燥时间短；有的电动机本身有电热装置，所以电动机的吸收比不低于1.2是能达到的。

收集了一些关于新安装电动机的资料，并将测得的绝缘电阻值和吸收比汇总如表5.0.2。从表中可以看出，新安装电动机的吸收比都可达到1.2的标准。

第5.0.3条 新安装的交流电动机定子绕组的直流电阻测量值与误差计算实例如表5.0.3。

交流电动机定子绕组的直流电阻测量值与误差计算表 **表5.0.3**

电动机型号	容量(kW)	线间直流电阻值(Ω)			按最小值比的误差(%)
		1～2	2～3	3～1	
JSL	550	1.400	1.406	1.398	0.57
JK	350	2.023	2.025	2.025	0.09
JSL	360	2.435	2.427	2.430	0.32
JS	300	2.850	2.856	2.850	0.21
JS2	1600	0.1365	0.1365	0.1363	0.15
JS2	2500	0.0733	0.0735	0.0739	0.81
JSQ	550	1.490	1.480	1.484	0.67
JSQ	475	1.776	1.770	1.770	0.34
JS	850	0.6357	0.6360	0.6365	0.12
JS	220	4.970	4.98	4.972	0.2

表5.0.3说明，新安装的交流电动机定子绕组的直流电阻的判断标准按最小值比进行判断是可行的。另外，原水电部《电气设备预防性试验规程》中对已运行过的交流电动机定子绕组的直流电阻的标准仍是："各相绕组的直流电阻相互差别不应超过最小值的2%，线间电阻不超过最小值的1%"。

第5.0.4条

一、目前交流电动机的容量已达4500 kW以上，相当于一台小型发电机，对其绝缘性能应加强判断，因此增设定子绕组的直流耐压试验项目。

二、本条规定对1000 V以上及1000 kW以上中性点连线已引出至出线端子的电动机进行直流耐压试验和测量泄漏电流。试验电压标准参照原水电部《电气设备预防性试验规程》中的有关规定。由于做直流耐压试验时须分相进行，以便将各相泄漏电流的测得值进行比较分析和判断，因此，对中性点已引出的电动机才进行此项试验。

第5.0.12条

一、引用原GBJ 232—82第三篇"旋转电机篇"第4.0.3条的内容，规定了电动机空转的时间和测量空载电流的要求。

二、电动机带负荷试运，有时发生电动机发热，三相电流严重不平衡，如果作过空载试验，就可辨别是电机的问题，还是机械的问题，从而使问题简单化，因此增设了此项试验。

第六章 电力变压器

第6.0.1条 本条的附注参照相应的国家标准等要求作了如下补充修改：

一、按《电力变压器》（GB1094-85）容量等级的划分，对注①、注②根据不同容量，规定了应试验的项目；

二、本条注③、注④、注⑤是按照不同用途的变压器而规定其应试验的项目；

三、对注⑥是根据运行单位的维护与检修工作的需要，同时也为了使较重要的变压器具有完整的技术档案而规定这一附加要求。

关于变压器的瓦斯继电器、信号及电阻温度计、压力释放器、冷却循环油泵、风扇电动机等附件的试验，因已在《电气装置安装工程电力变压器、油浸电抗器、互感器施工及验收规范》（GBJ232-90）中作了规定，故不再重复列入本标准中。

第6.0.3条 本条规定了绕组电压等级在220kV及以上的变压器变压比误差标准。

目前在变压器常用结线组别的变压比测试中，电压表法一般均被变压比电桥测试仪所代替，它使用方便，且能较正确地测出变压比误差，对综合判断故障及早发现问题有利。

本条文只规定了220kV及以上电压等级的变压器变压比误差要求，是考虑它们在电力系统中的重要性以及施工单位对这些设备的测试能力。

按照调研资料分析，变压器出厂后曾发现分接头有接错现象，为此对220kV以下等级的变压器，只要施工单位具有变压比误差测试仪器也可进行测试，以便及早发现可能存在的隐患。

对于220kV及以上电力变压器在额定分接头位置上的变压比误差标准是参照《电力变压器》（GB1094-85）的表4中有关标准而制订的。

第6.0.4条 检查变压器结线组别或极性必须与设计要求相符，主要是指与工程设计的电气主结线相符。目的是为了避免在变压器订货或发货中以及安装结线等工作中造成失误。

第6.0.5条

一、由于考虑到变压器的选用材料、产品结构、工艺方法以及测量时的温度、湿度等因素的影响，难以确定出统一的变压器绝缘电阻的允许值，故将GBJ232-82中的表6.0.5-1《油浸电力变压器绕组绝缘电阻的最低允许值》增加以下各点补充后列于此（表6.0.5），当无出厂试验报告时可供参考：

油浸电力变压器绕组绝缘电阻的最低允许值(MΩ) 表6.0.5

高压绕组电压等级 (kV)	温度 (℃)								
	5	10	20	30	40	50	60	70	80
3～10	675	450	300	200	130	90	60	40	25
20～35	900	600	400	270	180	120	80	50	35
63～330	1800	1200	800	540	360	240	160	100	70
500	4500	3000	2000	1350	900	600	400	270	180

1. 补充了温度为5℃时各电压等级的变压器绕组的绝缘电阻允许值。这是按照温度上升10℃，绝缘电阻值减少一半的规定按比例折算的；

2. 参照原水电部《电气设备预防性试验规程》中，油浸电力变压器绕组泄漏电流允许值的内容，补充了在各种温度下330kV级变压器绕组绝缘电阻的允许值；

3. 参照能源部《交流500kV电气设备交接和预防性试验规

程》(SD301-88)中的规定："绕组连同套管的绝缘电阻的最低值，当温度为20℃时，不应小于2000MΩ"。补充了在各种温度下500kV级变压器绕组的绝缘电阻的允许值，并按本条第一款第1项中的温度换算的规定，进行换算后列入表中的。

二、不少单位反映220kV及以上大容量变压器的吸收比达不到1.3，而现行的变压器国标中也无此统一标准。调研后认为，220kV及以上的大容量变压器绝缘电阻高，泄漏电流小，绝缘材料和变压器油的极化缓慢，时间常数可达3min以上，因而R60s/R15s就不能准确地说明问题，为此本条中引入了"极化指数"的测量方法，即R10min/R1min，以适应此类变压器的吸收特性，实际测试中要获得准确的数值，还应注意测试仪器、测试温度和湿度等的影响。

三、"变压器电压等级为35kV及以上，且容量在4000kVA及以上时，应测吸收比"，这是参照国标《35kV级三相油浸电力变压器技术参数和要求》(GB6451.2-86)的规定修订的。

四、为了便于换算各种温度下的绝缘电阻，在本标准表6.0.5下面，增加了注和说明，以便现场应用。

第6.0.6条

一、"变压器电压等级为35kV及以上且容量在8000kVA及以上时，应测tgδ值"，是参照国标《35kV级三相油浸电力变压器技术参数和要求》(GB6451.2-86)的规定修订的。

油浸电力变压器绕组介质损耗角正切值tgδ(%)最高允许值 **表6.0.6**

高压绕组电压等级(kV)	温度(C) 5	10	20	30	40	50	60	70
35及以下	1.3	1.5	2.0	2.6	3.5	4.5	6.0	8.0
35～220	1.0	1.2	1.5	2.0	2.6	3.5	4.5	6.0
330～500	0.7	0.8	1.0	1.3	1.7	2.2	2.9	3.8

二、参照国标《三相油浸电力变压器技术参数和要求》(GB6451-86)的有关规定，原条文中表6.0.6-1《油浸电力变压器绕组介质损耗角正切值tgδ(%)最高允许值》经补充后列于此(表6.0.6)，供参考。

第6.0.7条 该项目测试容量从测试的必要性考虑提高到10000kVA及以上，另外也规定了500kV电压等级的直流试验电压标准。

变压器直流泄漏电流在制造厂是不测试的，但多年来预防性试验证明，对发现变压器受潮或局部缺陷是有效的；目前虽因测试的分散性很大，无法列出统一标准，但可供以后运行时对照。

为了使直流泄漏电流值测试能获得较准确的判断，在试验中应注意"电渗现象"，即当绕组施加正极性试验电压时，水分会因电场作用而被排斥渗向油箱，使绝缘物中的水分相对被减少，因而实际测得的泄漏电流值变小，为此在直流泄漏试验时应将负极接到被试绕组上。

500kV绕组的直流泄漏试验电压为60kV。此标准是参照能源部《交流500kV电气设备交接和预防性试验规程》(试行)中的规定。

附录三列出的油浸电力变压器绕组直流泄漏电流值是运行、试验单位多年来实践的总结，以便于各单位测试时参考。

第6.0.8条 随着试验变压器容量及技术水平的提高，本条增加了"容量为8000kVA及以上，绕组额定电压在110kV以下的变压器，在有试验设备时，可按附录一试验电压标准进行交流耐压试验"的有关内容。对额定电压在110kV及以上的大容量变压器，目前有些国家采用低电压长时间的绝缘考核方法，在现场宜于实施，但对其标准、方法的可行性还有待科研部门进一步研究与论证。

另外，国内已有某些电网采用操作波感应耐压代替工频或倍频感应耐压，一般利用小型冲击发生器对被试变压器本身的低压绕组来冲击励磁，借助电磁耦合在高压或中压侧感应出预定的试验电压值。

按国际电工委员会（IEC）的推荐，可采用负极性操作冲击波，波形要求如下：

$T_{头}\geqslant 20\mu s$　　　$T_{尾}\geqslant 500\mu s$

反峰电压$\Delta Um=0.5Um$

$T_c\geqslant 200\mu s$（90%幅值持续时间）

表示方式为$\geqslant -[20\times 500(0)\times 200(90)]\mu s$

这种试验方法由于其设备比较轻便，试验电源容量不大，同时示伤灵敏，对220kV以上超高压电气设备的现场绝缘试验较适合；但它仍属于破坏性耐压试验，要广泛应用于交接试验中还应在操作方法、试验仪器、采用的标准等方面进一步总结、完善和提高（一般现场操作波耐压值为出厂值的0.85倍）。

第6.0.9条　根据（81）一机电联字第327号文，已要求制造厂按IEC标准，对200kV及以上变压器，将局部放电和全波冲击试验列为出厂试验项目。

500kV电压等级的变压器，一般从出厂到工地安装完毕，要经过较长的运输和多道工艺的安装流程，中间可能会出现某种冲击、受潮等不利于绝缘的情况。因此在现场安装完毕后，应积极创造条件做局部放电试验，这是保证安全、顺利投产的有效措施之一；但局部放电试验设备耗资大、试验电压高、设备笨重、测试电源抗干扰等问题还有待于进一步研究解决；测试所用的仪器、设备有待于国产化、标准化；测试人员也应培训、考核，才能使测试的有效性进一步提高。为了使局部放电试验达到预期的效果，在试验时，需按《电力变压器》(GB1094.3-85)的11.4规定的标准进行，施加试验电压时，应按图6.0.9所示的时间顺序。

在不大于$1/3U_2$的电压下接通电源并增加至U_2，持续5min，再增加至U_1，保持5s，然后立即将U_1降低到U_2，保持30min，当电压再降至$1/3U_2$以下时，方可切断电源。

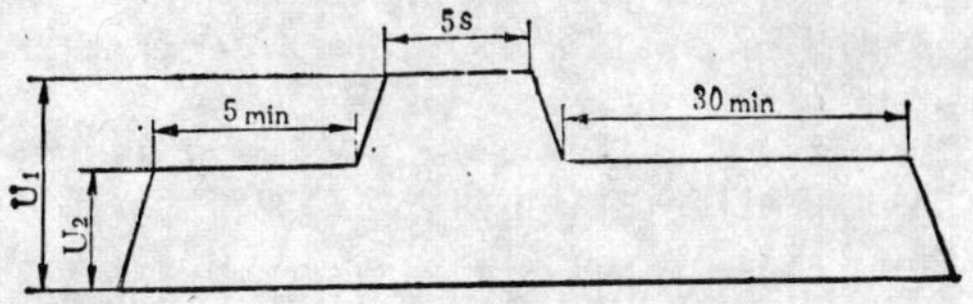

图6.0.9　施加试验电压时间顺序

U_1——预加电压；U_2——测量电压

变压器在感应耐压试验时的局部放电量测量可按《电力变压器》(GB1094.3-85)的附录A进行。

第6.0.10条

一、明确绝缘测试的时间及要求，以便能更好地发现薄弱环节；

二、施工中曾发现运输用的铁芯支撑件未拆除问题，故规定在注油前要检查接地线引出套管对外壳的绝缘电阻，以免造成较大的返工。

第6.0.12条　变压器的绝缘油是绝缘结构的一个主要部分，为此国内外的有关制造厂和施工、运行单位在测试中都予以极大的重视，普遍认识到变压器绝缘油质量好坏是影响变压器安全可靠运行的重要因素之一。

绝缘油中溶解气体的色谱分析，是目前监视变压器内绝缘局部放电及过热等潜伏性故障的一个有效办法。原水电部科技司在1977年颁发了《用气相色谱法检测充油电气设备内部故障的试验导则》，执行几年来在运行单位都收到了良好的效果，避免了一些恶性事故的发生。

本条第六款的内容及标准主要是参照《变压器油中溶解气体分析和判断导则》(GB7252-87)制订的，但电压等级及容量的划分是根据试验的必要性与经济性综合分析而定。

绝缘油中的微量水及含气量测量对加强绝缘油的质量管理与

监视也是很有效的两种指标，但目前我国仅在500kV电压等级上进行得多些，而且测试方法及手段还有待进一步完善。这次制定的标准主要参照了IEC、JIS、IEEE的标准以及原水电部《电气设备预防性试验规程》和各网局、电力试验研究所制订的标准综合确定的。

变压器绝缘油的微量水和含气量的有关标准值介绍如下：

一、国际电工委员会IEC标准为：

含水量：72.5～170kV为15ppm，170kV以上为10ppm。

含气量：待定。

二、日本JIS标准：

含水量：500kV为10ppm，275kV为15ppm，154kV为20ppm。

含气量：500kV为0.5%以下，275kV为1.0%以下。

三、美国IEEE标准：

含水量：＜115kV为25ppm，115～230kV为20ppm，≥345kV为15ppm。

含气量：115～230kV为3%，500kV为0.5%以下。

第6.0.13条 本条第三款是参照《低压电器基本标准》(GB1499-79)修订的，在85%Un操作电压时应可靠动作。第四款中规定了无电压下循环操作次数，以保证在有电压下能可靠操作。对空载下的检查，一般制造厂规定连续切换只允许一个循环，以免因频繁操作使分接开关过渡电阻过热而损坏，为此在条文中规定按产品技术条件的规定进行。另外，规定了三相切换时的同步性要求，以保证有载调压的切换质量。第五款绝缘油的电气强度明确为注入前的耐压值，以确保注入切换开关油箱中的绝缘油质量，以防万一密封不良，开关油渗漏到本体油中会引起不良后果。

第6.0.14条 对于"发电机变压器组中间联接无操作断开点的变压器，可不进行额定电压下的冲击合闸试验"的规定，理由如下：

一、由于发电机变压器组的中间联接无操作断开点，在交接试验时，为了进行冲击合闸试验，需对分相封闭母线进行几次拆装，费时几十小时，将耗费很大的人力物力及投产前的宝贵时间；

二、发电机变压器组单元接线，运行中不可能发生变压器空载冲击合闸的运行方式；

三、历来对变压器冲击合闸主要是考验变压器在冲击合闸时产生的励磁涌流是否会使变压器差动保护误动作，并不是用冲击合闸来考验变压器的绝缘性能；

四、《苏联电气装置安装法规》中规定，对发电机变压器组的结线，建议零起升压投运；

五、1987年10月在《500kV输变电设备交接和预防性试验导则》讨论会上，也同意额定电压下冲击合闸试验对发电机变压器单元结线组一般可不进行。

根据上述情况，这次条文修订中明确："对发电机—变压器组中间连接无操作断开点的变压器，可不进行冲击合闸试验"。"对中性点接地的电力系统，试验时变压器的中性点必须接地"。

第6.0.16条 本条是参照了IEC551标准及《变压器和电抗器的声级测定》(GB7328-87)规定而制订的。

第七章 电抗器及消弧线圈

本章多数试验项目或条款与第六章“电力变压器”的相同，为此以下仅对本章特有的试验项目及条款加以说明。

第7.0.10条 条文中规定并联电抗器的冲击合闸应在带线路下进行。目的是为了防止空载下冲击并联电抗器时产生较高的谐振过电压，从而造成对断路器分、合闸操作后的工况及电抗器绝缘性能等带来不利影响。

第7.0.12条 箱壳的振动标准是参照了IEC有关标准并结合能源部《交流500kV电气设备交接和预防性试验规程》(试行)的规定。试验目的是为了避免在运行中过大的箱壳振动而造成开裂的恶性事故。对于中性点电抗器，因运行中很少带全电压，故对振动测试不作要求。

第7.0.13条 测量箱壳表面的温度分布，主要是检查电抗器在带负荷运行中是否会由于漏磁而造成箱壳法兰螺丝的局部过热，据有的单位介绍，最高可达150～200℃，为此有些制造厂对此已采取了磁短路屏蔽措施予以改进。初期投产时应予以重视，一般可使用红外线测温仪等设备进行测量与监视。

第八章 互 感 器

第8.0.2条 本条要求对110kV及以上的油纸电容式电流互感器测量末屏对二次绕组及地的绝缘电阻，这是由于在互感器受潮或进入雨水后，其末屏的绝缘降低较为明显，因而对判断比较有效。绝缘电阻的标准值，则取决于不同的产品结构和材料，有待在实践中积累资料；但对同一产品的测试值或投产前后的测试值互相比较可以从中发现问题，故应予以重视。

对500kV电压等级电流互感器，要求测量几个一次绕组之间的绝缘电阻，这是由于在正常运行中它们虽然是同电位的，但当绕组之间绝缘很薄弱时，会在系统故障影响下引起击穿短路，而使继电保护装置误动。

第8.0.3条 本条第二款中的倍频感应耐压标准是参照《高压输变电设备的绝缘配合》(GB311-83）的有关规定以及制造厂的产品技术条件订为出厂试验值的85%。

关于倍频感应耐压试验，应注意以下几点：

一、试验时高压侧的电压升高容许值，根据有关制造厂的推荐，可选用35kV电压级的为3%，110kV级的为5%，220kV级的为8%；

二、进行倍频感应耐压时，电容式电压互感器的中间电压变压器必须与分压电容分开，以免损坏中间电压变压器的绕组；

三、“绝缘性能有怀疑”是指：互感器的tgδ（%）值及绝缘电阻值与同批产品相比有明显增大，发现互感器外壳有变形、渗漏油、呼吸器硅胶受潮变色等不正常现象。

第8.0.4条 第一款是参照原水电部《电气设备预防性试验规程》修订的。

关于介质损耗角正切值 tgδ（%）的温度换算问题，从某单位提供的“油浸纸绝缘的电流互感器或套管的 tgδ（%）温度换算系数表”（见本标准第15.0.3条的条文说明），可看出对于良好的绝缘，温度变化对 tgδ（%）值影响较小。能源部《交流 500kV 电气设备交接和预防性试验规程》（试行）中就明确了 tgδ（%）值一般不进行温度换算。

第二款是参照《电压互感器》（GB1207-86）的1.4.11注（2）的规定修订的，条文内容如下：

“对额定电压35kV 及以上的互感器，根据用户要求，还要进行介质损耗角正切值 tgδ（%）的测量，并向用户提供 10kV 电压下的实测值及相应试验方法。试验要求由各型互感器的技术条件规定”。

第8.0.5条 由于油浸式互感器油量较少，而且采用了微正压全密封结构，为此，在试验证明互感器绝缘性能良好的情况下，不应破坏产品的密封来取油样进行试验。

由于产品在制造厂内作绝缘试验后，在油内剩有各种气体，所以本条第二款中，对供分析判断的油中溶解气体，无法列出定量的标准，只能与产品出厂值进行比较。

关于油中含水量标准的制订理由见本标准第6.0.12条的条文说明。

第8.0.6条 考虑到各制造厂的产品在结构、材料上的不一致，所以规定其电阻值与出厂值及同批产品的测得值相比不应有明显差别。

第8.0.7条 测绘电流互感器的励磁特性曲线，主要是指继电保护装置有要求的才需进行此项试验。

第8.0.8条 参照国标《电压互感器》（GB1207-86）的规定，出厂试验时应进行产品的励磁特性试验，故本条规定空载电流与出厂数据相比较的要求，这对鉴别有无匝间故障是有一定效果的。

对于电容式电压互感器，主要是对中间电压变压器进行空载特性测试，但须在分压电容与中间电压变压器可拆开时才进行此项试验。

第8.0.9条 参见本标准第6.0.4条的条文说明。

第8.0.12条 对35kV 及以上的固体绝缘互感器，虽已通过 5min 的交流耐压试验，但由于在浇铸环氧树脂等有机物过程中可能有残留的小气泡以及产品可能在运输过程中受到振动而产生微小的裂纹，所以对有机绝缘物的互感器在现场应进行局部放电试验。

110kV 及以上的油浸式电压互感器，在对绝缘性能有怀疑时，可在有试验设备时进行局部放电试验。这里所指的对绝缘性能有怀疑，是指互感器 tgδ（%）值超过标准、互感器渗漏油、密封破坏或油中溶解气体的色谱分析不符合要求等等。

第8.0.13条 要求注意三相电容量的一致性，是为了防止不平衡电流引起继电保护在运行中误动，同理对三相电容量误差也需按继电保护的要求来进行选配。

第九章　油 断 路 器

第9.0.2条　本条中330～550kV电压等级的有机绝缘拉杆的绝缘电阻标准，是参照了原水电部《电气设备预防性试验规程》1985年修订本中的规定。

第9.0.3条　关于35kV多油断路器的tgδ（%）值，本条是参照了原水电部《电气设备预防性试验规程》，并在原《电气装置安装工程施工及验收规范》（GBJ232-82）基础上按断路器的不同型号作了相应的修改。

为了消除油箱、灭弧室及内部绝缘部件的影响，本条规定在卸下油箱进行分解试验时，每只套管的tgδ（%）值应符合本标准第十五章"套管"表15.0.3的规定，以便分清超过标准的原因。

第9.0.4条　本条是参照了原水电部《电气设备预防性试验规程》中的有关规定，对支柱瓷套包括绝缘拉杆的泄漏电流标准作了规定。

对220kV及以上的支柱瓷套的泄漏电流值标准提高到5μA，主要是为了提高灵敏度，以便更好地监视绝缘操作杆的受潮情况。

第9.0.5条　35kV及以下油断路器中有些是三相共一油箱的断路器，相间距离较小，为了防止运行中发生操作过电压等引起相间闪络，故本条规定相对地耐压试验外，还应同时进行相间耐压试验。

为了保证运行人员及设备的安全，35kV及以下的户内少油断路器及联络用断路器断口的耐压，可根据断路器所在的位置及过电压闪络会造成的后果等综合考虑而定。

第9.0.6条　导电回路的导电性能的好坏对保证断路器的安全运行具有重要的作用，因此IEC标准及制造厂的产品说明均规定测导电回路电阻，一般使用直流伏安法在100A左右下进行测试，但对于小容量的断路器，在无大电流测试条件时，也可使用双臂电桥法进行测量。

第9.0.7条　由于产品的规格、型号繁多，故要求调试实测值应符合产品技术条件的规定。

第9.0.8条　修改理由同本标准第9.0.7条。另外考虑到15kV及以下的断路器数量较多，如每一台都要进行测速试验，测速条件、测试设备及人力上均有一定困难，因此对这类断路器的分、合闸速度应由制造厂给予保证。相反15kV及以下的发电机出线断路器和与发电机主母线相连的断路器，因其担负的作用关键，断流容量大，工地组装的零部件多，调整工艺也较繁多，为此在条文中采取了不同的规定。

第9.0.10条　现有330kV电网中有采用带合闸电阻的油断路器，故在本条中规定应测量其合闸过程中的投入时间，并在安装前检查其电阻值是否符合要求。

第9.0.11条　本条要求对线圈绝缘电阻值进行测量，并要求其值不低于10MΩ，以确保操作回路的绝缘电阻值能达到1MΩ以上。

第9.0.12条　本条是参照现行国家标准《交流高压断路器》中"四、操动机构"的有关规定修订的。修改后的条文与原条文对照，有以下不同点：

一、原条文为"检查操动机构合闸接触器（或电磁铁）及分闸电磁铁的最低动作电压"。即"分闸电磁铁最低动作电压不小于30%Un，不大于65%Un；合闸接触器（或电磁铁）的最低动作电压不小于30%Un，不大于80（65）%Un"。修改后将这部分条文取消，改为操动机构的合闸操作及脱扣操作的操作电压范围，即电压在85%～110%Un范围内时，操动机构应可靠合闸；电压在大于65%Un时，操动机构应可靠分闸，并当电压小于30%Un时，操动机构应不得分闸。

二、原条文中规定电压值是在母线处量得为准，修改后的条文规定电压值是在线圈端钮处量得的电压。

第9.0.15条 明确了压力动作阀和压力表等自动元件及仪表的校验项目与标准。

第十章 空气及磁吹断路器

第10.0.3条 参见本标准第9.0.6条的条文说明。

第10.0.4条 参见本标准第9.0.4条的条文说明。

第10.0.5条 本条规定的分闸状态下的断口耐压，主要考虑由于空气及磁吹断路器断口距离较小，在操作过电压下有可能造成断口闪络或击穿事故。

第10.0.9条 参见本标准第9.0.11条的条文说明。

第10.0.10条 参见本标准第9.0.12条的条文说明。

第10.0.13条 参见本标准第9.0.15条的条文说明。

第十一章 真空断路器

本章是参照《10kV户内真空断路器通用技术条件》(JB3855-85),并通过对有关制造厂及用户调研后制订的。

第11.0.1条 真空断路器的试验项目基本上同其它断路器类似，但有两点不同：

一、测量合闸时触头的弹跳时间，其标准及测试的必要性，将在第11.0.7条中说明。

二、其它断路器须作分、合闸时平均速度的测试。但真空断路器由于行程很小，一般是用电子示波器及临时安装的辅助触头来测定主触头实际行程与所耗时间之比（不包括操作及电磁转换等时间)。考虑到现场较难进行测试，而且必要性不大，故此项试验未予列入。

第11.0.2条 本条标准是按本标准第9.0.2条的表9.0.2进行制订的。

第11.0.4条 真空断路器断口之间的交流耐压试验，实际上是判断真空灭弧室的真空度是否符合要求的一种监视方法。因此，真空灭弧室在现场存放时间过长时应定期按制造厂的技术条件规定进行交流耐压试验。至于对真空灭弧室的真空度的直接测试方法和所使用的仪器，有待进一步研究与完善。

第11.0.7条 在合闸过程中，真空断路器的触头接触后的弹跳时间是该断路器的主要技术指标之一，弹跳时间过长，弹跳次数也必然增多，引起的操作过电压也高，这样对电气设备的绝缘及安全运行也极为不利。据国外有关资料介绍，其弹跳时间不应大于2ms，我国某些制造厂也表示可以达到这一先进标准。为此在本条文中规定弹跳时间不应大于2ms。

第十二章 六氟化硫断路器

近年来，六氟化硫断路器已在60～500kV各电压等级系统中广泛使用，其中也有不少500kV的进口设备，因此有必要增加这部分的交接试验的项目和标准。

本章主要参照和采用了下列一些资料：

一、《六氟化硫封闭式组合电器》(GB7674-87)、现行国家标准《交流高压断路器》等国标；

二、国际电工委员会（IEC)《高压交流断路器》的标准；

三、原水电部《交流高压断路器技术条件》(SD132—85）中的“SF_6断路器及GIS技术条件”；

四、各网局、省局编制的500kV变电设备交接验收规范等。

六氟化硫断路器的一般试验项目和标准均与其它断路器相同，以下仅就其中的一些条文作必要的说明。

第12.0.4条 条文中规定110kV及以上的罐式断路器需进行耐压试验，主要考虑罐式断路器外壳是接地的金属外壳，内部如遗留杂物或运输中引起内部零件位移，就可能会改变原设计的电场分布而造成薄弱环节和隐患，这就可能会在运行中造成重大事故。

瓷柱式断路器，其外壳是瓷套，对地绝缘强度高，另外变开距瓷柱式断路器断口开距大，故对它们的对地及断口耐压试验均未作规定。但定开距瓷柱式断路器的断口间隙小，仅30mm左右，故规定做断口的交流耐压试验，以便在有杂质或毛刺时，也可在耐压试验时被“老练”清除。

本条的耐压试验方式可分为交流耐压和操作冲击耐压，视现场条件和试验设备而定，试验方法可参照《六氟化硫封闭式组合电器》（GB7674-87）的附录B“安装后的现场耐压试验”和附录C“关于现场试验技术和实施方法的建议”，并按产品技术条件规定的试验电压值的80%，作为现场试验的耐压试验标准。现场交流耐压试验时，断路器内部如有微量杂质或毛刺时，升压过程中可能会发生所谓“老练”试验性闪络，即未达到规定试验电压值断路器就自动跳闸，并可能多次出现，这是允许的。故在加电压时，需逐步递增，先升到相电压停留15min，再增至线电压停留3min，然后再增到试验电压下耐压试验1min；之后再由零升电压，若能在规定值下耐压试验1min，表示杂质或毛刺已清除，其交流耐压试验已通过。

对于使用操作冲击耐压，参照《六氟化硫封闭式组合电器》（GB7674-87）的附录C与B中对现场试验程序规定，在操作冲击试验前应先经交流耐压老练性试验，即在不低于最高相电压下耐压试验5min（如果现场设备条件不具备做交流耐压老练试验亦可用六次电压较低的操作冲击代替，先使用操作冲击试验电压的50%耐压，如果良好，按比例递增，每次增电压8%，至第7次达100%，连续冲击5次，反极性的操作冲击方法同上述），然后做冲击试验，正、负极性各3次，如果正（或负）极性的3次冲击中发生1次闪络，即需重复冲击3次，要求不发生闪络，这也就算通过了冲击耐压试验。如重复3次中又发生1次闪络，需重复进行9次试验均不发生闪络，才能表示通过，如断路器冲击闪络次数超过了2/15，即表示断路器的耐压试验不合格。

第12.0.9条 合闸电阻一般均是碳质烧结电阻片，通流能力大，以合闸于反相或合闸于出口故障的工作条件最为严重，多次通流以后，特性变坏，影响功能。

罐式断路器的合闸电阻布置于罐体内，故应在安装过程中未充入SF_6气体前，对合闸电阻进行检查与测试。

合闸电阻的投入时间是指合闸电阻的有效投入时间，就是从辅助触头刚接通到主触头闭合的一段时间。

第12.0.13条 SF_6气体中微量水的含量是较为重要的一个指标，它不但影响绝缘性能，而且水分会在电弧作用下在SF_6气体中分解成有毒和有害的低氧化物质，其中如氢氟酸（$H_2O+SF^6 \rightarrow SOF_2+2HF$）对材料还起腐蚀作用。

水分主要来自以下几个方面：（1）在SF_6充注和断路器装配过程中带入；（2）绝缘材料中水分的缓慢蒸发；（3）外界水分通过密封部位渗入。据国外资料介绍，SF_6气体内的水分达到最高值一般是在3～6个月之间，以后无特殊情况则逐渐趋向稳定。

有的断路器的气室与灭弧室不相连通，如某厂的罐式断路器就是使用盆式绝缘子将套管气室与灭弧室罐体隔开的，这是由于此类气室内SF_6充气压力较低，允许的微量水含量比灭弧室高。

断路器SF_6气体内微量水含量标准是参照国标《六氟化硫封闭式组合电器》（GB7674-87）中的相应规定而制订的。

第12.0.14条 泄漏值标准是参照《六氟化硫封闭式组合电器》（GB7674-87）及原水电部的《交流高压断路器技术条件》中有关“SF_6断路器及GIS技术条件”等的规定而制订的。

检漏仪的灵敏度不应低于1×10^{-6}（体积比），一般检漏仪则只能做定性分析。据有关单位介绍，用上述灵敏度的检漏仪测量无报警时，一般年漏气率也能控制在1%。另外，在现场也可采用局部包扎法，即将法兰接口等外侧用聚乙烯薄膜包扎5h以上，每个薄膜内的SF_6含量不应大于30ppm（体积比）。

第12.0.15条 SF_6气体密度继电器是带有温度补偿的压力测定装置，能区分SF_6气室的压力变化是由于温度变化还是由于严重泄漏引起的不正常压降。因此安装气体密度继电器前，应先检验其本身的准确度，然后根据产品技术条件的规定，调整好补气报警、闭锁合闸及闭锁分闸等的整定值。

第十三章　六氟化硫封闭式组合电器

第13.0.1条　本条规定的试验项目是参照国标《六氟化硫封闭式组合电器》（GB7674—87）的“7安装后的现场试验”的规定项目而制订的。

第13.0.2条　本条标准是参照《六氟化硫封闭式组合电器》（GB7674—87）的“7.2主回路电阻测量”的规定而制订的。

第13.0.3条　同本标准第12.0.4条的条文说明。

第13.0.4条　同本标准第12.0.14条的条文说明。

第13.0.5条　同本标准第12.0.13条的条文说明。

第13.0.7条　本条是参照《六氟化硫封闭式组合电器》（GB7674-87)的“7.4投运试验”而制订的，目的是为了验证封闭式组合电器的高压开关及其操动机构、辅助设备的功能特性。操动试验前，应检查所有管路接头的密封、螺钉、端部的连接；二次回路的控制线路以及各部件的装配是否符合产品图纸及说明书的规定等等。

第十四章　隔离开关、负荷开关及高压熔断器

第14.0.2条　绝缘电阻值是按本标准表9.0.2有机物绝缘拉杆的绝缘电阻标准制订的。

第14.0.3条　目的是发现熔丝在运输途中有无断裂或局部振断。

第14.0.4条　隔离开关导电部分的接触好坏可以通过在安装中对触头压力接触紧密度的检查来予以保证，但负荷开关与真空断路器及SF_6断路器一样，其导电部分好坏不易直观与检测，其正常工作性质也与隔离开关有所不同。所以应测量导电回路的电阻。

第14.0.5～14.0.7条　是参照《交流高压隔离开关》（GB1985-80）进行修订的。

第十五章 套　　管

第15.0.1条 本条第二款从原条文的35kV及以上改为20kV及以上，以便运行单位在预防性试验时对比。

第15.0.2条 应在安装前测量电容型套管的抽压及测量小套管对法兰外壳的绝缘电阻，以便综合判断其有否受潮，测试标准是参照原水电部《电气设备预防性试验规程》的规定。规定使用2500V兆欧表进行测量，主要考虑测试条件一致，便于分析。大部分国产套管的抽压及测量小套管具有3000V的工频耐压能力，所以使用2500V兆欧表不会损坏小套管的绝缘。

第15.0.3条 本条是参照《交流电压高于1kV的套管通用技术条件》(GB4109-83)以及《高压套管的技术条件》(GB4109-88)的规定进行修订的。本标准表15.0.3的注②是考虑到套管新、老型号的交替需要，便于现场使用。

由某单位提供的油浸纸绝缘电流互感器或套管的tgδ（%）的温度换算系数参考值转载如表15.0.3，供参考。

温度换算系数参考值　　　　**表15.0.3**

测量时温度tx(℃)	系　数　K	测量时温度tx(℃)	系　数　K
5	0.880	22	1.010
8	0.910	24	1.020
10	0.930	26	1.030
12	0.950	28	1.040
14	0.960	30	1.050
16	0.980	32	1.060
18	0.990	34	1.065
20	1.000	36	1.070
		39	1.080

注：20℃时的tgδ(%)=〔tx℃时测得的tgδ(%)〕×K。

第15.0.5条 套管中的绝缘油质量好坏是直接关系到套管安全运行的重要一环，但套管中绝缘油数量较少，取油样后可能还要进行补充，本条是在考虑上述因素后修订的，并新增了500kV电压等级的套管以及充电缆油的套管的绝缘油的试验项目和标准。

第十六章　悬式绝缘子和支柱绝缘子

第16.0.2条　明确对悬式绝缘子和35kV及以下的支柱绝缘子进行抽样检查绝缘电阻，目的在于避免母线安装后耐压试验时，因绝缘子击穿或不合格而需要更换，造成施工困难和人力物力的浪费。

第16.0.3条　本条第一款中规定35kV及以下支柱绝缘子在母线安装完后一起进行交流耐压试验。

35kV多元件支柱绝缘子的每层浇合处是绝缘的薄弱环节，往往在整个绝缘子交流耐压试验时不可能发现，而在分层耐压试验时引起击穿，为此本条规定应按每个元件耐压试验电压标准进行交流耐压试验。

表16.0.3规定的悬式绝缘子的交流耐压试验电压标准，是参照《盘形悬式绝缘子串元件尺寸与特性》（GB7253-87）中"绝缘子串元件主要特性表"的绝缘子型号及工频1min湿耐压试验及击穿电压值，并参照《盘形悬式绝缘子技术条件》（GB1001-86）中关于1h机电负荷试验电压为工频击穿电压的50%的规定而制订的。

第十七章　电 力 电 缆

第17.0.2条　电缆的绝缘电阻值，是与其结构、长度以及测量时的温度等因素有关，要规定一个数值则比较困难。现参照某单位提供的资料及《电机工程手册》第26篇《电线电缆》的有关数据，将各类电力电缆换算到20℃时的每公里的最低绝缘电阻值，如表17.0.2-1～17.0.2-3，以供参考。

粘性油浸纸和不滴流油浸纸绝缘电缆最低绝缘电阻值　　表17.0.2-1

额定电压(kV)	0.1～1	6及以上
绝缘电阻(MΩ)	100	200

额定电压6kV及以下的橡皮绝缘电缆最低绝缘电阻值　　表17.0.2-2

电缆截面(mm^2)	50及以下	70～185	240
绝缘电阻(MΩ)	50	35	20

塑料电缆最低绝缘电阻值　　表17.0.2-3

电缆额定电压(kV)		1	6	10	35
绝缘电阻(MΩ)	聚氯乙烯电缆	40	60	—	—
	聚乙烯电缆	—	1000	1200	3000
	交联聚乙烯电缆	—	1000	1200	3000

第17.0.3条　各类动力电缆的国家标准尚未正式颁布。本条是参考了制造厂的企业标准、机械工业部标准、原水电部标准，

以及苏联国家标准和IEC标准，并结合现场实际经验加以修订的。待我国有关各类动力电缆的国家标准正式颁布后，再行协调。

由于在标准中引进了U_0/U的概念后，使用初期要特别小心，因为直流耐压试验标准是U_0的倍数，所以不但要考虑相间的绝缘，还要考虑相对地绝缘是否合乎要求，以免造成损失。

一、电力电缆直流耐压试验电压标准，分别列表如下：

1. 本标准表17.0.3-1粘性油浸纸绝缘电缆直流耐压试验电压标准，是参照下列标准制订的：

（1）《粘性油浸纸绝缘金属护套电力电缆》(JB2926-81) 中规定：电缆敷设或安装接头盒后，应按每一种接线方式进行直流电压试验10min，其试验电压规定如表17.0.3-1。

直流试验电压值(JB2926-81) 表17.0.3-1

8.7/10 kV 及以下电缆	6U
21/35 kV 电缆	5U

（2）苏联国家标准《浸渍纸绝缘的动力电缆技术条件》(ГОСТ 18410-73)中规定：电缆敷设后应进行直流耐压试验，标准如表17.0.3-2。

直流耐压试验值（苏联国家标准） 表17.0.3-2

1～10 kV 电缆	$6U_n$
20及35 kV 电缆	$5U_n$

试验持续时间为10min。此处U_n为电缆额定电压。

（3）IEC-55-1 (1978) 中规定：浸渍纸绝缘金属护套电缆在电缆及附件安装完毕后，应进行直流耐压试验。试验值是例行试验时的数值的70%，试验持续时间5min。现场直流耐压试验的试验电压值按表17.0.3-3计算：

直流试验电压值〔IEC-55-1(1978)〕 表17.0.3-3

电缆额定电压	直流试验电压 (kV)	
	例行试验	现场安装后试验
6/6kV及以下电缆	$[2.5\times(U_0+U)/2+2]\times2.4$	$[2.5\times(U_0+U)/2+2]\times1.68$
6/10kV及以上电缆	$[2.5\times(U_0+U)/2]\times2.4$	$[2.5\times(U_0+U)/2]\times1.68$

注：U_0为电缆线芯对地或对金属屏蔽层间的额定工频电压(kV)；
U为电缆线芯间的额定工频电压(kV)。

现将几种规格的电缆现场安装后的直流试验电压值计算如表17.0.3-4。

直流试验电压计算值 表17.0.3-4

电缆额定电压U_0/U(kV)	0.6/1	6/6	8.7/10	21/35
现场安装后的直流试验电压(kV)	6.72	28.6	39.27	117.6

（4）苏联电气装置安装法规中规定的交接试验时电力电缆的直流试验电压如表17.0.3-5。

电力电缆的直流试验电压
（苏联电气装置法规） 表17.0.3-5

电缆绝缘	下列工作电压(kV)的电缆试验电压(kV)								加压时间
	2	3	6	10	20	35	110	220	(min)
纸绝缘	12	18	36	60	100	175	300	450	10

从以上比较分析，我国标准与苏联标准相同，IEC标准较低。为符合我国目前实际情况，现采用JB标准，列入本标准表17.0.3-1中。

2. 本标准表17.0.3-2不滴流油浸纸绝缘电缆直流耐压试验电压标准，是参照下列标准制订的：

（1）《不滴流油浸纸绝缘金属套电力电缆》(JB2927-81) 中

规定：电缆敷设或安装接头盒后，应按每一种接线方式进行直流耐压试验，试验持续时间为5min。其试验电压值规定如表 17.0.3-6。

直流试验电压值（JB2927-81）　　　　**表17.0.3-6**

电缆额定电压U_0/U(kV)	0.6/1	6/6	8.7/10	21/35
试验电压(kV)	6.7	29	37	89

（2）苏联国家标准《用不流动物质浸渍的纸包绝缘电力电缆技术条件》（ГОСТ18409-73）中规定电缆敷设后应进行直流耐压试验，标准如表17.0.3-7。

直流耐压试验（苏联国家标准）　　　　**表17.0.3-7**

电缆工作电压(kV)	6	10	35
直流试验电压(kV)	36	60	175

试验持续时间为10min。

（3）苏联电气装置安装法规中规定的交接试验时电力电缆的直流试验电压标准与本条文说明第一款第1项之（4）中的表17.0.3-5内容相同。

从以上比较分析，我国标准较苏联标准低，但因这是我国目前实际情况，故采用JB标准，列入本标准表17.0.3-2中。

3．本标准表17.0.3-3塑料绝缘电缆直流耐压试验电压标准，是参照下列标准制订的：

（1）《聚氯乙烯绝缘聚氯乙烯护套电力电缆》(JB1597-75)中规定电缆敷设后应经受直流耐压试验，时间15 min。试验电压值如表17.0.3-8。

直流试验电压值（JB1597-75）　　　　**表17.0.3-8**

电缆额定电压(kV)	1	6
直流试验电压(kV)	2.5	15.0

（2）IEC502（1983）中规定的现场直流耐压试验时间为15min，试验电压值如表17.0.3-9。

直流试验电压值〔IEC502(1983)〕　　　　**表17.0.3-9**

电缆额定电压U_0(kV)	0.6	1.8	3.6	6	8.7	12	18
直流试验电压(kV)	5.9	11	18.5	25	37	50.4	75.6

（3）苏联电气装置安装法规中规定的交接试验时对工作电压为3 kV的塑料电缆的直流试验电压为15kV，试验持续时间10min。

（4）《6～35kV交联聚乙烯电力电缆》(沪Q/JB2078-85)中规定现场直流耐压试验时间为15min，试验电压值如表17.0.3-10。

直流试验电压值（沪Q/JB2078—85）　　　　**表17.0.3-10**

电缆额定电压U_0(kV)	0.6	1.8	3.6	6	8.7	12	18	21	26
直流试验电压(kV)	2.4	7.2	15	24	35	48	72	84	104

注：U_0为电缆线芯对地或对金属屏蔽层间的额定工频电压。

从以上比较分析，沪Q/JB2078-85的标准与IEC标准和苏联标准接近，但较JB1507-75为高。考虑到电缆制造的标准正向IEC标准靠拢，故采用沪Q/JB2078-85的内容，列入本标准表17.0.3-3中。

4．本标准表17.0.3-4橡皮绝缘电力电缆直流耐压试验电压标准，是采用机械工业部标准《橡皮绝缘电力电缆》(JB679-77)及《6 kV矿用橡套软电缆》(JB1307-73)的有关规定，并参照原水电部《电气设备预防性试验规程》中规定的直流耐压试验电压标准制订的。

5．本标准表17.0.3-5充油绝缘电缆的直流耐压试验电压标准和原《电气装置安装工程施工及验收规范》（GBJ 232-82）相同。表中尚缺500kV级电缆的直流耐压试验电压标准。

第17.0.5条　充油电缆使用的绝缘油的试验项目及标准，是参照表17.0.5内容制订的。

根据综合分析比较及实际应用情况，并参考某研究单位在审查会上提出的意见，本条是采用表中资料4的试验项目及标准。

表17.0.5 充油电缆绝缘油的试验项目及标准

资料来源	绝缘油名称或用途	击穿强度不小于	tgδ(%)不大于	酸价,mg(KOH)/g油	脱气程度不大于
资料1	原料油		0.3(100℃)		
	合成油	240kV/cm	0.1(100℃)		
资料2		50kV/2.5mm	0.5(100℃)		
资料3		50kV/2.5mm	0.3(100℃)		
资料4	使用于110～220kV	45kV/2.5mm	0.5(100±2℃)		
	使用于330kV	50kV/2.5mm	0.4(100±2℃)		
电机工程手册电线电缆篇		45kV/2.5mm	0.5(100℃)		
苏联电气装置安装法规	C—220	180kV/cm	0.5(100℃)	0.02	1.0%
	MH—3	180kV/cm	0.8(100℃)	0.02	0.5%

第十八章 电 容 器

第18.0.1条 按照《电工名词术语》(GB2900.16-83)“电力电容器”中的规定，将“均压电容器”改称“断路器电容器”，“电力（移相）电容器”改称“并联电容器”。

第三款耦合电容器的局部放电试验，是参照能源部《交流500kV电气设备交接和预防性试验规程》(试行)而制订的。

第18.0.3条

一、参照《耦合电容器及电容分压器》(GB4705-84）及《断路器电容器》(GB4787-84）中的规定，改为：“测得的介质损耗角正切值 tgδ（%）应符合产品技术条件的规定”。

审查会上意见，“对浸渍纸介质电容器，tgδ（%）不应大于0.4；浸渍纸与薄膜复合介质电容器tgδ（%）不大于0.12；全膜介质电容器tgδ（%）不大于0.05”，这在《并联电容器》(GB3983-83）及《串联电容器》(GB6115-85）中，也有这些规定。上述数据必要时也可供参考。

二、原条文规定：“电容量不超过产品出厂值的±10%”。参照《耦合电容器及电容分压器》(GB4705-84）的5.3规定为：（1）电容器单元和叠柱的电容偏差不应超过其额定值的－5%或＋10%。（2）电容器叠柱中，任何两单元的实测电容之比值与这两单元的额定电压之比值的倒数之差不应大于5%。《断路器电容器》(GB4787-84)的5.6规定“电容器在额定工频电压下，在20℃时的实测电容值应在额定电容值±5%的范围内”。因此，本条规定“耦合电容器电容值的偏差应在额定电容值的＋10%～－5%范围内；断路器电容器电容值的偏差，应在额定电容值的±5%范围内”。对耦合电容器增加“同相串联任意相邻两节电容器电容值的偏差不应大于5％”。对电容器组“应测总的电容值”。

第18.0.4条 耦合电容器的局部放电试验，试验标准是参照能源部《交流500kV电气设备交接和预防性试验规程》（试行）的规定制订的。

第18.0.5条 参照《并联电容器》（GB3983-83）、《串联电容器》（GB6115-85）和《断路器电容器》（GB4787-84）中规定："现场验收试验时的工频电压试验宜采用不超过出厂试验电压的75％"；“现场验收试验电压为此表（即工厂出厂试验电压标准表）的75％或更低”。因此，本条规定“当产品出厂试验电压值不符合本标准表18.0.5的规定时，交接试验电压应为产品出厂试验电压的75％”。

第十九章 绝 缘 油

第19.0.1条 本条主要参照了《运行中变压器油、汽轮机油质量标准及试验方法》（GB 7595～7605-87）以及《变压器油国家标准》（GB2536-81）中的有关规定制订的。对于界面张力（25℃）的测试，这是检查油老化所产生的可溶性杂质的一种间接有效的方法，并将原“水溶性酸或碱”项目的标准从定性分析改为水溶性酸（pH）值的定量分析。其中参照《运行中变压器油质量标准》（GB 7595-87）所确定的（pH）值的指标，是某单位通过多年的现场调查，模拟台试验以及实验室试验综合得出的。

不同场合及设备使用的绝缘油的凝固点的规定是参照《运行中变压器油质量标准》（GB7595-87）进行制订的。

第19.0.2条 表19.0.2中序号1的适用范围第二款中明确了对15kV以下油断路器，其注入新油的电气强度已在35kV及以上时，可不必再从设备内取油进行电气强度试验，这样减少了重复多次取油及添油。但油箱在注入合格油前其内部必须是清洁与干燥的。

另外，简化分析试验栏中，是根据不同电气设备对绝缘油的要求，参照《运行中变压器油质量标准》（GB 7595-87）的有关规定制订的。

第19.0.3条 本条是采用了《电力用油运行指标和方法研究》资料中关于补油和混油的规定制订的。为了便于掌握该规定的要点，摘要如下：

一、正常情况下，混油的技术要求应满足以下五点：

1． 最好使用同一牌号的油品，以保证原来运行油的质量和明确的牌号特点。

2． 被混油双方都添加了同一种抗氧化剂，或一方不含抗氧化剂，或双方都不含。因为油中添加剂种类不同，混合后有可能发生化学变化而产生杂质，应予以注意。只要油的牌号和添加剂相同，则属于相容性油品，可以按任何比例混合使用。国产变压器油皆用2.6—二叔丁基对甲酚作抗氧化剂，所以只要未加其它添加剂，即无此问题。

3. 被混油双方的油质都应良好，各项特性指标应满足运行油质量标准。

4. 如果被混的运行油有一项或多项指标接近运行油质量标准允许的极限值，尤其是酸值，水溶性酸（pH）值等反映油品老化的指标已接近上限时，则混油必须慎重对待。

5. 如运行油质已有一项与数项指标不合格，则应考虑如何处理，不允许利用混油手段来提高运行油的质量。

二、关于补充油及不同牌号油混合使用的几项规定：

1. 不同牌号的油不宜混合使用，只有在必须混用的情况下方可混用；

2. 被混合使用的油其质量均必须合格；

3. 新油或相当于新油质量的不同牌号变压器油混合使用时，应按混合油的实测凝固点决定是否可用；

4. 向质量已经下降到接近运行中质量标准下限的油中，加同一牌号的新油或接近新油标准已使用过的油时，必须按照《电力系统油质试验方法》中（YS-1-27-84）预先进行混合油样的油泥析出试验，无沉淀物产生方可混合使用，若补加不同牌号的油，则还需符合第（3）条的规定；

5. 进口油或来源不明的油与不同牌号的运行油混合使用时，应按照《电力系统油质试验方法》中（YS-25-1-84）规定，对预先进行参与混合的各种油及混合后油样进行老化试验，当混油的质量不低于原运行油时，方可混合使用，若相混油都是新油，其混合油的质量不应低于最差的一种新油，并需符合第（3）条的规定。

第二十章 避 雷 器

第20.0.1条 有关金属氧化物避雷器的试验项目和标准是参照国标《交流无间隙金属氧化物避雷器》而制订的。

第20.0.2条 关于避雷器的绝缘电阻值，以往对金属氧化物避雷器的绝缘电阻值要求过高，IEC和日本产品的绝缘电阻值低于原水电部《电气设备预防性试验规程》的标准，事实上要求过高必要性也不大，加上绝缘电阻值分散性较大，因此规定金属氧化物避雷器等的绝缘电阻与出厂试验值比较应无明显差别。

对于FS型避雷器的绝缘电阻值，参照原水电部《电气设备预防性试验规程》，不应小于2500MΩ。

第20.0.3条 测量避雷器的电导或泄漏电流通常在“常温”下进行，且测得值一般不进行温度换算，因此，本条规定避雷器电导或泄漏电流试验时的温度为“常温”。

试验时加装滤波电容器，电容值可为0.01～0.1μF，理由如下：

参照《普通阀式避雷器技术条件》（JB487-78）的规定：“避雷器（元件）两端加以直流电压进行试验，直流电压的脉动系数不超过±5%”。为达到整流回路中的波纹系数不大于1.5%的要求，试验时，须在回路中增加滤波电容，电容值有以下几种标准：

1. 《电气设备交接试验标准篇》（GBJ 232-82）规定电容值一般为0.1μF；

2. 原水电部《电气设备预防性试验规程》规定电容值一般为0.01～0.1μF；

3. 《电气设备交接和预防性试验标准问题说明》（1982年）中说：“试验表明滤波电容为0.1μF时电压脉动接近0，在0.005μF时为3%左右。有的现场反映采用比0.1μF小的滤波电容也能满足测试要求”。

避雷器电导电流试验时直流电压的脉动系数，除与被试品的电容量有关外，还与试验变压器的电容量有关，因此，采用的滤波电容，应在满足脉动系数不超过±1.5%的条件下，可根据实际情况选用。故本条规定，试验时加装的滤波电容器，其电容值“可为0.01～0.1μF”。

第20.0.4条 对于磁吹避雷器，测量运行电压下的交流电导电流是判断磁吹避雷器是否受潮的有效手段。运行部门已普遍用来监视避雷器的运行状况，效果很好，开展此项工作并不困难，故对110kV及以上电压的磁吹避雷器要做在运行电压下的交流电导电流试验。测得值与出厂试验值比较应无明显差别。

第20.0.5条 测量金属氧化物避雷器在运行电压下的持续电流的目的是检验氧化锌电阻片的非线性特性。在正常工作电压下，仅有几百微安电流流过避雷器。阻性电流或总电流的大小可直接或间接地反应其性能的优劣。有试验设备时最好测量阻性电流值，不具备试验设备时测量总电流值也能反映出特性的好坏。因此规定须测量金属氧化物避雷器在运行电压下的持续电流，其电流值应符合产品技术条件的规定。

第20.0.6条 测量金属氧化物避雷器对应于工频参考电流下的工频参考电压，主要目的是检验它的动作特性和保护特性，与测量阻性电流或总电流的目的是不同的。要求整支或分节进行的测试值符合产品技术条件的规定。

工频参考电流是测量避雷器工频参考电压的工频电流阻性分量的峰值。对单柱避雷器，工频参考电流通常在1～20mA范围内，其值应符合产品技术条件的规定。

直流参考电压是在对应于直流参考电流下，在避雷器试品上测得的直流电压值。直流参考电流通常在1～20mA范围内，其值应符合产品技术条件的规定。

第20.0.7条 本条表20.0.7中所示FS型阀式避雷器的工频放电电压范围，过去在国家现行试验标准中已使用多年，至今仍然适用，故今后继续使用该标准还是合适的。

第20.0.8条 放电记数器是避雷器动作时记录其放电次数的设备，为在雷电侵袭时判明避雷器是否动作提供依据，因此应保证其动作可靠。

对避雷器的基座绝缘电阻，由于测得值分散性很大，所以总的要求是基座绝缘应良好。

第二十一章 电 除 尘 器

近年来，中、大型火力发电厂和其它工厂企业都装设电除尘器，其电气设备的交接试验项目没有明确规定。现根据制造厂技术文件和各地施工现场的调试经验，制订成本章的条文。

第21.0.2条 整流变压器及直流电抗器铁芯穿芯螺栓的绝缘电阻的标准，可按照本标准第六章第6.0.10条的规定。

第21.0.6条 关于绝缘子及瓷套管的交流耐压试验，本条规定按产品技术条件进行，是由于目前各厂家的规定不一致，且一时不易统一。

第21.0.8条 电除尘器使用的直流高压电缆的试验电压值，是参照《ZLQDC—12单芯圆铝绞线芯油浸纸绝缘铅包钢带铠装一级外护层滤尘器电缆》（沪Q/JB2069-80）标准规定，额定工作电压为直流75kV±15%，出厂试验电压为工频交流65kV或直流175kV，试验时间均为20min；苏联国家标准《电滤尘器用电缆》（ГОСТ6925-75）中，此电缆为铝芯浸渍纸绝缘铝或铅套外护层单芯电缆，供整流电压75kV+15%的电滤尘器接线使用，电缆敷设后应能经受直流150kV电压试验10min。为此本条规定：“对工作电压为直流75kV的电除尘器使用的电缆，现场试验电压可为150kV，即2倍电缆工作电压，试验持续时间10min。

第21.0.9条 空载升压试验。是指在整个电除尘器安装结束和通电之前进行的带极板的升压试验，以鉴定安装质量。规定升压应能达到厂家允许值而不放电为合格。

第21.0.10条 电除尘器振打装置电气设备包括低压电器、低压电动机和程序控制回路等。本条规定应按本标准有关章节的规定执行。

第21.0 11条 电除尘器本体的接地电阻不大于1Ω是按厂家的规定。

第二十二章　二次回路

第22.0.1条　本条第一款中的“小母线”可分为“直流小母线和控制小母线”等，现统称为小母线，这样可把其它有关的小母线包括在内，适用范围就广些。

第22.0.2条　关于二次回路的交流耐压试验，为了简化现场试验方法，规定当回路的绝缘电阻值在10MΩ以上时，可使用2500V兆欧表测试来代替。

另外，考虑到弱电已普遍应用，故本条规定48V及以下的回路可不做交流耐压试验。

第二十三章　1kV及以下配电装置和馈电线路

关于本章标题为“1kV及以下配电装置和馈电线路”，因为1kV及以下的低压线路使用“馈电”二字为妥。

第23.0.1条　本条规定了“配电装置和馈电线路”的绝缘电阻标准及测量馈电线路绝缘电阻时应注意的事项。

第23.0.3条　“配电装置内不同电源的馈线间或馈线两侧的相位应一致”，因为配电装置还有双电源或多电源等情况。因此这样规定比“各相两侧相位应一致”的提法更为确切。

第二十四章　1kV以上架空电力线路

第24.0.2条　本条明确绝缘子的试验按本标准第十六章的规定进行。

线路的绝缘电阻能否有条件测定要视具体条件而定，例如在平行线路的另一条已充电时可不测；又如500kV线路有的因感应电压较高，测量绝缘电阻也有困难。因此对一些特殊情况难于一一包括进去，且绝缘电阻值的分散性大，因此本条只规定要求测量并记录线路的绝缘电阻值。

第24.0.3条　本条对需测试的工频参数的依据作了规定。

第24.0.5条　本条是参照现行国家标准《架空送电线路施工及验收规范》(GBJ233-90)制订的。

第二十五章　接地装置

第25.0.1条　本条是参照原水电部《电气设备交接和预防性试验标准》，主要明确接地装置试验标准应按设计规定。

第二十六章　低 压 电 器

本章是以原《电气装置安装工程施工及验收规范》（GBJ232-82）第七篇“低压电器篇”中的有关交接试验的条文为依据，并参照了国标《低压电器基本试验方法》（GB998-67）及《低压电器基本标准》（GB1497-79）的有关规定制订的。

附录一　高压电气设备绝缘的交流耐压试验电压标准

一、本附录是在原“标准”附录一的基础上参照国标《高压输变电设备的绝缘配合》（GB311.1-83）、《高电压试验技术》（GB311.2-83～GB311.6-83）及《干式电力变压器》（GB6450-86）进行修订的。

二、本附录的出厂试验电压及适用范围是参照《高压输变电设备的绝缘配合》（GB311.1-83）和《高电压试验技术》（GB311.2-83～GB311.6-83）的规定进行修订的。

三、干式电力变压器的出厂交流耐压试验电压标准是参照《干式电力变压器》（GB6450-86）的规定修订的。

四、原附录一的额定电压至220kV，《高压输变电设备的绝缘配合》（GB311.1-83）和《高电压试验技术》（GB311.2-83～GB311.6-83）增加了330kV和500kV。此次修订时，也增加330kV和500kV的标准。

五、附录一中的交接试验电压标准是参照《高压输变电设备的绝缘配合》（GB311.1-83）和《高电压试验技术》（GB311.2-83～GB311.6-83）的标准及原第十七篇“电气设备交接试验标准篇”附录一的出厂和交接试验电压的比值进行折算的。

附录二　电机定子绕组绝缘电阻值换算至运行温度时的换算系数

为了便于应用温度换算系数表，增加了一段说明："当在不同温度测量时，可按上表所列温度换算系数进行换算。例如某热塑性绝缘发电机在 $t=10℃$ 时测得绝缘电阻为 100MΩ，则换算至 $t=75℃$ 时的绝缘电阻值为 $100/K=100/90.5=1.1MΩ$"。

另外，对表中两种绝缘的绕组运行温度加以说明。

附录三　油浸电力变压器绕组泄漏电流值(μA)

引用了原水电部《电气设备预防性试验规程》附录C表C3的表格，并补充了500kV级的泄漏电流允许值（20℃时为30μA），该数据是参照能源部《交流500kV电气设备交接和预防性试验规程》(试行)中"电力变压器的泄漏电流值，当直流试验电压为60kV时，一般不大于30μA"以及"当 $t=20℃$ 时，绕组的绝缘电阻不低于2000MΩ"的规定。其它温度下的泄漏电流值，是按照温度上升10℃，泄漏电流增加一半的规定推算的。

中华人民共和国国家标准

电气装置安装工程
电缆线路施工及验收规范

GB 50168-92

主编部门：中华人民共和国能源部

批准部门：中华人民共和国建设部

施行日期：1993年7月1日

关于发布国家标准《电气装置安装工程旋转电机施工及验收规范》等五项国家标准的通知

建标〔1992〕911号

根据国家计委计标函（1987）78号、建设部（88）建标字25号文的要求，由能源部会同有关部门共同制订的《电气装置安装工程旋转电机施工及验收规范》等五项标准，已经有关部门会审，现批准《电气装置安装工程旋转电机施工及验收规范》GB 50170-92、《电气装置安装工程盘、柜及二次回路结线施工及验收规范》GB 50171-92、《电气装置安装工程蓄电池施工及验收规范》GB 50172-92、《电气装置安装工程电缆线路施工及验收规范》、GB 50168-92和《电气装置安装工程接地装置施工及验收规范》GB 50169-92为强制性国家标准，自一九九三年七月一日起施行。原《电气装置安装工程施工及验收规范》中第三篇旋转电机篇、第四篇盘、柜及二次回路结线篇、第五篇蓄电池篇、第十一篇电缆线路篇及第十五篇接地装置篇同时废止。

本标准由能源部负责管理，具体解释等工作由能源部电力建设研究所负责，出版发行由建设部标准定额研究所负责组织。

中华人民共和国建设部

一九九二年十二月十六日

修 订 说 明

本规范是根据国家计委计标函（1987）78号、建设部（88）建标字25号文的要求，由原水利电力部负责主编，具体由能源部电力建设研究所会同有关单位共同编制而成。

在修订过程中，规范修订组进行了广泛的调查研究，认真总结了原规范执行以来的经验，吸取了部分科研成果，广泛征求了全国有关单位的意见，最后会同有关部门审查定稿。

本规范共分八章三个附录。这次修订的主要内容有：规范的适用范围有所扩大；增加了电缆桥架施工的要求、电缆防火措施的施工要求；补充了水底电缆敷设的部分内容、机械敷设电缆的部分内容、塑料电缆终端和接头的制作要求。

本规范在执行过程中，如发现需要修改或补充之处，请将意见和有关资料寄送本规范的管理单位能源部电力建设研究所（北京良乡，邮政编码：102401），以便今后修订时参考。

能源部

1990年12月

第一章 总 则

第1.0.1条 为保证电缆线路安装工程的施工质量，促进电缆线路施工技术水平的提高，确保电缆线路安全运行，制订本规范。

第1.0.2条 本规范适用于500kV及以下电力电缆、控制电缆线路安装工程的施工及验收。

矿山、船舶、冶金、化工等有特殊要求的电缆线路的安装工程尚应符合专业规程的有关规定。

第1.0.3条 电缆线路的安装应按已批准的设计进行施工。

第1.0.4条 电缆及其附件的运输、保管，应符合本规范要求。当产品有特殊要求时，并应符合产品的要求。

第1.0.5条 电缆及其附件在安装前的保管，其保管期限应为一年及以下。当需长期保管时，应符合设备保管的专门规定。

第1.0.6条 采用的电缆及附件，均应符合国家现行技术标准的规定，并应有合格证件。设备应有铭牌。

第1.0.7条 施工中的安全技术措施，应符合本规范及现行有关安全技术标准及产品的技术文件的规定。对重要的施工项目或工序，尚应事先制定安全技术措施。

第1.0.8条 与电缆线路安装有关的建筑工程的施工应符合下列要求：

一、与电缆线路安装有关的建筑物、构筑物的建筑工程质量，应符合国家现行的建筑工程施工及验收规范中的有关规定。

二、电缆线路安装前，建筑工程应具备下列条件：

1. 预埋件符合设计，安置牢固；

2. 电缆沟、隧道、竖井及人孔等处的地坪及抹面工作结

束;

3. 电缆层、电缆沟、隧道等处的施工临时设施、模板及建筑废料等清理干净，施工用道路畅通，盖板齐全;

4. 电缆线路敷设后，不能再进行的建筑工程工作应结束，

5. 电缆沟排水畅通，电缆室的门窗安装完毕。

三、电缆线路安装完毕后投入运行前，建筑工程应完成由于预埋件补遗、开孔、扩孔等需要而造成的建筑工程修饰工作。

第 1.0.9 条 电缆及其附件安装用的钢制紧固件，除地脚螺栓外，应用热镀锌制品。

第 1.0.10 条 对有抗干扰要求的电缆线路，应按设计要求采取抗干扰措施。

第 1.0.11 条 电缆线路的施工及验收，除按本规范的规定执行外，尚应符合国家现行的有关标准规范的规定。

第二章 运输与保管

第 2.0.1 条 在运输装卸过程中，不应使电缆及电缆盘受到损伤。严禁将电缆盘直接由车上推下。电缆盘不应平放运输、平放贮存。

第 2.0.2 条 运输或滚动电缆盘前，必须保证电缆盘牢固，电缆绕紧。充油电缆至压力油箱间的油管应固定，不得损伤。压力油箱应牢固，压力指示应符合要求。

滚动时必须顺着电缆盘上的箭头指示或电缆的缠紧方向。

第 2.0.3 条 电缆及其附件到达现场后，应按下列要求及时进行检查:

一、产品的技术文件应齐全。

二、电缆型号、规格、长度应符合订货要求，附件应齐全，电缆外观不应受损。

三、电缆封端应严密。当外观检查有怀疑时，应进行受潮判断或试验。

四、充油电缆的压力油箱、油管、阀门和压力表应符合要求且完好无损。

第 2.0.4 条 电缆及其有关材料如不立即安装，应按下列要求贮存:

一、电缆应集中分类存放，并应标明型号、电压、规格、长度。电缆盘之间应有通道。地基应坚实，当受条件限制时，盘下应加垫，存放处不得积水。

二、电缆终端瓷套在贮存时，应有防止受机械损伤的措施。

三、电缆附件的绝缘材料的防潮包装应密封良好，并应根据材料性能和保管要求贮存和保管。

四、防火涂料、包带、堵料等防火材料，应根据材料性能和保管要求贮存和保管。

五、电缆桥架应分类保管，不得因受力变形。

第 2.0.5 条 电缆在保管期间，电缆盘及包装应完好，标志应齐全，封端应严密。当有缺陷时，应及时处理。

充油电缆应经常检查油压，并作记录，油压不得降至最低值。当油压降至零或出现真空时，应及时处理。

第三章 电缆管的加工及敷设

第 3.0.1 条 电缆管不应有穿孔、裂缝和显著的凹凸不平，内壁应光滑；金属电缆管不应有严重锈蚀。硬质塑料管不得用在温度过高或过低的场所。在易受机械损伤的地方和在受力较大处直埋时，应采用足够强度的管材。

第 3.0.2 条 电缆管的加工应符合下列要求：

一、管口应无毛刺和尖锐棱角，管口宜做成喇叭形。

二、电缆管在弯制后，不应有裂缝和显著的凹瘪现象，其弯扁程度不宜大于管子外径的 10%；电缆管的弯曲半径不应小于所穿入电缆的最小允许弯曲半径。

三、金属电缆管应在外表涂防腐漆或涂沥青，镀锌管锌层剥落处也应涂以防腐漆。

第 3.0.3 条 电缆管的内径与电缆外径之比不得小于 1.5，混凝土管、陶土管、石棉水泥管除应满足上述要求外，其内径尚不宜小于 100mm。

第 3.0.4 条 每根电缆管的弯头不应超过 3 个，直角弯不应超过 2 个。

第 3.0.5 条 电缆管明敷时应符合下列要求：

一、电缆管应安装牢固；电缆管支持点间的距离，当设计无规定时，不宜超过 3m。

二、当塑料管的直线长度超过 30m 时，宜加装伸缩节。

第 3.0.6 条 电缆管的连接应符合下列要求：

一、金属电缆管连接应牢固，密封应良好，两管口应对准。套接的短套管或带螺纹的管接头的长度，不应小于电缆管外径的 2.2 倍。金属电缆管不宜直接对焊。

二、硬质塑料管在套接或插接时，其插入深度宜为管子内径的 1.1～1.8 倍。在插接面上应涂以胶合剂粘牢密封；采用套接时套管两端应封焊。

第 3.0.7 条 引至设备的电缆管管口位置，应便于与设备连接并不妨碍设备拆装和进出。并列敷设的电缆管管口应排列整齐。

第 3.0.8 条 利用电缆的保护钢管作接地线时，应先焊好接地线；有螺纹的管接头处，应用跳线焊接，再敷设电缆。

第 3.0.9 条 敷设混凝土、陶土、石棉水泥等电缆管时，其地基应坚实、平整，不应有沉陷。电缆管的敷设应符合下列要求：

一、电缆管的埋设深度不应小于 0.7m；在人行道下面敷设时，不应小于 0.5m。

二、电缆管应有不小于 0.1%的排水坡度。

三、电缆管连接时，管孔应对准，接缝应严密，不得有地下水和泥浆渗入。

第四章　电缆支架的配制与安装

第 4.0.1 条 电缆支架的加工应符合下列要求：

一、钢材应平直，无明显扭曲。下料误差应在 5mm 范围内，切口应无卷边、毛刺。

二、支架应焊接牢固，无显著变形。各横撑间的垂直净距与设计偏差不应大于 5mm。

三、金属电缆支架必须进行防腐处理。位于湿热、盐雾以及有化学腐蚀地区时，应根据设计作特殊的防腐处理。

第 4.0.2 条 电缆支架的层间允许最小距离，当设计无规定时，可采用表 4.0.2 的规定。但层间净距不应小于两倍电缆外径加 10mm，35kV 及以上高压电缆不应小于 2 倍电缆外径加 50mm。

电缆支架的层间允许最小距离值 (mm)　　表 4.0.2

<table>
<tr><th colspan="2">电缆类型和敷设特征</th><th>支(吊)架</th><th>桥架</th></tr>
<tr><td colspan="2">控制电缆</td><td>120</td><td>200</td></tr>
<tr><td rowspan="6">电力电缆</td><td>10kV 及以下(除 6～10kV 交联聚乙烯绝缘外)</td><td>150～200</td><td>250</td></tr>
<tr><td>6～10kV 交联聚乙烯绝缘</td><td rowspan="2">200～250</td><td rowspan="2">300</td></tr>
<tr><td>35kV 单芯</td></tr>
<tr><td>35kV 三芯</td><td rowspan="2">300</td><td rowspan="2">350</td></tr>
<tr><td>110kV 及以上，每层多于 1 根</td></tr>
<tr><td>110kV 及以上，每层 1 根</td><td>250</td><td>300</td></tr>
<tr><td colspan="2">电缆敷设于槽盒内</td><td>h+80</td><td>h+100</td></tr>
</table>

注：h 表示槽盒外壳高度。

第 4.0.3 条 电缆支架应安装牢固，横平竖直；托架支吊架的固定方式应按设计要求进行。各支架的同层横档应在同一水平面上，其高低偏差不应大于5mm。托架支吊架沿桥架走向左右的偏差不应大于10mm。

在有坡度的电缆沟内或建筑物上安装的电缆支架，应有与电缆沟或建筑物相同的坡度。

电缆支架最上层及最下层至沟顶、楼板或沟底、地面的距离，当设计无规定时，不宜小于表4.0.3的数值。

电缆支架最上层及最下层至沟顶、楼板或沟底、地面的距离(mm)　　表4.0.3

敷设方式	电缆隧道及夹层	电缆沟	吊　架	桥　架
最上层至沟顶或楼板	300～350	150～200	150～200	350～450
最下层至沟底或地面	100～150	50～100	—	100～150

第4.0.4条　组装后的钢结构竖井，其垂直偏差不应大于其长度的2/1000；支架横撑的水平误差不应大于其宽度的2/1000；竖井对角线的偏差不应大于其对角线长度的5/1000。

第4.0.5条　电缆桥架的配制应符合下列要求：

一、电缆梯架（托盘）、电缆梯架（托盘）的支（吊）架、连接件和附件的质量应符合现行的有关技术标准。

二、电缆梯架（托盘）的规格、支吊跨距、防腐类型应符合设计要求。

第4.0.6条　梯架（托盘）在每个支吊架上的固定应牢固；梯架（托盘）连接板的螺栓应紧固，螺母应位于梯架（托盘）的外侧。

铝合金梯架在钢制支吊架上固定时，应有防电化腐蚀的措施。

第4.0.7条　当直线段钢制电缆桥架超过30m、铝合金或玻璃钢制电缆桥架超过15m时，应有伸缩缝，其连接宜采用伸缩连接板；电缆桥架跨越建筑物伸缩缝处应设置伸缩缝。

第4.0.8条　电缆桥架转弯处的转弯半径，不应小于该桥架上的电缆最小允许弯曲半径的最大者。

第4.0.9条　电缆支架全长均应有良好的接地。

第五章　电缆的敷设

第一节　一般规定

第 5.1.1 条　电缆敷设前应按下列要求进行检查:

一、电缆通道畅通，排水良好。金属部分的防腐层完整。隧道内照明、通风符合要求。

二、电缆型号、电压、规格应符合设计。

三、电缆外观应无损伤、绝缘良好，当对电缆的密封有怀疑时，应进行潮湿判断；直埋电缆与水底电缆应经试验合格。

四、充油电缆的油压不宜低于 0.15MPa；供油阀门应在开启位置，动作应灵活；压力表指示应无异常；所有管接头应无渗漏油；油样应试验合格。

五、电缆放线架应放置稳妥，钢轴的强度和长度应与电缆盘重量和宽度相配合。

六、敷设前应按设计和实际路径计算每根电缆的长度，合理安排每盘电缆，减少电缆接头。

七、在带电区域内敷设电缆，应有可靠的安全措施。

第 5.1.2 条　电缆敷设时，不应损坏电缆沟、隧道、电缆井和人井的防水层。

第 5.1.3 条　三相四线制系统中应采用四芯电力电缆，不应采用三芯电缆另加一根单芯电缆或以导线、电缆金属护套作中性线。

第 5.1.4 条　并联使用的电力电缆其长度、型号、规格宜相同。

第 5.1.5 条　电力电缆在终端头与接头附近宜留有备用长度。

第 5.1.6 条　电缆各支持点间的距离应符合设计规定。当设计无规定时，不应大于表 5.1.6 中所列数值。

电缆各支持点间的距离(mm)　　表 5.1.6

电缆种类		敷设方式：水平	敷设方式：垂直
电力电缆	全塑型	400	1000
电力电缆	除全塑型外的中低压电缆	800	1500
电力电缆	35kV 及以上高压电缆	1500	2000
控制电缆		800	1000

注：全塑型电力电缆水平敷设沿支架能把电缆固定时，支持点间的距离允许为 800mm。

第 5.1.7 条　电缆的最小弯曲半径应符合表 5.1.7 的规定。

电缆最小弯曲半径　　表 5.1.7

<table>
<tr><th colspan="3">电缆型式</th><th>多芯</th><th>单芯</th></tr>
<tr><td colspan="3">控制电缆</td><td>10D</td><td></td></tr>
<tr><td rowspan="3">橡皮绝缘电力电缆</td><td colspan="2">无铅包、钢铠护套</td><td colspan="2">10D</td></tr>
<tr><td colspan="2">裸铅包护套</td><td colspan="2">15D</td></tr>
<tr><td colspan="2">钢铠护套</td><td colspan="2">20D</td></tr>
<tr><td colspan="3">聚氯乙烯绝缘电力电缆</td><td colspan="2">10D</td></tr>
<tr><td colspan="3">交联聚乙烯绝缘电力电缆</td><td>15D</td><td>20D</td></tr>
<tr><td rowspan="3">油浸纸绝缘电力电缆</td><td colspan="2">铅包</td><td colspan="2">30D</td></tr>
<tr><td rowspan="2">铅包</td><td>有铠装</td><td>15D</td><td rowspan="2">20D</td></tr>
<tr><td>无铠装</td><td>20D</td></tr>
<tr><td colspan="3">自容式充油(铅包)电缆</td><td></td><td>20D</td></tr>
</table>

注：表中 D 为电缆外径。

第 5.1.8 条　粘性油浸纸绝缘电缆最高点与最低点之间的最

大位差，不应超过表 5.1.8 的规定，当不能满足要求时，应采用适应于高位差的电缆。

粘性油浸纸绝缘铅包电力电缆的最大允许敷设位差　表 5.1.8

电压(kV)	电缆护层结构	最大允许敷设位差(m)
1	无铠装	20
	铠装	25
6~10	铠装或无铠装	15
35	铠装或无铠装	5

第 5.1.9 条　电缆敷设时，电缆应从盘的上端引出，不应使电缆在支架上及地面摩擦拖拉。电缆上不得有铠装压扁、电缆绞拧、护层折裂等未消除的机械损伤。

第 5.1.10 条　用机械敷设电缆时的最大牵引强度宜符合表 5.1.10 的规定。充油电缆总拉力不应超过 27kN。

电缆最大牵引强度(N / mm²)　表 5.1.10

牵引方式	牵引头		钢丝网套		
受力部位	铜芯	铝芯	铅套	铝套	塑料护套
允许牵引强度	70	40	10	40	7

第 5.1.11 条　机械敷设电缆的速度不宜超过 15m / min，110kV 及以上电缆或在较复杂路径上敷设时，其速度应适当放慢。

第 5.1.12 条　在复杂的条件下用机械敷设大截面电缆时，应进行施工组织设计，确定敷设方法、线盘架设位置、电缆牵引方向，校核牵引力和侧压力，配备敷设人员和机具。

第 5.1.13 条　机械敷设电缆时，应在牵引头或钢丝网套与牵引钢缆之间装设防捻器。

第 5.1.14 条　110kV 及以上电缆敷设时，转弯处的侧压力不应大于 3kN / m。

第 5.1.15 条　油浸纸绝缘电力电缆在切断后，应将端头立即铅封；塑料绝缘电缆应有可靠的防潮封端；充油电缆在切断后尚应符合下列要求：

一、在任何情况下，充油电缆的任一段都应有压力油箱保持油压。

二、连接油管路时，应排除管内空气，并采用喷油连接。

三、充油电缆的切断处必须高于邻近两侧的电缆。

四、切断电缆时不应有金属屑及污物进入电缆。

第 5.1.16 条　敷设电缆时，电缆允许敷设最低温度，在敷设前 24h 内的平均温度以及敷设现场的温度不应低于表 5.1.16 的规定；当温度低于表 5.1.16 规定值时，应采取措施。

电缆允许敷设最低温度　表 5.1.16

电缆类型	电缆结构	允许敷设最低温度(℃)
油浸纸绝缘电力电缆	充油电缆	−10
	其他油纸电缆	0
橡皮绝缘电力电缆	橡皮或聚氯乙烯护套	−15
	裸铅套	−20
	铅护套钢带铠装	−7
塑料绝缘电力电缆		0
控制电缆	耐寒护套	−20
	橡皮绝缘聚氯乙烯护套	−15
	聚氯乙烯绝缘聚氯乙烯护套	−10

第 5.1.17 条　电力电缆接头的布置应符合下列要求：

一、并列敷设的电缆，其接头的位置宜相互错开。

二、电缆明敷时的接头，应用托板托置固定。

三、直埋电缆接头盒外面应有防止机械损伤的保护盒（环氧树脂接头盒除外）。位于冻土层内的保护盒，盒内宜注以沥青。

第 5.1.18 条　电缆敷设时应排列整齐，不宜交叉，加以固定，并及时装设标志牌。

第 5.1.19 条　标志牌的装设应符合下列要求：

一、在电缆终端头、电缆接头、拐弯处、夹层内、隧道及竖井的两端、人井内等地方，电缆上应装设标志牌。

二、标志牌上应注明线路编号。当无编号时，应写明电缆型号、规格及起讫地点；并联使用的电缆应有顺序号。标志牌的字迹应清晰不易脱落。

三、标志牌规格宜统一。标志牌应能防腐，挂装应牢固。

第 5.1.20 条 电缆的固定，应符合下列要求：

一、在下列地方应将电缆加以固定：

1. 垂直敷设或超过 45°倾斜敷设的电缆在每个支架上；桥架上每隔 2m 处；

2. 水平敷设的电缆，在电缆首末两端及转弯、电缆接头的两端处；当对电缆间距有要求时，每隔 5～10m 处；

3. 单芯电缆的固定应符合设计要求。

二、交流系统的单芯电缆或分相后的分相铅套电缆的固定夹具不应构成闭合磁路。

三、裸铅（铝）套电缆的固定处，应加软衬垫保护。

四、护层有绝缘要求的电缆，在固定处应加绝缘衬垫。

第 5.1.21 条 沿电气化铁路或有电气化铁路通过的桥梁上明敷电缆的金属护层或电缆金属管道，应沿其全长与金属支架或桥梁的金属构件绝缘。

第 5.1.22 条 电缆进入电缆沟、隧道、竖井、建筑物、盘（柜）以及穿入管子时，出入口应封闭，管口应密封。

第 5.1.23 条 装有避雷针的照明灯塔，电缆敷设时尚应符合现行国家标准《电气装置安装工程接地装置施工及验收规范》的有关要求。

第二节 生产厂房内及隧道、沟道内电缆的敷设

第 5.2.1 条 电缆的排列，应符合下列要求：

一、电力电缆和控制电缆不应配置在同一层支架上。

二、高低压电力电缆，强电、弱电控制电缆应按顺序分层配置，一般情况宜由上而下配置；但在含有 35kV 以上高压电缆引入柜盘时，为满足弯曲半径要求，可由下而上配置。

第 5.2.2 条 并列敷设的电力电缆，其相互间的净距应符合设计要求。

第 5.2.3 条 电缆在支架上的敷设应符合下列要求：

一、控制电缆在普通支架上，不宜超过 1 层；桥架上不宜超过 3 层。

二、交流三芯电力电缆，在普通支吊架上不宜超过 1 层；桥架上不宜超过 2 层。

三、交流单芯电力电缆，应布置在同侧支架上。当按紧贴的正三角形排列时，应每隔 1m 用绑带扎牢。

第 5.2.4 条 电缆与热力管道、热力设备之间的净距，平行时不应小于 1m，交叉时不应小于 0.5m，当受条件限制时，应采取隔热保护措施。电缆通道应避开锅炉的看火孔和制粉系统的防爆门；当受条件限制时，应采取穿管或封闭槽盒等隔热防火措施。电缆不宜平行敷设于热力设备和热力管道的上部。

第 5.2.5 条 明敷在室内及电缆沟、隧道、竖井内带有麻护层的电缆，应剥除麻护层，并对其铠装加以防腐。

第 5.2.6 条 电缆敷设完毕后，应及时清除杂物，盖好盖板。必要时，尚应将盖板缝隙密封。

第三节 管道内电缆的敷设

第 5.3.1 条 在下列地点，电缆应有一定机械强度的保护管或加装保护罩：

一、电缆进入建筑物、隧道、穿过楼板及墙壁处。

二、从沟道引至电杆、设备、墙外表面或屋内行人容易接近处，距地面高度 2m 以下的一段。

三、其它可能受到机械损伤的地方。

保护管埋入非混凝土地面的深度不应小于 100mm；伸出建

筑物散水坡的长度不应小于 250mm。保护罩根部不应高出地面。

第 5.3.2 条 管道内部应无积水，且无杂物堵塞。穿电缆时，不得损伤护层，可采用无腐蚀性的润滑剂（粉）。

第 5.3.3 条 电缆排管在敷设电缆前，应进行疏通，清除杂物。

第 5.3.4 条 穿入管中电缆的数量应符合设计要求；交流单芯电缆不得单独穿入钢管内。

第四节 直埋电缆的敷设

第 5.4.1 条 在电缆线路路径上有可能使电缆受到机械性损伤、化学作用、地下电流、振动、热影响、腐植物质、虫鼠等危害的地段，应采取保护措施。

第 5.4.2 条 电缆埋置深度应符合下列要求：

一、电缆表面距地面的距离不应小于 0.7m。穿越农田时不应小于 1m。在引入建筑物、与地下建筑物交叉及绕过地下建筑物处，可浅埋，但应采取保护措施。

二、电缆应埋设于冻土层以下，当受条件限制时，应采取防止电缆受到损坏的措施。

第 5.4.3 条 电缆之间，电缆与其它管道、道路、建筑物等之间平行和交叉时的最小净距，应符合表 5.4.3 的规定。严禁将电缆平行敷设于管道的上方或下方。特殊情况应按下列规定执行：

一、电力电缆间及其与控制电缆间或不同使用部门的电缆间，当电缆穿管或用隔板隔开时，平行净距可降低为 0.1m。

二、电力电缆间、控制电缆间以及它们相互之间，不同使用部门的电缆间在交叉点前后 1m 范围内，当电缆穿入管中或用隔板隔开时，其交叉净距可降为 0.25m。

三、电缆与热管道（沟）、油管道（沟）、可燃气体及易燃液体管道（沟）、热力设备或其它管道（沟）之间，虽净距能满足要求，但检修管路可能伤及电缆时，在交叉点前后 1m 范围内，尚应采取保护措施；当交叉净距不能满足要求时，应将电缆穿入管中，其净距可减为 0.25m。

四、电缆与热管道（沟）及热力设备平行、交叉时，应采取隔热措施，使电缆周围土壤的温升不超过 10℃。

五、当直流电缆与电气化铁路路轨平行、交叉其净距不能满足要求时，应采取防电化腐蚀措施。

电缆之间，电缆与管道、道路、建筑物之间平行和交叉时的最小净距(m)　　表 5.4.3

项目		最小净距(m) 平行	交叉
电力电缆间及其与控制电缆间	10kV 及以下	0.10	0.50
	10kV 以上	0.25	0.50
控制电缆间		—	0.50
不同使用部门的电缆间		0.50	0.50
热管道(管沟)及热力设备		2.00	0.50
油管道(管沟)		1.00	0.50
可燃气体及易燃液体管道(沟)		1.00	0.50
其它管道(管沟)		0.50	0.50
铁路路轨		3.00	1.00
电气化铁路路轨	交　流	3.00	1.00
	直　流	10.0	1.00
公　　路		1.50	1.00
城市街道路面		1.00	0.70
杆基础(边线)		1.00	—
建筑物基础(边线)		0.60	—
排水沟		1.00	0.50

注：①电缆与公路平行的净距，当情况特殊时可酌减；

②当电缆穿管或者其它管道有保温层等防护设施时，表中净距应从管壁或防护设施的外壁算起。

第 5.4.4 条 电缆与铁路、公路、城市街道、厂区道路交叉时，应敷设于坚固的保护管或隧道内。电缆管的两端宜伸出道路路基两边各 2m；伸出排水沟 0.5m；在城市街道应伸出车道路面。

第 5.4.5 条 直埋电缆的上、下部应铺以不小于 100mm 厚的软土或沙层，并加盖保护板，其覆盖宽度应超过电缆两侧各 50mm，保护板可采用混凝土盖板或砖块。

软土或沙子中不应有石块或其它硬质杂物。

第 5.4.6 条 直埋电缆在直线段每隔 50～100m 处、电缆接头处、转弯处、进入建筑物等处，应设置明显的方位标志或标桩。

第 5.4.7 条 直埋电缆回填土前，应经隐蔽工程验收合格。回填土应分层夯实。

第五节 水底电缆的敷设

第 5.5.1 条 水底电缆应是整根的。当整根电缆超过制造厂的制造能力时，可采用软接头连接。

第 5.5.2 条 通过河流的电缆，应敷设于河床稳定及河岸很少受到冲损的地方。在码头、锚地、港湾、渡口及有船停泊处敷设电缆时，必须采取可靠的保护措施。当条件允许时，应深埋敷设。

第 5.5.3 条 水底电缆的敷设，必须平放水底，不得悬空。当条件允许时，宜埋入河床（海底）0.5m 以下。

第 5.5.4 条 水底电缆平行敷设时的间距不宜小于最高水位水深的 2 倍；当埋入河床（海底）以下时，其间距按埋设方式或埋设机的工作活动能力确定。

第 5.5.5 条 水底电缆引到岸上的部分应穿管或加保护盖板等保护措施，其保护范围，下端应为最低水位时船只搁浅及撑篙达不到之处；上端高于最高洪水位。在保护范围的下端，电缆应固定。

第 5.5.6 条 电缆线路与小河或小溪交叉时，应穿管或埋在河床下足够深处。

第 5.5.7 条 在岸边水底电缆与陆上电缆连接的接头，应装有锚定装置。

第 5.5.8 条 水底电缆的敷设方法、敷设船只的选择和施工组织的设计，应按电缆的敷设长度、外径、重量、水深、流速和河床地形等因素确定。

第 5.5.9 条 水底电缆的敷设，当全线采用盘装电缆时，根据水域条件，电缆盘可放在岸上或船上。敷设时可用浮筒浮托，严禁使电缆在水底拖拉。

第 5.5.10 条 水底电缆不能盘装时，应采用散装敷设法。其敷设程序应先将电缆圈绕在敷设船仓内，再经仓顶高架、滑轮、刹车装置至入水槽下水，用拖轮绑拖，自航敷设或用钢缆牵引敷设。

第 5.5.11 条 敷设船的选择，应符合下列条件：

一、船仓的容积、甲板面积、稳定性等应满足电缆长度、重量、弯曲半径和作业场所等要求。

二、敷设船应配有刹车装置、张力计量、长度测量、入水角、水深和导航、定位等仪器，并配有通讯设备。

第 5.5.12 条 水底电缆敷设应在小潮汛、憩流或枯水期进行，并应视线清晰，风力小于五级。

第 5.5.13 条 敷设船上的放线架应保持适当的退扭高度。敷设时根据水的深浅控制敷设张力，应使其入水角为 30°～60°；采用牵引顶推敷设时，其速度宜为 20～30m／min；采用拖轮或自航牵引敷设时，其速度宜为 90～150m／min。

第 5.5.14 条 水底电缆敷设时，两岸应按设计设立导标。敷设时应定位测量，及时纠正航线和校核敷设长度。

第 5.5.15 条 水底电缆引到岸上时，应将余线全部浮托在水面上，再牵引至陆上。浮托在水面上的电缆应按设计路径沉入水底。

第 5.5.16 条 水底电缆敷设后，应作潜水检查，电缆应放平，河床起伏处电缆不得悬空。并测量电缆的确切位置。在两岸必须按设计设置标志牌。

第六节 桥梁上电缆的敷设

第 5.6.1 条 木桥上的电缆应穿管敷设。在其它结构的桥上敷设的电缆，应在人行道下设电缆沟或穿入由耐火材料制成的管道中。在人不易接触处，电缆可在桥上裸露敷设，但应采取避免太阳直接照射的措施。

第 5.6.2 条 悬吊架设的电缆与桥梁架构之间的净距不应小于 0.5m。

第 5.6.3 条 在经常受到震动的桥梁上敷设的电缆，应有防震措施。桥墩两端和伸缩缝处的电缆，应留有松弛部分。

第六章 电缆终端和接头的制作

第一节 一般规定和准备工作

第 6.1.1 条 电缆终端与接头的制作，应由经过培训的熟悉工艺的人员进行。

第 6.1.2 条 电缆终端及接头制作时，应严格遵守制作工艺规程；充油电缆尚应遵守油务及真空工艺等有关规程的规定。

第 6.1.3 条 在室外制做 6kV 及以上电缆终端与接头时，其空气相对湿度宜为 70%及以下；当湿度大时，可提高环境温度或加热电缆。110kV 及以上高压电缆终端与接头施工时，应搭临时工棚，环境湿度应严格控制，温度宜为 10～30℃。制做塑料绝缘电力电缆终端与接头时，应防止尘埃、杂物落入绝缘内。严禁在雾或雨中施工。

在室内及充油电缆施工现场应备有消防器材。室内或隧道中施工应有临时电源。

第 6.1.4 条 35kV 及以下电缆终端与接头应符合下列要求：

一、型式、规格应与电缆类型如电压、芯数、截面、护层结构和环境要求一致。

二、结构应简单、紧凑，便于安装。

三、所用材料、部件应符合技术要求。

四、主要性能应符合现行国家标准《额定电压 26／35kV 及以下电力电缆附件基本性能要求》的规定。

第 6.1.5 条 采用的附加绝缘材料除电气性能应满足要求外，尚应与电缆本体绝缘具有相容性。两种材料的硬度、膨胀系数、抗张强度和断裂伸长率等物理性能指标应接近。橡塑绝缘电缆应采用弹性大、粘接性能好的材料作为附加绝缘。

第 6.1.6 条 电缆线芯连接金具，应采用符合标准的连接管和接线端子，其内径应与电缆线芯紧密配合，间隙不应过大；截面宜为线芯截面的 1.2～1.5 倍。采用压接时，压接钳和模具应符合规格要求。

第 6.1.7 条 控制电缆在下列情况下可有接头，但必须连接牢固，并不应受到机械拉力。

一、当敷设的长度超过其制造长度时。

二、必须延长已敷设竣工的控制电缆时。

三、当消除使用中的电缆故障时。

第 6.1.8 条 制作电缆终端和接头前，应熟悉安装工艺资料，做好检查，并符合下列要求：

一、电缆绝缘状况良好，无受潮；塑料电缆内不得进水；充油电缆施工前应对电缆本体、压力箱、电缆油桶及纸卷桶逐个取油样，做电气性能试验，并应符合标准。

二、附件规格应与电缆一致；零部件应齐全无损伤；绝缘材料不得受潮；密封材料不得失效。壳体结构附件应预先组装，清洁内壁；试验密封，结构尺寸符合要求。

三、施工用机具齐全，便于操作，状况清洁，消耗材料齐备。清洁塑料绝缘表面的溶剂宜遵循工艺导则准备。

四、必要时应进行试装配。

第 6.1.9 条 电力电缆接地线应采用铜绞线或镀锡铜编织线，其截面面积不应小于表 6.1.9 的规定。110kV 及以上电缆的截面面积应符合设计规定。

电缆终端接地线截面 **表 6.1.9**

电缆截面 (mm^2)	接地线截面(mm^2)
120 及以下	16
150 及以上	25

第 6.1.10 条 电缆终端与电气装置的连接，应符合现行国家标准《电气装置安装工程母线装置施工及验收规范》的有关规定。

第二节 制作要求

第 6.2.1 条 制作电缆终端与接头，从剥切电缆开始应连续操作直至完成，缩短绝缘暴露时间。剥切电缆时不应损伤线芯和保留的绝缘层。附加绝缘的包绕、装配、热缩等应清洁。

第 6.2.2 条 充油电缆线路有接头时，应先制作接头；两端有位差时，应先制作低位终端头。

第 6.2.3 条 电缆终端和接头应采取加强绝缘、密封防潮、机械保护等措施。6kV 及以上电力电缆的终端和接头，尚应有改善电缆屏蔽端部电场集中的有效措施，并应确保外绝缘相间和对地距离。

第 6.2.4 条 35kV 及以下电缆在剥切线芯绝缘、屏蔽、金属护套时，线芯沿绝缘表面至最近接地点（屏蔽或金属护套端部）的最小距离应符合表 6.2.4 的要求。

电缆终端和接头中最小距离 **表 6.2.4**

额定电压(kV)	最小距离(mm)
1	50
6	100
10	125
35	250

第 6.2.5 条 塑料绝缘电缆在制作终端头和接头时，应彻底清除半导电屏蔽层。对包带石墨屏蔽层，应使用溶剂擦去碳迹；对挤出屏蔽层，剥除时不得损伤绝缘表面，屏蔽端部应平整。

第 6.2.6 条 三芯油纸绝缘电缆应保留统包绝缘 25mm，不得损伤。剥除屏蔽碳黑纸，端部应平整。弯曲线芯时应均匀用力，不应损伤绝缘纸；线芯弯曲半径不应小于其直径的10倍。包缠或灌注、填充绝缘材料时，应消除线芯分支处的气隙。

第6.2.7条 充油电缆终端和接头包绕附加绝缘时，不得完全关闭压力箱。制作中和真空处理时，从电缆中渗出的油应及时排出，不得积存在瓷套或壳体内。

第6.2.8条 电缆线芯连接时，应除去线芯和连接管内壁油污及氧化层。压接模具与金具应配合恰当。压缩比应符合要求。压接后应将端子或连接管上的凸痕修理光滑，不得残留毛刺。采用锡焊连接铜芯，应使用中性焊锡膏，不得烧伤绝缘。

第6.2.9条 三芯电力电缆接头两侧电缆的金属屏蔽层（或金属套）、铠装层应分别连接良好，不得中断，跨接线的截面不应小于本规范表6.1.8接地线截面的规定。直埋电缆接头的金属外壳及电缆的金属护层应做防腐处理。

第6.2.10条 三芯电力电缆终端处的金属护层必须接地良好；塑料电缆每相铜屏蔽和钢铠应锡焊接地线。电缆通过零序电流互感器时，电缆金属护层和接地线应对地绝缘，电缆接地点在互感器以下时，接地线应直接接地；接地点在互感器以上时，接地线应穿过互感器接地。

第6.2.11条 装配、组合电缆终端和接头时，各部件间的配合或搭接处必须采取堵漏、防潮和密封措施。铅包电缆铅封时应擦去表面氧化物；搪铅时间不宜过长，铅封必须密实无气孔。充油电缆的铅封应分两次进行，第一次封堵油，第二次成形和加强，高位差铅封应用环氧树脂加固。

塑料电缆宜采用自粘带、粘胶带、胶粘剂（热熔胶）等方式密封；塑料护套表面应打毛，粘接表面应用溶剂除去油污，粘接应良好。

电缆终端、接头及充油电缆供油管路均不应有渗漏。

第6.2.12条 充油电缆供油系统的安装应符合下列要求：

一、供油系统的金属油管与电缆终端间应有绝缘接头，其绝缘强度不低于电缆外护层。

二、当每相设置多台压力箱时，应并联连接。

三、每相电缆线路应装设油压监视或报警装置。

四、仪表应安装牢固，室外仪表应有防雨措施，施工结束后应进行整定。

五、调整压力油箱的油压，使其在任何情况下都不应超过电缆允许的压力范围。

第6.2.13条 电缆终端上应有明显的相色标志，且应与系统的相位一致。

第6.2.14条 控制电缆终端可采用一般包扎，接头应有防潮措施。

第七章 电缆的防火与阻燃

第 7.0.1 条 对易受外部影响着火的电缆密集场所或可能着火蔓延而酿成严重事故的电缆回路，必须按设计要求的防火阻燃措施施工。

第 7.0.2 条 电缆的防火阻燃尚应采取下列措施:

一、在电缆穿过竖井、墙壁、楼板或进入电气盘、柜的孔洞处，用防火堵料密实封堵。

二、在重要的电缆沟和隧道中，按要求分段或用软质耐火材料设置阻火墙。

三、对重要回路的电缆，可单独敷设于专门的沟道中或耐火封闭槽盒内，或对其施加防火涂料、防火包带。

四、在电力电缆接头两侧及相邻电缆 2～3m 长的区段施加防火涂料或防火包带。

五、采用耐火或阻燃型电缆。

六、设置报警和灭火装置。

第 7.0.3 条 防火阻燃材料必须经过技术或产品鉴定。在使用时，应按设计要求和材料使用工艺提出施工措施。

第 7.0.4 条 涂料应按一定浓度稀释，搅拌均匀，并应顺电缆长度方向进行涂刷，涂刷厚度或次数、间隔时间应符合材料使用要求。

第 7.0.5 条 包带在绕包时，应拉紧密实，缠绕层数或厚度应符合材料使用要求。绕包完毕后，每隔一定距离应绑扎牢固。

第 7.0.6 条 在封堵电缆孔洞时，封堵应严实可靠，不应有明显的裂缝和可见的孔隙，孔洞较大者应加耐火衬板后再进行封堵。

第 7.0.7 条 阻火墙上的防火门应严密，孔洞应封堵；阻火墙两侧电缆应施加防火包带或涂料。

第八章 工程交接验收

第 8.0.1 条 在验收时，应按下列要求进行检查:

一、电缆规格应符合规定；排列整齐，无机械损伤；标志牌应装设齐全、正确、清晰。

二、电缆的固定、弯曲半径、有关距离和单芯电力电缆的金属护层的接线、相序排列等应符合要求。

三、电缆终端、电缆接头及充油电缆的供油系统应安装牢固，不应有渗漏现象；充油电缆的油压及表计整定值应符合要求。

四、接地应良好；充油电缆及护层保护器的接地电阻应符合设计。

五、电缆终端的相色应正确，电缆支架等的金属部件防腐层应完好。

六、电缆沟内应无杂物，盖板齐全，隧道内应无杂物，照明、通风、排水等设施应符合设计。

七、直埋电缆路径标志，应与实际路径相符。路径标志应清晰、牢固，间距适当，且应符合第 5.4.6 条的要求。

八、水底电缆线路两岸，禁锚区内的标志和夜间照明装置应符合设计。

九、防火措施应符合设计，且施工质量合格。

第 8.0.2 条 隐蔽工程应在施工过程中进行中间验收，并作好签证。

第 8.0.3 条 在验收时，应提交下列资料和技术文件:

一、电缆线路路径的协议文件。

二、设计资料图纸、电缆清册、变更设计的证明文件和竣工图。

三、直埋电缆输电线路的敷设位置图，比例宜为 1 : 500。地下管线密集的地段不应小于 1 : 100，在管线稀少、地形简单的地段可为 1 : 1000；平行敷设的电缆线路，宜合用一张图纸。图上必须标明各线路的相对位置，并有标明地下管线的剖面图。

四、制造厂提供的产品说明书、试验记录、合格证件及安装图纸等技术文件。

五、隐蔽工程的技术记录。

六、电缆线路的原始记录:

1. 电缆的型号、规格及其实际敷设总长度及分段长度，电缆终端和接头的型式及安装日期；

2. 电缆终端和接头中填充的绝缘材料名称、型号。

七、试验记录。

附录一　本规范名词解释

本规范名词解释　　附表 1.1

本规范用名词	解　　释
金属护套	铅护套和铝护套的统称
铠装	起径向加强作用的金属带、起纵向加强作用的金属丝统称为铠装
金属护层	金属护套和铠装的统称。有时亦单独把金属护套或铠装称为金属护层
电缆终端	安装在电缆末端，以使电缆与其它电气设备或架空输电线相连接，并维持绝缘直至连接点的装置，称为电缆终端
电缆接头	连接电缆与电缆的导体、绝缘、屏蔽层和保护层，以使电缆线路连续的装置称为电缆接头
电缆支架	电缆敷设就位后，用于支撑电缆的装置统称为电缆支架，包括普通支架和桥架
电缆桥架	由托盘（托槽）或梯架的直线段、非直线段、附件及支吊架等组合构成，用以支撑电缆具有连续的刚性结构系统

附录二　侧压力和牵引力的常用计算公式

一、侧压力　$P=T/R$

式中　P——侧压力（N/m）；

T——牵引力（N）；

R——弯曲半径（m）。

二、水平直线牵引  $T=9.8\mu WL$

三、倾斜直线牵引 

$T_1=9.8WL(\mu\cos\theta_1+\sin\theta_1)$

$T_2=9.8WL(\mu\cos\theta_1-\sin\theta_1)$

四、水平弯曲牵引  $T_2=T_1e^{\mu\theta}$

五、垂直弯曲牵引

1. 凸曲面

$$T_2=9.8WR[(1-\mu^2)\sin\theta+2\mu(e^{\mu\theta}-\cos\theta)]/(1+\mu^2)+T_1e^{\mu\theta}$$

$$T_2=9.8WR[2\mu\sin\theta+(1-\mu^2)(e^{\mu\theta}-\cos\theta)]/(1+\mu^2)+T_1e^{\mu\theta}$$

2. 凹曲面

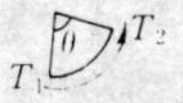

$$T_2=T_1e^{\mu\theta}-9.8WR[(1-\mu^2)\sin\theta+2\mu(e^{\mu\theta}-\cos\theta)]/(1+\mu^2)$$

$$T_2=T_1e^{\mu\theta}-9.8WR[2\mu\sin\theta+(1-\mu^2)(e^{\mu\theta}-\cos\theta)]/(1+\mu^2)$$

式中　T——牵引力（N）；

μ——摩擦系数（见附表 2.1）；

W —— 电缆每米重量（kg／m）;
L —— 电缆长度（m）;
θ_1 —— 电缆作直线倾斜牵引时的倾斜角（rad）;
θ —— 弯曲部分的圆心角（rad）;
T_1 —— 弯曲前牵引力（N）;
T_2 —— 弯曲后牵引力（N）;
R —— 电缆弯曲时的半径（m）。

各种牵引条件下的摩擦系数　　附表 2.1

牵引条件	摩擦系数
钢管内	0.17～0.19
塑料管内	0.4
混凝土管，无润滑剂	0.5～0.7
混凝土管，有润滑	0.3～0.4
混凝土管，有水	0.2～0.4
滚轮上牵引	0.1～0.2
砂中牵引	1.5～3.5

注：混凝土管包括石棉水泥管。

附录三　本规范用词说明

一、为便于在执行本规范条文时区别对待，对要求严格程度不同的用词说明如下：

1. 表示很严格，非这样做不可的：
   正面词采用“必须”；
   反面词采用“严禁”。
2. 表示严格，在正常情况下均应这样做的：
   正面词采用“应”；
   反面词采用“不应”或“不得”。
3. 表示允许稍有选择，在条件许可时首先应这样做的：
   正面词采用“宜”或“可”；
   反面词采用“不宜”。

二、条文中指明应按其它有关标准、规范执行的，写法为“应符合……的规定”或“应按……执行”。

附加说明

本规范主编单位、参加单位
和主要起草人名单

主 编 单 位: 能源部电力建设研究所
参 加 单 位: 能源部武汉高压研究所
上海电力局电缆工程处
能源部武汉超高压输变电建设公司
西北电力建设第一工程公司
主要起草人: 袁淳智 范慈生 王少华 杨家骧 王晓军
马长瀛

中华人民共和国国家标准

电气装置安装工程
电缆线路施工及验收规范

GB 50168-92

条 文 说 明

前　言

根据国家计委计标函（1987）78号、建设部（88）建标字25号文的要求，由原水力电力部负责主编，具体由能源部电力建设研究所会同有关单位共同修订的《电气装置安装工程电缆线路施工及验收规范》GB50168—92，经中华人民共和国建设部1992年12月16日以建标〔1992〕911号文批准发布。

为便于广大设计、施工、科研、学校等有关单位人员在使用本规范时能正确理解和执行条文规定，《电气装置安装工程电缆线路施工及验收规范》编制组根据国家计委关于编制标准、规范条文说明的统一要求，按《电气装置安装工程电缆线路施工及验收规范》的章、节、条顺序，编制了《电气装置安装工程电缆线路施工及验收规范条文说明》，供国内有关部门和单位参考。在使用中如发现本条文说明有欠妥之处，请将意见直接函寄本规范的管理单位能源部电力建设研究所（北京良乡，邮政编码：102401）。

本《条文说明》仅供国内有关部门和单位执行本规范时使用。

目　录

第一章　总　　则

第 1.0.1 条　本条扼要说明了制订本规范的目的。

第 1.0.2 条　根据电缆工业发展的状况及使用部门的要求，目前我国已有能力生产 500kV 充油电缆，实际应用也已有一条 500kV 充油电缆线路，其施工与 330kV 及以下充油电缆无明显差异，故本规范将适用电压等级定为 500kV 及以下。

对于特殊用途的电缆，如矿用、船用、冶金及化工等用的电缆，其结构、性能、安装场所均有其特殊性，本规范不可能都给予明文规定，因此提出“尚应符合专业规程的有关规定”。

第 1.0.4 条　由于电缆品种繁多，其结构特征，电气、物理、机械性能各异，因此虽然在运输、保管方面有很多相似之处，但少部分在运输保管方面也有特殊要求。本规范只能对常用有共性的运输保管要求做出规定。对有特殊要求的运输、保管条件应按产品要求执行。

第 1.0.7 条　本规范是以质量标准和主要工艺要求为主的，现行的安全技术规程也只是一般性规定，二者对于专业性的施工都不可能面面俱到，规定得非常齐全；同时由于电缆工业的发展，新的施工工艺及施工方法不断采用，施工环境也各不相同。因此，要求除应遵守本规范及现行各种安全技术规程的规定外，对重要的施工工序、施工方法，还应制定出切实可行的安全技术措施。

第 1.0.8 条　与电缆线路安装有关的建筑物、构筑物工程的施工质量除应符合国家现行的建筑工程施工及验收规范的有关规定外，还应满足电缆施工要求。其中包括预埋件的施工质量，按工序要求施工的工作，电缆敷设前沟道的清洁和安全保障，电缆敷设后防损坏、防水浸设施等。否则建筑工程质量不能保证，也影响电缆施工。

第 1.0.9 条　对电缆及附件安装所用的钢制紧固件，根据现有条件和市场供应情况，除地脚螺栓外，应采用热镀锌制品，从而保证防腐蚀要求。地脚螺栓可按设计要求自行加工或采购成品。

热镀锌为目前常用镀锌工艺，尤其是对钢制螺栓使用热镀锌比电镀锌和喷镀更为广泛、实用，效果也好。故此规范统一规定为热镀锌。

第 1.0.10 条　电缆的抗干扰问题，目前已被提到足够重视的程度，尤其是对控制、保护、测量、计算机等系统使用的电缆。抗干扰措施在设计时应有严格要求，如选用屏蔽电缆、加强接地等。因此在电缆有抗干扰措施时，应在电缆施工各工序按设计要求认真完成这些措施，并保证施工质量。

第 1.0.11 条　除本规范中所提及应遵守有关“接地”、“试验”、“母线”等规范外，“其它标准”系指电缆施工中涉及的其它“规范”中的有关规定和产品的技术条件。

第二章 运输与保管

第 2.0.1 条 本条不叙述具体运输方法，因各地、各部门运输工具、道路及施工经验不同，不强调用同一种运输方法。但不论用何种方法运输，均以“不应使电缆及电缆盘受到损伤”为目的。

第 2.0.2 条 盘装电缆在运输和滚动前应检查其盘的牢固性。因从出厂到工地、工地至各使用场所是经过多次滚动和倒运，若运输和滚动方式不当或电缆盘质量不好，以致盘变形松散，会引起电缆损坏或油管破裂。对充油电缆油管的保护，应在运输滚动过程中检查是否漏油，压力油箱是否固定牢固，压力指示是否符合要求等。否则电缆因漏油、压力降低会造成电缆受潮以致不能使用。

第 2.0.3 条 电缆及其附件到达现场后，除应按一般常规要求进行检查外，对充油电缆由于施工单位较少或没施工过，因此要求电缆及其附件（压力油箱、油管、阀门和压力表）符合要求且完好无损。

充油电缆附件完好无损表现为压力油箱油管无裂纹、油无渗漏、油压及其表计指示符合正常压力；阀门关闭灵活，且应在开启位置，使压力油箱与电缆油路相通；电缆本体油无渗漏，封端密封良好。

第 2.0.4 条 电缆本体、附件及有关材料的存放、保管，原则上应符合产品贮存保管要求。

一、为方便电缆的使用，存放时应按电压等级、规格等分类存放，盘间留有通道以便人员或运输工具通过。为保证电缆在存放时的质量，存放场所应地基坚实且易于排水，电缆盘应完好而不腐烂。

二、电缆终端瓷套，无论存放于室内、室外，都易受外部机械损伤而使瓷件遭受破损，严重的致使报废，因此要求所有瓷件在存放时，尤其是大型瓷套，都应有防机械损伤的措施（放于原包装箱内；用泡沫塑料、草袋、木料等围遮包牢）。

三、电缆终端和接头在出厂时，对其某些部件、材料都采用防潮包装，如充油电缆终端头和接头浸于油中部件、环氧树脂部件等，一般用塑料袋密封包装；电容饼、绕包的绝缘纸浸油用容器密封运输。因此它们到现场后，应检查其密封情况，并存放在干燥的室内保管，以防止贮运过程中密封破坏而受潮。

四、防火涂料、包带、堵料等防火材料在施工经验尚不成熟时，其贮存保管一定要严格按厂家的产品技术性能要求（包装、温度、时间、环境等）保管、存放，否则会使材料失效、报废。

五、电缆桥架暂时不能安装时，在保存场所一定要分类轻码轻放，不得摔打，以防变形和防腐层损坏，影响施工和桥架质量。在有腐蚀的环境，还应有防腐蚀的措施。一经发现有变形和防腐层损坏，应及时处理后再行存放。

第 2.0.5 条 电缆在保管期间，有可能出现电缆盘变形、盘上标志模糊、电缆封端渗漏、钢铠锈蚀等，此时应视其发生缺陷的部位和程度及时处理并作好记载，以保证电缆质量的完好性。对充油电缆，由于其充油的特殊性，在检查时，应记录油压、环境温度和封端情况，有条件时可加装油压报警装置，以便及时发现漏油。当油压降至零时，电缆内部易进气，应及时进行处理。但进行处理时应注意，若在处理前对其滚动，会使空气和水分在电缆内部窜动，给处理带来麻烦，故在未处理前严禁滚动。

第三章　电缆管的加工与敷设

第 3.0.1 条　本条提出了对电缆管的基本要求。目前使用的电缆管的种类有：钢管、铸铁管、硬质聚氯乙烯管、陶土管、混凝土管、石棉水泥管等。其中铸铁管、陶土管、混凝土管、石棉水泥管用作排管，有些供电部门也采用硬质聚氯乙烯管作为短距离的排管。

硬质聚氯乙烯管因质地较脆，根据《硬聚氯乙烯管材》(SG78−74) 和《塑料管道工程设计与施工》中的要求，硬质聚氯乙烯管在敷设时的温度不宜低于 0℃，在使用过程中不受碰撞的情况下，可不受此限制。最高使用温度不应超过 50～60℃。在易受机械碰撞的地方也不宜使用。

第 3.0.2 条　对本条的规定说明如下：

一、管口打去棱角、毛刺是为了防止在穿电缆时划伤电缆。有时管口做成喇叭形也是必要的，可以减小直埋管在沉陷时管口处对电缆的剪切力。

二、电缆管在弯制时，如弯扁程度过大，将减小电缆管的有效管径，造成穿设电缆困难。

三、对电缆管进行防腐处理是为了增加使用寿命。

第 3.0.4 条　在敷设电缆管时应尽量减少弯头。在有些工程如发电厂厂房内，由于各种原因一根电缆管往往需要分几次来敷设，弯头增多造成穿设电缆困难；对于较大截面的电缆不允许有弯头。考虑到上述情况，本条规定"弯头不应超过 3 个，直角弯不应超过 2 个"，当实际施工中不能满足要求时，可采用内径较大的管子或在适当部位设置拉线盒，以利电缆的穿设。

第 3.0.5 条　借鉴国外电缆敷设的经验，目前国内逐渐采用电缆桥架和明管敷设电缆。如某工程，由电缆桥架上引出的电缆都采用明管穿设。在我国钢铁企业厂房内也多有采用穿管敷设的。明敷管用卡子固定较为美观，且在需要拆卸时方便拆卸。电缆管的支持点间距当有设计时应按照设计，无设计时不应超过本条的数值。

硬质聚氯乙烯管的热膨胀系数约为 80×10^{-6}m／m℃，比钢管大 5～7 倍，如一根 30m 长的管子，当其温度改变 40℃时，则其长度变化为：$0.08\times30\times40=96$mm。

因此，沿建筑结构表面敷设时，要考虑温度变化引起的伸缩(当管路有弯曲部分时有一定的补偿作用)。根据原建工部《安装标准图集》中的规定，建议管路直线部分超过 30m 时，宜每隔 30m 加装一个伸缩节。

第 3.0.6 条　钢管的连接采用短管套接时，施工简单方便，采用管接头螺纹连接则较美观。无论采用哪一种方式均应保证牢固、密封。要求短管和管接头的长度不小于电缆管外径的 2.2 倍，是为了保证电缆管连接后的强度，这是根据施工单位的意见确定的。

金属电缆管直接对焊可能在接缝内部出现疤瘤，穿电缆时会损伤电缆，故要求不宜直接对焊。

硬质塑料管采用短管套接或插接时，在接触面上均需涂以胶合剂，以保证连接牢固可靠、密封良好。

第 3.0.8 条　为避免在电缆敷设后焊接地线时烧坏电缆，故要求先焊接地线。有丝扣的管接头处用跳线焊接是为了接地可靠。

第 3.0.9 条　要求地基坚实、平整是为了排管敷设后不沉陷，以保证敷设后的电缆安全运行。

本条第一款中在人行道下面敷设时，承受压力小，受外力作用的可能性也较小，且地下管线较多，故埋设深度可要求浅些。

电缆管的连接，要求管孔对准无错位，以免影响管路的有效管径，保证敷设电缆时穿设顺利。

第四章 电缆支架的配制与安装

第 4.0.1 条 第一、二款的要求是一般性规定，旨在使制作的电缆支架牢固、整齐、美观。在现场批量制作普通角钢电缆支架时，可事先做出模具。

许多地方电缆隧（沟）道内空气潮湿、积水，有时支架浸泡在水中，致使电缆支架腐蚀严重，强度降低。因此在制作普通钢制电缆支架时，应焊接牢固，并应作良好的防腐处理。

第 4.0.2 条 本条参照能源部标准《发电厂、变电所电缆选择与敷设设计技术规程》(SDJ26–89) 对电缆支架层间距离作出了规定。

为便于电缆的敷设和抽换，在确定电缆支架的层间距离时应加以验算，保证在同一支架上敷设多根电缆时，能够进行里外移动和更换电缆。

第 4.0.3 条 普通型电缆支架的固定一般直接焊接在预埋铁件上。

电缆桥架中支吊架的固定方式有：(1) 直接焊接在预埋件上；(2) 先将底座固定在预埋件上或用膨胀螺栓固定，再将支吊架固定于底座上。实际施工中应按设计要求固定，以保证安全可靠。

本条对电缆支架（包括普通型电缆支架和桥架的支吊架）安装位置的误差提出了要求，主要是从美观上考虑。桥架的支吊架位置纵向偏差过大可能会使安装后的梯架（托盘）在支吊点悬空而不能与支吊架直接接触。横向偏差过大可能会使相邻梯架（托盘）错位而无法连接或安装后的电缆桥架不直影响美观。因此对桥架支吊架的位置误差应严格控制。

电缆支架最上层和最下层至沟顶、屋顶或沟底、地面的距离，参考《发电厂、变电所电缆选择与敷设设计技术规程》(SDJ26–89)，加入了对电缆桥架的一般要求。

第 4.0.5 条 采用桥架敷设电缆，在电力、化工、冶金等企业中已广为应用。电缆桥架的优点是制作工厂化、系列化，质量容易控制，安装方便，安装后的电缆桥架美观整齐。

电缆桥架的种类有：钢制电缆桥架、铝合金制电缆桥架和玻璃钢（玻璃纤维增强塑料，简称玻璃钢）制电缆桥架。最常用的是钢制电缆桥架，铝合金和玻璃钢电缆桥架在个别工程中也有应用。

中国工程建设标准化协会已制定出钢制电缆桥架标准，在使用钢制电缆桥架时，应采用符合标准的产品，以保证电缆桥架的质量和使用寿命。

第 4.0.6 条 铝合金制托架与钢制支吊架直接接触时会产生电化学腐蚀，为避免铝合金托架的腐蚀，较为简便的方法是在铝合金托架和钢制支吊架间加绝缘衬垫。可利用电缆上剥下来的塑料护套切割而成。

第 4.0.7 条 本条参考《发电厂、变电所电缆选择与敷设设计技术规程》(SDJ26–89) 制订。钢的线膨胀系数为 0.000012／℃，铝合金的线膨胀系数约为 0.000024／℃。当钢制电缆桥架的长度为 30m 时，如果安装时与运行后的最大温差按 50℃ 计，则电缆桥架的长度变化为：$0.000012\times 50\times 30m=18mm$。因此施工时应按规定设置伸缩缝。伸缩缝处采用伸缩连接板连接时，一般不必考虑伸缩缝的距离。厂家定型的伸缩连接板连接后的伸缩距离均能补偿桥架由于环境温度变化而引起的热胀冷缩。

第 4.0.9 条 为避免电缆发生故障时危及人身安全，电缆支架（包括桥架）均应良好接地，较长时还应根据设计进行多点接地。

第五章 电缆的敷设

第一节 一般规定

第 5.1.1 条 在敷设前应把电缆所经过的通道进行一次检查，防止影响电缆施工。

本条第四款要求保持的充油电缆油压是为了防止敷设时压扁电缆。

由于电缆放线架放置不稳，钢轴的强度和电缆盘的重量不配套，常常引起电缆盘翻倒事故。为了保证施工人员的安全和电缆施工质量，对本条第五款的要求应予重视。

电缆中间接头的事故率在电缆故障中占较大比例，电缆中间接头往往是在施工中没有根据电缆长度合理安排敷设造成的。故此增加了合理安排每盘电缆的要求。

第 5.1.3 条 在三相四线制系统中，如用三芯电缆另加一根导线，当三相系统不平衡时，相当于单芯电缆的运行状态，在金属护套和铠装中，由于电磁感应将产生感应电压和感应电流而发热，造成电能损失。对于裸铠装电缆，还会加速金属护套和铠装层的腐蚀。

第 5.1.4 条 在设计时，一般来说并联使用的电缆型号、路径长度都是相同的，即使型号不同，也会考虑到电流分配问题，以满足实际运行的要求。本条的规定旨在考虑施工现场因工期紧、电缆货不全等问题，敷设并联使用的电缆时采用不同型号的电缆代用，可能造成一根电缆过载而另一根电缆负荷不足影响运行安全的现象。因为绝缘类型不同的电缆，其线芯最高允许运行温度也不同，同材质、同规格而绝缘种类不同的电缆其允许载流量也不同。因此在施工时如采用不同型号的电缆代用，应考虑到上述问题，并联使用的电缆尽量采用同型号的。在敷设时长度也应尽量相同，以免因负荷不按比例分配而影响运行安全。

第 5.1.5 条 电缆敷设时不可能笔直，各处均会有大小不同的蛇形或波浪形，完全能够补偿在各种运行环境温度下因热胀冷缩引起的长度变化。因此，只要求在可能的情况下，终端头和接头附近留有备用长度，为故障时的检修提供方便。对于电缆外径较大、通道狭窄无法预留备用段者，本规范不作硬性规定。

高压电缆的伸缩问题在产品结构和施工设计中有所考虑。

第 5.1.6 条 本条参照能源部的《发电厂、变电所电缆选择与敷设设计规程》（SDJ26-89）中表 4.2.9 而制订。

第 5.1.7 条 本条参照《橡皮和塑料绝缘控制电缆、橡皮绝缘电力电缆》（JB678～679-77）、《聚氯乙烯绝缘聚氯乙烯护套电力电缆》（JB1597-75）、《粘性油浸纸绝缘金属套电力电缆》（JB2926-81）、《不滴流油浸纸绝缘金属套电力电缆》（JB2927-81）和《交流 330kV 及以下油纸绝缘自容式充油电缆及附件》（GB9326-88）而制订。为了便于记忆，对上述标准中的有些数据作了归整或采取上述标准中电缆装盘时的盘轴直径与电缆外径的比值。在施工时电缆的弯曲半径不应小于本条的规定，以保证不损伤电缆和投运后的安全。

第 5.1.8 条 表 5.1.8 的数据是参照《粘性油浸纸绝缘电力电缆》（JB2926-81）而制订的。与原规范相比，表 5.1.8 去掉了 3kV 和 20kV 电压级，以便和国家标准电压级相符。当实际施工中有上述电压级的电缆时，3kV 可参照 1kV 执行，20kV 可参照 35kV 执行。

适用于高落差的电缆有橡皮和塑料绝缘电缆、不滴流纸绝缘电缆和纵向铠装的高落差充油电缆。

第 5.1.9 条 电缆从盘的上端引出可以减少电缆碰地的机会，且人工敷设时便于施工人员拖拽。实际放电缆时都是这样做的。

第 5.1.10 条 本条规定了机械敷设电缆时的牵引强度要求，机械敷设电缆时的牵引方式一般有牵引头和钢丝网套两种。采用牵引头牵引电缆是将牵引头与电缆线芯固定在一起，受力者为线芯；采用钢丝网套时是电缆护套受力。

本条参照《高压充油电缆施工工艺规程》增加了塑料护套的允许牵引强度。目前塑料电缆的应用越来越广泛，塑料电缆的外护套一般为聚氯乙烯，国产塑料电缆最高电压已达 110kV。实际施工中有采用钢丝网套牵引塑料电缆的，故本条对塑料护套的允许牵引强度作出了规定。

充油电缆的最大牵引力是参照《高压电缆线路》而制订的。我国生产的充油电缆油道直径一般为 12mm，使油道变形的最大牵引力约为 27kN，为防止牵引力过大造成电缆油道变形损坏电缆，除应按受力部分允许牵引强度确定最大牵引力之外，还不应超过 27kN。

第 5.1.11 条 机械化敷设电缆的速度过快会出现下列问题：(1) 电缆容易脱出滑轮；(2) 造成侧压力过大损伤电缆；(3) 拉力过大超过允许牵引强度。所以在机械化敷设电缆时，应将敷设速度控制在一定范围内，高压电缆敷设速度应适当放慢。日本三菱电缆公司的 110kVXLPE 电缆的技术文件规定为 6～10m／min。

第 5.1.12 条 在敷设路径落差较大或弯曲较多的场所，用机械敷设大截面特别是 35kV 及以上电缆，如施工前不按多种方案计算电缆各点所受的拉力和侧压力，很可能在施工中超过允许而损伤电缆。电缆所受的拉力和侧压力与电缆盘架设的位置、电缆牵引方向和电缆穿管材料的摩擦系数等因素有关。

第 5.1.13 条 盘在卷扬机滚筒上的钢丝绳放开牵引电缆时，钢丝绳本身存在着扭力，如直接牵引牵引头或钢丝网套，会将此扭力传递到电缆上，使电缆受到不必要的附加应力。

防捻器是一种两端可以自由转动的装置，敷设电缆时将防捻器加在牵引钢缆和牵引头或钢丝网套之间，使钢缆的扭力不致传到电缆上。

第 5.1.14 条 本条参照水利部编制的《高压充油电缆施工工艺规程》和《高压电缆线路》而制订。充油电缆的油道是中空的，敷设时虽然保持一定的油压，但如转弯处侧压力过大，也会使油道变形损伤电缆。另外，高压单芯电缆的外护层有绝缘要求，其材质一般是聚氯乙烯和聚乙烯，当侧压力超过 3kN／m 时，有可能将护层压坏，这是不允许的。因此在施工前应计算电缆上各点所受的侧压力，使其在敷设过程中不超过规定的数值以保证电缆敷设质量和安全。

第 5.1.15 条 对本条的规定说明如下：

一、在塑料电缆的使用中，有些人认为不怕水，电缆两端即使不密封电缆内进入一些水分也不要紧，这种观念是错误的。塑料电缆进水后，在试验时一般不会发现问题，即使线芯进水，进行直流耐压和泄漏电流试验时也不会发现影响电缆使用的问题。但是高压交联聚乙烯电缆线芯进水后，在长期运行中会出现水树枝现象，即线芯内的水分呈树枝状进入塑料绝缘内，从而使这些地方成为薄弱环节。据有关科研人员介绍，塑料绝缘电缆线芯进水后，一般运行 6～10 年即显现出由此而造成的危害。此外高压交联聚乙烯电缆接头在模塑成形加热时，线芯中的水汽会进入辐照交联聚乙烯带的层间，形成气泡，影响接头质量。

塑料护套电缆，当护套内进水后，会引起内铠装锈蚀。所以为了保证电缆的施工质量和使用寿命，塑料电缆两端也应做好防潮密封。

二、充油电缆在切断前，先在被分割的一端接上压力油箱，切断后两端均可用压力油箱的油分别冲洗切断口，并排出封端内的空气和杂质。

在连接油管路时，可用压力油排除管内的空气，并在有压力的情况下进行管路连接，以免接头内积气。

充油电缆的切断口所抬起的高度，只要高于其两侧电缆的外径，电缆内就不易进气。

第 5.1.16 条 参照《粘性油浸纸绝缘金属套电力电缆》(JB2926-81)、《不滴流油浸纸绝缘金属套电力电缆》(JB2927-81)、《交流 330kV 及以下油纸绝缘自容式充油电缆及附件》(GB9326-88)、《橡皮和塑料绝缘控制电缆、橡皮绝缘电力电缆》(JB678～679-77) 和《聚氯乙烯绝缘聚氯乙烯护套电力电缆》(JB1597-75) 而制订。

当施工现场的温度不能满足要求时，应采取适当的措施，避免损伤电缆，如采取加热法或躲开寒冷期敷设等。

一般有如下加热方法：

一、用提高周围空气温度的方法加热。当温度为 5～10℃时，需 72h；如温度为 25℃，则需 24～36h；

二、用电流通过电缆导体的方法加热，加热电流不得大于电缆的额定电流，加热后电缆的表面温度应根据各地的气候条件决定，但不得低于 5℃。

经烘热的电缆应尽快敷设，敷设前放置的时间一般不超过 1h。当电缆冷至低于表 5.1.13 中所列的环境温度时，不宜弯曲。

第 5.1.20 条 对于本条第三、第四款的规定，由于热胀冷缩和机械外力如刮风等，固定处会逐渐磨损，从而损伤裸铅(铝) 套或单芯电缆的外护层绝缘，在施工时应加以注意。第四款中的"绝缘衬垫"采用带弧形的瓷衬垫、橡皮和聚氯乙烯等均可。

第 5.1.21 条 沿电气化铁路或有电气化铁路通过的桥梁上敷设的电缆，由于电缆两端的金属护层是接地的，故此有地下杂散电流通过，并在其上产生电势；而电缆支架和桥梁构架是直接接地的，其电位与地相同；电缆金属护套的电位和地电位可能不同。因此如果电缆金属护层不与支架或桥梁构架绝缘，就可能发生火花放电现象，烧坏电缆金属护层而发生事故。

在钢铁企业的厂区内，由于杂散电流较大，也存在这样的问题，应引起注意。

第 5.1.22 条 本条的规定有两个目的：一是防止小动物进入损坏电缆和电气设备；二是起到堵烟堵火、防止火灾蔓延的作用。在以往的经验中，曾多次发生过蛇沿孔洞和管口进入电气设备造成短路以及老鼠咬坏电缆等造成的事故。发生电缆火灾事故时，火也会沿着这些地方进入配电室和控制室烧毁配电设备和控制设备，以往的火灾事故中不乏其例。

第 5.1.23 条 装有避雷针的照明灯塔 (包括烟囱照明)，其照明电缆引下后，不能直接进入电缆沟，避免高压反击，造成人身及设备事故。《电气装置安装工程接地装置施工及验收规范》中有明文规定，应遵照执行。

第二节 生产厂房内及隧道、沟道内电缆的敷设

第 5.2.1 条 电力电缆与控制电缆分开排列显得越来越重要。原因有二：一是在发电厂或其它大型企业中，由于机组容量和自动化程度的提高，电缆数量增多，控制电缆的抗干扰要求也日益严格，电力电缆与控制电缆敷设在一起，会产生对控制电缆的干扰，造成控制设备误动作。二是电力电缆发生火灾后波及控制电缆，使控制设备不能及时作出反应，事故进一步扩大，造成巨大损失，修复困难。

电缆在支架上的上下排列顺序，根据我国惯例，都是按电压等级的高低、电力电缆和控制电缆、强电和弱电电缆的顺序自上而下排列。但随着高电压和大截面电缆的增多，特别是城市供电系统，电缆外径一般均较大，当电缆从支架上引出或进入电气盘柜，有时弯曲困难，并难以满足电缆最小允许弯曲半径的要求。这时允许将高压电缆放在下面，同时电缆的放置也较方便。国外引进工程中也有从下而上的排列顺序，与从上而下的排列顺序没

有原则性的差别。

第 5.2.2 条 多根并列敷设的电力电缆间距对电缆载流量有较大影响，对于不同的间距，设计中对载流量的修正有所考虑。因此在敷设施工时，电缆间的间距应符合设计要求。

第 5.2.4 条 本条主要是考虑到电缆的散热和防火问题。位于锅炉看火孔和制粉系统防爆门前面的电缆，容易因看火孔喷火和防爆门爆炸而被引燃。在火灾事故调查中曾发现过此类问题，施工组织设计时应加以注意。

第 5.2.5 条 本条也是考虑电缆的防火问题，电缆的麻护层属易燃物，当因外部的或内部的原因被引燃时，很容易使火灾蔓延。

目前，电缆的防腐外护层一般都是聚氯乙烯护套，防腐效果比麻护层好，电缆产品标准中也已淘汰麻护层电缆。但考虑到各地物资供应部门可能还有库存，施工中还可能会遇到这种电缆，这时电缆的敷设应按本条规定执行。

第 5.2.6 条 据调查了解，电缆沟中积灰积水现象很普遍，电缆常常浸泡在水中，灰粉覆盖电缆，给电缆的安全运行种下了潜在危机。即使盖好盖板，也难免进入水、汽、油、灰。某电厂曾因升压站电流互感器爆炸后，油沿盖板缝隙流入电缆沟造成电缆火灾事故，造成巨大损失。因此在施工时对本条的规定应给予重视。

第三节　管道内电缆的敷设

第 5.3.2 条 某变电所的电流互感器引下线曾因保护管下部弯曲段内积水而致电缆冻坏。因此要求电缆保护管在垂直敷设时，其弯角应大于 90°，避免因积水而冻坏电缆。

室外垂直敷设的电缆保护管，经常受到雨水浸蚀。据反映，这部分电缆和钢管腐蚀相当严重，电缆被锈在钢管里，拉都拉不出来。因此有的单位把保护管沿轴线割成两个半圆，或用 2～2.5mm 厚的铁板加工成两个半圆后用卡子固定，雨水顺着缝隙渗到外面使电缆不受影响，运行多年来，情况良好。这对于室外爬杆敷设的电缆，施工方便，电缆和管子均不易腐蚀。

第 5.3.3 条 为了确保电缆能顺利穿管并不损伤电缆护层，在电缆敷设前疏通管路并清除杂物是必要的。疏通时可用直径不小于 0.85 倍管孔直径、长度约 600mm 的钢管来回疏通，再用与管孔等直径的钢丝刷清除管内杂物。

第 5.3.4 条 目前，无论本国设计的工程还是引进工程，都有一根管敷设多根电缆的情况。原来一般要求一根管道只敷设一根电力电缆，可敷设多根控制电缆。鉴于当前的实际情况，本条规定“穿入管中电缆的数量应符合设计”。对于交流单芯电力电缆，因电磁感应会在钢管中产生损耗，从而对电缆的运行产生影响，故要求“交流单芯电缆不得单独穿入钢管内”。

第四节　直埋电缆的敷设

第 5.4.1 条 在电缆线路通过的地段，有时不可避免地存在本条所列有损于电缆的因素，只要采取一些相应措施如穿管、铺砂、筑槽、毒土处理等，或采用适当的电缆，即可使电缆免于损坏。

第 5.4.2 条

一、电缆穿越农田时，由于深翻土地、挖排水沟和拖拉机耕地等原因，有可能损伤电缆。因此敷设在农田中的电缆埋设深度不应小于 1m。

二、东北地区的冻土层厚达 2～3m，要求埋在冻土层以下有困难。施工时在电缆上下各铺以 100mm 厚的河砂；还有用混凝土或砖块在沟底砌一浅槽，电缆放于槽内，槽内填充河砂，上面再盖以混凝土板或砖块。这样可防止电缆在运行中受到损坏。

第 5.4.5 条 对于直埋电缆，铺砂好还是铺软土好，有不同的看法。在南方水位较高的地区，铺砂比铺软土的电缆易受腐蚀。在水位较低的北方地区，因砂松软、渗透性好，电缆经常处于干燥的环境中，从挖出的电缆看，周围的砂总是干的，不怕冻、腐蚀性小。因此采用砂还是软土，应根据各地区的情况而定。

混凝土保护板对防止机械损伤效果较好，有条件者应首先采用。

第 5.4.6 条 本条规定了直埋电缆方位标志的设置要求，以便于电缆检修时查找和防止外来机械损伤。

第 5.4.7 条 在直埋电缆回填土前，应进行中间检查验收，如电缆上下是否铺砂或软土、盖板是否齐全等，以保证电缆敷设质量。

第五节 水底电缆的敷设

第 5.5.1 条 水底电缆应按跨越长度订货。大长度水底电缆，当超出制造厂的制造能力时，由制造厂制作工厂软接头；由于某种原因分盘交货时，可按施工方案，先接成软接头，再进行敷设。

现有的水底电缆线路上的软接头，已有了很好的运行记录。

第 5.5.2 条、第 5.5.3 条 水底电缆的敷设，要求平放在河床上，如电缆悬离河床，长期受水流冲刷会磨损电缆，敷设在河床稳定和河岸很少冲损的地方，能避免产生电缆悬离河床而损坏电缆。

在码头港湾等经常停船处，船只抛锚和航道疏通都可能损坏电缆，为确保电缆安全运行，必须采取可靠的保护措施，有条件时尽可能深埋敷设。

第 5.5.4 条 水底电缆自水底捞起加装接头后，再放入水底。电缆放入水底的位置，比曾在水底的位置向上游或下游位移1倍水深，相邻两条电缆在打捞时，如潮流相反，两根电缆在水底可能交叉重叠。为避免此种现象，其间距至少应有两倍水深。

其间距应按水底挖泥边坡、挖泥位置控制的偏差和安全距离等因素决定。不同类型的埋设手段，各有其不同的作业间距。深埋电缆之间的距离，应保证在一条电缆施工时不损坏另一条已安装的深埋电缆。

第 5.5.5 条 对引到岸上部分电缆加强机械保护，主要是为避免在高水位受到锚害及撑篙的机械损伤。在低水位时，这部分电缆可能露出水面，避免电缆裸露受到损伤。

第 5.5.7 条 由于在岸边的水底电缆受水流冲刷易发生位移，岸边接头的导体连接是薄弱环节，如不装设锚定固定装置，会使接头受到拉力而拉脱连接导体，造成断线故障。

第 5.5.8 条 由于水底电缆敷设的环境和条件错综复杂，施工技术要求高，施工前必须进行组织设计，确定敷设方法，制定施工方案，选择符合要求的敷设船只，组织足够的施工人员，配备完备的机具、设备和仪器。

第 5.5.9 条 对于能够采用盘装的水底电缆，在水域不太宽，而且流速小的河道上施工，可将电缆盘放在岸上，将电缆浮悬在水面上，由对岸钢缆牵引敷设；在江面宽、流速大、航行船频繁处施工，应将电缆盘放在敷设船上，边航行边敷设。

电缆在河底拖拉不仅会损伤电缆护层，甚至会因拉力过大使电缆铠装退扭并拉断导线，因此敷设中是不允许的。

第 5.5.10 条 不能将整条电缆装在一个电缆盘上的电缆，电缆只能先散装圈绕在适当的敷设船内，一般宜在制造厂码头装运直接至现场敷设，避免中间过驳。

电缆的圈绕方向，应根据铠装的绕包方向，电缆经圈绕或放出后，铠装完整紧密。为了消除电缆在圈入或放出时因旋转而产生的剩余扭力，防止敷设时打扭，电缆放出时必须经过具有足够退扭高度的放线架、滑轮、刹车至入水槽，再敷设至水底。敷设的牵引方式，根据不同情况可采用拖轮绑拖或钢缆牵引。

第 5.5.12 条 为了减少敷设船受潮流、潮差产生水流和风力的影响产生航线偏差和便于目测船位，随时观察岸上导标，及时纠正航线，确保按设计路径敷设电缆，因此要求按本条文规定的气象条件进行施工。

第 5.5.13 条 水底电缆敷设要特别注意防止电缆打扭和打圈损伤电缆造成事故。敷设船的放线架保持适当的退扭高度是为消除电缆放出时因旋转而产生的剩余应力，避免电缆入水时打扭或打圈。

水底电缆敷设过程中始终要保持一定的张力。一旦张力为零，由于电缆铠装的扭应力，会造成电缆打扭。电缆敷设中靠控制入水角控制电缆张力。电缆敷设张力近似计算公式如下：

$$T=W\cdot D\ (1-\cos\theta)$$

式中 T—— 敷设张力；

W—— 电缆的水中重量；

D—— 水深；

θ—— 入水角。

应根据水深，电缆重量和需要的敷设张力确定敷设时控制入水角的范围。入水角过大会使电缆打圈，入水角过小敷设时拉力过大，可能超过电缆允许拉力而损坏电缆。敷设速度控制在 20～30m／min 比较容易控制敷设张力和确保施工安全。一般用钢缆牵引敷设船能控制在上述速度。但用拖轮或自航船牵引，采用上述速度就不能有良好的舵效，不能有效地控制航向，因此拖轮或自航船敷设速度一般在 3～5 节（1 节＝30m／min）左右，才能有效控制航向。

第 5.5.14 条 为了使水底电缆敷设能有效、及时地控制在设计路径范围内，并使电缆的敷设长度符合设计要求，两岸设立导标便于目测船位和用仪器进行校核。

第 5.5.15 条 水底电缆登陆、船身转向、甩出余线是水底电缆敷设中最易打扭的施工环节，余线入水时必须始终保持张力，余线应顺潮流入水。逆流入水易使电缆失去张力、打扭。船身在转向时，要求敷设船不能后退或原地打转。

将余线全部浮托在水面上，既能减小牵引电缆的牵引力，又便于将电缆按设计路径放入水底。

第六节 桥梁上电缆的敷设

第 5.6.1 条 敷设于木桥上的电缆穿在铁管中，一方面能加强电缆的机械保护，另一方面能避免因电缆绝缘击穿，短路故障电弧损坏木桥或引起火灾。

对钢结构或钢筋混凝土结构的桥梁，放在人行道下或穿在耐火材料的管内能确保电缆和桥梁的安全。

电缆避免太阳直射是为了不降低电缆的输送容量和避免电缆护层加速老化。

第 5.6.3 条 根据电缆长期运行经验，敷设在桥梁上的电缆，如不采取防振措施，会使电缆长期受振动，造成电缆护层疲劳龟裂、加速老化。

第六章　电缆终端和接头的制作

第一节　一般规定和准备工作

第 6.1.1 条　电缆终端和接头一般是在电缆敷设就位后现场制作，要求施工人员对电缆及其终端和接头的结构、所用材料应有一定的了解，有时还应具备某种操作技巧才能确保安装质量。当前新材料、新结构、新工艺发展迅速，电缆终端和接头技术日益更新，因此要求制作电缆终端和接头时应由熟悉工艺的人员参加或指导。

第 6.1.2 条　电缆终端和接头的种类和型式较多，结构、材料不同，要求的操作技术也各有特点。本规范只提出基本要求和主要的质量标准，具体执行时除应遵守本规范外，还应按有关工艺进行制作，确保安装质量。

第 6.1.3 条　制作电缆终端和接头一般是在现场对电缆绝缘进行处理，并以某种方式附加绝缘材料。施工现场的环境条件如温度、湿度、尘埃等因素直接影响绝缘处理效果，随着电压等级的提高，这方面的要求也愈来愈严格。考虑到施工现场条件复杂，一般情况下不作硬性规定。因此条文中仅对 6kV 及以上电缆室外制作终端和接头的环境在原则上提出了应予注意的问题和处理方法，对 110kV 以上电缆终端和接头的制作环境给予了明确规定。

第 6.1.4 条　考虑到 35kV 及以下电缆终端和接头的品种繁多，特别是橡塑绝缘电缆及其附件发展较快，为帮助现场人员正确合理地选择，提出了几项基本原则。

橡塑绝缘电缆常用的终端和接头型式有自粘带绕包型、热缩型、预制型、模塑型、弹性树脂浇注型等。简介如下：

绕包型是用自粘性橡胶带绕包制作的电缆终端和接头。

热缩型是由热收缩管件如各种热收缩管材料、热收缩分支套、雨裙等和配套用胶在现场加热收缩组合成的电缆终端和接头。

预制型是由橡胶模制的一些部件如应力锥、套管、雨罩等组成，现场套装在电缆末端构成的电缆终端和接头。

模塑型是用辐照交联热缩膜绕包后用模具加热使其熔融成整体作为加强绝缘构成的电缆终端和接头。

弹性树脂浇注型是用热塑性弹性体树脂现场成型的电缆终端和接头。

油浸纸绝缘电缆常用的传统型式如壳体灌注型、环氧树脂型，由于沥青、环氧树脂、电缆油等与橡塑绝缘材料不相容（两种材料的硬度、膨胀系数、粘接性等性能指标相差较大），一般不适合用于橡塑绝缘电缆，应予以注意。

第 6.1.5 条　选择绝缘材料用于制作电缆终端和接头时，对用于橡塑绝缘电缆的材料应选用弹性较大的材料，确保附加绝缘与电缆本体绝缘有良好接触，如自粘性橡胶带、热收缩制品和硅橡胶、乙丙橡胶制品等；而用于油纸电缆终端和接头的材料常用的有黑玻璃丝带、聚氯乙烯带、聚四氟乙烯带、环氧浇铸剂等。

第 6.1.6 条　电缆线芯的连接是电缆终端和接头的重要组成部分，连接金具、压接钳及其模具的选用直接影响连接质量。橡塑绝缘电缆线芯一般为圆形紧压线芯，与其配套的连接金具尚未标准化，因此在选择金具时应特别予以注意，确保连接质量，避免运行中发生过热现象。

第 6.1.7 条　控制电缆的芯线为单股线，连接后牢固性较差。根据以往的运行经验，应尽量避免接头。

第 6.1.8 条　塑料绝缘电缆内部有水运行时将导致绝缘内部产生水树，会严重地影响使用寿命，因此应尽量避免，特别是防止从电缆端头进水。判断橡塑绝缘电缆是否受潮进水，尚无简单可靠的方法，只限于直观检查是否有水的一些迹象，如线芯内有无水迹、铜屏蔽带有无腐蚀、外屏蔽有无附着水珠等迹象。对端部有水的电缆段应酌情采取措施，可能时应割除受潮电缆段。

第 6.1.9 条 接地线的截面应按电缆线路的接地电流大小而定，但实际工程中往往缺乏这方面的资料，表中推荐值为通常选用值。橡塑绝缘电缆的接地线应使用镀锡编织线，便于锡焊和引出。

第二节 制作要求

第 6.2.1 条 由于塑料绝缘电缆材料密实、硬度大，有时半导电屏蔽层与绝缘层粘附紧密，而当前专用工具尚不完善普及，造成剥切困难，易损伤线芯和保留绝缘层的外表面，应特别注意。

第 6.2.2 条 为确保充油电缆线路施工质量，提出了接头、低位终端、高位终端的施工顺序。

第 6.2.3 条 提出了制作中、低压电缆终端和接头必须采取的措施。由于电缆及其附件种类繁多，具体施工方法和措施应遵循工艺导则。6kV 及以上电缆在屏蔽或金属护套端部电场集中，场强较高，必须采取有效措施减缓电场集中。常用方法有胀铅，制作应力锥，施加应力带、应力管等措施，均有效。

第 6.2.4 条 根据能源部教育司培训电力电缆技工教材，给出了制作 35kV 及以下电缆终端和接头的关键剥切尺寸。对新型配套附件，该尺寸仅供参考。

第 6.2.5 条 制作塑料绝缘电缆终端和接头必须除去部分半导电屏蔽层，根据塑料绝缘电缆半导电屏蔽层的型式，提出了不同的除去方法。对包带石墨屏蔽层必须使用溶剂如丙酮、三氯乙烯等，擦抹时应从高压部位往接地方向单向擦抹，不要往复进行，避免把导电粉末带向高电位。

第 6.2.6 条 三芯油纸电缆终端和接头的制作关键是部分保留统包绝缘，扳弯线芯时不得损伤纸绝缘，绕包附加绝缘、灌注填充绝缘材料时应尽量消除线芯分支处的气隙。

第 6.2.7 条 为了确保制作充油电缆终端和接头的施工质量，包绕附加绝缘时应保持一定油量不间断地从绝缘内部渗出，避免潮气侵入和减少包绕时的外来污染，因此不应完全关闭压力油箱。渗出的油及时排出，可提高终端内油质质量。

第 6.2.9 条 三芯电力电缆接头两侧电缆的金属屏蔽层和铠装层不得中断，避免非正常运行时产生感应电势而发生放电的危险。

第 6.2.10 条 三芯塑料绝缘电缆日趋普遍，其铜带屏蔽和钢铠在塑料护套之内，端部必须良好接地。否则当三相电流不平衡时，铠装层因感应电势可能产生放电现象，严重时可能烧毁护层。因此钢铠也必须良好接地。铜屏蔽和钢铠可分别接地，便于试验检查护层，亦可同时接地。

第 6.2.11 条 运行经验表明，中、低压电缆终端和接头故障大部分是由于密封不良、潮气侵入绝缘造成，电缆终端和接头的堵漏密封是确保质量的另一关键。塑料护套的采用日趋普遍，其密封处理最好同时采用两种以上方法，效果最佳，如用胶粘剂密封后外包自粘橡胶带绑扎包紧。

脱。

第 7.0.6 条 对于较大的电缆贯穿孔洞如电缆贯穿楼板处等，采用防火堵料封堵时，应根据实际情况，用耐火材料加工成具有一定强度的衬板衬托防火堵料，保证封堵后牢固并便于更换电缆时拆装。封堵密实无孔隙以有效地堵烟堵火。

第 7.0.7 条 实验证明采用防火门的阻火墙构成防火隔离段时，防火门严密、孔洞封堵，能够有效地阻火。当阻火墙一侧发生火灾时，另一侧电缆的温升很低，远不足以使电缆着火。无防火门的阻火墙因可以通风，火灾可能蔓延至另一侧，因此在阻火墙两侧应施加防火包带或防火涂料。

第七章 电缆的防火与阻燃

第 7.0.1 条 据原水电部电缆火灾调查组 1984 年 12 月至 1985 年 1 月所作的调查，自 1960 年以来仅发电厂发生的电缆火灾事故就达 62 起，且随着机组容量的增大、电缆增多，电缆火灾事故所造成的直接和间接的经济损失日益严重。其它部门如化工、冶金等企业的电缆火灾事故也时有发生。因此电缆的防火及阻燃显得越来越重要。

造成电缆火灾事故的原因不外乎外部火灾引燃电缆和电缆本身事故造成电缆着火。因此除保证电缆敷设和电缆附件安装质量外，在施工中应按照设计做好防止外部因素引起电缆着火和电缆着火后防止延燃的措施。

第 7.0.2 条 本条列举了目前常用的防止电缆着火和延燃的措施，这几种措施对电缆的防火及阻燃都很重要。具体工程中采用哪些措施，应按照设计要求。

第 7.0.3 条 近年来，随着电缆防火的要求日益提高，防火材料的品种发展很快，产品的技术标准和工艺规定还没统一，所以现在市场上销售的产品有些是经过产品技术鉴定的，有些没有。为了保证产品质量，达到防火效果，本条特别提出了对产品的质量和按使用工艺编制施工措施的要求。

第 7.0.4 条 目前，工程中使用的电缆防火涂料型号较多，如各型氨基膨胀防火涂料、过氯乙烯基防火涂料等，各产品的施工工艺如涂刷次数或厚度、间隔时间等不尽相同，因此应严格按涂料的施工工艺说明施工，以保证其防火阻燃效果。

第 7.0.5 条 本条提出了防火包带的绕包要求，绕包时一般为半重叠方式。绕包后绑扎是为了使包带在电缆上紧密、不松

第八章　工程交接验收

第 8.0.1 条　在电缆线路工程验收时，应检查电缆本体、附件及其有关辅助设施质量。

一、电缆规格一般按设计订货，但因供货不足或其它原因不能满足要求时，现场也有“以大代小”或用其它型式代替，此时一定要以设计的修改通知作为依据，否则不能验收。

标志牌的材料、内容等在装设时，名目不一，内容各异，花样很多。为统一起见，在验收时，应符合第 5.1.19 条第二款的要求，且不允许错装、漏装。

二、充油电缆油系统是保证施工质量的关键，要求供油管路不应渗漏。其渗漏检测靠油压表计指示，因此油压表一定要完好并经校验合格。报警压力指示值要符合要求，压力接点动作可靠，报警系统宜经模拟试验符合设计。

三、为保证电缆线路的安全运行，要求其辅助设施，如电缆沟盖板齐全，沟道内无杂物障碍、积水，照明线路及灯具齐全完好，通风机运转良好、风道通畅。

四、防火措施包括阻燃电缆的选型，防火包带、涂料的类型、绕包及部位应符合设计及施工工艺要求，封堵材料的使用及封堵应严密。

电缆的防火由于实际经验尚不多，验收时主要以设计和产品使用时工艺要求为准。

中华人民共和国国家标准

电气装置安装工程
接地装置施工及验收规范

GB 50169-92

主编部门：中华人民共和国能源部
批准部门：中华人民共和国建设部
施行日期：1993年7月1日

关于发布国家标准《电气装置安装工程旋转电机施工及验收规范》等五项国家标准的通知

建标〔1992〕911号

根据国家计委计标函（1987）78号、建设部（88）建标字25号文的要求，由能源部会同有关部门共同制订的《电气装置安装工程旋转电机施工及验收规范》等五项标准，已经有关部门会审，现批准《电气装置安装工程旋转电机施工及验收规范》GB50170-92、《电气装置安装工程盘、柜及二次回路结线施工及验收规范》GB50171-92、《电气装置安装工程蓄电池施工及验收规范》GB50172-92、《电气装置安装工程电缆线路施工及验收规范》GB50168-92和《电气装置安装工程接地装置施工及验收规范》GB50169-92为强制性国家标准，自一九九三年七月一日起施行。原《电气装置安装工程施工及验收规范》中第三篇旋转电机篇、第四篇盘、柜及二次回路结线篇、第五篇蓄电池篇、第十一篇电缆线路篇及第十五篇接地装置篇同时废止。

本标准由能源部负责管理，具体解释等工作由能源部电力建设研究所负责，出版发行由建设部标准定额研究所负责组织。

中华人民共和国建设部
一九九二年十二月十六日

修 订 说 明

本规范是根据国家计委计标函（1987）78 号、建设部（88）建标字 25 号文的要求，由原水利电力部负责主编，具体由能源部电力建设研究所会同有关单位共同编制而成。

在修订过程中，规范组进行了广泛的调查研究，认真总结了原规范执行以来的经验，吸取了部分科研成果，广泛征求了全国有关单位的意见，最后由我部会同有关部门审查定稿。

本规范共分三章和二个附录。这次修订的主要内容有：增加新型设备的接地规定，接地干线涂色标志采用 IEC 标准同国标一致，对接地装置施工防腐问题、焊接质量要求作了修订，对土壤腐蚀性分级定量和化学降阻剂使用上作了规定。

本规范执行过程中，如发现有欠妥之处，请将意见和有关资料直接函寄本规范的管理单位：能源部电力建设研究所（北京良乡，邮政编码 102401），以便今后修订时参考。

能 源 部

1990 年 12 月

第一章 总 则

第 1.0.1 条 为保证接地装置安装工程的施工质量，促进工程施工技术水平的提高，确保接地装置安全运行，制定本规范。

第 1.0.2 条 本规范适用于电气装置的接地装置安装工程的施工及验收。

第 1.0.3 条 接地装置的安装应按已批准的设计进行施工。

第 1.0.4 条 采用的器材应符合国家现行技术标准的规定，并应有合格证件。

第 1.0.5 条 施工中的安全技术措施，应符合本规范和现行有关安全技术标准的规定。

第 1.0.6 条 接地装置的安装应配合建筑工程的施工，隐蔽部分必须在覆盖前会同有关单位做好中间检查及验收记录。

第 1.0.7 条 接地装置的施工及验收，除按本规范的规定执行外，尚应符合国家现行的有关标准、规范的规定。

第二章　电气装置的接地

第一节　一般规定

第 2.1.1 条　电气装置的下列金属部分，均应接地或接零：

一、电机、变压器、电器、携带式或移动式用电器具等的金属底座和外壳。

二、电气设备的传动装置。

三、屋内外配电装置的金属或钢筋混凝土构架以及靠近带电部分的金属遮栏和金属门。

四、配电、控制、保护用的屏（柜、箱）及操作台等的金属框架和底座。

五、交、直流电力电缆的接头盒、终端头和膨胀器的金属外壳和电缆的金属护层、可触及的电缆金属保护管和穿线的钢管。

六、电缆桥架、支架和井架。

七、装有避雷线的电力线路杆塔。

八、装在配电线路杆上的电力设备。

九、在非沥青地面的居民区内，无避雷线的小接地电流架空电力线路的金属杆塔和钢筋混凝土杆塔。

十、电除尘器的构架。

十一、封闭母线的外壳及其他裸露的金属部分。

十二、六氟化硫封闭式组合电器和箱式变电站的金属箱体。

十三、电热设备的金属外壳。

十四、控制电缆的金属护层。

第 2.1.2 条　电气装置的下列金属部分可不接地或不接零：

一、在木质、沥青等不良导电地面的干燥房间内，交流额定电压为 380V 及以下或直流额定电压为 440V 及以下的电气设备的外壳；但当有可能同时触及上述电气设备外壳和已接地的其他物体时，则仍应接地。

二、在干燥场所，交流额定电压为 127V 及以下或直流额定电压为 110V 及以下的电气设备的外壳。

三、安装在配电屏、控制屏和配电装置上的电气测量仪表、继电器和其他低压电器等的外壳，以及当发生绝缘损坏时，在支持物上不会引起危险电压的绝缘子的金属底座等。

四、安装在已接地金属构架上的设备，如穿墙套管等。

五、额定电压为 220V 及以下的蓄电池室内的金属支架。

六、由发电厂、变电所和工业、企业区域内引出的铁路轨道。

七、与已接地的机床、机座之间有可靠电气接触的电动机和电器的外壳。

第 2.1.3 条　需要接地的直流系统的接地装置应符合下列要求：

一、能与地构成闭合回路且经常流过电流的接地线应沿绝缘垫板敷设，不得与金属管道、建筑物和设备的构件有金属的连接。

二、在土壤中含有在电解时能产生腐蚀性物质的地方，不宜敷设接地装置，必要时可采取外引式接地装置或改良土壤的措施。

三、直流电力回路专用的中性线和直流两线制正极的接地体、接地线不得与自然接地体有金属连接；当无绝缘隔离装置时，相互间的距离不应小于 1m。

四、三线制直流回路的中性线宜直接接地。

第 2.1.4 条　接地线不应作其他用途。

第二节　接地装置的选择

第 2.2.1 条　交流电气设备的接地可以利用下列自然接地

体：

一、埋设在地下的金属管道，但不包括有可燃或有爆炸物质的管道。

二、金属井管。

三、与大地有可靠连接的建筑物的金属结构。

四、水工构筑物及其类似的构筑物的金属管、桩。

第 2.2.2 条 交流电气设备的接地线可利用下列接地体接地：

一、建筑物的金属结构（梁、柱等）及设计规定的混凝土结构内部的钢筋。

二、生产用的起重机的轨道、配电装置的外壳、走廊、平台、电梯竖井、起重机与升降机的构架、运输皮带的钢梁、电除尘器的构架等金属结构。

三、配线的钢管。

第 2.2.3 条 接地装置宜采用钢材。接地装置的导体截面应符合热稳定和机械强度的要求，但不应小于表 2.2.3 所列规格。大中型发电厂、110kV 及以上变电所或腐蚀性较强场所的接地装置应采用热镀锌钢材，或适当加大截面。

钢接地体和接地线的最小规格　　表 2.2.3

种类、规格及单位		地上		地下	
		室内	室外	交流电流回路	直流电流回路
圆钢直径（mm）		6	8	10	12
扁钢	截面（mm^2）	60	100	100	100
	厚度（mm）	3	4	4	6
角钢厚度（mm）		2	2.5	4	6
钢管管壁厚度（mm）		2.5	2.5	3.5	4.5

注：电力线路杆塔的接地体引出线的截面不应小于50mm^2，引出线应热镀锌。

第 2.2.4 条 低压电气设备地面上外露的铜和铝接地线的最小截面应符合表 2.2.4 的规定。

低压电气设备地面上外露的铜和铝接地线的最小截面　　表 2.2.4

名称	铜（mm^2）	铝（mm^2）
明敷的裸导体	4	6
绝缘导体	1.5	2.5
电缆的接地芯或与相线包在同一保护外壳内的多芯导线的接地芯	1	1.5

第 2.2.5 条 在地下不得采用裸铝导体作为接地体或接地线。

第 2.2.6 条 利用化学方法降低土壤电阻率时，采用的降阻剂应符合下列要求：

一、材料的选择应符合设计要求。

二、使用的材料必须符合国家现行技术标准，并有合格证件。

三、严格按照生产厂家使用说明书规定的操作工艺施工。

第 2.2.7 条 不得利用蛇皮管、管道保温层的金属外皮或金属网以及电缆金属护层作接地线。

第三节　接地装置的敷设

第 2.3.1 条 接地体顶面埋设深度应符合设计规定。当无规定时，不宜小于 0.6m。角钢及钢管接地体应垂直配置。除接地体外，接地体引出线的垂直部分和接地装置焊接部位应作防腐处理；在作防腐处理前，表面必须除锈并去掉焊接处残留的焊药。

第 2.3.2 条 垂直接地体的间距不宜小于其长度的 2 倍。水平接地体的间距应符合设计规定。当无设计规定时不宜小于

5m。

第 2.3.3 条 接地线应防止发生机械损伤和化学腐蚀。在与公路、铁路或管道等交叉及其他可能使接地线遭受损伤处，均应用管子或角钢等加以保护。接地线在穿过墙壁，楼板和地坪处应加装钢管或其他坚固的保护套，有化学腐蚀的部位还应采取防腐措施。

第 2.3.4 条 接地干线应在不同的两点及以上与接地网相连接。自然接地体应在不同的两点及以上与接地干线或接地网相连接。

第 2.3.5 条 每个电气装置的接地应以单独的接地线与接地干线相连接，不得在一个接地线中串接几个需要接地的电气装置。

第 2.3.6 条 接地体敷设完后的土沟其回填土内不应夹有石块和建筑垃圾等；外取的土壤不得有较强的腐蚀性；在回填土时应分层夯实。

第 2.3.7 条 明敷接地线的安装应符合下列要求：

一、应便于检查。

二、敷设位置不应妨碍设备的拆卸与检修。

三、支持件间的距离，在水平直线部分宜为 0.5～1.5m；垂直部分宜为 1.5～3m；转弯部分宜为 0.3～0.5m。

四、接地线应按水平或垂直敷设，亦可与建筑物倾斜结构平行敷设；在直线段上，不应有高低起伏及弯曲等情况。

五、 接地线沿建筑物墙壁水平敷设时，离地面距离宜为 250～300mm；接地线与建筑物墙壁间的间隙宜为 10～15mm。

六、在接地线跨越建筑物伸缩缝、沉降缝处时，应设置补偿器。补偿器可用接地线本身弯成弧状代替。

第 2.3.8 条 明敷接地线的表面应涂以用 15～100mm 宽度相等的绿色和黄色相间的条纹。在每个导体的全部长度上或只在每个区间或每个可接触到的部位上宜作出标志。当使用胶带时，应使用双色胶带。

中性线宜涂淡蓝色标志。

第 2.3.9 条 在接地线引向建筑物的入口处和在检修用临时接地点处，均应刷白色底漆并标以黑色记号，其代号为“⏚”。

第 2.3.10 条 进行检修时，在断路器室、配电间、母线分段处、发电机引出线等需临时接地的地方，应引入接地干线，并应设有专供连接临时接地线使用的接线板和螺栓。

第 2.3.11 条 当电缆穿过零序电流互感器时，电缆头的接地线应通过零序电流互感器后接地；由电缆头至穿过零序电流互感器的一段电缆金属护层和接地线应对地绝缘。

第 2.3.12 条 直接接地或经消弧线圈接地的变压器、旋转电机的中性点与接地体或接地干线的连接，应采用单独的接地线。

第 2.3.13 条 变电所、配电所的避雷器应用最短的接地线与主接地网连接。

第 2.3.14 条 全封闭组合电器的外壳应按制造厂规定接地；法兰片间应采用跨接线连接，并应保证良好的电气通路。

第 2.3.15 条 高压配电间隔和静止补偿装置的栅栏门绞链处应用软铜线连接，以保持良好接地。

第 2.3.16 条 高频感应电热装置的屏蔽网、滤波器、电源装置的金属屏蔽外壳，高频回路中外露导体和电气设备的所有屏蔽部分和与其连接的金属管道均应接地，并宜与接地干线连接。

第 2.3.17 条 接地装置由多个分接地装置部分组成时，应按设计要求设置便于分开的断接卡。自然接地体与人工接地体连接处应有便于分开的断接卡。断接卡应有保护措施。

第四节 接地体（线）的连接

第 2.4.1 条 接地体（线）的连接应采用焊接，焊接必须牢固无虚焊。接至电气设备上的接地线，应用镀锌螺栓连接；有色金属接地线不能采用焊接时，可用螺栓连接。螺栓连接处的接触面应按现行国家标准《电气装置安装工程母线装置施工及验收规范》的规定处理。

第 2.4.2 条 接地体（线）的焊接应采用搭接焊，其搭接长度必须符合下列规定：

一、扁钢为其宽度的 2 倍（且至少 3 个棱边焊接）。

二、圆钢为其直径的 6 倍。

三、圆钢与扁钢连接时，其长度为圆钢直径的 6 倍。

四、扁钢与钢管、扁钢与角钢焊接时，为了连接可靠，除应在其接触部位两侧进行焊接外，并应焊以由钢带弯成的弧形（或直角形）卡子或直接由钢带本身弯成弧形（或直角形）与钢管（或角钢）焊接。

第 2.4.3 条 利用本规范第 2.2.2 条所述的各种金属构件、金属管道等作为接地线时，应保证其全长为完好的电气通路。利用串联的金属构件、金属管道作接地线时，应在其串接部位焊接金属跨接线。

第五节 避雷针（线、带、网）的接地

第 2.5.1 条 避雷针（线、带、网）的接地除应符合本章上述有关规定外，尚应遵守下列规定：

一、避雷针（带）与引下线之间的连接应采用焊接。

二、避雷针（带）的引下线及接地装置使用的紧固件均应使用镀锌制品。当采用没有镀锌的地脚螺栓时应采取防腐措施。

三、建筑物上的防雷设施采用多根引下线时，宜在各引下线距地面的 1.5～1.8m 处设置断接卡，断接卡应加保护措施。

四、装有避雷针的金属筒体，当其厚度不小于 4mm 时，可作避雷针的引下线。筒体底部应有两处与接地体对称连接。

五、独立避雷针及其接地装置与道路或建筑物的出入口等的距离应大于 3m。当小于 3m 时，应采取均压措施或铺设卵石或沥青地面。

六、独立避雷针（线）应设置独立的集中接地装置。当有困难时，该接地装置可与接地网连接，但避雷针与主接地网的地下连接点至 35kV 及以下设备与主接地网的地下连接点，沿接地体的长度不得小于 15m。

七、独立避雷针的接地装置与接地网的地中距离不应小于 3m。

八、配电装置的架构或屋顶上的避雷针应与接地网连接，并应在其附近装设集中接地装置。

第 2.5.2 条 建筑物上的避雷针或防雷金属网应和建筑物顶部的其他金属物体连接成一个整体。

第 2.5.3 条 装有避雷针和避雷线的构架上的照明灯电源线，必须采用直埋于土壤中的带金属护层的电缆或穿入金属管的导线。电缆的金属护层或金属管必须接地，埋入土壤中的长度应在 10m 以上，方可与配电装置的接地网相连或与电源线、低压配电装置相连接。

第 2.5.4 条 发电厂和变电所的避雷线线档内不应有接头。

第 2.5.5 条 避雷针（网、带）及其接地装置，应采取自下而上的施工程序。首先安装集中接地装置，后安装引下线，最后安装接闪器。

第六节 携带式和移动式电气设备的接地

第 2.6.1 条 携带式电气设备应用专用芯线接地，严禁利用其他用电设备的零线接地；零线和接地线应分别与接地装置相连接。

第 2.6.2 条 携带式电气设备的接地线应采用软铜绞线，其截面不小于 $1.5mm^2$。

第 2.6.3 条 由固定的电源或由移动式发电设备供电的移动

式机械的金属外壳或底座，应和这些供电电源的接地装置有金属的连接；在中性点不接地的电网中，可在移动式机械附近装设接地装置，以代替敷设接地线，并应首先利用附近的自然接地体。

第 2.6.4 条 移动式电气设备和机械的接地应符合固定式电气设备接地的规定，但下列情况可不接地：

一、移动式机械自用的发电设备直接放在机械的同一金属框架上，又不供给其他设备用电。

二、当机械由专用的移动式发电设备供电，机械数量不超过 2 台，机械距移动式发电设备不超过 50m，且发电设备和机械的外壳之间有可靠的金属连接。

第三章 工程交接验收

第 3.0.1 条 在验收时应按下列要求进行检查：

一、整个接地网外露部分的连接可靠，接地线规格正确，防腐层完好，标志齐全明显。

二、避雷针（带）的安装位置及高度符合设计要求。

三、供连接临时接地线用的连接板的数量和位置符合设计要求。

四、工频接地电阻值及设计要求的其他测试参数符合设计规定，雨后不应立即测量接地电阻。

第 3.0.2 条 在验收时，应提交下列资料和文件：

一、实际施工的竣工图。

二、变更设计的证明文件。

三、安装技术记录（包括隐蔽工程记录等）。

四、测试记录。

附录一　名词解释

名词解释　　附表 1.1

本规范用名词	解　释
接地体	埋入地中并直接与大地接触的金属导体，称为接地体。接地体分为水平接地体和垂直接地体
自然接地体	可利用作为接地用的直接与大地接触的各种金属构件、金属井管、钢筋混凝土建筑的基础、金属管道和设备等，称为自然接地体
接地线	电气设备、杆塔的接地螺栓与接地体或零线连接用的在正常情况下不载流的金属导体，称为接地线
接地装置	接地体和接地线的总和，称为接地装置
接地	电气设备、杆塔或过电压保护装置用接地线与接地体连接，称为接地
接地电阻	接地体或自然接地体的对地电阻和接地线电阻的总和，称为接地装置的接地电阻。接地电阻的数值等于接地装置对地电压与通过接地体流入地中电流的比值
工频接地电阻	按通过接地体流入地中工频电流求得的电阻，称为工频接地电阻
零线	与变压器或发电机直接接地的中性点连接的中性线或直流回路中的接地中性线，称为零线
接零	中性点直接接地的低压电力网中，电气设备外壳与零线连接称为接零
集中接地装置	在避雷针附近装设的垂直接地体

注：本规范中接地电阻系指工频接地电阻。

附录二　本规范用词说明

一、为便于在执行本规范条文时区别对待，对要求严格程度不同的用词说明如下：

1. 表示很严格，非这样作不可的：

正面词采用“必须”；

反面词采用“严禁”。

2. 表示严格，在正常情况下均应这样作的：

正面词采用“应”；

反面词采用“不应”或“不得”。

3. 表示允许稍有选择，在条件许可时首先应这样作的：

正面词采用“宜”或“可”；

反面词采用“不宜”。

二、条文中指定应按其他有关标准、规范执行时，写法为“应符合……的规定”或“应按……执行”。

附加说明

本规范主编单位、参加单位
和主要起草人名单

主编单位： 能源部电力建设研究所
参加单位： 武汉高压研究所
化工部施工技术研究所
主要起草人： 沈大有　周惠娟　胡　仁　马长瀛

中华人民共和国国家标准

电气装置安装工程
接地装置施工及验收规范

GB 50169-92

条 文 说 明

前　　言

根据国家计委计标函（1987）78号、建设部（88）建标字25号文的要求，由原水利电力部负责主编，具体由能源部电力建设研究所会同有关单位共同修订的《电气装置安装工程接地装置施工及验收规范》GB50169-92，经中华人民共和国建设部1992年12月16日以建标〔1992〕911号文批准发布。

为方便广大设计、施工、科研、学校等有关单位人员在使用本规范时能正确理解和执行条文规定，《电气装置安装工程接地装置施工及验收规范》编制组根据国家计委关于编制标准、规范条文说明的统一要求，按《电气装置安装工程接地装置施工及验收规范》的章、节、条顺序，编制了《电气装置安装工程接地装置施工及验收规范条文说明》，供有关部门和单位参考。在使用中如发现本条文说明有欠妥之处，请将意见直接函寄本规范的管理单位：能源部电力建设研究所（北京良乡，邮政编码：102401）。

本条文说明仅供国内有关部门和单位执行本规范时使用。

目　　录

第一章　总　　则

第 1.0.1 条　本条简要地阐明了本规范编制的宗旨，是为了保证接地装置的施工和验收质量而制订。

第 1.0.2 条　本条明确了规范的适用范围是电气装置安装工程的接地装置。其他如电子计算机和微波通讯等接地工程应按相应的施工及验收规范执行。

第 1.0.3 条　施工现场必须按照设计施工，不得随意修改设计，必要时需经过设计单位的同意，并按修改后的设计执行。

第 1.0.4 条　为了保证工程质量，凡不符合现行技术标准的器材，均不得使用和安装。

第 1.0.5 条　本规范内容是以质量标准和工艺要求为主，有关施工安全问题，尚应遵守现行的安全技术规程。

第 1.0.6 条　电气装置接地工程应及时配合建筑施工，从而减少重复劳动，加快工程进度和提高工程质量。

第二章　电气装置的接地

第一节　一般规定

第 2.1.1 条　本条规定了哪些电气装置应接地或接零。第十款至第十四款根据近几年出现的新产品和征求修订意见中要求增加而制订。控制电缆的金属护层根据国标《工业与民用电力装置的接地设计规范》（GBJ65－83）和 1985 年版《苏联电气装置安装法规》规定而修订。

第 2.1.2 条　本条规定了哪些电气装置不需要接地或不需要接零，基本与原规定相同。《苏联电气装置安装法规》关于哪些电气装置需要和不需要接地或接零在电压等级上有新的规定，考虑国标《工业与民用电力装置的接地设计规范》也正在修订，为同设计规范协调一致，现规定要作相应的修订。

第 2.1.3 条　当直流流经在土壤中的接地体时，由于土壤中发生电解作用，可使接地体的接地电阻值增加，同时又可使接地体及附近地下建筑物和金属管道等发生电腐蚀而造成严重的损坏。第三款根据日本技术标准和原东德接地规范的接地体以及接地线的规定，直流电力回路专用的中性线和直流双线制正极如无绝缘装置，相互间的距离不得小于 1m。

采用外引接地时，外引接地体的中心与配电装置接地网的距离，根据我国水电厂的经验，不宜过大。否则由于引线本身的电阻压降会使外引接地体利用程度大大降低。

注：考虑高压直流输电已自成系统，直流电力网将有专用规范，本条只适用于一般直流系统。

第 2.1.4 条　本条规定接地线一般不应作其他用途，如电缆架构或电缆钢管不应作电焊机零线，以免损伤电缆金属护层。

第二节　接地装置的选择

第 2.2.1 条　这几种自然接地体均直接埋入地中或水中，能够很好地起到降低接地电阻、均衡电位的作用，且能节约钢材，能提高电气设备运行可靠性。

第 2.2.2 条　从 60 年代起国内外已广泛应用建筑物金属结构及满足热稳定要求的混凝土结构内部的非预应力钢筋作交流电气设备的接地线，能够保证设备的运行可靠性。

第 2.2.3 条　为节约有色金属，规定接地装置宜采用钢材。

我国钢接地体普遍受到了腐蚀和锈蚀，钢接地体（线）规格偏小，根据国标《工业与民用电力装置的接地设计规范》及 1985 年版《苏联电气装置安装法规》以及我国钢材规格，提出了钢接地体（线）最小规格。

钢接地体（线）耐受腐蚀能力差。钢材镀锌后能将耐腐蚀性能提高一倍左右，在腐蚀性较强场所的接地装置采用镀锌钢材好。我国运行经验是热镀锌防腐效果好，因此，在腐蚀性较强场所的接地装置宜采用热镀锌钢材。发电厂、变电所重要性大，其接地装置亦宜采用热镀锌钢材。

执行中应注意：本规范表 2.2.3 所列的钢接地体（线）规格是最小规格，而不能作为施工中选择接地体（线）规格的依据。在实际施工中应根据设计选用接地体（线）的规格进行实施。但当设计选用的接地体（线）规格小于本规范表 2.2.3 中所列规格时，实际施工应采用本规范表 2.2.3 所列钢接地体规格。

土壤对接地装置的腐蚀性，推荐参考石油化学工业部化工设计院等组织编写，化学工业出版社出版的《化工管理手册》下册表 14-13 规定的土壤腐蚀性等级及防腐措施。

土壤腐蚀性等级及防腐措施　　表 2.2.3

项　目	土壤腐蚀性等级				
	特　高	高	较　高	中　等	低
土壤电阻率（Ω·m）	<5	5～10	10～20	20～100	>100
含盐量（%）	0.75	0.75～0.1	0.1～0.05	0.05～0.01	<0.01
含　水（%）	12～25	10～12	10～5	5	<5
在 ΔV=500mV 时极化电流密度（mA/cm²）	0.3	0.3～0.08	0.08～0.025	0.025～0.001	<0.001
防腐措施	特加强	加　强	加　强	普　通	普　通

第 2.2.4 条　根据国标《工业与民用电力装置的接地设计规范》（GBJ65-83）规定明敷铜、铝接地线的最小截面，不能作为施工中采用接地线截面的依据，实际施工中应根据设计选用接地线的截面进行实施。

第 2.2.5 条　裸铝导体埋入地下较易腐蚀，使用寿命较钢材短且价格比钢材贵。

第 2.2.6 条　当前国内降阻材料种类繁多且混乱，为防止施工中擅自滥用降阻材料和由于施工不当而造成的不良后果，利用化学方法降低土壤电阻率时，应符合本条规定。

第 2.2.7 条　蛇皮管、管道保温层的金属外皮等的强度差又易腐蚀，作接地线很不可靠。

第三节　接地装置的敷设

第 2.3.1 条　一般在地表下 0.15～0.5m 处，是处于土壤干湿交界的地方，接地导体易受腐蚀，因此规定埋深不应小于 0.6m，并规定了接地网的引出线在通过地表下 0.6m 引至地面外的一段需作防腐处理，以延长使用寿命。

第 2.3.2 条　本条主要考虑接地体互相的屏蔽影响而作出距

离的规定。

第 2.3.3 条 为防止接地线发生机械损伤和化学腐蚀，本条的规定，经运行经验证明是必要的和可行的。

第 2.3.4 条 目的是为了确保接地的可靠性。

第 2.3.5 条 如接地线串联使用，则当一处接地线断开时，造成了后面串接设备接地点均不接地，所以规定禁止串接。

第 2.3.6 条 外取回填土时，不重视质量会造成接地不良，故本条明确规定以引起重视。

第 2.3.7 条 本条文第三款对支持件间的距离根据施工经验作了调整，为了接地线固定牢靠和美观起见，故作相应的修改。

第 2.3.8 条 本条文是参照现行国家标准《绝缘导线和裸导体的颜色标志》（GB7947-87）修改的。

第 2.3.9 条 本条主要考虑对生产维护检修带来方便。

第 2.3.10 条 本条所述有关场所设立接线板或接地螺栓，对运行维护装设临时接地线提供方便。

第 2.3.11 条 本条的目的是防止零序保护误动作。

第 2.3.12 条 采用单独接地线连接以保证接地的可靠性。

第 2.3.13 条 连接线短，在雷击时电感量减小，能迅速散流。

第 2.3.14 条 全封闭组合电器外壳受电磁场的作用产生感应电势，能危及人身安全，应有可靠的接地。

第 2.3.15 条 本条规定是为了牢固可靠地接地，避免有悬浮电位产生电火花危及人身安全。

第 2.3.16 条 本条根据国标《电热设备电力装置设计规范》有关规定制订。

第 2.3.17 条 加装断线卡的目的是为了便于运行、维护和检测接地电阻。

第四节 接地体（线）的连接

第 2.4.1 条 接地线的连接应保证接触可靠。接于电机、电器外壳以及可移动的金属构架等上面的接地线应以镀锌螺栓可靠连接。

第 2.4.2 条 原条文中“焊接长度”意思不够确切，故改为“搭接长度”。

第 2.4.3 条 目的是为了保证电气接触良好。

第五节 避雷针（线、带、网）的接地

第 2.5.1 条 焊接为了安全，设置断线卡便于测量接地电阻及检查引下线的连接情况，断线卡加保护防止意外断开。

第二款：目前镀锌制品使用较为普遍，为确保接地装置长期运行可靠，强调了提高材料防腐能力的要求，均应使用镀锌制品。至于地脚螺栓，现在还没有统一规格，无镀锌成品供应，故应采取防腐措施。

第四款：4mm 金属筒体不会被雷电流烧穿，故可不另敷接地线。

第五款至第八款是参照《电力设备过电压保护设计技术规程》和国标 GBJ65-83 制订的。

雷击避雷针时，避雷针接地点的高电位向外传播 15m 后，在一般情况下衰减到不足以危及 35kV 及以下设备的绝缘；集中接地装置是为了加强雷电流散流作用，降低对地电压而敷设的附加接地装置。

第 2.5.2 条 防止静电感应的危害。

第 2.5.3 条 构架上避雷针（线）落雷时，危及人身和设备安全。但将电缆的金属护层或穿金属管的导线在地中埋置长度大于 10m 时，可将雷击时的高电位衰减到不危险的程度。

第 2.5.4 条 为防止保护发电厂和变电所的避雷线断线造成

事故，避雷线档距内不允许有接头。

第 2.5.5 条 施工中存在地上防雷装置已安装完，而地下接地装置还未施工的情况。为保证人身、设备及建筑物的安全，本条是根据第一冶金建设公司标准（YYJB3.1-85）《电气装置安装工程施工技术操作规程》作出的规定制订的。

第六节 携带式和移动式电气设备的接地

第 2.6.1 条 因携带式电气设备经常移动，导线绝缘易损坏或导线折断，危及人身安全。因此要求应有专用芯线接地，严禁利用其他设备的零线接地，以防零线断开后造成设备没有接地。

第 2.6.2 条 携带式电气设备的接地线应考虑接地方便且不易折断。为了安全可靠，要求采用截面不小于 $1.5mm^2$ 的软铜绞线。该截面是保证安全需要的最低要求，具体截面应根据相导线选择。

第 2.6.3 条 保证了移动式机械有可靠的保护接地，利用自然接地体能节省人力和钢材。

第 2.6.4 条 条文中的两种情况发生碰壳短路时，人体与大地间无电位差，不会发生触电危险。

第三章 工程交接验收

第 3.0.1 条 本条规定了验收时应检查的项目。第四款要求工频接地电阻测量应注意测试条件和测试方法符合规定，实测值应符合设计规定值。

第 3.0.2 条 本条规定了在验收时应提交的资料和文件。第一款要求完整的实际施工后的竣工图，而不是仅设计变更部分的施工图。第二款变更设计部分的文件包括设计变更单、材料代用和合理化建议经设计批准的证明文件。第四款试验记录注意对总的和分部的接地装置的接地电阻应分别测出。关于试验方法应参照原水电部《电力设备接地设计技术规程》（SDJ8-79）的附录六执行。

中华人民共和国国家标准

电气装置安装工程
旋转电机施工及验收规范

GB 50170-92

主编部门：中华人民共和国能源部

批准部门：中华人民共和国建设部

施行日期：1993年 7 月 1 日

关于发布国家标准《电气装置安装工程旋转电机施工及验收规范》等五项国家标准的通知

建标[1992]911号

根据国家计委计标函(1987)78号、建设部(88)建标字25号文的要求，由能源部会同有关部门共同制订的《电气装置安装工程旋转电机施工及验收规范》等五项标准，已经有关部门会审，现批准《电气装置安装工程旋转电机施工及验收规范》GB50170-92、《电气装置安装工程盘、柜及二次回路结线施工及验收规范》GB50171-92、《电气装置安装工程蓄电池施工及验收规范》GB50172-92、《电气装置安装工程电缆线路施工及验收规范》GB50168-92和《电气装置安装工程接地装置施工及验收规范》GB50169-92为强制性国家标准，自一九九三年七月一日起施行。原《电气装置安装工程施工及验收规范》中第三篇旋转电机篇、第四篇盘、柜及二次回路结线篇、第五篇蓄电池篇、第十一篇电缆线路篇及第十五篇接地装置篇同时废止。

本标准由能源部负责管理，具体解释等工作由能源部电力建设研究所负责，出版发行由建设部标准定额研究所负责组织。

中华人民共和国建设部

一九九二年十二月十六日

修订说明

本规范是根据国家计委计标函(1987)78号、建设部(88)建标字25号文的要求，由原水利电力部负责主编，具体由能源部电力建设研究所会同有关单位共同编制而成。

在修订过程中，规范组进行了广泛的调查研究，认真总结了原规范执行以来的经验，吸取了部分科研成果，广泛征求了全国有关单位的意见，最后由我部会同有关部门审查定稿。

本规范共分四章和一个附录。这次修订的主要内容有：规范的适用范围有所扩大；补充了大型发电机在安装施工及试验验收方面的内容；对氢冷电机的气密性试验作了更严格的规定；增加了氢冷电机对氢气质量和漏氢量的要求；对大型电机的转子存放、保管及起吊、水内冷电机的水质、浇铸转子的安装检查等方面作了修订。

本规范执行过程中，如发现有欠妥之处，请将意见和有关资料直接函寄本规范的管理单位能源部电力建设研究所(北京良乡，邮政编码：102401)，以便今后修订时参考。

能源部

1990年12月

第一章 总 则

第1.0.1条 为保证旋转电机安装工程的施工质量，促进工程施工技术水平的提高，确保旋转电机安全运行，制订本规范。

第1.0.2条 本规范适用于旋转电机中的汽轮发电机、调相机和电动机安装工程的施工及验收。不适用于水轮发电机的施工及验收。

第1.0.3条 旋转电机的安装应按已批准的设计进行施工。

第1.0.4条 旋转电机的运输、保管，应符合本规范规定。当产品有特殊要求时，尚应符合产品技术文件的规定。

第1.0.5条 设备在安装前的保管要求，其保管期限应为一年及以下。当需长期保管时，应符合设备保管的专门规定。

第1.0.6条 采用的设备及器材应符合国家现行技术标准的规定，并应有合格证件。设备应有铭牌。

第1.0.7条 设备和器材到达现场后，应在规定期限内作验收检查，并应符合下列要求：

一、包装及密封应良好。

二、开箱检查清点，规格应符合设计要求，附件、备件应齐全。

三、产品的技术文件应齐全。

四、按本规范要求，外观检查合格。

第1.0.8条 施工中的安全技术措施，应符合本规范和现行有关安全技术标准及产品的技术文件的规定。

对重要的施工项目或工序，尚应事先制定安全技术措施。

第1.0.9条 与旋转电机安装工程有关的建筑工程的施工应符合下列要求：

一、与旋转电机安装有关的建筑物、构筑物的建筑工程质量应符合国家现行的建筑工程施工及验收规范中的有关规定。

二、设备安装前，建筑工程应具备下列条件：

1. 结束屋顶、楼板工作，不得有渗漏现象；

2. 混凝土基础应达到允许安装的强度；

3. 现场模板、杂物清理完毕；

4. 预埋件及预留孔符合设计，预埋件牢固。

三、设备安装完毕，投入运行前，建筑工程应完成下列工作：

1. 二次灌浆和抹面工作、二次灌浆强度达到要求；

2. 通风小室的全部建筑工程工作。

第1.0.10条 设备安装用的紧固件，除地脚螺栓外，应采用镀锌制品。

第1.0.11条 在有爆炸或火灾危险性的场所装设旋转电机时，除应符合本规范规定外，尚应符合现行国家标准《电气装置安装工程爆炸和火灾危险场所电气装置施工及验收规范》的有关规定。

第1.0.12条 旋转电机的机械部分的安装及试运行要求，应符合国家现行的有关专业规程的规定。

第1.0.13条 旋转电机的施工及验收除按本规范规定执行外，尚应符合国家现行的有关标准规范的规定。

第二章 汽轮发电机和调相机

第一节 一般规定

第2.1.1条 本章适用于容量在6000kW及以上固定厂房内的同步汽轮发电机、调相机安装工程的施工及验收。

第2.1.2条 电机基础、地脚螺栓孔、沟道、孔洞、预埋件及电缆管的位置、尺寸和质量，应符合设计和国家现行的建筑工程施工及验收规范的有关规定。

第2.1.3条 采用条型底座的电机应有2个及以上的接地点。

第二节 保管、搬运和起吊

第2.2.1条 电机到达现场后，外观检查应符合下列要求：

一、包装完整，在运输过程中无碰撞损坏现象。

二、铁芯、转子等的表面及轴颈的保护层完整，无损伤和锈蚀现象。

三、水内冷电机定子、转子进出水管管口的封闭完好。

四、充氮运输的电机，氮气压力符合产品的要求。

第2.2.2条 电机到达现场后，安装前的保管应符合下列要求：

一、电机放置前应检查枕木垛、卸货台、平台的承载能力。

二、电机的转子和定子应存放在清洁、干燥的仓库或厂房内，当条件不允许时，可就地保管，但应有防火、防潮、防尘、保温及防止小动物进入等措施。

三、电机存放处的周围环境温度应符合产品技术条件的规定，水内冷电机不应低于5℃，充氮保管的电机，氮气压力应符合产品的要求。

四、转子存放时，不得使护环受力，应使大齿处于支撑位置；水内冷和氢冷电机的水气进出孔道，必须封严。水内冷电机应使用干燥、清洁的压缩空气吹扫水内冷绕组。

五、保管期间，应每月检查一次，轴颈、铁芯、集电环等处不得有锈蚀；并按产品的要求定期盘动转子。

六、对大型发电机定子、转子绕组，应定期使用兆欧表测量绝缘电阻，当发现绝缘电阻值明显下降时，应查明原因，采取措施。

第 2.2.3 条 电机定子在起吊和搬运中，受力点位置应符合产品技术文件的规定。定子上专用吊环的螺扣应全部拧紧。

转子起吊时，护环、轴颈、小护环、进出水水箱、风扇、集电环、氢冷转子的槽楔风斗等不得作为着力点。轴颈应包扎保护，钢丝绳不得与风扇、集电环、进出水水箱、氢冷转子的槽楔风斗等碰触。钢丝绳与转子的绑扎部位应采用能起保护作用的垫块垫好。

第 2.2.4 条 大型电机定子的运输应考虑就位时的方向。

第三节　定子和转子的安装

第 2.3.1 条 电机的铁芯、绕组、机座内部应清洁，无尘土、油垢和杂物。

第 2.3.2 条 绕组的绝缘表面应完整，无伤痕和起泡现象。端部绕组与绑环应紧靠垫实，紧固件和绑扎件应完整，无松动，螺母应锁紧。

第 2.3.3 条 铁芯硅钢片应无锈蚀、松动、损伤或金属性短接。通风孔和风道应清洁、无杂物阻塞。

第 2.3.4 条 埋入式测温元件的引出线和端子板应清洁、绝缘，其屏蔽接地应良好。埋设于汇水管水支路处的测温元件应安装牢固，测温元件应完好。

第 2.3.5 条 定子槽楔应无裂纹、凸出及松动现象。每根槽楔的空响长度不应超过其 1/3，端部槽楔必须牢固；槽楔下采用波纹板时，应按产品要求进行检查。

第 2.3.6 条 进入定子膛内工作时，应保持洁净，严禁遗留金属件；不得损伤绕组端部和铁芯。

第 2.3.7 条 转子上的紧固件应紧牢，平衡块不得增减或变位，平衡螺丝应锁牢。氢内冷转子应按制造厂规定进行通风检查，通风孔应无阻塞。

风扇叶片应安装牢固，无破损、裂纹及焊口开裂，螺栓应锁牢。

第 2.3.8 条 穿转子时，不得碰伤定子绕组或铁芯；下部铁芯和绕组端部表面宜先使用纸板或橡皮板垫敷。

第 2.3.9 条 凸极式电机的磁极绕组绝缘应完好，磁极应稳固，磁极间撑块和连接线应牢固。

第 2.3.10 条 电机的空气间隙和磁场中心应符合产品的要求。

第 2.3.11 条 安装端盖前，电机内部应无杂物和遗留物，气封通道应通畅。安装后，端盖接合处应紧密。采用端盖轴承的电机，端盖接合面应采用 10mm×0.05mm 塞尺检查，塞入深度不得超过 10mm。

第 2.3.12 条 电机的引线及出线的安装应符合下列要求：

一、引线及出线的接触面良好、清洁、无油垢，镀银层不应锉磨。

二、引线及出线的连接应紧固，当采用铁质螺栓时，连接后不得构成闭合磁路。

三、大型发电机的引线及出线连接后，应按制造厂的规定进行绝缘包扎处理。

第四节　集电环和电刷的安装

第 2.4.1 条 集电环应与轴同心，晃度应符合产品技术条件的规定；当无规定时，晃度不宜大于 0.05mm。集电环表面应光滑，无损伤及油垢。

第 2.4.2 条 接至刷架的电缆,不应使刷架受力,其金属护层不应触及带有绝缘垫的轴承。

第 2.4.3 条 电刷架及其横杆应固定,绝缘衬管和绝缘垫应无损伤、无污垢,并应测量其绝缘电阻。

第 2.4.4 条 刷握与集电环表面间隙应符合产品技术要求;当产品无规定时,其间隙可调整为 2~4mm。

第 2.4.5 条 电刷的安装调整应符合下列要求:

一、同一电机上应使用同一型号、同一制造厂的电刷。

二、电刷的编织带应连接牢固,接触良好,不得与转动部分或弹簧片相碰触。具有绝缘垫的电刷,绝缘垫应完好。

三、电刷在刷握内应能上下自由移动,电刷与刷握的间隙应符合产品的规定;当无规定时,其间隙可为 0.10~0.20mm。

四、恒压弹簧应完整无机械损伤,型号和压力应符合产品技术条件的规定。同一极上的弹簧压力偏差不宜超过 5%。

五、电刷接触面应与集电环的弧度相吻合,接触面积不应小于单个电刷截面的 75%。研磨后,应将炭粉清扫干净。

六、非恒压的电刷弹簧,压力应符合其产品的规定。当无规定时,应调整到不使电刷冒火的最低压力,可为 14~25kPa,同一刷架上每个电刷的压力应均匀。

七、电刷应在集电环的整个表面内工作,不得靠近集电环的边缘。

第五节 氢冷电机

第 2.5.1 条 氢冷电机引出线的绝缘包扎应符合制造厂的有关规定。套管表面应清洁,无损伤和裂纹,出线箱法兰应分别与套管法兰、电机本体的结合面密合。

出线套管安装前应进行电气绝缘试验,并应按有关规定作气密试验,试验合格后再进行安装。

第 2.5.2 条 氢冷电机必须分别对定子、转子及氢、油、水系统管路等作严密性试验。试验合格后,可作整体性气密试验。试验压力和技术要求应符合制造厂规定。

第 2.5.3 条 氢冷电机的氢气质量应符合制造厂的规定。当制造厂无规定时,应符合以下要求:

氢气纯度 >96%

气体混合物内含氧量 ≤2%

氢气的绝对湿度 ≤10g/m³

第 2.5.4 条 氢冷电机的安装,除应符合本节规定外,尚应符合本章其它有关规定。

第六节 水内冷电机

第 2.6.1 条 安装前,定子、转子等水回路应按产品要求分别作水压试验。

第 2.6.2 条 电机的冷却水应采用汽轮机的冷凝水或经除盐处理的水,水质应符合表 2.6.2 的规定。

水内冷电机冷却水水质标准 表 2.6.2

项目		标准
外观		透明纯净,无机械混合物
电导率(μs/cm)	200MW 以下	≤5
	200MW 及以上	≤2
硬度(μmol/L)	200MW 以下	<10
	200MW 及以上	<2
pH 值		6.5~8.0
NH 值		微量

注:电机起动时,冷却水的电导率不宜大于 10μs/cm。

第 2.6.3 条 绝缘水管不得碰及端盖,不得有凹瘪现象,绝缘水管相互之间不得碰触或摩擦。当有碰触或摩擦时应使用软质绝缘物隔开,并应使用不刷漆的软质带扎牢。

第2.6.4条 定子引出线套管应清洁,无伤痕和裂纹,密封试验和电气绝缘试验应合格。

第2.6.5条 电机的检漏装置应清洁、干燥。

第2.6.6条 水内冷电机的定子、转子安装后应作正、反冲洗,分支水回路应畅通。入口水压、流量应符合制造厂规定。

第2.6.7条 水内冷电机的安装,除符合本节规定外,尚应符合本章其它有关规定。

第七节 干 燥

第2.7.1条 新装电机的绝缘电阻或吸收比,应符合现行国家标准《电气装置安装工程电气设备交接试验标准》的有关规定。当不符合时,应对电机进行干燥。

第2.7.2条 电机干燥时应符合下列要求:

一、温度应缓慢上升,升温速率可为每小时5~8℃。

二、铁芯和绕组的最高允许温度,应根据绝缘等级确定。

三、带转子进行干燥的电机当温度达到70℃以后,应至少每隔2h将转子转动180°。

四、水内冷电机定子宜采用水质合格的热水循环干燥,水温不宜高于70℃;当采用直流电加热法时,在定子绕组与绝缘水管连接处的接头上,使用温度计测得的温度不应高于70℃。

五、水内冷电机转子可采用直流电加热法干燥,当采用电阻法测量温度时,其温度不应高于65℃。

六、当吸收比及绝缘电阻值符合要求,并在同一温度下经5h稳定不变时,可认为干燥合格。

七、当电机在就位后干燥时,宜与风室干燥同时进行。

八、电机干燥后,当不及时起动时,宜有防潮措施。

第2.7.3条 经交流耐压试验合格的电机,当接近运行温度或环氧粉云母绝缘的电机在常温时,且按额定电压计算绝缘电阻值不低于每千伏1MΩ,均可投入运行。

第三章　电　动　机

第一节　一般规定

第3.1.1条　本章适用于异步电动机、同步电动机、励磁机及直流电机的安装。

第3.1.2条　电机性能应符合电机周围工作环境的要求。

第3.1.3条　电机基础、地脚螺栓孔、沟道、孔洞、预埋件及电缆管位置、尺寸和质量，应符合设计和国家现行的建筑工程施工及验收规范的有关规定。

第二节　保管和起吊

第3.2.1条　电机运达现场后，外观检查应符合下列要求：

一、电机应完好，不应有损伤现象。

二、定子和转子分箱装运的电机，其铁芯、转子和轴颈应完整，无锈蚀现象。

三、电机的附件、备件应齐全，无损伤。

第3.2.2条　电机及其附件宜存放在清洁、干燥的仓库或厂房内；当条件不允许时，可就地保管，但应有防火、防潮、防尘及防止小动物进入等措施。

保管期间，应按产品的要求定期盘动转子。

第3.2.3条　起吊电机转子时，不应将吊绳绑在集电环、换向器或轴颈部分。

起吊定子和穿转子时，不得碰伤定子绕组或铁芯。

第三节　检查和安装

第3.3.1条　电机安装时，电机的检查应符合下列要求：

一、盘动转子应灵活，不得有碰卡声。

二、润滑脂的情况正常，无变色、变质及变硬等现象。其性能应符合电机的工作条件。

三、可测量空气间隙的电机，其间隙的不均匀度应符合产品技术条件的规定，当无规定时，各点空气间隙与平均空气间隙之差与平均空气间隙之比宜为±5%。

四、电机的引出线鼻子焊接或压接应良好，编号齐全，裸露带电部分的电气间隙应符合产品标准的规定。

五、绕线式电机应检查电刷的提升装置，提升装置应有“起动”、“运行”的标志，动作顺序应是先短路集电环，后提起电刷。

第3.3.2条　当电机有下列情况之一时，应作抽芯检查：

一、出厂日期超过制造厂保证期限。

二、当制造厂无保证期限时，出厂日期已超过一年。

三、经外观检查或电气试验，质量可疑时。

四、开启式电机经端部检查可疑时。

五、试运转时有异常情况。

注：当制造厂规定不允许解体者，发现本条所述情况时，另行处理。

第3.3.3条　电机抽转子检查，应符合下列要求：

一、电机内部清洁无杂物。

二、电机的铁芯、轴颈、集电环和换向器应清洁，无伤痕和锈蚀现象；通风孔无阻塞。

三、绕组绝缘层应完好，绑线无松动现象。

四、定子槽楔应无断裂、凸出和松动现象，每根槽楔的空响长度不得超过其1/3，端部槽楔必须牢固。

五、转子的平衡块及平衡螺丝应紧固锁牢，风扇方向应正确，叶片无裂纹。

六、磁极及铁轭固定良好，励磁绕组紧贴磁极，不应松动。

七、鼠笼式电机转子铜导电条和端环应无裂纹，焊接应良好；浇铸的转子表面应光滑平整；导电条和端环不应有气孔、缩孔、夹渣、裂纹、细条、断条和浇注不满等现象。

八、电机绕组应连接正确，焊接良好。

九、直流电机的磁极中心线与几何中心线应一致。

十、检查电机的滚动轴承，应符合下列要求：

1. 轴承工作面应光滑清洁，无麻点、裂纹或锈蚀，并记录轴承型号；

2. 轴承的滚动体与内外圈接触良好，无松动，转动灵活无卡涩，其间隙符合产品技术条件的规定；

3. 加入轴承内的润滑脂应填满其内部空隙的 2/3；同一轴承内不得填入不同品种的润滑脂。

第 3.3.4 条 电机的换向器或集电环应符合下列要求：

一、表面应光滑，无毛刺、黑斑、油垢。当换向器的表面不平程度达到 0.2mm 时，应进行车光。

二、换向器片间绝缘应凹下 0.5～1.5mm。整流片与绕组的焊接应良好。

第 3.3.5 条 电机电刷的刷架、刷握及电刷的安装应符合下列要求：

一、同一组刷握应均匀排列在与轴线平行的同一直线上。

二、刷握的排列，应使相邻不同极性的一对刷架彼此错开。

三、各组电刷应调整在换向器的电气中性线上。

四、带有倾斜角的电刷的锐角尖应与转动方向相反。

五、电机电刷的安装除符合本条规定外，尚应符合本规范第二章第四节的要求。

第 3.3.6 条 箱式电机的安装，尚应符合下列要求：

一、定子搬运、吊装时应防止定子绕组的变形。

二、定子上下瓣的接触面应清洁，连接后使用 0.05mm 的塞尺检查，接触应良好。

三、必须测量空气间隙，其误差应符合产品技术条件的规定。

四、定子上下瓣绕组的连接，必须符合产品技术条件的规定。

第 3.3.7 条 多速电机的安装，尚应符合下列要求：

一、电机的结线方式、极性应正确。

二、联锁切换装置应动作可靠。

三、电机的操作程序应符合产品技术条件的规定。

第 3.3.8 条 有固定转向要求的电机，试车前必须检查电机与电源的相序并应一致。

第四章　工程交接验收

第 4.0.1 条　发电机和调相机的起动运行，从电机开始转动至并入系统应保持铭牌出力连续运行 72h。

氢气直接冷却的电机在充空气状态下不得加励磁运行。氢气间接冷却的电机在充空气状态下运行时，其功率的大小和定子、转子的温升应符合现行国家标准《汽轮发电机通用技术条件》的有关规定。

第 4.0.2 条　电机试运行前的检查应符合下列要求：

一、建筑工程全部结束，现场清扫整理完毕。

二、电机本体安装检查结束，起动前应进行的试验项目已按现行国家标准《电气装置安装工程电气设备交接试验标准》试验合格。

三、冷却、调速、润滑、水、氢、密封油等附属系统安装完毕，验收合格，水质、油质或氢气质量符合要求，分部试运行情况良好。

四、发电机出口母线应设有防止漏水、油、金属及其它物体掉落等设施。

五、电机的保护、控制、测量、信号、励磁等回路的调试完毕，动作正常。

六、测定电机定子绕组、转子绕组及励磁回路的绝缘电阻，应符合要求；有绝缘的轴承座的绝缘板、轴承座及台板的接触面应清洁干燥，使用 1000V 兆欧表测量，绝缘电阻值不得小于 0.5MΩ。

七、电刷与换向器或集电环的接触应良好。

八、盘动电机转子时应转动灵活，无碰卡现象。

九、电机引出线应相序正确，固定牢固，连接紧密。

十、电机外壳油漆应完整，接地良好。

十一、照明、通讯、消防装置应齐全。

第 4.0.3 条　电动机宜在空载情况下作第一次启动，空载运行时间宜为 2h，并记录电机的空载电流。

第 4.0.4 条　电机试运行中的检查应符合下列要求：

一、电机的旋转方向符合要求，无异声。

二、换向器、集电环及电刷的工作情况正常。

三、检查电机各部温度，不应超过产品技术条件的规定。

四、滑动轴承温度不应超过 80℃，滚动轴承温度不应超过 95℃。

五、电机振动的双倍振幅值不应大于表 4.0.4 的规定。

电机振动的双倍振幅值　　**表 4.0.4**

同步转速(r/min)	3000	1500	1000	750 及以下
双倍振幅值(mm)	0.05	0.085	0.10	0.12

第 4.0.5 条　氢冷电机在额定氢压下的漏氢量应符合产品技术要求。漏氢试验时应按下式计算漏氢量：

$$\Delta V' = 69.38V/H[(P_1 + B_1)/(273 + t_1) - (P_2 + B_2)/(273 + t_2)] \quad (m^3/d) \qquad (4.0.5)$$

式中　ΔV——在规定状态 $P_0 = 1.01 \times 10^5$Pa(一个标准大气压)，$t_0 = 20$℃ 下的漏氢量(m^3/d)；

V——发电机充氢容积(m^3)；

H——漏氢试验持续时间(h)；

P_1、P_2——试验开始及结束时发电机氢气压力(kPa)；

B_1、B_2——试验开始及结束时发电机周围环境的大气压力(kPa)；

t_1、t_2——试验开始及结束时发电机氢气温度(℃)。

第 4.0.6 条　交流电动机的带负荷起动次数，应符合产品技术条件的规定；当产品技术条件无规定时，可符合下列规定：

一、在冷态时，可起动 2 次。每次间隔时间不得小于 5min。

二、在热态时，可起动 1 次。当在处理事故以及电动机起动时间不超过 2～3s 时，可再起动 1 次。

第 4.0.7 条 电机在验收时，应提交下列资料和文件：

一、变更设计部分的实际施工图。

二、变更设计的证明文件。

三、制造厂提供的产品说明书、检查及试验记录、合格证件及安装使用图纸等技术文件。

四、安装验收技术记录、签证和电机抽转子检查及干燥记录等。

五、调整试验记录及报告。

附录一 本规范用词说明

一、为便于在执行本规范条文时区别对待，对要求严格程度不同的用词说明如下：

1. 表示很严格，非这样作不可的：

正面词采用“必须”；

反面词采用“严禁”。

2. 表示严格，在正常情况下均应这样作的：

正面词采用“应”；

反面词采用“不应”或“不得”。

3. 表示允许稍有选择，在条件许可时首先应这样作的：

正面词采用“宜”或“可”；

反面词采用“不宜”。

二、条文中指定应按其它有关标准、规范执行时，写法为“应符合……的规定”或“应按……执行”。

附加说明

本规范主编单位、参加单位和主要起草人名单

主 编 单 位：能源部电力建设研究所

参 加 单 位：东北电力试验研究院

西北电力建设第一工程公司

主要起草人：姚 耕 李伟清 王 钜 马长瀛

中华人民共和国国家标准

电气装置安装工程旋转电机施工及验收规范

GB 50170-92

条 文 说 明

前　言

根据国家计委计标函(1987)78 号、建设部(88)建标字 25 号文的要求，由原水利电力部负责主编，具体由能源部电力建设研究所会同有关单位共同修订的《电气装置安装工程旋转电机施工及验收规范》GB50170-92，经中华人民共和国建设部 1992 年 12 月 16 日以建标[1992]911 号文批准发布。

为便于广大设计、施工、科研、学校等有关单位人员在使用本规范时能正确理解和执行条文规定，《电气装置安装工程旋转电机施工及验收规范》编制组根据国家计委关于编制标准、规范条文说明的统一要求，按《电气装置安装工程旋转电机施工及验收规范》的章、节、条顺序，编制了《电气装置安装工程旋转电机施工及验收规范条文说明》，供国内有关部门和单位参考。在使用中如发现本条文说明有欠妥之处，请将意见直接函寄本规范的管理单位：能源部电力建设研究所(北京良乡，邮政编码：102401)。

本条文说明仅供国内有关部门和单位执行本规范时使用。

目　录

第一章 总 则

第 1.0.1 条 本条简要地阐明制订本规范的目的。

第 1.0.2 条 旋转电机安装工程的施工及验收本应把水轮发电机包括在内，现因水轮发电机的施工及验收已有国家标准《水轮发电机组安装技术规范》，这就能做到水轮发电机在施工验收时有相应的标准可对照。为避免内容重复，故本规范未将水轮发电机列入。

第 1.0.5 条 指出本规范所列设备在安装前的保管要求和保管期限。并将原条文中“长期保管的设备则应遵守设备保管的专门规定”改为“当需长期保管时，应符合设备保管的专门规定”。这是考虑到目前国家已有相应的设备保管的有关规定。

第 1.0.7 条 原一机部、电力部曾以(79)一机电联字 1029 号文通知：“用户在收到最后一批货物后二个月内，应开箱清点，如发现问题应及时通知制造厂……”。

1980 年规程审查会上讨论认为：二个月期限太短，而且原一机部、电力部联合发文不一定适用于其它各部，采用二个月期限不太恰当，故改为“……到达现场后，应在规定期限内作验收检查”。

第 1.0.8 条 本规范内容是以质量标准和主要的工艺要求为主，有关施工安全问题，应遵守现行的安全技术规程，对于重要的施工项目或工序，由于施工环境各不相同，还应结合现场具体情况，在施工前制订切实可行的施工技术措施。

第 1.0.9 条 本条提出了在旋转电机安装前对建筑工程的一些具体要求，目的是为了实行文明施工，避免现场施工混乱，并为旋转电机安装工作的顺利进行创造条件，这些要求对保证安装质量和设备安全也是很必要的。施工中往往单纯追求进度，在屋内顶面及楼板工作未结束，防水层未做，即进入设备安装，结果由于漏雨渗水影响设备安装质量，故强调这一要求。

第 1.0.10 条 目前镀锌制品使用较普遍，紧固件采用镀锌制品也容易实现。采用镀锌制品后，能提高材料的防锈能力，保证电机的安装质量，提高运行的可靠性，检修时拆卸也较方便，故本条强调了这一要求。至于地脚螺栓现在还没有统一规格，无成品供应，故例外。

第 1.0.11 条 《电气装置安装工程施工及验收规范》(GBJ232—82) 中编制了“爆炸和火灾危险场所电气装置篇”，在具有爆炸和火灾危险场所安装旋转电机(如氢冷电机)时，应遵守上述规范的有关规定。

第 1.0.12 条 汽轮发电机、调相机的机务部分安装工作习惯上均由专业机务人员进行，不属于电气部分施工范围，故本规范未列入。有关机务部分的安装及试运行要求，应符合国家现行的有关专业规程的规定。

第二章　汽轮发电机和调相机

第一节　一般规定

第 2.1.1 条　本条规定了本章的适用范围。

根据当前我国电力工业的发展情况，600MW 的大型汽轮发电机组正陆续投入运行，200～300MW 汽轮发电机组已成为电网的主力机组，本规范各章节考虑了大电机的特点、施工和验收的要求；另外，容量 6000～50000kW 的中小型发电机仍在一些非电力企业工厂中安装使用，其安装及验收仍应按本规范有关规定执行。本章适用范围与原规范相比，范围虽然宽了些，但从适用性综合考虑，仍是适合的。

第 2.1.2 条　本条规定了对电机基础等建筑工程的质量要求。

第 2.1.3 条　按照设计要求，发电机的底座和外壳应当接地，对大型电机及条型底座的电机，为提高接地的可靠性，规定了应有 2 个及以上接地点的要求。

第二节　保管、搬运和起吊

第 2.2.1 条　电机到达现场后，首先应检查包装的完整性及铁芯、转子等的保护层是否完整和有无锈蚀。对水内冷电机则应检查定子、转子进出水管管口封闭是否完好，防止杂物进入堵塞冷却水通路；充氮运输的电机检查其氮气压力应符合产品的要求，以便判断电机绝缘是否受潮。

第 2.2.2 条　本条对电机安装前的保管要求作了具体规定。

一、应考虑放置地点的承载能力。

二、应充分考虑防潮、防尘及保温等要求，以免降低电机的绝缘性能。

三、存放处的环境温度应符合产品技术条件的规定。条文中“水内冷电机的存放温度不应低于 5℃”，是为了防止残存在绝缘引水管内少量剩水在低温时可能将绝缘引水管冻裂；充氮保管的电机，应保持氮气压力符合产品的要求，以免潮气侵入影响电机绝缘。

四、转子存放时不得使护环、尤其是护环与本体嵌装部位受力，应使刚度较大的部位——大齿处于支撑位置，对于大型电机，随着转子长度的增加，放置时的挠度也就增大，因此应注意转子存放时的支撑位置，并应按产品的要求定期盘动转子，避免因存放不当导致转子大轴弯曲。

五、定期使用兆欧表测量定子及转子的绝缘电阻，以及时检查电机是否受潮。实践证明这种措施是简单可行的。

第 2.2.3 条　本条规定了定子、转子在起吊及搬运过程中不得作为着力点的部位和应采取的保护措施，以防止外壳、铁芯、绕组等受到损伤或额外的机械应力。大型氢内冷发电机采用气隙取气斜流通风方式时，转子表面已不是光滑的圆柱体，起吊时钢丝绳不得与槽楔风斗碰触。

第 2.2.4 条　大型电机的定子在运输前应考虑就位时的方向，以免定子进入厂房后因方向不对需要重新调头时造成改变方向的困难。

第三节　定子和转子的安装

第 2.3.1～2.3.5 条　规定了在电机安装时的常规检查项目和要求。

第 2.3.6 条　本条规定了进入定子膛内工作时的具体要求和对定子绕组端部及铁芯采取保护措施，以免损伤绕组端部和铁芯。根据有关资料表明，历年来曾不只一次发生过安装后的电机因内部遗留金属件造成绕组短路事故。因此，本条规定严禁遗留金属件在定子膛内。

第 2.3.7 条 在没有国家标准可参照的情况下，目前制造厂已制订出氢内冷转子通气孔检查的方法及判定标准，实际使用效果较好，在作通气孔检查时，应按制造厂的规定进行。

第 2.3.8 条 本条规定了穿转子时，不得碰伤定子绕组和铁芯及其保护措施。

第 2.3.9 条 本条是专门针对凸极式电机的安装要求而制订的。

第 2.3.11 条 目前一些空冷电机结构已具有气封装置，将通风系统的一部分风引至气封，以形成正压，不使灰尘进入电机，有的加工比较粗糙，现场应加强检查。

为保证氢冷电机，特别是大容量、高氢压电机的日漏氢量减至最小程度，对采用端盖轴承的电机，端盖结合面紧密性的检查，应使用 10mm×0.05mm 的塞尺测量。

第 2.3.12 条 引线及出线的接触面必须良好，以保证接触面的质量，但有的产品未满足此要求，故条文中予以规定，以引起重视。此外，引线及出线接头的接触电阻，还取决于接触面是否清洁、螺栓是否紧固以及接触面的材料；接触面镀银层锉磨后，将对接头质量产生不良影响，故作了明确规定。

根据国内大型汽轮发电机运行事故统计资料，有的发电机由于定子引线及出线绝缘包扎不良而发生过对地及相间短路事故。本条第三款对电机引线及出线的绝缘包扎的技术要求作了明确规定。

第四节 集电环和电刷的安装

第 2.4.1～2.4.4 条 规定了集电环安装时的有关技术要求。

第 2.4.5 条 本条规定了电刷安装时的技术要求。

一、因不同制造厂生产的电刷性能差别很大，甚至同一制造厂不同时间生产的电刷性能亦有所差别，故第一款提出了此项要求。

二、由于一般电刷弹簧均有部分电流流过，使弹簧发热而丧失弹性。制造厂已生产带有绝缘垫结构的电刷弹簧，安装时要求绝缘垫完好。对恒压弹簧电刷也有相同的要求。

三、规定同一极上电刷弹簧压力偏差不超过 5%，目的是为了使各电刷可靠工作和其工作面磨损均匀。

四、电刷接触面应与集电环的弧度相吻合，接触面不应小于单个电刷截面的 75%，以保证通过各电刷电流的均匀性。

五、在冷状态时，如果电刷位置安装不当，则在热状态下因电机大轴膨胀后，电刷有可能不全部接触集电环表面，故规定将电刷调整在集电环整个表面内工作。有的制造厂在安装说明书中规定了刷架中心线对集电环中心线的移动距离。

第五节 氢冷电机

第 2.5.1 条 本条是针对氢冷电机的引出线和套管应保证电机的气密性要求而制订的。

第 2.5.2 条 为保证氢冷电机在安装后的漏氢量符合制造厂规定，因此本条规定了在氢冷电机的定子、转子及氢油水系统管路等作严密性试验合格后才能作整体性气密试验的要求。这对大型氢冷电机尤为重要，但在整体性气密试验中应注意检查定子各处焊口、接合面及引出线套密封处等有无漏气，以使整体性气密试验符合制造厂规定。

第 2.5.3 条 对于氢冷电机的氢气质量标准，国内各制造厂的产品技术条件中均有规定。为明确起见，本条对氢气纯度和湿度作了具体规定。关于氢气湿度比目前的某些规程的规定值 $15g/m^3$ 严格了一些，规定为 $10g/m^3$，主要是考虑大电机的特点和需要。这样，在氢温不低于 25℃时，能保持电机内氢气相对湿度小于 50%。这对减小大电机护环的应力腐蚀及定子端部绕组绝缘损害等是必要的和适宜的。

第六节　水内冷电机

第2.6.1条　水内冷电机定子和转子水回路的水压试验标准，各制造厂是参照《汽轮发电机通用技术条件》(GB7064-86)的有关规定制订的。试验时应注意，将绕组回路的空气放尽，避免出现假象，以便正确判断试验结果。

第2.6.2条　对电机冷却水质的要求，各制造厂稍有不同。本条所列标准是参照《汽轮发电机通用技术条件》(GB7064-86)及国家现行的有关技术标准制订的。

第2.6.3条　为保证冷却水水流畅通，并防止因振动而损坏冷却水管，故作此规定。

第2.6.4条　本条是针对水内冷电机对瓷件的具体要求而制订的。

第2.6.5条　水内冷电机的检漏装置如被灰尘、杂物污脏或受潮时，均会使绝缘降低，可能产生误动。

第2.6.6条　水内冷电机的定子、转子安装后进行正反冲洗，能及时消除水回路堵塞现象，确保分支水回路畅通。

第七节　干　　燥

第2.7.1条　本条规定了判断电机是否需要干燥的依据。

电机绝缘表面受潮，能导致绝缘电阻降低、泄漏电流增大，因而测量其绝缘电阻和吸收比，当不符合《电气装置安装工程电气设备交接试验标准》的有关规定时，应对电机进行干燥。

第2.7.2条　本条对干燥中涉及到电机绝缘的有关要求，如升温速度、最高允许温度、绝缘判断等主要问题予以规定。第二款的内容是参照《汽轮发电机通用技术条件》(GB7064—86)的有关规定制订的。此外根据制造厂资料，还规定了水内冷电机使用热水循环干燥等的具体要求。

第2.7.3条　已经通过交流耐压试验的电机，在启动前绝缘电阻值偏低或不合格，一般均为表面受潮。目前，电机均采用环氧粉云母绝缘，较之沥青云母绝缘等更不易受潮，本条规定在运行温度或环氧粉云母绝缘在常温时，按额定电压计算绝缘电阻值不低于每千伏1MΩ是可行的。这样规定，也与《电气装置安装工程电气设备交接试验标准》的有关规定相一致。

第三章　电　动　机

第一节　一般规定

第3.1.1条　本条规定了本章的适用范围。

第二节　保管和起吊

第3.2.2条　本条指出了电机保管场所应具备的条件，特别指出要采取措施防止小动物如老鼠、蛇等进入，因为在不少地方发生因保管不善，小动物进入损伤电机绕组的事故。

对一些细长型转子的电机，为防止转子轴变形，有的制造厂要求在保管期间定期盘动转子，这时还应按制造厂要求盘动转子。

第3.2.3条　本条指出了起吊电机定子、转子时的注意事项，以保护电机的集电环、换向器和轴颈、绕组等部分不受到损伤。

第三节　检查和安装

第3.3.1条　电机安装时，应对转子的转动情况、润滑状况、定子、转子之间的空气间隙，电源引出线的连接及电刷提升装置等进行检查，把好安装时的质量关，尤其是裸露带电部分的电气间隙，更应满足产品标准的规定，这是电机安全运行必须具备的条件之一。

第3.3.2条　本条对到达现场的电机是否要作抽芯检查作了明确的规定。对于无法查到制造厂保证期限的电机，考虑到目前国内大多数电机制造厂的保证期限为一年，所以对这类电机凡出厂日期超过一年者也列入抽芯检查之列。

第3.3.3条　本条对电机抽芯检查的内容作了详细的规定。

近年来，采用浇铸转子的电动机越来越多，因此本条对浇铸转子的检查要点作出了详细的规定。

第3.3.6～3.3.7条　箱式电机和多速电机在我国已应用十分普遍，因此本条对它们的安装要求提出了明确的规定。

第3.3.8条　有的电机不能反转，有的电机虽然可以反转，但与之联为一体的机械不能反转，因此有固定转向要求的电机，试车前必须检查电机与电源的相序并应一致，以免反转时损坏电机或机械设备。

第四章　工程交接验收

本章将本规范的“汽轮发电机和调相机”及“电动机”两章中的工程交接验收合并为一章。

第 4.0.1 条　本条是参照《火力发电厂基本建设工程启动验收规程》和现行国家标准《汽轮发电机通用技术条件》(GB7064-86)的有关规定制订的。

第 4.0.2 条　本条在 1982 年修订时，对原条文中有关检查的具体内容较为繁琐作了适当的归纳整理，并补充了有关照明、通讯、消防装置的检查要求，以引起重视。

本次修订时，根据有些单位反映的意见，本条增加了一款：“四、发电机出口母线应设有防止漏水、油、金属及其它物体掉落等设施”，以防运行时发电机出口母线因这些原因引起母线故障或短路，造成重大事故。

第 4.0.3 条　安装后的电动机作空载检查并测空载电流是检查电机有无问题较简单有效的方法。有时在电机组装后第一次起动时，发现三相电流严重不平衡和电机发热，如果作过空载检查，就可辨别是电机的问题，还是机械的问题，从而使问题简单化。

第 4.0.4 条　对本条的规定作如下说明：

一、表 4.0.4 规定了电机振动双倍振幅值，这是采用了原规范的标准。

二、滑动轴承温升不超过 45℃，修改为滑动轴承温度不超过 80℃；滚动轴承温升不超过 60℃，修改为滚动轴承温度不超过 95℃。这是参照现行国家标准《电机基本技术要求》的有关规定制订的。

第 4.0.5 条　目前国内各制造厂及有关技术规范和标准，对计算漏氢量时选定的状态参数不一致，漏氢率的比值含义比较含混，因此有必要选定一种适宜的规定状态参数。本条列出的计算公式中，综合考虑了国内外的选用情况，选用的规定状态参数为：压力 $P_0=1.01\times10^5$Pa，温度 $T_0=273+20=293$K，故 24h 漏氢量的计算公式中有 69.38 的系数。

第 4.0.6 条　冷态时，电动机每次起动间隔时间不得小于 5min；热态时，只有在处理事故时以及起动时间不超过 2～3s 的电动机，可再起动 1 次。这是参照国家现行的有关规程制订的。

中华人民共和国国家标准

电气装置安装工程盘、柜及二次回路结线施工及验收规范

GB 50171—92

主编部门：中华人民共和国能源部
批准部门：中华人民共和国建设部
施行日期：1993年7月1日

关于发布国家标准《电气装置安装工程旋转电机施工及验收规范》等五项国家标准的通知

建标[1992]911号

根据国家计委计标函(1987)78号、建设部(88)建标字25号文的要求，由能源部会同有关部门共同制订的《电气装置安装工程旋转电机施工及验收规范》等五项标准，已经有关部门会审，现批准《电气装置安装工程旋转电机施工及验收规范》GB50170－92、《电气装置安装工程盘、柜及二次回路结线施工及验收规范》GB50171－92、《电气装置安装工程蓄电池施工及验收规范》GB50172－92、《电气装置安装工程电缆线路施工及验收规范》GB50168－92和《电气装置安装工程接地装置施工及验收规范》GB50169－92为强制性国家标准，自一九九三年七月一日起施行。原《电气装置安装工程施工及验收规范》中第三篇旋转电机篇、第四篇盘、柜及二次回路结线篇、第五篇蓄电池篇、第十一篇电缆线路篇及第十五篇接地装置篇同时废止。

本标准由能源部负责管理，具体解释等工作由能源部电力建设研究所负责，出版发行由建设部标准定额研究所负责组织。

中华人民共和国建设部
一九九二年十二月十六日

修 订 说 明

本规范是根据国家计委计标函(1987)78号、建设部(88)建标字25号文的要求，由原水利电力部负责主编，具体由能源部电力建设研究所会同有关单位共同编制而成。

修订过程中，规范组进行了广泛调查研究，认真总结了原规范执行以来的经验，吸取了部分科研成果，广泛征求了全国有关单位的意见，最后由我部会同有关部门审查定稿。

本规范共分五章和一个附录。这次修订主要增加了弱电回路抗干扰、静态保护和微机监控等方面的内容。

本规范执行过程中，如发现有欠妥之处，请将意见和有关资料直接函寄本规范的管理单位能源部电力建设研究所(北京良乡，邮政编码：102401)，以便今后修订时参考。

能 源 部

1990年12月

第一章 总 则

第1.0.1条 为保证盘、柜装置及二次回路结线安装工程的施工质量，促进工程施工技术水平的提高，确保盘、柜装置及二次回路安全运行，制订本规范。

第1.0.2条 本规范适用于各类配电盘、保护盘、控制盘、屏、台、箱和成套柜等及其二次回路结线安装工程的施工及验收。

第1.0.3条 盘、柜装置及二次回路结线的安装工程应按已批准的设计进行施工。

第1.0.4条 盘、柜等在搬运和安装时应采取防震、防潮、防止框架变形和漆面受损等安全措施，必要时可将装置性设备和易损元件拆下单独包装运输。当产品有特殊要求时，尚应符合产品技术文件的规定。

第1.0.5条 盘、柜应存放在室内或能避雨、雪、风、沙的干燥场所。对有特殊保管要求的装置性设备和电气元件，应按规定保管。

第1.0.6条 采用的设备和器材，必须是符合国家现行技术标准的合格产品，并有合格证件。设备应有铭牌。

第1.0.7条 设备和器材到达现场后，应在规定期限内作验收检查，并应符合下列要求：

一、包装及密封良好。

二、开箱检查型号、规格符合设计要求，设备无损伤，附件、备件齐全。

三、产品的技术文件齐全。

四、按本规范要求外观检查合格。

第1.0.8条 施工中的安全技术措施，应符合本规范和国家现行有关安全技术标准及产品技术文件的规定。

第 1.0.9 条 与盘、柜装置及二次回路结线安装工程有关的建筑工程的施工，应符合下列要求：

一、与盘、柜装置及二次回路结线安装有关的建筑物、构筑物的建筑工程质量，应符合国家现行的建筑工程施工及验收规范中的有关规定。当设备或设计有特殊要求时，尚应满足其要求。

二、设备安装前建筑工程应具备下列条件：

1. 屋顶、楼板施工完毕，不得渗漏。

2. 结束室内地面工作，室内沟道无积水、杂物。

3. 预埋件及预留孔符合设计要求，预埋件应牢固。

4. 门窗安装完毕。

5. 进行装饰工作时有可能损坏已安装设备或设备安装后不能再进行施工的装饰工作全部结束。

三、对有特殊要求的设备，安装调试前建筑工程应具备下列条件：

1. 所有装饰工作完毕，清扫干净。

2. 装有空调或通风装置等特殊设施的，应安装完毕，投入运行。

第 1.0.10 条 设备安装用的紧固件，应用镀锌制品，并宜采用标准件。

第 1.0.11 条 盘、柜上模拟母线的标志颜色，应符合表 1.0.11的规定。

模拟母线的标志颜色 表 1.0.11

电压(kV)	颜色
交流 0.23	深灰
交流 0.40	黄褐
交流 3	深绿
交流 6	深蓝

续表 1.0.11

电压(kV)	颜色
交流 10	绛红
交流 13.8～20	浅绿
交流 35	浅黄
交流 60	橙黄
交流 110	朱红
交流 154	天蓝
交流 220	紫
交流 330	白
交流 500	淡黄
直流	褐
直流 500	深紫

注：①模拟母线的宽度宜为 6～12mm；

②设备模拟的涂色应与相同电压等级的母线颜色一致；

③不适用于弱电屏以及流程模拟的屏台。

第 1.0.12 条 二次回路结线施工完毕在测试绝缘时，应有防止弱电设备损坏的安全技术措施。

第 1.0.13 条 安装调试完毕后，建筑物中的预留孔洞及电缆管口，应做好封堵。

第 1.0.14 条 盘、柜的施工及验收，除按本规范规定执行外，尚应符合国家现行的有关标准规范的规定。

第二章　盘、柜的安装

第 2.0.1 条　基础型钢的安装应符合下列要求：

一、允许偏差应符合表 2.0.1 的规定。

基础型钢安装的允许偏差　　表 2.0.1

项　目	允许偏差	
	mm/m	mm/全长
不直度	<1	<5
水平度	<1	<5
位置误差及不平行度		<5

注：环形布置按设计要求。

二、基础型钢安装后，其顶部宜高出抹平地面 10mm；手车式成套柜按产品技术要求执行。基础型钢应有明显的可靠接地。

第 2.0.2 条　盘、柜安装在震动场所，应按设计要求采取防震措施。

第 2.0.3 条　盘、柜及盘、柜内设备与各构件间连接应牢固。主控制盘、继电保护盘和自动装置盘等不宜与基础型钢焊死。

第 2.0.4 条　盘、柜单独或成列安装时，其垂直度、水平偏差以及盘、柜面偏差和盘、柜间接缝的允许偏差应符合表 2.0.4 的规定。

模拟母线应对齐，其误差不应超过视差范围，并应完整，安装牢固。

第 2.0.5 条　端子箱安装应牢固，封闭良好，并应能防潮、防尘。安装的位置应便于检查；成列安装时，应排列整齐。

盘、柜安装的允许偏差　　表 2.0.4

项　目		允许偏差(mm)
垂直度(每米)		<1.5
水平偏差	相邻两盘顶部	<2
	成列盘顶部	<5
盘面偏差	相邻两盘边	<1
	成列盘面	<5
盘间接缝		<2

第 2.0.6 条　盘、柜、台、箱的接地应牢固良好。装有电器的可开启的门，应以裸铜软线与接地的金属构架可靠地连接。

成套柜应装有供检修用的接地装置。

第 2.0.7 条　成套柜的安装应符合下列要求：

一、机械闭锁、电气闭锁应动作准确、可靠。

二、动触头与静触头的中心线应一致，触头接触紧密。

三、二次回路辅助开关的切换接点应动作准确，接触可靠。

四、柜内照明齐全。

第 2.0.8 条　抽屉式配电柜的安装尚应符合下列要求：

一、抽屉推拉应灵活轻便，无卡阻、碰撞现象，抽屉应能互换。

二、抽屉的机械联锁或电气联锁装置应动作正确可靠，断路器分闸后，隔离触头才能分开。

三、抽屉与柜体间的二次回路连接插件应接触良好。

四、抽屉与柜体间的接触及柜体、框架的接地应良好。

第 2.0.9 条　手车式柜的安装尚应符合下列要求：

一、检查防止电气误操作的“五防”装置齐全，并动作灵活可靠。

二、手车推拉应灵活轻便，无卡阻、碰撞现象，相同型号的手车应能互换。

三、手车推入工作位置后，动触头顶部与静触头底部的间隙应符合产品要求。

四、手车和柜体间的二次回路连接插件应接触良好。

五、安全隔离板应开启灵活，随手车的进出而相应动作。

六、柜内控制电缆的位置不应妨碍手车的进出，并应牢固。

七、手车与柜体间的接地触头应接触紧密，当手车推入柜内时，其接地触头应比主触头先接触，拉出时接地触头比主触头后断开。

第 2.0.10 条 盘、柜的漆层应完整，无损伤。固定电器的支架等应刷漆。安装于同一室内且经常监视的盘、柜，其盘面颜色宜和谐一致。

第三章 盘、柜上的电器安装

第 3.0.1 条 电器的安装应符合下列要求：

一、电器元件质量良好，型号、规格应符合设计要求，外观应完好，且附件齐全，排列整齐，固定牢固，密封良好。

二、各电器应能单独拆装更换而不应影响其它电器及导线束的固定。

三、发热元件宜安装在散热良好的地方；两个发热元件之间的连线应采用耐热导线或裸铜线套瓷管。

四、熔断器的熔体规格、自动开关的整定值应符合设计要求。

五、切换压板应接触良好，相邻压板间应有足够安全距离，切换时不应碰及相邻的压板；对于一端带电的切换压板，应使在压板断开情况下，活动端不带电。

六、信号回路的信号灯、光字牌、电铃、电笛、事故电钟等应显示准确，工作可靠。

七、盘上装有装置性设备或其它有接地要求的电器，其外壳应可靠接地。

八、带有照明的封闭式盘、柜应保证照明完好。

第 3.0.2 条 端子排的安装应符合下列要求：

一、端子排应无损坏，固定牢固，绝缘良好。

二、端子应有序号，端子排应便于更换且接线方便；离地高度宜大于 350mm。

三、回路电压超过 400V 者，端子板应有足够的绝缘并涂以红色标志。

四、强、弱电端子宜分开布置；当有困难时，应有明显标志并设空端子隔开或设加强绝缘的隔板。

五、正、负电源之间以及经常带电的正电源与合闸或跳闸回路之间，宜以一个空端子隔开。

六、电流回路应经过试验端子，其它需断开的回路宜经特殊端子或试验端子。试验端子应接触良好。

七、潮湿环境宜采用防潮端子。

八、接线端子应与导线截面匹配，不应使用小端子配大截面导线。

第3.0.3条 二次回路的连接件均应采用铜质制品；绝缘件应采用自熄性阻燃材料。

第3.0.4条 盘、柜的正面及背面各电器、端子牌等应标明编号、名称、用途及操作位置，其标明的字迹应清晰、工整，且不易脱色。

第3.0.5条 盘、柜上的小母线应采用直径不小于6mm的铜棒或铜管，小母线两侧应有标明其代号或名称的绝缘标志牌，字迹应清晰、工整，且不易脱色。

第3.0.6条 二次回路的电气间隙和爬电距离应符合下列要求：

一、盘、柜内两导体间，导电体与裸露的不带电的导体间，应符合表3.0.6的要求。

二、屏顶上小母线不同相或不同极的裸露载流部分之间，裸露载流部分与未经绝缘的金属体之间，电气间隙不得小于12mm；爬电距离不得小于20mm。

允许最小电气间隙及爬电距离(mm)　　表3.0.6

额定电压(V)	电气间隙		爬电距离	
	额定工作电流		额定工作电流	
	≤63A	>63A	≤63A	>63A
≤60	3.0	5.0	3.0	5.0
60<V≤300	5.0	6.0	6.0	8.0
300<V≤500	8.0	10.0	10.0	12.0

第四章　二次回路结线

第4.0.1条 二次回路结线应符合下列要求：

一、按图施工，接线正确。

二、导线与电气元件间采用螺栓连接、插接、焊接或压接等，均应牢固可靠。

三、盘、柜内的导线不应有接头，导线芯线应无损伤。

四、电缆芯线和所配导线的端部均应标明其回路编号，编号应正确，字迹清晰且不易脱色。

五、配线应整齐、清晰、美观，导线绝缘应良好，无损伤。

六、每个接线端子的每侧接线宜为1根，不得超过2根。对于插接式端子，不同截面的两根导线不得接在同一端子上；对于螺栓连接端子，当接两根导线时，中间应加平垫片。

七、二次回路接地应设专用螺栓。

第4.0.2条 盘、柜内的配线电流回路应采用电压不低于500V的铜芯绝缘导线，其截面不应小于2.5mm²；其它回路截面不应小于1.5mm²；对电子元件回路、弱电回路采用锡焊连接时，在满足载流量和电压降及有足够机械强度的情况下，可采用不小于0.5mm²截面的绝缘导线。

第4.0.3条 用于连接门上的电器、控制台板等可动部位的导线尚应符合下列要求：

一、应采用多股软导线，敷设长度应有适当裕度。

二、线束应有外套塑料管等加强绝缘层。

三、与电器连接时，端部应绞紧，并应加终端附件或搪锡，不得松散、断股。

四、在可动部位两端应用卡子固定。

第 4.0.4 条 引入盘、柜内的电缆及其芯线应符合下列要求：

一、引入盘、柜的电缆应排列整齐，编号清晰，避免交叉，并应固定牢固，不得使所接的端子排受到机械应力。

二、铠装电缆在进入盘、柜后，应将钢带切断，切断处的端部应扎紧，并应将钢带接地。

三、使用于静态保护、控制等逻辑回路的控制电缆，应采用屏蔽电缆。其屏蔽层应按设计要求的接地方式予接地。

四、橡胶绝缘的芯线应外套绝缘管保护。

五、盘、柜内的电缆芯线，应按垂直或水平有规律地配置，不得任意歪斜交叉连接。备用芯长度应留有适当余量。

六、强、弱电回路不应使用同一根电缆，并应分别成束分开排列。

第 4.0.5 条 直流回路中具有水银接点的电器，电源正极应接到水银侧接点的一端。

第 4.0.6 条 在油污环境，应采用耐油的绝缘导线。在日光直射环境，橡胶或塑料绝缘导线应采取防护措施。

第五章 工程交接验收

第 5.0.1 条 在验收时，应按下列要求进行检查：

一、盘、柜的固定及接地应可靠，盘、柜漆层应完好、清洁整齐。

二、盘、柜内所装电器元件应齐全完好，安装位置正确，固定牢固。

三、所有二次回路接线应准确，连接可靠，标志齐全清晰，绝缘符合要求。

四、手车或抽屉式开关柜在推入或拉出时应灵活，机械闭锁可靠；照明装置齐全。

五、柜内一次设备的安装质量验收要求应符合国家现行有关标准规范的规定。

六、用于热带地区的盘、柜应具有防潮、抗霉和耐热性能，按国家现行标准《热带电工产品通用技术》要求验收。

七、盘、柜及电缆管道安装完后，应作好封堵。可能结冰的地区还应有防止管内积水结冰的措施。

八、操作及联动试验正确，符合设计要求。

第 5.0.2 条 在验收时，应提交下列资料和文件：

一、工程竣工图。

二、变更设计的证明文件。

三、制造厂提供的产品说明书、调试大纲、试验方法、试验记录、合格证件及安装图纸等技术文件。

四、根据合同提供的备品备件清单。

五、安装技术记录。

六、调整试验记录。

附录一　本规范用词说明

一、为便于在执行本规范条文时区别对待，对于要求严格程度不同的用词说明如下：

1. 表示很严格，非这样做不可的：

正面词采用“必须”；

反面词采用“严禁”。

2. 表示严格，在正常情况下均应这样做的：

正面词采用“应”；

反面词采用“不应”或“不得”。

3. 表示允许稍有选择，在条件许可时首先应这样做的：

正面词采用“宜”或“可”；

反面词采用“不宜”。

二、条文中指明应按其它有关标准、规范执行时，写法为“应符合……的规定”或“应按……执行”。

附加说明

本规范主编单位、参加单位和主要起草人名单

主编单位： 能源部电力建设研究所

参加单位： 交通部水运规划设计院

能源部武汉超高压公司

主要起草人： 李志耕　黄佩君　赵以裕　马长瀛

中华人民共和国国家标准

电气装置安装工程盘、柜及二次回路结线施工及验收规范

GB 50171－92

条 文 说 明

前 言

根据国家计委计标函(1987)78号、建设部(88)建标字25号文的要求,由原水利电力部负责主编,具体由能源部电力建设研究所会同有关单位共同修订的《电气装置安装工程盘、柜及二次回路结线施工及验收规范》GB50171－92,经中华人民共和国建设部一九九二年十二月十六日以建标[1992]911号文批准发布。

为便于广大设计、施工、科研、学校等有关单位人员在使用本规范时能正确理解和执行条文规定,《电气装置安装工程盘、柜及二次回路结线施工及验收规范》编制组根据国家计委关于编制标准、规范条文说明的统一要求,按《电气装置安装工程盘、柜及二次回路结线施工及验收规范》的章、条顺序,编制了《电气装置安装工程盘、柜及二次回路结线施工及验收规范条文说明》,供国内各有关部门和单位参考。在使用中如发现本条文说明有欠妥之处,请将意见直接函寄给本规范的管理单位能源部电力建设研究所(北京良乡,邮政编码102401)。

本《条文说明》仅供国内有关部门和单位执行本规范时使用。

目　　录

第一章　总　　则

第 1.0.1 条　制订本规范的目的及指导思想。

第 1.0.2 条　本规范的适用范围：

一、本规范总标题为“盘、柜及二次回路结线”，不强调具体名称，使本规范的适用范围更广一些；

二、说明本规范的适用范围包括保护盘、控制盘、直流屏、励磁屏、信号屏、远动盘、动力盘、照明盘及微机控制有关屏、盘以及高、低压开关柜等；二次回路结线包括保护回路、控制回路、信号回路及测量回路等。

第 1.0.3 条　强调了按设计进行施工的基本原则。

第 1.0.4 条　本条规定了盘、柜搬运时的基本要求。精密的仪表和元件一般应从盘上拆下运输，对于较重的或精密的装置型设备，如高频保护装置、零序保护装置、逆变装置、距离保护装置、重合闸装置等，必要时可拆下单独包装运输，以免损坏或因装置过重使框架受力变形。尤其应注意在二次搬运及安装过程中，应防止倾倒而损坏设备。

第 1.0.5 条　本条规定了盘、柜的保管要求。对温度、湿度有较严格要求的装置型设备，如微机监控系统，应按规定妥善保管在合适的环境中，待现场具备了设计要求的条件时，再将设备运进现场进行安装调试。

第 1.0.6 条　不得使用淘汰及高能耗产品，新产品均应经鉴定合格。

根据目前有关规定，高、低压开关柜必须采用机械电子部和能源部两部认可的定点厂生产的设备。

第 1.0.7 条

一、各制造厂提供的技术文件没有统一规定，可按各厂家规定及合同协议要求；

二、开箱检查时，强调型号、规格符合设计要求，设备无损伤，附件、备件的供应范围和数量按合同要求。

第 1.0.8 条　强调应遵守国家现行有关安全技术标准的规定。

第 1.0.9 条

一、对建筑工程，强调按国家现行有关规定执行，当设备有特殊要求时尚应满足其要求．例如基础型钢的安装必须满足本规范第 2.0.1 条的规定，因为第 2.0.1 条所述的基础型钢的安装是在建筑工程中进行的。故在建筑工程施工中，电气人员应予以配合，这样才能保证盘、柜安装的要求。

二、强调设备安装前，屋面、楼板不得有渗漏现象，室内沟道无积水等要求，以防设备受潮。

三、强调有特殊要求的设备，在具备设备所要求的环境时，方可将设备运进现场进行安装调试，以保证设备能顺利地进行安装调试及运行。

第 1.0.10 条　为防止包括地脚螺栓在内的紧固件生锈，应采用镀锌制品，紧固件应尽量采用标准件，以便于更换。

第 1.0.11 条　该条文是参照国家现行标准《电力系统二次电路用屏(台)通用技术条件》(JB616－84)制订的。增加了 500kV 交、直流模拟母线颜色的规定。

第 1.0.12 条　目前，继电保护回路、控制回路和信号回路新增加了不少弱电元件，测量二次回路绝缘时，有些弱电元件易被损坏。故提出测试绝缘时，应有防止弱电设备损坏的相应的安全措施，如将强、弱电回路分开，电容器短接，插件拔下等。测完绝缘后应逐个进行恢复，不得遗漏。

第 1.0.13 条　本条的目的是为了运行安全和防止潮气及小动物侵入，对于敞开式建筑物中采用封闭式盘、柜的电缆管口，应作好封堵。

第 1.0.14 条　本规范与国家现行有关标准规范的关系。

第二章　盘、柜的安装

第 2.0.1 条　目前国内盘、柜的安装，一般均用基础型钢作底座。基础型钢与接地干线应可靠焊接上，盘、柜用螺栓或焊接固定在基础型钢上。本规范表 2.0.1 系参照《建筑安装工程质量检验评定标准(自动化仪表安装工程)》(TJ308—77)中有关规定制订的。

基础型钢施工前，首先要检查型钢的不直度并予以校正。在施工时电气人员予以配合，本条提出的要求是可以做到的。

手车式开关基础型钢的高度，应符合制造厂产品技术要求。

对基础位置误差及不平行度限制，以保证盘、柜对整个控制室或配电室的相对位置。

第 2.0.2 条　强调按设计要求采取防震措施。因为设计部门掌握盘、柜安装地点的震动情况，据此提出不同的防震措施，如常用垫橡皮垫，防震弹簧等方法。

第 2.0.3 条　考虑到主控制盘、继电保护盘、自动装置盘等有移动或更换可能，尤其当有扩建工程时，若将盘、柜焊死，插入安装盘、柜时将造成困难，故提出不宜焊死。

第 2.0.4 条　本规范表 2.0.4 系参照《建筑安装工程质量检验评定标准(自动化仪表安装工程)》(TJ308—77)中的有关规定而制订的。据了解，有的生产厂家的产品本身尺寸误差较大，模拟母线参差不齐等，首先应由厂家保证质量，订货时应注意尽量采用“两部”认可的生产厂家生产的合格产品，并在订货合同上予以强调。

第 2.0.5 条　特别要注意室外端子箱封闭应良好，箱门要有密封圈，底部要封堵，以防水、防潮、防尘。

第 2.0.6 条　装有电器的可开启的屏、柜门，若无软导线与屏、柜的框架连接接地，则当门上的电器绝缘损坏时，将使屏、柜门上带有危险的电位，危及运行人员的人身安全。国外对此极为重视，一般均以软导线可靠接地。鉴于国内制造厂的产品尚不统一，为确保安全生产，本条重申此要求。除要求制造厂予以改进外，订货单位也应在订货时提出该项要求。

裸铜软线要有足够的机械强度，强调用裸线以免断线时不易被发现。

第 2.0.8 条　根据制造厂产品有关要求而制订的。

第 2.0.9 条　根据原水电部(84)电生监字 142 号文的要求，开关柜应具有防止带负荷拉合刀闸、防止带地线合闸、防止带电挂地线、防止误走错间隔、防止误拉合开关的“五防”要求，故强调提出这一条款。

由于有的厂家在制造工艺方面存在问题，生产的小车不能互换，失去了小车式柜的这一优点，故强调了小车的互换性。在我国目前生产工艺的情况下，为确保安装质量，出厂时，小车柜的车柜号应对应，订货时要选择“两部”认可的厂家生产的质量合格的产品，签订合同时应予以强调。

第三章 盘、柜上的电器安装

第 3.0.1 条 发热元件宜安装在散热良好的地方，不强调安装在柜顶。因为有些发热元件较笨重，安装在柜顶不安全；有些发热元件安装在柜顶操作不方便。

装置性设备要求外壳接地，以防干扰，并保证弱电元件正常工作。

第 3.0.2 条 该条文强调端子板安装的要求。有部分条文在设计规程中已规定，这里重复提出是考虑在安装施工过程中，有可能疏忽。

第四款是因为近年来，弱电保护和弱电控制大量出现，为防止强电对弱电的干扰而提出的要求。

第七款，主要考虑室外配电箱因受潮造成端子绝缘降低，故建议采用防潮端子。

第八款，小端子配大截面导线，在施工中时有发生，安装困难且接触不良，故建议可用两根小截面的导线代替大截面的导线，作为目前的过渡措施。

第 3.0.3 条 二次回路的连接件应采用铜质制品，以防锈蚀。在利用螺丝连接时，应使用垫片和弹簧垫圈。对所使用的铜质制品应进行检查。目前生产的连接件，有的质量不合格，经过几次旋拧，丝扣就滑扣了。尤其在运行过程中出现滑扣现象，其后果更为严重。

考虑防火要求，绝缘件应采用自熄性阻燃材料。

第 3.0.4 条 一般规定。目前可采用喷涂塑料胶等方法。

第 3.0.6 条 本条仅指盘、柜内二次回路的电气间隙和爬电距离。一次部分的电气间隙和爬电距离，本规范不包括。本条参照国家标准《低压成套开关设备》(GB7251--87)编写。

第四章 二次回路结线

第 4.0.1 条 为保证导线无损伤，配线时宜使用与导线规格相对应的剥线钳剥掉导线的绝缘。螺丝连接时，弯线方向应与螺丝前进的方向一致。

线路标号常采用异型管，用英文打字机打上字再烘烤，或采用烫号机烫号。这样字迹清晰工整，不易脱色。或采用编号笔用编号剂书写，效果也较好。

二次回路应设专用接地螺栓，以使接地明显可靠，订货时应予注意。

第 4.0.2 条 本条系参照国家现行标准《电力系统二次电路用控制及继电保护屏（柜、台）通用技术条件》(JB5777.2—91)制订。

第 4.0.3 条 第三款，为保证导线不松散，多股导线不仅应端部绞紧，还应加终端附件或搪锡。据反映，采用压接式终端附件是较好的一种方式。

第 4.0.4 条

第二款，根据现行国家标准《工业与民用电力装置的接地设计规范》(GBJ65—83)及《电气装置安装工程接地装置施工及验收规范》(GB50169—92)，明确要求控制电缆的金属护层应予接地。

第三款，关于屏蔽层接地的具体做法，全国尚不统一，故应按设计要求而定。

双屏蔽层的电缆，为避免形成感应电位差，常采用两层屏蔽层在同一端相连并予接地。

第四款，控制电缆目前已大量采用塑料电缆，其芯线本身为彩色塑料绝缘，在施工中能减少大量套塑料管的工作量，省时省料，目前多数工程对塑料芯线已取消了套塑料管的工艺，也有部分工程强调与橡胶芯线做法一致。在此不强求，但橡胶芯线仍应套绝缘管。

据调查，目前大部分工程已不使用橡胶绝缘的电缆做控制电缆，大型电缆制造厂也不生产橡胶绝缘的控制电缆，但橡胶绝缘的控制电缆并不属于淘汰产品，有些地方小型电缆厂目前还在生产这种电缆，故仍提出有关橡胶绝缘控制电缆的做法。

第4.0.5条 电源的正极接到水银侧接点一端，这样有利于灭弧，防止接点烧损。

第4.0.6条 油污环境采用塑料绝缘导线较好。

在日光直晒环境，常采用电缆穿蛇皮管或其它金属管的保护措施。

第五章 工程交接验收

第5.0.1条

第四款，目前有的盘、柜已不带照明装置，但成套柜仍有，故作此规定。

第六款，增加用于热带的盘、柜的技术要求，对于其它特殊环境，如腐蚀等，亦应按有关国家现行标准进行验收。

第七款，为防止小动物及潮气等侵入，应做好封堵。考虑到结冰地区曾发生管内积水将电缆冻断事故，故强调应采取措施，使管内不积水。

第5.0.2条 增加备品、备件清单的要求，给以后运行、维护提供方便。

中华人民共和国国家标准

电气装置安装工程
蓄电池施工及验收规范

GB 50172-92

主编部门：中华人民共和国能源部
批准部门：中华人民共和国建设部
施行日期：1993年7月1日

关于发布国家标准《电气装置安装工程旋转电机施工及验收规范》等五项国家标准的通知

建标[1992]911号

根据国家计委计标函(1987)78号、建设部(88)建标字25号文的要求，由能源部会同有关部门共同制订的《电气装置安装工程旋转电机施工及验收规范》等五项标准，已经有关部门会审，现批准《电气装置安装工程旋转电机施工及验收规范》GB 50170-92、《电气装置安装工程盘、柜及二次回路结线施工及验收规范》GB 50171-92、《电气装置安装工程蓄电池施工及验收规范》GB 50172-92、《电气装置安装工程电缆线路施工及验收规范》GB 50168-92和《电气装置安装工程接地装置施工及验收规范》GB 50169-92为强制性国家标准，自一九九三年七月一日起施行。原《电气装置安装工程施工及验收规范》中第三篇旋转电机篇、第四篇盘、柜及二次回路结线篇、第五篇蓄电池篇、第十一篇电缆线路篇及第十五篇接地装置篇同时废止。

本标准由能源部负责管理，具体解释等工作由能源部电力建设研究所负责，出版发行由建设部标准定额研究所负责组织。

中华人民共和国建设部
一九九二年十二月十六日

修订说明

本规范是根据国家计委计标函(1987)78号、建设部(88)建标字25号文的要求，由原水利电力部负责主编，具体由能源部电力建设研究所会同有关单位共同编制而成。

在修订过程中，规范编写组进行了广泛的调查研究，认真总结了原规范执行以来的经验，吸取了部分科研成果，广泛征求了全国有关单位的意见，最后由我部会同有关部门审查定稿。

本规范共分五章和四个附录。这次修订的主要内容有：

1. 删去了原《电气装置安装工程施工及验收规范》(GBJ232-82)中的第五篇“蓄电池篇”中的有关“固定型开口式铅酸蓄电池组”的全部相关内容，因此种蓄电池由于其固有的缺点，在国内工程建设中已不再采用，制造厂也不再生产，属于淘汰产品；

2. 取消了原规范中“母线与台架”这一章，因原这章的主要内容是适用于固定型开口式铅酸蓄电池的安装需要，故将此章取消，并将章节编排作了改动，将该章有关条文内容分别列入现规范的“蓄电池组安装”章节内；

3. 补充了固定型防爆式及固定型密闭式铅酸蓄电池组的安装及验收的相关内容；

4. 增加了“镉镍碱性蓄电池组的安装”一章，并在规范其它有关章节条文中补充了有关镉镍碱性蓄电池的相关内容。这是首次将镉镍碱性蓄电池组的施工及验收列入国家级标准规范中，填补了镉镍碱性蓄电池在电气装置安装工程中施工及交接验收无章可循的空白；

5. 其它有关条文的补充修改。

本规范执行过程中，如发现未尽之处，请将意见和有关资料寄送能源部电力建设研究所(北京良乡，邮政编码：102401)，以便今后修订时参考。

能源部

1990年12月

第一章 总 则

第 1.0.1 条 为保证蓄电池组的工程安装质量，促进工程施工技术水平的提高，确保蓄电池组的安全运行，制订本规范。

第 1.0.2 条 本规范适用于电压为 24V 及以上，容量为 30A·h 及以上的固定型铅酸蓄电池组和容量为 10A·h 及以上的镉镍碱性蓄电池组安装工程的施工及验收。

第 1.0.3 条 蓄电池组的安装应按已批准的设计进行施工。

第 1.0.4 条 采用的设备及器材，应符合国家现行技术标准的规定，并应有合格证件。设备应有铭牌。

第 1.0.5 条 蓄电池在运输、保管过程中，应轻搬轻放，不得有强烈冲击和振动，不得倒置、重压和日晒雨淋。

第 1.0.6 条 设备到达现场后，应在规定期限内作验收检查，并应符合下列要求：

一、包装及密封应良好。

二、开箱检查清点，型号、规格应符合设计要求；附件齐全；元件无损坏情况。

三、产品的技术文件应齐全。

四、按本规范要求外观检查合格。

第 1.0.7 条 蓄电池到达现场后，应在产品规定的有效保管期限内进行安装及充电。不立即安装时，其保管应符合下列要求：

一、酸性和碱性蓄电池不得存放在同一室内。

二、蓄电池不得倒置，开箱存放时，不得重叠。

三、蓄电池应存放在清洁、干燥、通风良好、无阳光直射的室内；存放中，严禁短路、受潮，并应定期清除灰尘，保证清洁。

四、酸性蓄电池的保管室温宜为 5～40℃；碱性蓄电池的保管温度不宜高于 35℃。存放宜在放电态下，拧上密闭气塞，清理干净，在极柱上涂抹防腐脂。

第 1.0.8 条 施工中的安全技术措施，应符合本规范和现行有关安全技术标准及产品的技术文件的规定。

第 1.0.9 条 蓄电池室的建筑工程施工应符合下列要求：

一、与蓄电池安装有关的建筑物的建筑工程质量，应符合国家现行的建筑工程施工及验收规范中的有关规定。

二、蓄电池安装前，建筑工程及其辅助设施应按设计要求全部竣工，并经验收合格。

第 1.0.10 条 蓄电池室照明灯具的装设位置应便于维护；所用导线或电缆应具有防腐性能或采取防腐措施。

第 1.0.11 条 蓄电池组的施工及验收除按本规范的规定执行外，尚应符合国家现行的有关标准规范的规定。

第二章　铅酸蓄电池组

第一节　安　装

第 2.1.1 条　铅酸蓄电池安装前，应按下列要求进行外观检查：

一、蓄电池槽应无裂纹、损伤，槽盖应密封良好。

二、蓄电池的正、负端柱必须极性正确，并应无变形；防酸栓、催化栓等部件应齐全无损伤；滤气帽的通气性能应良好。

三、对透明的蓄电池槽，应检查极板无严重受潮和变形；槽内部件应齐全无损伤。

四、连接条、螺栓及螺母应齐全。

五、温度计、密度计应完整无损。

第 2.1.2 条　清除蓄电池槽表面污垢时，对用合成树脂制作的槽，应用脂肪烃、酒精擦拭，不得用芳香烃、煤油、汽油等有机溶剂擦洗。

第 2.1.3 条　蓄电池组的安装应符合下列要求：

一、蓄电池放置的平台、基架及间距应符合设计要求。

二、蓄电池安装应平稳，间距均匀；同一排、列的蓄电池槽应高低一致，排列整齐。

三、连接条及抽头的接线应正确，接头连接部分应涂以电力复合脂，螺栓应紧固。

四、有抗震要求时，其抗震设施应符合有关规定，并牢固可靠。

五、温度计、密度计、液面线应放在易于检查的一侧。

第 2.1.4 条　蓄电池的引出电缆的敷设，除应符合现行国家标准《电气装置安装工程电缆线路施工及验收规范》中的有关规定外，尚应符合下列要求：

一、宜采用塑料外护套电缆。当采用裸铠装电缆时，其室内部分应剥掉铠装。

二、电缆的引出线应用塑料色带标明正、负极的极性。正极为赭色，负极为蓝色。

三、电缆穿出蓄电池室的孔洞及保护管的管口处，应用耐酸材料密封。

第 2.1.5 条　蓄电池室内裸硬母线的安装，除应符合现行国家标准《电气装置安装工程母线装置施工及验收规范》中的有关规定外，尚应采取防腐措施。

第 2.1.6 条　每个蓄电池应在其台座或槽的外表面用耐酸材料标明编号。

第二节　配液与注液

第 2.2.1 条　配制电解液应采用符合现行国家标准《蓄电池用硫酸》规定的硫酸，并应有制造厂的合格证件。当采用其它品级的硫酸时，其物理及化学性能应符合本规范附录一的规定。

蓄电池用水应符合国家现行标准《铅酸蓄电池用水》的规定。新配制的稀酸仅在有怀疑时才进行化验。

第 2.2.2 条　配制或灌注电解液时，必须采用耐酸、耐高温的干净器具。应将浓硫酸缓慢地倒入蒸馏水中，严禁将蒸馏水倒入浓硫酸中，并应使用相应的劳保用品及工具。

新配制的电解液的密度必须符合产品技术条件的规定。

第 2.2.3 条　注入蓄电池的电解液，其温度不宜高于 30℃。当室温高于 30℃时，不得高于室温。注入液面的高度应接近上液面线。全组蓄电池应一次注入。

第三节　充　放　电

第 2.3.1 条　电解液注入蓄电池后，应静置 3～5h；液温冷却到 30℃以下，室温高于 30℃时，待液温冷却到室温时方可充电。但自电解液注入第一个蓄电池内开始至充电之间的放置时间，应符合产品说明书的规定；当产品说明书无规定时，不宜超过 8h。

蓄电池的防酸栓、催化栓及液孔塞，在注液完毕后应立即回装。

第 2.3.2 条 蓄电池的初充电及首次放电，应按产品技术条件的规定进行，不得过充过放。并应符合下列要求：

一、初充电前应对蓄电池组及其连接条的连接情况进行检查。

二、初充电期间，应保证电源可靠，不得随意中断。

三、充电过程中，电解液温度不应高于 45℃。

第 2.3.3 条 蓄电池初充电时应符合下列要求：

一、采用恒流充电法充电时，其最大电流不得超过制造厂规定的允许最大电流值。

二、采用恒压充电法充电时，其充电的起始电流不得超过允许最大电流值；单体电池的端电压不得超过 2.4V。

三、装有催化栓的蓄电池，当充电电流大于允许最大电流值充电时，应将催化栓取下，换上防酸栓；充电过程中，催化栓的温升应无异常。

第 2.3.4 条 蓄电池充电时，严禁明火。

第 2.3.5 条 蓄电池的初充电结束时应符合下列要求：

一、充电容量应达到产品技术条件的规定。

二、恒流充电法，电池的电压、电解液的密度应连续 3h 以上稳定不变，电解液产生大量气泡；恒压充电法，充电电流应连续 10h 以上不变，电解液的密度应连续 3h 以上不变，且符合产品技术条件规定的数值。

第 2.3.6 条 初充电结束后，电解液的密度及液面高度需调整到规定值，并应再进行 0.5h 的充电，使电解液混合均匀。

第 2.3.7 条 蓄电池组首次放电终了时应符合下列要求：

一、电池的最终电压及密度应符合产品技术条件的规定。

二、不合标准的电池的电压不得低于整组电池中单体电池的平均电压的 2%。

三、电压不合标准的蓄电池数量，不应超过该组电池总数量的 5%。

四、温度为 25℃时的放电容量应达到其额定容量的 85%以上。当温度不为 25℃而在 10～40℃范围内时，其容量可按下式进行换算：

$$C_{25}=\frac{C_t}{1+0.008(t-25)} \tag{2.3.7}$$

式中 t ——电解液在 10h 率放电过程中最后 2h 的平均温度（℃）；

C_t ——当液温为 t℃时实际测得容量（A·h）；

C_{25} ——换算成标准温度（25℃）时的容量（A·h）；

0.008 ——10h 率放电的容量温度系数。

第 2.3.8 条 首次放电完毕后，应按产品技术要求进行充电，间隔时间不宜超过 10h。

第 2.3.9 条 蓄电池组在 5 次充、放电循环内，当温度为 25℃时，放电容量应不低于 10h 率放电容量的 95%。

第 2.3.10 条 充、放电结束后，对透明槽的电池，应检查内部情况，极板不得有严重弯曲、变形或活性物质严重剥落。

第 2.3.11 条 在整个充、放电期间，应按规定时间记录每个蓄电池的电压、电流及电解液的密度、温度。充、放电结束后，应绘制整组充、放电特性曲线。

第 2.3.12 条 蓄电池充好电后，在移交运行前，应按产品的技术要求进行使用与维护。

第三章 镉镍碱性蓄电池组

第一节 安 装

第3.1.1条 蓄电池安装前应按下列要求进行外观检查：

一、蓄电池外壳应无裂纹、损伤、漏液等现象。

二、蓄电池的正、负极性必须正确，壳内部件应齐全无损伤；有孔气塞通气性能应良好。

三、连接条、螺栓及螺母应齐全，无锈蚀。

四、带电解液的蓄电池，其液面高度应在两液面线之间；防漏运输螺塞应无松动、脱落。

第3.1.2条 清除壳表面污垢时，对用合成树脂制作的外壳，应用脂肪烃、酒精擦拭；不得用芳香烃、煤油、汽油等有机溶剂清洗。

第3.1.3条 蓄电池组的安装应符合下列要求：

一、蓄电池放置的平台、基架及间距应符合设计要求。

二、蓄电池安装应平稳，同列电池应高低一致，排列整齐。

三、连接条及抽头的接线应正确，接头连接部分应涂以电力复合脂，螺母应紧固。

四、有抗震要求时，其抗震设施应符合有关规定，并牢固可靠。

五、镉镍蓄电池直流系统成套装置应符合国家现行技术标准的规定。

盘柜安装应符合现行国家标准《电气装置安装工程盘、柜及二次回路结线施工及验收规范》中的有关规定。

第3.1.4条 蓄电池引线电缆的敷设，应符合现行国家标准《电气装置安装工程电缆线路施工及验收规范》中的有关规定。电缆引出线应采用塑料色带标明正、负极的极性，正极为赭色，负极为蓝色。

第3.1.5条 蓄电池室内裸硬母线的安装，除应符合现行国家标准《电气装置安装工程母线装置施工及验收规范》中的有关规定外，尚应采取防腐措施。

第3.1.6条 每个蓄电池应在其台座或外壳表面用耐碱材料标明编号。

第二节 配液与注液

第3.2.1条 配制电解液应采用符合现行国家标准的三级即化学纯的氢氧化钾（KOH），其技术条件应符合本规范附录二的规定。

配制电解液应用蒸馏水或去离子水。

第3.2.2条 电解液的密度必须符合产品技术条件的规定。

第3.2.3条 配制和存放电解液应用耐碱器具，并将碱慢慢倾入水中，不得将水倒入碱中。配制的电解液应加盖存放并沉淀6h以上，取其澄清液或过滤液使用。电解液有怀疑时应化验，其标准应符合本规范附录三的要求。

第3.2.4条 注入蓄电池的电解液温度不宜高于30℃；当室温高于30℃时，不得高于室温。其液面高度应在两液面线之间。注入电解液后宜静置1～4h方可初充电。

第三节 充 放 电

第3.3.1条 蓄电池的初充电应按产品的技术要求进行，并应符合下列要求：

一、初充电期间，其充电电源应可靠。

二、初充电期间，室内不得有明火。

三、装有催化栓的蓄电池应将催化栓旋下，待初充电全过程结束后重新装上。

四、带有电解液并配有专用防漏运输螺塞的蓄电池，初充电前应取下运输螺塞换上有孔气塞，并检查液面不应低于下液面线。

五、充电期间电解液的温度宜为20±10℃；当电解液的温度低于5℃或高于35℃时，不宜进行充电。

第3.3.2条 蓄电池初充电达到规定时间时，单体电池的电压应符合产品技术条件的规定。

第3.3.3条 蓄电池初充电结束后，应按产品技术条件规定进行容量校验，高倍率蓄电池还应进行倍率试验，并应符合下列要求：

一、在5次充、放电循环内，放电容量在20±5℃时应不低于额定容量。当放电时电解液初始温度低于15℃时，放电容量应按制造厂提供的修正系数进行修正。

二、用于有冲击负荷的高倍率蓄电池倍率放电，在电解液温度为20±5℃条件下，以0.5C_5电流值先放电1h情况下继以6C_5电流值放电0.5s，其单体蓄电池的平均电压应为：

超高倍率蓄电池不低于1.1V；

高倍率蓄电池不低于1.05V。

三、按0.2C_5电流值放电终结时，单体蓄电池的电压应符合产品技术条件的规定，电压不足1.0V的电池数不应超过电池总数的5%，且最低不得低于0.9V。

注：C_5为碱性蓄电池的额定容量值。

第3.3.4条 充电结束后，应用蒸馏水或去离子水调整液面至上液面线。

第3.3.5条 在整个充、放电期间，应按规定时间记录每个蓄电池的电压、电流及电解液和环境的温度，并绘制整组充、放电特性曲线。

第3.3.6条 蓄电池充好电后，在移交运行前，应按产品的技术要求进行使用和维护。

第四章　端电池切换器

第4.0.1条 端电池切换器的底板应绝缘良好；接触刷子应转动灵活，并与固定触头接触紧密；接线端子与端电池的连接应正确可靠；接触刷子的并联电阻应良好。手动端电池切换器的旋转手柄顺时针方向旋转时，应使电池数增加。

第4.0.2条 电动端电池切换器及其控制器尚应符合下列要求：

一、滑动接触面接触紧密。

二、接线正确。

三、远方操作正确。切换开关及终端开关动作可靠，且位置指示正确。

四、切换过程中不得有开路和短路现象。

第五章　工程交接验收

第 5.0.1 条　在验收时应进行下列检查：

一、蓄电池室及其通风、采暖、照明等装置应符合设计的要求。

二、布线应排列整齐，极性标志清晰、正确。

三、电池编号应正确，外壳清洁，液面正常。

四、极板应无严重弯曲、变形及活性物质剥落。

五、初充电、放电容量及倍率校验的结果应符合要求。

六、蓄电池组的绝缘应良好，绝缘电阻应不小于 0.5MΩ。

第 5.0.2 条　在验收时，应提交下列资料和文件：

一、制造厂提供的产品使用维护说明书及有关技术资料。

二、设计变更的证明文件。

三、安装技术记录，充、放电记录及曲线等。

四、材质化验报告。

五、备件、备品清单。

附录一　铅酸蓄电池用材质及电解液标准

铅酸蓄电池用材质及电解液标准　　　　**附表 1.1**

指标名称		浓硫酸	使用中电解液	蒸馏水
硫酸(H_2SO_4)含量	(%)	≥92	40～15	
灼烧残渣含量	(%)	≤0.05	≤0.02	≤0.01
锰(Mn)含量	(%)	≤0.0001	≤0.00004	≤0.00001
铁(Fe)含量	(%)	≤0.012	≤0.004	≤0.0004
砷(As)含量	(%)	≤0.0001	≤0.00003	
氯(Cl)含量	(%)	≤0.001	≤0.0007	≤0.0005
氮氧化物(以 N 计)含量	(%)	≤0.001		
还原高锰酸钾物质(O)含量	(%)	≤0.002	≤0.0008	≤0.0002
色度测定	(ml)	≤2.0		
透明度	(mm)	≥50	透明无色	无色透明
电阻率(25℃)	(Ω.cm)			$\geq 10\times 10^4$
硝酸及亚硝酸盐(以 N 计)	(%)		≤0.0005	≤0.0003
铵(NH_4)含量	(%)	≤0.005		≤0.0008
铜(Cu)含量	(%)		≤0.002	
碱土金属氧化物(CaO 计)	(%)			≤0.005
二氧化硫(SO_2)含量	(%)	≤0.007		

附录二　氢氧化钾技术条件

氢氧化钾技术条件　　附表 2.1

指标名称		化学纯
氢氧化钾(KOH)	(%)	≥80
碳酸盐(以 K_2CO_3 计)	(%)	≤3
氯化物(Cl)	(%)	≤0.025
硫酸盐(SO_4)	(%)	≤0.01
氮化合物(N)	(%)	≤0.001
磷酸盐(PO_4)	(%)	≤0.01
硅酸盐(SiO_3)	(%)	≤0.1
钠(Na)	(%)	≤2
钙(Ca)	(%)	≤0.02
铁(Fe)	(%)	≤0.002
重金属(以 Ag 计)	(%)	≤0.003
澄清度试验		合格

附录三　碱性蓄电池用电解液标准

碱性蓄电池用电解液标准　　附表 3.1

项　目	新电解液	使用极限值
外观	无色透明,无悬浮物	
密度	1.19～1.25(25℃)	1.19～1.21(25℃)
含量	KOH 240～270g/l	KOH 240～270g/l
Cl^-	<0.1g/l	<0.2g/l
$CO_2^=$	<8g/l	<50g/l
Ca. Mg	<0.1g/l	<0.3g/l
氨沉淀物 Al/KOH	<0.02%	<0.02%
Fe/KOH	<0.05%	<0.05%

附录四　本规范用词说明

一、为便于在执行本规范条文时区别对待，对于要求严格程度不同的用词说明如下：

1. 表示很严格，非这样做不可的：

正面词采用“必须”；

反面词采用“严禁”。

2. 表示严格，在正常情况下均应这样做的：

正面词采用“应”；

反面词采用“不应”或“不得”。

3. 表示允许稍有选择，在条件许可时首先应这样做的：

正面词采用“宜”或“可”；

反面词采用“不宜”。

二、条文中规定应按其它有关标准、规范执行时，写法为“应符合……的规定”或“应按……执行”。

附加说明

本规范主编单位、参加单位和主要起草人名单

主编单位： 能源部电力建设研究所

参加单位： 陕西电力建设总公司

山东省电力建设二公司

主要起草人： 曾等厚　牟思浦　刘德玉　马长瀛

中华人民共和国国家标准

电气装置安装工程
蓄电池施工及验收规范

GB 50172-92

条 文 说 明

前 言

根据国家计委计标函(1987)第78号、建设部(88)建标字25号文的要求，由原水利电力部负责主编，具体由能源部电力建设研究所会同有关单位共同修订的《电气装置安装工程蓄电池施工及验收规范》GB50172-92，经中华人民共和国建设部一九九二年十二月十六日以建标[1992]911号文批准发布。

为便于广大设计、施工、科研、学校等有关单位人员在使用本规范时能正确理解和执行条文规定，《电气装置安装工程蓄电池施工及验收规范》编制组根据国家计委关于编制标准、规范条文说明的统一要求，按《电气装置安装工程蓄电池施工及验收规范》的章、节、条顺序，编制了《电气装置安装工程蓄电池施工及验收规范条文说明》，供国内各有关部门和单位参考。在使用中如发现本条文说明有欠妥之处，请将意见直接函寄给本规范的管理单位能源部电力建设研究所(北京良乡，邮政编码:102401)。

本条文说明仅供国内有关部门和单位执行本规范时使用。

目　录

第一章　总　　则

第1.0.1条　制订本规范的目的及指导思想。

第1.0.2条　适用范围是根据电气装置对蓄电池最低使用电压及容量要求规定的。本规范是在原《电气装置安装工程施工及验收规范》(GBJ232-82)第五篇“蓄电池篇”的基础上修订的。原规范的主要内容为适用于固定型开口式及防酸隔爆式铅酸蓄电池。因为固定型开口式铅酸蓄电池的固有缺点，现在在工程建设中已不采用，而且国内大、中型蓄电池厂也不再生产此种产品，而由固定型防酸式、固定型密闭式铅酸蓄电池所替代。故此次修订时，将原有关固定型开口式蓄电池的相关内容全部删去，而对于适用于固定型防酸式、固定型密闭式铅酸蓄电池的内容进行补充、修订。

近年来，碱性蓄电池，主要是镉镍碱性蓄电池由于其一系列优越特性，在电气装置中作为直流电源得到了广泛的运用，在通讯、信号、操作、不停电电源系统中也得到了较普遍的运用，尤其是高倍率镉镍碱性蓄电池作为断路器操作电源，已在许多变电站中较多地被采用。为此，需要制定有关镉镍碱性蓄电池的施工及验收标准，以利于提高工程安装质量。故此次修订时，增加了镉镍碱性蓄电池的相关内容，以适应发展的需要。

由于镉镍碱性蓄电池到目前为止，还没有正式的产品国家标准，有关的工程设计标准规范正在制订过程中，而运行经验也还没有很完善的总结，故在这次本规范修订中，补充增加的有关镉镍碱性蓄电池的相关内容，其主要依据是国内几个主要的镉镍碱性蓄电池生产厂家所提供的产品使用说明书和有关设计、施工安装和运行单位提供的资料，并参照了美国的有关标准。有的条文不够完善，将来待产品国家标准及相关的设计、运行维护技术标准规范正式颁发后，在不断总结经验的基础上再补充、修改，逐步完善。

第1.0.3条 按设计进行施工是现场施工的基本要求。

第1.0.4条 采用的设备和器材，应是符合国家的现行技术标准的合格产品。国家现行技术标准包括国家标准、行业标准。有的产品虽有合格证件，但实际的产品是粗制滥造的次劣产品，故应加强质量验收，不合格的产品不应使用。

第1.0.5条 根据蓄电池的结构特点及各部件的材料性能，为防止蓄电池损坏，严禁野蛮装卸。尤其是带电解液运输的蓄电池，运输中应防止电解液外泄，腐蚀周围物品和污染环境，造成人身和物品的损伤。

第1.0.6条 设备到达现场后，应及时验收，通过验收可及时发现问题及早解决。质量应该合格，型号、规格应符合设计，所配备的温度计、密度计等附件应齐全，损坏部件及缺件的设备及时处理，为施工安装顺利进行打下基础。

第1.0.7条 蓄电池到达现场后，应在产品规定的有效保管期内进行安装及充电。超过其有效保管期，电池极板的活化物质将受到损坏而影响蓄电池的容量。在施工现场，设备未安装前的保管工作非常重要，应按产品使用维护说明书的规定进行保管。

第1.0.8条 蓄电池用的电解液，是具有很强腐蚀灼伤性的液体，蓄电池在充放电过程中都要放出氢气和氧气。空气中的氢气含量达到2%时，一遇火花极易引起爆炸。故蓄电池的安装、配液及充放电时，都应严格按照现行国家标准《电气装置安装工程爆炸和火灾危险场所电气装置施工及验收规范》及“劳动保护条例”等有关的安全技术标准规范的规定，做好安全技术措施，确保设备和人身安全。

第1.0.9条 蓄电池室及其附属小间的建筑工程，包括坪台、基架，在地震区的防震措施，地面处理，上、下水道，室内装饰，门窗及玻璃，采暖、通风、消防、照明灯具、开关等设施的选型及开关安装位置等，应根据蓄电池的型式、容量及工程的具体情况由设计确定。属于设计的范围，本规范不作具体规定。在蓄电池安装前，均应按设计要求施工完毕并经过验收合格。待进入蓄电池安装时，建筑工程不宜再进行施工，以免污损蓄电池。

第1.0.10条 蓄电池室的照明灯具，在设计时有时只考虑整个室内的照度分配，灯具布置的位置给蓄电池维护时带来困难，工作不方便，故在实际安装时，应特别注意。照明用的电线电缆应采用具有防腐外护套的，否则应采取防腐措施。

第1.0.11条 本规范主要是规定了蓄电池组本体安装的施工及验收要求。与蓄电池组安装相关的其它电气装置如低压电器、电缆、配电盘(柜)等的安装及验收，则应符合相关的标准规范的规定。

第二章 铅酸蓄电池组

第一节 安　装

第 2.1.1 条 安装前对蓄电池应逐个进行认真检查，本条规定了检查的项目及要求。滤气帽必须通气，检查时可用吹气或其它办法。滤气帽不通气将会阻塞电池充放电时产生的气体排出，使电池内部气体增多，压力升高，因而可能造成爆炸危险，故应特别注意。

第 2.1.2 条 由于合成树脂制作的蓄电池槽与汽油、煤油等挥发的气体接触时，会导致开裂，故不得用芳香烃、煤油等有机溶剂擦洗槽体。

第 2.1.3 条 根据蓄电池使用维护说明书规定了对蓄电池安装的要求。

一、放置蓄电池的平台、基架（包括防震基架）的防酸、绝缘的处理及防震措施，蓄电池的排（列）之间的间距、蓄电池与墙壁之间的距离及维护走道的宽度等，设计应作出具体规定，蓄电池安装时应符合设计或制造厂使用维护说明书的规定。

二、连接条连接时，应该注意不要使连接条扯动电池，使电池抽头受到额外应力。螺栓应紧固，为减少接触电阻和防止酸腐蚀，接头连接部分应涂以电力复合脂。由于中性凡士林的滴点太低，容易流失，而电力复合脂的滴点高达 180～220℃，且具有良好的导电和防腐性能，故应以电力复合脂取代中性凡士林。

第 2.1.4 条 目前蓄电池大多采用电缆引出线，电缆的敷设要符合现行国家标准《电气装置安装工程电缆线路施工及验收规范》中的有关规定，针对铅酸蓄电池室的特点，提出了几项防酸防腐的补充要求。

第 2.1.5 条 虽然目前蓄电池大多采用电缆引出线，但在邮电通讯等部门仍有的采用硬裸母线引出线，其硬裸母线的安装要求，在现行国家标准《电气装置安装工程母线装置施工及验收规范》中有明确规定。由于蓄电池室内具有酸雾的腐蚀，故特别强调应采取防腐措施。

第 2.1.6 条 标明编号的目的是使运行维护方便。

第二节 配液与注液

第 2.2.1 条 蓄电池配液用的硫酸应采用符合现行国家标准《蓄电池用硫酸》(GB4554-84)的二级浓硫酸（见本规范附录一），凡符合该标准的硫酸，有制造厂的合格证件，现场不必进行化验。

蓄电池用水应符合国家现行标准《铅酸蓄电池用水》(ZBK84004-89)的规定。如果配制用的浓硫酸和蒸馏水均符合标准要求，并且都有出厂合格证，配制时严格按照操作规程进行，配制好的电解液可不进行化验。否则应对配制好的电解液进行化验，符合本规范附录一的标准要求的电解液才能使用。

第 2.2.2 条 配制或灌注电解液的器具，必须是耐酸而且耐温的干净器具，因为初配的电解液的温度很高。以往有的在普通容器内衬一层塑料布，因电解液温度高，塑料布软化造成事故，应特别注意。为防止稀释硫酸时放出热量将溶液溅出而腐蚀人体及衣物，严禁将蒸馏水倒入浓硫酸中。

注入固定型防酸式或固定型密闭式铅酸蓄电池内的新配制的电解液的密度，在温度为 25℃时一般为 1.20±0.005。但各个制造厂根据其产品特点，其电解液的密度要求不尽相同，在其产品使用维护说明书中都有明确规定。故配制电解液时，必须按产品技术条件的规定进行。国家现行标准《固定型防酸式铅酸蓄电池技术条件》(JB4001.1-85)及各制造厂的产品技术条件的规定为：充足状态的电解液密度为 1.215±0.005(25℃时)。

第 2.2.3 条 新配制的电解液温度较高，切不可即刻灌入电池内，必须冷却，待其温度低于 30℃再灌注，以免损坏极板。但夏天，由于气温较高，有的地区的室温就在 30℃以上，要使电解液冷却到 30℃以下是很困难的，故规定了当室温高于 30℃时，不得高于室温，即冷却到室温方可灌注。

第三节 充 放 电

第 2.3.1 条

一、经冷却后的电解液注入电池后，极板吸收电解液并起作用，表面发生气泡，电解液的温度会有一个上升再下降的过程，这需要一定的静置时间。因为电池在充电过程中电解液的温度又会升高，且不得超过 45℃，故充电前应将电解液冷却到 30℃以下。当然，室温太高时，应待液温降到室温时方可进行充电。但电解液注入电池后到充电开始的时间也不能太长，以免电极极板硫酸化。对自第一个电池注液开始至充电开始之间的放置时间，各制造厂的规定不一致，故规定应按产品说明书的规定。当放置时间超过 8h，液温仍降不下来时，应采取人工降温措施；也可采用 1/15～1/20h 率的小电流进行充电，待液温降低后再用 10h 率电流充电。

二、蓄电池在充放电过程中，电解液产生氢、氧气体，并会由气体带出酸雾。当蓄电池室通风不良时，氢、氧气体达到一定数量遇火将发生爆炸，酸雾将腐蚀周围环境。为确保安全，故规定在注液完毕后应立即将防酸栓、催化栓、液孔塞装上。但有时因为蓄电池内的密度计、温度计不准确，在充放电过程中需通过注液孔另用密度计和温度计进行测量电解液的密度和温度。若遇这种特殊情况，应加强蓄电池室的通风排气，保证良好的通风，并在初充放电完成后立即装上防酸栓、催化栓和液孔塞，并必须拧紧。

第 2.3.2 条

一、蓄电池的初充电及首次放电，对于蓄电池以后的使用寿命关系很大，故应严格遵守产品技术条件的规定。过充或过放都将会使极板弯曲变形或活性物质脱落，造成蓄电池的损坏。

二、为了保证初充电的顺利进行，在充电之前应对蓄电池的安装、零件附件质量及连接是否正确、紧固进行认真检查；充电电源及充电设备应保证充电的顺利进行。

三、蓄电池充电过程中电解液的温度不应高于 45℃，因为温度太高易使正极板活性物质软化而弯曲和负极活性物质松散而减少容量，同时增大了蓄电池的局部放电。若温度高于 45℃，应采取人工降温措施，或者减小充电电流；否则应暂时停止充电。

第 2.3.3 条

一、充电电流过大，超过制造厂规定的允许最大电流值，使电解液中水过量分解，产生过量的氢、氧气体，不仅造成电力的浪费，还将引起极板活性物质脱落或极板弯曲。

二、催化栓又称消氢帽、消氢气塞、反应器、气体再化合装置。其作用使蓄电池充电时产生的氢、氧气体通过催化栓内的催化剂再化合为水流回电池，这样氢气极少扩散到室内，不会发生爆炸事故，酸雾极少逸出，不腐蚀周围物体，减少水分损失，可减少维护加水的工作量，故将装有催化栓的蓄电池称为密闭式蓄电池，也有称之为少维护式蓄电池。

催化栓在设计时有其最大允许充电电流值，当充电电流超过允许值时，会产生过量的氢、氧气体，超过其允许限度将产生高温损坏帽体，甚至爆炸。当充电电流大于允许值时，为防止催化栓损坏，确保安全，故规定应将催化栓取下，换上防酸栓。

催化栓内的催化剂在运输保管期间有可能受潮而变质，变质后的催化剂将失去其功效。在充电时，催化剂失效的催化栓的温度要低于其正常催化栓的温度；如果催化栓中的催化剂数量不足，在充电时，其温度可能有异于正常催化栓的温度。所以在充电过程中，应注意催化栓的温升是否正常。温升不正常的催化栓应该查明原因，采取相应措施，以防电池内压异常升高而引起电池损坏。

第 2.3.4 条 蓄电池在充电时，会产生大量的氢、氧气体，尽管有防酸栓或催化栓，但当室内氢气含量占体积的 2%时，遇明火将可能发生爆炸。为安全起见，充电时严禁明火。

第 2.3.5 条 关于蓄电池充电是否充足的判断，各个制造厂的规定不尽相同，所以应以制造厂的产品技术条件为依据。本条规定的电解液密度、蓄电池的电压、电流保持不变的时间，系指充电最后阶段判定的最低限度。

第 2.3.6 条 初充电结束后，电解液的密度和液面高度都可能有变化，需要进行调整。补充进去的电解液与原电池中的电解液不可能很快混合一致，所以调整后的电解液需再次充电，使之混合均匀。

第 2.3.7 条 首次放电时，应该注意不得过放。若第一次放电在电池的最终电压符合产品的技术条件规定的前提下，放出的容量经温度换算后大于额定容量的 85%，多年的实践经验证明，该组蓄电池经几次充放电循环即可达到其额定容量，故第一次放电后就可按平常充电法充足电后投入使用。当然，在整组蓄电池中，往往不可避免会有少量电池的终止电压低于规定值。为了不影响整组蓄电池的容量，此类电池的数量不应超过总数的 5%，且其最低值不应低于单体电池的平均电压的 2%，否则这种电池在以后的充放电循环内不易恢复到正常值。其放电容量的温度换算公式是采用国家现行标准《固定型防酸式铅酸蓄电池技术条件》(JB4001.1-85)中的容量试验公式。其容量温度系数采用 10h 率放电制的系数，因为在工程实践中，新装蓄电池组作容量校验时，都采用 10h 率放电制。若采用 1h 率或 0.5h 率放电制放电，其容量温度系数为 0.005，其电解液的计算温度 t 应为放电开始与放电终了的平均温度。

第 2.3.8 条 蓄电池放电后，应再次充电。其间隔时间各制造厂规定不尽相同，为防止极板硫酸化，其间隔时间以不超过 10h 为宜。

第 2.3.9 条 蓄电池组首次充放电完成之后，若放电容量大于额定容量的 85%而不足额定容量的 95%时，应该继续进行充放电，待放电容量达到额定容量的 95%时，再次充足电即可交付使用。根据国家现行标准《固定型防酸式铅酸蓄电池技术条件》(JB4001.1-85)的规定，在第 5 次循环内应达到 10h 率放电容量的 95%C_{10}以上。若经过 5 次循环，仍达不到额定容量的 95%，则说明该组蓄电池有问题，应查明原因后采取相应措施，否则不能交付使用。

第 2.3.10 条 检查极板的弯曲变形或活性物质脱落情况，若发现情况严重时，应查明原因加以处理，否则有可能造成极板间的短路而使电池损坏。

第 2.3.11 条 在充放电期间按规定时间记录每个电池的电压、电流及电解液的密度、温度以鉴定蓄电池的性能。发现个别电池的缺陷，若有的电池在电压、密度、温度上相差较大，则表示该电池有问题。依据这些数据整理绘制充放电特性曲线，供以后维护时参考。

第 2.3.12 条 为保证蓄电池组在移交运行时是有足够容量的合格的蓄电池，故作此规定。

第三章　镉镍碱性蓄电池组

本章为新增章节，其编写结构与铅酸蓄电池组基本一致。

第一节　安　　装

第 3.1.1 条　碱性蓄电池在安装前作外观检查，以发现明显的缺陷及运输中可能造成的损坏，防止不必要的返工。

一、高倍率小容量碱性蓄电池，有的产品带电解液出厂，故应检查渗漏情况。

二、若单体蓄电池的极性标示发生错误，在蓄电池组内将出现单体电池反接现象，因此在外观检查时必须检查极性是否正确；有孔气塞的通气性不好，在充放电及正常运行时，放出的气体无法排出，壳内压力增加会发生爆炸或壳体胀裂跑碱等事故。

三、带液出厂的高倍率小容量碱性蓄电池基本上是柜式组装，在出厂时，柜和蓄电池分别包装运输。如在安装前不检查液面高度并调整至规定位置，安装就位后再检查液面高度和调整液面就很困难，因此必须在安装前检查调整结束。

碱性蓄电池在充放电期间有放水和吸水现象，如液面过高在充电过程中由于放水使液面升高，加之产生的少量气体，会使电解液溢出壳外，造成蓄电池绝缘下降。如液面过低在放电过程中由于吸水使液面下降，当极板露出时会影响蓄电池性能。因此，要求电解液液面保持在两液面线之间。

四、带液出厂的碱性蓄电池，出厂时用运输螺塞将电池密封，如在运输或保管过程中螺塞松动或脱落，电解液将溢出，且空气中的二氧化碳与电池中碱性电解液发生反应生成碳酸盐，使蓄电池的内阻增加，容量减少，严重影响蓄电池的性能，因此要检查运输螺塞的严密性。

第 3.1.2 条　见本规范第 2.1.2 条的条文说明。

第 3.1.3 条　根据蓄电池使用维护说明书规定了对蓄电池安装的要求。

一、对放置蓄电池的平台、基架（包括防震基架）的防碱、绝缘处理及防震措施，蓄电池排列之间的间距，蓄电池与墙壁之间的距离，维护走道的宽度等，设计应作出具体规定。蓄电池安装时应符合设计或制造厂使用维护说明书的规定。

二、连接条连接时，应该注意不要使连接条扯动电池，使电池抽头受到额外应力。螺栓应紧固，为减少接触电阻和防止腐蚀，接头连接部分应涂以电力复合脂。由于中性凡士林的滴点太低，容易流失，而电力复合脂的滴点高达 180～220℃，且具有良好的导电和防腐性能，故应以电力复合脂取代中性凡士林。

三、目前屏柜式组装的镉镍蓄电池直流屏，普遍反映蓄电池安装过于紧凑，不利于散热、接线、更换和维护，各制造厂的标准也不统一。有关部门正在制订镉镍蓄电池直流系统成套装置的行业标准，不久将颁布，以统一镉镍蓄电池屏柜的制造标准。

第 3.1.4 条　碱性蓄电池的引出线大多采用电缆。电缆的敷设应符合现行国家标准《电气装置安装工程电缆线路施工及验收规范》的要求。

第 3.1.5 条　虽然目前蓄电池大多采用电缆引出线，但在邮电通信等部门仍有的采用硬裸母线引出线。其硬裸母线的安装要求，在现行国家标准《电气装置安装工程母线装置施工及验收规范》中有明确规定。由于蓄电 池室内具有碱雾的腐蚀，故特别强调应采取防腐措施。

第 3.1.6 条　标明编号的目的是使运行维护方便。

第二节　配液与注液

第 3.2.1 条　本条规定碱性蓄电池电解液使用的材质及其标

准，氢氧化钾是根据现行国家标准《氢氧化钾》(GB2306-80)中的第三级即化学纯。

配制电解液的水，其水质要求不如铅酸蓄电池那样严，采用普通蒸馏水或去离子水即可。

第 3.2.2 条 碱性蓄电池随使用环境温度不同选用不同密度的电解液，某些情况下加氢氧化锂。各制造厂根据其产品的要求，使用的电解液密度也有差异。这在产品技术条件中已有规定，因此必须按产品技术条件的规定。

第 3.2.3 条 用耐碱容器是防止碱和某些物质起化学反应，生成新的物质影响电解液的纯度。溶解固体碱或稀释碱溶液时放出的溶解热，虽不如稀释浓硫酸时放出的热量多，但为防止溶解时由于放出的热量使碱溶液溅出而腐蚀人体和衣物，故规定不得将水倒入碱中。

注入蓄电池中的电解液应是除去杂质的清液，故规定应沉清或过滤；配制好的电解液不立即使用时，应注意密封，以防空气中的二氧化碳进入电解液生成碳酸盐影响电解液的纯度。

第 3.2.4 条 本章第 3.3.1 条规定，在充电过程中电解液温度超过 35℃时不宜充电，故规定注入的电解液应冷却到 30℃以下，防止充电时电解液温度过快升高。某些地区夏季室内温度往往超过 30℃，常规条件下，电解液不可能冷却到 30℃以下，故规定夏季以室温为限。为了浸润极板，规定电解液应静置一定时间。

第三节 充 放 电

第 3.3.1 条 由于各制造厂规定的碱性蓄电池初充电的技术条件有一定差异，故应按产品的技术要求进行。充电的技术条件指各充电制的充电电流、时间和单个蓄电池充电末期的电压等。

一、碱性蓄电池初充电时，充电电源中断对蓄电池本身性能无大影响，但从施工的连续性考虑，充电电源应可靠。

二、充电期间，特别是在过充时，电解液中的水被电解，放出氢气和氧气，为防止爆炸，故规定室内不得有明火。

三、催化栓的作用是将蓄电池放出的氢和氧生成水再返回电池本体去，以达到少维护的目的，但它处理氢、氧的能力是按浮充方式时设计的，故初充电时要取下，否则要损坏壳体。

四、防漏运输螺塞是无孔的，换上有孔气塞进行初充电是防止蓄电池产生的气体不能外泄使本体内部压力增高而损坏壳体。

五、充电时电解液温度在 20℃时，按照规定的充电电流值充到规定的时间，蓄电池充入的实际容量是合格电池的额定容量。如果充电时电解液的温度不为 20℃，随温度升高或降低，蓄电池将不能充至额定容量。但镉镍碱性蓄电池一般都有一定的富余容量，故制造厂规定了镉镍碱性蓄电池宜在 20±5℃范围充电。

充电时电解液的温度低于 5℃或高于 35℃，其充电容量比额定容量要下降较多，将影响蓄电池的正常使用，故制造厂规定不宜在低于 5℃或高于 35℃时充电。在 5～15℃或 25～35℃这两个温度范围内充电时，充电容量会有下降。但由于蓄电池有一定的富余容量，对富余容量大的电池，此时的充电容量可能达到其额定容量，而富余容量小的电池，此时的充电容量就可能达不到其额定容量，故制造厂没有推荐在这两个温度范围内充电。

但在施工现场，由于我国从南到北，冬夏季节气温变化大，如夏季或南方，在冬季或北方，常规条件下很难采取措施把电解液温度控制在 20±5℃范围内。在此温度范围以外充电时，充电容量可能达不到其额定容量，需要用充电容量随温度变化的修正系数进行修正。但目前制造厂暂时还提不出充电时充电容量随温度变化的修正系数，还需今后进行大量的试验研究。根据我国目前的实际情况，在审查会上，代表们认为，为便于施工现场施工，将充电时电解液的允许温度宜扩大为 20±10℃，而暂时不规定进行温度修正，目前不会有很大的问题，待以后有条件时再修改补充。并希望安装及使用部门对此问题应注意。

第 3.3.2 条 碱性蓄电池电解液的密度在充放电期间无变

化，故密度不能作为蓄电池充电结束的标志，而应用充入容量和电压来衡量。本条规定初充电时间达到产品的技术条件规定的充电时间，也可认为充入容量达到要求。此时单体电池的电压也应达到产品的技术条件的规定才可认为充电结束。由于产品不同，充电时间和充电末期的电压值也不完全一样，故未规定确切值。

第 3.3.3 条 本条规定了初充电结束后蓄电池应达到的主要技术指标。

一、碱性蓄电池在初充电时要经过多次充放电循环才能达到额定容量，产品技术条件一般要求 3～5 次内达到要求。考虑规范对产品有较大的覆盖面，故规定 5 次循环内应达到其额定容量。

碱性蓄电池在低温状态下的放电容量与它的电解液温度有关，当温度低于 15℃时，其放出的容量比额定容量要小，在该温度以下放电时，放电容量要进行修正。目前还提不出能适用于各型蓄电池的放电容量的温度修正系数，故规定应按制造厂提供的该型蓄电池的修正系数进行修正。

正如第 3.3.1 条条文说明中已述，碱性蓄电池的充电容量与温度有关。当充电时电解液的温度为 20±5℃范围以外时，其充电容量可能未达到其额定容量。在这种情况下做放电容量校验时，就有可能出现放电容量不合要求的情况。此时不能轻易下结论，而要综合分析充电时电解液的温度偏离 20℃多少来进行判断。

二、作为有冲击负荷，例如断路器的操作电源的高倍率蓄电池，在给定条件下能否放出所需的电流值，且单体蓄电池的电压能否达到规定值，这是关系到设备特别是电磁操动机构的断路器能否合上，刚合速度能否满足要求的关键，故规定对高倍率蓄电池应进行倍率放电校验。

产品的技术条件一般规定有满容量状态和事故放电后的倍率放电的技术参数。基于电气装置直流电源的运行实际，本条规定只校验事故放电后的倍率放电。以 0.5C_5 电流值放电 1h 是模拟事故放电状态；6C_5 电流值放电 0.5s 是为保证断路器合闸的电流值及合闸时间要求。

为了确保设备正常工作，特别是电磁操动机构的断路器可靠合闸且刚合速度符合规定，就需合闸时直流母线电压值也应满足要求。只要单体蓄电池的端电压能达到规定值，直流母线的电压就能满足要求。故规定倍率放电时单体蓄电池的端电压应达到的电压值，而不校验直流母线的电压，以避免由于单体蓄电池的电压不满足要求时，增加蓄电池个数来满足直流母线电压的做法。靠增加蓄电池数量来满足直流母线电压的做法会使合闸母线及合闸回路中的设备在正常运行时长期承受过电压的危害。

但实际进行高倍率放电 0.5s 的瞬间要在现场测量每个蓄电池的端电压几乎不可能办到，故规定校验单体蓄电池的平均电压。

蓄电池倍率放电也受温度影响，当电解液温度下降到－18℃左右时，电池只能进行 3C_5 电流值放电。目前制造厂未能提供在 20±5℃外倍率放电与温度的关系资料，运行也未能积累这方面的经验，故条文未涉及倍率放电随温度的修正，该问题有待进一步做工作后获取。

三、0.2C_5 放电电流是产品技术条件提供的标准放电制放电电流，终止电压为 1.0V 是该放电制下放电终结参数。在整组蓄电池中，标准放电制终止时，可能有个别不影响使用的落后电池，故允许有 5%的单体蓄电池终止电压低于 1.0V。但过低会造成这类电池在以后的充放电循环内难以恢复到正常值，故最低电压以不得低于 0.9V 为宜。

第 3.3.4 条 充电结束后，电解液的液面将会发生变化。为保证蓄电池的正常使用，需用蒸馏水或去离子水将液面调整至上液面线。

第 3.3.5 条 在充放电期间按规定时间记录每个蓄电池的电压、电流及电解液温度，以监视蓄电池的性能；发现个别电池的缺陷，若有的蓄电池在电压、温度上相差较大，则表示该电池有问题；依据这些数据整理绘制充放电特性曲线，供以后维护时参考。

第 3.3.6 条 为保证蓄电池组在移交运行时有足够容量的合格蓄电池，故作此规定。

第四章　端电池切换器

蓄电池往往以浮充电方式运行。在浮充电时，电池组的端电压较高，而电池组单独放电、尤其是事故放电后期端电压较低。为保持母线电压在规定范围内，常需接入或切除末端电池。虽然近年来，在一些大、中型发电厂由于采用了其它技术措施，已不再采用以末端电池调节母线电压的做法，但在一些中、小型电厂或变电站内仍采用此种方法，故保留了原规范对于端电池切换器的施工安装方面的一些要求。

以往新装直流系统的绝缘往往比较低，除其它原因外，手动端电池切换器的底板绝缘不好也是因素之一，故应特别注意检查其绝缘是否良好。

第五章　工程交接验收

第 5.0.1 条　设备安装竣工交接时，对设备的外观进行检查应符合要求。因现行国家标准《电气装置安装工程电气设备交接试验标准》未列入蓄电池部分，故将蓄电池的绝缘电阻测量及其标准列入本条。

第 5.0.2 条　工程交接时应移交所有的技术资料和文件，这是新设备的原始档案资料和运行及检修时的依据，移交的资料应齐全正确。

中华人民共和国国家标准

电气装置安装工程

35kV 及以下架空电力线路施工

及验收规范

GB 50173-92

主编部门：中华人民共和国能源部

批准部门：中华人民共和国建设部

施行日期：1 9 9 3 年 7 月 1 日

关于发布国家标准《电气装置安装工程 35kV 及以下架空电力线路施工及验收规范》的通知

建标〔1992〕912 号

根据国家计委计综〔1986〕2630 号文的要求，由能源部会同有关部门共同修订的《电气装置安装工程 35kV 及以下架空电力线路施工及验收规范》，已经有关部门会审。现批准《电气装置安装工程 35kV 及以下架空电力线路施工及验收规范》GB50173-92 为强制性国家标准，自一九九三年七月一日起施行。原《电气装置安装工程施工及验收规范》GBJ232-82 中第十二篇"10kV 及以下架空配电线路篇"同时废止。

本标准由能源部负责管理，具体解释等工作由能源部电力建设研究所负责。出版发行由建设部标准定额研究所负责组织。

中华人民共和国建设部

一九九二年十二月十六日

修订说明

本规范是根据国家计委计综〔1986〕2630号文的要求，由原水利电力部负责主编，具体由能源部电力建设研究所、北京供电局会同有关单位共同编制而成。

在修订过程中，规范编写组进行了广泛的调查研究，认真总结了原规范执行以来的经验，吸取了部分科研成果，广泛征求了全国有关单位的意见，最后由我部会同有关部门审查定稿。

本规范共分十章和一个附录，这次修订是对原《电气装置安装工程施工及验收规范》(GBJ232-82) 中的第十二篇"10kV及以下架空配电线路篇"进行修订。修订中，经我部提议，并征得建设部同意，将35kV架空电力线路有关内容列入本规范，并改名为《电气装置安装工程35kV及以下架空电力线路施工及验收规范》。

本规范在执行过程中，如发现需要修改和补充，请将意见和有关资料寄送能源部电力建设研究所（北京良乡，邮政编码：102401），以便今后修订时参考。

能源部

1991年3月

第一章 总 则

第1.0.1条 为保证35kV及以下架空电力线路的施工质量，促进工程施工技术水平的提高，确保电力线路安全运行，制定本规范。

第1.0.2条 本规范适用于35kV及以下架空电力线路新建工程的施工及验收。

35kV及以下架空电力线路的大档距及铁塔安装工程的施工及验收，应按现行国家标准《110～500kV架空电力线路施工及验收规范》的有关规定执行。

有特殊要求的35kV及以下架空电力线路安装工程，尚应符合有关专业规范的规定。

第1.0.3条 架空电力线路的安装应按已批准的设计进行施工。

第1.0.4条 采用的设备、器材及材料应符合国家现行技术标准的规定，并应有合格证件。设备应有铭牌。

当采用无正式标准的新型原材料及器材时，安装前应经技术鉴定或试验，证明质量合格后方可使用。

第1.0.5条 采用新技术、新工艺，应制订不低于本规范水平的质量标准或工艺要求。

第1.0.6条 架空电力线路的施工及验收，除按本规范执行外，尚应符合国家现行的有关标准规范的规定。

第二章 原材料及器材检验

第 2.0.1 条 架空电力线路工程所使用的原材料、器材，具有下列情况之一者，应重作检验：

一、超过规定保管期限者。

二、因保管、运输不良等原因而有变质损坏可能者。

三、对原试验结果有怀疑或试样代表性不够者。

第 2.0.2 条 架空电力线路使用的线材，架设前应进行外观检查，且应符合下列规定：

一、不应有松股、交叉、折叠、断裂及破损等缺陷。

二、不应有严重腐蚀现象。

三、钢绞线、镀锌铁线表面镀锌层应良好，无锈蚀。

四、绝缘线表面应平整、光滑、色泽均匀，绝缘层厚度应符合规定。绝缘线的绝缘层应挤包紧密，且易剥离，绝缘线端部应有密封措施。

第 2.0.3 条 为特殊目的使用的线材，除应符合本规范第 2.0.2 条规定外，尚应符合设计的特殊要求。

第 2.0.4 条 由黑色金属制造的附件和紧固件，除地脚螺栓外，应采用热浸镀锌制品。

第 2.0.5 条 各种连接螺栓宜有防松装置。防松装置弹力应适宜，厚度应符合规定。

第 2.0.6 条 金属附件及螺栓表面不应有裂纹、砂眼、锌皮剥落及锈蚀等现象。

螺杆与螺母的配合应良好。加大尺寸的内螺纹与有镀层的外螺纹配合，其公差应符合现行国家标准《普通螺纹直径 1～300mm 公差》的粗牙三级标准。

第 2.0.7 条 金具组装配合应良好，安装前应进行外观检查，且应符合下列规定：

一、表面光洁，无裂纹、毛刺、飞边、砂眼、气泡等缺陷。

二、线夹转动灵活，与导线接触面符合要求。

三、镀锌良好，无锌皮剥落、锈蚀现象。

第 2.0.8 条 绝缘子及瓷横担绝缘子安装前应进行外观检查，且应符合下列规定：

一、瓷件与铁件组合无歪斜现象，且结合紧密，铁件镀锌良好。

二、瓷釉光滑，无裂纹、缺釉、斑点、烧痕、气泡或瓷釉烧坏等缺陷。

三、弹簧销、弹簧垫的弹力适宜。

第 2.0.9 条 环形钢筋混凝土电杆制造质量应符合现行国家标准《环形钢筋混凝土电杆》的规定。安装前应进行外观检查，且应符合下列规定：

一、表面光洁平整，壁厚均匀，无露筋、跑浆等现象。

二、放置地平面检查时，应无纵向裂缝，横向裂缝的宽度不应超过 0.1mm。

三、杆身弯曲不应超过杆长的 1／1000。

第 2.0.10 条 预应力混凝土电杆制造质量应符合现行国家标准《环形预应力混凝土电杆》的规定。安装前应进行外观检查，且应符合下列规定：

一、表面光洁平整，壁厚均匀，无露筋、跑浆等现象。

二、应无纵、横向裂缝。

三、杆身弯曲不应超过杆长的 1／1000。

第 2.0.11 条 混凝土预制构件的制造质量应符合设计要求。表面不应有蜂窝、露筋、纵向裂缝等缺陷。

第 2.0.12 条 采用岩石制造的底盘、卡盘、拉线盘，其强度应符合设计要求。安装时不应使岩石结构的整体性受到破坏。

第三章　电杆基坑及基础埋设

第 3.0.1 条　基坑施工前的定位应符合下列规定：

一、直线杆顺线路方向位移，35kV 架空电力线路不应超过设计档距的 1%；10kV 及以下架空电力线路不应超过设计档距的 3%。直线杆横线路方向位移不应超过 50mm。

二、转角杆、分支杆的横线路、顺线路方向的位移均不应超过 50mm。

第 3.0.2 条　电杆基础坑深度应符合设计规定。电杆基础坑深度的允许偏差应为+100mm、−50mm。同基基础坑在允许偏差范围内应按最深一坑操平。

岩石基础坑的深度不应小于设计规定的数值。

第 3.0.3 条　双杆基坑应符合下列规定：

一、根开的中心偏差不应超过 ± 30mm。

二、两杆坑深度宜一致。

第 3.0.4 条　电杆基坑底采用底盘时，底盘的圆槽面应与电杆中心线垂直，找正后应填土夯实至底盘表面。底盘安装允许偏差，应使电杆组立后满足电杆允许偏差规定。

第 3.0.5 条　电杆基础采用卡盘时，应符合下列规定：

一、安装前应将其下部土壤分层回填夯实。

二、安装位置、方向、深度应符合设计要求。深度允许偏差为 ± 50mm。当设计无要求时，上平面距地面不应小于 500mm。

三、与电杆连接应紧密。

第 3.0.6 条　基坑回填土应符合下列规定：

一、土块应打碎。

二、35kV 架空电力线路基坑每回填 300mm 应夯实一次；10kV 及以下架空电力线路基坑每回填 500mm 应夯实一次。

三、松软土质的基坑，回填土时应增加夯实次数或采取加固措施。

四、回填土后的电杆基坑宜设置防沉土层。土层上部面积不宜小于坑口面积；培土高度应超出地面 300mm。

五、当采用抱杆立杆留有滑坡时，滑坡（马道）回填土应夯实，并留有防沉土层。

第 3.0.7 条　现浇基础、岩石基础应按现行国家标准《110～500kV 架空电力线路施工及验收规范》的有关规定执行。

第四章　电杆组立与绝缘子安装

第 4.0.1 条　电杆顶端应封堵良好。当设计无要求时，下端可不封堵。

第 4.0.2 条　钢圈连接的钢筋混凝土电杆宜采用电弧焊接，且应符合下列规定：

一、应由经过焊接专业培训并经考试合格的焊工操作。焊完后的电杆经自检合格后，在上部钢圈处打上焊工的代号钢印。

二、焊接前，钢圈焊口上的油脂、铁锈、泥垢等物应清除干净。

三、钢圈应对齐找正，中间留 2～5mm 的焊口缝隙。当钢圈有偏心时，其错口不应大于 2mm。

四、焊口宜先点焊 3～4 处，然后对称交叉施焊。点焊所用焊条牌号应与正式焊接用的焊条牌号相同。

五、当钢圈厚度大于 6mm 时，应采用 V 型坡口多层焊接。多层焊缝的接头应错开，收口时应将熔池填满。焊缝中严禁填塞焊条或其它金属。

六、焊缝应有一定的加强面，其高度和遮盖宽度应符合表 4.0.2 的规定（见图 4.0.2）。

焊缝加强面尺寸（mm）　　表 4.0.2

项目	钢圈厚度　s（mm）	
	<10	10～20
高度　c	1.5～2.5	2～3
宽度　e	1～2	2～3

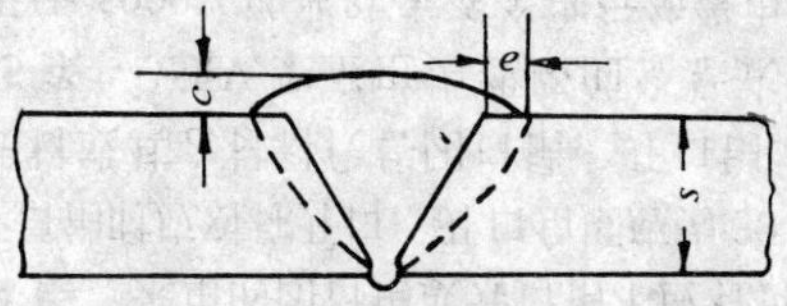

图 4.0.2　焊缝加强面尺寸

七、焊缝表面应呈平滑的细鳞形与基本金属平缓连接，无折皱、间断、漏焊及未焊满的陷槽，并不应有裂缝。基本金属咬边深度不应大于 0.5mm，且不应超过圆周长的 10%。

八、雨、雪、大风天气施焊应采取妥善措施。施焊中电杆内不应有穿堂风。当气温低于−20℃时，应采取预热措施，预热温度为 100～120℃。焊后应使温度缓慢下降。严禁用水降温。

九、焊完后的整杆弯曲度不应超过电杆全长的 2／1000，超过时应割断重新焊接。

十、当采用气焊时，应符合下列规定：

1. 钢圈的宽度不应小于 140mm。

2. 加热时间宜短，并采取必要的降温措施。焊接后，当钢圈与水泥粘接处附近水泥产生宽度大于 0.05mm 纵向裂缝时，应予补修。

3. 电石产生的乙炔气体，应经过滤。

第 4.0.3 条　电杆的钢圈焊接后应将表面铁锈和焊缝的焊渣及氧化层除净，进行防腐处理。

第 4.0.4 条　单电杆立好后应正直，位置偏差应符合下列规定：

一、直线杆的横向位移不应大于 50mm。

二、直线杆的倾斜，35kV 架空电力线路不应大于杆长的 3‰；10kV 及以下架空电力线路杆梢的位移不应大于杆梢直径的1／2。

三、转角杆的横向位移不应大于50mm。

四、转角杆应向外角预偏，紧线后不应向内角倾斜，向外角的倾斜，其杆梢位移不应大于杆梢直径。

第4.0.5条 终端杆立好后，应向拉线侧预偏，其预偏值不应大于杆梢直径。紧线后不应向受力侧倾斜。

第4.0.6条 双杆立好后应正直，位置偏差应符合下列规定：

一、直线杆结构中心与中心桩之间的横向位移，不应大于50mm；转角杆结构中心与中心桩之间的横、顺向位移，不应大于50mm。

二、迈步不应大于30mm。

三、根开不应超过±30mm。

第4.0.7条 以抱箍连接的叉梁，其上端抱箍组装尺寸的允许偏差应在±50mm范围内；分段组合叉梁组合后应正直，不应有明显的鼓肚、弯曲；各部连接应牢固。

横隔梁安装后，应保持水平；组装尺寸允许偏差应在±50mm范围内。

第4.0.8条 以螺栓连接的构件应符合下列规定：

一、螺杆应与构件面垂直，螺头平面与构件间不应有间隙。

二、螺栓紧好后，螺杆丝扣露出的长度，单螺母不应少于两个螺距；双螺母可与螺母相平。

三、当必须加垫圈时，每端垫圈不应超过2个。

第4.0.9条 螺栓的穿入方向应符合下列规定：

一、对立体结构：水平方向由内向外；垂直方向由下向上。

二、对平面结构：顺线路方向，双面构件由内向外，单面构件由送电侧穿入或按统一方向；横线路方向，两侧由内向外，中间由左向右（面向受电侧）或按统一方向；垂直方向，由下向上。

第4.0.10条 线路单横担的安装，直线杆应装于受电侧；分支杆、90°转角杆（上、下）及终端杆应装于拉线侧。

第4.0.11条 横担安装应平正，安装偏差应符合下列规定：

一、横担端部上下歪斜不应大于20mm。

二、横担端部左右扭斜不应大于20mm。

三、双杆的横担，横担与电杆连接处的高差不应大于连接距离的5／1000；左右扭斜不应大于横担总长度的1／100。

第4.0.12条 瓷横担绝缘子安装应符合下列规定：

一、当直立安装时，顶端顺线路歪斜不应大于10mm。

二、当水平安装时，顶端宜向上翘起5°～15°；顶端顺线路歪斜不应大于20mm。

三、当安装于转角杆时，顶端竖直安装的瓷横担支架应安装在转角的内角侧（瓷横担应装在支架的外角侧）。

四、全瓷式瓷横担绝缘子的固定处应加软垫。

第4.0.13条 绝缘子安装应符合下列规定：

一、安装应牢固，连接可靠，防止积水。

二、安装时应清除表面灰垢、附着物及不应有的涂料。

三、悬式绝缘子安装，尚应符合下列规定：

1. 与电杆、导线金具连接处，无卡压现象。

2. 耐张串上的弹簧销子、螺栓及穿钉应由上向下穿。当有特殊困难时可由内向外或由左向右穿入。

3. 悬垂串上的弹簧销子、螺栓及穿钉应向受电侧穿入。两边线应由内向外，中线应由左向右穿入。

四、绝缘子裙边与带电部位的间隙不应小于50mm。

第4.0.14条 采用的闭口销或开口销不应有折断、裂纹等现象。当采用开口销时应对称开口，开口角度应为30°～60°。

严禁用线材或其它材料代替闭口销、开口销。

第4.0.15条 35kV架空电力线路的瓷悬式绝缘子，安装前应采用不低于5000V的兆欧表逐个进行绝缘电阻测定。在干燥情况下，绝缘电阻值不得小于500MΩ。

第五章　拉线安装

第 5.0.1 条　拉线盘的埋设深度和方向，应符合设计要求。拉线棒与拉线盘应垂直，连接处应采用双螺母，其外露地面部分的长度应为 500～700mm。

拉线坑应有斜坡，回填土时应将土块打碎后夯实。拉线坑宜设防沉层。

第 5.0.2 条　拉线安装应符合下列规定：

一、安装后对地平面夹角与设计值的允许偏差，应符合下列规定：

1. 35kV 架空电力线路不应大于 1°；

2. 10kV 及以下架空电力线路不应大于 3°；

3. 特殊地段应符合设计要求。

二、承力拉线应与线路方向的中心线对正；分角拉线应与线路分角线方向对正；防风拉线应与线路方向垂直。

三、跨越道路的拉线，应满足设计要求，且对通车路面边缘的垂直距离不应小于 5m。

四、当采用 UT 型线夹及楔形线夹固定安装时，应符合下列规定：

1. 安装前丝扣上应涂润滑剂；

2. 线夹舌板与拉线接触应紧密，受力后无滑动现象，线夹凸肚在尾线侧，安装时不应损伤线股；

3. 拉线弯曲部分不应有明显松股，拉线断头处与拉线主线应固定可靠，线夹处露出的尾线长度为 300～500mm，尾线回头后与本线应扎牢；

4. 当同一组拉线使用双线夹并采用连板时，其尾线端的方向应统一；

5. UT 型线夹或花篮螺栓的螺杆应露扣，并应有不小于 1/2 螺杆丝扣长度可供调紧，调整后，UT 型线夹的双螺母应并紧，花篮螺栓应封固。

五、当采用绑扎固定安装时，应符合下列规定：

1. 拉线两端应设置心形环；

2. 钢绞线拉线，应采用直径不大于 3.2mm 的镀锌铁线绑扎固定。绑扎应整齐、紧密，最小缠绕长度应符合表 5.0.2 的规定。

最小缠绕长度　　**表 5.0.2**

钢绞线截面 (mm^2)	最小缠绕长度　(mm)				
	上段	中段有绝缘子的两端	与拉棒连接处		
			下端	花缠	上端
25	200	200	150	250	80
35	250	250	200	250	80
50	300	300	250	250	80

第 5.0.3 条　采用拉线柱拉线的安装，应符合下列规定：

一、拉线柱的埋设深度，当设计无要求时，应符合下列规定：

1. 采用坠线的，不应小于拉线柱长的 1/6；

2. 采用无坠线的，应按其受力情况确定。

二、拉线柱应向张力反方向倾斜 10°～20°。

三、坠线与拉线柱夹角不应小于 30°。

四、坠线上端固定点的位置距拉线柱顶端的距离应为 250mm。

五、坠线采用镀锌铁线绑扎固定时，最小缠绕长度应符合表 5.0.2 的规定。

第 5.0.4 条　当一基电杆上装设多条拉线时，各条拉线的受力应一致。

第 5.0.5 条 采用镀锌铁线合股组成的拉线，其股数不应少于三股。镀锌铁线的单股直径不应小于 4.0mm，绞合应均匀、受力相等，不应出现抽筋现象。

第 5.0.6 条 合股组成的镀锌铁线的拉线，可采用直径不小于 3.2mm 镀锌铁线绑扎固定，绑扎应整齐紧密，缠绕长度为：

5 股及以下者，上端：200mm；中端有绝缘子的两端：200mm；下缠 150mm，花缠 250mm，上缠 100mm。

当合股组成的镀锌铁线拉线采用自身缠绕固定时，缠绕应整齐紧密，缠绕长度：3 股线不应小于 80mm，5 股线不应小于 150mm。

第 5.0.7 条 混凝土电杆的拉线当装设绝缘子时，在断拉线情况下，拉线绝缘子距地面不应小于 2.5m。

第 5.0.8 条 顶（撑）杆的安装，应符合下列规定：

一、顶杆底部埋深不宜小于 0.5m，且设有防沉措施。

二、与主杆之间夹角应满足设计要求，允许偏差为±5°。

三、与主杆连接应紧密、牢固。

第六章 导线架设

第 6.0.1 条 导线在展放过程中，对已展放的导线应进行外观检查，不应发生磨伤、断股、扭曲、金钩、断头等现象。

第 6.0.2 条 导线在同一处损伤，同时符合下列情况时，应将损伤处棱角与毛刺用 0 号砂纸磨光，可不作补修：

一、单股损伤深度小于直径的 1／2。

二、钢芯铝绞线、钢芯铝合金绞线损伤截面积小于导电部分截面积的 5%，且强度损失小于 4%。

三、单金属绞线损伤截面积小于 4%。

注：①“同一处”损伤截面积是指该损伤处在一个节距内的每股铝丝沿铝股损伤最严重处的深度换算出的截面积总和（下同）。

②当单股损伤深度达到直径的 1／2 时按断股论。

第 6.0.3 条 当导线在同一处损伤需进行修补时，应符合下列规定：

一、损伤补修处理标准应符合表 6.0.3 的规定。

二、当采用缠绕处理时，应符合下列规定：

1. 受损伤处的线股应处理平整；

2. 应选与导线同金属的单股线为缠绕材料，其直径不应小于 2mm；

3. 缠绕中心应位于损伤最严重处，缠绕应紧密，受损伤部分应全部覆盖，其长度不应小于 100mm。

三、当采用补修预绞丝补修时，应符合下列规定：

1. 受损伤处的线股应处理平整；

2. 补修预绞丝长度不应小于 3 个节距，或应符合现行国家标准《电力金具》预绞丝中的规定；

导线损伤补修处理标准　　表 6.0.3

导线类别	损伤情况	处理方法
铝绞线	导线在同一处损伤程度已经超过第6.0.2 条规定,但因损伤导致强度损失不超过总拉断力的 5%时	以缠绕或修补预绞丝修理
铝合金绞线	导线在同一处损伤程度损失超过总拉断力的 5%，但不超过 17%时	以补修管补修
钢芯铝绞线	导线在同一处损伤程度已经超过第6.0.2 条规定,但因损伤导致强度损失不超过总拉断力的 5%，且截面积损伤又不超过导电部分总截面积的 7%时	以缠绕或修补预绞丝修理
钢芯铝合金绞线	导线在同一处损伤的强度损失已超过总拉断力的 5%但不足 17%，且截面积损伤也不超过导电部分总截面积的 25%时	以补修管补修

3. 补修预绞丝的中心应位于损伤最严重处，且与导线接触紧密，损伤处应全部覆盖。

四、当采用补修管补修时，应符合下列规定:

1. 损伤处的铝（铝合金）股线应先恢复其原绞制状态;

2. 补修管的中心应位于损伤最严重处，需补修导线的范围应于管内各 20mm 处;

3. 当采用液压施工时应符合国家现行标准《架空送电线路导线及避雷线液压施工工艺规程》(试行) 的规定。

第 6.0.4 条　导线在同一处损伤有下列情况之一者，应将损伤部分全部割去，重新以直线接续管连接:

一、损失强度或损伤截面积超过本规范第 6.0.3 条以补修管补修的规定。

二、连续损伤其强度、截面积虽未超过本规范第 6.0.3 条以补修管补修的规定，但损伤长度已超过补修管能补修的范围。

三、钢芯铝绞线的钢芯断一股。

四、导线出现灯笼的直径超过导线直径的 1.5 倍而又无法修复。

五、金钩、破股已形成无法修复的永久变形。

第 6.0.5 条　作为避雷线的钢绞线，其损伤处理标准，应符合表 6.0.5 的规定。

钢绞线损伤处理标准　　表 6.0.5

钢绞线股数	以镀锌铁丝缠绕	以补修管补修	锯断重接
7	不允许	断 1 股	断 2 股
19	断 1 股	断 2 股	断 3 股

第 6.0.6 条　不同金属、不同规格、不同绞制方向的导线严禁在档距内连接。

第 6.0.7 条　采用接续管连接的导线或避雷线，应符合现行国家标准《电力金具》的规定，连接后的握着力与原导线或避雷线的保证计算拉断力比，应符合下列规定:

一、接续管不小于 95%。

二、螺栓式耐张线夹不小于 90%。

第 6.0.8 条　导线与连接管连接前应清除导线表面和连接管内壁的污垢，清除长度应为连接部分的 2 倍。连接部位的铝质接触面，应涂一层电力复合脂，用细钢丝刷清除表面氧化膜，保留涂料，进行压接。

第 6.0.9 条　导线与接续管采用钳压连接，应符合下列规定:

一、接续管型号与导线的规格应配套。

二、压口数及压后尺寸应符合表 6.0.9 的规定。

钳压压口数及压后尺寸　　表 6.0.9

导线型号		压口数	压后尺寸 D (mm)	钳压部位尺寸 (mm) a_1	a_2	a_3
铝绞线	LJ-16	6	10.5	28	20	34
	LJ-25	6	12.5	32	20	36
	LJ-35	6	14.0	36	25	43
	LJ-50	8	16.5	40	25	45
	LJ-70	8	19.5	44	28	50
	LJ-95	10	23.0	48	32	56
	LJ-120	10	26.0	52	33	59
	LJ-150	10	30.0	56	34	62
	LJ-185	10	33.5	60	35	65
钢芯铝绞线	LGJ-16／3	12	12.5	28	14	28
	LGJ-25／4	14	14.5	32	15	31
	LGJ-35／6	14	17.5	34	42.5	93.5
	LGJ-50／8	16	20.5	38	48.5	105.5
	LGJ-70／10	16	25.0	46	54.5	123.5
	LGJ-95／20	20	29.0	54	61.5	142.5
	LGJ-120／20	24	33.0	62	67.5	160.5
	LGJ-150／20	24	36.0	64	70	166
	LGJ-185／25	26	39.0	66	74.5	173.5
	LGJ-240／30	2×14	43.0	62	68.5	161.5

三、压口位置、操作顺序应按图 6.0.9 进行。

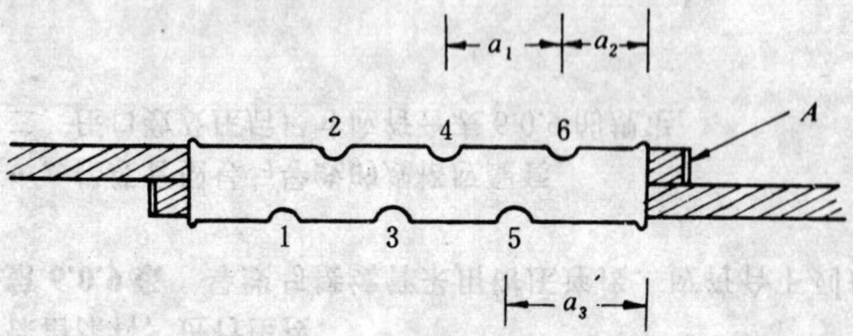

（Ⅰ）LJ-35 铝绞线

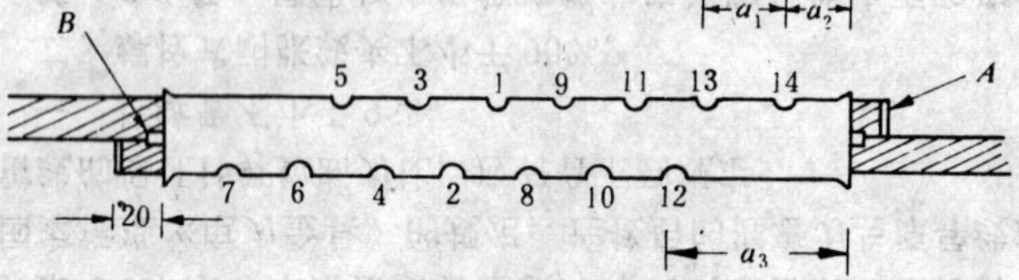

（Ⅱ）LGJ-35 钢芯铝绞线

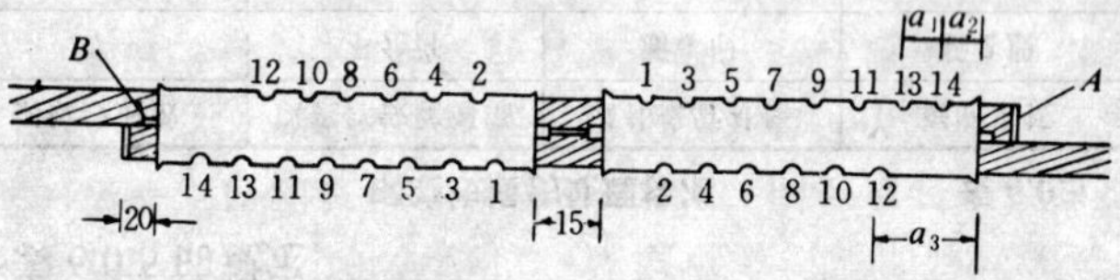

（Ⅲ）LGJ-240 钢芯铝绞线

图 6.0.9　钳压管连接图

1、2、3……表示压接操作顺序

A—绑线；B—垫片

四、钳压后导线端头露出长度，不应小于 20mm，导线端头绑线应保留。

五、压接后的接续管弯曲度不应大于管长的 2%，有明显弯曲时应校直。

六、压接后或校直后的接续管不应有裂纹。

七、压接后接续管两端附近的导线不应有灯笼、抽筋等现象。

八、压接后接续管两端出口处、合缝处及外露部分，应涂刷电力复合脂。

九、压后尺寸的允许误差，铝绞线钳接管为 ± 1.0mm；钢芯铝绞线钳接管为 ± 0.5mm。

第 6.0.10 条 导线或避雷线采用液压连接时，应符合国家现行标准《架空送电线路导线及避雷线液压施工工艺规程》中的有关规定。

第 6.0.11 条 35kV 架空电力线路的导线或避雷线，当采用爆炸压接时，应符合国家现行标准《架空电力线路爆炸压接施工工艺规程》(试行) 中的有关规定。

第 6.0.12 条 10kV 及以下架空电力线路的导线，当采用缠绕方法连接时，连接部分的线股应缠绕良好，不应有断股、松股等缺陷。

第 6.0.13 条 10kV 及以下架空电力线路在同一档距内，同一根导线上的接头，不应超过 1 个。导线接头位置与导线固定处的距离应大于 0.5m，当有防震装置时，应在防震装置以外。

第 6.0.14 条 35kV 架空电力线路在一个档距内，同一根导线或避雷线上不应超过 1 个直线接续管及 3 个补修管。补修管之间、补修管与直线接续管之间及直线接续管 (或补修管) 与耐张线夹之间的距离不应小于 15m。

第 6.0.15 条 35kV 架空电力线路观测弧垂时应实测导线或避雷线周围空气的温度；弧垂观测档的选择，应符合下列规定：

一、当紧线段在 5 档及以下时，靠近中间选择 1 档。

二、当紧线段在 6～12 档时，靠近两端各选择 1 档。

三、当紧线段在 12 档以上时，靠近两端及中间各选择 1 档。

第 6.0.16 条 35kV 架空电力线路的紧线弧垂应在挂线后随即检查，弧垂误差不应超过设计弧垂的+5%、−2.5%，且正误差最大值不应超过 500mm。

第 6.0.17 条 10kV 及以下架空电力线路的导线紧好后，弧垂的误差不应超过设计弧垂的 ± 5%。同档内各相导线弧垂宜一致，水平排列的导线弧垂相差不应大于 50mm。

第 6.0.18 条 35kV 架空电力线路导线或避雷线各相间的弧垂宜一致，在满足弧垂允许误差规定时，各相间弧垂的相对误差，不应超过 200mm。

第 6.0.19 条 导线或避雷线紧好后，线上不应有树枝等杂物。

第 6.0.20 条 导线的固定应牢固、可靠，且应符合下列规定：

一、直线转角杆：对针式绝缘子，导线应固定在转角外侧的槽内；对瓷横担绝缘子导线应固定在第一裙内。

二、直线跨越杆：导线应双固定，导线本体不应在固定处出现角度。

三、裸铝导线在绝缘子或线夹上固定应缠绕铝包带，缠绕长度应超出接触部分 30mm。铝包带的缠绕方向应与外层线股的绞制方向一致。

第 6.0.21 条 10kV 及以下架空电力线路的裸铝导线在蝶式绝缘子上作耐张且采用绑扎方式固定时，绑扎长度应符合表 6.0.21 的规定。

绑扎长度值 **表 6.0.21**

导线截面(mm^2)	绑扎长度(mm)
LJ−50、LGJ−50 及以下	≥150
LJ−70	≥200

第 6.0.22 条 35kV 架空电力线路采用悬垂线夹时，绝缘子应垂直地平面。特殊情况下，其在顺线路方向与垂直位置的倾斜角，不应超过 5°。

第 6.0.23 条 35kV 架空电力线路的导线或避雷线安装的防震锤，应与地平面垂直，其安装距离的误差不应大于 ±30mm。

第 6.0.24 条 10～35kV 架空电力线路当采用并沟线夹连接引流线时，线夹数量不应少于 2 个。连接面应平整、光洁。导线及并沟线夹槽内应清除氧化膜，涂电力复合脂。

第 6.0.25 条 10kV 及以下架空电力线路的引流线（跨接线或弓子线）之间、引流线与主干线之间的连接应符合下列规定：

一、不同金属导线的连接应有可靠的过渡金具。

二、同金属导线，当采用绑扎连接时，绑扎长度应符合表 6.0.25 的规定。

绑扎长度值　　表 6.0.25

导线截面(mm^2)	绑扎长度(mm)
35 及以下	≥150
50	≥200
70	≥250

三、绑扎连接应接触紧密、均匀、无硬弯，引流线应呈均匀弧度。

四、当不同截面导线连接时，其绑扎长度应以小截面导线为准。

第 6.0.26 条 绑扎用的绑线，应选用与导线同金属的单股线，其直径不应小于 2.0mm。

第 6.0.27 条 1～10kV 线路每相引流线、引下线与邻相的引流线、引下线或导线之间，安装后的净空距离不应小于 300mm；1kV 以下电力线路，不应小于 150mm。

第 6.0.28 条 线路的导线与拉线、电杆或构架之间安装后的净空距离，35kV 时，不应小于 600mm；1～10kV 时，不应小于 200mm；1kV 以下时，不应小于 100mm。

第 6.0.29 条 1kV 以下电力线路当采用绝缘线架设时，应符合下列规定：

一、展放中不应损伤导线的绝缘层和出现扭、弯等现象。

二、导线固定应牢固可靠，当采用蝶式绝缘子作耐张且用绑扎方式固定时，绑扎长度应符合本规范第 6.0.21 条的规定。

三、接头应符合有关规定，破口处应进行绝缘处理。

第 6.0.30 条 沿墙架设的 1kV 以下电力线路，当采用绝缘线时，除应满足设计要求外，还应符合下列规定：

一、支持物牢固可靠。

二、接头符合有关规定，破口处缠绕绝缘带。

三、中性线在支架上的位置，设计无要求时，安装在靠墙侧。

第 6.0.31 条 导线架设后，导线对地及交叉跨越距离，应符合设计要求。

第七章　10kV 及以下架空电力线路上的电气设备

第 7.0.1 条　电杆上电气设备的安装，应符合下列规定：

一、安装应牢固可靠。

二、电气连接应接触紧密，不同金属连接，应有过渡措施。

三、瓷件表面光洁，无裂缝、破损等现象。

第 7.0.2 条　杆上变压器及变压器台的安装，尚应符合下列规定：

一、水平倾斜不大于台架根开的 1／100。

二、一、二次引线排列整齐、绑扎牢固。

三、油枕、油位正常，外壳干净。

四、接地可靠，接地电阻值符合规定。

五、套管压线螺栓等部件齐全。

六、呼吸孔道通畅。

第 7.0.3 条　跌落式熔断器的安装，尚应符合下列规定：

一、各部分零件完整。

二、转轴光滑灵活，铸件不应有裂纹、砂眼、锈蚀。

三、瓷件良好，熔丝管不应有吸潮膨胀或弯曲现象。

四、熔断器安装牢固、排列整齐，熔管轴线与地面的垂线夹角为 15°～30°。熔断器水平相间距离不小于 500mm。

五、操作时灵活可靠、接触紧密。合熔丝管时上触头应有一定的压缩行程。

六、上、下引线压紧，与线路导线的连接紧密可靠。

第 7.0.4 条　杆上断路器和负荷开关的安装，尚应符合下列规定：

一、水平倾斜不大于托架长度的 1／100。

二、引线连接紧密，当采用绑扎连接时，长度不小于 150mm。

三、外壳干净，不应有漏油现象，气压不低于规定值。

四、操作灵活，分、合位置指示正确可靠。

五、外壳接地可靠，接地电阻值符合规定。

第 7.0.5 条　杆上隔离开关安装，尚应符合下列规定：

一、瓷件良好。

二、操作机构动作灵活。

三、隔离刀刃合闸时接触紧密，分闸后应有不小于 200mm 的空气间隙。

四、与引线的连接紧密可靠。

五、水平安装的隔离刀刃，分闸时，宜使静触头带电。

六、三相连动隔离开关的三相隔离刀刃应分、合同期。

第 7.0.6 条　杆上避雷器的安装，尚应符合下列规定：

一、瓷套与固定抱箍之间加垫层。

二、排列整齐、高低一致，相间距离：1～10kV 时，不小于 350mm；1kV 以下时，不小于 150mm。

三、引线短而直、连接紧密，采用绝缘线时，其截面应符合下列规定：

1. 引上线：铜线不小于 $16mm^2$，铝线不小于 $25mm^2$；

2. 引下线：铜线不小于 $25mm^2$，铝线不小于 $35mm^2$。

四、与电气部分连接，不应使避雷器产生外加应力。

五、引下线接地可靠，接地电阻值符合规定。

第 7.0.7 条　低压熔断器和开关安装各部接触应紧密，便于操作。

第 7.0.8 条　低压保险丝（片）安装，尚应符合下列规定：

一、无弯折、压偏、伤痕等现象。

二、严禁用线材代替保险丝（片）。

第八章 接 户 线

第 8.0.1 条 10kV 及以下电力接户线的安装，其各部电气距离应满足设计要求。

第 8.0.2 条 10kV 及以下电力接户线的安装，尚应符合下列规定：

一、档距内不应有接头。

二、两端应设绝缘子固定，绝缘子安装应防止瓷裙积水。

三、采用绝缘线时，外露部位应进行绝缘处理。

四、两端遇有铜铝连接时，应设有过渡措施。

五、进户端支持物应牢固。

六、在最大摆动时，不应有接触树木和其它建筑物现象。

七、1kV 及以下的接户线不应从高压引线间穿过，不应跨越铁路。

第 8.0.3 条 10kV 及以下由两个不同电源引入的接户线不宜同杆架设。

第 8.0.4 条 10kV 及以下接户线固定端当采用绑扎固定时，其绑扎长度应符合表 8.0.4 的规定。

绑扎长度 **表 8.0.4**

导线截面(mm^2)	绑扎长度(mm)
10 及以下	＞50
16 及以下	＞80
25～50	＞120
70～120	＞200

第九章 接地工程

第 9.0.1 条 接地体规格、埋设深度应符合设计规定。

第 9.0.2 条 接地装置的连接应可靠。连接前，应清除连接部位的铁锈及其附着物。

第 9.0.3 条 接地体的连接采用搭接焊时，应符合下列规定：

一、扁钢的搭接长度应为其宽度的 2 倍，四面施焊。

二、圆钢的搭接长度应为其直径的 6 倍，双面施焊。

三、圆钢与扁钢连接时，其搭接长度应为圆钢直径的 6 倍。

四、扁钢与钢管、扁钢与角钢焊接时，除应在其接触部位两侧进行焊接外，并应焊以由钢带弯成的弧形（或直角形）与钢管（或角钢）焊接。

第 9.0.4 条 采用垂直接地体时，应垂直打入，并与土壤保持良好接触。

第 9.0.5 条 采用水平敷设的接地体，应符合下列规定：

一、接地体应平直，无明显弯曲。

二、地沟底面应平整，不应有石块或其它影响接地体与土壤紧密接触的杂物。

三、倾斜地形沿等高线敷设。

第 9.0.6 条 接地引下线与接地体连接，应便于解开测量接地电阻。

接地引下线应紧靠杆身，每隔一定距离与杆身固定一次。

第 9.0.7 条 接地电阻值，应符合有关规定。

第 9.0.8 条 接地沟的回填宜选取无石块及其它杂物的泥土，并应夯实。在回填后的沟面应设有防沉层，其高度宜为 100～300mm。

第十章　工程交接验收

第10.0.1条　在验收时应按下列要求进行检查：

一、采用器材的型号、规格。

二、线路设备标志应齐全。

三、电杆组立的各项误差。

四、拉线的制作和安装。

五、导线的弧垂、相间距离、对地距离、交叉跨越距离及对建筑物接近距离。

六、电器设备外观应完整无缺损。

七、相位正确、接地装置符合规定。

八、沿线的障碍物、应砍伐的树及树枝等杂物应清除完毕

第10.0.2条　在验收时应提交下列资料和文件：

一、竣工图。

二、变更设计的证明文件（包括施工内容明细表）。

三、安装技术记录（包括隐蔽工程记录）。

四、交叉跨越距离记录及有关协议文件。

五、调整试验记录。

六、接地电阻实测值记录。

七、有关的批准文件。

附录一　本规范用词说明

一、为便于在执行本规范条文时区别对待，对要求严格程度不同的用词说明如下：

1. 表示很严格，非这样作不可的：

正面词采用“必须”；

反面词采用“严禁”。

2. 表示严格，在正常情况下均应这样作的：

正面词采用“应”；

反面词采用“不应”或“不得”。

3. 表示允许稍有选择，在条件许可时首先这样作的：

正面词采用“宜”或“可”；

反面词采用“不宜”。

二、条文中规定应按其它有关标准、规范执行时，写法为“应符合……的规定”或“应按……执行”。

附加说明

本规范主编单位、参加单位和主要起草人名单

主 编 单 位：能源部电力建设研究所、北京供电局
参 加 单 位：上海市中供电公司
南京供电局
重庆电业局
大连电业局
昆明供电局
武汉供电局
主要起草人：许宝颐
参加起草人：王之佩　王兴绪　董一非　顾三立　马长瀛

中华人民共和国国家标准

电气装置安装工程 35kV 及以下架空电力线路施工及验收规范

GB 50173-92

条 文 说 明

前言

根据国家计委计综〔1986〕2630号文的要求，由原水利电力部负责主编，具体由能源部电力建设研究所、北京供电局会同有关单位共同修订的《电气装置安装工程35kV及以下架空电力线路施工及验收规范》GB50173-92，经中华人民共和国建设部1992年12月16日以建标〔1992〕912号文批准发布。

为便于广大设计、施工、科研、学校等有关单位人员在使用本规范时能正确理解和执行条文规定，编写组根据国家计委关于编制标准、规范条文说明的统一要求，按《电气装置安装工程35kV及以下架空电力线路施工及验收规范》的章、条顺序，编制了《电气装置安装工程35kV及以下架空电力线路施工及验收规范条文说明》，供国内各有关部门和单位参考。在使用中如发现本规范条文说明有欠妥之处，请将意见函寄北京良乡"能源部电力建设研究所国标管理组"。

本条文说明仅供有关部门和单位在执行本规范时使用。

目录

第一章　总　　则

第 1.0.1 条　本条对制订本规范的目的作了明确的规定。

第 1.0.2 条　本规范只适用于电压在 35kV 及以下架空电力线路新建工程的施工及验收。

这次修订对适用电压等级作了变动。原 35kV 电压等级是在原《架空送电线路施工验收规范》内，这次放在本规范内，其理由：

一、随着我国电力工业的发展，35kV 的电力线路工程，一般是在城市或农村，或在大城市内的工程，已不再是电网之间的联络工程。调研中得知，不少城市已将 35kV 线路工程列为城市配电电网的一部分。

二、35kV 线路在农村占的比重较大，大多采用单杆，档距不大，与 10kV 线路工程的特性接近，施工质量要求存在共性处多。在审查规范会上，经原水利电力部提议，并征得建设部同意，将 35kV 线路工程有关内容列入本规范。原《电气装置安装工程施工及验收规范》第十二篇 10kV 及以下架空配电线路篇改名为《电气装置安装工程 35kV 及以下架空电力线路施工及验收规范》。调研中了解到，还有一部分 35kV 线路工程，由于输送容量大，使用导线截面大（LGJ–150 以上），采用了铁塔，其特性又接近 110kV 线路工程，可根据其实际情况在施工及验收工作中按现行国家标准《110～500kV 架空电力线路施工及验收规范》执行。

对于有特殊标准要求的或有专业规定的 35kV 及以下架空电力线路安装工程的施工及验收（如电气化铁道滑接线、电车线、矿井内线路工程等），尚应按有关专业的技术规定进行安装和验收。

35kV 及以下架空电力线路的改建工程，其安装及验收可参照本规范有关内容，以满足安全运行。

35kV 及以下架空电力线路的大档距，主要指其线路在跨越山谷、河流、湖泊等地段，其档距、采用杆型、施工程序、工艺要求等均超过一般情况，需在安装中予以特殊对待，本规范未列入这些内容的规定，为此应按现行国家标准《110～500kV 架空电力线路施工及验收规范》有关内容的规定进行施工及验收。

第 1.0.3 条　本条强调线路工程在施工前应具备经批准的设计图纸，不指定由哪一级来审批，由于各地机构分工不同，情况随时有改变，强调按批准设计图纸进行施工，对工程质量是有利的。在很大程度上能纠正不合理现象，减少差错，对工程质量起到积极作用。

第 1.0.4 条　本条指出在线路工程上所使用的原材料、器材、设备必须是合格产品，才能满足安全运行。目前国家关于产品标准基本上分为国家、部及企业三级，凡列为正式标准的产品生产前都对产品进行了鉴定。

我国目前的产品质量，虽然有了各级标准，并加强管理，但实际情况是，有些生产厂家生产的产品并没有认真执行三种检验手段（即：型式检验、抽样检验、出厂检验），厂方所印质量合格证明，并不能证明其产品的真实质量，施工单位不做任何检验就使用，安装后发现造成返工，如：导线、绝缘子、金具等类似情况时有发生。为此应有足够的认识，必须把好质量检验关。

第 1.0.5 条　新技术、新材料、新工艺的采用应采取积极慎重和科学的态度，并应有相应的标准和要求，以保证安装后的质量和安全。在制订上述标准或进行施工时（采用新材料），能与当地电力部门取得联系，听取意见，以利工程在施工中更为完善。规范虽然是工程经验的总结，但技术进步是不断的，为了适应这种情况，避免规范僵化，做到保证安装质量，制订不低于本规范规定的标准是必要的。

第 1.0.6 条 考虑到在 10kV 及以下架空线路上，还有一些安装在线路下方的电气设备，本规范对其内容又未能全列入，施工及验收时，应符合所列规范的有关内容。

第二章 原材料及器材检验

第 2.0.1 条 本条强调线路工程在施工之前对原材料、器材进行检查，使问题暴露在安装之前，以保证工程质量。

第 2.0.2 条 线材是线路工程中主要器材之一，由于多种因素，造成导线损伤，架设前检查是必要的，便于及时发现问题，采取相应措施。同时，增加绝缘线检查内容。有关绝缘线调研中用于低压方面的比重很大。有的地区用于 10kV 线路上。

城市内低压电力线路的建设，过去采用的线材以裸导线为主，在安装质量及工程验收方面，原提出的一些规定，对安全运行起到了较好的作用。近年来，城市建设发展很快，住宅小区、通讯线、绿化等设施增长迅速。一些地区的地段，在采用裸导线架设后，出现的一些问题，造成的一些矛盾，影响了低压架空电力线路的安全运行和工程进度。

原水利电力部对城市低压配电网出现的矛盾、事故情况以及建设、改造等问题，进行了专题研究，考察了国外一些城市的建设、运行情况，组织有关人员反复研究、讨论，提出了我国城市低压配电网建设原则，规定导线应采用绝缘线的要求，并指定一些地区进行试点。同时拟定了绝缘线的线材制造标准，指定制造厂投入生产。

国外城市在 10kV 及以下架空电力线路建设中，采用绝缘线时间较长，有一套成熟的器材和施工方式，是值得借鉴的。

我国在低压电力线路中采用绝缘线，虽已早有，但截面不大，使用面窄，未能形成一个统一规定。近几年，原水利电力部对此已提出要求，指定在一些地区试点采用，但受各种因素所限，还不尽完善，有待通过运行后总结经验。本规范在修订中，收到一些意见。为满足现有采用绝缘线的要求，便于安装，提高工程安装质量。经调研，结合目前状况，提出绝缘线安装前应进行外观检查的要求以保证工程质量。

第 2.0.4 条 为提高设备紧固件的防锈能力，并便于运行检修拆卸，规定铁制的紧固件采用热浸镀锌是必要的。

地脚螺栓不规定热浸镀锌，是考虑到露出基础外的螺栓已有混凝土保护帽加以保护。

以黑色金属制造的金属附件，在配电线路中，主要是指横担、螺栓、拉线棒、各种抱箍及铁附件等。根据各地区运行经验，采用热浸镀锌作防腐处理，效果较好，延长使用年限。

从调查情况看，有些地区因受条件所限，采用电镀作防腐处理，运行中又补刷油漆，反映上述作法不好，要求有明确的规定，故本条规定采用热浸镀锌作为防腐处理是必要的。

第 2.0.5 条 对防松装置作出规定，主要是以保证安装质量，为安全运行提供好的条件。

第 2.0.6 条 10kV 及以下架空电力线路使用的金属附件及螺栓，各地自行加工的较多，有的生产厂未按标准进行生产或产品质量不高，不少单位反映，在施工中常感到螺栓问题较多。调研中，一些安装单位提出，施工中常有螺杆与螺母配合不当，影响工程进度、质量，过去规定不明确，施工单位很被动，为此本条在参照有关标准的内容后，对此提出了要求。

第 2.0.7 条 架空电力线路使用的金具，系国家标准产品，出厂时已有严格检查。但由于某些原因，影响产品完整性和质量。调查中发现，有的厂所用产品合格证是统一印刷，并未代表产品实际质量（如金具、导线等），经实际使用才发现问题。为保证工程质量，安装前仍应进行外观检查。

第 2.0.8 条 绝缘子在架空电力线路中很重要，安装前的检查，除为保证工程质量外，也是保证安全运行的必要条件。过去规定不严格，根据各地意见，提出这一规定内容是必要的。

第 2.0.9 条、第 2.0.10 条 本规定中，有的与制造厂的标准不完全相同，这里指的是安装前电杆已经过运输后的检查鉴定标准。各地对 10kV 及以下架空电力线路所采用的钢筋混凝土电杆裂缝的看法和处理意见不尽一致。

如：对裂缝宽度南方放到 0.2～0.35mm，北方放宽到 0.5mm 未作补修，其理由是目前并未影响电杆的破坏强度，安装中尚未出现问题。我们认为，裂缝过大是有危害的，表现在：

一、降低电杆整体刚度；

二、增大电杆挠度；

三、纵向裂缝使电杆钢筋易腐蚀，影响运行寿命。

为此，对裂缝应引起足够重视。特别是预应力钢筋混凝土电杆，运行经验不足，没有严格规定是很不利的。考虑到线路安装投入运行后，电杆荷载变化情况和运行经验，适当放大到 0.1mm 规定数值是符合目前状况的。否则，将有一大批电杆能用而不能发挥作用，造成损失。根据制造标准、制造质量要求，参照 110～500kV 架空电力线路施工及验收规范对该产品的规定，结合 35kV 及以下架空电力线路实际情况，提出放置地平面检查的要求和规定。

第 2.0.11 条 本条是包括为线路工程使用的底盘、卡盘、拉线盘以及其它各类预制件的要求，这类器材系各地结合当地情况，自行设计和加工的，对这类产品要求符合设计，按图纸加工，能保证质量。

第 2.0.12 条 根据设计要求，因地制宜的采用岩石制作底盘、卡盘、拉线盘，对加速架空电力线路工程建设，满足工程安装起到良好作用。采用时要保证岩石质量，要求岩石结构完整无损，强度符合要求，这是必须做到的。

第三章　电杆基坑及基础埋设

第 3.0.1 条　架空电力线路在施工时，因受地形、环境、地下管线等的影响是较大的，因而在定位中与设计位置不完全一致的情况是客观存在，根据各地意见，提出适当的允许误差是必要的。经调研并综合各地意见，规定误差数值，如超过此范围应进行修改设计。

第 3.0.2 条　电杆埋深要求关系重大，实际施工中受客观条件影响，存在着不能完全满足设计要求的事实。各地虽有一些电杆埋深的运行经验，为统一标准，强调应符合设计要求。本条中所提出的允许偏差，是总结各地运行经验而定。

第 3.0.3 条　对双杆基坑规定允许偏差是必要的，以满足电杆组立后的其它各项技术规定。

第 3.0.4 条　本条对底盘的安装作了规定，施工时不可忽略，否则将会影响电杆组立后的其它各项技术规定。

第 3.0.6 条　防沉土层指电杆组立后，坑基周围的堆积土。培设的目的，是防止回填土土壤下沉后，电杆周围土壤产生凹陷，有利于电杆基础稳定。根据一些地区经验，本条提出要求，如设计有规定，应按设计图进行。

第四章　电杆组立与绝缘子安装

第 4.0.1 条　钢筋混凝土电杆上端要求封堵，主要是为防止电杆投入运行后，杆内积水，侵蚀钢筋，导致电杆损伤。各地在运行中感到制造厂对此并未引起重视，只能由施工单位弥补这一缺陷。关于钢筋混凝土电杆下端封堵问题，部分单位反映在一些地区或某一地段，由于地下水位较高，且气候寒冷，电杆底部不封堵，进水后，在寒冷季节中，有造成电杆冻裂、损坏电杆现象。为此应该考虑此情况，安装时，需按设计要求进行。

第 4.0.2 条　钢圈焊接目前还不能全面推广电焊。采用气焊时，由于钢筋受热膨胀对钢圈下面混凝土产生细微的纵向裂纹。参照 110～500kV 架空电力线路施工及验收规范，这次修订时提出以下几点：(1) 如用气焊，钢圈宽度不小于 140mm。(2) 气焊时尽量减少加热时间，并采取降温措施。(3) 当产生宽度大于 0.05mm 的裂缝时，可用补修膏或其它方法涂刷，以防止进水气锈蚀钢筋。曾用过的环氧树脂补修膏配方见表 4.0.2。

环氧树脂补修膏配方　　**表 4.0.2**

名称	环氧树脂	二甲苯	水泥	乙二胺
重量比	100	15	300	6

注：表中环氧树脂采用 600 为宜。

条文中的规定，仍强调要保证焊接质量。

第 4.0.8 条　以螺栓连接的构件，连接时首先满足连接强度，所以要求螺杆与构件面垂直，螺头平面与构件平面间无空隙，以保证连接的紧密程度。

单螺母螺栓紧好后，外露两扣，其目的是：

一、避开螺杆顶端加工负误差，保证螺栓的承载能力；

二、便于采取防松措施。

双螺母螺栓的两个螺母有互相并紧的防松作用，所以规定双螺母螺栓并紧后的第二个螺母允许平扣。当然，如能露出扣就更好。

第 4.0.12 条 用于架空电力线路的瓷横担绝缘子，是 70 年代以后经过不断研制而发展较快的产品，不少地区陆续采用，有一定运行经验。但安装方法规定不一，有过一些教训。调研中，归纳了一些运行时间较长地区的经验，分析了利弊，对安装的情况作了研究，提出了规定，使其受力情况更好些，以利于安全运行。

第 4.0.13 条 总结各地经验并按所提意见补充悬式绝缘子安装要求。

第 4.0.14 条 连接金具的螺栓尾部所用的锁住销，过去采用国家标准产品开口销，因钢质开口销经热镀锌后失去弹性，且在使用中产生锈蚀，消耗较大。现电力金具标准规定，电力金具所用的锁住销要求采用部标 SD26-82《闭口销》，这种销子式样有改进，使用的材料为铜制或不锈钢，解决了长期因热镀锌钢开口销而不能解决的锈蚀问题。

闭口销比开口销具有更多的优点，当装入销口后，能自动弹开，不需将销尾弯成 45°，当拔出销孔时，亦比较容易。它具有锁住可靠、带电装卸灵活的特点。目前我国生产的闭口销有 R 型、W 型，工程中现都优先采用闭口销，本规范规定了闭口销的安装要求。

目前仍有一些地区采用开口销。为满足安装要求，本规范保留了这一产品的安装要求。

第 4.0.15 条 经了解，近几年来电瓷检测中心检查的结果，国产电瓷在出厂前，其零值已占相当比重。包装不好再经长途运输、野蛮装卸，而使铁帽下的瓷质产生裂缝。为使这些不合格的绝缘子在安装前检查出来，要求对其逐个进行检查是必要的。按电瓷厂提供的数据，对铁帽下的瓷质厚度为 18mm 时，应使用电压不低于 6300V 的兆欧表，才能更有效地检查出是否已出现裂痕。国内现只有 5000V 兆欧表，故只能用此产品进行检测。

玻璃绝缘子因有自爆现象，故不规定对它进行逐个摇测绝缘值。

第五章　拉线安装

第 5.0.1 条　拉线、拉线柱、顶杆在安装后应达到：

一、保证电杆在架线后受力正常；

二、各固定点的强度满足要求；

三、施工工艺整齐、紧密、美观。

本章规定是总结了各地在施工和运行经验基础上提出的。

第 5.0.2 条　关于采用 UT 型线夹，其线夹处露出尾线长度由原定 400mm 改为 300～500mm，主要是 $70mm^2$ 以上的镀锌钢绞线尾端较短，制作中有的感到困难，有些单位提出需加长，但太长不美观。另外，大截面钢绞线（$100mm^2$ 以上），由于截面太大，在弯曲处不散股是有困难的。弯曲处散股，形成线股与线夹接触不密实，受力状态不好，目前有采用压接式。

关于拉线跨越道路对地面垂直距离的规定，原规范规定对道路中心垂直距离不小于 6m，认为是可行的。这次修订时，从征求意见中反映，原规定在执行中有不足之处，保证对路面中心的安全距离是可行的，但对路边缘的垂直距离要求没有限制，难以保证安全。经调研，近年来由于车辆增多，大型物资运输的出现，道路不断加宽和改善，交通管理部门要求，装有高大物资的运输车辆不一定在路面中心行驶，如仍按道路路面中心作为基点要求，已不适应，它不能满足拉线跨越道路时对其路边缘的垂直距离。曾发生运输车辆在限高条件下，车辆在道路边缘行驶时，碰撞了跨越道路的拉线，损坏了电杆，造成了停电事故。修订本条规定时，充分注意到这一情况，经分析研究修改了原条文规定。修订后的规定除满足对路边缘垂直距离要求外，对路面中心的垂直距离要求也能符合。

规定的数值是基本要求，均应满足。

第 5.0.8 条　这次修订规范过程中，一些地区提出在地段狭窄或设置拉线、拉桩柱均有困难的情况下，为满足电杆受力后的强度，提出设置顶杆的意见。经调研，提出这方面的规定。

为满足顶杆安装质量，本条中提出的规定是在总结一些地区的安装规定基础上的基本要求。

第六章　导线架设

第 6.0.1 条　导线在展放过程中，容易出现一些损伤情况，有的还能出现严重损伤，影响导线机械强度。本条提出一些基本状况，应予以防止，以利导线架设后，满足机械强度和安全运行。

第 6.0.2 条　10kV 及以下架空电力线路所采用小截面导线的比重是较大的，受损伤机会多。当稍有损伤，则影响导线强度，对安全运行是不利的。各地在施工中对此很注意，要求很严格。钢芯铝绞线在 10kV 及以下架空电力线路中使用不多，但在施工质量上要求也很严格。

对于一种导线，所列的条件必须同时满足才不补修。强度损失控制在 4%以下，对钢芯铝绞线来说最严重是 6 股铝 1 股钢芯的结构，经计算 LGJ−10／2 的导线，铝股 1 股损伤深度为 1／2 时，强度损失为 4.17%（对钢芯铝合金绞线为 5.1%），已超过 4%，是不允许的。这时受强度损失控制，因此，其允许损伤深度就应小于单股直径的 1／2。

第 6.0.3 条　关于导线损伤处理分界线，这次修订基本以拉断力损失多少为标准。目前施工中仍以缠绕、补修管两种方式处理。当导线损伤、强度损失小于总拉断力 5%时，补修方法是采取以不补 强度为主，即缠绕（或补修预绞线）。当导线因损伤而其强度损失大于总拉断力 5%时，则用补修管修理，使损失的强度得到补偿。这种选择对导线的实用强度并没有降低。因现行导线制造标准对整根导线的实测拉断力达到其计算拉断力的 95%，（即所谓的保证计算拉断力）即为合格。设计在使用导线时也是以保证计算拉断力为准。但这并不意味着整根导线的实测拉断力比计算拉断力真的降低了 5%。这都是由做拉力试件造成的。因试件较短，又要有两个与拉力机固定的固定点，因此才允许其拉断力降低 5%以内判定为合格。当然一般拉力试验都断在固定点处。美国标准规定，如拉断处离开固定点在一英寸以上时，其实测拉断力应达到计算拉断力的 100%。从此不难看出，如果导线损伤处造成强度损失未超过计算拉断力的 5%时，也正好是与目前的保证计算拉断力相等。

10kV 及以下架空电力线路中采用钢芯铝合金绞线的情况是不多的。一些单位在提出的意见中，要求增加这一内容，在参阅 110～500kV 架空电力线路施工及验收规范修订调研资料的基础上，补充了这方面的内容。

钢芯铝合金绞线的出现，应引起注意的是因为表 6.0.3 中的规定在钢芯铝绞线中截面损伤与强度损失的这样规定是没有多大矛盾，仅铝钢比为 19.4 的钢芯铝绞线截面损伤 25%时，其强度损失为 18%，大于 17%。由于铝合金线的强度高于铝线，所以这个关系要发生变化。目前钢芯铝合金绞线的国家标准尚未出版，无法计算，要说明的是，等该标准出版后使用时应加以换算，如以强度为控制条件，则截面允许损伤标准就要小一些。

可以补修的强度损失为 17%，这与旧标准一样，用补修管补修，强度损失是可以得到补偿的。

第 6.0.5 条　镀锌钢绞线的损伤，并造成断股，多数是由制造厂工艺不良造成的，施工中造成的损伤，情况极少，且 19 股在同一处断 1 股以上的情况也少见。为了不使钢绞线强度损失过大，方便施工，参阅了已有的处理经验，提出了处理标准。

按 GB1200−75《镀锌钢绞线》标准，当 7 股断 1～2 股及 19 股断 1～3 股时，计算拉断力的损失百分数可见表 6.0.5:

计算拉断力损失百分数　　表 6.0.5

股数	断股后拉断力损失占原计算拉断力的百分数		
	断 1 股时	断 2 股时	断 3 股时
7	14.3	28.6	-
19	5.3	10.6	15.9

第 6.0.7 条　关于连接强度的规定:

一、试件的拉断力的判定标准以往是以该线的计算拉断力为准。这次对导线改为以保证计算拉断力为准。因为 GB 1179-83 标准中规定，整根绞线的试验拉断力达到其计算拉断力的 95% 为合格。

二、由于国家标准《电力金具》(GB2314-85) 中已将压缩型接续管及耐张线夹的握着强度定为 95%，原水电部颁发的《架空送电线路导线及避雷线液压施工工艺规程》(试行) 中也明确规定压后强度为 95%。

本条按上述规定而订。对钳接接续管及螺栓式耐张线夹的握着强度标准均按《电力金具》中规定制订。

第 6.0.8 条　这次修订中规定了连接部分外层铝股采用涂电力复合脂涂料。

电力复合脂是近年来采用的一种涂料。华东地区及四川等地区已推广使用，效果好。该涂料能耐受较高温度，不易干枯，且具有良好的导电性能和抗氧化、抗霉菌、耐潮湿、无污染、无毒性、不失流、不开裂、不燃烧等特点，并能防止电化腐蚀作用。连接时采用可降低连接部分的电阻，防止潮气渗入，并能提高连接处质量，应该推荐使用。这次修订中作了一些了解，并列入本条规定的内容内，将以往采用凡士林涂料改用电力复合脂。但涂时也应注意，只薄薄地涂上一层即可，不可涂得过多，过多会很快降低接头的握着强度。

第 6.0.9 条　关于铝绞线大截面压接数量及尺寸，因试验数据关系，本次尚不能列入，今后再做补充。

第 6.0.10 条　调研中得知，各地在导线连接方面，采用压接中，有采用液压工艺的施工方法，建议在本规范内提出施工质量的规定。鉴于该项工艺规定内容多，水电部已颁发了这方面规定，故本规范不再列入。当导线连接方式采用液压工艺时，应遵照该规程内的规定进行。

第 6.0.15 条　关于观测弧垂时的温度，过去是以空气温度。美国、日本曾明确规定以空气温度为观测温度。近年来有的国外文献提出实测导线本体温度为观测温度的概念。我国也有单位对此进行了试点或试用。

对此其主要理由是，当阳光直接照射导线时，导线本体的温度会高于环境的空气温度，这是一个十分复杂的问题。对空气温度来讲，运用比较简单，它只受与地面高度变化的有些影响。但对导线的实测温度，其影响因素除地面高度外，还有太阳辐射强度、时间、空气湿度、风速、是否阴天等的影响。过去简单的试验得知太阳对导线的辐射会使受辐射面的温度有所升高，但导线内层及背阴面如何，这些热的传递究竟如何，尚未做过详细的试验与研究，尚无准确可用的结果。本条内容仍规定按周围空气温度执行。

第 6.0.16 条　35kV 架空电力线路的标准档距，最大在 250m 左右，相对应的弧垂在 3.5～4m，允许正偏差为 5%时，绝对值是 175～200mm，这种情况下，平地难以用仪器观测，而采用异长法或平行四边形去目测，偏差值可以达到。如提高偏差百分数，不易保证。如档距再小，更难达到。现规定是合理的。

第 6.0.19 条　征求意见中，不少运行部门提出，此规定应强调，不然施工单位很容易忽略。故将其单列成条文规定。

第 6.0.24 条　采用并沟线夹连接导线，一般使用在跳线 (弓子线) 上，是重要的导流部件，对线路正常运行至关重要。应引起施工单位重视，避免并沟线夹发热影响运行。

并沟线夹的螺栓，应逐个均匀拧紧连接。螺栓拧紧的扭矩标准，应按该产品样本的所列数值。

第 6.0.29 条 目前一些地区在低压架空电力线路建设中，已采用绝缘线，其架设方法、质量要求均处于试行，一时难以统一，在收集到的资料中，分析了一些基本要求。本条所列内容，只作为一般规定。

第 6.0.30 条 沿墙敷设低压绝缘线，广州地区用得较早，调研中得知，一些地区正准备采用这种敷设方式，建议应有要求，本条只作一般规定。

第七章 10kV 及以下架空电力线路上的电气设备

10kV 及以下架空电力线路电杆上的电气设备是配电线路中的组成部分。本章系在总结各地的安装规定、运行经验的基础上提出，主要是:

一、安装牢固、可靠、工艺美观;

二、电气连接紧密;

三、考虑制造厂的技术标准;

四、各部电气距离、安装尺寸等规定，符合设计要求。

其目的是为了保证安全运行。

第八章　接　户　线

本章所列规定系总结各地一些技术规定。接户线的安装，各地施工方法、质量要求和验收情况各有特点，主要是结合本地区情况，相应地制订一些办法，来满足安全运行的要求。这次修订规范过程中，根据所提意见，认为对一些基本规定，仍应列入。为便于接户线安装的质量要求，本章提出基本规定，以利于安装后验收。

中华人民共和国国家标准

电气装置安装工程
电梯电气装置施工及验收规范

Code for construction and acceptance of elevators electric equipment of electrical apparatus installation engineering

GB 50182-93

主编部门：中华人民共和国能源部

批准部门：中华人民共和国建设部

施行日期：1 9 9 4 年 2 月 1 日

关于发布国家标准《电气装置安装工程电梯电气装置施工及验收规范》的通知

建标〔1993〕543号

根据国家计委计综〔1986〕2630号文和建设部〔1990〕建标技字第4号文的要求，由能源部电力建设研究所负责主编，会同有关单位共同修订编制的国家标准《电气装置安装工程电梯电气装置施工及验收规范》，已经有关部门会审。现批准《电气装置安装工程电梯电气装置施工及验收规范》GB 50182-93为强制性国家标准，自一九九四年二月一日起施行。原国家标准《电气装置安装工程施工及验收规范》第九篇电梯电气装置篇同时废止。

本规范由电力工业部管理，具体解释等工作由电力工业部电力建设研究所负责，出版发行由建设部标准定额研究所负责组织。

中华人民共和国建设部

一九九三年七月十六日

1 总 则

1.0.1 为保证电梯电气装置的安装质量，促进安装技术进步，确保电梯安全运行，制定本规范。

1.0.2 本规范适用于额定速度不大于 2.5m／s、电力拖动的用绳轮曳引驱动的各类电梯电气装置安装工程的施工及验收。

1.0.3 电梯电气装置的安装应按已批准的设计进行施工。

1.0.4 设备和器材的运输、保管，应符合国家有关物资运输、保管的规定。当产品有特殊要求时，尚应符合产品的要求。

1.0.5 采用的设备及器材均应符合国家现行技术标准的规定，并应有合格证件。设备应有铭牌。

1.0.6 设备及器材到达现场后，应及时按下列要求验收检查:

1.0.6.1 包装及密封应完好;

1.0.6.2 开箱检查清点，规格应符合设计要求，附件、备件齐全，外观应完好;

1.0.6.3 下列文件应齐全:

(1) 文件目录;

(2) 装箱单;

(3) 产品出厂合格证;

(4) 电梯机房、井道和轿厢平面布置图;

(5) 电梯使用、维护说明书;

(6) 电梯电气原理图、符号说明及电气控制原理说明书;

(7) 电梯电气接线图;

(8) 电梯部件安装图;

(9) 安装、调试说明书;

(10) 备品、备件目录。

1.0.7 施工中的安全技术措施，应符合本规范和现行的有关安全技术标准及产品技术文件的规定。对重要工序，尚应事先制定安全技术措施。

1.0.8 与电梯电气装置有关的建筑物和构筑物的建筑工程质量，除应符合国家现行的建筑工程施工及验收规范中有关规定外，尚应符合现行国家标准《电梯主参数及轿厢、井道、机房的形式与尺寸》的有关规定。

1.0.9 电梯电气装置安装前，建筑工程应具备下列条件:

1.0.9.1 基本结束机房、井道的建筑施工，包括完成粉刷工作;

1.0.9.2 电梯机房的门窗应装配齐全;

1.0.9.3 预埋件及预留孔符合设计要求。

1.0.10 电梯的专用电气设备和继电器、选层器、随行电缆等附件更换时，必须符合原设计参数和技术性能的要求。

1.0.11 电气装置的附属构架、电线管、电线槽等非带电金属部分，均应涂防锈漆或镀锌。

1.0.12 电梯电气装置的安装及验收除按本规范的规定执行外，尚应符合国家现行的有关标准规范的规定。

2　电源及照明

2.0.1　电梯电源应专用，并应由建筑物配电间直接送至机房。

2.0.2　电梯电源的电压波动范围不应超过±7%。

2.0.3　机房照明电源应与电梯电源分开，并应在机房内靠近入口处设置照明开关。

2.0.4　电梯机房内应有足够的照明，其地面照度不应低于200 1x（勒克斯）。

2.0.5　电梯主开关的安装应符合下列规定：

2.0.5.1　每台电梯均应设置能切断该电梯最大负荷电流的主开关；

2.0.5.2　主开关不应切断下列供电电路：

(1) 轿厢照明、通风和报警；

(2) 机房、隔层和井道照明；

(3) 机房、轿顶和底坑电源插座；

2.0.5.3　主开关的位置应能从机房入口处方便、迅速地接近；

2.0.5.4　在同一机房安装多台电梯时，各台电梯主开关的操作机构应装设识别标志。

2.0.6　轿厢照明和通风电路的电源可由相应的主开关进线侧获得，并在相应的主开关近旁设置电源开关进行控制。

2.0.7　轿顶应装设照明装置，或设置以安全电压供电的电源插座。

2.0.8　轿顶检修用220V电源插座（2P+PE型）应装设明显标志。

2.0.9　井道照明应符合下列规定：

2.0.9.1　电源宜由机房照明回路获得，且应在机房内设置具有短路保护功能的开关进行控制；

2.0.9.2　照明灯具应固定在不影响电梯运行的井道壁上，其间距不应大于7m；

2.0.9.3　在井道的最高和最低点0.5m以内各装设一盏照明灯。

2.0.10　电气设备接地应符合下列规定：

2.0.10.1　所有电气设备的外露可导电部分均应可靠接地或接零；

2.0.10.2　电气设备保护线的连接应符合供电系统接地型式的设计要求；

2.0.10.3　在采用三相四线制供电的接零保护（即TN）系统中，严禁电梯电气设备单独接地。

2.0.11　电梯轿厢可利用随行电缆的钢芯或芯线作保护线。当采用电缆芯线作保护线时不得少于2根。

2.0.12　采用计算机控制的电梯，其“逻辑地”应按产品要求处理。当产品无要求时，可按下列方式之一进行处理：

2.0.12.1　接到供电系统的保护线（PE线）上。

当供电系统的保护线与中性线为合用时（TN–C系统），应在电梯电源进入机房后将保护线与中性线分开（TN–C–S系统，图2.0.12），该分离点（A点）的接地电阻值不应大于4Ω；

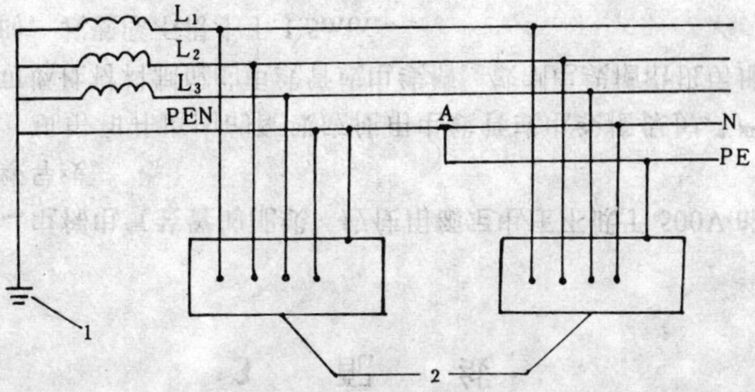

图 2.0.12　TN–C–S系统

1——电源接地极　2——外露可导电部分

2.0.12.2 悬空“逻辑地”；

2.0.12.3 与单独的接地装置连接。该装置的对地电阻值不得大于4Ω。

3 配 线

3.0.1 电梯电气装置的配线，应使用额定电压不低于500V的铜芯绝缘导线。

3.0.2 机房和井道内的配线应使用电线管或电线槽保护，严禁使用可燃性材料制成的电线管或电线槽。铁制电线槽沿机房地面敷设时，其壁厚不得小于1.5mm。

不易受机械损伤的分支线路可使用软管保护，但长度不应超过2 m。

3.0.3 轿顶配线应走向合理，防护可靠。

3.0.4 电线管、电线槽、电缆架等与可移动的轿厢、钢绳等的距离：机房内不应小于50mm；井道内不应小于20mm。

3.0.5 电线管安装应符合下列规定：

3.0.5.1 电线管应用卡子固定，固定点间距均匀，且不应大于3m；

3.0.5.2 与电线槽连接处应用锁紧螺母锁紧，管口应装设护口；

3.0.5.3 安装后应横平竖直，其水平和垂直偏差应符合下列要求：

(1) 机房内不应大于2‰；

(2) 井道内不应大于5‰，全长不应大于50mm；

3.0.5.4 暗敷时，保护层厚度不应小于15mm；

3.0.6 电线槽安装应符合下列规定：

3.0.6.1 安装牢固，每根电线槽固定点不应少于2点。并列安装时，应使槽盖便于开启；

3.0.6.2 安装后应横平竖直，接口严密，槽盖齐全、平整、无翘角；其水平和垂直偏差应符合下列要求：

(1) 机房内不应大于 2‰;

(2) 井道内不应大于 5‰，全长不应大于 50mm;

3.0.6.3 出线口应无毛刺，位置正确。

3.0.7 金属软管安装应符合下列规定:

3.0.7.1 无机械损伤和松散，与箱、盒、设备连接处应使用专用接头;

3.0.7.2 安装应平直，固定点均匀，间距不应大于 1m，端头固定应牢固。

3.0.8 电线管、电线槽均应可靠接地或接零，但电线槽不得作保护线使用。

3.0.9 接线箱、盒的安装应平正、牢固、不变形，其位置应符合设计要求。当无设计规定时，中线箱应安装在电梯正常提升高度的 1／2 加高 1.7m 处的井道壁上。

3.0.10 导线（电缆）的敷设应符合下列规定:

3.0.10.1 动力线和控制线应隔离敷设。有抗干扰要求的线路应符合产品要求;

3.0.10.2 配线应绑扎整齐，并有清晰的接线编号。保护线端子和电压为 220V 及以上的端子应有明显的标记;

3.0.10.3 接地保护线宜采用黄绿相间的绝缘导线;

3.0.10.4 电线槽弯曲部分的导线、电缆受力处，应加绝缘衬垫，垂直部分应可靠固定;

3.0.10.5 敷设于电线管内的导线总截面积不应超过电线管内截面积的 40%，敷设于电线槽内的导线总截面积不应超过电线槽内截面积的 60%;

3.0.10.6 线槽配线时，应减少中间接头。中间接头宜采用冷压端子，端子的规格应与导线匹配，压接可靠，绝缘处理良好;

3.0.10.7 配线应留有备用线，其长度应与箱、盒内最长的导线相同。

3.0.11 随行电缆的安装应符合下列规定:

3.0.11.1 当设中线箱时，随行电缆架应安装在电梯正常提升高度的 1／2 加高 1.5m 处的井道壁上;

3.0.11.2 随行电缆安装前，必须预先自由悬吊，消除扭曲;

3.0.11.3 随行电缆的敷设长度应使轿厢缓冲器完全压缩后略有余量，但不得拖地。多根并列时，长度应一致;

3.0.11.4 随行电缆两端以及不运动部分应可靠固定;

3.0.11.5 圆型随行电缆应绑扎固定在轿底和井道电缆架上，绑扎长度应为 30～70mm。绑扎处应离开电缆架钢管 100～150mm（图 3.0.11-1、图 3.0.11-2）;

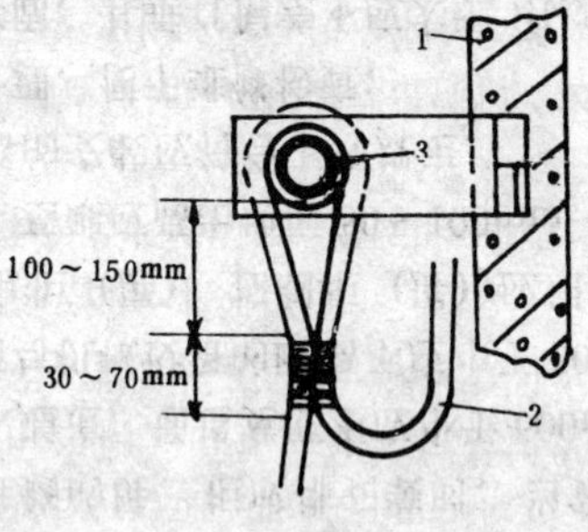

图 3.0.11-1 井道内随行电缆绑扎

1——井道壁 2——随行电缆 3——电缆架钢管

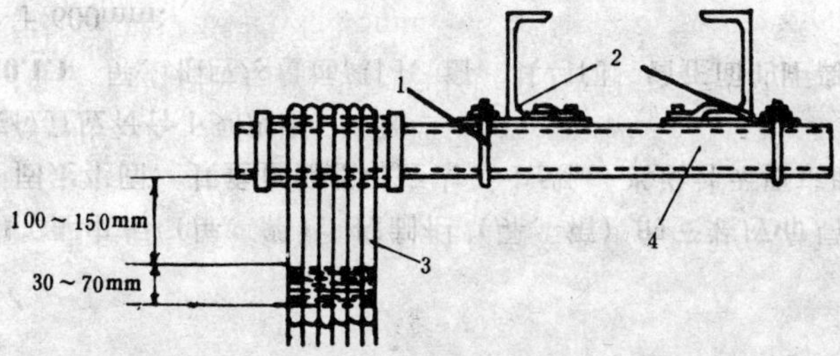

图 3.0.11-2 轿底随行电缆绑扎

1——轿底电缆架 2——电梯底梁 3——随行电缆

4——电缆架钢管

3.0.11.6 扁平型随行电缆可重叠安装，重叠根数不宜超过 3 根，每两根间应保持 30～50mm 的活动间距。扁平型电缆的固定应使用楔形插座或卡子（图 3.0.11–3）。

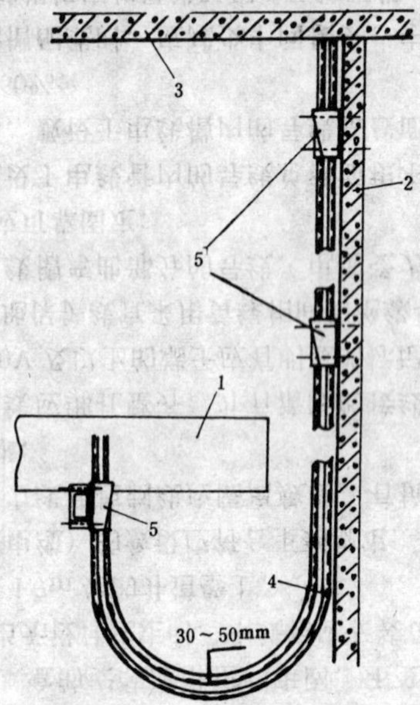

图 3.0.11–3　扁平随行电缆安装

1——轿厢底梁　2——井道壁　3——机房地板

4——扁平电缆　5——楔形插座

3.0.12 随行电缆在运动中有可能与井道内其它部件挂、碰时，必须采取防护措施。

3.0.13 圆型随行电缆的芯数不宜超过 40 芯。

4 电气设备安装

4.0.1 配电柜（屏、箱）、控制柜（屏、箱）的安装应布局合理，固定牢固，其垂直偏差不应大于 1.5‰。当设计无要求时，安装位置应符合下列规定：

4.0.1.1 屏、柜应尽量远离门、窗，其与门、窗正面的距离不应小于 600mm；

4.0.1.2 屏、柜的维修侧与墙壁的距离不应小于 600mm；其封闭侧宜不小于 50mm；

4.0.1.3 双面维修的屏、柜成排安装时，当宽度超过 5m 时，两端均应留有出入通道，通道宽度不应小于 600mm；

4.0.1.4 屏、柜与机械设备的距离不应小于 500mm。

4.0.2 机房内配电柜（屏）、控制柜（屏）应用螺栓固定于型钢或混凝土基础上，基础应高出地面 50～100mm。

4.0.3 机械选层器的安装应符合下列规定：

4.0.3.1 位置合理，便于维修检查；

4.0.3.2 固定牢固，其垂直偏差不应大于 1‰；

4.0.3.3 应按机械速比和楼层高度比检查调整动、静触头位置，使之与电梯运行、停层的位置一致；

4.0.3.4 换速触头的提前量应按电梯减速时间和平层距离调节；

4.0.3.5 触头动作和接触应可靠，接触后应留有压缩余量。

4.0.4 井道和轿顶传感器（感应器）的安装应符合下列规定：

4.0.4.1 安装位置应符合图纸要求，配合间隙按产品说明进行调整；

4.0.4.2 支架应用螺栓固定，不得焊接；

4.0.4.3 应能上下、左右调整，调整后必须可靠锁紧，不得松动；

4.0.4.4 安装后应紧固、垂直、平整，其偏差不宜大于1mm。

4.0.5 层门（厅门）召唤盒、指示灯盒及开关盒的安装应符合下列规定：

4.0.5.1 盒体应平正、牢固、不变形；埋入墙内的盒口不应突出装饰面；

4.0.5.2 面板安装后应与墙面贴实，不得有明显的凹凸变形和歪斜；

4.0.5.3 安装位置当无设计规定时，应符合下列规定（图4.0.5-1、图4.0.5-2）：

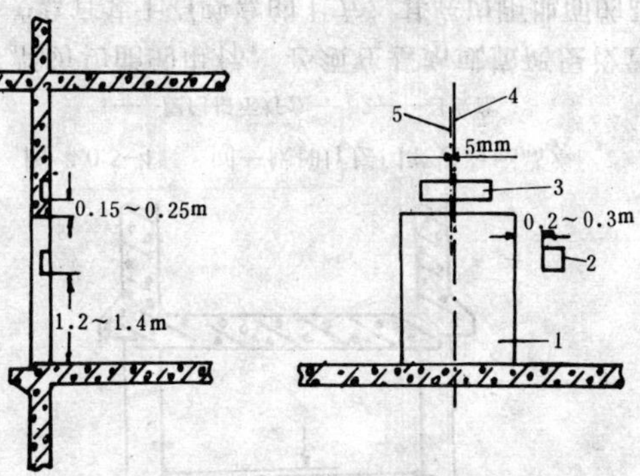

图 4.0.5-1 单梯层门装置位置

1——层门（厅门） 2——召唤盒 3——层门指示灯盒

4——层门中心线 5——指示灯盒中心线

(1) 层门指示灯盒应装在层门口以上0.15～0.25m的层门中心处。指示灯在召唤盒内的除外；

(2) 层门指示灯盒安装后，其中心线与层门中心线的偏差不应大于5mm；

(3) 召唤盒应装在层门右侧距地1.2～1.4m的墙壁上，且盒边与层门边的距离应为0.2～0.3m；

(4) 并联、群控电梯的召唤盒应装在两台电梯的中间位置；

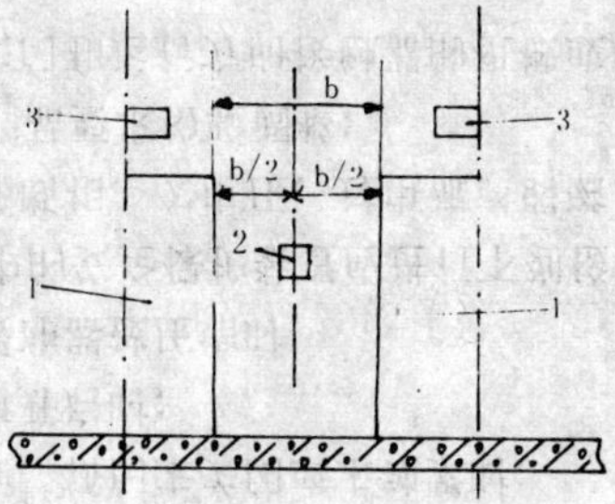

图 4.0.5-2 并联、群控电梯召唤盒

1——层门（厅门） 2——召唤盒 3——层门指示灯盒

4.0.5.4 在同一候梯厅有2台及以上电梯并列或相对安装时，各层门对应装置的对应位置应一致，并应符合下列规定（图4.0.5-3、图4.0.5-4）：

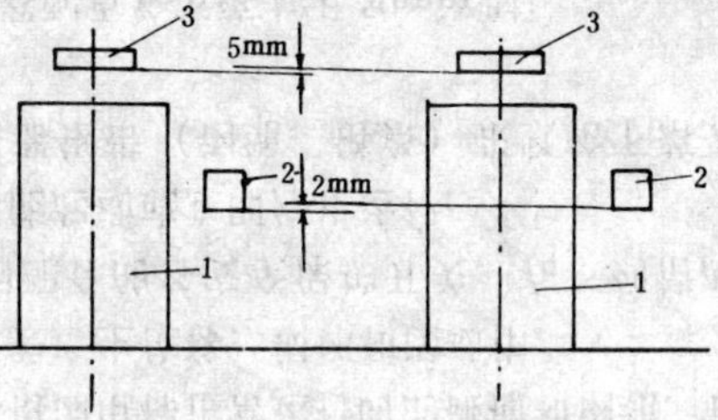

图 4.0.5-3 并列梯层门装置相应位置偏差

1——层门（厅门） 2——召唤盒 3——层门指示灯盒

(1) 并列梯各层门指示灯盒的高度偏差不应大于5mm；

(2) 并列梯各召唤盒的高度偏差不应大于2mm；

(3) 各召唤盒距层门边的距离偏差不应大于10mm；

(4) 相对安装的电梯，各层门指示灯盒的高度偏差和各召唤盒的高度偏差均不应大于 5mm。

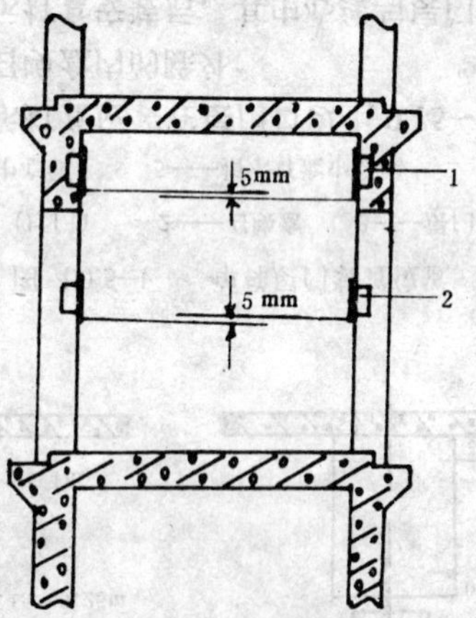

图 4.0.5-4　同一候梯厅层门装置对应高差

1——层门指示灯盒　2——召唤盒

4.0.6 具有消防功能的电梯，必须在基站或撤离层设置消防开关。消防开关盒宜装于召唤盒的上方，其底边距地面的高度宜为 1.6～1.7m。

4.0.7 层门闭锁装置应采用机械—电气联锁装置，其电气触点必须有足够的断开能力，并能使其在触点熔接的情况下可靠断开。

4.0.8 层门闭锁装置的安装应符合下列规定:

4.0.8.1 固定可靠，驱动机构动作灵活，且与轿门的开锁元件有良好的配合;

4.0.8.2 层门关闭后，锁紧元件应可靠锁紧，其最小啮合长度不应小于 7mm;

4.0.8.3 层门锁的电气触点接通时，层门必须可靠地锁紧在关闭位置上;

4.0.8.4 层门闭锁装置安装后，不得有影响安全运行的磨损、变形和断裂。

5　安全保护装置

5.0.1 电梯的各种安全保护开关必须可靠固定，不得采用焊接固定；安装后不得因电梯正常运行时的碰撞和钢绳、钢带、皮带的正常摆动使开关产生位移、损坏和误动作。

5.0.2 与机械相配合的各安全保护开关，在下列情况时应可靠断开，使电梯不能起动或立即停止运行:

5.0.2.1 选层器钢带（钢绳、链条）张紧轮下落大于 50mm 时;

5.0.2.2 限速器配重轮下落大于 50mm 时;

5.0.2.3 限速器速度接近其动作速度的 95%时。对额定速度 1m／s 及以下电梯最迟可在限速器达到其动作速度时;

5.0.2.4 安全钳拉杆动作时;

5.0.2.5 任一曳引绳断开时;

5.0.2.6 电梯载重量超过额定载重量的 10%时;

5.0.2.7 任一厅、轿门未关闭或未锁紧时;

5.0.2.8 安全窗开启时;

5.0.2.9 液压缓冲器被压缩时。

5.0.3 电气系统中的安全保护装置应进行下列检查:

5.0.3.1 错相、断相、欠电压、过电流、弱磁、超速、分速度等保护装置应按产品要求检验调整;

5.0.3.2 开、关门和运行方向接触器的机械或电气联锁应动作灵活可靠;

5.0.3.3 急停、检修、程序转换等按钮和开关，动作应灵活可靠。

5.0.4 极限、限位、缓速开关碰轮和碰铁的安装应符合下列规定：

5.0.4.1 碰铁应无扭曲变形，开关碰轮动作灵活；

5.0.4.2 碰铁安装应垂直，允许偏差为 1‰，全长不应大于 3mm。碰铁斜面除外；

5.0.4.3 开关、碰铁应安装牢固。在开关动作区间，碰轮与碰铁应可靠接触，碰轮边距碰铁边不应小于 5mm；

5.0.4.4 碰轮与碰铁接触后，开关接点应可靠断开，碰轮沿碰铁全长移动不应有卡阻，且碰轮应略有压缩余量；

5.0.4.5 强迫缓速开关的安装位置应按产品设计要求安装。

5.0.5 极限和限位开关的安装位置应符合设计要求，当设计无要求时，碰铁应在轿厢地槛超越上、下端站地槛 50～200mm 范围内。接触碰轮，使开关迅速断开，且在缓冲器被压缩期间开关始终保持断开状态。

5.0.6 交流电梯极限开关的安装应符合下列规定：

5.0.6.1 钢绳应横平竖直，导向轮不应超过 2 个。轮槽应对成一条直线，且转动灵活。导向轮架加装延长杆时，延长杆应有足够的强度；

5.0.6.2 上、下极限碰轮应与牵动钢绳可靠固定；

5.0.6.3 牵动钢绳应沿开关断开方向在闸轮上复绕不少于 2 圈，且不得重叠；

5.0.6.4 安装后应连续试验 5 次，均应动作灵活可靠。

5.0.7 轿厢自动门的安全触板安装后应灵活可靠，其动作的碰撞力不应大于 5N。光电及其它形式的防护装置功能必须可靠。

6 调整试车和工程交接验收

6.0.1 试运转前应按下列要求进行检查：

6.0.1.1 机房温度应保持在 5～40℃之间，在 25℃时环境相对湿度不应大于 85%；

6.0.1.2 机械和电气设备的安装，应具备调整试车条件；

6.0.1.3 电气设备外露导电部分的保护线连接应符合本规范 2.0.10 条的规定；

6.0.1.4 电气接线应正确，连接可靠，标志清晰；

6.0.1.5 曳引电动机过电流、短路等保护装置的整定值应符合设计要求；

6.0.1.6 继电器、接触器动作应正确可靠，接点接触应良好；

6.0.1.7 电气设备导体间及导体与地间的绝缘电阻值应符合下列规定：

(1) 动力设备和安全装置电路不应小于 0.5MΩ；

(2) 低电压控制回路不应小于 0.25MΩ。

6.0.2 电气安全保护装置的安装与调整应符合本规范的规定。

6.0.3 检修速度调试运行应符合下列规定：

6.0.3.1 制动器的调整应符合下列要求：

(1) 制动力和动作行程应按设备的要求调整；

(2) 制动器闸瓦在制动时应与制动轮接触严密。松闸时与制动轮应无摩擦，且间隙的平均值不应大于 0.7mm；

6.0.3.2 全程点动运行应无卡阻，各安全间隙应符合要求；

6.0.3.3 检修速度不应大于 0.63m／s；

6.0.3.4 自动门运行应平稳、无撞击。

6.0.4 平衡系数应调整为 40%～50%。

6.0.5 额定速度调试运行应符合下列要求：

6.0.5.1 轿厢内置入平衡负载，单层、多层上下运行，反复调整，升至额定速度，起动、运行、减速应舒适可靠，平层准确；

6.0.5.2 在工频下，曳引电动机接入额定电压时，轿厢半载向下运行至行程中部时的速度应接近额定速度，且不应超过额定速度的5%。加速段和减速段除外。

6.0.6 运转试验应符合下列要求：

6.0.6.1 运转功能应符合设计要求，指令、召唤、选层定向、程序转换、起动运行、截车、减速、平层等装置功能正确可靠，声光信号显示清晰正确；

6.0.6.2 调整上、下端站的换速、限位和极限开关，使其位置正确，功能可靠；

6.0.6.3 空载、半载和满载试验应符合下列要求：

(1) 在通电持续率为40%的情况下，往返升降各2h；

(2) 电梯运行应无故障，起动应无明显的冲击，停层应准确平稳；

(3) 制动器动作应可靠；

(4) 制动器线圈温升不应超过60℃；减速机油的温升不应超过60℃，且温度不得超过85℃。

6.0.7 超载试验应符合下列要求：

6.0.7.1 应在轿厢内置入110%的额定负载，在通电持续率为40%的情况下，往返运行0.5h；

6.0.7.2 电梯应安全可靠地起动、运行；

6.0.7.3 减速机、曳引电动机应工作正常，制动器动作应可靠。

6.0.8 平层准确度应符合表6,0.8的规定。

平层准确度　　表6.0.8

电梯类别	额定速度(m／s)	平层准确度(mm)
交流双速	<0.63	±15
交流双速	<1.00	±30
交直流调速	<2.00	±15
交直流调速	<2.50	±10

6.0.9 技术性能测试应符合下列规定：

6.0.9.1 电梯的加速度和减速度的最大值不应超过1.5m／s^2。额定速度大于1m／s、小于2m／s的电梯，平均加速度和平均减速度不应小于0.5m／s^2。额定速度大于2m／s的电梯，平均加速度和平均减速度不应小于0.7m／s^2；

6.0.9.2 乘客、病床电梯在运行中，水平方向的振动加速度不应大于0.15m／s^2，垂直方向的振动加速度不应大于0.25m／s^2；

6.0.9.3 乘客、病床电梯在运行中的总噪声应符合下列规定：

(1) 机房噪声不应大于80dB；

(2) 轿厢内噪声不应大于55dB；

(3) 开关门过程中噪声不应大于65dB。

6.0.10 在交接验收时，应提交下列资料和文件：

(1) 电梯类别、型号、驱动控制方式、技术参数和安装地点；

(2) 制造厂提供的随机文件和图纸；

(3) 变更设计的实际施工图及变更证明文件；

(4) 安全保护装置的检查记录；

(5) 电梯检查及电梯运行参数记录。

附录A　本规范用词说明

A.0.1　为便于在执行本规范条文时区别对待，对要求严格程度不同的用词说明如下：

(1) 表示很严格，非这样做不可的：

正面词采用“必须”；

反面词采用“严禁”。

(2) 表示严格，在正常情况下均应这样做的：

正面词采用“应”；

反面词采用“不应”或“不得”。

(3) 表示允许稍有选择，在条件许可时首先应这样做的：

正面词采用“宜”或“可”；

反面词采用“不宜”。

A.0.2　条文中指定应按其它有关标准、规范执行时，写法为“应符合……的规定”或“应按……执行”。

附加说明

本规范主编单位、参加单位和主要起草人名单

主编单位：　电力工业部电力建设研究所

参加单位：　北京市设备安装工程公司

陕西省设备安装工程公司

天津市机电设备安装公司

主要起草人：　吴天惠　肖本　陈松龄　鲍树同　蒋丽　马长瀛

中华人民共和国国家标准

电气装置安装工程
电梯电气装置施工及验收规范

GB 50182—93

条 文 说 明

修 订 说 明

本规范是根据国家计委计综〔1986〕2630号文和建设部〔1990〕建标技字第4号文的要求，由能源部负责主编，具体由能源部电力建设研究所会同有关单位共同编制而成。

在修订过程中，规范组进行了广泛的调查研究，认真总结了原规范执行以来的经验，广泛征求了全国有关单位的意见，最后由我部会同有关部门审查定稿。

本规范共分六章。这次修订的主要内容有：规范的适用范围有所扩大；增加了“电梯电源及照明”一章内容；对接零、接地问题，经广泛征求意见，取得了较为明确统一的认识，并在规范中作了规定；补充了地面线槽敷设及层门装置安装的要求；对调整试车作了一些规范化的规定；其它有关条文的部分修改和补充。

本规范执行过程中，如发现有欠妥之处，请将意见和有关资料寄送电力工业部电力建设研究所（北京良乡，邮政编码：102401），以便今后修订时参考。

电力工业部
1993年7月

目　录

1　总　则

1.0.1　阐明制定本规范的宗旨是为了使电梯电气装置顺利地进行施工和验收工作。

1.0.2　该条规定了本规范的适用范围，与国家标准《电梯技术条件》、《电梯制造与安装安全规范》的规定是一致的。

条文中曳引驱动意为：靠曳引绳与曳引轮之间的摩擦力驱动的电梯。

1.0.3　按设计进行施工是现场施工的基本要求。

条文中"已批准的设计"意指：设计是由政府主管部门认可、批准的单位或部门负责设计；具体的设计要有必要的会签、审批手续；施工中需要变更时，设计部门应按技术经济政策和现场实际情况进行修改，并有设计变更通知。

1.0.4　本规范适用于一般通用设备及器材的运输和保管。当制造厂根据个别设备等方面的特点，在运输保管上有特殊要求时，则应符合其特殊要求。

1.0.5　凡不符合国家现行技术标准，没有合格证件的设备及器材，质量无保证，均不得在工程中使用；要特别注意一些粗制滥造的次劣产品，虽有合格证件，但实际上是不合格产品，故应加强质量验收。

1.0.6　事先作好检验工作，为顺利施工提供条件。首先应检查包装及密封，包装及密封应良好，对有防潮要求的包装应及时检查，发现问题，采取措施。由于电梯是散装出厂、在现场进行组装的机电合一的大型设备，因此，在安装前必须进行认真的检查、清点和验收。所以，本条对必要的检查项目作了规定，以保证安装施工的顺利进行。

关于第三款中规定的技术资料均是保证电梯安装、调试、运行所必需的基本资料。但是，目前有些厂家出于某种原因，不能提供完整的电气原理图和调试说明书，给安装施工和使用维修带来很多不便，对此，安装行业和用户反应强烈。因此，本次修订参照《电梯技术条件》的要求规定此款。鉴于我国绝大部分电梯的安装施工和维修均由社会力量承担的现状，提供完整的技术资料就显得更为重要。对电气原理图和调试说明书的深度的要求是，必须能够保证安装施工和维修工作正常顺利地进行。

1.0.7 本规范内容是以施工质量标准和工艺要求为主，有关安全问题，应遵守国家现行的安全技术标准的规定。同时对一些重要的施工工序，因各施工现场的情况不同，现有的安全技术标准不一定能够适应每个现场的实际，故需要根据施工现场的具体情况制定切实可行的安全技术措施，以确保设备及人身的安全。

1.0.8 《电梯主参数及轿厢、井道、机房的形式与尺寸》是目前我国电梯井道、机房设计的依据。为保证电梯的顺利施工与安全运行，建筑物的土建工程质量也应符合其要求。

1.0.9 为了加强管理，对建筑工程做了一些具体的要求，以提高质量，避免损失，协调建筑与安装的关系。

1.0.10 由于电梯运行的安全至为重要，为保证电气元件的可靠性，防止发生事故，故作此规定。

1.0.11 为延长年限，防止锈蚀，以利拆卸，故作此规定。

1.0.12 本条中尚应符合的现行国家标准主要指的是以下几个：

(1)《电梯技术条件》GB 10058—88;

(2)《电梯制造与安装安全规范》GB 7588—87;

(3)《电梯试验方法》GB 10059—88;

(4)《电梯主参数及轿厢、井道、机房的形式与尺寸》GB 7025—86;

(5)《机械设备安装工程施工及验收规范》TJ 231（四）—78 第四册第二篇。

2 电源及照明

2.0.1 考虑到电梯是直接载人的垂直运输设备，又起动频繁，为避免其它用电设备的干扰，保证电梯安全运行，所以本条规定强调了“电梯电源专用”，即由建筑物配电间设专线直接送至机房。

2.0.2 该条规定是根据《电梯技术条件》第 3.2d 的要求提出的。近年来，交流调速电梯在我国有了很大的发展，该类电梯对供电质量的要求较高，在施工中必须给以足够的重视，尤其是使用临时电源时（在正式交付使用前，采用临时供电的情况居多），必须保证电源质量，否则，应采取相应措施，以避免发生事故。

2.0.3 机房照明本应属于建筑物照明，自然应与电梯电源分开，但又为电梯的巡视、检查和维修提供必要的条件，所以在这里予以重申和强调。

2.0.4 为满足电梯机房检修工作的需要，依据《工业企业照明设计标准》和《电梯制造与安装安全规范》（以下简称《安全规范》）第 6.3.6 条的要求规定了电梯机房照明的最低照度（地面）为 200 1x。

2.0.5 该条是根据《安全规范》第 13.4.1 条和 13.4.2 条的要求编写的。

2.0.6 考虑到在电梯掉闸故障时，轿厢的照明和通风仍需维持一段时间，以便为乘客提供必要的环境条件，消除紧张情绪，减少事故，所以根据《安全规范》第 13.6.1 条的要求规定了此条。

2.0.7 该条是根据《安全规范》第 13.6.2 条的要求编写的。为保障检修人员的安全，规定使用安全电压。

2.0.8 该条提出的 220V 电源插座是供轿顶检修作业时，接手持电动工具用的，为保证安全，便于识别，规定了该插座应有明显标志。

2.0.9 该条是根据《安全规范》第 5.9 节和第 13.6.1 条的有关要求提出的。在执行中应把“井道照明”视为正式的照明工程进行施工，国家关于照明的有关规定对此仍然适用。为了尽量减少对电梯动力电源的影响，本条又规定了：电梯井道照明电源宜由机房照明回路获得。

2.0.10 在一个供电系统中不允许采用两种保护方式，这在我国的各种技术文件和教科书中是一致的，并为广大的设计人员和工程施工人员所熟知。但是，近年来随着我国电梯行业的迅速发展，出现了不少新的安装队伍。同时又由于计算机技术在电梯控制上的应用，个别产品提出单独做接地装置的要求，这样以来，有的施工人员错误地把计算机“逻辑地”需要的接地装置当作电气设备的接地保护，此情况在 1988 年北京地区电梯安装质量大检查中就曾有发现，这是很危险的。在修订组的调研中，全国各地的同行对此问题反映强烈。因此，为保证安全，统一施工，增加了本条规定。

在具体的施工中，应采用哪种型式，是由设计单位根据国家的经济技术政策和工程的具体特点确定的，而不能由施工人员任意更改，那种“某设备是 TT 制”、“某设备是 TN 制”的说法是不正确的。

为了进一步澄清行业内在接地问题上的混乱认识，结合国际电工委员会 IEC 标准《建筑物电气装置》TC 64（364-3）的有关规定，将目前我国低压供电系统中，电气设备保护线的几种连接方式简介如下：

(1) TN-S 系统。在整个系统中，中性线与保护线是分开的。

该系统在正常工作时，保护线上不呈现电流，因此设备的外露可导电部分也不呈现对地电压，比较安全，并有较强的电磁适应性，适用于数据处理、精密检测装置等供电系统，目前在我国的高级民用建筑和新建医院已普遍采用。见图 1。

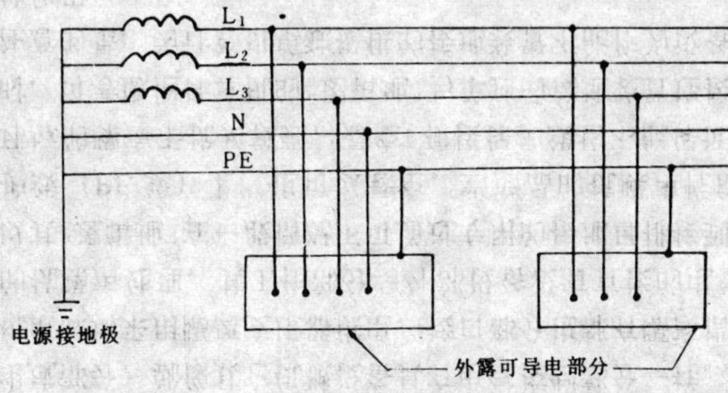

图 1　TN-S 系统

(2) TN-C 系统。在整个系统中，中性线与保护线是合用的。

当三相负荷不平衡或只有单相负荷时，PEN 线上有电流，如选用适当的开关保护装置和足够的导电截面，也能达到安全要求，且省材料，目前在我国应用最广。见图 2。

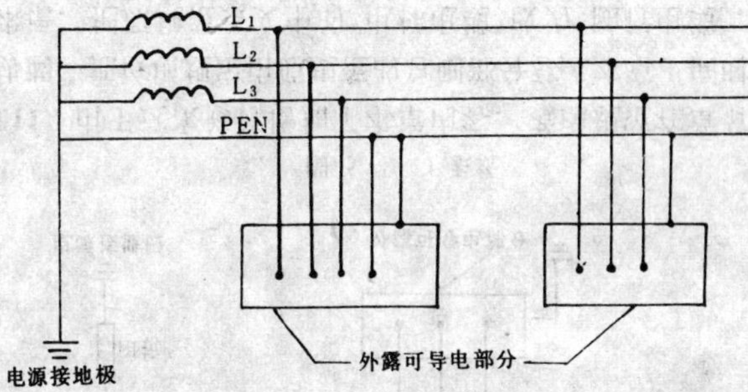

图 2　TN-C 系统

(3) TN-C-S 系统。在整个系统中，有部分中性线与保护线是分开的。

这种系统兼有 TN-C 系统的价格较便宜和 TN-S 系统的比较安全且电磁适应性比较强的特点，常用于线路末端环境较差的场所或有数据处理等设备的供电系统。见图 3。

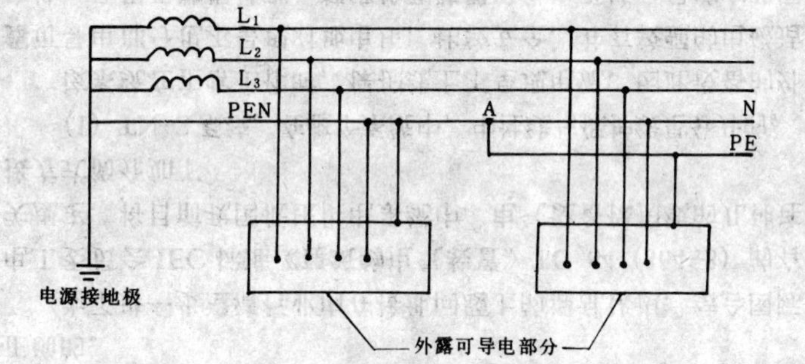

图 3　TN-C-S 系统

(4) TT 系统。电气装置的外露可导电部分单独接至电气上与电力系统的接地点无关的接地极。

该系统中，由于各自的 PE 线互不相关，因此电磁适应性比较好。但故障电流值往往很小，不足以使数千瓦的用电设备的保护装置断开电源，为保护人身安全必须采用残余电流开关作为线路及用电设备的保护装置，否则只适用于供给小负荷系统。见图 4。

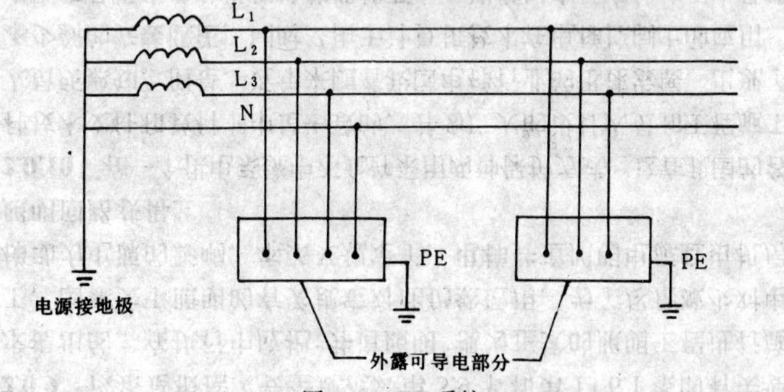

图 4　TT 系统

(5) IT 系统。电源部分与大地不直接连接，电气装置的外露可导电部分直接接地。

该系统多用于煤矿及厂用电等希望尽量少停电的系统。见图 5。

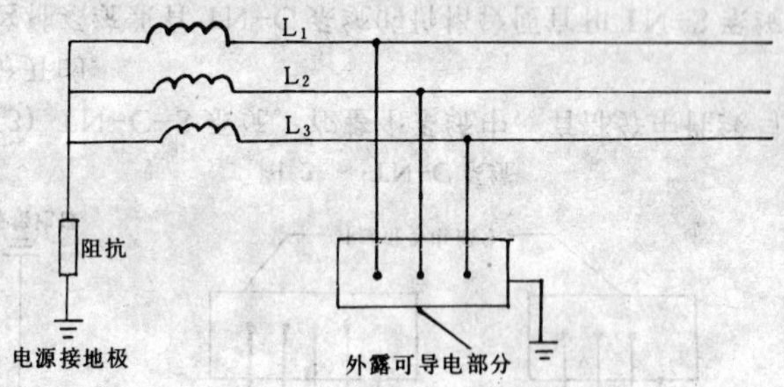

图 5　IT 系统

2.0.11　由于这次修订增加了本章内容，考虑规范在章节内容上的协调，把该项规定由原规范的总则部分移入本章。同时，为统一术语，把原规范条文中的“电梯电缆”改为“随行电缆”，把“通过……芯线接地”改为“利用芯线作保护线”。

2.0.12　近年来，我国电梯市场上，采用计算机（包括 PC 机）控制的产品越来越多，不同产品对计算机部分的抗噪防护要求不一，使安装施工无所遵循，甚至出现了违反低压电气设备安全保护规定的现象。为统一施工，故规定了此条。

关于计算机控制的电梯，应当把计算机看作是整台电梯的一个组成部分，就像其它机械设备具有电气控制部分一样。由于计算机电源均采用隔离变压器供电，接口部分也都有隔离措施和相应的抗噪声处理，其工作部分与外部设备没有直接的电气连接，所以其“逻辑地”在一般情况下可通过专用的接地母排接到系统的保护线（PE 线）上，也可以悬空。当产品的抗噪声性能较差，而环境的噪声干扰又较强，“悬空”和接保护线均不能保证正常工作时，可考虑把计算机的“逻辑地”与单独的接地装置连接。需提出注意的是，为计算机单独提供的接地装置不能作为设备的接地保护使用。

3 配 线

3.0.1 目前，国产电梯的电气线路中电压等级较多，但未超过380V，考虑安全因素，采用额定电压值不低于500V的铜芯绝缘导线是合适的。

本规定仅用于电梯电气装置本身，不包括电梯的供电电源。

3.0.2 本条规定了电梯配线本身一定要有可靠防护。

据调研反映，目前，在电梯机房配线施工中，越来越多的人将电梯厂配套供应的电线槽直接敷设于机房地面，这样做虽然便于施工和维修，但是，由于我国多数厂家提供的电线槽强度不够(只适用于井道配线)，用于机房地面对导线的防护不利。因此，本条在保留原规范规定的基础上增加了地面用电线槽的具体要求，使导线有可靠的防护。同时，增加此项规定也希望能够引起各生产厂家的重视。

3.0.3 鉴于部分产品对轿顶配线无具体设计，需施工人员现场考虑布置，为便于施工安全和检修，故规定此条。

3.0.4 本条规定了运动部件与固定装置的最小安全距离。此点，在安装井道内各固定部件时，必须事先予以考虑，确保电梯运行安全。

本条规定的20mm安全距离不适用于井道、轿厢传感器和开关门装置的运行配合间隙。

3.0.5 本条为电梯线管敷设的一般性规定。关于第三款中规定的"水平和垂直偏差"比《电气装置安装工程施工及验收规范》配线工程篇电线管明配的要求低，这是根据电梯工程的具体情况决定的。

3.0.6 本条是电线槽安装的一般性规定。这次修订删去了目前已不使用的"底脚压板"的施工要求，并把原条文的内容调整合并为三款。安装时应注意加强运输保管中的防护，避免变形过大。如产生变形，应在安装前进行调整，以保证安装质量。

3.0.7 根据目前电梯安装施工中使用金属软管的实际情况，把原条文的五款规定合并为两款，是金属软管安装的一般性规定。关于接头的处理，施工中应给以足够重视，使其真正起到保护作用。

3.0.8 我国对电线槽是否可用作保护线没有具体规定，为保证接地可靠，故增加此条。

3.0.9 根据调研的意见，结合电梯安装工程的实际情况，本条只保留了属于配线工程的接线箱、盒安装的一般要求。原规范条文中关于层门装置中的箱、盒部分划入本规范第4章"电气设备安装"，使章、节划分更为协调。

3.0.10 本条是由原规范第2.0.4条和第2.0.10条经删改合并而成。为保证施工和维修的安全，增加了"220V及以上的端子应有明显标记"的规定。考虑到TN-S系统接地型式的特点，故要求保护线端子也应加标记。

为与国际标准协调，以利于识别，对保护线的颜色也做了规定。

本条关于中间接头的规定，只适用于线槽配线。如采用热缩塑料管处理接头绝缘时，要特别注意加热的时间和距离，不能有烤焦现象，以保证接头的绝缘强度。

另据用户反应，有的电梯使用不久，甚至交工时线号就模糊不清，给维修检查造成困难。所以，本条规定：配线时，两端应有清晰的接线编号。对此应在施工及验收中给以高度重视。

3.0.11 本条在保留原规范对随行电缆安装要求的基础上，又参考国内部分电梯厂的有关资料，补充了扁平型随行电缆安装的一般要求。

3.0.12 本条为一般提示性规定。

3.0.13 根据随行电缆在电梯运行中处于反复弯曲、拉伸的具体情况，本条对圆型电缆的芯数提出了限制。

4 电气设备安装

4.0.1 在电梯安装中，由于机房面积和结构型式差别较大，设计往往只给出布置示意图，配电屏、柜的具体位置需安装时依据实际情况决定，为维修、巡视的安全方便，故作此规定。

4.0.2 本条是根据《电气装置安装工程盘、柜及二次回路结线施工及验收规范》要求提出的，考虑到目前在电梯安装施工中的机房配线大多采用地面线槽，为了使敷设的导线有更好的防护衔接，规定了“基础应高出地面 50～100mm”。

4.0.3 考虑到维修检查的方便，增加了“位置合理”、安装牢固以及垂直度允许偏差的要求。同时删去了前后有重复性的内容和在当前看来已无必要再提的规定，比如触头组的水平偏差和触头的垂直偏差。

4.0.4 近年来，随着电梯技术的进步和发展，井道和轿厢传感器已由原来单一的“干簧管——磁钢感应器”发展为“磁双稳开关”、“光电传感器”、“霍尔开关”等多种类型，这些装置在安装形式、配合尺寸以及调整方法上都不尽相同，不便于在规范中一一提出具体要求，因此，本条只对井道和轿厢传感器安装施工中应共同遵守的原则做出了规定。关于不同产品的特殊要求应按产品说明执行。

4.0.5 层门装置（召唤盒、指示灯盒及开关盒）是乘客认识电梯的第一印象，其安装质量的优劣对电梯的外观质量影响很大，不能将其作为一般的接线箱、盒处理，为了提高电梯安装的观感质量和规范章节内容上的协调，这次修订把层门装置安装由原规范的“配线章”移入本章，并增加了同一候梯厅有多台电梯时，各装置对应位置允许偏差的要求。比原规范有所提高。

关于条文中新提出的各装置位置允许偏差值的规定，是参照《电气装置安装工程施工及验收规范》电气照明装置篇关于插座和开关安装高度差的规定提出的。

4.0.6 按照消防安全部门的要求，所有使用电梯的高层建筑物均应设置消防电梯。关于消防开关的设置位置，有的产品设计不在基站，不利于消防使用；另外，还有的用户定货时未考虑消防使用功能。这两种情况都需要安装单位现场更改，为便于消防使用和统一施工，故增加此条。

4.0.7 本条是根据《安全规范》第 7.7.3 条和第 14.1.2 条的有关规定编写的。

《安全规范》自 1987 年在我国发布实施已有 5 年了，可是，目前仍有个别产品的层门闭锁装置不符合此项规定，故增加本条以示强调。

4.0.8 据调查统计，在电梯的运行使用中，层门闭锁装置是发生故障较多的部位，除产品制造质量外，现场的安装调整也是至关重要的。有个别的施工人员，在安装调整层门锁时，不按要求施工，甚至改变锁紧元件啮合部位的几何形状，使可靠性降低；严重者，在层门关闭后可以被扒开，这种现象是非常危险的。因此，依据《安全规范》第 7.7.3 条的有关要求，并结合电梯安装施工的经验规定了此条。

5 安全保护装置

5.0.1 此条为一般性条文。因其中许多开关的位置在试运行时尚需调整，同时也考虑到检修时的更换问题，故不得采用焊接方法固定。另有部分开关是靠机械部件的碰压而动作，还有的易受钢绳、钢带、皮带等摆动的影响，为保证电梯正常运行和故障时的可靠保护，故规定此条。

对于靠机械碰压而动作的安全保护开关，在施工和验收时，需注意以下几点：

(1) 一定要固定牢固，不能因正常的碰撞而产生位移；

(2) 在正常碰压动作期间，开关还要有适量的压缩行程，以免不应有的损坏。

5.0.2 此条所述开关均属依机械动作而动作的安全保护开关，所以，对每个开关的要求均以机械动作的状态来表述。

由于本条所列开关均串接于安全电路，任一开关动作，都会使运行中的电梯立即停止，或使停止电梯不能起动。因此，原规范条文中“立即减速”的提法不妥，这次修定改为“……使电梯不能起动或立即停止运行”，使条文对开关功能的叙述更加准确。

5.0.3 此条为电气保护装置的一般要求。其中大部分参数由产品设计决定，出厂时已调整好。从安全角度考虑在施工时应复查：过电流、过载保护装置的整定值是否与设计规定相符；方向接触器等连锁装置以及缺相、错相保护装置的功能是否可靠，以确保电梯安全运行。

5.0.4 为保证电梯的极限、限位和缓速开关的功能可靠，对安装提出了要求。安装后要认真检查调整，使位置正确，动作灵活可靠，并用检修速度点动运行进行试验。

5.0.5 极限和限位开关是电梯运行终端的重要保护开关，安装位置要确保在缓冲器起作用前断开安全电路，使电梯停止运行。因此，必须作到位置正确、动作灵活、功能可靠。要以检修速度点动运行进行实际检查，使其符合条文要求。在缓冲器压缩其间，极限开关要始终保持在断开状态。

5.0.6 此条是关于交流电梯极限开关及其传动装置安装的规定，在施工中需要注意以下几个问题：

(1) 无论是安装在墙壁上或机房地面上，在安装前，都要结合机房型式和设备情况合理选择位置，使极限开关的导向滑轮尽量减少，而且便于操作；

(2) 牵动钢绳一定要沿开关的断开方向复绕，以免开关失效；

(3) 安装后，一定要反复试验几次，确保该开关灵敏可靠。

5.0.7 目前我国电梯自动门的防护装置除安全触板、光电装置外，还有红外、超声等区域性防护装置，不必在条文中一一列出，本条文只做了原则性的规定。在施工中一定要按产品说明认真检查调整，以确保其防护功能。

6 调整试车和工程交接验收

6.0.1 本条规定是为保证调整试车工作的顺利和安全而提出的必要的检查内容。

由于微机控制的电梯在我国正日益广泛地得到应用，集成电路等电子元器件对环境的温度、湿度有较高的要求。为保证电梯稳定可靠地运行，依据《电梯技术条件》3.2 的规定，对机房温度和环境相对湿度提出了具体要求，并作为第一款编入本条。

第二款规定的“机械和电气设备的安装，应具备调整试车条件”指的是：电气和机械设备已进行过必要的单体检查、试验和调整。

第七款中的“低电压控制回路”是指电压在 127V 及以下控制回路。实践证明，测量弱电回路的绝缘电阻时，为防止损坏电子元器件，应用万用表检查。

6.0.3 检修速度运行也叫开慢车，在此工况下，要完成对各安全装置的检查、调整和确认，为快车调试运行做好准备。因此，本条对必要的检查、调整项目作了规定。在施工中，要特别注意：第一次动梯前，必须检查调整制动器的制动力和动作行程，并通电实验，确保制动器动作灵活可靠；然后再以点动的方法全程运行，排除井道障碍，并确认各安全间隙符合要求；在上述两项工作完成后，方可进行其他工作。

6.0.4 为保证电梯在空载及满载时安全可靠地运行，依据《电梯技术条件》第 3.3.6 条提出的规定。在执行时，可按客流量的实际情况进行调整：当客流量较大时平衡系数可调高些，客流量较小时可调低些，一般情况下客梯可调整为 45%，货梯调为

50%。关于平衡系数的测量调整方法，可利用电流—负荷曲线图，以上下运行曲线的交点来确定。

6.0.5 该条规定了额定速度调整试车的主要步骤、方法和技术要求。

考虑到电源的频率和电压对电动机的转速有一定的影响，尤其是对交流双速和半闭环的交流调速电梯的速度影响更大。所以，本条规定在额定电压和工频下，轿厢半载下行时的速度，应接近额定速度，以确保电梯安全运行。

6.0.6 本条规定是为考核电梯制造和安装的质量，以及检查电梯的各项功能是否达到设计要求，所必须进行的可靠性运转试验。按条文的规定，在不同的负荷情况下，连续运行6h，检查电梯的运行情况，曳引装置及安全保护系统应安全可靠，各项功能符合要求，运行中检查各部位温升不超过规定值。起动运行、制动减速平稳舒适，制动器作用安全可靠。

6.0.7 电梯在投入正常运行前，必须进行超载试验。电梯的超载试验可分作两步，首先检查超载保护功能是否可靠，电梯超载时轿厢内超载灯燃亮，并发出音响信号，这时选层起动不能关门。然后取消超载功能，进行超载运行，考核电梯的超载运行能力，电梯在超载（载以110%的额定负载）的情况下，应该能安全可靠地起动、制动和停层，并且曳引装置和制动器等不能有任何异常现象产生。

6.0.8 本条是依据《电梯技术条件》第3.3.5条规定的内容提出的。

6.0.9 该条规定是依据《电梯技术条件》第3.3.2、3.3.3、3.3.4条要求提出的，是电梯安装后对整机性能检验测试的主要内容，也是衡量电梯整机质量的重要指标，它既取决于产品的设计、生产，也与现场的安装、调试有直接的关系。尽管在当前个别单位尚不具备应有的测试手段，但为提高电梯质量，保障用户利益，促进我国电梯事业的发展，作为施工验收规范作此规定是必要的。

6.0.10 为帮助用户全面了解电梯安装、调整等情况，有利于工程的交接验收，有利于用户对电梯的使用、维修和管理，故规定此条。

中华人民共和国国家标准

110～500kV 架空电力线路施工及验收规范

GBJ 233-90

主编部门：中华人民共和国能源部
批准部门：中华人民共和国建设部
施行日期：1991 年 5 月 1 日

关于发布国家标准《110～500kV 架空电力线路施工及验收规范》的通知

(90) 建标字第 317 号

根据国家计委计综[1986]2630 号文的要求，由原水电部会同有关部门共同修订的《110～500kV 架空电力线路施工及验收规范》，已经有关部门会审。现批准《110～500kV 架空电力线路施工及验收规范》GBJ 233-90 为国家标准，自 1991 年 5 月 1 日起施行。原《架空送电线路施工及验收规范》GBJ 233-81 同时废止。

本规范由能源部负责管理，其具体解释等工作由能源部电力建设研究所负责。出版发行由建设部标准定额研究所负责组织。

建 设 部
1990 年 7 月 2 日

修订说明

本规范是根据国家计委〔1986〕2630号文的要求，由能源部负责主编，具体由能源部电力建设研究所会同超高压输变电建设公司对原《架空送电线路施工及验收规范》GBJ 233—81进行修订而成。

在修订过程中，规范组进行了广泛的调查研究，认真地总结了原规范执行以来的经验，吸取了部分科研成果，广泛征求了全国有关单位的意见。最后由我部会同有关部门审查定稿。

本规范共分九章和一个附录。这次修订的主要内容有：将原适用电压等级由35～330kV改为110～500kV；比较切合实际地规定了回填土夯实的质量标准；修改并增加了M24的螺栓紧固扭矩标准值；对有预倾斜要求的铁塔基础抹面、紧线后的挠曲值提出了合理的要求；增加了拉线塔立柱扭曲的标准；增加了机械化施工的有关条文；对220kV及以上工程及大跨越档的弧垂提高了质量标准；特别是重点增加了有关张力架线的条文，提高了因张力架线而导致导线损伤的处理标准；清除导线铝股表面氧化膜由使用凡士林改为使用导电脂；将测瓷绝缘子的兆欧表的电压等级由2500V提高到5000V。由于《架空送电线路导线及避雷线液压施工工艺规程》的颁发，将原规范中这部分条文进行了减化，同时对液压后允许尺寸偏差进行了修改，以及其他方面的修改。

本规范在执行过程中，如有新的修改意见或需要补充之处，请将意见和有关资料寄送北京良乡能源部电力建设研究所，以便今后修订时参考。

能　源　部

1990年5月4日

第一章　总　　则

第1.0.1条　为了不断提高110～500kV架空电力线路工程施工技术水平，确保工程质量，以促进电力建设的现代化发展，特制定本规范。

第1.0.2条　本规范适用于110～500kV交流和直流架空电力线路新建工程的施工及验收。

63kV架空电力线路的新建工程应遵照本规范110kV部分执行。

第1.0.3条　架空电力线路工程必须按照批准的设计文件和经有关方面会审的设计施工图施工。当需要变更时，应经设计单位同意。

第1.0.4条　本规范的有关规定，除由于特殊情况必须提出特殊要求外，也应同样作为线路设计的依据。

第1.0.5条　新技术、新材料、新工艺必须经过试点、测试、验证，判定后方可采用。并应制定不低于本规范相应水平的质量标准。

第1.0.6条　架空电力线路工程施工中，除应符合本规范的有关规定外，尚应符合国家现行的有关标准规范的规定。

第二章　原材料及器材检验

第 2.0.1 条　架空电力线路工程所使用的原材料和器材必须符合下列规定:

一、有该批产品的出厂质量检验合格证明书;

二、有符合国家现行的有关标准的各项质量检验资料;

三、对无质量检验资料的产品，或对产品检验结果有疑问的，均应重新进行抽样，并应经有资格的检验单位进行检验，合格后方准使用。

第 2.0.2 条　当采用无正式标准的新型原材料及器材时，必须取得有关部门的技术鉴定，或经试验并由有关单位共同鉴定的合格证明书，证明质量合格后方准使用。

第 2.0.3 条　原材料及器材有下列情况之一时，必须重做检验:

一、保管期限超过规定者;

二、因保管不良有变质可能者;

三、试样代表性不够者。

第 2.0.4 条　预制混凝土构件及现场浇筑基础混凝土使用的碎石或卵石，应符合国家现行标准《普通混凝土用碎石或卵石质量标准及检验方法》中的有关规定。

第 2.0.5 条　预制混凝土构件及现场浇筑基础混凝土使用的砂，应符合国家现行标准《普通混凝土用砂质量标准及检验方法》中的有关规定。特殊地区可按该地区的标准执行。

第 2.0.6 条　水泥的质量应符合现行国家标准，其品种与标号应符合设计要求。每批水泥除必须取得出厂质量合格证明外，尚应有出厂日期。当水泥出厂超过三个月，或虽未超过三个月但保管不善时，必须补做标号试验，并应按试验后的实际标号使用。

不同品种、不同标号、不同批号的水泥应分别堆放。

第 2.0.7 条　混凝土浇筑用水应符合下列规定:

一、制作预制混凝土产品的用水，应使用饮用水;

二、现场浇筑混凝土宜使用饮用水，当无饮用水时，可采用河溪水或清洁的池塘水。除设计有特殊要求外，可只进行外观检查不做化验。水中不得含有油脂，其上游亦无有害化合物流入，有怀疑时应进行化验;

三、不得使用海水。

第 2.0.8 条　混凝土掺用的外加剂，应采用符合标准的产品。首次使用时应经试验，符合质量要求后方可使用。

第 2.0.9 条　掺入基础的大块石不得有裂缝、夹层，其强度不得低于混凝土用石的标准，尺寸宜为 150～250mm，且不宜使用卵石。

第 2.0.10 条　钢材的品种应符合设计图纸的规定，其质量应符合各该品种钢材的国家有关标准的规定。

第 2.0.11 条　焊条的质量应符合国家现行有关标准的规定。其品种、牌号必须与所使用的钢材的化学成分和机械性能相当，并应具有良好的焊接工艺性能。首次使用应按有关规范进行工艺性能试验。使用前应进行外观检查，并应符合下列规定:

一、气焊条表面不得有油脂、污秽、腐蚀等;

二、电焊条无药皮剥落。受潮的电焊条，必须按焊条说明书规定的温度经过烘干处理，并应再经工艺性能试验，鉴定合格后方准使用。

第 2.0.12 条　铁塔加工制造的质量应符合现行国家标准《输电线路铁塔制造技术条件》的规定。

第 2.0.13 条　环形钢筋混凝土电杆制造质量应符合现行国家标准《环形钢筋混凝土电杆》的规定。

第 2.0.14 条 预应力混凝土电杆的制造质量应符合现行国家标准《环形预应力混凝土电杆》的规定。

第 2.0.15 条 混凝土电杆的铁横担加工质量应符合现行国家标准《输电线路铁塔制造技术条件》中的有关规定。抱箍及其他钢件加工的质量应符合现行有关标准的规定。

第 2.0.16 条 导线的质量应符合现行国家标准《铝绞线及钢芯铝绞线》的规定，铝合金绞线、钢芯铝合金绞线、铝包钢绞线以及尚未列入国家标准的其他品种导线的质量应分别符合有关标准的规定。进口导线的质量应符合各该产品国的国家标准，且不应低于 IEC 标准。

第 2.0.17 条 当采用镀锌钢铰线作避雷线或拉线时，其质量应符合现行国家标准《镀锌钢绞线》的规定。

第 2.0.18 条 金具的质量应符合现行国家标准《电力金具》的规定。

第 2.0.19 条 预应力钢筋混凝土和普通钢筋混凝土预制构件的加工尺寸允许偏差应符合表 2.0.19 的规定。并应保证构件之间，或构件与铁件、螺栓之间的安装方便。其外观检查应符合下列规定：

一、预应力钢筋混凝土预制构件不得有纵向及横向裂缝；

二、普通钢筋混凝土预制构件，放置地平面检查时不得有纵向裂缝，横向裂缝的宽度不得超过 0.05mm，

三、表面应平整，不得有明显的缺陷。

第 2.0.20 条 导线绝缘子的质量应符合现行国家标准《盘形悬式绝缘子技术条件》的规定。对绝缘子产品质量有怀疑时应按国家现行标准《高压绝缘子抽样方案》的规定进行检验与鉴定。

第 2.0.21 条 组装用的螺栓必须热浸镀锌，其加工质量应符合国家现行标准《输电铁塔用热浸镀锌紧固件》的规定。

第 2.0.22 条 气焊用的电石及乙炔气应有出厂质量检验合格证明，其质量可采用检查焊缝中硫、磷含量的方法来确定。其硫、磷含量不应高于被焊金属的含量。

气焊用的氧气纯度不应低于 98.5%。

预应力和普通钢筋混凝土预制构件加工尺寸允许偏差表 表 2.0.19

项目		底盘、拉线盘、卡盘	其他装配式预制构件
长度(mm)		−10	±10
断面尺寸(mm)	宽	−10	±5
	厚	−5	±5
弯曲			L／750
预埋铁件(预留孔)对设计位置的偏差(mm)	中心线位移	10	5
	安装孔距	±5	±5
	螺栓露出长度	+10，−5	+10，−5

注：①本表不包括环形混凝土电杆；

②用肉眼不能直接明显看出的网状纹、龟纹与水纹不算裂缝；

③底盘、拉线盘、卡盘的中心线位移是指拉线盘的U形环，拉线盘、卡盘的安装孔及底盘圆槽的实际加工位置与图纸位置的偏差。

第三章　施 工 测 量

第 3.0.1 条　施工测量使用的经纬仪其最小读数不应大于1′。

第 3.0.2 条　测量用的仪器及量具在使用前必须进行检查，误差超过标准时应加以校正。

第 3.0.3 条　分坑测量前必须复核设计勘测时钉立的杆塔位中心桩的位置，当有下列情况之一时，应查明原因予以纠正：

一、以设计勘测钉立的两个相邻直线桩为基准，其横线路方向偏差大于 50mm；

二、当采用经纬仪视距法复测距离时，顺线路方向两相邻杆塔位中心桩间的距离与设计值的偏差大于设计档距的 1%；

三、转角桩的角度值，用方向法复测时对设计值的偏差大于1′30″。

第 3.0.4 条　施工测量时应对下列几处地形标高进行重点复核：

一、地形变化较大，导线对地距离有可能不够的地形凸起点的标高；

二、杆塔位间被跨越物的标高；

三、相邻杆塔位的相对标高。

复核值与设计值比，偏差不应超过 0.5m，超过时应由设计单位查明原因予以纠正。

第 3.0.5 条　设计交桩后个别丢失的杆塔位中心桩，应按设计数据予以补钉，其测量精度应符合现行有关架空送电线路测量技术规定的规定。

第 3.0.6 条　杆塔位中心桩移桩的测量精度应符合下列规定：

一、当采用钢卷尺直线量距时，两次测值之差不得超过量距的 1‰；

二、当采用视距法测距时，两次测值之差不得超过测距的 5‰；

三、当采用方向法测量角度时，两测回测角值之差不应超过1′30″。

第 3.0.7 条　施工测量时，应根据杆塔位中心桩的位置钉出必要的、作为施工及质量检查的辅助桩。施工中保留不住的杆塔位中心桩必须对其钉立的辅助桩位置作记录，以便恢复该中心桩。

第四章　土石方工程

第 4.0.1 条　杆塔基础的坑深应以设计的施工基面为基准。拉线基础的坑深，设计未提出施工基面时，应以拉线基础中心的地面标高为基准。

第 4.0.2 条　杆塔基础坑深的允许偏差为+100mm、−50mm，坑底应平整。同基基础坑在允许偏差范围内按最深一坑操平。

岩石基础坑深不应小于设计深度。

第 4.0.3 条　杆塔基础坑深与设计坑深偏差+100mm 以上时，应按以下规定处理：

一、铁塔现浇基础坑，其超深部分应采用铺石灌浆处理。

二、混凝土电杆基础、铁塔预制基础、铁塔金属基础等，其坑深与设计坑深偏差值在+100～+300mm 时，其超深部分应采用填土或砂、石夯实处理。当不能以填土或砂、石夯实处理时，其超深部分按设计要求处理，设计无具体要求时按铺石灌浆处理。当坑深超过规定值在+300mm 以上时，其超深部分应采用铺石灌浆处理。

第 4.0.4 条　当杆塔基础坑超深采用填土或砂、石夯实处理时，每层厚度不宜超过 100mm，夯实后的耐压力不应低于原状土。当无法达到时，应采用铺石灌浆处理。

第 4.0.5 条　拉线基础坑，坑深不允许有负偏差。当坑深超深后对拉线基础的安装位置与方向有影响时，其超深部分应采用填土夯实处理。

第 4.0.6 条　在山坡上挖接地沟时，宜沿等高线开挖，沟底面应平整。沟深不得有负偏差，并应清除沟中影响接地体与土壤接触的杂物。

第 4.0.7 条　基坑的回填夯实，按其重要性不同，可将不同型式的基础分为三类：铁塔预制基础、拉线预制基础、铁塔金属基础及不带拉线的混凝土电杆基础属第一类；现场浇筑铁塔基础、现场浇筑拉线基础属第二类；重力式基础及带拉线的杆塔本体基础属第三类。

一、第一类基础的基坑回填夯实，必须满足下列要求：

1　对适于夯实的土质，每回填 300mm 厚度夯实一次，夯实程度应达到原状土密实度的 80%及以上；

2. 对不宜夯实的水饱和粘性土，回填时可不夯，但应分层填实，其回填土的密实度亦应达到原状土的 80%及以上；

3. 对其他不宜夯实的大孔性土、砂、淤泥、冻土等，在工期允许的情况下可采取二次回填，但架线时其回填密实程度应符合上述规定。工期短又无法夯实达到规定者，应采取加设临时拉线或其他能使杆塔稳定的措施。

二、第二类基础的基坑回填方法应符合第一类的要求，但回填土的密实度应达到原状土密实度的 70%及以上；

三、第三类基础的基坑回填可不夯实，但应分层填实；

四、回填时应先排出坑内积水。

第 4.0.8 条　石坑回填应以石子与土按 3∶1 掺合后回填夯实。

第 4.0.9 条　杆塔及拉线基坑的回填，凡夯实达不到原状土密实度时，都必须在坑面上筑防沉层。防沉层的上部不得小于坑口，其高度视夯实程度确定，并宜为 300～500mm。经过沉降后应及时补填夯实，在工程移交时坑口回填土不应低于地面。

第 4.0.10 条　接地沟的回填宜选取未掺有石块及其他杂物的好土，并应夯实。在回填后的沟面应筑有防沉层，其高度宜为 100～300mm。工程移交时回填处不得低于地面。

第 4.0.11 条　土石开方应减少破坏需要开挖以外的地面，并应注意保护自然植被。

第五章 基础工程

第一节 一般规定

第5.1.1条 杆塔和拉线基础中的钢筋混凝土工程施工及验收，除本规范规定者应遵守本规范的规定外，其他应符合现行国家标准《钢筋混凝土工程施工及验收规范》的规定。

第5.1.2条 钻孔灌注桩基础的施工及验收，应遵照国家现行标准《工业与民用建筑灌注桩基础设计与施工规程》的规定。

第5.1.3条 基础混凝土中严禁掺入氯盐。

第5.1.4条 基础钢筋焊接应符合国家现行标准《钢筋焊接及验收规范》的规定。

第5.1.5条 不同品种的水泥不应在同一个基础腿中混合使用。但可在同一基基础中使用，出现此类情况时，应分别制作试块并作记录。

第5.1.6条 当等高腿转角、终端塔设计要求采取预偏措施时，其基础的四个基腿顶面应按该预偏值，抹成斜平面，并应共在一个整斜平面内。

第5.1.7条 位于山坡或河边的杆塔基础，当有被冲刷可能时，应按设计要求采取防护措施。

第二节 现场浇筑基础

第5.2.1条 浇筑混凝土的模板宜采用钢模板，其表面应平整且接缝严密。支模时应符合基础设计尺寸的规定。混凝土浇筑前模板表面应涂脱模剂，拆除后应立即将表面残留的水泥、砂浆等清除干净。

当不用模板进行混凝土浇筑时，应采取防止泥土等杂物混入混凝土中的措施。

第5.2.2条 浇筑基础中的地脚螺栓及预埋件应安装牢固。安装前应除去浮锈，并应将螺纹部分加以保护。

第5.2.3条 主角钢插入式基础的主角钢，应连同铁塔最下段结构组装找正，并应加以临时固定，在浇筑中应随时检查其位置。

第5.2.4条 基础施工中，混凝土的配合比设计应根据砂、石、水泥等原材料及现场施工条件，按国家现行标准《普通混凝土配合比设计技术规程》的规定，通过计算和试配确定，并应有适当的强度储备。储备强度值应按施工单位的混凝土强度标准差的历史水平确定。

第5.2.5条 现场浇筑混凝土应采用机械捣固，并宜采用机械搅拌。

第5.2.6条 混凝土浇筑质量检查应符合下列规定:

一、坍落度每班日或每个基础腿应检查两次及以上。其数值不得大于配合比设计的规定值，并严格控制水灰比。

二、配比材料用量每班日或每基基础应至少检查两次，其偏差应控制在施工措施规定的范围内。

三、混凝土的强度检查，应以试块为依据。试块的制作应符合下列规定:

1. 试块应在浇筑现场制作，其养护条件应与基础相同。

2. 试块制作数量应符合下列规定:

(1) 转角、耐张、终端及悬垂转角塔的基础每基应取一组;

(2) 一般直线塔基础，同一施工班组日每5基或不满5基应取一组，单基或连续浇筑混凝土量超过 $100m^3$ 时亦应取一组;

(3) 按大跨越设计的直线塔基础及其拉线基础，每腿应取一组，但当基础混凝土量不超过同工程中大转角或终端塔基础时，则应每基取一组;

(4) 当原材料变化、配合比变更时应另外制作;

(5) 当需要做其他强度鉴定时，外加试块的组数应由各工程自定。

第 5.2.7 条 现场浇筑基础混凝土的养护应符合下列规定：

一、浇筑后应在 12 小时内开始浇水养护，当天气炎热、干燥有风时，应在 3 小时内进行浇水养护，养护时应在基础模板外加遮盖物，浇水次数应能保持混凝土表面始终湿润；

二、混凝土浇水养护日期，对普通硅酸盐和矿碴硅酸盐水泥拌制的混凝土不得少于 5 昼夜，当使用其他品种水泥或大跨越塔基础，其养护日期应符合现行国家标准《钢筋混凝土工程施工及验收规范》的规定，或经试验决定；

三、基础拆模经表面检查合格后应立即回填土，并应对基础外露部分加遮盖物，按规定期限继续浇水养护，养护时应使遮盖物及基础周围的土始终保持湿润；

四、采用养护剂养护时，应在拆模并经表面检查合格后立即涂刷，涂刷后不再浇水；

五、日平均气温低于 5℃时不得浇水养护。

第 5.2.8 条 基础拆模时，应保证混凝土表面及棱角不损坏，且强度不应低于 2.5MPa。

第 5.2.9 条 浇筑铁塔基础腿尺寸的允许偏差应符合下列规定：

一、保护层厚度：−5mm；

二、立柱及各底座断面尺寸：−1%；

三、同组地脚螺栓中心对立柱中心偏移：10mm。

第 5.2.10 条 浇筑拉线基础的允许偏差应符合下列规定：

一、基础尺寸偏差：

1. 断面尺寸：−1%；

2. 拉环中心与设计位置的偏移：20mm。

二、基础位置偏差：拉环中心在拉线方向前、后、左、右与设计位置的偏差：1%L。

注：①L为拉环中心至杆塔拉线固定点的水平距离。

②X型拉线基础位置的允许偏差应符合本规范第5.3.7条注的规定。

第 5.2.11 条 整基铁塔基础在回填夯实后尺寸允许偏差应符合表 5.2.11 的规定。

整基基础尺寸施工允许偏差　　表 5.2.11

项目		地脚螺栓式		主角钢插入式		高塔基础
		直线	转角	直线	转角	
整基基础中心与中心桩间的位移(mm)	横线路方向	30	30	30	30	30
	顺线路方向		30		30	
基础根开及对角线尺寸		±2‰		±1‰		±0.7‰
基础顶面或主角钢操平印记间相对高差(mm)		5		5		5
整基基础扭转　（′）		10		10		5

注：①转角塔基础的横线路方向是指内角平分线方向；顺线路方向是指转角平分线方向。

②基础根开及对角线是指同组地脚螺栓中心之间或塔腿主角钢准线间的水平距离。

③相对高差是指抹面后的相对高差。转角塔及终端塔有预偏时，基础顶面相对高差不受 5mm 的限制。

④高低腿基础顶面标高差是指与设计标高之比。

⑤高塔是指按大跨越设计，塔高在80m以上的铁塔。

第 5.2.12 条 现场浇筑基础混凝土的最终强度应以同条件养护的试块强度为依据。试块强度的验收评定应符合现行国家标准《钢筋混凝土工程施工及验收规范》的规定。当试块的强度不足以代表混凝土本身强度时可采用以下两种方法之一进行补充鉴定：

一、从基础混凝土本体上钻取试块进行鉴定；

二、根据国家现行标准《回弹法评定混凝土抗压强度技术规程》的规定，采用回弹仪进行鉴定。

第 5.2.13 条 对混凝土表面缺陷的修整应符合现行国家标准《钢筋混凝土工程施工及验收规范》的规定。

第 5.2.14 条 现场浇筑基础混凝土的冬季施工应符合现行国家标准《钢筋混凝土工程施工及验收规范》的规定。

第三节 装配式预制基础

第 5.3.1 条 装配式预制基础的底座与立柱连接的螺栓、铁件及找平用的垫铁，必须采取有效的防锈措施。当采用浇筑水泥砂浆时应与现场浇筑基础同样养护，回填土前应将接缝处以热沥青或其他有效的防水涂料涂刷。

第 5.3.2 条 立柱顶部与塔脚板连接部分需用砂浆抹面垫平时，其砂浆或细骨料混凝土强度不应低于立柱混凝土强度，厚度不应小于 20mm，并应按规定进行养护。

注：现场浇筑基础的二次抹面厚度，亦应符合本条的规定。

第 5.3.3 条 钢筋混凝土枕条、框架底座、薄壳基础及底盘底座等与柱式框架的安装应符合下列规定：

一、底座、枕条应安装平正，四周应填土或砂、石夯实；

二、钢筋混凝土底座、枕条、立柱等在组装时不得敲打和强行组装；

三、立柱倾斜时宜用热浸镀锌垫铁垫平，每处不得超过两块，总厚度不应超过 5mm。调平后立柱倾斜不应超过立柱高的 1%。

注：设计本身有倾斜的立柱，其立柱倾斜允许偏差值是指与原倾斜值相比。

第 5.3.4 条 整基基础安装尺寸的允许偏差在填土夯实后应符合本规范第 5.2.11 条的规定。

第 5.3.5 条 混凝土电杆底盘安装，圆槽面应与电杆轴线垂直，找正后应填土夯实至底盘表面。其安装允许偏差应保证电杆组立后符合本规范第 6.1.8 条的规定。

第 5.3.6 条 混凝土电杆的卡盘安装前应先将其下部回填土夯实，安装位置与方向应符合图纸规定，其深度允许偏差不应超过 ± 50mm。

第 5.3.7 条 拉线盘的埋设方向应符合设计规定。其安装位置的允许偏差应满足下列规定：

一、沿拉线方向，其左、右偏差值不应超过拉线盘中心至相对应电杆中心水平距离的 1%；

二、沿拉线安装方向，其前、后允许位移值：当拉线安装后其对地夹角值与设计值之比不应超过 1°。个别特殊地形需超过 1°时应由设计提出具体规定。

注：对于X型拉线拉线盘的安装应有前后方向的位移，拉线安装后交叉点不得相互磨碰，第一款的允许偏差不包括此位移值。

第四节 岩 石 基 础

第 5.4.1 条 岩石基础施工时，应根据设计资料逐基核查覆土层厚度及岩石质量，当实际情况与设计不符时应由设计单位提出处理方案。

第 5.4.2 条 岩石基础的开挖或钻孔应符合下列规定：

一、应保证岩石构造的整体性不受破坏；

二、孔洞中的石粉、浮土及孔壁松散的活石应清除干净；

三、软质岩成孔后应立即安装锚筋或地脚螺栓，并浇筑混凝土，以防孔壁风化。

第 5.4.3 条 岩石基础锚筋或地脚螺栓的安装及混凝土或砂浆的浇筑应符合下列规定：

一、锚筋或地脚螺栓的埋入深度不得小于设计值，安装后应有临时固定措施；

二、浇筑混凝土或砂浆时，应分层浇捣密实，并应按现场浇筑基础混凝土的规定进行养护；

三、孔洞中浇筑混凝土或砂浆的数量不得少于施工设计的规定值；

四、对浇筑的混凝土或砂浆的强度检验应以同条件养护的试块为依据，试块的制作应每基取一组；

五、对浇筑钻孔式岩石基础，应采取措施减少混凝土收缩量。

第5.4.4条 岩石基础的施工允许偏差应符合下列规定：

一、成孔深度不应小于设计值。

二、成孔尺寸应符合下列规定：

1.对嵌固式应大于设计值，且应保证设计锥度；

2.钻孔式的孔径允许偏差：$^{+20}_{0}$mm。

三、整基基础的施工允许偏差应符合本规范第5.2.11条的规定。

第六章 杆塔工程

第一节 一般规定

第6.1.1条 杆塔组立必须有完整的施工设计，杆塔组立过程中，应采取不导致部件变形或损坏的措施。施工设计应对杆塔本体及构件在组立过程中的受力进行验算，并应符合下列规定：

一、计入动荷影响后，钢筋混凝土构件承受最大弯矩时的强度安全系数不应低于钢筋混凝土构件的最大设计安全系数；

二、计入动荷影响后，钢结构构件承受的最大应力应低于钢结构构件的设计允许应力。

第6.1.2条 杆塔各构件的组装应牢固，交叉处有空隙者，应装设相应厚度的垫圈或垫板。

第6.1.3条 当采用螺栓连接构件时，应符合下列规定：

一、螺杆应与构件面垂直，螺栓头平面与构件间不应有空隙；

二、螺母拧紧后，螺杆露出螺母的长度：对单螺母不应小于两个螺距，对双螺母可与螺母相平；

三、必须加垫者，每端不宜超过两个垫片。

第6.1.4条 螺栓的穿入方向应符合下列规定：

一、对立体结构：

1. 水平方向由内向外；

2. 垂直方向由下向上。

二、对平面结构：

1. 顺线路方面，由送电侧穿入或按统一方向穿入；

2. 横线路方向，两侧由内向外，中间由左向右（指面向受电侧，下同）或按统一方向；

3. 垂直方向由下向上。

注：个别螺栓不易安装时，其穿入方向可予以变动。

第 6.1.5 条 杆塔部件组装有困难时应查明原因，严禁强行组装。个别螺孔需扩孔时，扩孔部分不应超过 3mm。当扩孔需超过 3mm 时，应先堵焊再重新打孔，并应进行防锈处理。严禁用气割进行扩孔或烧孔。

第 6.1.6 条 杆塔连接螺栓应逐个紧固，其扭紧力矩不应小于表 6.1.6 的规定。螺杆与螺母的螺纹有滑牙或螺母的棱角磨损以至扳手打滑的螺栓必须更换。

螺栓紧固扭矩标准 **表 6.1.6**

螺 栓 规 格	扭矩值（N·cm）
M12	4000
M16	8000
M20	10000
M24	25000

表内扭矩值适用于 4.8 级螺栓，更高级别的螺栓扭矩值由设计规定。扭紧各种规格螺栓的扳手宜使用力臂较长的扳手。

第 6.1.7 条 杆塔连接螺栓在组立结束时必须全部紧固一次，架线后还应复紧一遍。复紧并检查扭矩合格后，应随即在杆塔顶部至下导线以下 2m 之间及基础顶面以上 2m 范围内的全部单螺母螺栓的外露螺纹上涂以灰漆，或在紧靠螺母外侧螺纹处相对打冲两处，以防螺母松动。使用防松螺栓时不再涂漆或打冲。

第 6.1.8 条 杆塔组立及架线后其允许偏差应符合表 6.1.8 的规定。

第 6.1.9 条 自立式转角塔、终端塔应组立在倾斜平面的基础上，向受力反方向产生预倾斜，倾斜值应视塔的刚度及受力大小由设计确定。架线挠曲后，塔顶端仍不应超过铅垂线而偏向受力侧。当架线后塔的挠曲超过设计规定时，应会同设计单位处理。

杆塔组立允许偏差 **表 6.1.8**

电压等级 / 允许偏差值 / 偏差项目	110kV	220～330kV	500kV	高塔
电杆结构根开	±30mm	±5‰	±3‰	
电杆结构面与横线路方向扭转(即迈步)	30mm	1%	5‰	
双立柱杆塔横担在主柱连接处的高差	5‰	3.5‰	2‰	
直线杆塔结构倾斜	3‰	3‰	3‰	1.5‰
直线杆结构中心与中心桩间横线路方向位移(mm)	50	50	50	
转角杆结构中心与中心桩间横、顺线路方向位移(mm)	50	50	50	
等截面拉线塔立柱弯曲	2‰	1.5‰	1‰ 最大 30mm	

第 6.1.10 条 拉线转角杆、终端杆、导线不对称布置的拉线直线单杆，在架线后拉线点处不应向受力侧挠倾。向反受力侧（轻载侧）的偏斜不应超过拉线点高的 3‰。

第 6.1.11 条 塔材的弯曲度应按现行国家标准《输电线路

铁塔制造技术条件》的规定验收。对运至桩位的个别角钢当弯曲度超过长度的 2‰，但未超过表 6.1.11 的变形限度时，可采用冷矫正法进行矫正，但矫正后不得出现裂纹。

采用冷矫正法的角钢变形限度　　表 6.1.11

角钢宽度 (mm)	变形限度 (‰)	角钢宽度 (mm)	变形限度 (‰)
40	35	90	15
45	31	100	14
50	28	110	12.7
56	25	125	11
63	22	140	10
70	20	160	9
75	19	180	8
80	17	200	7

第 6.1.12 条　工程移交时，杆塔上应有下列固定标志：

一、杆塔号及线路名称或代号；

二、耐张型杆塔、换位杆塔及换位杆塔前后各一基杆塔的相位标志；

三、高杆塔按设计规定装设的航行障碍标志；

四、在多回路杆塔上应注明每回路的布置及线路名称。

第二节　铁　　塔

第 6.2.1 条　铁塔基础符合下列规定时始可组立铁塔：

一、经中间检查验收合格。

二、混凝土的强度应符合下列规定：

1. 分解组塔时为设计强度的 70%；

2. 整体立塔时为设计强度的 100%，遇特殊情况，当立塔操作采取有效防止影响混凝土强度的措施时，可在混凝土强度不低于设计强度 70%时整体立塔。

第 6.2.2 条　铁塔组立后，各相邻节点间主材弯曲不得超过 1／750。

第 6.2.3 条　铁塔组立后，塔脚板应与基础面接触良好，有空隙时应垫铁片，并应灌筑水泥砂浆。直线型塔经检查合格后可随即浇筑保护帽。耐张型塔应在架线后浇筑保护帽。保护帽的混凝土应与塔脚板上部铁板接合严密，且不得有裂缝。

第三节　混凝土电杆

第 6.3.1 条　混凝土电杆及预制构件在装卸运输中严禁互相碰撞、急剧坠落和不正确的支吊，以防止产生裂缝或使原有裂缝扩大。

运至桩位的杆段及预制构件，当放置于地平面检查时应符合下列规定：

一、端头的混凝土局部碰损应进行补修；

二、预应力混凝土电杆及构件不得有纵向、横向裂缝；

三、普通钢筋混凝土电杆及细长预制构件不得有纵向裂缝，横向裂缝宽度不应超过 0.1mm。

注：本规范混凝土电杆是指离心环形混凝土电杆。

第 6.3.2 条　钢圈连接的混凝土电杆，宜采用电弧焊接。焊接操作应符合下列规定：

一、必须由经过电杆焊接培训并考试合格的焊工操作，焊完的焊口应及时清理，自检合格后应在规定的部位打上焊工的代号钢印。

二、应清除焊口及附近的铁锈及污物。

三、钢圈厚度大于 6mm 时应采用 V 型坡口多层焊。

四、焊缝应有一定的加强面，其高度和遮盖宽度应符合表6.3.2-1及图6.3.2的规定。

焊缝加强面尺寸(mm)　　表 6.3.2-1

项　目	钢圈厚度S	
	<10	10~20
高度c	1.5~2.5	2.5~3
宽度e	1~2	2~3

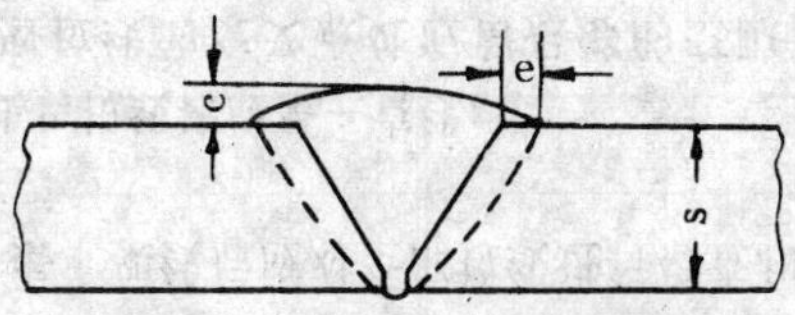

图6.3.2　焊缝加强面尺寸图

焊缝外观缺陷允许范围及处理方法　　表 6.3.2-2

缺陷名称	允许范围	处理方法
焊缝不足	不允许	补　焊
表面裂缝	不允许	割开重焊
咬　边	母材咬边深度不得大于0.5mm，且不得超过圆周长的10%	超过者清理补焊

五、焊前应做好准备工作，一个焊口宜连续焊成，焊缝应呈平滑的细鳞形，其外观缺陷允许范围及处理方法应符合表6.3.2-2的规定。

六、采用气焊时尚应遵守下列规定：

1. 钢圈宽度不应小于140mm；

2. 应减少不必要的加热时间，并应采取必要的降温措施，以减少电杆混凝土因焊接而产生的纵向裂缝。当产生宽为0.05mm以上的裂缝时，应采取有效的补修措施，予以补修。

七、因焊口不正造成的分段或整根电杆的弯曲度均不应超过其对应长度的2‰。超过时应割断调直，重新焊接。

第6.3.3条　电杆的钢圈焊接接头应按设计规定进行防锈处理。设计无规定时，应将钢圈表面铁锈、焊渣及氧化层除净，然后涂刷防锈油漆。

第6.3.4条　混凝土电杆上端应封堵，设计无特殊要求时，下端不封堵，放水孔应打通。

第6.3.5条　以抱箍连接的叉梁，其上端抱箍组装尺寸的允许偏差应为±50mm。分段组合叉梁，组合后应正直，不应有明显的鼓肚、弯曲。横隔梁的组装尺寸允许偏差应为±50mm。

第四节　拉　线

第6.4.1条　采用楔形线夹连接的拉线，安装时应符合下列规定：

一、线夹的舌板与拉线应紧密接触，受力后不应滑动。线夹的凸肚应在尾线侧，安装时不应使线股损伤；

二、拉线弯曲部分不应有明显的松股，其断头应用镀锌铁丝扎牢，线夹尾线宜露出300~500mm，尾线回头后与本线应采取有效方法扎牢或压牢；

三、同组拉线使用两个线夹时，其线夹尾端的方向应统一。

第6.4.2条　拉线采用压接式线夹时，其操作应符合下列规程的规定：

一、液压时应符合国家现行标准《架空送电线路导线及避雷线液压施工工艺规程》（试行）的规定；

二、爆压时应符合国家现行标准《架空电力线路爆炸压接施工工艺规程》(试行)的规定。

第6.4.3条 浇铸合金锚头的拉线应符合下列规定:

一、浇铸前应将锚具内壁和拉线端头的油污、铁锈和附着物清除干净并烘干，拉线端头应散股清洗，清洗的长度不应小于连接部分长度的1.5倍;

二、浇铸时对于合金熔化、浇铸温度以及锚具的预热等应符合有关规定;整只锚具必须一次浇涛完成;

三、锚具浇铸完毕后，出口处的线股不应有明显的松股或叠股。

第6.4.4条 杆塔的多层拉线应在监视下逐层对称调紧，防止过紧或受力不均而使杆塔产生倾斜或局部弯曲。

第6.4.5条 对有初应力规定的拉线应按设计要求的初应力允许范围，在观察杆塔倾斜不超过允许值的情况下进行安装与调整。

第6.4.6条 架线后应对全部拉线进行检查和调整，并应符合下列规定:

一、拉线与拉线棒应呈一直线;

二、X型拉线的交叉点处应留足够的空隙，避免相互磨碰;

三、拉线的对地夹角允许偏差应为1°，个别特殊杆塔拉线需超出1°时应符合设计规定;

四、NUT型线夹带螺母后及花篮螺栓的螺杆必须露出螺纹，并应留有不小于1/2螺杆的螺纹长度，以供运行时调整，在NUT型线夹的螺母上应装设防盗罩，并应将双母拧紧，花篮螺栓应封固;

五、组合拉线的各根拉线受力应一致。

第七章 架线工程

第一节 放 线

(Ⅰ) 一般放线

第7.1.1条 放线过程中，对展放的导线及避雷线应认真进行外观检查。对于制造厂在线上设有的损伤或断头标志的地方，应查明情况妥善处理。

第7.1.2条 跨越电力线、通讯线、铁路、公路和通航河流时，必须有可靠的跨越施工措施。

第7.1.3条 放线滑车的使用应符合下列规定:

一、轮槽尺寸及所用材料应与导线或避雷线相适应，保证导线或避雷线通过时不受损伤;

二、轮槽底部的轮径当展放导线时应符合国家现行标准《放线滑轮直径与槽形》的规定，当采用镀锌钢绞线作避雷线展放时，其滑车轮槽底部的轮径与所放钢绞线直径之比不宜小于15;

三、对于严重上扬或垂直档距甚大处的放线滑车，应进行验算，必要时应采用特制的结构;

四、滑轮应采用滚动轴承，要妥善保管，不得摔碰，使用前应检查并确保其转动灵活。

第7.1.4条 导线在同一处的损伤同时符合下述情况时可不作补修，只将损伤处棱角与毛刺用0#砂纸磨光:

一、铝、铝合金单股损伤深度小于直径的1/2;

二、钢芯铝绞线及钢芯铝合金绞线损伤截面积为导电部分截面积的5%及以下，且强度损失小于4%;

三、单金属绞线损伤截面积为4%及以下。

注：①"同一处"损伤截面积是指该损伤处在一个节距内的每股铝丝沿铝股损伤最严重处的深度换算出的截面积总和（下同）。

②损伤深度达到直径的1/2时按断股论。

第7.1.5条 导线在同一处损伤需要补修时，应符合下列规定：

一、导线损伤补修处理标准应符合表7.1.5的规定。

导线损伤补修处理标准 表7.1.5

处理方法 \ 线别（损伤情况）	钢芯铝绞线与钢芯铝合金绞线	铝绞线与铝合金绞线
以缠绕或补修预绞丝修理	导线在同一处损伤的程度已经超过第7.1.4条的规定，但因损伤导致强度损失不超过总拉断力的5%，且截面积损伤又不超过总导电部分截面积的7%时	导线在同一处损伤的程度已经超过第7.1.4条的规定，但因损伤导致强度损失不超过总拉断力的5%时
以补修管补修	导线在同一处损伤的强度损失已经超过总拉断力的5%，但不足17%，且截面积损伤也不超过导电部分截面积的25%时	导线在同一处损伤，强度损失超过总拉断力的5%但不足17%时

二、采用缠绕处理时应符合下列规定：

1. 将受伤处线股处理平整；

2. 缠绕材料应为铝单丝，缠绕应紧密，其中心应位于损伤最严重处，并应将受伤部分全部覆盖。其长度不得小于100mm。

三、采用补修预绞丝处理时应符合以下规定：

1. 将受伤处线股处理平整；

2. 补修预绞丝长度不得小于3个节距，或符合现行国家标准《电力金具》预绞丝中的规定；

3. 补修预绞丝应与导线接触紧密，其中心应位于损伤最严重处，并应将损伤部位全部覆盖。

四、采用补修管补修时应符合下列规定：

1. 将损伤处的线股先恢复原绞制状态；

2. 补修管的中心应位于损伤最严重处，需补修的范围应位于管内各20mm。

3. 补修管可采用液压或爆压，其操作必须符合本规范第6.4.2条的有关规定。

注：导线的总拉断力是指保证计算拉断力。

第7.1.6条 导线在同一处损伤符合下述情况之一时，必须将损伤部分全部割去，重新以接续管连接：

一、导线损失的强度或损伤的截面积超过本规范第7.1.5条采用补修管补修的规定时；

二、连续损伤的截面积或损失的强度都没有超过本规范第7.1.5条以补修管补修的规定，但其损伤长度已超过补修管的能补修范围；

三、复合材料的导线钢芯有断股；

四、金钩、破股已使钢芯或内层铝股形成无法修复的永久变形。

第7.1.7条 作为避雷线的镀锌钢绞线，其损伤应按表7.1.7的规定予以处理。

镀锌钢绞线损伤处理规定 表7.1.7

绞线股数 \ 处理方法	以镀锌铁线缠绕	以补修管补修	锯断重接
7		断1股	断2股
19	断1股	断2股	断3股

（Ⅱ） 张 力 放 线

第 7.1.8 条 电压等级为 330kV 及以上线路工程的分裂导线的展放必须采用张力放线，展放过程导线不准拖地。较低电压等级的线路工程的导线展放宜采用张力放线。在张力放线的操作中除遵守本节所列各条外，尚应符合现行《超高压架空输电线路张力架线施工工艺导则》中的规定。

注：①良导体避雷线应采用张力放线。

②变电所进出口档不应采用张力放线。

第 7.1.9 条 张力放导线用的多轮滑车除应符合国家现行标准《放线滑轮直径与槽形》的规定外，其轮槽宽应能顺利通过接续管及其护套。轮槽应采用挂胶或其他韧性材料。滑轮的磨擦阻力系数不应大于 1.015。磨擦阻力系数接近的滑车，宜使用在同一放线区段内。使用前应逐个检查滑轮，并应保证其转动灵活。

第 7.1.10 条 张力放线区段不宜超过 16 个放线滑车。当不能满足规定时，必须采取有效的防止导线在展放中受压损伤及接续管出口处导线损伤的特殊施工设计。

第 7.1.11 条 牵引导线时，通讯联系必须畅通。重要的交叉跨越、转角塔的塔位应设专人监护。

第 7.1.12 条 张力放线时，接续管通过滑车产生的弯曲不应超过本规范第 7.2.8 条第四款的规定。当达不到规定时接续管应加护套。

第 7.1.13 条 每相导线放完，应在牵张机前将导线临时锚固。为了防止导线因振动而引起的疲劳断股，锚线的水平张力不应超过导线保证计算拉断力的 16%。锚固时同相子导线间的张力应稍有差异，使子导线在空间位置上下错开，与地面净空距离不应小于 5m。

第 7.1.14 条 张力放线、紧线及附件安装时，应防止导线磨损，在容易产生磨损处应采取有效的防止措施。导线磨损的处理应符合下列规定：

一、外层导线线股有轻微擦伤，其擦伤深度不超过单股直径的 1／4，且截面积损伤不超过导电部分截面积的 2%时，可不补修，用不粗于 0#细砂纸磨光表面棱刺。

二、当导线损伤已超过轻微损伤，但在同一处损伤的强度损失尚不超过总拉断力的 8.5%，且损伤截面积不超过导电部分截面积的 12.5%时为中度损伤。中度损伤应采用补修管进行补修，补修时应符合本规范第 7.1.5 条第四款的规定。

三、有下列情况之一时定为严重损伤：

1. 强度损失超过保证计算拉断力的 8.5%；
2. 截面积损伤超过导电部分截面积的 12.5%；
3. 损伤的范围超过一个补修管允许补修的范围；
4. 钢芯有断股；
5. 金钩、破股已使钢芯或内层线股形成无法修复的永久变形。

达到严重损伤时，应将损伤部分全部锯掉，用接续管将导线重新连接。

第二节 连 接

（Ⅰ） 一 般 规 定

第 7.2.1 条 不同金属、不同规格、不同绞制方向的导线或避雷线严禁在一个耐张段内连接。

第 7.2.2 条 当导线或避雷线采用液压或爆压连接时，必须由经过培训并考试合格的技术工人担任。操作完成并自检合格后应在连接管上打上操作人员的钢印。

第 7.2.3 条 导线或避雷线必须使用现行的电力金具配套接续管及耐张线夹进行连接。连接后的握着强度在架线施工前应进行试件试验。试件不得少于 3 组（允许接续管与耐张线夹合为一组试件）。其试验握着强度对液压及爆压都不得小于导线或避雷线保证计算拉断力的 95%。

对小截面导线采用螺栓式耐张线夹及钳接管连接时，其试件应分别制作。螺栓式耐张线夹的握着强度不得小于导线保证计算拉断力的90%。钳接管直线连接的握着强度不得小于导线保证计算拉断力的95%。避雷线的连接强度应与导线相对应。

注：①保证计算拉断力，对选用现行国家标准《铝绞线及钢芯铝绞线》GB1179—83的导线是计算拉断的95%，其他各类绞线则两者相等。

②采用液压施工时，工期相邻的不同工程，当采用同厂家、同批量的导线、避雷线、接续管、耐张线夹及钢模完全没有变化时，可以免做重复性试验。

第7.2.4条 切割导线铝股时严禁伤及钢芯。导线及避雷线的连接部分不得有线股绞制不良、断股、缺股等缺陷。连接后管口附近不得有明显的松股现象。

第7.2.5条 连接前必须将导线或避雷线上连接部分的表面、连接管内壁以及穿管时连接管可能接触到的导线表面用汽油清洗干净。避雷线无油污时可只用棉纱擦拭干净。钢芯有防腐剂或其他附加物的导线，当采用爆压连接时，必须散股用汽油将防腐剂及其他附加物洗净并擦干。

第7.2.6条 采用钳接或液压连接导线时，导线连接部分外层铝股在清洗后应薄薄地涂上一层导电脂，并应用细钢丝刷清刷表面氧化膜，应保留导电脂进行连接。

导电脂必须具备下列性能：

一、中性；

二、流动温度不低于150℃，有一定粘滞性；

三、接触电阻低。

第7.2.7条 采用液压或爆压连接时，在施压或引爆前后必须复查连接管在导线或避雷线上的位置，保证管端与导线或避雷线上的印记在压前与定位印记重合，在压后与检查印记距离符合规定。

第7.2.8条 接续管及耐张线夹压后应检查其外观质量，并应符合下列规定：

一、使用精度不低于0.1mm的游标卡尺测量压后尺寸，其允许偏差必须符合本规范第7.2.11条、第7.2.13条及国家现行标准《架空电力线路爆炸压接施工工艺规程》（试行）的规定；

二、飞边、毛刺及表面未超过允许的损伤应锉平并用砂线磨光；

三、爆压管爆后出现裂缝或穿孔必须割断重接；

四、弯曲度不得大于2%，有明显弯曲时应校直，校直后的连接管严禁有裂纹，达不到规定时应割断重接；

五、压后锌皮脱落时应涂防锈漆。

第7.2.9条 在一个档距内每根导线或避雷线上只允许有一个接续管和三个补修管，当张力放线时不应超过两个补修管，并应满足下列规定：

一、各类管与耐张线夹间的距离不应小于15m；

二、接续管或补修管与悬垂线夹的距离不应小于5m；

三、接续管或补修管与间隔棒的距离不宜小于0.5m；

四、宜减少因损伤而增加的接续管。

（Ⅱ） 钳 压 连 接

第7.2.10条 钳压的压口位置及操作顺序应按图7.2.10进行。连接后端头的绑线应保留。

第7.2.11条 钳压管压口数及压后尺寸的数值必须符合表7.2.11的规定。压后尺寸允许偏差应为±0.5mm。

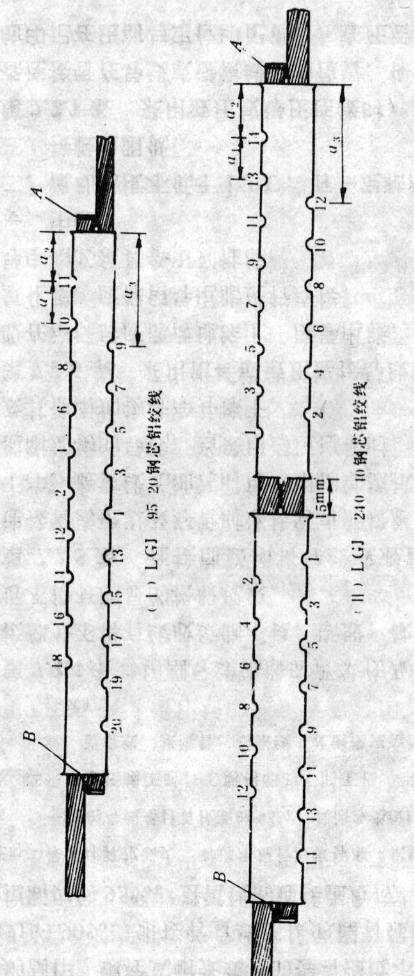

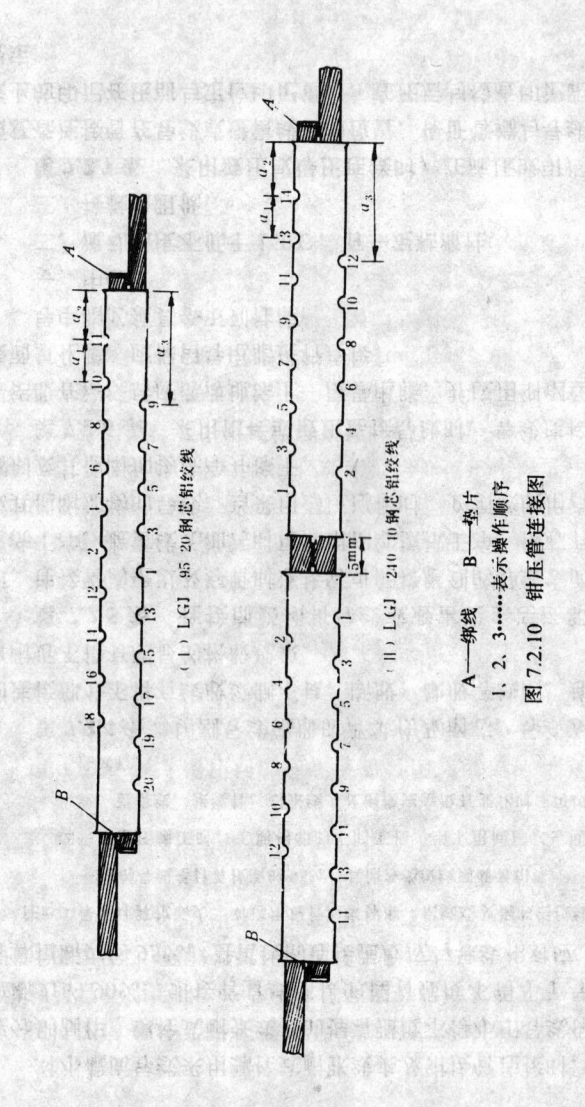

A—绑线　B—垫片
1、2、3……表示操作顺序
图 7.2.10　钳压管连接图

钢芯铝绞线钳压压口数及压后尺寸　　表 7.2.11

管型号	适用导线		压模数	压后尺寸 D(mm)	钳压部位尺寸(mm)		
	型号	外径 (mm)			a_1	a_2	a_3
JT—95／15	LGJ—95／15	13.61	20	29.0	54	61.5	142.5
JT—95／20	LGJ—95／20	13.87	20	29.0	54	61.5	142.5
JT—120／20	LGJ—120／20	15.07	24	33.0	62	67.5	160.5
JT—150／20	LGJ—150／20	16.67	24	33.6	64	70.0	166.0
JT—150／25	LGJ—150／25	17.10	24	36.0	64	70.0	166.0
JT—185／25	LGJ—185／25	18.90	26	39.0	66	74.5	173.5
JT—185／30	LGJ—185／30	18.88	26	39.0	66	74.5	173.5
JT—240／30	LGJ—240／30	21.60	14×2	43.0	62	68.5	161.5
JT—240／40	LGJ—240／40	21.66	14×2	43.0	62	68.5	161.5

（Ⅲ）液压连接

第 7.2.12 条　采用液压导线或避雷线的接续管、耐张线夹及补修管等连接时，必须符合国家现行标准《架空送电线路导线及避雷线液压施工工艺规程》（试行）的规定。

第 7.2.13 条　各种液压管压后呈正六边形，其对边距 S 的允许最大值可根据下式计算：

$$S=0.866\times0.993D+0.2(\mathrm{mm}) \tag{7.2.13}$$

式中　D——管外径（mm）；

S——对边距（mm）。

但三个对边距只允许一个达到最大值，超过规定时应查明原因，割断重接。

（Ⅳ）爆压连接

第 7.2.14 条 当采用爆压导线或避雷线的连接管、耐张线夹及补修管等连接时，必须符合国家现行标准《架空电力线路爆炸压接施工工艺规程》(试行) 的规定。

第 7.2.15 条 爆压连接所使用的接续管、耐张线夹必须与所连接的导线或避雷线相适应。在架线前除按本规范第 7.2.3 条的规定进行试件制作并鉴定其拉力外，尚应进行解剖检查，钢芯不得有损伤。

第 7.2.16 条 爆压后的质量应符合国家现行标准《架空电力线路爆炸压接施工工艺规程》(试行) 的规定，不合格时必须割断重接。

第三节 紧 线

第 7.3.1 条 紧线施工应在基础混凝土强度达到设计规定，全紧线段内的杆塔已经全部检查合格后方可进行。

第 7.3.2 条 紧线施工前应根据施工荷载验算耐张、转角型杆塔强度，必要时应装设临时拉线或进行补强。采用直线杆塔紧线时，应采用设计允许的杆塔做紧线临锚杆塔。

第 7.3.3 条 弧垂观测档的选择应符合下列规定:

一、紧线段在 5 档及以下时靠近中间选择一档;

二、紧线段在 6～12 档时靠近两端各选择一档;

三、紧线段在 12 档以上时靠近两端及中间各选择一档;

四、观测档宜选档距较大和悬挂点高差较小及接近代表档距的线档;

五、弧垂观测档的数量可以根据现场条件适当增加，但不得减少。

第 7.3.4 条 观测弧垂时的实测温度应能代表导线或避雷线的温度，温度应在观测档内实测。

第 7.3.5 条 挂线时对于孤立档、较小耐张段及大跨越的过牵引长度应符合下列规定:

一、耐张段长度大于 300m 时过牵引长度宜为 200mm;

二、耐张段长度为 200～300m 时，过牵引长度不宜超过耐张段长度的 0.5‰;

三、耐张段长度在 200m 以内时，过牵引长度应根据导线的安全系数不小于 2 的规定进行控制，变电所进出口档除外;

四、大跨越档的过牵引值由设计确定。

第 7.3.6 条 紧线弧垂在挂线后应随即在该观测档检查，其允许偏差应符合下列规定:

一、一般情况下应符合表 7.3.6 的规定。

弧垂允许偏差 **表 7.3.6**

线路电压等级	110kV	220kV 及以上
允许偏差	+5%,−2.5%	±2.5%

二、跨越通航河流的大跨越档其弧垂允许偏差不应大于 ±1%，其正偏差值不应超过 1m。

第 7.3.7 条 导线或避雷线各相间的弧垂应力求一致，当满足本规范第 7.3.6 条的弧垂允许偏差标准时，各相间弧垂的相对偏差最大值不应超过下列规定:

一、一般情况下应符合表 7.3.7 的规定。

二、跨越通航河流大跨越档的相间弧垂最大允许偏差应为 500mm。

第 7.3.8 条 相分裂导线同相子导线的弧垂应力求一致，在满足本规范第 7.3.6 条弧垂允许偏差标准时，其相对偏差应符合下列规定:

相间弧垂允许不平衡最大值 **表 7.3.7**

线路电压等级	110kV	220kV 及以上
相间弧垂允许偏差值(mm)	200	300

注：对避雷线是指两线间。

一、不安装间隔棒的垂直双分裂导线，同相子导线间的弧垂允许偏差应为 $^{+100}_{0}$ mm。

二、安装间隔棒的其他形式分裂导线同相子导线的弧垂允许偏差应符合下列规定:

1. 220kV 为 80mm;

2. 330～500kV 为 50mm。

第 7.3.9 条 架线后应测量导线对被跨越物的净空距离，计入导线蠕变伸长换算到最大弧垂时，必须符合设计规定。

第 7.3.10 条 连续上(下)山坡时的弧垂观测，当设计有特殊规定时按设计规定观测。其允许偏差值应符合本节的有关规定。

第四节 附件安装

第 7.4.1 条 绝缘子安装前应逐个将表面清擦干净，并应进行外观检查。对瓷绝缘子尚应用不低于 5000V 的兆欧表逐个进绝缘测定。在干燥情况下绝缘电阻小于 500MΩ 者，不得安装使用。安装时应检查碗头、球头与弹簧销子之间的间隙。在安装好弹簧销子的情况下球头不得自碗头中脱出。验收前应清除瓷（玻璃）表面的泥垢。

第 7.4.2 条 金具的镀锌层有局部碰损、剥落或缺锌，应除锈后补刷防锈漆。

第 7.4.3 条 采用张力放线的工程，其耐张绝缘子串的挂线，宜采用平衡挂线法施工。

第 7.4.4 条 为了防止导线或避雷线因风振而受损伤，弧垂合格后应及时安装附件。附件（包括间隔棒）安装时间不应超过 5 天。大跨越永久性防振装置难于立即安装时，应会同设计单位采用临时防振措施。

第 7.4.5 条 悬垂线夹安装后，绝缘子串应垂直地平面。个别情况其顺线路方向与垂直位置的位移不应超过 5°，且最大偏移值不应超过 200mm。连续上下山坡处杆塔上的悬垂线夹的安装位置应符合设计规定。

第 7.4.6 条 绝缘子串、导线及避雷线上的各种金具上的螺栓、穿钉及弹簧销子除有固定的穿向外，其余穿向应统一，并应符合下列规定:

一、悬垂串上的弹簧销子一律向受电侧穿入。螺栓及穿钉凡能顺线路方向穿入者一律宜向受电侧穿入，特殊情况两边线由内向外，中线由左向右穿入;

二、耐张串上的弹簧销子、螺栓及穿钉一律由上向下穿，特殊情况由内向外，由左向右;

三、分裂导线上的穿钉、螺栓一律由线束外侧向内穿;

四、当穿入方向与当地运行单位要求不一致时，可按当地运行单位的要求，但应在开工前明确规定。

第 7.4.7 条 金具上所用的闭口销的直径必须与孔径配合，且弹力适度。

第 7.4.8 条 各种类型的铝质绞线，在与金具的线夹夹具夹紧时，除并沟线夹及使用预绞丝护线条外，安装时应在铝股外缠绕铝包带，缠时应符合下列规定:

一、铝包带应紧密缠绕，其缠绕方向应与外层铝股的绞制方向一致;

二、所缠铝包带可露出夹口，但不应超过 10mm，其端头应回夹于线夹内压住。

第 7.4.9 条 安装预绞丝护线条时，每条的中心与线夹中心应重合，对导线包裹应紧固。

第 7.4.10 条 防振锤及阻尼线应与地面垂直，其安装距离偏差不应大于 ±30mm。

第 7.4.11 条 分裂导线的间隔棒的结构面应与导线垂直，安装时应采用准确的方法测量次档距。杆塔两侧第一个间隔棒的安装距离偏差不应大于次档距的 ±1.5%，其余不应大于 ±3%。各相间隔棒安装位置应相互一致。

第 7.4.12 条 绝缘避雷线放电间隙的安装距离偏差不应大于±2mm。

第 7.4.13 条 引流线应呈近似悬链线状自然下垂，其对杆塔及拉线等的电气间隙必须符合设计规定。使用螺栓式耐张线夹时宜采用连引。使用压接引流线线夹时其中间不得有接头。

第 7.4.14 条 铝制引流连板及并沟线夹的连接面应平整、光洁，其安装应符合下列规定：

一、安装前应检查连接面是否平整，耐张线夹引流连板的光洁面必须与引流线夹连板的光洁面接触；

二、应使用汽油清洗连接面及导线表面污垢，并应涂上一层导电脂。用细钢丝刷清除涂有导电脂的表面氧化膜；

三、保留导电脂，并应逐个均匀地拧紧连接螺栓。螺栓的扭矩应符合该产品说明书所列数值。

第八章 接地工程

第 8.0.1 条 接地体的规格及埋深不应小于设计规定。

第 8.0.2 条 不能按原设计图形敷设接地体时，应根据实际施工情况在施工记录上绘制接地装置敷设简图，并应标明其相对位置和尺寸。但原设计图形为环形者仍应呈环形。

第 8.0.3 条 敷设水平接地体宜满足下列规定：

一、在倾斜地形宜沿等高线敷设；

二、两接地体间的平行距离不应小于 5m；

三、接地体铺设应平直。

第 8.0.4 条 垂直接地体应垂直打入，并防止晃动。

第 8.0.5 条 接地装置的连接应可靠，除设计规定的断开点可用螺栓连接外，其余应都用焊接或爆压连接。连接前应清除连接部位的铁锈等附着物。

当采用搭接焊接时，圆钢的搭接长度应为其直径的 6 倍，并应双面施焊；扁钢的搭接长度应为其宽度的 2 倍，并应四面施焊。

当圆钢采用爆压连接时，爆压管的壁厚不得小于 3mm；长度不得小于：搭接时圆钢直径的 10 倍，对接时圆钢直径的 20 倍。

第 8.0.6 条 接地引下线与杆塔的连接应接触良好，并应便于打开测量接地电阻。当引下线直接从架空避雷线引下时，引下线应紧靠杆身，并应每隔一定距离与杆身固定一次。

第 8.0.7 条 接地电阻的测量方法应执行现行接地装置规程的有关规定。当设计对接地电阻已经考虑了季节系数时，则所测得的接地电阻值应符合换算后的要求。

第九章　工 程 验 收

第一节　验 收 检 查

第 9.1.1 条　在施工班组自检的基础上，工程验收检查一般应按以下三个程序进行:

一、隐蔽工程验收检查;

二、中间验收检查;

三、竣工验收检查。

第 9.1.2 条　隐蔽工程验收检查，应在隐蔽前进行。下列项目为隐蔽工程:

一、基础坑深及地基处理情况。

二、现场浇筑基础中钢筋和预埋件的规格、尺寸、数量、位置、保护层厚度、底座断面尺寸以及混凝土的浇筑质量。

三、预制基础中钢筋和预埋件的规格、数量、安装位置、立柱倾斜与组装质量。

四、岩石基础的成孔尺寸、孔深、埋入铁件及混凝土浇筑质量。

五、液压与爆压的接续管及耐张线夹:

1. 连接前的内、外径，长度;
2. 管及线的清洗情况;
3. 钢管在铝管中的位置;
4. 钢芯与铝线端头在连接管中的位置。

六、导线或避雷线补修处线股损伤情况。

七、接地体的埋设情况。

第 9.1.3 条　中间验收检查应在施工班完成一个或数个分部项目（基础、杆塔组立、架线、接地）后进行。中间验收检查包括下列项目:

一、铁塔基础:

1. 基础地脚螺栓或主角钢的根开及对角线的距离偏差，同组地脚螺栓中心对立柱中心的偏移;
2. 基础顶面或主角钢操平印记的相互高差;
3. 基础立柱断面尺寸;
4. 整基基础的中心位移及扭转;
5. 混凝土强度;
6. 回填土情况。

二、杆塔及拉线:

1. 混凝土电杆焊接后焊接弯曲度及焊口焊接质量;
2. 混凝土电杆的根开偏差，迈步及整基对中心桩的位移;
3. 结构倾斜;
4. 双立柱杆塔横担与主柱连接处的高差及立柱弯曲;
5. 各部件规格及组装质量;
6. 螺栓紧固程度、穿入方向、打冲等;
7. 拉线的方位、安装质量及初应力情况;
8. NUT 线夹螺栓、花篮螺栓的可调范围;
9. 保护帽浇筑情况;
10. 回填土情况。

三、架线:

1. 弧垂各项偏差;
2. 悬垂绝缘子串倾斜、绝缘子清洗及绝缘测定;
3. 金具的规格、安装位置及连接质量，螺栓、穿钉及弹簧销子的穿入方向;
4. 杆塔在架线后的偏斜与挠曲;
5. 引流线连接质量、弧垂及对各部位的电气间隙;
6. 接头和补修的位置及数量;
7. 防振装置的安装位置、数量及质量;

8. 间隔棒的安装位置及质量；

9. 导线及避雷线的换位情况；

10. 线路对建筑物的接近距离；

11. 导线对地及跨越物的距离。

四、接地：

1. 实测接地电阻值；

2. 接地引下线与杆塔连接情况。

第 9.1.4 条 竣工验收检查应在全工程或其中一段各分部工程全部结束后进行。除中间验收检查所列各项外，竣工验收检查时尚应检查下列项目：

一、中间验收检查中有关问题的处理情况；

二、障碍物的处理情况；

三、杆塔上的固定标志；

四、临时接地线的拆除；

五、各项记录；

六、遗留未完的项目。

第二节 竣 工 试 验

第 9.2.1 条 工程在竣工验收检查合格后，应进行下列电气试验：

一、测定线路绝缘电阻；

二、核对线路相位；

三、测定线路参数和高频特性（具体内容根据需要确定）；

四、电压由零升至额定电压，但无条件时可不做；

五、以额定电压对线路冲击合闸三次；

六、带负荷试运行 24 小时。

第 9.2.2 条 线路未经竣工验收检查及试验判定合格前不得投入运行。

第三节 工程移交资料

第 9.3.1 条 工程竣工后应移交下列资料：

一、修改后的竣工图；

二、设计变更通知单；

三、原材料和器材出厂质量合格证明和试验记录；

四、代用材料清单；

五、工程试验报告和记录；

六、未按设计施工的各项明细表及附图；

七、施工缺陷处理明细表及附图。

第 9.3.2 条 工程竣工时应将下列施工原始记录移交给建设单位：

一、隐蔽工程验收检查记录；

二、杆塔的偏斜与挠曲；

三、架线弧垂；

四、导线及避雷线的接头和补修位置及数量；

五、引流线弧垂及对杆塔各部的电气间隙；

六、线路对跨越物的距离及对建筑物的接近距离；

七、接地电阻测量记录及未按设计施工的实际情况简图。

附录　本规范用词说明

一、为便于执行本规范条文时区别对待，对要求严格程度不同的用词说明如下：

1. 表示很严格，非这样作不可的用词：
   正面词采用“必须”；
   反面词采用“严禁”。
2. 表示严格，在正常情况下均应这样作的用词：
   正面词采用“应”；
   反面词采用“不应”或“不得”。
3. 对表示允许稍有选择，在条件许可时首先应这样作的用词：
   正面词采用“宜”或“可”；
   反面词采用“不宜”。

二、条文中指明应按其他有关标准规范的规定执行，其一般写法为，“应符合……要求或规定”。

附加说明

本规范主编单位、参加单位和主要起草人名单

主编单位：能源部电力建设研究所
参加单位：能源部超高压输变电建设公司
主要起草人：高学廉

中华人民共和国国家标准

电气装置安装工程
低压电器施工及验收规范

Code for construction and acceptance of cow-voltage apparatus electric equipment installation engineering

GB 50254—96

主编部门：中华人民共和国电力工业部

批准部门：中华人民共和国建设部

施行日期：1996年12月1日

关于发布《电气装置安装工程低压电器施工及验收规范》等四项国家标准的通知

建标[1996]337号

根据国家计委计综[1986]2630号文和建设部(91)建标技字第6号文的要求，由电力工业部会同有关部门共同修订的《电气装置安装工程低压电器施工及验收规范》等四项标准，已经有关部门会审。现批准《电气装置安装工程低压电器施工及验收规范》GB 50254—96、《电气装置安装工程电力变流设备施工及验收规范》GB 50255—96、《电气装置安装工程起重机电气装置施工及验收规范》GB 50256—96和《电气装置安装工程爆炸和火灾危险环境电气装置施工及验收规范》GB 50257—96为强制性国家标准，自一九九六年十二月一日起施行。原《电气装置安装工程施工及验收规范》GBJ 232—82中第七篇"低压电器篇"、第六篇"硅整流装置篇"、第八篇"起重机电气装置篇"、第十六篇"爆炸和火灾危险场所电气装置篇"同时废止。

本规范由电力工业部负责管理，具体解释等工作由电力部电力建设研究所负责，出版发行由建设部标准定额研究所负责组织。

中华人民共和国建设部

一九九六年六月五日

1 总 则

1.0.1 为保证低压电器的安装质量,促进施工安装技术的进步,确保设备安装后的安全运行,制订本规范。

1.0.2 本规范适用于交流 50Hz 额定电压 1200V 及以下、直流额定电压为 1500V 及以下且在正常条件下安装和调整试验的通用低压电器。不适用于无需固定安装的家用电器、电力系统保护电器、电工仪器仪表、变送器、电子计算机系统及成套盘、柜、箱上电器的安装和验收。

1.0.3 低压电器的安装,应按已批准的设计进行施工。

1.0.4 低压电器的运输、保管,应符合现行国家有关标准的规定;当产品有特殊要求时,应符合产品技术文件的要求。

1.0.5 低压电器设备和器材在安装前的保管期限,应为一年及以下;当超期保管时,应符合设备和器材保管的专门规定。

1.0.6 采用的设备和器材,均应符合国家现行技术标准的规定,并应有合格证件,设备应有铭牌。

1.0.7 设备和器材到达现场后,应及时做下列验收检查:

1.0.7.1 包装和密封应良好。

1.0.7.2 技术文件应齐全,并有装箱清单。

1.0.7.3 按装箱清单检查清点,规格、型号,应符合设计要求;附件、备件应齐全。

1.0.7.4 按本规范要求做外观检查。

1.0.8 施工中的安全技术措施,应符合国家现行有关安全技术标准及产品技术文件的规定。

1.0.9 与低压电器安装有关的建筑工程的施工,应符合下列要求:

1.0.9.1 与低压电器安装有关的建筑物、构筑物的建筑工程质量,应符合国家现行的建筑工程施工及验收规范中的有关规定。当设备或设计有特殊要求时,尚应符合其要求。

1.0.9.2 低压电器安装前,建筑工程应具备下列条件:

(1)屋顶、楼板应施工完毕,不得渗漏。

(2)对电器安装有妨碍的模板、脚手架等应拆除,场地应清扫干净。

(3)室内地面基层应施工完毕,并应在墙上标出抹面标高。

(4)环境湿度应达到设计要求或产品技术文件的规定。

(5)电气室、控制室、操作室的门、窗、墙壁、装饰棚应施工完毕,地面应抹光。

(6)设备基础和构架应达到允许设备安装的强度;焊接构件的质量应符合要求,基础槽钢应固定可靠。

(7)预埋件及预留孔的位置和尺寸,应符合设计要求,预埋件应牢固。

1.0.9.3 设备安装完毕,投入运行前,建筑工程应符合下列要求:

(1)门窗安装完毕。

(2)运行后无法进行的和影响安全运行的施工工作完毕。

(3)施工中造成的建筑物损坏部分应修补完整。

1.0.10 设备安装完毕投入运行前,应做好防护工作。

1.0.11 低压电器的施工及验收除按本规范的规定执行外,尚应符合国家现行的有关标准、规范的规定。

2 一般规定

2.0.1 低压电器安装前的检查，应符合下列要求：

2.0.1.1 设备铭牌、型号、规格，应与被控制线路或设计相符。

2.0.1.2 外壳、漆层、手柄，应无损伤或变形。

2.0.1.3 内部仪表、灭弧罩、瓷件、胶木电器，应无裂纹或伤痕。

2.0.1.4 螺丝应拧紧。

2.0.1.5 具有主触头的低压电器，触头的接触应紧密，采用0.05mm×10mm 的塞尺检查，接触两侧的压力应均匀。

2.0.1.6 附件应齐全、完好。

2.0.2 低压电器的安装高度，应符合设计规定；当设计无规定时，应符合下列要求：

2.0.2.1 落地安装的低压电器，其底部宜高出地面 50～100mm。

2.0.2.2 操作手柄转轴中心与地面的距离，宜为 1200～1500mm；侧面操作的手柄与建筑物或设备的距离，不宜小于200mm。

2.0.3 低压电器的固定，应符合下列要求：

2.0.3.1 低压电器根据其不同的结构，可采用支架、金属板、绝缘板固定在墙、柱或其它建筑构件上。金属板、绝缘板应平整；当采用卡轨支撑安装时，卡轨应与低压电器匹配，并用固定夹或固定螺栓与壁板紧密固定，严禁使用变形或不合格的卡轨。

2.0.3.2 当采用膨胀螺栓固定时，应按产品技术要求选择螺栓规格；其钻孔直径和埋设深度应与螺栓规格相符。

2.0.3.3 紧固件应采用镀锌制品，螺栓规格应选配适当，电器的固定应牢固、平稳。

2.0.3.4 有防震要求的电器应增加减震装置；其紧固螺栓应采取防松措施。

2.0.3.5 固定低压电器时，不得使电器内部受额外应力。

2.0.4 电器的外部接线，应符合下列要求：

2.0.4.1 接线应按接线端头标志进行。

2.0.4.2 接线应排列整齐、清晰、美观，导线绝缘应良好、无损伤。

2.0.4.3 电源侧进线应接在进线端，即固定触头接线端；负荷侧出线应接在出线端，即可动触头接线端。

2.0.4.4 电器的接线应采用铜质或有电镀金属防锈层的螺栓和螺钉，连接时应拧紧，且应有防松装置。

2.0.4.5 外部接线不得使电器内部受到额外应力。

2.0.4.6 母线与电器连接时，接触面应符合现行国家标准《电气装置安装工程母线装置施工及验收规范》的有关规定。连接处不同相的母线最小电气间隙，应符合表 2.0.4 的规定。

不同相的母线最小电气间隙 表 2.0.4

额定电压(V)	最小电气间隙(mm)
U≤500	10
500<U≤1200	14

2.0.5 成排或集中安装的低压电器应排列整齐；器件间的距离，应符合设计要求，并应便于操作及维护。

2.0.6 室外安装的非防护型的低压电器，应有防雨、雪和风沙侵入的措施。

2.0.7 电器的金属外壳、框架的接零或接地，应符合现行国家标准《电气装置安装工程接地装置施工及验收规范》的有关规定。

2.0.8 低压电器绝缘电阻的测量，应符合下列规定：

2.0.8.1 测量应在下列部位进行，对额定工作电压不同的电路，应分别进行测量。

(1)主触头在断开位置时,同极的进线端及出线端之间。

(2)主触头在闭合位置时,不同极的带电部件之间、触头与线圈之间以及主电路与同它不直接连接的控制和辅助电路(包括线圈)之间。

(3)主电路、控制电路、辅助电路等带电部件与金属支架之间。

2.0.8.2 测量绝缘电阻所用兆欧表的电压等级及所测量的绝缘电阻值,应符合现行国家标准《电气装置安装工程电气设备交接试验标准》的有关规定。

2.0.9 低压电器的试验,应符合现行国家标准《电气装置安装工程电气设备交接试验标准》的有关规定。

3 低压断路器

3.0.1 低压断路器安装前的检查,应符合下列要求:

3.0.1.1 衔铁工作面上的油污应擦净。

3.0.1.2 触头闭合、断开过程中,可动部分与灭弧室的零件不应有卡阻现象。

3.0.1.3 各触头的接触平面应平整;开合顺序、动静触头分闸距离等,应符合设计要求或产品技术文件的规定。

3.0.1.4 受潮的灭弧室,安装前应烘干,烘干时应监测温度。

3.0.2 低压断路器的安装,应符合下列要求:

3.0.2.1 低压断路器的安装,应符合产品技术文件的规定;当无明确规定时,宜垂直安装,其倾斜度不应大于5°。

3.0.2.2 低压断路器与熔断器配合使用时,熔断器应安装在电源侧。

3.0.2.3 低压断路器操作机构的安装,应符合下列要求:

(1)操作手柄或传动杠杆的开、合位置应正确;操作力不应大于产品的规定值。

(2)电动操作机构接线应正确;在合闸过程中,开关不应跳跃;开关合闸后,限制电动机或电磁铁通电时间的联锁装置应及时动作;电动机或电磁铁通电时间不应超过产品的规定值。

(3)开关辅助接点动作应正确可靠,接触应良好。

(4)抽屉式断路器的工作、试验、隔离三个位置的定位应明显,并应符合产品技术文件的规定。

(5)抽屉式断路器空载时进行抽、拉数次应无卡阻,机械联锁应可靠。

3.0.3 低压断路器的接线,应符合下列要求:

3.0.3.1 裸露在箱体外部且易触及的导线端子，应加绝缘保护。

3.0.3.2 有半导体脱扣装置的低压断路器，其接线应符合相序要求，脱扣装置的动作应可靠。

3.0.4 直流快速断路器的安装、调整和试验，尚应符合下列要求：

3.0.4.1 安装时应防止断路器倾倒、碰撞和激烈震动；基础槽钢与底座间，应按设计要求采取防震措施。

3.0.4.2 断路器极间中心距离及与相邻设备或建筑物的距离，不应小于 500mm。当不能满足要求时，应加装高度不小于单极开关总高度的隔弧板。

在灭弧室上方应留有不小于 1000mm 的空间；当不能满足要求时，在开关电流 3000A 以下断路器的灭弧室上方 200mm 处应加装隔弧板；在开关电流 3000A 及以上断路器的灭弧室上方 500mm 处应加装隔弧板。

3.0.4.3 灭弧室内绝缘衬件应完好，电弧通道应畅通。

3.0.4.4 触头的压力、开距、分断时间及主触头调整后灭弧室支持螺杆与触头间的绝缘电阻，应符合产品技术文件要求。

3.0.4.5 直流快速断路器的接线，应符合下列要求：

(1)与母线连接时，出线端子不应承受附加应力；母线支点与断路器之间的距离，不应小于 1000mm。

(2)当触头及线圈标有正、负极性时，其接线应与主回路极性一致。

(3)配线时应使控制线与主回路分开。

3.0.4.6 直流快速断路器调整和试验，应符合下列要求：

(1)轴承转动应灵活，并应涂以润滑剂。

(2)衔铁的吸、合动作应均匀。

(3)灭弧触头与主触头的动作顺序应正确。

(4)安装后应按产品技术文件要求进行交流工频耐压试验，不得有击穿、闪络现象。

(5)脱扣装置应按设计要求进行整定值校验，在短路或模拟短路情况下合闸时，脱扣装置应能立即脱扣。

4 低压隔离开关、刀开关、转换开关及熔断器组合电器

4.0.1 隔离开关与刀开关的安装，应符合下列要求：

4.0.1.1 开关应垂直安装。当在不切断电流、有灭弧装置或用于小电流电路等情况下，可水平安装。水平安装时，分闸后可动触头不得自行脱落，其灭弧装置应固定可靠。

4.0.1.2 可动触头与固定触头的接触应良好；大电流的触头或刀片宜涂电力复合脂。

4.0.1.3 双投刀闸开关在分闸位置时，刀片应可靠固定，不得自行合闸。

4.0.1.4 安装杠杆操作机构时，应调节杠杆长度，使操作到位且灵活；开关辅助接点指示应正确。

4.0.1.5 开关的动触头与两侧压板距离应调整均匀，合闸后接触面应压紧，刀片与静触头中心线应在同一平面，且刀片不应摆动。

4.0.2 直流母线隔离开关安装，应符合下列要求：

4.0.2.1 垂直或水平安装的母线隔离开关，其刀片均应位于垂直面上；在建筑构件上安装时，刀片底部与基础之间的距离，应符合设计或产品技术文件的要求。当无明确要求时，不宜小于50mm。

4.0.2.2 刀体与母线直接连接时，母线固定端应牢固。

4.0.3 转换开关和倒顺开关安装后，其手柄位置指示应与相应的接触片位置相对应；定位机构应可靠；所有的触头在任何接通位置上应接触良好。

4.0.4 带熔断器或灭弧装置的负荷开关接线完毕后，检查熔断器应无损伤，灭弧栅应完好，且固定可靠；电弧通道应畅通，灭弧触头各相分闸应一致。

5 住宅电器、漏电保护器及消防电气设备

5.0.1 住宅电器的安装应符合下列要求：

5.0.1.1 集中安装的住宅电器，应在其明显部位设警告标志。

5.0.1.2 住宅电器安装完毕，调整试验合格后，宜对调整机构进行封锁处理。

5.0.2 漏电保护器的安装、调整试验应符合下列要求：

5.0.2.1 按漏电保护器产品标志进行电源侧和负荷侧接线。

5.0.2.2 带有短路保护功能的漏电保护器安装时，应确保有足够的灭弧距离。

5.0.2.3 在特殊环境中使用的漏电保护器，应采取防腐、防潮或防热等措施。

5.0.2.4 电流型漏电保护器安装后，除应检查接线无误外，还应通过试验按钮检查其动作性能，并应满足要求。

5.0.3 火灾探测器、手动火灾报警按钮、火灾报警控制器、消防控制设备等的安装，应按现行国家标准《火灾自动报警系统施工及验收规范》执行。

6 低压接触器及电动机起动器

6.0.1 低压接触器及电动机起动器安装前的检查，应符合下列要求：

6.0.1.1 衔铁表面应无锈斑、油垢；接触面应平整、清洁。可动部分应灵活无卡阻；灭弧罩之间应有间隙；灭弧线圈绕向应正确。

6.0.1.2 触头的接触应紧密，固定主触头的触头杆应固定可靠。

6.0.1.3 当带有常闭触头的接触器与磁力起动器闭合时，应先断开常闭触头，后接通主触头；当断开时应先断开主触头，后接通常闭触头，且三相主触头的动作应一致，其误差应符合产品技术文件的要求。

6.0.1.4 电磁起动器热元件的规格应与电动机的保护特性相匹配；热继电器的电流调节指示位置应调整在电动机的额定电流值上，并应按设计要求进行定值校验。

6.0.2 低压接触器和电动机起动器安装完毕后，应进行下列检查：

6.0.2.1 接线应正确。

6.0.2.2 在主触头不带电的情况下，起动线圈间断通电，主触头动作正常，衔铁吸合后应无异常响声。

6.0.3 真空接触器安装前，应进行下列检查：

6.0.3.1 可动衔铁及拉杆动作应灵活可靠、无卡阻。

6.0.3.2 辅助触头应随绝缘摇臂的动作可靠动作，且触头接触应良好。

6.0.3.3 按产品接线图检查内部接线应正确。

6.0.4 采用工频耐压法检查真空开关管的真空度，应符合产品技术文件的规定。

6.0.5 真空接触器的接线，应符合产品技术文件的规定，接地应可靠。

6.0.6 可逆起动器或接触器，电气联锁装置和机械连锁装置的动作均应正确、可靠。

6.0.7 星、三角起动器的检查、调整，应符合下列要求：

6.0.7.1 起动器的接线应正确；电动机定子绕组正常工作应为三角形接线。

6.0.7.2 手动操作的星、三角起动器，应在电动机转速接近运行转速时进行切换；自动转换的起动器应按电动机负荷要求正确调节延时装置。

6.0.8 自耦减压起动器的安装、调整，应符合下列要求：

6.0.8.1 起动器应垂直安装。

6.0.8.2 油浸式起动器的油面不得低于标定油面线。

6.0.8.3 减压抽头在65％～80％额定电压下，应按负荷要求进行调整；起动时间不得超过自耦减压起动器允许的起动时间。

6.0.9 手动操作的起动器，触头压力应符合产品技术文件规定，操作应灵活。

6.0.10 接触器或起动器均应进行通断检查；用于重要设备的接触器或起动器尚应检查其起动值，并应符合产品技术文件的规定。

6.0.11 变阻式起动器的变阻器安装后，应检查其电阻切换程序、触头压力、灭弧装置及起动值，并应符合设计要求或产品技术文件的规定。

7 控制器、继电器及行程开关

7.0.1 控制器的安装应符合下列要求：

7.0.1.1 控制器的工作电压应与供电电源电压相符。

7.0.1.2 凸轮控制器及主令控制器，应安装在便于观察和操作的位置上；操作手柄或手轮的安装高度，宜为800～1200mm。

7.0.1.3 控制器操作应灵活；档位应明显、准确。带有零位自锁装置的操作手柄，应能正常工作。

7.0.1.4 操作手柄或手轮的动作方向，宜与机械装置的动作方向一致；操作手柄或手轮在各个不同位置时，其触头的分、合顺序均应符合控制器的开、合图表的要求，通电后应按相应的凸轮控制器件的位置检查电动机，并应运行正常。

7.0.1.5 控制器触头压力应均匀；触头超行程不应小于产品技术文件的规定。凸轮控制器主触头的灭弧装置应完好。

7.0.1.6 控制器的转动部分及齿轮减速机构应润滑良好。

7.0.2 继电器安装前的检查，应符合下列要求：

7.0.2.1 可动部分动作应灵活、可靠。

7.0.2.2 表面污垢和铁芯表面防腐剂应清除干净。

7.0.3 按钮的安装应符合下列要求：

7.0.3.1 按钮之间的距离宜为50～80mm，按钮箱之间的距离宜为50～100mm；当倾斜安装时，其与水平的倾角不宜小于30°。

7.0.3.2 按钮操作应灵活、可靠、无卡阻。

7.0.3.3 集中在一起安装的按钮应有编号或不同的识别标志，"紧急"按钮应有明显标志，并设保护罩。

7.0.4 行程开关的安装、调整，应符合下列要求：

7.0.4.1 安装位置应能使开关正确动作，且不妨碍机械部件的运动。

7.0.4.2 碰块或撞杆应安装在开关滚轮或推杆的动作轴线上。对电子式行程开关应按产品技术文件要求调整可动设备的间距。

7.0.4.3 碰块或撞杆对开关的作用力及开关的动作行程，均不应大于允许值。

7.0.4.4 限位用的行程开关，应与机械装置配合调整；确认动作可靠后，方可接入电路使用。

8 电阻器及变阻器

8.0.1 电阻器的电阻元件,应位于垂直面上。电阻器垂直叠装不应超过四箱;当超过四箱时,应采用支架固定,并保持适当距离;当超过六箱时应另列一组。有特殊要求的电阻器,其安装方式应符合设计规定。电阻器底部与地面间,应留有间隔,并不应小于150mm。

8.0.2 电阻器与其它电器垂直布置时,应安装在其它电器的上方,两者之间应留有间隔。

8.0.3 电阻器的接线,应符合下列要求:

8.0.3.1 电阻器与电阻元件的连接应采用铜或钢的裸导体,接触应可靠。

8.0.3.2 电阻器引出线夹板或螺栓应设置与设备接线图相应的标志;当与绝缘导线连接时,应采取防止接头处的温度升高而降低导线的绝缘强度的措施。

8.0.3.3 多层叠装的电阻箱的引出导线,应采用支架固定,并不得妨碍电阻元件的更换。

8.0.4 电阻器和变阻器内部不应有断路或短路;其直流电阻值的误差应符合产品技术文件的规定。

8.0.5 变阻器的转换调节装置,应符合下列要求:

8.0.5.1 转换调节装置移动应均匀平滑、无卡阻,并应有与移动方向相一致的指示阻值变化的标志。

8.0.5.2 电动传动的转换调节装置,其限位开关及信号联锁接点的动作应准确和可靠。

8.0.5.3 齿链传动的转换调节装置,可允许有半个节距的串动范围。

8.0.5.4 由电动传动及手动传动两部分组成的转换调节装置,应在电动及手动两种操作方式下分别进行试验。

8.0.5.5 转换调节装置的滑动触头与固定触头的接触应良好,触头间的压力应符合要求,在滑动过程中不得开路。

8.0.6 频敏变阻器的调整,应符合下列要求:

8.0.6.1 频敏变阻器的极性和接线应正确。

8.0.6.2 频敏变阻器的抽头和气隙调整,应使电动机起动特性符合机械装置的要求。

8.0.6.3 频敏变阻器配合电动机进行调整过程中,连续起动次数及总的起动时间,应符合产品技术文件的规定。

9 电 磁 铁

9.0.1 电磁铁的铁芯表面，应清洁、无锈蚀。

9.0.2 电磁铁的衔铁及其传动机构的动作应迅速、准确和可靠，并无卡阻现象。直流电磁铁的衔铁上，应有隔磁措施。

9.0.3 制动电磁铁的衔铁吸合时，铁芯的接触面应紧密地与其固定部分接触，且不得有异常响声。

9.0.4 有缓冲装置的制动电磁铁，应调节其缓冲器道孔的螺栓，使衔铁动作至最终位置时平稳、无剧烈冲击。

9.0.5 采用空气隙作为剩磁间隙的直流制动电磁铁，其衔铁行程指针位置应符合产品技术文件的规定。

9.0.6 牵引电磁铁固定位置应与阀门推杆准确配合，使动作行程符合设备要求。

9.0.7 起重电磁铁第一次通电检查时，应在空载(周围无铁磁物质)的情况下进行，空载电流应符合产品技术文件的规定。

9.0.8 有特殊要求的电磁铁，应测量其吸合与释放电流，其值应符合产品技术文件的规定及设计要求。

9.0.9 双电动机抱闸及单台电动机双抱闸电磁铁动作应灵活一致。

10 熔 断 器

10.0.1 熔断器及熔体的容量，应符合设计要求，并核对所保护电气设备的容量与熔体容量相匹配；对后备保护、限流、自复、半导体器件保护等有专用功能的熔断器，严禁替代。

10.0.2 熔断器安装位置及相互间距离，应便于更换熔体。

10.0.3 有熔断指示器的熔断器，其指示器应装在便于观察的一侧。

10.0.4 瓷质熔断器在金属底板上安装时，其底座应垫软绝缘衬垫。

10.0.5 安装具有几种规格的熔断器，应在底座旁标明规格。

10.0.6 有触及带电部分危险的熔断器，应配齐绝缘抓手。

10.0.7 带有接线标志的熔断器，电源线应按标志进行接线。

10.0.8 螺旋式熔断器的安装，其底座严禁松动，电源应接在熔芯引出的端子上。

11 工程交接验收

11.0.1 工程交接验收时，应符合下列要求：

11.0.1.1 电器的型号、规格符合设计要求。

11.0.1.2 电器的外观检查完好，绝缘器件无裂纹，安装方式符合产品技术文件的要求。

11.0.1.3 电器安装牢固、平正，符合设计及产品技术文件的要求。

11.0.1.4 电器的接零、接地可靠。

11.0.1.5 电器的连接线排列整齐、美观。

11.0.1.6 绝缘电阻值符合要求。

11.0.1.7 活动部件动作灵活、可靠，联锁传动装置动作正确。

11.0.1.8 标志齐全完好、字迹清晰。

11.0.2 通电后，应符合下列要求：

11.0.2.1 操作时动作应灵活、可靠。

11.0.2.2 电磁器件应无异常响声。

11.0.2.3 线圈及接线端子的温度不应超过规定。

11.0.2.4 触头压力、接触电阻不应超过规定。

11.0.3 验收时，应提交下列资料和文件：

11.0.3.1 变更设计的证明文件。

11.0.3.2 制造厂提供的产品说明书、合格证件及竣工图纸等技术文件。

11.0.3.3 安装技术记录。

11.0.3.4 调整试验记录。

11.0.3.5 根据合同提供的备品、备件清单。

附加说明

本规范主编单位、参加单位和主要起草人名单

主 编 单 位： 电力工业部电力建设研究所

参 加 单 位： 机械工业部机械安装总公司第一安装公司
电力工业部上海电力建设局

主要起草人： 李志耕　朱皓东　马家祚　马长瀛

中华人民共和国国家标准

电气装置安装工程
低压电器施工及验收规范

GB 50254—96

条文说明

修订说明

本规范是根据国家计委计综(1986)2630号文和建设部(91)建标技字第6号文的要求，由电力工业部负责主编，具体由电力工业部电力建设研究所会同有关科研和施工单位对原国家标准《电气装置安装工程施工及验收规范》(GBJ 232—82)中第七篇“低压电器篇”共同修订而成，经建设部1996年6月5日以建标〔1996〕337号文批准，并会同国家技术监督局联合发布。

在本规范的修订过程中，规范修订组进行了广泛的调查研究，认真总结国内近几年来的设计、制造、运行等安装施工方面的实践经验，同时参考了有关国际标准和国外先进标准，针对主要技术问题开展了科学研究与试验验证工作，并广泛地征求了全国有关单位的意见，最后由我部会同有关部门审查定稿。

本规范在执行过程中如发现需要修改和补充之处，请将意见和有关资料寄送电力工业部电力建设研究所(北京良乡，邮编102401)，并抄送电力工业部建设协调司，以便今后修订时参考。

电力工业部

1996年6月

目　次

1　总　则

1.0.1　制订本规范的目的。

1.0.2　本规范适用于交流 50Hz 额定电压 1200V 及以下,直流额定电压为 1500V 及以下的电气设备安装和验收,此适用范围与新修订的国家标准"电工术语"GB 2900—18 相一致。这些通用电气设备系直接安装在建筑物或设备上的,与成套盘、柜内的电气设备安装和验收不同。盘、柜上的电器安装和验收,应符合有关规程、规范的规定。

特殊环境下的低压电器(如防爆电器、热带型、高原型、化工防腐型等),其安装方法尚应符合相应国家现行标准的有关规定。

1.0.3　强调按设计进行安装的基本原则。

1.0.4　妥善运输和保管设备及材料,以防其性能改变、质量变劣,是工程建设的重要环节之一。但运输、保管的具体规定不应由施工及验收规范制订,而应执行国家统一制订的有关规程。

1.0.5　设备和器材在安装前的保管是一项重要的前期工作,施工前做好设备及器材的保管工作便于以后的施工。

设备及器材的保管要求和措施,因其保管的时间长短而不同,故本条明确为设备到达现场后至安装前的保管,其保管期限不超过一年。对需要长期保管的设备和器材,应按其专门规定进行保管。

1.0.6　凡未经有关单位鉴定合格的设备或不符合国家现行技术标准(包括国家标准和地方或行业标准)的原材料、半成品、成品和设备,均不得使用和安装。

1.0.7.1　事先做好检验工作,为顺利施工提供良好条件,首先检查包装和密封应良好。对有防潮要求的包装应及时检查,发现问题及时处理，以防受潮影响施工。

1.0.7.2 每台设备出厂时，应附有产品合格证明书、安装使用说明书，复杂设备带有试验记录和装箱清单等。

1.0.7.3 规格不符合要求及时更换，附件、备件不全将影响以后的运行，故应及时发现及时解决。

1.0.8 施工现场中的安全技术规程有“电业安全工作规程”、“施工供用电规程”、“消防规程”等，都是施工过程中应遵守的现行有关安全技术标准，认真贯彻、执行这些标准对施工人员的人身安全和设备安全，是非常重要的。

1.0.9 为了避免现场施工混乱，加强施工的管理，实行文明施工，本条提出低压电器安装前，有关的建筑工程应具备的一些具体要求，以便给安装工作创造一个良好的施工条件，这对保证低压电器的安装质量、避免损失、协调电气安装与土建施工的关系是必须的。

1.0.10 本条主要是防止二次装修时造成设备损坏，避免尚未进行设备交接、无人维护造成设备的丢失等，故应采取临时性防护。

2 一般规定

2.0.1 这些规定是必要的施工程序，低压电器经过运输、搬运，有可能损坏，尤其易碎易损件(如瓷座、灭弧罩、绝缘底板等)，为确保安装质量，排除隐患有利于分清责任，保证工程进度，故在安装前应进行检查。

2.0.2 设计施工图一般只给出电气设备平面示意位置，安装高度及与周围的距离要求没有具体规定，根据各地施工经验及调研情况作出距地面高度的规定。

对侧面有操作手柄的电器，为了便于操作和维修，将手柄和建筑物距离规定为不宜小于 200mm。

2.0.3 低压电器虽然种类很多，但其安装固定的基本要求是有共性的，为此将其归纳成一条。

在电气装置安装工程中，设备的“固定”是一个很普通的工序，从目前调研的情况看，设备的固定方式大致有如条文所列几种，故对各种不同的固定方式提出了具体要求。

2.0.4 对低压电气的外部接线提出的基本要求。

2.0.4.1 接线按图施工，对号入座。

2.0.4.3 电源侧的导线接在进线端，即固定触头接线端，负荷侧导线接在出线端，即可动触头接线端，目的为了安全，断电后，以负荷侧不带电为原则。

2.0.4.4 电器的接线螺栓及螺钉的防锈层，系指镀锌、镀铬等金属防护层。

2.0.4.6 大容量电器的引出线端头往往与母线连接，此时由于母线的宽度较大，而接线端子的距离受电器结构尺寸的限制，致使相间距离过小，为了保证母线相间的安全距离，根据《一般工业用低压电气间隙和漏电距离》(JB 911－66，仍在执行)中的有关规定，施工时可将母线弯成侧弯，或截去一角等方法来达到最小净距的要求。

2.0.5 突出对成排或集中安装的低压电器安装时的要求。

2.0.6 对安装在室外的低压电器提出要求。目前我国已制造室外用的低压电器，见《户外低压电器制造技术标准》(JB 2418－78)，但考虑产品的不普遍性，不是所有的低压电器都生产有户外型，为此本条的目的并不排除室内低压电器装于室外的可能，只需满足所提要求即可。

2.0.8 根据国家标准《低压电器基本试验方法》(GB 998－82)编写。

3　低压断路器

3.0.1 此条为低压断路器必须达到基本检查项目，只有满足这些基本要求才能保证一次试运行成功。

3.0.1.1 将衔铁表面的油污擦净可防止衔铁表面粘上灰尘等杂质，否则动作时将出现缝隙，产生响声。

3.0.1.4 烘干时，应将灭弧室的温度控制在不使灭弧室变形为原则。

3.0.2 低压断路器安装的基本要求。

3.0.2.1 低压断路器以垂直安装为多，但近年来由于低压断路器性能的改善，在一些场合有横装的，又如直流快速断路器等为水平装，为此本条不作硬性规定。

3.0.2.2 熔断器安装在电源侧主要是为了检修方便，当断路器检修时不必将母线停电，只需将熔断器拔掉即可。

3.0.2.3 低压断路器操作机构的功能和操作速度直接与触头的闭合速度有关，脱扣装置也比较复杂。为此，将操作机构安装调整要求单列一款以引起重视。

3.0.3 低压断路器的接线，应符合下列要求：

3.0.3.1 塑料外壳断路器在盘、柜外单独安装时，由于接线端子裸露在外部且很不安全，为此在露出的端子部位包缠绝缘带或做绝缘保护罩作为保护。

3.0.3.2 为确保脱扣装置动作可靠，可用试验按钮检查动作情况并做相序匹配调整，必要时应采取抗干扰措施确保脱扣器不误动作。

3.0.4 安装直流快速断路器除执行上面有关条文外，还应符合下列特殊要求。

3.0.4.1 直流断路器较重，吸合时动作力较大，故需采取防震措施，根据调查了解认为对基础槽钢采取防震措施是可行的。

3.0.4.2 直流快速断路器在整流装置中作为短路、过载和逆流保护用的场合较多，为了安装上的需要，根据产品技术说明书及原规范(GJB 232—82)的规定，编写了对距离的要求。

直流快速断弧焰喷射范围大，为此本条规定在断路器上方应有安全隔离措施，无法达到时，则在 3000A 以下断路器的灭弧室上方 200mm 处加装隔弧板；3000A 及以上在上方 500mm 处加装隔弧板。

3.0.4.5 有极性的直流快速断路器，据施工单位反映易接错线，造成断路器误动作或拒绝动作，为此特提出此款，以引起注意。

3.0.4.6 有关耐压试验本应见《电气装置安装工程电气设备交接试验标准》有关的规定，但在其标准中只规定做低压电器与二次回路连结在一起的耐压试验，不做单体部件的耐压试验，故特提出此要求。

模拟短路情况下合闸，可与按《电气装置安装工程电气设备交接试验标准》第二十六章低压电器有关条文规定的试验一起做。

4 低压隔离开关、刀开关、转换开关及熔断器组合电器

4.0.1 本条为隔离开关与刀开关的安装应符合的基本要求。

4.0.1.1 刀开关在水平安装时断弧能力差，故仅在条文规定的几种情况下，方允许水平安装。

4.0.1.2 大电流开关，由于操作力大，触头或刀片的磨损也大，为此一些产品技术文件要求适当加些电力复合脂或中性凡士林以延长使用年限。

4.0.2 本条规定的内容是根据产品技术文件提出的。

4.0.3 本条为转换开关和倒顺开关安装的基本要求。

4.0.4 强调安装后对此种负荷开关所带熔断器及灭弧栅的检查，以确保开关可靠灭弧。

5　住宅电器、漏电保护器及消防电气设备

本章适用于住宅及各类楼、堂、馆、所等建筑物内单独安装的低压电器。

5.0.1　本条是为了确保安全运行、防止乱动设备、提醒人们注意带电设备，小心触电所必须的。

5.0.2　本条是安装漏电保护器的基本要求。

5.0.2.1　对需要有控制电源的漏电保护器，其控制电源取自主回路，当漏电开关断电后加在电压线圈的电源应立即断开，如将电源侧与负荷侧接反即将开关进、出线接反，即使漏电开关断开，仍有电压加在电压线圈上，可能将电压线圈烧毁。

对电磁式漏电开关，进、出线接反虽然对漏电脱扣器无影响，但也会影响漏电开关的接通与分断能力。因此也应按规定接线。

5.0.2.2　带有短路保护功能的漏电保护器，在分断短路电流的过程中，开关电源侧排气孔会有电弧喷出，如果排气孔前方有导电性物质，则会通过导电性物质引起短路事故；如果有绝缘物质则会降低漏电开关的分断能力。因此在安装漏电开关时应保证电弧喷出方向有足够的灭弧距离。

5.0.2.3　在高温场所设置的漏电保护器，例如阳光直射、靠近炉火等，应加装隔热板或调整安装地点；在尘埃多或有腐蚀性气体的场所，应将漏电开关设在有防尘或防腐蚀的保护箱内；如果设置地点湿度很大，则应选用在结构上能防潮的漏电开关，或在漏电开关的外部另加防潮外壳。

5.0.2.4　漏电开关动作可靠方能投入使用。因此安装完毕后，应操作试验按钮，检查漏电开关的动作功能，即使投入运行后也应经常检查其动作功能，确保漏电开关正常运行。

5.0.3　火灾探测器、手动火灾报警按扭、火灾报警控制器、消防控制设备等虽然是低压设备，但均不属于低压电器范畴，因此在征求意见时，有的单位提出这类设备的安装问题，故在此请有关人员执行相关的标准。

6 低压接触器及电动机起动器

6.0.1 低压接触器和电动机起动器在安装前检查时所应达到的，这样就为以后能否顺利的试运行创造了好条件，故此也是最基本的要求。

6.0.1.1 制造厂为了防止铁芯生锈，出厂时在接触器或起动器等电磁铁的铁芯面上涂以较稠的防锈油脂，在通电前必须清除，以免油垢粘住而造成接触器在断电后仍不返回。

6.0.1.4 电动机的保护特性系指电动机反时限允许过载特性。

据向制造厂了解，每个热继电器出厂试验时都进行刻度值校验，一般只做三点(最大值、最小值、中间值)，为此当热继电器作为电动机过载保护时用户不需逐个进行校验，只需按比例调到合适位置即可；当作为重要设备或机组保护时，对热继电器的可靠性、准确性要求较高，按比例调到合适位置恐怕有误差，这时可根据设计要求，进行定值校验。

6.0.2 有间隔的通电是为了防止合闸瞬间，线圈电流大，如果通电时间长，使线圈温升超过允许值而烧毁线圈，故要求有间隔地通电。

6.0.3 真空接触器目前已普遍采用，这些基本要求是根据产品说明提出的。

6.0.4 对新安装和新更换的真空开关管要事先检查其真空度。根据产品说明书要求在 10^{-2}帕(10^{-4}托)以上。可用工频耐压法检查；触头间距 1.8±0.2mm 时，要求耐压 8kV 以上，经三次检查后，不允许有击穿和连续闪络现象。

6.0.5 真空接触器接线时应按出厂接线图接外结导线，接地线可接在固定接地极或地角螺栓上。

6.0.6 可逆电磁起动器或接触器，除有电气联锁外尚有机械联锁，要求此两种联锁动作均应可靠，防止正、反向同时动作，同时吸合将会造成电源短路，烧毁电器及设备。

6.0.7 星、三角起动器是起动器中较为常用的电器，由于电动机接法要变化才能达到降低电压起动的效果，本条为检查其接法和转换时的要求。

6.0.8 本条为自耦减压起动器的安装及调整要求。

6.0.8.3 自耦减压起动器出厂时，其变压器抽头一般接在65%额定电压的抽头上，当轻载起动时，可不必改接；如重载起动，则应将抽头改接制 80%位置上。

用自耦降压起动时，电动机的起动电流一般不超过额定电流3～4 倍，最大起动时间(包括一次或连续累计数)不超过 2min，超过 2min，按产品规定应冷却 4h 后方能再次起动。

6.0.9 本条的要求是对闭合主触头所需的力完全由人力产生的起动器检查的基本要求。

6.0.10 此条系指电磁式、气动式等接触器和起动器，规定主要是检查接触器或起动器在正常工作状态下加力使主触头闭合后，接触器、起动器工作是否正常，否则应及时处理；对重要设备上所用的接触器、起动器检查其起动值，目的在于确保这些接触器、起动器和重要设备可靠运行。

6.0.11 本条要求是确保变阻式起动器正常工作，防止电动机在起动过程中定子或转子开路，影响电动机正常起动所必须的基本要求。

7 控制器、继电器及行程开关

7.0.1 本条控制器系指凸轮控制器和主令控制器。

7.0.1.1 制造厂技术条件规定，有些系列主令控制器适用于交流，不能代替直流控制器使用，为此应检查控制器的工作电压，以免误用。

7.0.1.2 本条规定了操作手柄或手轮的高度，以便操作和观察。调研结果说明，多数工程都能执行规定，但也有少数例外。

7.0.1.3 控制器的特点是操作次数频繁、档位多。例如：KTJ系列交流凸轮控制器的额定操作频率为600次/h，LK18系列主令控制器的额定操作频率为1200/h，故本条提出此要求。

有的操作手柄带有零位自锁装置，这是保安措施。安装完毕后应检查自锁装置能正常工作。

7.0.1.4 为使控制对象能正常工作，应在安装完毕后检查控制器的操作手柄或手轮在不同位置时控制器触头分、合的顺序，应符合控制器的接线图，并在初次带电时再一次检查电动机的转向、速度应与控制器操作手柄位置一致，且符合工艺要求。

7.0.1.5 触头压力、超行程是保证可靠接触的主要参数，但它们因控制器的容量不同而各有差异；而且随着控制器本身质量不断提高，其触头压力一般不会有多大变化。为此本条只要求压力均匀（用手检查）即可，除有特殊要求外，不必测定触头压力，但要求触头超行程不小于产品技术条件的规定。

7.0.1.6 本条是根据制造厂“磨损部分应经常保持一定的润滑”的规定而定，目的是使各转动部件正常工作，减少磨损，延长使用年限，故在控制器初次投入运行时，应对这些部件的润滑情况加以检查。

7.0.2 继电器检查的基本要求。

7.0.3 根据有关按钮安装的要求，规定其安装高度的范围及倾斜安装时的倾斜角要求，其余要求为施工实践及产品技术条件所规定的。

7.0.4 行程开关种类很多，本条为一般常用的行程开关有共性的基本安装要求。

8 电阻器及变阻器

8.0.1 根据产品技术条件，电阻器可以叠装使用，但从散热条件、不降低电阻器容量及箱体机械强度考虑，直接叠装的层数不应超过四箱，超过四箱不能直接靠电阻箱本身的铁皮和框架来承受重量，所以规定应采用支架固定，但也不宜超过六箱，否则运行不安全。另外为了散热方便，电阻器底部与地面之间留有一定散热距离。

8.0.2 电阻器发热后，热气流上升而影响其它电器设备运行，为此电阻器应安装在其它电器的上方，且两者之间应有适当的间隔。

8.0.3 电阻元件最高允许发热温度可达300～350℃，因此元件之间的连接线，应采用裸导线，一般用铜导线或钢导线。

电阻器因其工作环境、用途不同，所以发热情况不一样，为此，其外部接线的施工方法也不是相同的，要根据具体情况来决定，对能产生高温的特殊电阻器，应按产品的技术条件的规定来考虑，但要保持接触可靠。

8.0.4 电阻器与变阻器在运输途中或安装时因搬运不慎而受到机械损伤，因此在安装就位后应对电阻器及变阻器进行检查，不应有断路或短路的现象，必要时，对其阻值应用电桥进行测量，由于实测值与铭牌值之间的误差，各类电阻器及变阻器尚未统一，因此规定应符合产品技术条件的规定。

8.0.5 变阻器的转换调节装置用来改变阻值，以调节电动机的转速或直流发电机的电压。因此对转换调节装置的移动、限位开关、电动传动、手动传动等的功能，均应按产品技术条件的规定进行试验，本条文是列举这些试验的主要要求。

8.0.6 频敏变阻器专供50Hz三相交流绕线型电动机转子回路作短时起动之用。此时起动的电动机负载，可分为轻载(如空压机、水泵等)、中载、重载(如真空泵、带飞轮的电机)和满载四种情况。为了获得最合适的负载起动特性，一般改变绕组匝数的抽头进行粗调，在调整抽头过程中，连续起动次数及总的起动时间，应符合产品技术条件的规定。同时要防止电动机及频敏变阻器过热。

9 电 磁 铁

9.0.1 电磁铁的铁芯表面应保持清洁，工作极面上不得有异物或硬质颗粒，以防衔铁吸合时撞击磁轭，造成极面损伤并产生较大噪声。

9.0.2 本条是对电磁铁动作机构的基本要求。

9.0.3 本条是对制动电磁铁工作状况的基本要求。

9.0.4 长行程制动电磁铁(如 MZSL 系列)，为了避免在通电时受到冲击，制成空气缸，调节气缸下部气道孔的螺钉即改变了气道孔的截面大小，就可以改变衔铁的上升速度，达到平稳、无剧烈冲击的目的。

9.0.5 MZZ5 系列直流制动电磁铁采用空气隙作为剩磁间隙的结构，避免了非磁性垫片被打坏的现象；增加了磁隙指示，有利于产品的维护和调整。安装调整时，应使衔铁行程指针位置符合产品技术条件的规定。

9.0.6 MQ3 系列交流牵引电磁铁适用于交流 50Hz 额定电压至 380V 的电路中作为机械设备及自动化系统中各种操作机构的远距离控制之用。电磁铁的额定行程分为微型(10mm)、小型(20mm)、中型(30mm)、大型(40mm)四级，有的装在管道系统中的阀门上，有的则装在设备上，其共同特点是控制较精确，动作行程短，故电磁铁位置应仔细调整，使其动作符合系统要求。

9.0.8 有特殊要求的电磁铁，如直流串联电磁铁，应测量吸合电流和释放电流，其值应符合设计要求或产品技术规定。通常其吸合电流为传动装置额定电流的 40%，释放电流小于传动装置额定电流的 10%即空载电流。

10 熔 断 器

10.0.1～10.0.4 熔断器种类繁多，安装方式也各异，这几条规定为一般原则要求。

10.0.5 本条规定是以避免配装熔体时出现差错，影响熔断器对电器的正常保护工作。

10.0.7 有些熔断器如 RT－18X 系列断相自动显示报警熔断器，就带有接线标志。电源进线应接在标志指示的一侧。

11 工程交接验收

11.0.1 本条所列要求是检查安装工程的外观质量检查，是检查、试运行前应该达到的基本要求。

11.0.2 本条所列要求是安装工程最终达到的质量要求，只有满足了这些要求才能保证以后的安全运行。

11.0.3 本条对验收时应提交的资料和技术文件提出了具体的规定。

中华人民共和国国家标准

电气装置安装工程 电力变流设备施工及验收规范

Code for construction and acceptance of power convertor equipment electric equipment installation engineering

GB 50255－96

主编部门：中华人民共和国电力工业部
批准部门：中华人民共和国建设部
施行日期：1996年12月1日

关于发布《电气装置安装工程低压电器施工及验收规范》等四项国家标准的通知

建标[1996]337号

根据国家计委计综[1986]2630号文和建设部(91)建标技字第6号文的要求，由电力工业部会同有关部门共同修订的《电气装置安装工程低压电器施工及验收规范》等四项标准，已经有关部门会审。现批准《电气装置安装工程低压电器施工及验收规范》GB 50254－96、《电气装置安装工程电力变流设备施工及验收规范》GB 50255－96、《电气装置安装工程起重机电气装置施工及验收规范》GB 50256－96和《电气装置安装工程爆炸和火灾危险环境电气装置施工及验收规范》GB 50257－96为强制性国家标准，自一九九六年十二月一日起施行。原《电气装置安装工程施工及验收规范》GBJ 232－82中第七篇"低压电器篇"、第六篇"硅整流装置篇"、第八篇"起重机电气装置篇"、第十六篇"爆炸和火灾危险场所电气装置篇"同时废止。

本规范由电力工业部负责管理，具体解释等工作由电力部电力建设研究所负责，出版发行由建设部标准定额研究所负责组织。

中华人民共和国建设部
一九九六年六月五日

1 总 则

1.0.1 为保证电力变流设备安装工程的施工质量,促进工程施工技术水平的提高,确保电力变流设备安全运行,制定本规范。

1.0.2 本规范适用于电力电子器件及变流变压器等组成的电力变流设备安装工程的施工、调试及验收。

1.0.3 电力变流设备的安装,应按已批准的设计进行施工。

1.0.4 电力变流设备及器材的运输、保管,应符合国家现行标准的有关规定。当产品有特殊要求时,尚应符合产品技术文件的要求。

1.0.5 设备及器材在安装前的保管期限,应为一年及以下。当需长期保管时,应符合设备及器材保管的专门规定。

1.0.6 采用的设备及器材,均应符合国家现行技术标准的规定,并应有产品合格证件。设备应有铭牌。

1.0.7 设备及器材到达现场后,应在规定期限内作验收检查,并应符合下列要求:

1.0.7.1 包装及密封应良好。

1.0.7.2 按装箱单检查清点,其规格、数量和技术参数应符合设计要求,附件、备件应齐全。

1.0.7.3 产品的技术文件应齐全,完好无损。

1.0.7.4 按本规范要求,外观检查合格。

1.0.8 施工中的安全技术标准,应符合本规范和现行有关安全技术标准及产品技术文件的规定。对重要的施工项目或工序,尚应制定相应的安全技术措施。

1.0.9 与电力变流设备安装工程有关的建筑工程的施工,应符合下列要求:

1.0.9.1 与电力变流设备安装有关的建筑物和构筑物的建筑工程质量,应符合国家现行的建筑工程的施工及验收规范中的有关规定。

1.0.9.2 设备安装前,建筑工程应具备下列条件:

(1)屋顶、楼板施工完毕,不得有渗漏;

(2)室内地面、门窗、墙壁粉刷等工程应施工完毕,并应符合设计要求;

(3)电力变流设备安装用的基础、沟道、预埋件、预留孔(洞),应符合设计要求;

(4)采暖通风、照明系统等工程,应基本完成,并应符合设计要求;

(5)会损坏已安装的设备或设备安装后不能再进行的装饰工程,应全部结束。

1.0.9.3 设备安装完毕,调试运行前,建筑工程应符合下列要求:

(1)清除构架上的污垢,填补孔洞及装饰工程应结束;

(2)室内抹面工作应结束;

(3)保护性网门、栏杆等安全设施应齐全;

(4)受电后无法进行或影响运行安全的工程,应施工完毕。

1.0.10 设备安装用的紧固件,除地脚螺栓外,应采用镀锌制品。

1.0.11 电力变流设备的施工及验收,除按本规范规定执行外,尚应符合国家现行的有关标准规范的规定。

2 电力变流设备的冷却系统

2.0.1 电力变流设备的油浸冷却系统的安装，应符合下列规定：

2.0.1.1 贮油箱、阀门及管路系统，应无渗漏现象。

2.0.1.2 补充或更换的新油，应符合现行国家标准《电气装置安装工程电气设备交接试验标准》的有关规定。

2.0.1.3 贮油箱油面高度，应与标定的刻度指示线一致。

2.0.1.4 密封用材料应具有耐油性能。

2.0.2 变流装置的进口、出口水管与冷却系统之间，应采用绝缘管连接；当变流装置输出电压在1000V以下时，绝缘管长度不宜小于1.5m。

2.0.3 冷却系统的管道、阀门及管件，在安装前均应吹洗干净；当管道使用无镀层的普通钢管时，管内壁应按设计要求作防腐处理；安装后系统内部应冲洗干净。

2.0.4 电力变流设备水冷却系统的水质，应符合下列要求：

2.0.4.1 设备额定直流电压在630V以下时，电导率不应大于0.5mS/m。

2.0.4.2 设备额定直流电压在630～1000V时，电导率不应大于0.1mS/m。

注：自然水冷却的50V以下设备，电导率不应大于0.04S/m，酸度(pH值)6～9；溶解性总固体含量不应大于1000mg/L，总硬度(以碳酸钙计)应小于450mg/L。

2.0.5 液冷却系统的管路应畅通，在额定压力下，其流量及出口水温应符合产品技术条件的规定。

2.0.6 冷却管路的连接应正确可靠，使用软管连接时应无扭折和裂纹。

2.0.7 变流装置内液冷却系统的管路，应施加200±25kPa压力进行水压试验，时间为30min，管路应无渗漏现象。油浸式油箱，应施加35±5kPa压力进行油压试验，时间为12h，应无渗漏和油箱变形现象。对风冷系统应检查风道畅通、过滤器无堵塞现象。

3 电力变流设备的安装

3.0.1 变流柜及控制柜的安装，应符合现行国家标准《电气装置安装工程盘、柜及二次回路结线施工及验收规范》的有关规定。

3.0.2 变流柜及控制柜与基础连接，宜采用螺栓固定。组合式柜间的连接，应采用螺栓连接。

3.0.3 变流柜的非带电金属部分需接地时，应符合现行国家标准《电气装置安装工程接地装置施工及验收规范》中的有关规定。

3.0.4 变流柜的非带电金属部分需与大地绝缘隔离时，在变流柜周围的地面应作绝缘处理；其变流柜周围的绝缘处理范围及绝缘的耐压强度应符合设计要求；距变流柜 1.5m 的范围内，正常情况下能触及到的管道、电缆等均应采用绝缘层隔开。

3.0.5 变流柜及控制柜就位后，柜内外的污垢应清除干净。临时固定器件的绳索等应拆除。

3.0.6 变流柜及控制柜应进行外观检查，并应符合下列要求：

3.0.6.1 插件板的名称与标志应无错位，插件板内的线路应清晰、洁净、无腐蚀、平滑无毛刺、线条无断裂、无条间粘连；各焊点之间应明显断开；线条间相邻边距离应符合国家现行有关标准的规定。

3.0.6.2 插接件的插头及插座的接触簧片应有弹性，且镀层完好；插接时应接触良好可靠。

3.0.6.3 变流元件、熔断器、继电器、信号灯、绝缘子、风机等器件的型号、规格、数量应符合技术文件的要求，并应完整无损。

3.0.6.4 螺栓连接的导线应无松动，线鼻子压接应牢固无开裂。焊接连接的导线应无脱焊、虚焊、碰壳及短路。

3.0.6.5 元件、器件出厂时调整的定位标志不应错位。

3.0.6.6 固定在冷却电极板或散热器上的电力电子元件应无松动。

3.0.7 抽屉式结构的变流设备盘、柜的安装，应符合下列要求：

3.0.7.1 盘、柜的框架应无变形；抽屉在推、拉操作时应灵活轻便。

3.0.7.2 接插式抽屉的动、静触头的接触面及压力，不应小于产品的规定值。抽屉的机械联锁装置应可靠。抽屉的框架与盘、柜体，应接触良好。

3.0.7.3 抽屉内的印刷电路板插拨时应灵活，接触应可靠。

3.0.8 快速熔断器的型号和规格，不得任意调换或代用。

3.0.9 变流元件更换时，新换上的元件的电气性能，应符合下列要求：

3.0.9.1 新换上的变流元件的管形尺寸，应与被更换的元件一致，其极性连接应正确。

3.0.9.2 正向和通态平均电流，应与被更换的元件一致；反向或正(反)向重复峰值电压，不应低于被更换变流元件值。

3.0.9.3 并联支路的变流元件，正向或通态平均电压宜与被更换的变流元件值一致。

3.0.9.4 串联支路的变流元件，其反向漏电流宜与被更换的变流元件值一致。

3.0.9.5 更换的晶闸管门极的触发电压和电流，宜与被更换的变流元件值一致。其维持电流，应符合产品技术条件的规定。

3.0.10 变流元件的拆装，应符合下列规定：

3.0.10.1 对螺栓型整流管或晶闸管，应使用专用的工具拆装；对平板型整流管或晶闸管，应与散热器同时拆装。

3.0.10.2 装配时，在散热器与变流元件的接触面上宜涂以硅脂；其紧固力矩应符合产品技术条件的要求。

3.0.10.3 整流管或晶闸管的散热器装配后，其相与相之间和相与地(外壳)之间的最小电气间隙，应符合产品技术条件的要求。

3.0.11　电力变流设备的电缆敷设与配线，应符合下列规定：

3.0.11.1　控制电缆、屏蔽电缆及电力电缆的敷设，应符合现行国家标准《电气装置安装工程电缆线路施工及验收规范》的有关规定。

3.0.11.2　晶闸管触发系统的脉冲连线，宜采用绞合线或带屏蔽的绞合线。当采用屏蔽线连接时，其屏蔽层应一端可靠接地。

3.0.11.3　电气回路的接线应正确，配线应美观，接线端子应有清晰的编号；强电与弱电回路应分开，与母线的连接应符合现行国家标准《电气装置安装工程母线装置施工及验收规范》的有关规定。

3.0.12　变流设备中的印刷电路板及电子元件的焊接，应符合下列要求：

3.0.12.1　焊接时严禁使用酸性助焊剂；焊接前应除去焊接处的污垢，并在挂锡后进行焊接。

3.0.12.2　电子元器件的焊接，宜使用不大于30W的快速电烙铁，其操作时间不宜过长。

3.0.12.3　焊接高灵敏度元件时，应使用电压不高于12V的电烙铁。或断开电烙铁电源后再焊接。

3.0.13　电力变流设备中所用的蓄电池的保管、安装及使用，应符合现行国家标准《电气装置安装工程蓄电池施工及验收规范》的有关规定。

4　电力变流设备的试验

4.1　一般规定

4.1.1　本规范中第4.2.1条未规定的试验项目，可按国家现行有关标准或产品技术条件的规定进行试验。

4.1.2　电力变流设备的调试，应在设备安装完毕，且设备和安装的质量均应符合要求后进行。

4.1.3　电力变流设备中变流器、变压器、电缆、高压电器或低压电器等电气设备的交接试验，应符合现行国家标准《电气装置安装工程电气设备交接试验标准》的有关规定。

4.1.4　电力变流设备中的测量仪器、仪表的检验，应符合国家现行标准《电测量指示仪表检验规程》及《电力建设施工及验收技术规范(热工仪表及控制装置篇)》的有关规定。

4.2　变流装置的试验

4.2.1　电力变流设备各类装置的交接试验项目，宜符合表4.2.1的规定。

电力变流设备各类装置的交接试验项目　　表4.2.1

试验项目	类型：可控整流装置	整流装置	变频装置	逆变电源装置
绝缘试验	√	√	√	√
辅助装置的检验	√	√	√	√
轻载试验	√	√	√	√
电压均衡度试验	√	√	√	—

续表 4.2.1

试验项目	类型			
	可控整流装置	整流装置	变频装置	逆变电源装置
低压大电流试验	√	√	√	—
电流均衡度试验	√	√	√	—
控制性能的检验	√	—	√	√
保护系统的协调检验	√	√	√	√
稳定性能的检验	√	—	√	√
音频噪声测量	√	√	√	√

注：①表中符号"√"为需做的试验项目。

②制造厂在出厂试验未进行表 4.2.1 中的试验项目，应在现场交接试验时，由订货单位协调制造厂与安装单位共同进行。

③电力电子开关的试验，可按表 4.2.1 中逆变电源装置的试验项目进行。

4.2.2 绝缘电阻的测量，应符合下列要求：

4.2.2.1 绝缘电阻的测量，应按现行国家标准《电气装置安装工程电气设备交接试验标准》的规定进行，对不同电压等级的设备或回路，应使用相应电压等级的兆欧表进行试验。

4.2.2.2 主回路对二次回路及对地的绝缘电阻值，不应小于1MΩ/kV。

4.2.2.3 二次回路对地的绝缘电阻值，不应小于 1MΩ；在比较潮湿的地方；不宜小于 0.5MΩ。

注：不包括印刷电路板等弱电回路的绝缘电阻测量。

4.2.3 耐压试验，应符合下列要求：

4.2.3.1 交流耐压试验值，应为产品出厂试验电压值的 85%。

4.2.3.2 当不宜施加交流试验电压时，可按规定施加与交流电压峰值相等的直流电压进行试验。

4.2.3.3 耐压试验时，施加电压上升至试验电压值的时间，不应小于 10s；加至试验电压后的持续时间均应为 1min，并应无击穿或闪络现象。

4.2.4 绝缘试验前，对回路中的电子元器件、电容器、压敏电阻、非线性电阻、开关及断路器断口等，均应将其各极短接。对与绝缘试验无电气直接连接的回路或线圈，也应短接，并可靠接地。印刷电路等弱电回路在耐压时，可将其插件板拔出。

4.2.5 辅助装置的检验，应符合下列要求：

4.2.5.1 辅助装置的检验，其绝缘试验应按本规范第 4.2.2～4.2.4 条的规定进行；其他检验工作可采用外施电源进行模拟试验或在轻载试验时同时进行。

4.2.5.2 试验时，可将辅助装置接至额定电压，其运行机能及工作应可靠；测得的有关参数、冷却风机的风速、泵的流量等，应符合设计及产品技术条件的规定。

4.2.6 轻载试验，应符合下列要求：

4.2.6.1 试验可用递升加压，逐步升至设备额定电压，对其设备输出端选用的负载，应能满足所验证的性能要求。加压后对谐波吸收装置的检查，可按国家现行有关标准或产品技术条件的规定进行。

4.2.6.2 试验测得的变流设备静态或输出特性以及控制、保护等性能，均应符合设计及产品技术条件的规定。

4.2.7 电压均衡度试验，应符合下列要求：

4.2.7.1 变流装置的整流臂中有串联整流元件的支路，应作电压均衡度试验，其测试可与轻载或负载试验同时进行。

4.2.7.2 串联连接的整流元件的反向阻断电压、正向阻断电压，可采用瞬态电压测试仪、电子管峰值电压表及示波器等仪器进行测量，其电压均衡度应按下式进行计算，并应符合产品标准的规定：

$$K_u=\frac{\sum U_m}{n_s\cdot(U_m)_M} \tag{4.2.7}$$

式中　K_u —— 电压均衡度；

$\sum U_m$ —— 串联元件承受正(反)向峰值电压的总和(V)；

n_s —— 串联元件数；

$(U_m)_M$ —— 串联元件中分担最大电压值的元件所承受的正(反)向峰值电压(V)。

4.2.8 低压大电流试验，应符合下列要求：

4.2.8.1 试验时，可将变流装置的直流输出端子直接或通过电抗器短路，交流端子所加低压交流电压应加至能产生连续额定直流电流输出；变流装置的控制设备和辅助设备的工作电源，应单独用其额定电压供电。

4.2.8.2 在额定电流下，按产品技术条件规定的连续通电时间检查各部件和主回路各电气连接点的温升，不应超过产品技术条件的规定，且不应有局部过热现象 。

4.2.9 电流均衡度试验，应符合下列要求：

4.2.9.1 当变流装置的整流臂有多只整流元件并联时，应作电流均衡度试验，并应测定其瞬态和稳定电流均衡度。

4.2.9.2 电流均衡度测量，可与低压大电流试验或负载试验同时进行。

4.2.9.3 瞬态电流均衡度，可采用测量电流互感器取样电阻、标准母线段或快速熔断器熔丝上的瞬态电压的方式确定。瞬态电压的测量，可采用瞬态电压测试仪、电子管峰值电压表或示波器进行。

4.2.9.4 稳态电流的测定，可采用钳形电流表测量其电流值或测量标准母线段、快速熔断器熔丝两端的稳态电压降的方式确定。

4.2.9.5 电流均衡度的测定，应以变流装置的额定工况为准。电流均衡度，应按下式进行计算，并应符合产品标准的规定：

$$K_I=\frac{\sum I_a}{n_p\cdot(I_a)_M} \quad (4.2.9)$$

式中　K_I —— 电流均衡度；

$\sum I_a$ —— 并联支路电流的总和(A)；

n_p —— 并联支路数；

$(I_a)_M$ —— 各并联元件中分担最大电流的元件所承担的正向电流(A)。

4.2.10 控制性能的检验，应符合下列要求：

4.2.10.1 变流装置的控制性能，其静态特性可在轻载试验时进行，动态特性应在带负载工况下进行。

4.2.10.2 各种控制特性的测定方法和要求，应符合国家现行有关标准或产品技术条件的规定。

4.2.11 保护系统的协调检验，应符合下列要求：

4.2.11.1 装置电源和变流装置的过流、过压、超速、欠压、低频、断水、停风以及失脉冲等保护设施的检验、调整及整定，可分别在轻载、低压大电流和带负载工况下进行，或可采用外施电源以模拟试验法进行。

4.2.11.2 各类保护的检验调整方法和整定值，可按设计及产品技术条件规定进行。

4.2.12 稳定性能的检验，应符合下列要求：

4.2.12.1 变流装置的电流、电压、频率的稳定性能和误差的检验，应在实际负载条件下进行。

4.2.12.2 当电网电压、交流系统条件及负载变化均在装置允许波动范围内时，测量其工作性能变化和允许误差，均应符合设计及产品技术条件的规定。

4.2.13 音频噪声的测量，应符合下列要求：

4.2.13.1 应在 2m 范围内没有声音反射面的场所进行试验。测量应在正对设备操作面垂直距离 0.5～1m，距地面高度 1.2～1.6m 处至少取两个测试点进行测量；测量时测试话筒应正对设备噪声源，取噪声最大一点的数值作为测试值，其值应符合设计和产品技术条件的规定。当设计和产品技术条件无规定时，变流装置在正常运行时产生的噪声，应符合下列规定：

(1)不需要经常操作、监视或维护的产品不应高于 95dB(A)；

(2)需要经常操作、监视或维护的产品以及需要与具有这种设备安装在一起的产品，不应高于 80dB(A)；

(3)安装在要求安静环境的产品，不应高于 65dB(A)。

4.2.13.2 按现行国家标准《噪声源声功率级的测定》的规定，可采用声级计或其他噪音测量设备进行测量；当采用 A 声级测量时，应避免周围环境噪声对测量结果的干扰。

5 电力变流设备的工程交接验收

5.0.1 工程交接验收时，应按下列要求进行检查：

5.0.1.1 设备试运行的连续时间、试验工况及应测的参数，应符合合同的技术协议或有关技术文件的规定。

5.0.1.2 设备的外观应完整、无缺损。

5.0.1.3 油浸式变流器或变压器应无渗油；油位指示应正常。

5.0.1.4 高压和低压开关的操作机构、传动装置、辅助接点或闭锁装置，应安装牢固；其动作应灵活可靠，位置指示应正确。

5.0.1.5 设备油漆应完整，母线及电缆相色应正确。

5.0.1.6 设备或装置的外壳接地应良好。

5.0.2 工程交接验收时，应提供下列资料和文件：

5.0.2.1 安装试验记录和竣工图纸。

5.0.2.2 设计变更通知等证明文件。

5.0.2.3 产品说明书、产品合格证、出厂试验报告等技术文件。

5.0.2.4 安装检查和安装中器件紧固、修整、更换的记录。

5.0.2.5 调整、检验以及整定值的记录。

5.0.2.6 设备轻载及负载的试运行记录。

附加说明

本规范主编单位、参加单位和主要起草人名单

主 编 单 位： 电力工业部电力建设研究所

参 加 单 位： 电力工业部水电第十二工程局

冶金工业部第三冶金建设公司

主要起草人： 姚 耕 高达勇 陈玉满 马长瀛

中华人民共和国国家标准

电气装置安装工程
电力变流设备施工及验收规范

GB 50255－96

条 文 说 明

修订说明

本规范是根据国家计委计综(1986)2630号文和建设部(91)建标技字第6号文的要求，由电力工业部负责主编，具体由电力工业部电力建设研究所会同有关科研和施工单位对原国家标准《电气装置安装工程施工及验收规范》(GBJ 232—82)中第六篇“硅整流装置篇”共同修订而成，经建设部1996年6月5日以建标[1996]337号文批准，并会同国家技术监督局联合发布。

在本规范的修订过程中，规范修订组进行了广泛的调查研究，认真总结国内近几年来的设计、制造、运行等安装施工方面的实践经验，同时参考了有关国际标准和国外先进标准，针对主要技术问题开展了科学研究与试验验证工作，并广泛地征求了全国有关单位的意见，最后由我部会同有关部门审查定稿。

本规范在执行过程中如发现需要修改和补充之处，请将意见和有关资料寄送电力工业部电力建设研究所(北京良乡，邮编102401)，并抄送电力工业部建设协调司，以便今后修订时参考。

电力工业部

1996年6月

目　次

1 总 则

1.0.1 本条简要地阐明制订本规范的目的。对“电力变流设备”等名词的定义，可参见《电工名词术语 变流器》(GB 2900.33－92)的有关解释。

1.0.2 我国在六十年代中期，就能制造大型成套硅整流装置，以后，逐步在电解工业中取代了水银整流器。近十几年来，半导体工业发展很快，几乎占领了各个领域，适用范围和应用面极广，已不单是整流一种功能，而是迅速发展成为能使电力系统的电压、电流、波形、相数和频率的多个特性发生变化，从而广泛地应用于各行各业。

本规范是在原国家标准《电气装置安装工程施工及验收规范》(GBJ 232－82)第六篇“硅整流装置篇”的基础上，明确了由于电力变流技术发展变化后的适用范围，并改名为《电气装置安装工程电力变流设备施工及验收规范》，以便于安装、调试及验收的应用。

1.0.5 指出本规范所列设备及器材在安装前的保管期限和保管要求。这是考虑到目前国家已有相应的设备及器材保管的有关规定。

1.0.7 原一机部、电力部的有关文件通知：“用户在收到最后一批货物后二个月内，应开箱清点，如发现问题应及时通知制造厂……”。按照这个要求，普遍认为二个月期限太短，对此，一些制造厂对其产品到达现场后的开箱验收检查期限作了具体规定，并有所延长，以满足现场的需要。因此，本条规定“设备及器材到达现场后，应在规定期限内作验收检查”。

1.0.8 本规范的内容是以质量标准和主要的工艺要求为主，有关施工中的安全技术标准，应遵守现行的安全技术规程；对重要的施工项目或工序，由于施工单位的装备和施工环境各不相同，在施工前，还应结合现场的具体情况，事先制定切实可行的施工技术措施。

1.0.9 为了加强管理，实行文明施工，避免现场施工混乱，本条规定了在电力变流设备安装前后对建筑工程的一些具体要求，以提高工程质量，避免损失，协调好建筑工程与安装的关系，这对电力变流设备安装工作的顺利进行，确保安装质量和设备安全是很必要的。

1.0.10 目前镀锌制品使用较普遍，紧固件采用镀锌制品也容易实现。采用镀锌制品后，能提高材料的防锈能力，保证设备的安装质量，提高运行的可靠性，检修时拆卸也较方便，故本条强调了这一要求。至于地脚螺栓现在还没有统一规格，无成品供应，故例外。

2 电力变流设备的冷却系统

2.0.1 为了确保油浸冷却的硅元件等完全浸入冷却油内，达到冷却目的，对绝缘油的性能要求，是为保证在运行中绝缘性能可靠。2.0.1.1 和 2.0.1.4 的要求是防止油渗漏影响或降低冷却性能。

2.0.2 变流装置的进口、出口水管与冷却系统之间，应用绝缘管连接，是由于冷却水的进口、出口之间存在着电位差而采取的绝缘措施，除此之外为便于安装和维护。

2.0.3 对冷却系统的管道、阀门及管件的要求，是为防止当它们有杂物或锈层脱落时影响整流装置的冷却效果。

2.0.4 电力变流设备水冷却系统的水质要求，是参照国家标准《半导体变流器基本要求的规定》(GB 3859.1—93)的有关规定制订的。其中计量单位：m S/m 为毫西/米，S/m 为西/米，mg/L 为毫克/升。

2.0.5 检验液冷系统是否由于管路堵塞或弯曲等原因，使管路中水或油的阻力增大，流量减小，影响散热效果。

2.0.6 冷却管路的连接除确保水或油畅通外，连接正确可靠极为重要。例如：整流元件冷却系统的组合和数量分配对冷却效果起重要作用。

2.0.7 对变流装置内液冷系统管路的压力试验及对风冷系统的检查要求，是参照国家标准《半导体变流器基本要求的规定》(GB 3859.1—93)的有关规定制订的。

3 电力变流设备的安装

3.0.2 变流柜及控制柜宜用螺栓固定，用螺栓固定可保证设备安装美观，不易损坏。组合式柜间的连接应使用螺栓连接，便于维修或拆装。

3.0.4 采用非带电金属部分接地或对地绝缘安装是由工程设计选择的。一般电压在 300～800V 整流装置中采用。对地绝缘安装的目的是：当元件损坏或局部短路时，不影响装置的正常运行，便于在运行中检修或更换电气元件。

3.0.6 变流柜及控制柜的检查是保证安装正确，符合设计要求，作为一般性外观检查项目。发现缺陷应及早采取弥补或修正措施，保证安装质量，保证设备安全可靠运行。

3.0.7 抽屉式的变流设备盘、柜的安装要求，是设备正常、安全、可靠运行的必要条件。规定安装要求是保证安装质量，便于维护或检修。

3.0.8 快速熔断器是设备过载或短路保护的重要电气元件，熔丝选大了失去保护设备的作用，熔丝选小了系统不能正常工作，型号和规格不同会影响安装质量。因此快速熔断器的型号和规格不得任意调换和代用。

3.0.9 变流元件的更换应使更换变流元件后，仍能达到产品的技术要求和设计指标。

3.0.10 电力变流设备变流元件的拆装是维护和检修的一项重要工作，能否按标准拆装，关系到变流元件的完好程度、散热效果和防腐性能。

3.0.11 变流设备中的电缆敷设与配线的规定是十分重要的。脉冲回路采用绞合线是防止电磁感应信号对触发信号干扰的较好方法，控制电缆、屏敝电缆与电力电缆分开敷设，不仅是为了便于维修，更重要的是为了防止强、弱电或交、直流系统的相互干扰，防止电磁效应的相互干扰所引起的系统工作不正常。屏蔽层一端可靠接地能使屏敝系统起到抑制干扰的作用。

3.0.12 本条对焊接的要求是保证焊接过程中不损坏电气元件及其电气性能，焊点不易腐蚀，提高焊接质量。当施工现场无12V电源时；可采用110～220V电压，低瓦数（一般为8～20W）内热式电烙铁，加热后断开烙铁电源再焊接，避免损坏元件。

4 电力变流设备的试验

4.1 一般规定

电力变流设备是由一个或多个变流装置连同变流（压）器、滤波器、电力开关及其他辅助设备等组成，涉及内容与范围较广，各行业均有不同的试验要求或特殊试验项目，对这些情况均可按行业标准或产品技术条件规定进行。

4.1.2 是强调为调试工作创造一些必要的条件。在设备施工未完、设备及安装质量不良的情况下，不应匆忙进行电气调试，以免损坏设备或给今后安全运行留下不应有的隐患。

4.2 变流装置的试验

4.2.1 采用表格方式列出试验内容，较为直观和明了。

表4.2.1试验内容是参照《半导体变流器》（IEC146－1－1）标准及现行国家标准《半导体变流器基本要求的规定》（GB 3859.1－93）的规定，并结合现场交接试验的条件和特点而制订的。

按现行国家标准《半导体变流器基本要求的规定》（GB 3859.1－93）的规定，表4.2.1试验项目均是出厂试验必做的。在产品出厂试验时，由于种种原因未能进行的试验项目，本规范表4.2.1注②中规定，对这类试验项目“应在现场交接试验时，由订货单位协调制造厂与安装单位共同进行”。表4.2.1注③是鉴于目前国内电力电子开关产品还未形成系列产品，有待日后逐步完善，故暂不列入表4.2.1中。

4.2.2 根据现行国家标准《电气装置安装工程电气设备交接试验

标准》(GB 50150—91)的有关规定修订。

4.2.3 参照现行国家标准《电气装置安装工程电气设备交接试验标准》(GB 50150—91)以及《半导体变流器基本要求的规定》(GB 3859.1—93)和 GB/T13422—92 的有关规定，对条文内容与标准进行了修订。

4.2.4 为了使电力变流设备在绝缘试验时不致损坏其内部的各种器件、元件的极间绝缘，在绝缘试验前，应按本条规定要求做好有关安全措施。

4.2.5 电力变流设备由各种辅助设备来配套，例如冷却用的风机、泵、自动化元件以及各种控制、保护设施等，对其性能好坏及回路的正确性等，应通过本规范第 4.2.2 条及第 4.2.3 条的检验，才能确保在运行中的安全与可靠。

4.2.6 进行轻载试验(也可叫功能试验)是为了验证电力变流设备、电气控制线路、保护设施及所有辅助设施能否一起与主电路协调地进行正常工作。为了满足验证上述性能，其负载电流一般可按 2%～5%额定电流值进行。

4.2.7 电压均衡度 K_u，不同产品有不同的要求和标准，并与产品设计中元件安全裕度考虑等也有关系，故无法在此标准中作统一规定。此标准执行中主要可按产品标准进行。

4.2.8 低压大电流试验目的主要是在变流设备带额定负载运行前，对主回路的电力变流元件的均流情况以及各电气主回路的电接点温升等进行监测，以便及早发现一些缺陷可提前处理与调整。

制造厂对产品均要进行低压大电流试验，现场进行这项试验应强调此试验应在变流设备额定输出电流下、规定的连续通电时间(例如不小于 24h)内进行。一般可按产品标准进行。

4.2.9 电流均衡度 K_I 的标准与 K_u 一样，由于各产品要求的分散性较大，其标准不易作统一标准规定，其 K_I 值主要按产品标准的要求来进行验收。

对瞬态或稳定电流均衡度，采用在标准母线段或快速熔断器熔丝上来进行测量时，应注意其基本误差不能相差过大，一般应控制在 5%～10%以内，并在冷态时采用精密电桥测出并记录其原始电阻值。

稳态电流采用钳形电流表测量时，应注意要使被测量的导(母)线处于钳形电流表卡口的中间位置，以免在不同位置测量产生较大的误差而影响电流均衡度，不能达到其产品标准规定的要求。

4.2.10 对某些大功率变流设备的动态控制特性按国家标准《半导体变流器基本要求的规定》(GB 3859.1—93)要求不能在厂内进行时，可在现场安装后，制造厂与安装单位协同一起进行。

在进行静态或动态控制特性检查时，应同时检查其设备能否在产品设计或行业标准规定的电流电压及频率变化范围内可靠地进行工作。

4.2.11 在负载工况下进行保护元器件的检验，应尽可能在不使设备部件受到超过其额定值的条件下进行。对其过压、过流的倍数和所施加的时间，必须事先有所限制和采取可靠的安全措施，以免损坏其主要设备和电子元器件。

保护元器件的组合型式繁多，同样是过流保护，不同装置或不同制造厂的产品都不一样，为此检验方法也应符合产品说明或技术要求的规定。其整定值可按工程设计或用户要求以及产品技术合同规定。

4.2.12 制造厂无条件进行的动态稳定性能检验或误差测定，可在现场交接试验时由制造厂与安装单位协同进行。

4.2.13 本条中变流装置的噪声标准是按国家标准《半导体变流器基本要求的规定》(GB 3859.1—93)的有关规定制订的。

5　电力变流设备的工程交接验收

5.0.1　本条规定了工程交接验收时应检查的项目。5.0.1.1对设备试运行的连续时间还没有统一规定，今后要求新投产的设备做好这方面的记录，待积累一定数据后再作统一规定。目前可按各行业标准或产品技术文件以及产品订货合同规定进行。

5.0.2　本条规定了工程交接验收时应提交的资料和文件。安装竣工图是要求实际施工后经修改，完整和正确的，并加盖施工单位竣工图章的全套工程施工图纸，而不是仅设计变更部分的施工图；设计变更通知应是变更设计部分的文件，它包括设计变更单、材料代用和合理化建议，经设计批准的证明文件等。

中华人民共和国国家标准

电气装置安装工程
起重机电气装置施工及验收规范

Code for construction and acceptance of electric device of crane electrical equipment installation engineering

GB 50256—96

主编部门：中华人民共和国电力工业部
批准部门：中华人民共和国建设部
施行日期：1996年12月1日

关于发布《电气装置安装工程低压电器施工及验收规范》等四项国家标准的通知

建标[1996]337号

根据国家计委计综[1986]2630号文和建设部(91)建标技字第6号文的要求，由电力工业部会同有关部门共同修订的《电气装置安装工程低压电器施工及验收规范》等四项标准，已经有关部门会审。现批准《电气装置安装工程低压电器施工及验收规范》GB 50254－96、《电气装置安装工程电力变流设备施工及验收规范》GB 50255－96、《电气装置安装工程起重机电气装置施工及验收规范》GB 50256－96和《电气装置安装工程爆炸和火灾危险环境电气装置施工及验收规范》GB 50257－96为强制性国家标准，自一九九六年十二月一日起施行。原《电气装置安装工程施工及验收规范》GBJ 232－82中第七篇"低压电器篇"、第六篇"硅整流装置篇"、第八篇"起重机电气装置篇"、第十六篇"爆炸和火灾危险场所电气装置篇"同时废止。

本规范由电力工业部负责管理，具体解释等工作由电力工业部电力建设研究所负责，出版发行由建设部标准定额研究所负责组织。

中华人民共和国建设部
一九九六年六月五日

1 总 则

1.0.1 为保证起重机电气装置的施工安装质量,促进施工安装技术的进步,确保设备安全运行,制定本规范。

1.0.2 本规范适用于额定电压0.5kV以下新安装的各式起重机、电动葫芦的电气装置和3kV及以下滑接线安装工程的施工及验收。

1.0.3 起重机电气装置的安装,应按已批准的设计及产品技术文件进行施工。

1.0.4 起重机电气设备的运输、保管,应符合国家现行标准的有关规定。当产品有特殊要求时,尚应符合产品的要求。

1.0.5 采用的设备及器材,均应符合国家现行技术标准的规定,并应有合格证件。设备应有铭牌。

1.0.6 设备及器材到达现场后,应作下列验收检查:

1.0.6.1 包装完整,密封件密封应良好。

1.0.6.2 开箱检查清点,规格应符合设计要求,附件、备件应齐全。

1.0.6.3 产品的技术文件应齐全。

1.0.6.4 外观检查应无损坏、变形、锈蚀。

1.0.7 施工中的安全技术措施,应符合本规范和现行有关安全技术标准及产品技术文件的规定。

1.0.8 与起重机电气装置安装有关的建筑工程施工,应符合下列要求:

1.0.8.1 与起重机电气装置安装有关的建筑物、构筑物的建筑工程质量,应符合国家现行的建筑工程的施工及验收规范中的有关规定。当设备及设计有特殊要求时,尚应符合其要求。

1.0.8.2 设备安装前,建筑工程应具备下列条件:

(1)起重机上部的顶棚不应渗水;

(2)混凝土梁上预留的滑接线支架安装孔和悬吊式软电缆终端拉紧装置的预埋件、预留孔位置应正确,孔洞无堵塞,预埋件应牢固;

(3)安装滑接线的混凝土梁,应完成粉刷工作。

1.0.9 起重机电气装置的构架、钢管、滑接线支架等非带电金属部分,均应涂防腐漆或镀锌。

1.0.10 设备安装用的紧固件,除地脚螺栓外,应采用镀锌制品。

1.0.11 起重机非带电金属部分的接地,应符合下列要求:

1.0.11.1 装有接地滑接器时,滑接器与轨道或接地滑接线,应可靠接触。

1.0.11.2 司机室与起重机本体用螺栓连接时,应进行电气跨接;其跨接点不应少于两处。跨接宜采用多股软铜线,其截面面积不得小于16mm^2,两端压接接线端子应采用镀锌螺栓固定;当采用圆钢或扁钢进行跨接时,圆钢直径不得小于12mm,扁钢截面的宽度和厚度不得小于40mm×4mm。

1.0.11.3 起重机的每条轨道,应设两点接地。在轨道端之间的接头处,宜作电气跨接;接地电阻应小于4Ω。

1.0.12 起重机电气装置的施工及验收,除按本规范的规定执行外,尚应符合国家现行的有关标准规范的规定。

2 滑接线和滑接器

2.0.1 滑接线的布置，应符合设计要求；当设计无规定时，应符合下列要求：

2.0.1.1 滑接线距离地面的高度，不得低于3.5m；在有汽车通过部分滑接线距离地面的高度，不得低于6m。

2.0.1.2 滑接线与设备和氧气管道的距离，不得小于1.5m；与易燃气体、液体管道的距离，不得小于3m；与一般管道的距离，不得小于1m。

2.0.1.3 裸露式滑接线应与司机室同侧安装；当工作人员上下有碰触滑接线危险时，必须设有遮拦保护。

2.0.2 滑接线的支架及其绝缘子的安装，应符合下列要求：

2.0.2.1 支架不得在建筑物伸缩缝和轨道梁结合处安装。

2.0.2.2 支架安装应平正牢固，并应在同一水平面或垂直面上。

2.0.2.3 绝缘子、绝缘套管不得有机械损伤及缺陷；表面应清洁；绝缘性能应良好；在绝缘子与支架和滑接线的钢固定件之间，应加设红钢纸垫片。

2.0.2.4 安装于室外或潮湿场所的滑接线绝缘子、绝缘套管，应采用户外式。

2.0.2.5 绝缘子两端的固定螺栓，宜采用高标号水泥砂浆灌注，并应能承受滑接线的拉力。

2.0.3 滑接线的安装，应符合下列要求：

2.0.3.1 接触面应平正无锈蚀，导电应良好。

2.0.3.2 额定电压为0.5kV以下的滑接线，其相邻导电部分和导电部分对接地部分之间的净距不得小于30mm；户内3kV滑接线其相间和对地的净距不得小于100mm；当不能满足以上要求时，滑接线应采取绝缘隔离措施。

2.0.3.3 起重机在终端位置时，滑接器与滑接线末端的距离不应小于200mm；固定装设的型钢滑接线，其终端支架与滑接线末端的距离不应大于800mm。

2.0.3.4 型钢滑接线所采用的材料，应进行平直处理，其中心偏差不宜大于长度的1/1000，且不得大于10mm。

2.0.3.5 滑接线安装后应平直；滑接线之间的距离应一致，其中心线应与起重机轨道的实际中心线保持平行，其偏差应小于10mm；滑接线之间的水平偏差或垂直偏差，应小于10mm。

2.0.3.6 型钢滑接线长度超过50m或跨越建筑物伸缩缝时，应装设伸缩补偿装置。

2.0.3.7 辅助导线宜沿滑接线敷设，且应与滑接线进行可靠的连接；其连接点之间的间距不应大于12m。

2.0.3.8 型钢滑接线在支架上应能伸缩，并宜在中间支架上固定。

2.0.3.9 型钢滑接线除接触面外，表面应涂以红色的油漆或相色漆。

2.0.4 滑接线伸缩补偿装置的安装，应符合下列要求：

2.0.4.1 伸缩补偿装置应安装在与建筑物伸缩缝距离最近的支架上。

2.0.4.2 在伸缩补偿装置处，滑接线应留有10～20mm的间隙，间隙两侧的滑接线端头应加工圆滑，接触面应安装在同一水平面上，其两端间高差不应大于1mm。

2.0.4.3 伸缩补偿装置间隙的两侧，均应有滑接线支持点，支持点与间隙之间的距离，不宜大于150mm。

2.0.4.4 间隙两侧的滑接线，应采用软导线跨越，跨越线应留有余量，其允许载流量不应小于电源导线的允许载流量。

2.0.5 滑接线的连接，应符合下列要求：

2.0.5.1 连接后应有足够的机械强度，且无明显变形。

2.0.5.2 接头处的接触面应平正光滑，其高差不应大于0.5mm，连接后高出部分应修整平正。

2.0.5.3 型钢滑接线焊接时，应附连接托板；用螺栓连接时，应加跨接软线。

2.0.5.4 轨道滑接线焊接时，焊条和焊缝应符合钢轨焊接工艺对材料和质量的要求，焊好后接触表面应平直光滑。

2.0.5.5 圆钢滑接线应减少接头。

2.0.5.6 导线与滑接线连接时，滑接线接头处应镀锡或加焊有电镀层的接线板。

2.0.6 分段供电滑接线的安装，应符合下列要求：

2.0.6.1 分段供电的滑接线，当各分段电源允许并联运行时，分段间隙应为20mm；不允许并联运行时，分段间隙应比滑接器与滑接线接触长度大40mm；3kV滑接线，应符合设计要求。

2.0.6.2 分段供电不允许并联运行的滑接线间隙处，应采用硬质绝缘材料的托板连接，托板与滑接线的接触面，应在同一水平面上。

2.0.6.3 滑接线分段间隙的两侧相位应一致。

2.0.7 3kV滑接线的安装除应符合本规范第2.0.1～2.0.6条的规定外，尚应符合下列要求：

2.0.7.1 高压绝缘子安装前应进行耐压试验，并应符合现行国家标准《电气装置安装工程电气设备交接试验标准》的有关规定。

2.0.7.2 3kV滑接线固定装置的构件，铸铜长夹板、短夹板、托板、垫板、辅助连接板及接线板等在安装前，应按设计图制作完毕；当所采用的型钢、双沟铜线分段组装时，应按相编号，接缝应严密、平直。

2.0.8 软电缆的吊索和自由悬吊滑接线的安装，应符合下列要求：

2.0.8.1 终端固定装置和拉紧装置的机械强度，应符合要求，其最大拉力应大于滑接线或吊索的最大拉力。

2.0.8.2 当滑接线和吊索长度小于或等于25m时，终端拉紧装置的调节余量不应小于0.1m；当滑接线和吊索长度大于25m时，终端拉紧装置的调节余量不应小于0.2m。

2.0.8.3 滑接线或吊索拉紧时的弛度，应根据其材料规格和安装时的环境温度选定，滑接线间的弛度偏差，不应大于20mm。

2.0.8.4 滑接线与终端装置之间的绝缘应可靠。

2.0.9 悬吊式软电缆的安装，应符合下列要求：

2.0.9.1 当采用型钢作软电缆滑道时，型钢应安装平直，滑道应平正光滑，机械强度应符合要求。

2.0.9.2 悬挂装置的电缆夹，应与软电缆可靠固定，电缆夹间的距离，不宜大于5m。

2.0.9.3 软电缆安装后，其悬挂装置沿滑道移动应灵活、无跳动，不得卡阻。

2.0.9.4 软电缆移动段的长度，应比起重机移动距离长15%～20%，并应加装牵引绳，牵引绳长度应短于软电缆移动段的长度。

2.0.9.5 软电缆移动部分两端，应分别与起重机、钢索或型钢滑道牢固固定。

2.0.10 卷筒式软电缆的安装，应符合下列要求：

2.0.10.1 起重机移动时，不应挤压软电缆。

2.0.10.2 安装后软电缆与卷筒应保持适当拉力，但卷筒不得自由转动。

2.0.10.3 卷筒的放缆和收缆速度，应与起重机移动速度一致；利用重砣调节卷筒时，电缆长度和重砣的行程应相适应。

2.0.10.4 起重机放缆到终端时，卷筒上应保留两圈以上的电缆。

2.0.11 安全式滑接线的安装，应符合下列要求：

2.0.11.1 安全式滑接线的安装，应按设计规定或根据不同结构型式的要求进行，当滑接线长度大于 200m 时，应加装伸缩装置。

2.0.11.2 安全式滑接线的连接应平直，支架夹安装应牢固，各支架夹之间的距离应小于 3m。

2.0.11.3 安全式滑接线支架的安装，当设计无规定时，宜焊接在轨道下的垫板上；当固定在其他地方时，应做好接地连接，接地电阻应小于 4Ω。

2.0.11.4 安全式滑接线的绝缘护套应完好，不应有裂纹及破损。

2.0.11.5 滑接器拉簧应完好灵活，耐磨石墨片应与滑接线可靠接触，滑动时不应跳弧，连接软电缆应符合载流量的要求。

2.0.12 滑接器的安装，应符合下列要求：

2.0.12.1 滑接器支架的固定应牢靠，绝缘子和绝缘衬垫不得有裂纹、破损等缺陷，导电部分对地的绝缘应良好，相间及对地的距离应符合本规范第 2.0.3 条的有关规定。

2.0.12.2 滑接器应沿滑接线全长可靠地接触，自由无阻地滑动，在任何部位滑接器的中心线(宽面)不应超出滑接线的边缘。

2.0.12.3 滑接器与滑接线的接触部分，不应有尖锐的边棱；压紧弹簧的压力，应符合要求。

2.0.12.4 槽型滑接器与可调滑杆间，应移动灵活。

2.0.12.5 自由悬吊滑接线的轮型滑接器，安装后应高出滑接线中间托架，并不应小于 10mm。

3 配 线

3.0.1 起重机上的配线，应符合下列要求：

3.0.1.1 起重机上的配线除弱电系统外，均应采用额定电压不低于 500V 的铜芯多股电线或电缆。多股电线截面面积不得小于 $1.5mm^2$；多股电缆截面面积不得小于 $1.0mm^2$。

3.0.1.2 在易受机械损伤、热辐射或有润滑油滴落部位，电线或电缆应装于钢管、线槽、保护罩内或采取隔热保护措施。

3.0.1.3 电线或电缆穿过钢结构的孔洞处，应将孔洞的毛刺去掉，并应采取保护措施。

3.0.1.4 起重机上电缆的敷设，应符合下列要求：

(1)应按电缆引出的先后顺序排列整齐，不宜交叉；强电与弱电电缆宜分开敷设，电缆两端应有标牌；

(2)固定敷设的电缆应卡固，支持点距离不应大于 1m；

(3)电缆固定敷设时，其弯曲半径应大于电缆外径的 5 倍；电缆移动敷设时，其弯曲半径应大于电缆外径的 8 倍。

3.0.1.5 起重机上的配线应排列整齐，导线两端应牢固地压接相应的接线端子，并应标有明显的接线编号。

3.0.2 起重机上电线管、线槽的敷设，应符合下列要求：

3.0.2.1 钢管、线槽应固定牢固。

3.0.2.2 露天起重机的钢管敷设，应使管口向下或有其他防水措施。

3.0.2.3 起重机所有的管口，应加装护口套。

3.0.2.4 线槽的安装，应符合电线或电缆敷设的要求，电线或电缆的进出口处，应采取保护措施。

4 电气设备及保护装置

4.0.1 起重机电气设备安装前，应核对设备尺寸；其设备安装的部位、方向及管线位置，应符合设计和设备技术条件的要求。

4.0.2 配电屏、柜的安装，应符合下列要求：

4.0.2.1 配电屏、柜的安装，应符合现行国家标准《电气装置安装工程盘、柜及二次回路结线施工及验收规范》的有关规定。

4.0.2.2 配电屏、柜的安装，不应焊接固定，紧固螺栓应有防松措施。

4.0.2.3 户外式起重机配电屏、柜的防雨装置，应安装正确、牢固。

4.0.3 电阻器的安装，应符合下列要求：

4.0.3.1 电阻器直接叠装不应超过四箱，当超过四箱时应采用支架固定，并保持适当间距；当超过六箱时应另列一组。

4.0.3.2 电阻器的盖板或保护罩，应安装正确，固定可靠。

4.0.4 制动装置的安装，应符合下列要求：

4.0.4.1 制动装置的动作应迅速、准确、可靠。

4.0.4.2 处于非制动状态时，闸带、闸瓦与闸轮的间隙应均匀，且无磨擦。

4.0.4.3 当起重机的某一机构是由两组在机械上互不联系的电动机驱动时，其制动器的动作时间应一致。

4.0.5 行程限位开关、撞杆的安装，应符合下列要求：

4.0.5.1 起重机行程限位开关动作后，应能自动切断相关电源，并应使起重机各机构在下列位置停止：

(1)吊钩、抓斗升到离极限位置不小于 100mm 处；起重臂升降的极限角度符合产品规定；

(2)起重机桥架和小车等，离行程末端不得小于 200mm 处；

(3)一台起重机临近另一台起重机，相距不得小于 400mm 处。

4.0.5.2 撞杆的装设及其尺寸的确定，应保证行程限位开关可靠动作，撞杆及撞杆支架在起重机工作时不应晃动。撞杆宽度应能满足机械(桥架及小车)横向窜动范围的要求，撞杆的长度应能满足机械(桥架及小车)最大制动距离的要求。

4.0.5.3 撞杆在调整定位后，应固定可靠。

4.0.6 控制器的安装，应符合下列要求：

4.0.6.1 控制器的安装位置，应便于操作和维修。

4.0.6.2 操作手柄或手轮的安装高度，应便于操作与监视，操作方向宜与机构运行的方向一致，并应符合现行国家标准《控制电气设备的操作件标准运动方向》的规定。

4.0.7 照明装置的安装，应符合下列要求：

4.0.7.1 起重机主断路器切断电源后，照明不应断电。

4.0.7.2 灯具配件应齐全，悬挂牢固，运行时灯具应无剧烈摆动。

4.0.7.3 照明回路应设置专用零线或隔离变压器，不得利用电线管或起重机本身的接地线作零线。

4.0.7.4 安全变压器或隔离变压器安装应牢固，绝缘良好。

4.0.8 当起重机的某一机构是由两组在机械上互不联系的电动机驱动时，两台电动机应有同步运行和同时断电的保护装置。

4.0.9 起重机防止桥架扭斜的联锁保护装置，应灵敏可靠。

4.0.10 起重机的音响信号装置，应清晰可靠。

4.0.11 起重量限制器的调试，应符合下列要求：

4.0.11.1 起重限制器综合误差，不应大于 8%。

4.0.11.2 当载荷达到额定起重量的 90%时，应能发出提示性报警信号。

4.0.11.3 当载荷达到额定起重量的 110%时，应能自动切断起升机构电动机的电源，并应发出禁止性报警信号。

5 工程交接验收

5.0.1 起重机进行试运转前，电气装置应具备下列条件：

5.0.1.1 电气装置安装已全部结束。

5.0.1.2 电气回路接线正确，端子固定牢固、接触良好、标志清楚。

5.0.1.3 电气设备和线路的绝缘电阻值符合现行国家标准《电气装置安装工程电气设备交接试验标准》的有关规定。

5.0.1.4 电源的容量、电压、频率及断路器的型号、规格符合设计和使用设备的要求。

5.0.1.5 保护接地或接零良好。

5.0.1.6 电动机、控制器、接触器、制动器、电压继电器和电流继电器等电气设备经检查和调试完毕，校验合格。

5.0.1.7 安全保护装置经模拟试验和调整完毕，校验合格。声光信号装置显示正确、清晰可靠。

5.0.2 无负荷的试运，应符合下列要求：

5.0.2.1 操纵机构操作的方向与起重机各机构的运行方向，应符合设计要求。

5.0.2.2 分别开动各机构的电动机，运转应正常，并测取空载电流。

5.0.2.3 各安全保护装置和制动器的动作，应准确可靠。

5.0.2.4 配电屏、柜和电动机、控制器等电气设备，应工作正常。

5.0.2.5 各运行和起升机构沿全程至少往返三次，应无异常现象。

5.0.2.6 采用软电缆供电的机构，其放缆和收缆的速度应与运行机构的速度一致。

5.0.2.7 两台以上电动机传动的运行机构和起升机构运转方向正确，起动和停止应同步。

5.0.3 当进行静负荷试运时，电气装置应符合下列要求：

5.0.3.1 逐级增加到额定负荷，分别作起吊试验，电气装置均应正常。

5.0.3.2 当起吊1.25倍的额定负荷距地面高度为100～200mm处，悬空时间不得小于10min，电气装置应无异常现象。

5.0.4 当进行动负荷试运时，电气装置应符合下列要求：

5.0.4.1 按操作规程进行控制，加速度、减速度应符合产品标准和技术文件的规定。

5.0.4.2 各机构的动负荷试运，应在1.1倍额定载荷下分别进行，在整个试验过程中，电气装置均应工作正常，并应测取各电动机的运行电流。

5.0.5 在验收时，应提交下列资料和文件：

5.0.5.1 竣工图。

5.0.5.2 设计变更证明文件、设备及材料代用单。

5.0.5.3 制造厂提供的产品合格证书、产品说明书、安装图纸等技术文件。

5.0.5.4 安装技术记录(包括设备检查、安装质量检查记录)。

5.0.5.5 调整试验记录(包括设备、线路绝缘电阻、接地电阻测试记录和试运转记录等)。

5.0.5.6 备品备件交接清单。

附加说明

本规范主编单位、参加单位和主要起草人名单

主 编 单 位： 电力工业部电力建设研究所

参 加 单 位： 冶金部第三冶金建设公司电气安装工程公司

主要起草人： 赵洪维 李平生 程学丽 马长瀛

中华人民共和国国家标准

电气装置安装工程
起重机电气装置施工及验收规范

GB 50256—96

条 文 说 明

修订说明

本规范是根据国家计委计综(1986)2630号文和建设部(91)建标技字第6号文的要求，由电力工业部负责主编，具体由电力工业部电力建设研究所会同有关科研和施工单位对原国家标准《电气装置安装工程施工及验收规范》(GBJ 232—82)中第八篇“起重机电气装置篇”共同修订而成，经建设部1996年6月5日以建标[1996]337号文批准，并会同国家技术监督局联合发布。

在本规范的修订过程中，规范修订组进行了广泛的调查研究，认真总结国内近几年来的设计、制造、运行等安装施工方面的实践经验，同时参考了有关国际标准和国外先进标准，针对主要技术问题开展了科学研究与试验验证工作，并广泛地征求了全国有关单位的意见，最后由我部会同有关部门审查定稿。

本规范在执行过程中如发现需要修改和补充之处，请将意见和有关资料寄送电力工业部电力建设研究所(北京良乡，邮编102401)，并抄送电力工业部建设协调司，以便今后修订时参考。

电力工业部

1996年6月

目　次

1 总 则

1.0.2 明确了本标准的适用范围。

1.0.3 按设计进行施工是现场施工的基本要求。

1.0.4 妥善运输、保管起重机电气设备及材料，以防止性能改变、质量恶劣，是工程建设的重要环节之一。运输、保管的具体规定应执行国家统一制定的有关规程。当制造厂根据个别设备结构等方面的特点，在运输和保管上有特殊要求时，则应符合其特殊要求。

1.0.5 采用的设备和器材包括原材料、半成品、成品和设备，需经有关单位鉴定合格后方可安装使用，并符合国家现行技术标准的规定。

1.0.6 设备和器材到达现场后，做好检验工作，为顺利施工提供条件。首先检查包装及密封。对有防潮要求的包装应及时检查，发现问题，采取措施，以防受潮。

制造厂的技术文件，出厂的每台设备应附有产品合格证明书、装箱单和安装使用说明书。

1.0.7 为保证施工安全，制定本条文。

1.0.8 为了加强管理，对建筑工程作出了一些具体要求，以提高工程质量，避免损失。协调建筑工程与设备安装关系，故作此规定。

1.0.8.1 由于国家现行的有关建筑工程的施工及验收规范中的一些规定不完全适合电气设备安装的要求，如建筑工程的误差以厘米计，而电气设备的安装误差以毫米计。这些电气设备的特殊要求，应在电气设计图中标出。但建筑工程中的其他质量标准，在电气设计中不可能全部标出，则应符合国家现行的建筑工程的施工及验收规范的有关规定。

1.0.8.2 为了尽量减少现场施工对电气设备安装的影响，避免电气设备安装和建筑工程之间交叉作业，做到文明施工。明确规定了起重机电气设备安装前建筑工程应具备的一些具体要求，以便给安装工程创造必要的施工条件。本款第一项是防止电气装置受潮。

1.0.9 本条文的规定是为延长设备使用年限，防止锈蚀。

1.0.10 本条文的规定是为延长设备使用年限，防止锈蚀，以利拆卸。

1.0.11 本条规定主要是为了保证人身安全，对非带电金属部分的接地作了一些具体规定。

2　滑接线和滑接器

2.0.1　布置滑接线时，应考虑运行及维护的方便和安全。

2.0.2　是滑接线支架、绝缘子安装的一般要求；垫红钢纸片，是为防止在安装、运行时产生的应力损坏绝缘子；绝缘子两端固定螺栓用高标号水泥砂浆灌注是调研时多数单位提供的方案。

2.0.3　是滑接线安装的一般要求；导电部分之间和对地的安全距离，考虑了起重机运行时的窜动及变动因素，为确保安全而规定；滑接线末端的两个数值是使起重机行走于极限位置时，滑接器不会脱离滑接线；户内 3kV 滑接线对地距离不小于 100mm，也就是要求绝缘子高度不小于 100mm；滑接线涂漆是为防腐和警示双重作用。

2.0.4　为使建筑物伸缩缝沉降时所产生的位移能较小地影响滑接线，并使滑接器运行到伸缩补偿装置处能顺利通过，所以规定支持点距离间隙小于 150mm。

2.0.5　为保证滑接线接头的强度及滑接器移动时尽量减少跳动而提出的要求；大型起重机有的以轻轨供电，所以规定了轨道滑接线焊接时应符合钢轨焊接工艺对材料和质量的要求；导线与滑接线的接头处，为保证接触良好，提出了应镀锡或加焊有电镀层的接线板。

2.0.6　保证分段供电及检修时的安全，提出了分段供电的要求；对不允许并联运行时，分段间隙应大于滑接器与滑接线接触长度 40mm 的规定，是为了保持分段间隙不小于 20mm。

2.0.7　3kV 滑接线已有成熟的安装工艺，并在大型冶金工厂使用，所以这次提出了安装的规定和要求。

2.0.8　因自由悬吊滑接线与吊索有共同点，故综合提出一般要求；其温度和驰度的要求等均参照了标准图集 89D364“吊车移动电缆安装”的规定。

2.0.9　由于软电缆可取代小车滑接线，电动葫芦使用软电缆也比较多，因此提出了这一规定。

2.0.10　为保证软电缆的安全运行，防止损坏所作的一般要求。

2.0.11　安全式滑接线是新近开发的产品，安装简单、维护方便，所以这次列入了国家标准，提出了一般规定；结构型式指单线式、三线式、四线式等，以及直型、弯型、环型滑接线而言。

2.0.12　为保证滑接器与滑接线可靠接触，规定了滑接器中心线不应超出滑接线边缘，第 5 款高出 10mm 的要求，是为防止起重机在运行时的振动导致滑接器碰撞中间托架。

3 配 线

3.0.1 规定了起重机上的配线应采用多股导线，满足国家标准《起重机设计规范》GB 3811－83 和《起重机械安全规程》GB 6067－85的要求；还规定了电线或电缆穿过孔、洞及有油或热辐射的部位，应有保护措施；配线应接触良好，有明显的编号及标牌；对固定式电缆敷设提出了要求。

3.0.2 起重机上的钢管、线槽应固定牢固，防止运行时的振动造成移位损坏；规定了管口及线槽的进出口，应有保护措施，这是防止电线或电缆损坏所规定的。

4 电气设备及保护装置

4.0.1 电气设备安装前应做工作的一般规定，对设备等进行核对以防止实物与图纸不符。

4.0.2 起重机上配电屏、柜安装的一般规定；户外式防雨装置应安装牢固。

4.0.3 电阻器安装的一般规定，符合起重机设计规范的要求。

4.0.4 目前制动器种类较多，要求不一致，重点提出了制动器的几点要求；对两台电动机驱动时，提出了制动器的动作时间应一致。

4.0.5 是行程限位开关、撞杆安装的一般要求。

4.0.6 是控制器安装的一般要求，考虑到操作、维护、检修方便而规定的。

4.0.7 是照明装置安装的一般规定。

4.0.8 为保证起重机运行的安全而规定的保护措施。

4.0.9 有的起重机装设有防止桥架扭斜的联锁保护装置，为确保安全，要求该保护装置应灵敏可靠。

4.0.10 为保证人身、设备的安全而规定的保护措施。

4.0.11 有的起重机装设有起重量限制器，为保证安全可靠，对起重量限制器的调试提出了必须的要求。

5 工程交接验收

5.0.1 为保证试车安全，明确规定了起重机运转前，其电气装置应具备的一些具体要求。在试车前都要进行全面的检查，以减少事故的发生和便于及时处理。

5.0.2 无负荷试运是起重机试运转应检查的项目之一。明确指出了无负荷试运转的具体试验项目和要求。

5.0.3 静负荷试验的具体项目和要求；静负荷试运转应与机械试运转项目配合进行。

5.0.4 动负荷试运是检验起重机性能的一个重要环节，应与机械试运转项目配合进行。

5.0.5 施工单位在工程竣工进行交接时，应按本条规定内容提交资料和文件。这是新设备的原始档案资料和运行及检修的重要技术依据。其中随设备带来的备品备件、专用工具，除施工中需要更换使用的部分外，应移交给运行单位，便于运行维护检修。

中华人民共和国国家标准

电气装置安装工程爆炸和火灾危险环境电气装置施工及验收规范

Code for construction and acceptance of electric device for explosion atmospheres and fire hazard electrical equipment installation engineering

GB 50257－96

主编部门：中华人民共和国电力工业部

批准部门：中华人民共和国建设部

施行日期：1 9 9 6 年 1 2 月 1 日

关于发布《电气装置安装工程低压电器施工及验收规范》等四项国家标准的通知

建标[1996]337 号

根据国家计委计综[1986]2630 号文和建设部(91)建标技字第 6 号文的要求，由电力工业部会同有关部门共同修订的《电气装置安装工程低压电器施工及验收规范》等四项标准，已经有关部门会审。现批准《电气装置安装工程低压电器施工及验收规范》GB 50254－96、《电气装置安装工程电力变流设备施工及验收规范》GB 50255－96、《电气装置安装工程起重机电气装置施工及验收规范》GB 50256－96 和《电气装置安装工程爆炸和火灾危险环境电气装置施工及验收规范》GB 50257－96 为强制性国家标准，自一九九六年十二月一日起施行。原《电气装置安装工程施工及验收规范》GBJ 232－82 中第七篇“低压电器篇”、第六篇“硅整流装置篇”、第八篇“起重机电气装置篇”、第十六篇”爆炸和火灾危险场所电气装置篇”同时废止。

本规范由电力工业部负责管理，具体解释等工作由电力部电力建设研究所负责，出版发行由建设部标准定额研究所负责组织。

中华人民共和国建设部

一九九六年六月五日

1 总 则

1.0.1 为保证爆炸和火灾危险环境的电气装置的施工安装质量，促进施工安装技术的进步，确保设备的安全运行以及国家和人民生命财产的安全，制订本规范。

1.0.2 本规范适用于在生产、加工、处理、转运或贮存过程中出现或可能出现气体、蒸汽、粉尘、纤维爆炸性混合物和火灾危险物质环境的电气装置安装工程的施工及验收。

本规范不适用于下列环境：

1.0.2.1 矿井井下。

1.0.2.2 制造、使用、贮存火药、炸药、起爆药等爆炸物质的环境。

1.0.2.3 利用电能进行生产并与生产工艺过程直接关联的电解、电镀等电气装置区域。

1.0.2.4 使用强氧化剂以及不用外来点火源就能自行起火的物质的环境。

1.0.2.5 蓄电池室。

1.0.2.6 水、陆、空交通运输工具及海上油、气井平台。

1.0.3 爆炸和火灾危险环境的电气装置的安装，应按已批准的设计进行施工。

1.0.4 设备和器材的运输、保管，应符合国家有关物资运输、保管的规定；当产品有特殊要求时，尚应符合现行产品标准的要求。

1.0.5 采用的设备和器材，均应符合国家现行技术标准的规定，并应有合格证件。设备应有铭牌，防爆电气设备应有防爆标志。

1.0.6 设备和器材到达现场后，应及时作下列验收检查：

1.0.6.1 包装及密封应良好。

1.0.6.2 开箱检查清点，其型号、规格和防爆标志，应符合设计要求，附件、配件、备件应完好齐全。

1.0.6.3 产品的技术文件应齐全。

1.0.6.4 防爆电气设备的铭牌中，必须标有国家检验单位发给的“防爆合格证号”。

1.0.6.5 按本规范要求作外观检查。

1.0.7 施工中的安全技术措施，应符合本规范和现行有关安全技术标准及产品的技术文件的规定。在扩建与改建工程中，必须遵守生产厂安全生产(运行)规程中与施工有关的安全规定。对重要工序，必须事先制定专项安全技术措施。

1.0.8 与爆炸和火灾危险环境电气装置安装工程有关的建筑工程施工，应符合下列要求：

1.0.8.1 与爆炸和火灾危险环境电气装置安装有关的建筑物、构筑物的工程质量，应符合国家现行的建筑工程的施工及验收规范中的有关规定；当设计及设备有特殊要求时，尚应符合其要求。

1.0.8.2 设备安装前，建筑工程应具备下列条件：

(1)基础、构架应符合设计要求，并应达到允许安装的强度；

(2)室内地面基层施工完毕，并在墙上标出地面标高；

(3)预埋件、预留孔应符合设计要求，预埋的电气管路不得遗漏、堵塞，预埋件应牢固；

(4)有可能损坏或严重污染电气装置的抹面及装饰工程应全部结束；

(5)模板、施工设施应拆除，场地并应清理干净；

(6)门窗应安装完毕。

1.0.8.3 爆炸和火灾危险环境电气装置安装完毕，投入运行前，建筑安装工程应符合下列要求：

(1)缺陷修补及装饰工程应结束；

(2)二次灌浆和抹面工作应结束；

(3)防爆通风系统应符合设计要求并运行合格；

(4)受电后无法进行的和影响运行安全的工程应施工完毕，并验收合格；

(5)建筑照明应交付使用。

1.0.9 设备安装用的紧固件，除地脚螺栓外，应采用镀锌制品。

1.0.10 爆炸性气体环境、爆炸性粉尘环境和火灾危险环境的分区，应符合现行国家标准《爆炸和火灾危险环境电力装置设计规范》的有关规定。

1.0.11 爆炸和火灾危险环境的电气装置的施工及验收，除按本规范规定执行外，尚应符合国家现行的有关标准、规范的规定。

2 防爆电气设备的安装

2.1 一般规定

2.1.1 防爆电气设备的类型、级别、组别、环境条件以及特殊标志等，应符合设计的规定。

2.1.2 防爆电气设备应有"EX"标志和标明防爆电气设备的类型、级别、组别的标志的铭牌，并在铭牌上标明国家指定的检验单位发给的防爆合格证号。

2.1.3 防爆电气设备宜安装在金属制作的支架上，支架应牢固，有振动的电气设备的固定螺栓应有防松装置。

2.1.4 防爆电气设备接线盒内部接线紧固后，裸露带电部分之间及与金属外壳之间的电气间隙和爬电距离，不应小于附录A的规定。

2.1.5 防爆电气设备的进线口与电缆、导线应能可靠地接线和密封，多余的进线口其弹性密封垫和金属垫片应齐全，并应将压紧螺母拧紧使进线口密封。金属垫片的厚度不得小于2mm。

2.1.6 防爆电气设备外壳表面的最高温度(增安型和无火花型包括设备内部)，不应超过表2.1.6的规定。

防爆电气设备外壳表面的最高温度　　表2.1.6

温度组别	T_1	T_2	T_3	T_4	T_5	T_6
最高温度(C)	450	300	200	135	100	85

注：表中T_1～T_6的温度组别应符合现行国家标准《爆炸性环境用防爆电气设备通用要求》的有关规定，该标准是将爆炸性气体混合物按引燃温度分为六组，电气设备的温度组别与气体的分组是相适应的。

2.1.7 塑料制成的透明件或其它部件，不得采用溶剂擦洗，可采用家用洗涤剂擦洗。

2.1.8 事故排风机的按钮，应单独安装在便于操作的位置，且应有特殊标志。

2.1.9 灯具的安装，应符合下列要求：

2.1.9.1 灯具的种类、型号和功率，应符合设计和产品技术条件的要求，不得随意变更。

2.1.9.2 螺旋式灯泡应旋紧，接触良好，不得松动。

2.1.9.3 灯具外罩应齐全，螺栓应紧固。

2.2 隔爆型电气设备的安装

2.2.1 隔爆型电气设备在安装前，应进行下列检查：

2.2.1.1 设备的型号、规格应符合设计要求；铭牌及防爆标志应正确、清晰。

2.2.1.2 设备的外壳应无裂纹、损伤。

2.2.1.3 隔爆结构及间隙应符合要求。

2.2.1.4 接合面的紧固螺栓应齐全，弹簧垫圈等防松设施应齐全完好，弹簧垫圈应压平。

2.2.1.5 密封衬垫应齐全完好，无老化变形，并符合产品的技术要求。

2.2.1.6 透明件应光洁无损伤。

2.2.1.7 运动部件应无碰撞和摩擦。

2.2.1.8 接线板及绝缘件应无碎裂，接线盒盖应紧固，电气间隙及爬电距离应符合要求。

2.2.1.9 接地标志及接地螺钉应完好。

2.2.2 隔爆型电气设备不宜拆装。需要拆装时，应符合下列要求：

2.2.2.1 应妥善保护隔爆面，不得损伤。

2.2.2.2 隔爆面上不应有砂眼、机械伤痕。

2.2.2.3 无电镀或磷化层的隔爆面，经清洗后应涂磷化膏、电力复合脂或204号防锈油，严禁刷漆。

2.2.2.4 组装时隔爆面上不得有锈蚀层。

2.2.2.5 隔爆接合面的紧固螺栓不得任意更换，弹簧垫圈应齐全。

2.2.2.6 螺纹隔爆结构，其螺纹的最少啮合扣数和最小啮合深度，不得小于表2.2.2的规定。

螺纹隔爆结构螺纹的最少啮合扣数和最小啮合深度　表2.2.2

外壳净容积V (cm³)	螺纹最小啮合深度 (mm)	螺纹最少啮合扣数	
		ⅡA、ⅡB	ⅡC
V≤100	5.0	6	试验安全扣数的2倍但至少为6扣
100<V≤2000	9.0		
V>2000	12.5		

注：表中ⅡA、ⅡB、ⅡC的分级应符合现行国家标准《爆炸性环境用防爆电气设备通用要求》的有关规定，将爆炸性气体混合物按其最大试验安全间隙或最小点燃电流比将Ⅱ类（工厂用电设备）为分A、B、C三级。

2.2.3 隔爆型电机的轴与轴孔、风扇与端罩之间在正常工作状态下，不应产生碰擦。

2.2.4 正常运行时产生火花或电弧的隔爆型电气设备，其电气联锁装置必须可靠；当电源接通时壳盖不应打开，而壳盖打开后电源不应接通。用螺栓紧固的外壳应检查"断电后开盖"警告牌，并应完好。

2.2.5 隔爆型插销的检查和安装，应符合下列要求：

2.2.5.1 插头插入时，接地或接零触头应先接通；插头拔出时，主触头应先分断。

2.2.5.2 开关应在插头插入后才能闭合，开关在分断位置时，插头应插入或拔脱。

2.2.5.3 防止骤然拔脱的徐动装置，应完好可靠，不得松脱。

2.3 增安型和无火花型电气设备的安装

2.3.1 增安型和无火花型电气设备在安装前，应进行下列检查：

2.3.1.1 设备的型号、规格应符合设计要求；铭牌及防爆标志应正确、清晰。

2.3.1.2 设备的外壳和透光部分，应无裂纹、损伤。

2.3.1.3 设备的紧固螺栓应有防松措施，无松动和锈蚀，接线盒盖应紧固。

2.3.1.4 保护装置及附件应齐全、完好。

2.3.2 滑动轴承的增安型电动机和无火花型电动机应测量其定子与转子间的单边气隙，其气隙值不得小于表 2.3.2 中规定值的 1.5 倍；设有测隙孔的滚动轴承增安型电动机应测量其定子与转子间的单边气隙，其气隙值不得小于表 2.3.2 中的规定。

滚动轴承的增安型和无火花型电动机定子与转子间的最小单边气隙值 δ(mm)　　表 2.3.2

极数	$D\leqslant 75$	$75<D\leqslant 750$	$D>750$
2	0.25	$0.25+(D-75)/300$	2.7
4	0.2	$0.2+(D-75)/500$	1.7
6 及以上	0.2	$0.2+(D-75)/800$	1.2

注：①D 为转子直径；

②变极电动机单边气隙按最少极数计算；

③若铁芯长度 L 超过直径 D 的 1.75 倍，其气隙值按上表计算值乘以 $L/1.75D$；

④径向气隙值需在电动机静止状态下测量。

2.4 正压型电气设备的安装

2.4.1 正压型电气设备在安装前，应进行下列检查：

2.4.1.1 设备的型号、规格应符合设计要求；铭牌及防爆标志应正确、清晰。

2.4.1.2 设备的外壳和透光部分，应无裂纹、损伤。

2.4.1.3 设备的紧固螺栓应有防松措施，无松动和锈蚀，接线盒盖应紧固。

2.4.1.4 保护装置及附件应齐全、完好。

2.4.1.5 密封衬垫应齐全、完好，无老化变形，并应符合产品技术条件的要求。

2.4.2 进入通风、充气系统及电气设备内的空气或气体应清洁，不得含有爆炸性混合物及其它有害物质。

2.4.3 通风过程排出的气体，不宜排入爆炸危险环境，当排入爆炸性气体环境 2 区时，必须采取防止火花和炽热颗粒从电气设备及其通风系统吹出的有效措施。

2.4.4 通风、充气系统的电气联锁装置，应按先通风后供电、先停电后停风的程序正常动作。在电气设备通电起动前，外壳内的保护气体的体积不得小于产品技术条件规定的最小换气体积与 5 倍的相连管道容积之和。

2.4.5 微压继电器应装设在风压、气压最低点的出口处。运行中电气设备及通风、充气系统内的风压、气压值不应低于产品技术条件中规定的最低所需压力值。当低于规定值时，微压继电器应可靠动作，并应符合下列要求：

2.4.5.1 在爆炸性气体环境为 1 区时，应能可靠地切断电源。

2.4.5.2 在爆炸性气体环境为 2 区时，应能可靠地发出警告信号。

2.4.6 运行中的正压型电气设备内部的火花、电弧，不应从缝隙或出风口吹出。

2.4.7 通风管道应密封良好。

2.5 充油型电气设备的安装

2.5.1 充油型电气设备在安装前，应进行下列检查：

2.5.1.1 设备的型号、规格应符合设计要求；铭牌及防爆标志应正确、清晰。

2.5.1.2 电气设备的外壳,应无裂纹、损伤。

2.5.1.3 电气设备的油箱、油标不得有裂纹及渗油、漏油缺陷。油面应在油标线范围内。

2.5.1.4 排油孔、排气孔应通畅,不得有杂物。

2.5.2 充油型电气设备的安装,应垂直,其倾斜度不应大于5°。

2.5.3 充油型电气设备的油面最高温升,不应超过表2.5.3的规定。

充油型电气设备油面最高温升　　表2.5.3

温度组别	油面最高温升(℃)
T_1、T_2、T_3、T_4、T_5	60
T_6	40

2.6 本质安全型电气设备的安装

2.6.1 本质安全型电气设备在安装前,应进行下列检查:

2.6.1.1 设备的型号、规格应符合设计要求;铭牌及防爆标志应正确、清晰。

2.6.1.2 外壳应无裂纹、损伤。

2.6.1.3 本质安全型电气设备、关联电气设备产品铭牌的内容应有防爆标志、防爆合格证号及有关电气参数。本质安全型电气设备与关联电气设备的组合,应符合现行国家标准《爆炸性环境用防爆电器设备(本质安全型)》的有关规定。

2.6.1.4 电气设备所有零件、元器件及线路,应连接可靠,性能良好。

2.6.2 与本质安全型电气设备配套的关联电气设备的型号,必须与本质安全型电气设备铭牌中的关联电气设备的型号相同。

2.6.3 关联电气设备中的电源变压器,应符合下列要求:

2.6.3.1 变压器的铁芯和绕组间的屏蔽,必须有一点可靠接地。

2.6.3.2 直接与外部供电系统连接的电源变压器其熔断器的额定电流,不应大于变压器的额定电流。

2.6.4 独立供电的本质安全型电气设备的电池型号、规格,应符合其电气设备铭牌中的规定,严禁任意改用其它型号、规格的电池。

2.6.5 防爆安全栅应可靠接地,其接地电阻应符合设计和设备技术条件的要求。

2.6.6 本质安全型电气设备与关联电气设备之间的连接导线或电缆的型号、规格和长度,应符合设计规定。

2.7 粉尘防爆电气设备的安装

2.7.1 粉尘防爆电气设备在安装前,应进行下列检查:

2.7.1.1 设备的防爆标志、外壳防护等级和温度组别,应与爆炸性粉尘环境相适应。

2.7.1.2 设备的型号、规格应符合设计要求;铭牌及防爆标志应正确、清晰。

2.7.1.3 设备的外壳应光滑、无裂纹、无损伤、无凹坑或沟槽,并应有足够的强度。

2.7.1.4 设备的紧固螺栓,应无松动、锈蚀。

2.7.1.5 设备的外壳接合面应紧固严密,密封垫圈完好,转动轴与轴孔间的防尘密封应严密。透明件应无裂损。

2.7.2 设备安装应牢固,接线应正确,接触应良好,通风孔道不得堵塞,电气间隙和爬电距离应符合设备的技术要求。

2.7.3 设备安装时,不得损伤外壳和进线装置的完整及密封性能。

2.7.4 粉尘防爆电气设备的表面最高温度,应符合表2.7.4的规定。

2.7.5 粉尘防爆电气设备安装后,应按产品技术要求做好保护装置的调整和试操作。

粉尘防爆电气设备表面最高温度(℃)　　表 2.7.4

温度组别	无过负荷	有认可的过负荷
T_{11}	215	190
T_{12}	160	145
T_{13}	120	110

注:表中温度组别,应符合现行国家标准《爆炸性环境用防爆电气设备通用要求》的有关规定。

3 爆炸危险环境的电气线路

3.1 一般规定

3.1.1 电气线路的敷设方式、路径,应符合设计规定。当设计无明确规定时,应符合下列要求:

3.1.1.1 电气线路,应在爆炸危险性较小的环境或远离释放源的地方敷设。

3.1.1.2 当易燃物质比空气重时,电气线路应在较高处敷设;当易燃物质比空气轻时,电气线路宜在较低处或电缆沟敷设。

3.1.1.3 当电气线路沿输送可燃气体或易燃液体的管道栈桥敷设时,管道内的易燃物质比空气重时,电气线路应敷设在管道的上方;管道内的易燃物质比空气轻时,电气线路应敷设在管道的正下方的两侧。

3.1.2 敷设电气线路时宜避开可能受到机械损伤、振动、腐蚀以及可能受热的地方;当不能避开时,应采取预防措施。

3.1.3 爆炸危险环境内采用的低压电缆和绝缘导线,其额定电压必须高于线路的工作电压,且不得低于500V,绝缘导线必须敷设于钢管内。

电气工作中性线绝缘层的额定电压,应与相线电压相同,并应在同一护套或钢管内敷设。

3.1.4 电气线路使用的接线盒、分线盒、活接头、隔离密封件等连接件的选型,应符合现行国家标准《爆炸和火灾危险环境电力装置设计规范》的规定。

3.1.5 导线或电缆的连接,应采用有防松措施的螺栓固定,或压接、钎焊、熔焊,但不得绕接。铝芯与电气设备的连接,应有可靠的铜-铝过渡接头等措施。

3.1.6 爆炸危险环境除本质安全电路外,采用的电缆或绝缘导线,其铜、铝线芯最小截面应符合表3.1.6的规定。

爆炸危险环境电缆和绝缘导线线芯最小截面　　表3.1.6

爆炸危险环境	线芯最小截面面积(mm^2)					
	铜			铝		
	电力	控制	照明	电力	控制	照明
1区	2.5	2.5	2.5	×	×	×
2区	1.5	1.5	1.5	4	×	2.5
10区	2.5	2.5	2.5	×	×	×
11区	1.5	1.5	1.5	2.5	2.5	2.5

注:表中符号“×”表示不适用。

3.1.7 10kV及以下架空线路严禁跨越爆炸性气体环境;架空线路与爆炸性气体环境的水平距离,不应小于杆塔高度的1.5倍。当在水平距离小于规定而无法躲开的特殊情况下,必须采取有效的保护措施。

3.2 爆炸危险环境内的电缆线路

3.2.1 电缆线路在爆炸危险环境内,电缆间不应直接连接。在非正常情况下,必须在相应的防爆接线盒或分线盒内连接或分路。

3.2.2 电缆线路穿过不同危险区域或界壁时,必须采取下列隔离密封措施:

3.2.2.1 在两级区域交界处的电缆沟内,应采取充砂、填阻火堵料或加设防火隔墙。

3.2.2.2 电缆通过与相邻区域共用的隔墙、楼板、地面及易受机械损伤处,均应加以保护;留下的孔洞,应堵塞严密。

3.2.2.3 保护管两端的管口处,应将电缆周围用非燃性纤维堵塞严密,再填塞密封胶泥,密封胶泥填塞深度不得小于管子内径,且不得小于40mm。

3.2.3 防爆电气设备、接线盒的进线口,引入电缆后的密封应符合下列要求:

3.2.3.1 当电缆外护套必须穿过弹性密封圈或密封填料时,必须被弹性密封圈挤紧或被密封填料封固。

3.2.3.2 外径等于或大于20mm的电缆,在隔离密封处组装防止电缆拔脱的组件时,应在电缆被拧紧或封固后,再拧紧固定电缆的螺栓。

3.2.3.3 电缆引入装置或设备进线口的密封,应符合下列要求:

(1)装置内的弹性密封圈的一个孔,应密封一根电缆;

(2)被密封的电缆断面,应近似圆形;

(3)弹性密封圈及金属垫,应与电缆的外径匹配;其密封圈内径与电缆外径允许差值为±1mm;

(4)弹性密封圈压紧后,应能将电缆沿圆周均匀地被挤紧。

3.2.3.4 有电缆头腔或密封盒的电气设备进线口,电缆引入后应浇灌固化的密封填料,填塞深度不应小于引入口径的1.5倍,且不得小于40mm。

3.2.3.5 电缆与电气设备连接时,应选用与电缆外径相适应的引入装置,当选用的电气设备的引入装置与电缆的外径不相适应时,应采用过渡接线方式,电缆与过渡线必须在相应的防爆接线盒内连接。

3.2.4 电缆配线引入防爆电动机需挠性连接时,可采用挠性连接管,其与防爆电动机接线盒之间,应按防爆要求加以配合,不同的使用环境条件应采用不同材质的挠性连接管。

3.2.5 电缆采用金属密封环式引入时,贯通引入装置的电缆表面,应清洁干燥;对涂有防腐层,应清除干净后再敷设。

3.2.6 在室外和易进水的地方,与设备引入装置相连接的电缆保护管的管口,应严密封堵。

3.3 爆炸危险环境内的钢管配线

3.3.1 配线钢管，应采用低压流体输送用镀锌焊接钢管。

3.3.2 钢管与钢管、钢管与电气设备、钢管与钢管附件之间的连接，应采用螺纹连接。不得采用套管焊接，并应符合下列要求：

3.3.2.1 螺纹加工应光滑、完整，无锈蚀，在螺纹上应涂以电力复合脂或导电性防锈脂。不得在螺纹上缠麻或绝缘胶带及涂其它油漆。

3.3.2.2 在爆炸性气体环境1区和2区时，螺纹有效啮合扣数：管径为25mm及以下的钢管不应少于5扣；管径为32mm及以上的钢管不应少于6扣。

3.3.2.3 在爆炸性气体环境1区或2区与隔爆型设备连接时，螺纹连接处应有锁紧螺母。

3.3.2.4 在爆炸性粉尘环境10区和11区时，螺纹有效啮合扣数不应少于5扣。

3.3.2.5 外露丝扣不应过长。

3.3.2.6 除设计有特殊规定外，连接处可不焊接金属跨接线。

3.3.3 电气管路之间不得采用倒扣连接；当连接有困难时，应采用防爆活接头，其接合面应密贴。

3.3.4 在爆炸性气体环境1区、2区和爆炸性粉尘环境10区的钢管配线，在下列各处应装设不同型式的隔离密封件：

3.3.4.1 电气设备无密封装置的进线口。

3.3.4.2 管路通过与其它任何场所相邻的隔墙时，应在隔墙的任一侧装设横向式隔离密封件。

3.3.4.3 管路通过楼板或地面引入其它场所时，均应在楼板或地面的上方装设纵向式密封件。

3.3.4.4 管径为50mm及以上的管路在距引入的接线箱450mm以内及每距15m处，应装设一隔离密封件。

3.3.4.5 易积结冷凝水的管路，应在其垂直段的下方装设排水式隔离密封件，排水口应置于下方。

3.3.5 隔离密封的制作，应符合下列要求：

3.3.5.1 隔离密封件的内壁，应无锈蚀、灰尘、油渍。

3.3.5.2 导线在密封件内不得有接头，且导线之间及与密封件壁之间的距离应均匀。

3.3.5.3 管路通过墙、楼板或地面时，密封件与墙面、楼板或地面的距离不应超过300mm，且此段管路中不得有接头，并应将孔洞堵塞严密。

3.3.5.4 密封件内必须填充水凝性粉剂密封填料。

3.3.5.5 粉剂密封填料的包装必须密封。密封填料的配制应符合产品的技术规定，浇灌时间严禁超过其初凝时间，并应一次灌足。凝固后其表面应无龟裂。排水式隔离密封件填充后的表面应光滑，并可自行排水。

3.3.6 钢管配线应在下列各处装设防爆挠性连接管：

3.3.6.1 电机的进线口。

3.3.6.2 钢管与电气设备直接连接有困难处。

3.3.6.3 管路通过建筑物的伸缩缝、沉降缝处。

3.3.7 防爆挠性连接管应无裂纹、孔洞、机械损伤、变形等缺陷；其安装时应符合下列要求：

3.3.7.1 在不同的使用环境条件下，应采用相应材质的挠性连接管。

3.3.7.2 弯曲半径不应小于管外径的5倍。

3.3.8 电气设备、接线盒和端子箱上多余的孔，应采用丝堵堵塞严密。当孔内垫有弹性密封圈时，则弹性密封圈的外侧应设钢质堵板，其厚度不应小于2mm，钢质堵板应经压盘或螺母压紧。

3.4 本质安全型电气设备及其关联电气设备的线路

3.4.1 本质安全型电气设备配线工程中的导线、钢管、电缆的型号、规格以及配线方式、线路走向和标高、与关联电气设备的连接线等，除必须按设计要求施工外，尚应符合产品技术文件的有关规定。

3.4.2 本质安全电路关联电路的施工，应符合下列要求：

3.4.2.1 本质安全电路与关联电路不得共用同一电缆或钢管；本质安全电路或关联电路，严禁与其它电路共用同一电缆或钢管。

3.4.2.2 两个及以上的本质安全电路，除电缆线芯分别屏蔽或采用屏蔽导线者外，不应共用同一电缆或钢管。

3.4.2.3 配电盘内本质安全电路与关联电路或其它电路的端子之间的间距，不应小于 50mm；当间距不满足要求时，应采用高于端子的绝缘隔板或接地的金属隔板隔离；本质安全电路、关联电路的端子排应采用绝缘的防护罩；本质安全电路、关联电路、其它电路的盘内配线应分开束扎、固定。

3.4.2.4 所有需要隔离密封的地方，应按规定进行隔离密封。

3.4.2.5 本质安全电路及关联电路配线中的电缆、钢管、端子板，均应有蓝色的标志。

3.4.2.6 本质安全电路本身除设计有特殊规定外，不应接地。电缆屏蔽层，应在非爆炸危险环境进行一点接地。

3.4.2.7 本质安全电路与关联电路采用非铠装和无屏蔽层的电缆时，应采用镀锌钢管加以保护。

3.4.3 在非爆炸危险环境中与爆炸危险环境有直接连接的本质安全电路及关联电路的施工，应符合本规范第 3.4.2 条的规定。

4 火灾危险环境的电气装置

4.1 电气设备的安装

4.1.1 火灾危险环境所采用的电气设备类型，应符合设计的要求。

4.1.2 装有电气设备的箱、盒等，应采用金属制品；电气开关和正常运行产生火花或外壳表面温度较高的电气设备，应远离可燃物质的存放地点，其最小距离不应小于 3m。

4.1.3 在火灾危险环境内，不宜使用电热器。当生产要求必须使用电热器时，应将其安装在非燃材料的底板上，并应装设防护罩。

4.1.4 移动式和携带式照明灯具的玻璃罩，应采用金属网保护。

4.1.5 露天安装的变压器或配电装置的外廓距火灾危险环境建筑物的外墙，不宜小于 10m。当小于 10m 时，应符合下列要求：

4.1.5.1 火灾危险环境建筑物靠变压器或配电装置一侧的墙，应为非燃烧体。

4.1.5.2 在高出变压器或配电装置高度 3m 的水平线以上或距变压器或配电装置外廓 3m 以外的墙壁上，可安装非燃烧的镶有铁丝玻璃的固定窗。

4.2 电气线路

4.2.1 在火灾危险环境内的电力、照明线路的绝缘导线和电缆的额定电压，不应低于线路的额定电压，且不得低于 500V。

4.2.2 1kV 及以下的电气线路，可采用非铠装电缆或钢管配线；在火灾危险环境 21 区或 23 区内，可采用硬塑料管配线；在火灾危险环境 23 区内，远离可燃物质时，可采用绝缘导线在针式或鼓型瓷绝缘子上敷设。但在沿未抹灰的本质吊顶和木质墙壁等处及木质闷顶内的电气线路，应穿钢管明敷，不得采用瓷夹、瓷瓶配线。

4.2.3 在火灾危险环境内，当采用铝芯绝缘导线和电缆时，应有可靠的连接和封端。

4.2.4 在火灾危险环境21区或22区内，电动起重机不应采用滑触线供电；在火灾危险环境23区内，电动起重机可采用滑触线供电，但在滑触线下方，不应堆置可燃物质。

4.2.5 移动式和携带式电气设备的线路，应采用移动电缆或橡套软线。

4.2.6 在火灾危险环境内安装裸铜、裸铝母线，应符合下列要求：

4.2.6.1 不需拆卸检修的母线连接宜采用熔焊。

4.2.6.2 螺栓连接应可靠，并应有防松装置。

4.2.6.3 在火灾危险环境21区和23区内的母线宜装设金属网保护罩，其网孔直径不应大于12mm。在火灾危险环境22区内的母线应有IP5X型结构的外罩，并应符合现行国家标准《外壳防护等级的分类》中的有关规定。

4.2.7 电缆引入电气设备或接线盒内，其进线口处应密封。

4.2.8 钢管与电气设备或接线盒的连接，应符合下列要求：

4.2.8.1 螺纹连接的进线口，应啮合紧密；非螺纹连接的进线口，钢管引入后应装设锁紧螺母。

4.2.8.2 与电动机及有振动的电气设备连接时，应装设金属挠性连接管。

4.2.9 10kV及以下架空线路，严禁跨越火灾危险环境；架空线路与火灾危险环境的水平距离，不应小于杆塔高度的1.5倍。

5 接 地

5.1 保护接地

5.1.1 在爆炸危险环境的电气设备的金属外壳、金属构架、金属配线管及其配件、电缆保护管、电缆的金属护套等非带电的裸露金属部分，均应接地或接零。

5.1.2 在爆炸性气体环境1区或爆炸性粉尘环境10区内所有的电气设备以及爆炸性气体环境2区内除照明灯具以外的其它电气设备，应采用专用的接地线；该专用接地线若与相线敷设在同一保护管内时，应具有与相线相等的绝缘。金属管线、电缆的金属外壳等，应作为辅助接地线。

5.1.3 在爆炸性气体环境2区的照明灯具及爆炸性粉尘环境11区内的所有电气设备，可利用有可靠电气连接的金属管线系统作为接地线；在爆炸性粉尘环境11区内可采用金属结构作为接地线，但不得利用输送爆炸危险物质的管道。

5.1.4 在爆炸危险环境中接地干线宜在不同方向与接地体相连，连接处不得少于两处。

5.1.5 爆炸危险环境中的接地干线通过与其它环境共用的隔墙或楼板时，应采用钢管保护，并应按本规范第3.2.2条的规定作好隔离密封。

5.1.6 电气设备及灯具的专用接地线或接零保护线，应单独与接地干线(网)相连，电气线路中的工作零线不得作为保护接地线用。

5.1.7 爆炸危险环境内的电气设备与接地线的连接，宜采用多股软绞线，其铜线最小截面面积不得小于$4mm^2$，易受机械损伤的部位应装设保护管。

5.1.8 铠装电缆引入电气设备时，其接地或接零芯线应与设备内接地螺栓连接；钢带及金属外壳应与设备外接地螺栓连接。

5.1.9 爆炸危险环境内接地或接零用的螺栓应有防松装置；接地线紧固前，其接地端子及上述紧固件，均应涂电力复合脂。

5.2 防静电接地

5.2.1 生产、贮存和装卸液化石油气、可燃气体、易燃液体的设备、贮罐、管道、机组和利用空气干燥、掺合、输送易产生静电的粉状、粒状的可燃固体物料的设备、管道以及可燃粉尘的袋式集尘设备，其防静电接地的安装，除应按照国家现行有关防静电接地的标准规范的规定外，尚应符合下列要求：

5.2.1.1 防静电的接地装置可与防感应雷和电气设备的接地装置共同设置，其接地电阻值应符合防感应雷和电气设备接地的规定；只作防静电的接地装置，每一处接地体的接地电阻值应符合设计规定。

5.2.1.2 设备、机组、贮罐、管道等的防静电接地线，应单独与接地体或接地干线相连，除并列管道外不得互相串连接地。

5.2.1.3 防静电接地线的安装，应与设备、机组、贮罐等固定接地端子或螺栓连接，连接螺栓不应小于 M10，并应有防松装置和涂以电力复合脂。当采用焊接端子连接时，不得降低和损伤管道强度。

5.2.1.4 当金属法兰采用金属螺栓或卡子相紧固时，可不另装跨接线。在腐蚀条件下安装前，应有两个及以上螺栓和卡子之间的接触面去锈和除油污，并应加装防松螺母。

5.2.1.5 当爆炸危险区内的非金属构架上平行安装的金属管道相互之间的净距离小于 100mm 时，宜每隔 20m 用金属线跨接；金属管道相互交叉的净距离小于 100mm 时，应采用金属线跨接。

5.2.1.6 容量为 $50m^3$ 及以上的贮罐，其接地点不应少于两处，且接地点的间距不应大于 30m，并应在罐体底部周围对称与接地体连接，接地体应连接成环形的闭合回路。

5.2.1.7 易燃或可燃液体的浮动式贮罐，在无防雷接地时，其罐顶与罐体之间应采用铜软线作不少于两处跨接，其截面不应小于 $25mm^2$，且其浮动式电气测量装置的电缆，应在引入贮罐处将铠装、金属外壳可靠地与罐体连接。

5.2.1.8 钢筋混凝土的贮罐或贮槽，沿其内壁敷设的防静电接地导体，应与引入的金属管道及电缆的铠装、金属外壳连接，并应引至罐、槽的外壁与接地体连接。

5.2.1.9 非金属的管道（非导电的）、设备等，其外壁上缠绕的金属丝网、金属带等，应紧贴其表面均匀地缠绕，并应可靠地接地。

5.2.1.10 可燃粉尘的袋式集尘设备，织入袋体的金属丝的接地端子应接地。

5.2.1.11 皮带传动的机组及其皮带的防静电接地刷、防护罩，均应接地。

5.2.2 引入爆炸危险环境的金属管道、配线的钢管、电缆的铠装及金属外壳，均应在危险区域的进口处接地。

6 工程交接验收

6.0.1 防爆电气设备在安装完毕后，试运前、试运中、交接时除应按有关现行国家标准电气装置安装工程施工及验收规范相应的检查项目及要求进行检查外，尚应按本章各条规定进行检查。

6.0.2 防爆电气设备在试运行中，尚应符合下列要求：

6.0.2.1 防爆电气设备外壳的温度不得超过规定值。

6.0.2.2 正压型电气设备的出风口，应无火花吹出。当降低风压、气压时，微压继电器应可靠动作。

6.0.2.3 防爆电气设备的保护装置及联锁装置，应动作正确、可靠。

6.0.3 工程竣工验收时，尚应进行下列检查：

6.0.3.1 防爆电气设备的铭牌中，必须标明国家指定的检验单位发给的防爆合格证号。

6.0.3.2 防爆电气设备的类型、级别、组别，应符合设计。

6.0.3.3 防爆电气设备的外壳，应无裂纹、损伤；油漆应完好。接线盒盖应紧固，且固定螺栓及防松装置应齐全。

6.0.3.4 防爆充油型电气设备不得有渗油、漏油；其油面高度应符合要求。

6.0.3.5 正压型电气设备的通风、排气系统应通畅，连接正确，进口、出口安装位置符合要求。

6.0.3.6 电气设备多余的进线口，应按规定作好密封。

6.0.3.7 电气线路中密封装置的安装，应符合规定。

6.0.3.8 本质安全型电气设备的配线工程，其线路走向、高程，应符合设计；线路应标有天蓝色的标志。

6.0.3.9 电气装置的接地或接零、防静电接地，应符合设计要求，接地应牢固可靠。

6.0.4 在验收时，应提交下列文件和资料：

6.0.4.1 变更设计部分的实际施工图。

6.0.4.2 变更设计的证明文件。

6.0.4.3 制造厂提供的产品使用说明书、试验记录、合格证件及安装图纸等技术文件。

6.0.4.4 除应按有关现行国家标准电气装置安装工程施工及验收规范相应规定提交有关设备的安装技术记录外，尚应提交有测隙孔的增安型电动机定子、转子间单边气隙的测量记录。

6.0.4.5 除应按有关现行国家标准电气装置安装工程施工及验收规范相应规定提交有关设备的调整、试验记录外，尚应提交正压型电气设备的风压、气压等继电保护装置的调整记录、电气设备试运时外壳的最高温度记录和防静电接地的接地电阻值的测试记录等。

附录A　防爆电气设备裸露带电部分之间及与金属外壳之间的电气间隙和爬电距离

A.0.1　增安型、无火花型电气设备不同电位的导电部件之间的最小电气间隙和爬电距离，应符合表A.0.1的规定。

增安型、无火花型电气设备不同电位的导电部件之间的最小电气间隙和爬电距离　表A.0.1

额定电压(V)	最小电气间隙(mm)	最小爬电距离(mm)		
		Ⅰ	Ⅱ	Ⅲ
12	2	2	2	2
24	3	3	3	3
36	4	4	4	4
60	6	6	6	6
127	6	6	7	8
220	6	6	8	10
380	8	8	10	12
660	10	12	16	20
1140	18	24	28	35
3000	36	45	60	75
6000	60	85	110	135
10000	100	125	150	180

注：①设备的额定电压，可高于表列数值的10%；

②装入灯座中的额定电压，不大于250V的螺旋灯座灯泡，对于a级绝缘材料最小爬电距离可为3mm。

③表中的Ⅰ、Ⅱ、Ⅲ为绝缘材料相比漏电起痕指数分级，应符合现行国家标准《爆炸性环境用防爆电气设备通用要求》的有关规定。Ⅰ级为上釉的陶瓷、云母、玻璃；Ⅱ级三聚腈胺石棉耐弧塑料、硅有机石棉耐弧塑料；Ⅲ级为聚四氟乙烯塑料、三聚腈胺玻璃纤维塑料、表面用耐弧漆处理的环氧玻璃布板。

A.0.2　本质安全电路与非本质安全电路裸露导体之间的电气间隙和爬电距离，不得小于表A.0.2的规定值。

本质安全电路与非本质安全电路裸露导体之间的电气间隙和爬电距离　表A.0.2

额定电压峰值(V)	电气间隙(mm)	胶封中的间距(mm)	爬电距离(mm)	绝缘涂层下的爬电距离(mm)
60	3	1	3	1
90	4	1.3	4	1.3
190	6	2	8	2.6
375	6	2	10	3.3
550	6	2	15	5
750	8	2.6	18	6
1000	10	3.3	25	8.3
1300	14	4.6	36	12
1550	16	5.3	40	13.3

附加说明

本规范主编单位、参加单位和主要起草人名单

主 编 单 位： 电力工业部电力建设研究所

参 加 单 位： 化工部施工技术研究所

南阳防爆电气研究所

主要起草人： 曾等厚　胡　仁　张　煦　马长瀛

中华人民共和国国家标准

电气装置安装工程爆炸和火灾危险环境电气装置施工及验收规范

GB 50257－96

条 文 说 明

修订说明

本规范是根据国家计委计综[1986]2630号文和建设部(91)建标技字第6号文的要求，由电力工业部负责主编，具体由电力工业部电力建设研究所会同有关科研和施工单位对原国家标准《电气装置安装工程施工及验收规范》(GBJ 232－82)中第十六篇“爆炸和火灾危险场所电气装置篇”共同修订而成，经建设部1996年6月5日以建标[1996]337号文批准，并会同国家技术监督局联合发布。

在本规范的修订过程中，规范修订组进行了广泛的调查研究，认真总结国内近几年来的设计、制造、运行等安装施工方面的实践经验，同时参考了有关国际标准和国外先进标准，针对主要技术问题开展了科学研究与试验验证工作，并广泛地征求了全国有关单位的意见，最后由我部会同有关部门审查定稿。

本规范在执行过程中如发现需要修改和补充之处，请将意见和有关资料寄送电力工业部电力建设研究所(北京良乡，邮编102401)，并抄送电力工业部建设协调司，以便今后修订时参考。

电力工业部

1996年6月

目　　次

1 总 则

1.0.2 本规范不适用的环境，是指不是由于电气装置安装工程质量而引起，而是由于其它原因构成危险的环境。对于这些危险环境的电气装置的施工及验收，应按其各专用规程执行。

1.0.3 按设计进行施工是现场施工的基本要求。

1.0.5 爆炸和火灾危险环境采用的电气设备和器材，设计时根据其环境危险程度选用适合环境防爆要求的型号规格。所采用的设备和器材，应符合国家现行技术标准(包括国家标准和地方标准)。有接线板的防爆接线盒出厂时，根据产品标准的规定，也应有铭牌标志，故也应视为设备对待。

1.0.6 设备和器材到达现场后，应及时验收，通过验收可及时发现问题及时解决，为施工安装的顺利进行打下基础。

1.0.7 在爆炸和火灾危险环境进行电气装置的施工安装，尤其是扩建和改建工程中，安全技术措施是非常重要的，必须事先制定并严格遵守。

1.0.8 国家现行的有关建筑工程的施工及验收规范中的一些规定不完全适合电气设备安装的要求，如建筑工程的允许误差以厘米计，而电气设备安装允许误差以毫米计。这些电气设备的特殊要求应在电气设计图中标出，但建筑工程中的其它质量标准，在电气设计图中不可能全部标出，则应符合国家现行的建筑工程的施工及验收规范的有关规定。

为了尽量减少现场施工时电气设备安装和建筑工程之间的交叉作业，做到文明施工，确保设备安装工作的顺利进行和设备的安全运行，规定了设备安装前及设备安装后投入运行前，建筑工程应具备的一些具体条件和应达到的要求。

1.0.11 本规范主要是针对爆炸和火灾危险环境中的电气设备的施工及验收，用于这类环境的电气设备有防爆电气设备，也还有大量的普通电气设备，而且防爆电气设备除了在外部结构、温升控制等方面有些特殊要求外，在许多地方跟普通电气设备是近似的，故爆炸和火灾危险环境的电气装置的安装，除应按本规范执行外，尚应符合现行国家标准电气装置安装工程系列中的“高压电器”、“电力变压器、油浸电抗器、互感器”、“母线装置”、“旋转电机”、“盘、柜及二次回路结线”、“电缆线路”、“接地装置”、“电气照明”、“配线工程”等施工及验收规范和《电气装置安装工程电气设备交接试验标准》以及其它各专业标准规程的有关规定。

2 防爆电气设备的安装

防爆电气设备的安装，根据防爆电气设备的发展，产品国家标准中出现了新的防爆类型，已增加了无火花型和粉尘防爆型电气设备，所以本规范在这次修订时增加了这些新型防爆电气设备的有关内容，使之与我国防爆电气设备制造、检验用的现行国家标准《爆炸性环境用防爆电气设备》和现行国家标准《爆炸和火灾危险环境电力装置设计规范》相协调。

本规范这次修订时，与原《电气装置安装工程施工及验收规范》(GBJ 232—82)中的“爆炸和火灾危险场所电气装置篇”相比，在整体结构和编写层次上做了较大的调整，将“爆炸危险环境的电气设备安装”和“爆炸危险环境的电气线路”分章逐节编写，使之层次清晰，更为合理。

2.1 一般规定

2.1.1 防爆电气设备的级别、组别与使用环境条件相符，才能保证安全，按新防爆电气设备产品标准的规定，对为保证安全，指明在规定条件下使用的电气设备和低冲击能量的电气设备在防爆合格证编号后加有特殊标志“X”，此外为指定环境条件而设计的产品在产品型号后缀有规定的符号，如户外环境用产品——W；湿热带环境用产品——TH；中等防腐环境用产品——FI 等标志，安装时需要注意。

2.1.2 按现行国家标准《爆炸性环境用防爆电气设备》(GB 3836.1—83)的规定，防爆电气产品获得防爆合格证后才可生产，防爆合格证号是设备的防爆性能经过国家指定的检验单位检验认可的证明。防爆电气设备的类型、级别、组别和外壳上“EX”标志是防爆电气设备的重要特征，安装前需要首先查明。

2.1.3 支架的固定，可采用预埋、膨胀螺栓、尼龙塞、塑料塞以及焊接法，在具体工程施工安装时，可参照《防爆电气设备安装标准图集》的规定，但要求固定应牢固。为防止降低钢结构的强度，采用焊接法固定时，应施行点焊。

2.1.4 电气设备接线盒内部紧固后，若电气间隙和爬电距离过小，容易产生电弧和火花放电引起事故，电气间隙和爬电距离是确保安全，防止事故的有效措施之一，需进行检查。据某化工厂反映，多年电气事故统计表明，事故多半是发生在电气设备接线盒内的。附录 A 中所列数值，是按 1993 年新的国家标准和国际标准而规定的，增加了低电压时的数值，并废止了低等绝缘材料的应用，只限用前三种耐泄痕性能较好的材料。

2.1.5 为了安全，电缆或导线引入设备后，应连接可靠，并密封良好。根据生产和使用的方便，有些产品设有多个进线口，但为了保持防爆性能或防水防尘能力而将多余的进线口密封。

2.1.6 电气设备允许最高表面温度，根据其使用环境，现行设备制造产品国家标准已将其修改为 6 组，其中增安型和无火花型设备还包括设备内部的最高温度。

2.1.7 塑料制品种类很多，其中有些塑料不耐溶剂侵蚀，故推荐使用家用洗涤剂清洗。

2.1.8 爆炸危险环境装设事故排风机，及时通风降低爆炸性气体浓度，是防止爆炸的重要保证和主要措施，为在事故情况下便于及时开动排风机，要求在现场的排风机按钮要安装在便于操作的地方，并要醒目和操作方便。

2.1.9 因为灯具的种类、型号和功率的变动和互换可改变其发热状态，所以强调灯具要符合设计要求，不得随意变更。旋转光源灯泡时，应旋紧，不得松动，以防止产生火花和接触不良而发生过热现象。灯罩应按要求装好并将螺栓紧固，以往曾发生在更换灯泡后，不将灯罩重新装好的现象，故在此特别强调，应引起重视。

2.2 隔爆型电气设备的安装

本节与原规范(GBJ 232－82)相比，作了较大的修改，因为随着隔爆型电气设备产品质量和产品国家标准的提高和修改，对制造厂出厂时已检验合格的产品，安装单位和使用部门应尽量减少拆卸检查，以免破坏其产品的隔爆性能，故将原规范中的有关属于产品制造标准的一些条文内容不再写入本规范。

2.2.1 制造厂检验合格的产品，到现场后进行了验收检查，一般情况下就无需进行拆卸检查，而只进行外观检查，本条列出了外观检查的内容和要求。

2.2.2 当隔爆型电气设备经检查确定需进一步拆卸检查时，因为不同的产品其防爆结构不同，应详细参照其产品说明书的规定。本条所列各款规定，旨在确保隔爆面不致因拆卸后影响其隔爆性能。

2.2.3 机械碰擦是爆炸事故的危险源，故安装时应特别引起重视。

2.2.4 制造标准中规定了正常运行时产生火花或电弧的设备要进行联锁或加警告牌，施工和验收时要检验其可靠性，并保留完好的警告牌交付生产和使用者。

2.2.5 为了防止插头插入或拔出时产生火花和电弧而引起爆炸事故，按照新的产品制造标准的要求，还需设有防止骤然拔脱的徐动装置，保证在使用过程中不能松脱。

2.3 增安型和无火花型电气设备的安装

增安型(即原规范中的"防爆安全型")与无火花型(新增加的一种型号的防爆电气设备)电气设备的要求，除电气性能外，基本相同，安装要求和安装前的检查项目完全相同，故作为一节合并写出，避免重复。

2.3.1 增安型电气设备与无火花型电气设备有相同的外壳防护要求，外壳和透光部分要防止裂纹和损坏，防止进灰、进水，接线盒盖应紧固，设备的紧固螺栓应无松动和锈蚀。

2.3.2 增安型电动机和无火花型电动机有相同的定、转子单边气隙最小值的要求，按现行产品国家标准《爆炸性环境用防爆电气设备 增安型电气设备"e"》(GB 3836.2)和《爆炸性环境用防爆电气设备 无火花型电气设备"n"》(GB 3836.8)的规定，增加了表注中的有关规定。这些要求是防止电动机定子与转子之间的间隙过小，在长期使用后，电动机定子、转子之间发生摩擦，产生高温和火花而引起爆炸事故。

2.4 正压型电气设备的安装

2.4.1 正压型电气设备(即原规范中的"防爆通风、充气型电气设备")有防护、减少漏气、防止火花吹出等要求，要密封良好。

2.4.2 进入正压型电气设备内的气体是防爆措施，气体来源不得取自爆炸性环境，为防止有腐蚀金属和降低绝缘性能、有损设备性能的气体进入设备和管道，规定进入通风、充气系统及电气设备内部的空气或气体不得含有有害物质。

2.4.3 为了避免因火花或炽热颗粒排入爆炸危险环境引起爆炸事故，特作出此规定。

2.4.4 正压型电气设备的通风充气系统的电气联锁装置是确保设备安全运行的技术措施，联锁装置的动作程序应正确。但设备通电前的置换风量因设备结构各异，故应按产品的技术条件或产品说明书的规定来确定，管道部分仍按5倍相连管道的容积计算风量。

2.4.5 电气设备及系统要维持产品技术条件中最低的所需压力值，是为了防止外部可燃气体进入，因产品的结构和所要求的最低压力值不尽相同，所以不作统一的硬性规定，而应以产品的技术条件为准。

2.4.6 运行中的正压型电气设备，如果内部的火花和电弧从缝隙或出风口吹出，就可能会引起爆炸事故的发生，因此设备安装和施工完成后应进行检查。

2.4.7 现行的产品制造国家标准有此项要求，对管道的密封应经过认真检查，以保证整个通风系统的正压。

2.5 充油型电气设备的安装

2.5.1 充油型电气设备（即原规范中的“防爆充油型电气设备”）外壳有密封和防护要求，外壳和油箱、油标有损坏和渗漏时，将使油位降低而失去防爆性能，排油孔便于更换废油，排气孔是使变压器油在火花或电弧作用下分解出的气体排出，防止内部过压而引起爆炸。

2.5.2 充油型电气设备对油面高度有要求，设备需垂直安装，当设备倾斜时，油标不能正确反映油位高度，有可能造成设备内部缺油情况，故要求安装时其倾斜度不得大于5°。

2.5.3 产品的制造标准已将油面最高允许温度组别改为6组，在环境温度为40℃时，T_1～T_5组设备油面最高允许温度为100℃，其油面温升定为60℃，T_6组设备的油面温升限定为40℃，防止油面温度超过气体自燃点温度或变压器油的闪点。

2.6 本质安全型电气设备的安装

2.6.1 本质安全型电气设备（即原规范中的“安全火花型电气设备”）安装前的检查项目及要求，在进行检查时，不但应对本质安全型电气设备进行认真的检查，而且对与之关联的电气设备也应进行检查。

2.6.2 凡是与本质安全型电气设备配套的关联电气设备都是经过国家检验单位检验确认的设备，如其关联的电气设备的型号不符合本质安全型电气设备铭牌中的规定，则破坏了本质安全型电气设备的防爆性能。

2.6.3 为了防止因电源变压器的缺陷而破坏了本质安全型电气设备及其线路的防爆性能。

2.6.4 防止由于电池型号、规格的改变而改变了本质安全型电气设备的能量供应，在事故情况下，产生的电火花和温度超过其额定值而可能引起爆炸事故。

2.6.5 根据现行的产品制造国家标准，增加了对防爆安全栅的接地要求。

2.6.6 由于电气线路的参数对本质安全型电气设备的安全性能有影响，故提出了电气线路的参数应符合设计的规定，以限制线路的储能。

2.7 粉尘防爆电气设备的安装

2.7.1 本条列出了设备安装前的检查项目，主要是标志、防护等级、温度组别、产品的密封以及防止粉尘沉积等，检查设备是否与使用环境相适应。

2.7.2 粉尘防爆电气设备安装时应注意的事项，尤其是有关通风孔道不得堵塞，以减少粉尘的聚集堆积。

2.7.3 粉尘防爆电气设备外壳及进线装置的完整及密封性能至关重要，粉尘可以吸附于壳壁、绕组及绝缘零件的表面，影响散热和降低绝缘电阻，增大电路故障，所以设备安装时不得损伤其密封性能。

2.7.4 许多可燃粉尘受热后能够引燃，故划分了组别和划定了外壳表面最高温度值。

2.7.5 粉尘防爆电气设备安装后，应按产品技术条件的要求做好保护装置的调整和试操作，发现问题及时处理，以保证设备的安全运行。

3 爆炸危险环境的电气线路

3.1 一般规定

3.1.1 爆炸危险环境的电气线路的敷设方式和敷设路径,现行国家标准《爆炸和火灾危险环境电力装置设计规范》中有明确的规定,施工应按设计规定进行。但鉴于工程的具体情况,对那些既可由设计规定,亦可根据施工现场的具体条件决定的问题,可采取设计图纸有规定时按设计施工,若设计无明确规定时,可按本条规定执行的方法。本条的规定是根据现行国家标准《爆炸和火灾危险环境电力装置设计规范》有关条文的规定而作出的。

3.1.2 本条是为了防止电气线路因外界损伤而破坏绝缘,击穿打火而引起爆炸事故。

3.1.3 本条是为了避免因线路的绝缘不良产生电火花而引起爆炸事故。

3.1.4 现行国家标准《爆炸和火灾危险环境电力装置设计规范》对于不同的爆炸危险区所采用的电气设备和器材的选型都作出了具体的规定,施工安装时应按设计规定选用相应类型的连接件。

3.1.5 导线或电缆的连接应可靠。绕接是一种不可靠的连接,往往会由于受外界的影响而松动,连接处的接触不良,接触电阻增大,引起接头发热;铝芯电缆与设备连接应采用铜-铝过渡接头。

3.1.6 本规范表 3.1.6 中所列电缆和绝缘导线的最小截面,是从电缆和导线应满足其机械强度的角度而规定的最小截面。实际施工中,电缆和导线的截面大小,应根据设计规定进行选择。

3.1.7 因气体或蒸气爆炸性混合物易随风向扩散,所以为防止架空线路正常运行或事故情况下产生的电火花、电弧等引起爆炸事故的发生而作此规定。

3.2 爆炸危险环境内的电缆线路

3.2.1 在爆炸危险环境内设置电缆中间接头,是事故的隐患。现行国家标准《爆炸和火灾危险环境电力装置设计规范》规定:“在 1 区内电缆线路严禁有中间接头,在 2 区内不应有中间接头”。但在其条文说明中说明,“若将该接头置于符合相应区域等级的防爆类型的接头盒中时,则是符合要求的”。日本 1985 年版《最新工厂用电气设备防爆指南》第三篇第 3.3.4 条(6)款规定:“电缆与电缆之间的连接,最好极力避免,但是不得已进行连接时可采用隔爆型或增安型防爆结构的连接箱来连接电缆”。原苏联的《电气装置安装规范》1985 年版第 7.3.111 条规定:“在任何级别的爆炸危险区内,禁止装设电缆盒和分线盒,无冒火花危险的电路例外”。根据以上所述,要求施工人员必须做到周密的安排,按电缆的长度,把电缆的中间接头安排在爆炸危险区域之外,并应将敷设好的电缆切实加以保护,杜绝产生中间接头的可能性。

3.2.2 电缆线路穿过不同危险区域或界面时,为了防止爆炸性混合物沿管路及其与建筑物的空隙流动和火花的传播而引起爆炸事故的发生,必须采取隔离密封措施。

3.2.3 根据现行国家标准《爆炸性环境用防爆电气设备通用要求》进行修订,是为了防止电气设备及接线盒内部产生爆炸时,由引入口的空隙而引起外部爆炸。

3.2.4 根据引入装置的现状及工矿企业运行经验,使用具有一定机械强度的挠性连接管及其附件即可满足要求。只要进线电缆、挠性软管和防爆电动机接线盒之间的配合符合防爆要求即可。所采用的挠性连接管类型应适合所使用的环境特征如防腐蚀、防潮湿和环境温度对挠性管的特殊要求。

3.2.5 为了使电缆与金属密封环之间的密封可靠,不致因电缆表面有脏物而影响密封效果。

3.2.6 本条是为了防止管内积水结冰或将水压入引入装置而损

坏电缆和引入装置的绝缘。

3.3 爆炸危险环境内的钢管配线

3.3.1 以往采用黑铁管进行刷漆处理的施工方法，由于在施工现场受条件限制，处理很难达到完善，致使管壁锈蚀而影响管壁强度。为了提高钢管防腐能力和使用寿命，明确规定爆炸危险环境的钢管配线，应采用镀锌焊接钢管。

3.3.2 为了确保钢管与钢管、钢管与电气设备、钢管与钢管附件之间的连接牢固，密封性能及电气性能可靠，特提出施工中应注意的事项，只要钢管采用螺纹连接，按本条各项规定认真执行，都符合本条规定的要求，在连接处可不焊接金属跨接线。因为钢管都采用镀锌钢管，焊跨接线不免要损坏钢管的镀锌层，破坏了钢管的防腐性能。

3.3.3 电气管路采用倒扣连接时，其外露的丝扣必然过长，不但破坏了管壁的防腐性能，而且降低了管壁的强度。

3.3.4 根据国家现行标准《爆炸危险环境的配线和电气设备的安装通用图》附录二中隔离密封技术要求的规定编写。隔离密封的目的是使爆炸性混合物或火焰隔离切断，以防止通过管路扩散到其它部分，提高管路的防爆效果。

3.3.5 根据国家现行标准《爆炸危险环境的配线和电气设备的安装通用图》附录二中隔离密封操作方法要求修订。因隔离密封装置不能在施工现场做不传爆性能试验，只有按照制造厂产品技术规定的要求进行施工，以达到隔离密封的效果。

3.3.6 为了避免在这些地方钢管直接连接时可能承受过大的额外应力和连接困难，规定应采用挠性管连接。爆炸危险环境内的钢管配线需采用挠性连接管的地方，为满足防爆要求，应采用防爆型挠性连接管。

3.3.7 挠性连接管的类型应与危险环境区域相适应，材质应与使用的环境条件（防腐、防潮、高温）相适应，以达到其防爆要求。

3.3.8 本条是为防止电气设备或接线盒内在事故情况下产生的电气火花或高温，在其内部发生爆炸时，由多余的线孔引起钢管内部爆炸。

3.4 本质安全型电气设备及其关联电气设备的线路

3.4.1 本质安全型电气设备的线路中的本质安全电路、关联电路，设计人员在设计时对防止与其它电路发生混触，防止静电感应和电磁感应等，都作了认真、细致的考虑，所以配线工程中的钢管和电缆或导线的型号规格、线路的走向及标高等，都要按设计施工；当本质安全型电气设备对其外部连接线的长度有规定时，尚应符合产品的规定。主要是为防止由于配线工程施工不当而破坏了本质安全型电气设备及其电气线路的防爆性能。

3.4.2 本条的 3.4.2.1～3.4.2.3 主要是为了避免本质安全电路之间、本质安全电路与关联电路之间、本质安全电路与其它电路之间发生混触而破坏本质安全电气设备和本质安全电路的防爆性能。

3.4.2.4 为防止爆炸性混合物的流动或火花传递而引起爆炸事故的发生，需按规定进行隔离密封。

3.4.2.5 为引起施工人员和生产维护人员注意，防止任意改变线路或将线路接错，需用颜色标明，以区别于其它电路。

3.4.2.6 根据本质安全电路的特殊要求，为了避免因屏蔽层中出现电流而影响本质安全电路的安全，屏蔽层只允许一点接地，应特别注意。

3.4.2.7 原规范规定“本质安全电路的保护管不应用镀锌钢管”，这种规定是依据当时的本质安全型电气设备的电路点燃参数曲线中，有不适用于含镉、锌、镁、铝的点燃参数曲线。现在的本质安全型电气设备产品及修订后的产品国家标准都已取消了上述不适用于含镉、锌、镁、铝的点燃参数曲线，故原规范的这一规定已无必要，而从保护管的防腐要求考虑，应采用镀锌钢管。

3.4.3 用本质安全电路配线连接危险环境的电气设备(多数为本质安全型)和非危险环境的电气设备(本质安全型或关联电气设备)时,在非危险环境中就存在着本质安全电路和关联电路,而这两种电路都是低电压、小电流,如不按危险环境的规定进行施工,同样能破坏本质安全型电气设备及本质安全电路的防爆性能。

4 火灾危险环境的电气装置

4.1 电气设备的安装

4.1.1 现行国家标准《爆炸和火灾危险环境电力装置设计规范》根据火灾危险区域等级及使用条件选择不同类型的电气设备都作了明确规定,施工时应检查所使用的电气设备是否符合设计规定。

4.1.2 电气开关、正常运行时有火花或外壳表面温度较高的电气设备,应远离可燃物质,主要是考虑到电气设备的表面高温、电弧及线路接触不良或断线引起的火花,将引燃周围的可燃物质,造成火灾事故。有的单位反映曾因电气设备事故造成木制箱子着火引起火灾,故规定装有电气设备的箱、盒等应采用金属制品。

4.1.3 电热器在使用时产生高温,容易引燃可燃物质,为避免造成火灾事故而作出此规定。

4.1.4 移动式和携带式照明灯具,如果没有金属网保护,容易碰破玻璃罩而引起火灾事故。

4.1.5 主要考虑防止从上面落下物体时,引起短路或接地等事故。

4.2 电 气 线 路

4.2.1～4.2.6 根据现行国家标准《爆炸和火灾危险环境电力装置设计规范》第4.3.8条的有关规定,施工安装时应认真遵照执行。

4.2.7、4.2.8 主要是为了防止可燃物质或灰尘等其它有害物质侵入电气设备和接线盒内。

4.2.9 为防止架空线路在事故情况下由于电火花或电弧的产生而引起火灾事故的发生。

5 接 地

5.1 保护接地

5.1.1～5.1.4 根据现行国家标准《爆炸和火灾危险环境电力装置设计规范》的有关规定进行修订，按不同危险区域及其不同的电气设备，对其接地线或接零线的设置，加以区别对待。特别注意，在爆炸危险环境内的所有电气设备的金属外壳，无论是否安装在已接地的金属结构上都应接地。

5.1.5～5.1.8 参照国家现行标准《防爆安全规程》的有关规定编写，主要是为了保证爆炸危险环境内电气设备接地的安全可靠。

5.1.9 为了防止因紧固不良产生火花或高温而引起爆炸事故的发生。

5.2 防静电接地

5.2.1 在爆炸危险环境内，条文中所述的设备及管道易产生和集聚静电，当设计中有防静电接地要求时，必须按设计规定进行可靠接地，以防止产生静电火花而引起爆炸事故发生。

5.2.2 本条是为了防止高电位引入爆炸危险环境所产生的电气火花引起爆炸事故的发生而制定的。

6 工程交接验收

6.0.1 为了避免与现行国家标准《电气装置安装工程高压电器施工及验收规范》等系列"施工及验收规范"中的"工程交接验收"检查条文及《电气装置安装工程电气设备交接试验标准》的内容重复，本规范的"工程交接验收"只列出了爆炸和火灾危险环境内电气设备的特殊检查项目，其它通用的检查项目应遵照相应的"施工及验收规范"中规定的内容执行。

6.0.2 在防爆电气设备试运中，除按相应的"施工及验收规范"中的检查项目进行检查外，要特别注意所列的几项检查和应保证的条件，以确保设备的安全运行，避免引起爆炸事故的发生。

6.0.3 工程竣工验收时，除按相应的"施工及验收规范"中的检查项目进行检查外，还应按本条的有关各项进行检查，这些都是针对防爆电气设备的特殊性而提出的检查内容和要求，是防止爆炸事故发生的必要措施。

6.0.4 进行交接验收时，应同时移交所有的技术文件，这是设备的原始档案资料和运行及检修时的依据，移交的资料应正确齐全。爆炸和火灾危险环境用的电气设备，除了在外部结构上和个别特殊地方需满足防爆要求而与普通电气设备有较大差异外，其电气性能与普通电气设备基本一致，故在进行设备交接试验时，除按本规范中规定的几项特殊调整试验项目执行外，仍应按现行国家标准《电气装置安装工程电气设备交接试验标准》进行调整试验，并应提交调整试验记录。

中华人民共和国国家标准

电气装置安装工程 1kV及以下配线工程施工及验收规范

Code for construction and acception of 1kV and under feeder cable engineering electric equipment installation engineering

GB 50258—96

主编部门：中华人民共和国电力工业部
批准部门：中华人民共和国建设部
施行日期：1997年2月1日

关于发布国家标准《电气装置安装工程1kV及以下配线工程施工及验收规范》、《电气装置安装工程电气照明装置施工及验收规范》的通知

建标[1996]475号

根据国家计委计综[1986]2630号和建设部(90)建标技字第4号文的要求，由电力工业部会同有关部门共同修订的《电气装置安装工程1kV及以下配线工程施工及验收规范》和《电气装置安装工程电气照明装置施工及验收规范》，已经有关部门会审。现批准《电气装置安装工程1kV及以下配线工程施工及验收规范》GB 50258—96和《电气装置安装工程电气照明装置施工及验收规范》GB 50259—96为强制性国家标准，自一九九七年二月一日起施行。原国家标准《电气装置安装工程施工及验收规范》GBJ 232—82中第十三篇"配线工程篇"和第十四篇"电气照明装置篇"同时废止。

本规范由电力工业部负责管理，具体解释等工作由电力工业部电力建设研究所负责，出版发行由建设部标准定额研究所负责组织。

中华人民共和国建设部
一九九六年八月十六日

1 总 则

1.0.1 为保证电气装置配线工程的施工质量，促进技术进步，确保安全运行，制订本规范。

1.0.2 本规范适用于建筑物、构筑物中1kV及以下配线工程的施工及验收。

1.0.3 配线工程的施工应按已批准的设计进行。当修改设计时，应经原设计单位同意，方可进行。

1.0.4 采用的器材及其运输和保管，应符合国家现行标准的有关规定；当产品有特殊要求时，尚应符合产品技术文件的规定。

1.0.5 器材到达施工现场后，应按下列要求进行检查：

1.0.5.1 技术文件应齐全。

1.0.5.2 型号、规格及外观质量应符合设计要求和本规范的规定。

1.0.6 配线工程施工中的安全技术措施，应符合本规范和国家现行标准及产品技术文件的规定。

1.0.7 配线工程施工前，建筑工程应符合下列要求：

1.0.7.1 对配线工程施工有影响的模板、脚手架等应拆除，杂物应清除。

1.0.7.2 对配线工程会造成污损的建筑装修工作应全部结束。

1.0.7.3 在埋有电线保护管的大型设备基础模板上，应标有测量电线保护管引出口座标和高程用的基准点或基准线。

1.0.7.4 埋入建筑物、构筑物内的电线保护管、支架、螺栓等预埋件，应在建筑工程施工时预埋。

1.0.7.5 预留孔、预埋件的位置和尺寸应符合设计要求，预埋件应埋设牢固。

1.0.8 配线工程施工结束后，应将施工中造成的建筑物、构筑物的孔、洞、沟、槽等修补完整。

1.0.9 电气线路经过建筑物、构筑物的沉降缝或伸缩缝处，应装设两端固定的补偿装置，导线应留有余量。

1.0.10 电气线路沿发热体表面上敷设时，与发热体表面的距离应符合设计规定。

1.0.11 电气线路与管道间的最小距离，应符合本规范附录A的规定。

1.0.12 配线工程采用的管卡、支架、吊钩、拉环和盒(箱)等黑色金属附件，均应镀锌或涂防腐漆。

1.0.13 配线工程中非带电金属部分的接地和接零应可靠。

1.0.14 配线工程的施工及验收，除应符合本规范的规定外，尚应符合国家现行的有关标准规范的规定。

2 配 管

2.1 一 般 规 定

2.1.1 敷设在多尘或潮湿场所的电线保护管，管口及其各连接处均应密封。

2.1.2 当线路暗配时，电线保护管宜沿最近的路线敷设，并应减少弯曲。埋入建筑物、构筑物内的电线保护管，与建筑物、构筑物表面的距离不应小于15mm。

2.1.3 进入落地式配电箱的电线保护管，排列应整齐，管口宜高出配电箱基础面50～80mm。

2.1.4 电线保护管不宜穿过设备或建筑物、构筑物的基础；当必须穿过时，应采取保护措施。

2.1.5 电线保护管的弯曲处，不应有折皱、凹陷和裂缝，且弯扁程度不应大于管外径的10%。

2.1.6 电线保护管的弯曲半径应符合下列规定：

2.1.6.1 当线路明配时，弯曲半径不宜小于管外径的6倍；当两个接线盒间只有一个弯曲时，其弯曲半径不宜小于管外径的4倍。

2.1.6.2 当线路暗配时，弯曲半径不应小于管外径的6倍；当埋设于地下或混凝土内时，其弯曲半径不应小于管外径的10倍。

2.1.7 当电线保护管遇下列情况之一时，中间应增设接线盒或拉线盒，且接线盒或拉线盒的位置应便于穿线：

2.1.7.1 管长度每超过30m，无弯曲。

2.1.7.2 管长度每超过20m，有一个弯曲。

2.1.7.3 管长度每超过15m，有二个弯曲。

2.1.7.4 管长度每超过8m，有三个弯曲。

2.1.8 垂直敷设的电线保护管遇下列情况之一时，应增设固定导线用的拉线盒：

2.1.8.1 管内导线截面为$50mm^2$及以下，长度每超过30m。

2.1.8.2 管内导线截面为$70～95mm^2$，长度每超过20m。

2.1.8.3 管内导线截面为$120～240mm^2$，长度每超过18m。

2.1.9 水平或垂直敷设的明配电线保护管，其水平或垂直安装的允许偏差为1.5‰，全长偏差不应大于管内径的1/2。

2.1.10 在*TN-S*、*TN-C-S*系统中，当金属电线保护管、金属盒（箱）、塑料电线保护管、塑料盒（箱）混合使用时，金属电线保护管和金属盒（箱）必须与保护地线（*PE*线）有可靠的电气连接。

2.2 钢 管 敷 设

2.2.1 潮湿场所和直埋于地下的电线保护管，应采用厚壁钢管或防液型可挠金属电线保护管；干燥场所的电线保护管宜采用薄壁钢管或可挠金属电线保护管。

2.2.2 钢管的内壁、外壁均应作防腐处理。当埋设于混凝土内时，钢管外壁可不作防腐处理；直埋于土层内的钢管外壁应涂两度沥青；采用镀锌钢管时，锌层剥落处应涂防腐漆。设计有特殊要求时，应按设计规定进行防腐处理。

2.2.3 钢管不应有折扁和裂缝，管内应无铁屑及毛刺，切断口应平整，管口应光滑。

2.2.4 钢管的连接应符合下列要求：

2.2.4.1 采用螺纹连接时，管端螺纹长度不应小于管接头长度的1/2；连接后，其螺纹宜外露2～3扣。螺纹表面应光滑、无缺损。

2.2.4.2 采用套管连接时，套管长度宜为管外径的1.5～3倍，管与管的对口处应位于套管的中心。套管采用焊接连接时，焊缝应牢固严密；采用紧定螺钉连接时，螺钉应拧紧；在振动的场所，紧定螺钉应有防松动措施。

2.2.4.3 镀锌钢管和薄壁钢管应采用螺纹连接或套管紧定螺钉连接，不应采用熔焊连接。

2.2.4.4 钢管连接处的管内表面应平整、光滑。

2.2.5 钢管与盒(箱)或设备的连接应符合下列要求：

2.2.5.1 暗配的黑色钢管与盒(箱)连接可采用焊接连接，管口宜高出盒(箱)内壁3～5mm，且焊后应补涂防腐漆；明配钢管或暗配的镀锌钢管与盒(箱)连接应采用锁紧螺母或护圈帽固定，用锁紧螺母固定的管端螺纹宜外露锁紧螺母2～3扣。

2.2.5.2 当钢管与设备直接连接时，应将钢管敷设到设备的接线盒内。

2.2.5.3 当钢管与设备间接连接时，对室内干燥场所，钢管端部宜增设电线保护软管或可挠金属电线保护管后引入设备的接线盒内，且钢管管口应包扎紧密；对室外或室内潮湿场所，钢管端部应增设防水弯头，导线应加套保护软管，经弯成滴水弧状后再引入设备的接线盒。

2.2.5.4 与设备连接的钢管管口与地面的距离宜大于200mm。

2.2.6 钢管的接地连接应符合下列要求：

2.2.6.1 当黑色钢管采用螺纹连接时，连接处的两端应焊接跨接接地线或采用专用接地线卡跨接。

2.2.6.2 镀锌钢管或可挠金属电线保护管的跨接接地线宜采用专用接地线卡跨接，不应采用熔焊连接。

2.2.7 安装电器的部位应设置接线盒。

2.2.8 明配钢管应排列整齐，固定点间距应均匀，钢管管卡间的最大距离应符合表2.2.8的规定；管卡与终端、弯头中点、电气器具或盒(箱)边缘的距离宜为150～500mm。

钢管管卡间的最大距离 表2.2.8

敷设方式	钢管种类	钢管直径(mm)			
		15～20	25～32	40～50	65以上
		管卡间最大距离(m)			
吊架、支架或沿墙敷设	厚壁钢管	1.5	2.0	2.5	3.5
	薄壁钢管	1.0	1.5	2.0	—

2.3 金属软管敷设

2.3.1 钢管与电气设备、器具间的电线保护管宜采用金属软管或可挠金属电线保护管；金属软管的长度不宜大于2m。

2.3.2 金属软管应敷设在不易受机械损伤的干燥场所，且不应直埋于地下或混凝土中。当在潮湿等特殊场所使用金属软管时，应采用带有非金属护套且附配套连接器件的防液型金属软管，其护套应经过阻燃处理。

2.3.3 金属软管不应退绞、松散，中间不应有接头；与设备、器具连接时，应采用专用接头，连接处应密封可靠；防液型金属软管的连接处应密封良好。

2.3.4 金属软管的安装应符合下列要求：

2.3.4.1 弯曲半径不应小于软管外径的6倍。

2.3.4.2 固定点间距不应大于1m，管卡与终端、弯头中点的距离宜为300mm。

2.3.4.3 与嵌入式灯具或类似器具连接的金属软管，其末端的固定管卡，宜安装在自灯具、器具边缘起沿软管长度的1m处。

2.3.5 金属软管应可靠接地，且不得作为电气设备的接地导体。

2.4 塑料管敷设

2.4.1 保护电线用的塑料管及其配件必须由阻燃处理的材料制成，塑料管外壁应有间距不大于1m的连续阻燃标记和制造厂标。

2.4.2 塑料管不应敷设在高温和易受机械损伤的场所。

2.4.3 塑料管管口应平整、光滑；管与管、管与盒(箱)等器件应采用插入法连接；连接处结合面应涂专用胶合剂，接口应牢固密封，并应符合下列要求：

2.4.3.1 管与管之间采用套管连接时，套管长度宜为管外径的1.5～3倍；管与管的对口处应位于套管的中心。

2.4.3.2 管与器件连接时，插入深度宜为管外径的1.1～1.8倍。

2.4.4 硬塑料管沿建筑物、构筑物表面敷设时，应按设计规定装设温度补偿装置。

2.4.5 明配硬塑料管在穿过楼板易受机械损伤的地方，应采用钢管保护，其保护高度距楼板表面的距离不应小于500mm。

2.4.6 直埋于地下或楼板内的硬塑料管，在露出地面易受机械损伤的一段，应采取保护措施。

2.4.7 塑料管直埋于现浇混凝土内，在浇捣混凝土时，应采取防止塑料管发生机械损伤的措施。

2.4.8 塑料管及其配件的敷设、安装和煨弯制作，均应在原材料规定的允许环境温度下进行，其温度不宜低于－15℃。

2.4.9 塑料管在砖砌墙体上剔槽敷设时，应采用强度等级不小于M10的水泥砂浆抹面保护，保护层厚度不应小于15mm。

2.4.10 明配硬塑料管应排列整齐，固定点间距应均匀，管卡间最大距离应符合表2.4.10的规定。管卡与终端、转弯中点、电气器具或盒（箱）边缘的距离为150～500mm。

硬塑料管管卡间最大距离（m）　　表2.4.10

敷设方式	管内径(mm)		
	20及以下	25～40	50及以上
吊架、支架或沿墙敷设	1.0	1.5	2.0

2.4.11 敷设半硬塑料管或波纹管宜减少弯曲，当直线段长度超过15m或直角弯超过三个时，应增设接线盒。

3 配线

3.1 一般规定

3.1.1 配线所采用的导线型号、规格应符合设计规定。当设计无规定时，不同敷设方式导线线芯的最小截面应符合本规范附录B的规定。

3.1.2 配线的布置应符合设计的规定。当设计无规定时，室外绝缘导线与建筑物、构筑物之间的最小距离应符合本规范附录C的要求；室内、室外绝缘导线之间的最小距离应符合本规范附录D的要求；室内、室外绝缘导线与地面之间的最小距离应符合本规范附录E的要求。

3.1.3 导线的连接应符合下列要求：

3.1.3.1 当设计无特殊规定时，导线的芯线应采用焊接、压板压接或套管连接。

3.1.3.2 导线与设备、器具的连接应符合下列要求：

（1）截面为10mm²及以下的单股铜芯线和单股铝芯线可直接与设备、器具的端子连接；

（2）截面为2.5mm²及以下的多股铜芯线的线芯应先拧紧搪锡或压接端子后再与设备、器具的端子连接；

（3）多股铝芯线和截面大于2.5mm²的多股铜芯线的终端，除设备自带插接式端子外，应焊接或压接端子后再与设备、器具的端子连接。

3.1.3.3 熔焊连接的焊缝，不应有凹陷、夹渣、断股、裂缝及根部未焊合的缺陷；焊缝的外形尺寸应符合焊接工艺评定文件的规定，焊接后应清除残余焊药和焊渣。

3.1.3.4 锡焊连接的焊缝应饱满，表面光滑；焊剂应无腐蚀性，焊接后应清除残余焊剂。

3.1.3.5 压板或其他专用夹具，应与导线线芯规格相匹配；紧固件应拧紧到位，防松装置应齐全。

3.1.3.6 套管连接器和压模等应与导线线芯规格相匹配；压接时，压接深度、压口数量和压接长度应符合产品技术文件的有关规定。

3.1.3.7 剖开导线绝缘层时，不应损伤芯线；芯线连接后，绝缘带应包缠均匀紧密，其绝缘强度不应低于导线原绝缘层的绝缘强度；在接线端子的根部与导线绝缘层间的空隙处，应采用绝缘带包缠严密。

3.1.3.8 在配线的分支线连接处，干线不应受到支线的横向拉力。

3.1.4 瓷夹、瓷柱、瓷瓶、塑料护套线和槽板配线在穿过墙壁或隔墙时，应采用经过阻燃处理的保护管保护；当穿过楼板时应采用钢管保护，其保护高度与楼面的距离不应小于 1.8m，但在装设开关的位置，可与开关高度相同。

3.1.5 入户线在进墙的一段应采用额定电压不低于 500V 的绝缘导线；穿墙保护管的外侧，应有防水弯头，且导线应弯成滴水弧状后方可引入室内。

3.1.6 在顶棚内由接线盒引向器具的绝缘导线，应采用可挠金属电线保护管或金属软管等保护，导线不应有裸露部分。

3.1.7 塑料绝缘导线和塑料槽板敷设处的环境温度不应低于 −15℃。

3.1.8 明配线的水平和垂直允许偏差应符合表 3.1.8 的规定。

3.1.9 当配线采用多相导线时，其相线的颜色应易于区分，相线与零线的颜色应不同，同一建筑物、构筑物内的导线，其颜色选择应统一；保护地线（*PE* 线）应采用黄绿颜色相间的绝缘导线；零线宜采用淡兰色绝缘导线。

明配线的水平和垂直允许偏差 表 3.1.8

配线种类	允许偏差(mm)	
	水平	垂直
瓷夹配线	5	5
瓷柱或瓷瓶配线	10	5
塑料护套线配线	5	5
槽板配线	5	5

3.1.10 配线工程施工后，应进行各回路的绝缘检查，绝缘电阻值应符合现行国家标准《电气装置安装工程电气设备交接试验标准》的有关规定，并应作好记录。

3.1.11 配线工程施工后，保护地线（*PE* 线）连接应可靠。对带有漏电保护装置的线路应作模拟动作试验，并应作好记录。

3.2 管内穿线

3.2.1 对穿管敷设的绝缘导线，其额定电压不应低于 500V。

3.2.2 管内穿线宜在建筑物抹灰、粉刷及地面工程结束后进行；穿线前，应将电线保护管内的积水及杂物清除干净。

3.2.3 不同回路、不同电压等级和交流与直流的导线，不得穿在同一根管内，但下列几种情况或设计有特殊规定的除外：

3.2.3.1 电压为 50V 及以下的回路。

3.2.3.2 同一台设备的电机回路和无抗干扰要求的控制回路。

3.2.3.3 照明花灯的所有回路。

3.2.3.4 同类照明的几个回路，可穿入同一根管内，但管内导线总数不应多于 8 根。

3.2.4 同一交流回路的导线应穿于同一钢管内。

3.2.5 导线在管内不应有接头和扭结，接头应设在接线盒（箱）内。

3.2.6 管内导线包括绝缘层在内的总截面积不应大于管子内空

截面积的40%。

3.2.7 导线穿入钢管时，管口处应装设护线套保护导线；在不进入接线盒（箱）的垂直管口，穿入导线后应将管口密封。

3.2.8 当导线敷设于垂直管内时，应符合本规范第2.1.8条的规定。

3.3 瓷夹、瓷柱、瓷瓶配线

3.3.1 在雨、雪能落到导线上的室外场所，不宜采用瓷柱、瓷夹配线；室外配线的瓷瓶不宜倒装。

3.3.2 当室外配线跨越人行道时，导线距地面高度不应小于3.5m；室外配线跨越通车街道时，导线距地面的高度不应小于6m。

3.3.3 导线敷设应平直，无明显松弛；导线在转弯处，不应有急弯。

3.3.4 电气线路相互交叉时，应将靠近建筑物、构筑物的导线穿入绝缘保护管内。保护管的长度不应小于100mm，并应加以固定；保护管两端与其它导线外侧边缘的距离均不应小于50mm。

3.3.5 绝缘导线的绑扎线应有保护层；绑扎线的规格应与导线规格相匹配；绑扎时不得损伤绝缘导线的绝缘层。

3.3.6 瓷夹、瓷柱或瓷瓶安装后应完好无损、表面清洁、固定可靠。

3.3.7 导线在转弯、分支和进入设备、器具处，应装设瓷夹、瓷柱或瓷瓶等支持件固定，其与导线转弯的中心点、分支点、设备和器具边缘的距离宜为：瓷夹配线40～60mm；瓷柱配线60～100mm。

3.3.8 当工业厂房内采用裸导线时，配线工程应符合下列要求：

3.3.8.1 裸导线距地面高度不应小于3.5m；当装有网状遮栏时，不应小于2.5m。

3.3.8.2 在屋架上敷设时，导线至起重机铺面板间的净距不应小于2.2m；当不能满足要求时，应在起重机与导线之间装设遮栏保护。

3.3.8.3 在搬运和装配物件时能触及导线的场所不得敷设裸导线。

3.3.8.4 裸导线不得与起重机的滑触线同支架敷设。

3.3.8.5 裸导线与网状遮栏的距离不应小于100mm；与板状遮栏的距离不应小于50mm。

3.3.8.6 裸导线之间及其与建筑物表面之间的最小距离应符合表3.3.8的规定。

裸导线之间及其与建筑物表面之间的最小距离　　表3.3.8

固定点间距 l(m)	最小距离(mm)
$l \leqslant 2$	50
$2 < l \leqslant 4$	100
$4 < l < 6$	150
$l \geqslant 6$	200

3.3.9 导线沿室内墙面或顶棚敷设时，固定点之间的最大距离应符合表3.3.9的规定。

固定点之间的最大距离（mm）　　表3.3.9

配线方式	线芯截面(mm^2)				
	1～4	6～10	16～25	35～70	95～120
瓷夹配线	600	800	—	—	—
瓷柱配线	1500	2000	3000	—	—
瓷瓶配线	2000	2500	3000	6000	6000

3.4 槽板配线

3.4.1 槽板配线宜敷设在干燥场所；槽板内、外应平整光滑、无扭曲变形。木槽板应涂绝缘漆和防火涂料；塑料槽板应经阻燃处理，并有阻燃标记。

3.4.2 槽板应紧贴建筑物、构筑物的表面敷设，且平直整齐；多条槽板并列敷设时，应无明显缝隙。

3.4.3 槽板底板固定点间距离应小于500mm；槽板盖板固定点间距离应小于300mm；底板距终端50mm和盖板距终端30mm处均应固定。三线槽的槽板每个固定点均应采用双钉固定。

3.4.4 槽板敷设时，底板接口与盖板接口应错开，其错开距离不应小于20mm。

3.4.5 槽板的盖板在直线段上和90°转角处，应成45°斜口相接；分支处应成丁字三角叉接；盖板应无翘角，接口应严密整齐。

3.4.6 敷设于木槽板内的导线，其额定电压不应低于500V。一条槽板内应敷设同一回路的导线；在宽槽内应敷设同一相导线。

3.4.7 导线在槽板内不应设有接头，接头应置于接线盒或器具内；盖板不应挤伤导线的绝缘层。

3.4.8 槽板与各种器具的底座连接时，导线应留有余量，底座应压住槽板端部。

3.5 线槽配线

3.5.1 线槽应平整、无扭曲变形，内壁应光滑、无毛刺。

3.5.2 金属线槽应经防腐处理。

3.5.3 塑料线槽必须经阻燃处理，外壁应有间距不大于1m的连续阻燃标记和制造厂标。

3.5.4 线槽的敷设应符合下列要求：

3.5.4.1 线槽应敷设在干燥和不易受机械损伤的场所。

3.5.4.2 线槽的连接应连续无间断；每节线槽的固定点不应少于两个；在转角、分支处和端部均应有固定点，并应紧贴墙面固定。

3.5.4.3 线槽接口应平直、严密，槽盖应齐全、平整、无翘角。

3.5.4.4 固定或连接线槽的螺钉或其他紧固件，紧固后其端部应与线槽内表面光滑相接。

3.5.4.5 线槽的出线口应位置正确、光滑、无毛刺。

3.5.4.6 线槽敷设应平直整齐；水平或垂直允许偏差为其长度的2‰，且全长允许偏差为20mm；并列安装时，槽盖应便于开启。

3.5.5 线槽内导线的敷设应符合下列规定：

3.5.5.1 导线的规格和数量应符合设计规定；当设计无规定时，包括绝缘层在内的导线总截面积不应大于线槽截面积的60%。

3.5.5.2 在可拆卸盖板的线槽内，包括绝缘层在内的导线接头处所有导线截面积之和，不应大于线槽截面积的75%；在不易拆卸盖板的线槽内，导线的接头应置于线槽的接线盒内。

3.5.6 金属线槽应可靠接地或接零，但不应作为设备的接地导体。

3.6 钢索配线

3.6.1 在潮湿、有腐蚀性介质及易积贮纤维灰尘的场所，应采用带塑料护套的钢索。

3.6.2 配线时宜采用镀锌钢索，不应采用含油芯的钢索。

3.6.3 钢索的单根钢丝直径应小于0.5mm，并不应有扭曲和断股。

3.6.4 钢索的终端拉环应牢固可靠，并应承受钢索在全部负载下的拉力。

3.6.5 钢索与终端拉环应采用心形环连接；固定用的线卡不应少于2个；钢索端头应采用镀锌铁丝扎紧。

3.6.6 当钢索长度为50m及以下时，可在其一端装花篮螺栓；当钢索长度大于50m时，两端均应装设花篮螺栓。

3.6.7 钢索中间固定点间距不应大于12m；中间固定点吊架与钢索连接处的吊钩深度不应小于20mm，并应设置防止钢索跳出的锁定装置。

3.6.8 在钢索上敷设导线及安装灯具后，钢索的弛度不宜大于

100mm。

3.6.9 钢索应可靠接地。

3.6.10 钢索配线的零件间和线间距离应符合表3.6.10的规定。

钢索配线的零件间和线间距离(mm) 表3.6.10

配线类别	支持件之间最大间距	支持件与灯头盒之间最大距离	线间最小距离
钢管	1500	200	—
硬塑料管	1000	150	—
塑料护套线	200	100	—
瓷柱配线	1500	100	35

3.7 塑料护套线敷设

3.7.1 塑料护套线不应直接敷设在抹灰层、吊顶、护墙板、灰幔角落内。室外受阳光直射的场所,不应明配塑料护套线。

3.7.2 塑料护套线与接地导体或不发热管道等的紧贴交叉处,应加套绝缘保护管;敷设在易受机械损伤场所的塑料护套线,应增设钢管保护。

3.7.3 塑料护套线的弯曲半径不应小于其外径的3倍;弯曲处护套和线芯绝缘层应完整无损伤。

3.7.4 塑料护套线进入接线盒(箱)或与设备、器具连接时,护套层应引入接线盒(箱)内或设备、器具内。

3.7.5 沿建筑物、构筑物表面明配的塑料护套线应符合下列要求:

3.7.5.1 应平直,并不应松弛、扭绞和曲折。

3.7.5.2 应采用线卡固定,固定点间距应均匀,其距离宜为150～200mm。

3.7.5.3 在终端、转弯和进入盒(箱)、设备或器具处,均应装设线卡固定导线,线卡距终端、转弯中点、盒(箱)、设备或器具边缘的距离宜为50～100mm。

3.7.5.4 接头应设在盒(箱)或器具内,在多尘和潮湿场所应采用密闭式盒(箱);盒(箱)的配件应齐全,并固定可靠。

3.7.6 塑料护套线或加套塑料护层的绝缘导线在空心楼板板孔内敷设时,应符合下列要求:

3.7.6.1 导线穿入前,应将板孔内积水、杂物清除干净。

3.7.6.2 导线穿入时,不应损伤导线的护套层,并便于更换导线。

3.7.6.3 导线接头应设在盒(箱)内。

4 工程交接验收

4.0.1 工程交接验收时，应对下列项目进行检查：

4.0.1.1 各种规定的距离。

4.0.1.2 各种支持件的固定。

4.0.1.3 配管的弯曲半径，盒（箱）设置的位置。

4.0.1.4 明配线路的允许偏差值。

4.0.1.5 导线的连接和绝缘电阻。

4.0.1.6 非带电金属部分的接地或接零。

4.0.1.7 黑色金属附件防腐情况。

4.0.1.8 施工中造成的孔、洞、沟、槽的修补情况。

4.0.2 工程在交接验收时，应提交下列技术资料和文件：

4.0.2.1 竣工图。

4.0.2.2 设计变更的证明文件。

4.0.2.3 安装技术记录（包括隐蔽工程记录）。

4.0.2.4 各种试验记录。

4.0.2.5 主要器材、设备的合格证。

附录A 电气线路与管道间最小距离

A.0.1 配线工程施工中，电气线路与管道间最小距离应符合表A.0.1的规定：

电气线路与管道间最小距离(mm)　　表A.0.1

管道名称	配线方式		穿管配线	绝缘导线明配线	裸导线配线
蒸汽管	平行	管道上	1000	1000	1500
		管道下	500	500	1500
	交叉		300	300	1500
暖气管、热水管	平行	管道上	300	300	1500
		管道下	200	200	1500
	交叉		100	100	1500
通风、给排水及压缩空气管	平行		100	200	1500
	交叉		50	100	1500

注：①对蒸汽管道，当在管外包隔热层后，上下平行距离可减至200mm。

②暖气管、热水管应设隔热层。

③对裸导线，应在裸导线处加装保护网。

附录B　不同敷设方式导线线芯的最小截面

B.0.1　配线工程施工中，不同敷设方式导线线芯的最小截面应符合表B.0.1的规定：

不同敷设方式导线线芯的最小截面　表B.0.1

敷设方式			线芯最小截面(mm²)		
			铜芯软线	铜线	铝线
敷设在室内绝缘支持件上的裸导线			—	2.5	4.0
敷设在绝缘支持件上的绝缘导线其支持点间距 L (m)	$L \leqslant 2$	室内	—	1.0	2.5
		室外	—	1.5	2.5
	$2<L\leqslant 6$		—	2.5	4.0
	$6<L\leqslant 12$		—	2.5	6.0
穿管敷设的绝缘导线			1.0	1.0	2.5
槽板内敷设的绝缘导线			—	1.0	2.5
塑料护套线明敷			—	1.0	2.5

附录C　室外绝缘导线与建筑物、构筑物之间的最小距离

C.0.1　配线工程施工中，室外绝缘导线与建筑物、构筑物之间的最小距离应符合表C.0.1的规定：

室外绝缘导线与建筑物、构筑物之间的最小距离　表C.0.1

敷设方式		最小距离(mm)
水平敷设的垂直距离	距阳台、平台、屋顶	2500
	距下方窗户上口	300
	距上方窗户下口	800
垂直敷设时至阳台窗户的水平距离		750
导线至墙壁和构架的距离(挑檐下除外)		50

附录D　室内、室外绝缘导线之间的最小距离

D.0.1　配线工程施工中，室内、室外绝缘导线之间的最小距离应符合表D.0.1的规定：

室内、室外绝缘导线之间的最小距离　　表D.0.1

固定点间距(m)	导线最小间距(mm)	
	室内配线	室外配线
1.5及以下	35	100
1.5～3.0	50	100
3.0～6.0	70	100
6.0以上	100	150

附录E　室内、室外绝缘导线与地面之间的最小距离

E.0.1　配线工程施工中，室内、室外绝缘导线与地面之间的最小距离应符合表E.0.1的规定：

室内、室外绝缘导线与地面之间的最小距离　　表E.0.1

敷设方式		最小距离(m)
水平敷设	室　内	2.5
	室　外	2.7
垂直敷设	室　内	1.8
	室　外	2.7

附加说明

本规范主编单位、参加单位和主要起草人名单

主 编 单 位：电力工业部电力建设研究所
参 加 单 位：浙江省工业设备安装工程公司
上海市工业设备安装工程公司
杭州市工业设备安装工程公司
主要起草人：钱大治　胡佐臣　程学丽　徐达玲
梁之任　付惠英　马长瀛

中华人民共和国国家标准

电气装置安装工程 1kV 及以下配线工程施工及验收规范

GB 50258－96

条 文 说 明

修订说明

本规范是根据原国家计委计综[1986]2630号文和建设部[1990]建标技字第4号文的要求，由原能源部负责主编，具体由电力工业部电力建设研究所会同有关单位共同编制而成。

在修订过程中，编写组进行了广泛的调查研究，认真总结了原规范执行以来的经验，吸取了部分科研成果，广泛征求了全国有关单位的意见，最后由我部会同有关部门审查定稿。

本规范共分四章和五个附录，这次修订的主要内容有：删去了使用寿命短且不易把握施工质量的‘粘接法配线’的有关章节；增加了‘线槽配线’的有关规定，并单独列为一章；对塑料管的使用，作了更严格的规定；对金属软管的敷设作了补充规定；重点强调了 *TN-S*、*TN-C-S* 系统线路的敷设及安全检测；补充了新产品(如可挠金属电线保护管)的有关内容；有些数据按 IEC 规定作了调整。

本规范在执行过程中，如发现欠妥之处，请将意见和有关资料寄往：电力工业部电力建设研究所(北京良乡，邮编：102401)，以便今后修订时参考。

电力工业部

1996年8月

目　次

1 总 则

1.0.1 本条文明确了本规范的制订目的。

1.0.2 本条文明确了本规范的适用范围。对有特殊要求的场所，还要执行其相应标准的有关规定。

1.0.3 按设计进行施工是现场施工的基本要求。

条文中“已批准的设计文件”是指：设计是由政府主管部门认可、批准的单位或部门负责，且要有会签、审批手续；在施工中，由于现场实际情况的变化，无论是建设单位、施工单位等修改设计，均要经原设计单位确认，以保证设计的连续性和完整性，并要有设计变更通知。

1.0.4 妥善运输、保管器材，以防止性能改变、质量恶劣及丢失，是工程建设的重要环节之一；不符合国家现行标准的产品，不得使用和安装。

1.0.5 器材到达现场后，做好检验工作，为顺利施工提供条件。本条文对器材的验收检查项目作了具体的规定。

1.0.6 为保证施工安全，制订本条文。

1.0.7 为了加强管理，提高工程质量，制订本条文。本条文明确规定了配线工程施工前建筑工程应具备的一些条件，以避免配线工程和建筑工程之间交叉作业，做到文明施工。

1.0.8 配线工程施工中，不可避免的对建筑物、构筑物留洞凿孔、剔沟刨槽，为确保整个建筑安装工程的质量，要对配线施工中造成的建筑物、构筑物表面损坏部分进行修补，才可交工。

1.0.9 电气线路穿过建筑物、构筑物的沉降缝和伸缩缝时，当建筑物、构筑物不均匀沉降或伸缩变形，线路会受到剪切和扭拉，故需采用补偿装置。

1.0.10～1.0.11 导线的允许载流量或额定载流量是按气温为65℃规定的，导线绝缘层的破坏和老化时间长短，受环境温度影响较大。锅炉、冶金工业窑炉及其烟道等发热表面，其温度一般均在65℃以上，故不要沿其表面敷设导线，以确保配线工程安全运行和使用寿命。

1.0.12 为防止锈蚀，延长使用年限，便于维修，作此规定。

1.0.13 为保证安全，规定配线工程中非带电金属部分应接地或接零良好。

2 配 管

2.1 一般规定

2.1.1 在多尘或潮湿场所为防止导电的灰尘和水汽进入管、盒(箱)和设备内,降低电气绝缘强度,加速金属腐蚀,影响工程质量,故规定各连接处和管口均应作密封处理。

2.1.2 暗配的电线保护管建议沿最近的路线敷设,主要是为力求管线最短,节约费用,降低成本;且为保证暗配管敷设后不露出抹灰层,防止因锈蚀造成抹灰面脱落,影响整个工程质量,因此要求管子的保护厚度不小于 15mm。

2.1.3 规定管口高度,是避免积水或杂物从地面进入管内,降低绝缘强度;多根管子的管口排列整齐不仅表面美观,而且易辨认管子的去向,便于维修。

2.1.4 采取保护措施的目的是防止基础下沉或设备运转时的振动,影响线路的正常运行。

2.1.5 为了防止渗漏、穿线方便及穿线时不损坏导线绝缘,并便于维修等,制订本条文。

2.1.6 电线保护管弯曲半径规定的数值是经验数据,弯曲半径越小,穿线时导线受拉力越大,绝缘层被管壁磨损越严重,故本条文对弯曲半径作了规定。

2.1.7 本条是为便于穿线、维修、防止导线受损伤所作出的规定。

2.1.8 由于垂直敷设线路的管内导线,在盒(箱)转角处,绝缘层和芯线均因导线的自重而受到较大应力,为防止导线损伤,故规定在一定高度处加装拉线盒,并在盒内用夹具固定导线。

2.1.9 本条是为保证外观质量和整个建筑物协调一致而作的规定。

2.1.10 由于 $TN-S$、$TN-C-S$ 系统中,有专用的保护线(PE 线),可不必利用金属电线管作保护接地或接零的导体,因而可以混用,但非带电的金属电线管和线盒必须与 PE 线有可靠的电气连接。

结合国际电工委员会 IEC 标准《建筑物电气装置》TC 64(364—3)的有关规定,我国低压供电系统中,电气设备保护线的连接方式的 $TN-S$ 系统、$TN-C-S$ 系统是指:

(1)$TN-S$ 系统。在整个系统中,中性线与保护线是分开的。

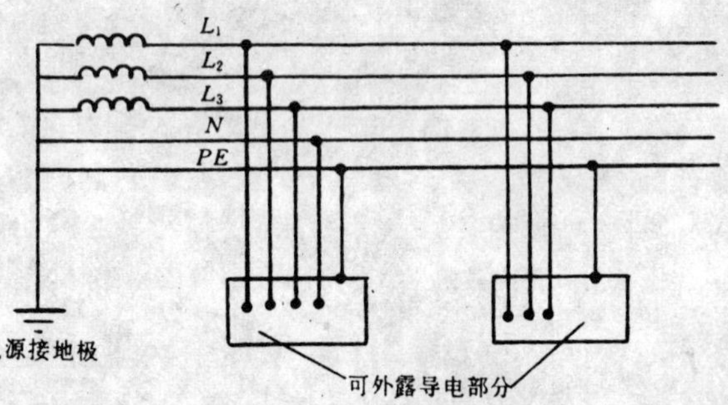

图 2.1.10-1 $TN-S$ 系统

(2)$TN-C-S$ 系统。在整个系统中,有部分中性线与保护线是分开的。

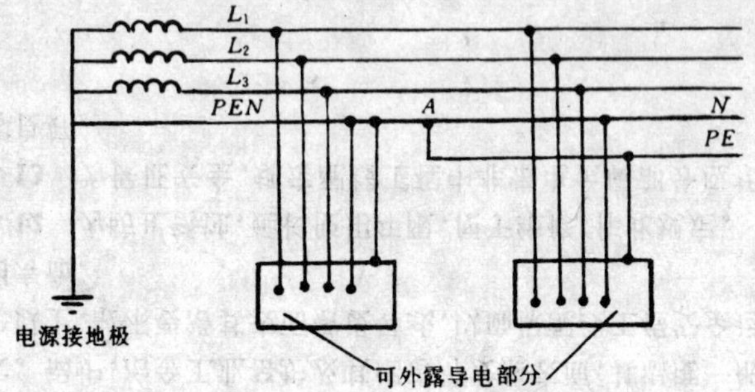

图 2.1.10-2 $TN-C-S$ 系统

2.2 钢管敷设

2.2.1 对薄壁和厚壁钢管敷设的场所作了相应的规定，如果选用不当，易缩短使用年限或造成浪费。

可挠金属电线保护管的外层为镀锌钢带，中间层为冷轧钢带，内层为耐水电工纸，重迭卷拧成螺旋状，外壁自成丝扣。

2.2.2 对防腐提出了明确要求，目的是为了延长钢管使用寿命，同时，防止管内锈蚀严重，影响导线更换，埋入混凝土内的钢管外壁，因不易锈蚀，可不涂防腐漆，这样更有利于两者结合。

2.2.3、本条文是为方便穿线，防止穿管时导线绝缘层被损坏，以至破坏芯线而作的技术性规定。

2.2.4 对钢管的连接提出了具体的要求。

2.2.5 钢管与盒(箱)、设备连接时，应按照本条文的规定执行。焊接时需由持有合格证件的焊工操作。

2.2.6 钢管接地连接时，需遵照本条文执行。

2.2.7 灯具、开关、插座、吊扇、壁扇等电器处，为了方便接线及检修，故要设置接线盒。

2.2.8 管端和弯头两侧需有管卡固定钢管，否则穿线时易造成钢管移位和穿线困难；电气设备和接线盒边缘应有管卡，不能用器具设备和盒(箱)来固定管端，否则维修或更换器具时，造成钢管移位或器具设备受到附加的应力。钢管中间管卡间距(支撑点间)最大允许距离的数值，受两个因素的制约，螺纹连接或紧定螺钉套管连接的管子，其中间管卡距离增大，使螺纹或套管连接处受力增大，在管子受到外力作用时，易导致螺纹断裂，套管脱落，线路损坏；其次，中间管卡距离大，管子易下垂或横向摆动，不仅穿线困难，也影响外观质量。但过小的管卡间距，显然不经济，也无必要。

2.3 金属软管敷设

2.3.1 金属软管又称挠性金属管，通常用于设备本体的电气配线，在配线工程中用于刚性保护管和设备器具间连接的过渡管段，或为了检修和特种场合下，器具、设备需小范围变动工作位置时，采用部分金属软管作电线保护管；鉴于软管不易更换导线，所以规定了长度数值，且指明了适用范围。

2.3.2 由于金属软管的构造特点，限制了使用场所，若直埋地下或在混凝土内敷设，均有可能渗进水或水泥浆，致使无法穿线或导线穿入后绝缘性能下降。专用的防液型金属软管，外覆的护层是由塑料构成，也不宜直埋地下或捣入混凝土中，原因是外覆层易被划破，而失去防液功能。

2.3.3 本条是为确保连接可靠、密封良好所作的规定。

2.3.4 本条文是敷设、固定金属软管的技术规定，且与美国国家电气法规 NEC 有关条款相适应。

2.3.5 因金属软管的材质和构造及检修时需要拆卸等原因，故不得用作接地导体。

2.4 塑料管敷设

2.4.1 本节所指塑料管是刚性 PVC 管，现已在电气安装工程中大量使用，并部分取代了钢管作电线管。塑料管除有抗冲击性差、易老化、不能耐高温等缺陷外，关键是在电气线路中使用时必须有良好的阻燃性能，否则隐患极大，因阻燃性能不良而酿成电气火灾事故是屡见不鲜。故本条作出明确规定，且对产品的标识作了限制，以保证产品质量和明确质量责任。

2.4.2 因塑料管在高温下机械强度下降，老化加速，且蠕变量大，故应加以限制，高温场所是指环境温度在 40℃以上的场所。易受机械损伤的场所是指经常发生机械冲击、碰撞、摩擦等场所。

2.4.3 管与管、管与器件连接的接口应牢固密封，操作时要严格按本条文的规定执行。原规范采用内径表示，因电线保护管是有缝钢管，其内径不规则，现工程中统一用外径表示。

2.4.4 塑料管的热膨胀系数与建筑物的热膨胀系数或热变形量

相差较大，为防止因温度变化硬塑料管伸缩时，造成连接处脱开，管子弯曲，影响工程质量和美观，故规定装设温度补偿装置。

2.4.5 塑料管在穿过楼板时易受机械损伤，为防止损坏管线，发生事故，作此规定。

2.4.6 在需耐酸、碱腐蚀的场所，塑料管常用作电气动力配线的保护管，露出地坪或楼板的一段，易受到意外冲撞，故需加以保护。具体措施可以加套重型塑料管；也可用加套钢管，并内外涂多层耐酸或耐碱的防腐漆；或者用其他有效防护措施，以确保用电可靠，运行安全。

2.4.7 由于现场浇捣混凝土时，需用各种浇捣工具和机械插入混凝土中搅动震荡，易发生塑料管折断碎裂，使水泥浆流入管内，将管子堵塞而不能穿线，所以必须采取措施。具体办法可以定位避让，或增加塑料管与钢筋间的固定点。

2.4.8 因塑料制品随着环境温度下降，强度减弱、脆性增大，故施工安装时应在塑料管允许使用的最低温限内进行操作，否则会引起大量的材料损耗。

2.4.9 这样做是常规的保护措施，目的是防止在墙面上钉入圆钉等物件时，损坏墙内配管。

2.4.10 排列整齐可达到工程美观，也有利于检修，其材质强度比厚壁钢管小，所以固定点距离比厚壁钢管规定的小。管卡间距与国际标准靠拢。

2.4.11 本条文的规定是为了便于穿线。

3 配 线

3.1 一 般 规 定

3.1.2 由于配线工程施工设计图基本是平面示意图，很少用三面图标明具体位置，这样给施工安装有较多的灵活处理的机会，但施工安装时必须考虑到线路使用安全，检修及更换方便，并节省费用。

3.1.3 导线连接要牢固，导电良好，操作时应按条文中规定的技术要求执行。

3.1.4 为使明配线路在易受意外机械损伤的场所，具有良好的保护，不致发生中断运行的现象而制订本条文。

3.1.5 本条是为防止雨水沿导线进入室内，导致配电箱、盘受潮而引发故障的技术措施。

3.1.6 为防止触电和火灾等事故发生，制定本条文。

3.1.7 规定塑料绝缘导线和塑料槽板的最低敷设温度，可防止由于温度过低，使塑料发脆造成断裂，影响工程质量。

3.1.8 本条文是外观装饰的需要和便于敷设及维修的要求。

3.1.10 配线工程结束后，应测量导线的绝缘电阻值，并作记录，以作为交工验收的依据。

3.1.11 保护线（*PE* 线）、保护装置应可靠，这是保证千家万户安全用电的重要措施之一，试验时应作好记录，以作为交工验收、通电运行的依据。

3.2 管 内 穿 线

3.2.1 为提高管内配线的可靠性，防止因穿线而磨损绝缘，故规定低压线路穿管均应使用额定电压不低于 500V 的绝缘导线。

3.2.2 本条规定有利于管内清洁、干燥，并便于维修和更换导线。

3.2.3 本条文是防止短路故障发生和抗干扰的技术性规定。

3.2.4 本条文是保持三相平衡，减少磁滞损耗的技术性规定。

3.2.5 导线接头若设置在管内时，既造成穿线难度大，且线路发生故障时，不利于检查和修理。

3.2.6 本条是为方便穿线、核算导线允许载流量而制订的技术性规定。

3.2.7 为避免钢管的锋利管口磨损导线绝缘层，防止杂物进入管内，作此规定。

3.2.8 本条文是保证安全，便于检修的技术性规定。

3.3 瓷夹、瓷柱、瓷瓶配线

3.3.1 因雨雪堆积在瓷夹、瓷柱表面，使导线绝缘降低而产生漏电现象；瓷瓶倒装会使瓷瓶积水，影响导线的绝缘。为确保用电安全，故作此建议性的规定。

3.3.2 不同道路对通过车辆的高度有一定的限制，导线跨越道路时，其高限不要低于规定值。

3.3.3 本条文是导线敷设的外观质量要求。

3.3.4 交叉线路的导线交叉处，因导线间振动易发生摩擦，使绝缘层破损，故需加套绝缘管以保护绝缘层。

3.3.5 绑扎线规格要与被绑扎线规格相匹配，否则不易扎紧绑牢。过细的扎线，绑紧时要损伤导线的绝缘层。

3.3.6 本条文是对支持件外观质量的基本要求。

3.3.7 为了固定导线，且保证线路敷设平整、分支接头处不受拉力，作此技术规定。

3.3.8 因裸导线易危及人身安全，现已较少采用，但其成本低，现仍有采用的情况，为确保安全运行，本条文对裸导线敷设作了具体的规定。

3.3.9 本条文表格中的数据是经验数据，按本规定执行，可保证安全用电。

3.4 槽板配线

3.4.1 本条是对槽板敷设场所的说明，也是对各类槽板外观质量的基本要求。

3.4.2 本条是槽板敷设时需达到的工艺要求。

3.4.3 本条文对槽板固定点间距作了具体的规定。其数值经实践证明是可行的。

3.4.4 本条是装饰的基本要求。

3.4.5 为保证连接严密、装饰美观，对连接方法所作的规定。

3.4.6 为绝缘可靠，减少故障或不使故障扩大，故作此规定。

3.4.7 为了防止导线接头松脱，增大接触电阻，使接头处发热，引起火灾事故，槽板内接头不便于今后检查和维修，所以规定在槽板内不要有导线接头。

3.4.8 本条是为装饰、固定和检修槽板的需要而制定。

3.5 线槽配线

3.5.1 本条是对线槽的外观质量要求。

3.5.2 本条是对线槽的防腐要求。

3.5.3 本条是对线槽的防火要求。

3.5.4 本条文提出的具体要求是为保证线槽安装的质量。

3.5.5 本条是为保证用电安全，便于维护检修所作的技术性规定，且与美国 NEC 规定接轨。

3.5.6 为保证用电安全，防止发生事故，本条文要求线槽要可靠地接地。

3.6 钢索配线

3.6.1 为防止钢索锈蚀，影响安全运行，作此规定。

3.6.2 含油芯的钢索易积贮灰尘而锈蚀，建议采用镀锌钢索的主要目的也是为了防止锈蚀。

3.6.3 制订本条文的主要目的是为了保证钢索的强度,确保安全。

3.6.4 为防止终端拉环被拉脱,造成重大事故,制订本条文。

3.6.5 确保钢索连接可靠而作的技术性规定。

3.6.6 钢索的弛度大小影响钢索所受的张力,钢索的弛度是靠花篮螺栓来调整的,为确保钢索在允许安全的强度下正常工作,并使钢索终端固定牢固,作此规定。

3.6.7 为保证钢索张力不大于钢索允许应力,提出了固定点的间距要求。固定吊钩上的深度及防跳装置的规定,是为防止钢索受外界干扰的影响发生跳脱现象,造成钢索张力加大,导致钢索拉断。

3.6.8 由于钢索的弛度影响到配线的质量,故提出此要求。

3.6.9 为防止由于配线而造成钢索漏电所采取的安全措施。

3.6.10 为确保钢索配线固定牢固,制订本条文。

3.7 塑料护套线敷设

3.7.1. 塑料护套线在室外明敷时,受阳光直射,易老化而降低使用寿命,且易诱发漏电事故。塑料护套线直接埋入抹灰层敷设时,由于用户向墙上钉钉子等,使导线形成短路或触电事故,故禁止采用此种敷设方法。

3.7.2 本条是保护导线不受意外损伤的技术措施。

3.7.3 规定弯曲半径最小值,可防止护套层开裂,并可使敷设时易使导线平直。

3.7.4 塑料护套引入盒内不仅可在入口处保护芯线,而且装饰上更美观。

3.7.5 为了固定牢固、连接可靠、装饰美观而作的基本技术要求。

3.7.6 塑料护套线或加套塑料层的绝缘导线穿于空心楼板内作暗配敷设,可给建筑物增添美观,但在穿入时,不能损伤护套层,并必须给更换导线创造方便条件。为确保工程质量,要按本条文的规定进行施工。

4 工程交接验收

4.0.1 配线工程施工结束后,要按本条文的规定认真地进行检查,以确保工程质量。

4.0.2 施工单位在工程竣工进行交接时,要按本条文的规定内容提交资料和文件,并根据提交的记录,检查核对已竣工的工程是否符合本规范的要求。同时作为交接验收时能否送电的重要依据,交工后存档备查。

中华人民共和国国家标准

电气装置安装工程
电气照明装置施工及验收规范

Code for construction and acception of electric lighting device electric equipment installation engineering

GB 50259—96

主编部门：中华人民共和国电力工业部
批准部门：中华人民共和国建设部
施行日期：1997年2月1日

关于发布国家标准《电气装置安装工程1kV及以下配线工程施工及验收规范》、《电气装置安装工程电气照明装置施工及验收规范》的通知

建标[1996]475号

根据国家计委计综[1986]2630号和建设部(90)建标技字第4号文的要求，由电力工业部会同有关部门共同修订的《电气装置安装工程1kV及以下配线工程施工及验收规范》和《电气装置安装工程电气照明装置施工及验收规范》，已经有关部门会审。现批准《电气装置安装工程1kV及以下配线工程施工及验收规范》GB 50258－96和《电气装置安装工程电气照明装置施工及验收规范》GB 50259－96为强制性国家标准，自一九九七年二月一日起施行。原国家标准《电气装置安装工程施工及验收规范》GBJ 232－82中第十三篇“配线工程篇”和第十四篇“电气照明装置篇”同时废止。

本规范由电力工业部负责管理，具体解释等工作由电力工业部电力建设研究所负责，出版发行由建设部标准定额研究所负责组织。

中华人民共和国建设部
一九九六年八月十六日

1 总 则

1.0.1 为保证电气照明装置施工质量，促进技术进步，确保安全运行，制订本规范。

1.0.2 本规范适用于建筑物、构筑物中电气照明装置安装工程的施工及验收。

1.0.3 电气照明装置的安装应按已批准的设计进行施工。当修改设计时，应经原设计单位同意，方可进行。

1.0.4 采用的设备、器材及其运输和保管应符合国家现行标准的有关规定；当设备和器材有特殊要求时，尚应符合产品技术文件的规定。

1.0.5 设备及器材到达施工现场后，应按下列要求进行检查：

1.0.5.1 技术文件应齐全。

1.0.5.2 型号、规格及外观质量应符合设计要求和本规范的规定。

1.0.6 施工中的安全技术措施，应符合本规范和国家现行的标准及产品技术文件的规定。

1.0.7 电气照明装置施工前，建筑工程应符合下列要求：

1.0.7.1 对灯具安装有妨碍的模板、脚手架应拆除；

1.0.7.2 顶棚、墙面等抹灰工作应完成，地面清理工作应结束。

1.0.8 电气照明装置施工结束后，对施工中造成的建筑物、构筑物局部破损部分，应修补完整。

1.0.9 当在砖石结构中安装电气照明装置时，应采用预埋吊钩、螺栓、螺钉、膨胀螺栓、尼龙塞或塑料塞固定；严禁使用木楔。当设计无规定时，上述固定件的承载能力应与电气照明装置的重量相匹配。

1.0.10 在危险性较大及特殊危险场所，当灯具距地面高度小于2.4m时，应使用额定电压为36V及以下的照明灯具，或采取保护措施。

1.0.11 安装在绝缘台上的电气照明装置，其导线的端头绝缘部分应伸出绝缘台的表面。

1.0.12 电气照明装置的接线应牢固，电气接触应良好；需接地或接零的灯具、开关、插座等非带电金属部分，应有明显标志的专用接地螺钉。

1.0.13 电气照明装置的施工及验收，除应符合本规范的规定外，尚应符合国家现行的有关标准规范的规定。

2 灯具

2.0.1 灯具及其配件应齐全，并应无机械损伤、变形、油漆剥落和灯罩破裂等缺陷。

2.0.2 根据灯具的安装场所及用途，引向每个灯具的导线线芯最小截面应符合表2.0.2的规定。

导线线芯最小截面 表2.0.2

灯具的安装场所及用途		线芯最小截面 (mm^2)		
		铜芯软线	铜线	铝线
灯头线	民用建筑室内	0.4	0.5	2.5
	工业建筑室内	0.5	0.8	2.5
	室外	1.0	1.0	2.5
移动用电设备的导线	生活用	0.4	—	—
	生产用	1.0	—	—

2.0.3 灯具不得直接安装在可燃构件上；当灯具表面高温部位靠近可燃物时，应采取隔热、散热措施。

2.0.4 在变电所内，高压、低压配电设备及母线的正上方，不应安装灯具。

2.0.5 室外安装的灯具，距地面的高度不宜小于3m；当在墙上安装时，距地面的高度不应小于2.5m。

2.0.6 螺口灯头的接线应符合下列要求：

2.0.6.1 相线应接在中心触点的端子上，零线应接在螺纹的端子上。

2.0.6.2 灯头的绝缘外壳不应有破损和漏电。

2.0.6.3 对带开关的灯头，开关手柄不应有裸露的金属部分。

2.0.7 对装有白炽灯泡的吸顶灯具，灯泡不应紧贴灯罩；当灯泡与绝缘台之间的距离小于5mm时，灯泡与绝缘台之间应采取隔热措施。

2.0.8 灯具的安装应符合下列要求：

2.0.8.1 采用钢管作灯具的吊杆时，钢管内径不应小于10mm；钢管壁厚度不应小于1.5mm。

2.0.8.2 吊链灯具的灯线不应受拉力，灯线应与吊链编叉在一起。

2.0.8.3 软线吊灯的软线两端应作保护扣；两端芯线应搪锡。

2.0.8.4 同一室内或场所成排安装的灯具，其中心线偏差不应大于5mm。

2.0.8.5 日光灯和高压汞灯及其附件应配套使用，安装位置应便于检查和维修。

2.0.8.6 灯具固定应牢固可靠。每个灯具固定用的螺钉或螺栓不应少于2个；当绝缘台直径为75mm及以下时，可采用1个螺钉或螺栓固定。

2.0.9 公共场所用的应急照明灯和疏散指示灯，应有明显的标志。无专人管理的公共场所照明宜装设自动节能开关。

2.0.10 每套路灯应在相线上装设熔断器。由架空线引入路灯的导线，在灯具入口处应做防水弯。

2.0.11 36V及以下照明变压器的安装应符合下列要求：

2.0.11.1 电源侧应有短路保护，其熔丝的额定电流不应大于变压器的额定电流。

2.0.11.2 外壳、铁芯和低压侧的任意一端或中性点，均应接地或接零。

2.0.12 固定在移动结构上的灯具，其导线宜敷设在移动构架的内侧；在移动构架活动时，导线不应受拉力和磨损。

2.0.13 当吊灯灯具重量大于3kg时，应采用预埋吊钩或螺栓固定；当软线吊灯灯具重量大于 1kg 时，应增设吊链。

2.0.14 投光灯的底座及支架应固定牢固，枢轴应沿需要的光轴方向拧紧固定。

2.0.15 金属卤化物灯的安装应符合下列要求：

2.0.15.1 灯具安装高度宜大于 5m，导线应经接线柱与灯具连接，且不得靠近灯具表面。

2.0.15.2 灯管必须与触发器和限流器配套使用。

2.0.15.3 落地安装的反光照明灯具，应采取保护措施。

2.0.16 嵌入顶棚内的装饰灯具的安装应符合下列要求：

2.0.16.1 灯具应固定在专设的框架上，导线不应贴近灯具外壳，且在灯盒内应留有余量，灯具的边框应紧贴在顶棚面上。

2.0.16.2 矩形灯具的边框宜与顶棚面的装饰直线平行，其偏差不应大于 5mm。

2.0.16.3 日光灯管组合的开启式灯具，灯管排列应整齐，其金属或塑料的间隔片不应有扭曲等缺陷。

2.0.17 固定花灯的吊钩，其圆钢直径不应小于灯具吊挂销、钩的直径，且不得小于 6mm。对大型花灯、吊装花灯的固定及悬吊装置，应按灯具重量的 1.25 倍做过载试验。

2.0.18 安装在重要场所的大型灯具的玻璃罩，应按设计要求采取防止碎裂后向下溅落的措施。

2.0.19 霓虹灯的安装应符合下列要求：

2.0.19.1 灯管应完好，无破裂。

2.0.19.2 灯管应采用专用的绝缘支架固定，且必须牢固可靠。专用支架可采用玻璃管制成。固定后的灯管与建筑物、构筑物表面的最小距离不宜小于 20mm。

2.0.19.3 霓虹灯专用变压器所供灯管长度不应超过允许负载长度。

2.0.19.4 霓虹灯专用变压器的安装位置宜隐蔽，且方便检修，但不宜装在吊平顶内，并不宜被非检修人员触及。明装时，其高度不宜小于 3m；当小于 3m 时，应采取防护措施；在室外安装时，应采取防水措施。

2.0.19.5 霓虹灯专用变压器的二次导线和灯管间的连接线，应采用额定电压不低于 15kV 的高压尼龙绝缘导线。

2.0.19.6 霓虹灯专用变压器的二次导线与建筑物、构筑物表面的距离不应小于 20mm。

2.0.20 手术台无影灯的安装应符合下列要求：

2.0.20.1 固定灯座螺栓的数量不应少于灯具法兰底座上的固定孔数，且螺栓直径应与孔径匹配。

2.0.20.2 在混凝土结构中，预埋件应与主筋焊接。

2.0.20.3 固定无影灯底座的螺栓应采用双螺母锁紧。

2.0.21 手术台无影灯导线的敷设应符合下列要求：

2.0.21.1 灯泡应间隔地接在两条专用的回路上。

2.0.21.2 开关至灯具的导线应使用额定电压不低于 500V 的铜芯多股绝缘导线。

3 插座、开关、吊扇、壁扇

3.1 插　　座

3.1.1 插座的安装高度应符合设计的规定，当设计无规定时，应符合下列要求：

3.1.1.1 距地面高度不宜小于1.3m；托儿所、幼儿园及小学校不宜小于1.8m；同一场所安装的插座高度应一致。

3.1.1.2 车间及试验室的插座安装高度距地面不宜小于0.3m；特殊场所暗装的插座不应小于0.15m；同一室内安装的插座高度差不宜大于5mm；并列安装的相同型号的插座高度差不宜大于1mm。

3.1.1.3 落地插座应具有牢固可靠的保护盖板。

3.1.2 插座的接线应符合下列要求：

3.1.2.1 单相两孔插座，面对插座的右孔或上孔与相线相接，左孔或下孔与零线相接；单相三孔插座，面对插座的右孔与相线相接，左孔与零线相接。

3.1.2.2 单相三孔、三相四孔及三相五孔插座的接地线或接零线均应接在上孔。插座的接地端子不应与零线端子直接连接。

3.1.2.3 当交流、直流或不同电压等级的插座安装在同一场所时，应有明显的区别，且必须选择不同结构、不同规格和不能互换的插座；其配套的插头，应按交流、直流或不同电压等级区别使用。

3.1.2.4 同一场所的三相插座，其接线的相位必须一致。

3.1.3 暗装的插座应采用专用盒；专用盒的四周不应有空隙，且盖板应端正，并紧贴墙面。

3.1.4 在潮湿场所，应采用密封良好的防水防溅插座。

3.2 开　　关

3.2.1 安装在同一建筑物、构筑物内的开关，宜采用同一系列的产品，开关的通断位置应一致，且操作灵活、接触可靠。

3.2.2 开关安装的位置应便于操作，开关边缘距门框的距离宜为0.15～0.2m；开关距地面高度宜为1.3m；拉线开关距地面高度宜为2～3m，且拉线出口应垂直向下。

3.2.3 并列安装的相同型号开关距地面高度应一致，高度差不应大于1mm；同一室内安装的开关高度差不应大于5mm；并列安装的拉线开关的相邻间距不宜小于20mm。

3.2.4 相线应经开关控制；民用住宅严禁装设床头开关。

3.2.5 暗装的开关应采用专用盒；专用盒的四周不应有空隙，且盖板应端正，并紧贴墙面。

3.3 吊　　扇

3.3.1 吊扇挂钩应安装牢固，吊扇挂钩的直径不应小于吊扇悬挂销钉的直径，且不得小于8mm。

3.3.2 吊扇悬挂销钉应装设防振橡胶垫；销钉的防松装置应齐全、可靠。

3.3.3 吊扇扇叶距地面高度不宜小于2.5m。

3.3.4 吊扇组装时，应符合下列要求：

3.3.4.1 严禁改变扇叶角度。

3.3.4.2 扇叶的固定螺钉应装设防松装置。

3.3.4.3 吊杆之间、吊杆与电机之间的螺纹连接，其啮合长度每端不得小于20mm，且应装设防松装置。

3.3.5 吊扇应接线正确，运转时扇叶不应有明显颤动。

3.4 壁　　扇

3.4.1 壁扇底座可采用尼龙塞或膨胀螺栓固定；尼龙塞或膨胀螺

栓的数量不应少于两个，且直径不应小于 8mm。壁扇底座应固定牢固。

3.4.2 壁扇的安装，其下侧边缘距地面高度不宜小于 1.8m，且底座平面的垂直偏差不宜大于 2mm。

3.4.3 壁扇防护罩应扣紧，固定可靠，运转时扇叶和防护罩均不应有明显的颤动和异常声响。

4 照明配电箱（板）

4.0.1 照明配电箱（板）内的交流、直流或不同电压等级的电源，应具有明显的标志。

4.0.2 照明配电箱（板）不应采用可燃材料制作；在干燥无尘的场所，采用的木制配电箱（板）应经阻燃处理。

4.0.3 导线引出面板时，面板线孔应光滑无毛刺，金属面板应装设绝缘保护套。

4.0.4 照明配电箱（板）应安装牢固，其垂直偏差不应大于 3mm；暗装时，照明配电箱（板）四周应无空隙，其面板四周边缘应紧贴墙面，箱体与建筑物、构筑物接触部分应涂防腐漆。

4.0.5 照明配电箱底边距地面高度宜为 1.5m；照明配电板底边距地面高度不宜小于 1.8m。

4.0.6 照明配电箱（板）内，应分别设置零线和保护地线（*PE* 线）汇流排，零线和保护线应在汇流排上连接，不得绞接，并应有编号。

4.0.7 照明配电箱（板）内装设的螺旋熔断器，其电源线应接在中间触点的端子上，负荷线应接在螺纹的端子上。

4.0.8 照明配电箱（板）上应标明用电回路名称。

5 工程交接验收

5.0.1 工程交接验收时，应对下列项目进行检查：

5.0.1.1 并列安装的相同型号的灯具、开关、插座及照明配电箱(板)，其中心轴线、垂直偏差、距地面高度。

5.0.1.2 暗装开关、插座的面板，盒(箱)周边的间隙，交流、直流及不同电压等级电源插座的安装。

5.0.1.3 大型灯具的固定，吊扇、壁扇的防松、防振措施。

5.0.1.4 照明配电箱(板)的安装和回路编号。

5.0.1.5 回路绝缘电阻测试和灯具试亮及灯具控制性能。

5.0.1.6 接地或接零。

5.0.2 工程交接验收时，应提交下列技术资料和文件：

5.0.2.1 竣工图。

5.0.2.2 变更设计的证明文件。

5.0.2.3 产品的说明书、合格证等技术文件。

5.0.2.4 安装技术记录。

5.0.2.5 试验记录。包括灯具程序控制记录和大型、重型灯具的固定及悬吊装置的过载试验记录。

附加说明

本规范主编单位、参加单位和主要起草人名单

主 编 单 位： 电力工业部电力建设研究所

参 加 单 位： 浙江省工业设备安装工程公司
上海市工业设备安装工程公司
杭州市工业设备安装工程公司

主要起草人： 钱大治　沈云璋　胡佐臣　程学丽
徐达玲　梁之任　马长瀛

中华人民共和国国家标准

电气装置安装工程
电气照明装置施工及验收规范

GB 50259－96

条 文 说 明

修 订 说 明

本规范是根据原国家计委计综[1986]2630号文和建设部[1990]建标技字第4号文的要求，由原能源部负责主编，具体由电力工业部电力建设研究所会同有关单位共同编制而成。

在修订过程中，编写组进行了广泛的调查研究，认真总结了原规范执行以来的经验，吸取了部分科研成果，广泛征求了全国有关单位的意见，最后由我部会同有关部门审查定稿。

本规范共分五章，这次修订的主要内容有：删去了绞车式吊灯安装的有关内容；增加了霓虹灯安装的有关内容；增加了壁扇安装的有关内容。

本规范在执行过程中，如发现欠妥之处，请将意见和有关资料寄往：电力工业部电力建设研究所（北京良乡，邮编：102401），以便今后修订时参考。

电力工业部

1996年8月

目　次

1　总　则

1.0.1　明确了本规范的制订目的。

1.0.2　明确了本规范的适用范围。对有特殊要求的场所，还要执行其相应标准的有关规定。

1.0.3　按设计进行施工是现场施工的基本要求。

条文中“已批准的设计文件”是指：设计是由政府主管部门认可、批准的单位或部门负责，并有会签、审批手续；在施工中，由于现场实际情况的变化，无论是建设单位、施工单位等修改设计，均要经原设计单位确认，以保证设计的连续性和完整性，且要有设计变更通知。

1.0.4　妥善运输、保管电气照明装置的设备和器材，以防止其性能改变、质量变劣，是工程建设的重要环节之一。

1.0.5　设备和器材到达现场后，做好检验工作，为顺利施工提供条件。

1.0.6　为保证施工安全，制订本条文。

1.0.7　为了加强管理，提高质量，避免损失，协调建筑与电气照明装置安装的关系，做到文明施工，制订本条文。

1.0.8　电气照明装置施工中，不可避免地对已建好的建筑物、构筑物造成破损，主要是凿洞或盒（箱）移位，墙面或装饰面污染等。为确保整个建筑安装工程的质量，要把施工中造成破损的部位进行修复，才可交工。

1.0.9　为了确保电气照明设备固定牢固、可靠，并延长使用寿命，制订本条文。

1.0.10　灯具高度低于 2.4m 时，人手可能触及，易造成触电事故，因而应有特殊保护措施。

关于危险性场所的解释如下：

危险性较大的场所，是指有下列特征之一的场所：

(1)特别潮湿：相对湿度经常在90％以上；

(2)高温：环境温度经常在40℃以上；

(3)导电地面：金属或特别潮湿的土、砖、混凝土地面等；

(4)有导电性尘埃；

特殊危险场所是指有下列特征之一的场所：

(1)相对湿度：经常接近于100％；

(2)同时具有二条及二条以上危险性较大场所特征；

(3)在空气中，经常含有对电气装置起破坏作用的蒸汽或游离物。

1.0.11 为防止漏电，确保使用安全，并延长使用年限，制定本条文。

1.0.12 在实际接线中，由于导线与设备接触不良(螺栓未紧固)，经常出现导线与接线端子之间产生火花，发生事故。为确保安全，制订本条文。

2 灯 具

2.0.1 灯具一般由玻璃、塑料、搪瓷、铝合金等原材料制成，且零件较多，运输保管中易破损或丢失，安装前应认真检查，防止安装破损灯具，影响美观和质量。

2.0.2 为了保证导线能承受一定的机械应力和可靠地安全运行，根据灯具的用途和不同的安装场所，对导线线芯最小截面作了规定。现工程中铝线最小截面已改为2.5mm²，根据《民用建筑电气设计规范》的规定，将生活用铜芯软线线芯最小截面改为0.4mm²。

2.0.3 为防火所作的规定。

2.0.4 为确保维修安全，同时也不致影响整个用电单位的停电，作此规定。

2.0.5 室外灯具的安装高度过低易发生意外撞击而损坏，如行人手持肩扛的物件撞击，车辆装载货物的撞击等，故安装时应严格遵守本条文的规定。

2.0.6 为防止触电，特别是防止更换灯泡时触电而作的技术性规定。

2.0.7 白炽灯泡离绝缘台过近，绝缘台易受热而烤焦、起火，故应在灯泡与绝缘台间设置隔热阻燃制品，如石棉布等。

2.0.8 为了保证安装的灯具机械性能牢固可靠，用电安全，检修方便，本条文对一般灯具的安装作了具体的规定。

2.0.9 本条文的规定主要是为方便确认，以利与常规灯具区别，且节约电能。

2.0.10 为了不使一套灯具的电气故障影响整个照明系统，故每套路灯均需设置熔断器。

2.0.11 为保证低压变压器安全可靠供电而作的基本技术规定。

2.0.12 移动构架上的局部照明灯具需随着使用方向的变化而转动，在使用时，为了能确保导线不受机械应力和磨损，故本条文对其线路的敷设提出了要求。

2.0.13 为防止灯具超重发生坠落而作的技术性规定。

2.0.14 本条是对光轴定向的投光灯所作的一般安装技术要求。

2.0.15 金属卤化物灯包括钠铊铟灯、镝灯等，金属卤化物灯点燃后，灯具表面温度高，光线较强，易刺伤人的眼睛，同时产品有特殊的要求，因而应结合产品说明书进行安装，才能确保安全使用。

2.0.16 嵌入顶棚内的灯具除有照明作用外，还有装饰功能，考虑到顶棚内通风差，不易散热，故电源线不能贴近灯具的发热表面；同时为检修方便，导线应留余量，以便在拆卸时不必剪断电源线；为保证装饰效果，对外观质量提出了技术要求。

2.0.17 为确保花灯固定可靠，不发生坠落，制订本条文。

2.0.18 在实际使用中，由于灯泡温度过高，玻璃罩常有破碎现象发生，为确保安全，避免发生事故，需有切实的防止玻璃罩碎裂后向下溅落伤人的措施。

2.0.19 霓虹灯为高压气体放电装饰用灯具，通常安装在临街商店的正面，人行道的正上方，故特别应注意安装牢固可靠，防止高电压泄漏和气体放电而使灯管破碎下落伤人；为方便维修，变压器不宜装在吊平顶内。

2.0.20 手术台无影灯的固定和防松措施是安装的关键，从预埋到固定均要严格执行本条文规定，尤其是子母式的无影灯更应严格。

2.0.21 为保证手术台的照明、供电可靠，制订本条文。

3 插座、开关、吊扇、壁扇

3.1 插座

3.1.1 插座安装高度的规定主要是为确保使用安全、方便。同一场所安装高度一致的规定是为装饰美观的需要。

3.1.2 插座接线统一的规定，目的是为了用电安全。

3.1.3 为防止漏电和装饰的需要而作的技术规定。

3.2 开关

3.2.1 为了统一通、断位置，便于判断是否带电而作的规定。

3.2.2 距离的规定与人体特征有关，如身高、手臂长度等相匹配，使操作方便。本条是经实践验证而认同的。

3.2.3 为了装饰美观，便于检修所作出的规定。

3.2.4 本条是防止触电、避免危及人身安全的技术性规定。

3.2.5 本条是防漏电和装饰需要的技术规定。

3.3 吊扇

3.3.1 本条主要从安全角度出发，吊扇挂钩要能承受吊扇的重量和运转时的扭力，故将吊扇挂钩直径改为不得小于8mm。

3.3.2 为防止运转中发生振动，造成紧固件松动，发生各类危及人身安全的事故，制订本条文。

3.3.3 主要从安全角度考虑，在运转时，避免人手碰到扇叶，避免发生事故。

3.3.4、3.3.5 本条是为吊扇使用安全、发挥正常功能而作的技术性规定。

3.4 壁　　扇

3.4.1　本条是为壁扇可靠固定而作的技术性规定，通常在产品设计时已提出要求。

3.4.2　安装高度是建议性的，主要是为避免干扰人的活动。

3.4.3　本条是为运行安全所作的技术性规定。

4　照明配电箱(板)

4.0.1　本条文是为防止误操作、方便检修、确保人身安全及保护设备的正常使用而制订的。

4.0.2　此规定主要是为了防止火灾的发生，限制木制配电箱(板)的使用场所，这是因为木制配电箱(板)在潮湿多尘场所易霉烂和漏电。

4.0.3　导线引出面板时与电器连接，为加强绝缘，故加套绝缘保护管。

4.0.4　本条是为箱内电器正常工作和装饰美观而作的技术性规定。

4.0.5　本条是为便于操作和检修而作的技术性规定。

4.0.6　本条是为保证线路安全运行所作的规定。

4.0.7　本条是为便于更换熔芯，并防止更换时发生触电现象而作的技术性规定。

4.0.8　本条是为便于使用和维修所作的规定。

5　工程交接验收

5.0.1　为保证施工质量，交接验收时，要按照本条文内容进行检查。

5.0.2　施工单位在工程竣工进行交接时，要根据本条文的规定提交记录；并核对已竣工的工程应符合本规范的要求，同时作为交工验收时能否送电的重要技术依据，交工后存档备查。

规范用词说明

一、为便于在执行本规范条文时区别对待，对要求严格程度不同的用词说明如下：

(1)表示很严格，非这样做不可的用词：

正面词采用"必须"；

反面词采用"严禁"。

(2)表示严格，在正常情况下均应这样做的用词：

正面词采用"应"；

反面词采用"不应"或"不得"；

(3)表示允许稍有选择，在条件许可时首先应这样做的用词：

正面词采用"宜"或"可"；

反面词采用"不宜"。

二、条文中指定应按其他有关标准、规范执行时，写法为"应符合……的规定"或"应按……执行"。